한국산업인력공단의 출제 기준에 따른

공조냉동기계
기사 필기

한홍걸 편저

2022년 변경사항 적용
◆ 100문제에서 80문제 변경
◆ 에너지 관리, 공조냉동 설계, 시운전 및 안전관리, 유지보수 공사 관리

INTRODUCTION

　본서는 그동안의 강의 경험을 토대로 공조냉동기계 기사 필기를 준비하는 수험생들이 짧은 시간에 효율적으로 시험 대비를 할 수 있도록 출제 경향에 맞춰서 구성 하였습니다. 평가는 20문제씩 4과목 전체 80문제 출제되므로 각 과목 당 과목낙제(20문제중 8문제)없이 전체 48문제(평균 60점) 이상을 맞으면 합격하는 시험이므로 시간 안배를 잘하도록 해야합니다. 특히 2022년 산업인력관리공단의 출제기준이 대폭 변경되었던 부분도 교재에 모두 반영되었습니다..

이 책의 특징은
　기초가 부족한 수험생들을 위해 유체역학의 기초이론으로 기본을 익힐 수 있도록 하여 냉동공학과 공기조화에서 충분히 이해 할 수 있게 하였습니다.

교재 활용방법
1. 공부방법은 먼저 유체역학 기초사항을 공부하고 열역학을 확실히 익히셔야합니다. 열역학은 냉동공학과 공기조화의 초석이됩니다.
2. 기출문제 또는 예상문제는 시험시간(120분)을 정하여 해설을 가리고 풀어본 후 채점하여 틀린 부분이나 암기사항을 메모하여 정리합니다.
3. 시험 20일 전부터는 기출문제와 예상문제 위주로 시험 대비를 하시기 바랍니다.

　열심히 공부하여 목적을 달성하시기 바라며 내용 중 오류 및 잘못되거나 의심이 가는 부분은 출판사에 메일을 주시거나 저자메일 hongkirl@naver.com에 주시면 성실히 답하며 합격을 책임지는 수험서가 되도록 노력하겠습니다. 끝으로 이 책이 출간되기까지 노력해주신 모든 분들께 감사드리며 특히 도서출판 한필 사장님과 임직원 여러분들께 감사드립니다.

저자 한홍걸

출제기준(필기)

직무 분야	기계	중직무 분야	기계장비설비·설치	자격 종목	공조냉동기계기사	적용 기간	2025.1.1.~2029.12.31.
○직무내용 : 산업현장, 건축물의 실내 환경을 최적으로 조성하고, 냉동냉장설비 및 기타공작물을 주어진 조건으로 유지하기 위해 공학적 이론을 바탕으로 공조냉동, 유틸리티 등 필요한 설비를 계획, 설계, 시공관리 하는 직무이다.							
필기검정방법		객관식		문제수	80	시험시간	2시간

필기 과목명	문제수	주요항목	세부항목	세세항목
에너지관리	20	1. 공기조화의 이론	1. 공기조화의 기초	1. 공기조화의 개요 2. 보건공조 및 산업공조 3. 환경 및 설계조건
			2. 공기의 성질	1. 공기의 성질 2. 습공기 선도 및 상태변화
		2. 공기조화 계획	1. 공기조화 방식	1. 공기조화방식의 개요 2. 공기조화방식 3. 열원방식
			2. 공기조화 부하	1. 부하의 개요 2. 난방부하 3. 냉방부하
			3. 난방	1. 중앙난방 2. 개별난방
			4. 클린룸	1. 클린룸 방식 2. 클린룸 구성 3. 클린룸 장치
		3. 공기조화설비	1. 공조기기	1. 공기조화기 장치 2. 송풍기 및 공기정화장치 3. 공기냉각 및 가열코일 4. 가습·감습장치 5. 열교환기
			2. 열원기기	1. 온열원기기 2. 냉열원기기
			3. 덕트 및 부속설비	1. 덕트 2. 급·환기설비 3. 부속설비
		4. T.A.B	1. T.A.B 계획	1. 측정 및 계측기기
			2. T.A.B 수행	1. 유량, 온도, 압력 측정·조정 2. 전압, 전류 측정·조정
		5. 보일러설비 시운전	1. 보일러설비 시운전	1. 보일러설비 구성 2. 급탕설비 3. 난방설비 4. 가스설비 5. 보일러설비 시운전 및 안전대책
		6. 공조설비 시운전	1. 공조설비 시운전	1. 공조설비 시운전 준비 및 안전대책
		7. 급배수설비 시운전	1. 급배수설비 시운전	1. 급배수설비 시운전 준비 및 안전대책

필기 과목명	문제수	주요항목	세부항목	세세항목
공조냉동 설계	20	1. 냉동이론	1. 냉동의 기초 및 원리	1. 단위 및 용어
				2. 냉동의 원리
				3. 냉매
				4. 신냉매 및 천연냉매
				5. 브라인 및 냉동유
				6. 전열과 방열
			2. 냉매선도와 냉동사이클	1. 모리엘선도와 상변화
				2. 역 카르노 및 실제 사이클
				3. 증기압축 냉동사이클
				4. 흡수식 냉동사이클
		2. 냉동장치의 구조	1. 냉동장치 구성 기기	1. 압축기
				2. 응축기
				3. 증발기
				4. 팽창밸브
				5. 장치 부속기기
				6. 제어기기
		3. 냉동장치의 응용과 안전관리	1.냉동장치의 응용	1. 제빙 및 동결장치
				2. 열펌프 및 축열장치
				3. 흡수식 냉동장치
				4. 신·재생에너지(지열, 태양열 이용 히트 펌프 등)
				5. 에너지절약 및 효율개선
				6. 기타 냉동의 응용
			2. 냉동장치 안전관리	1. 냉매 취급 시 유의사항
		4. 냉동냉장부하	1. 냉동냉장부하 계산	1. 냉동부하 계산
				2. 냉장부하 계산
		5. 냉동설비 시운전	1. 냉동설비 시운전	1. 냉동설비 시운전 및 안전대책
		6. 열역학의 기본사항	1. 기본개념	1. 물질의 상태와 상태량
				2. 과정과 사이클 등
			2. 용어와 단위계	1. 질량, 길이, 시간 및 힘의 단위계 등
		7. 순수물질의 성질	1. 물질의 성질과 상태	1. 순수물질
				2. 순수물질의 상평형
				3. 순수물질의 독립상태량
			2. 이상기체	1. 이상기체와 실제기체
				2. 이상기체의 상태방정식
				3. 이상기체의 성질 및 상태변화 등
		8. 일과 열	1. 일과 동력	1. 일과 열의 정의 및 단위
				2. 일이 있는 몇 가지 시스템
				3. 일과 열의 비교
			2. 열전달	1. 전도, 대류, 복사의 기초
		9. 열역학의 법칙	1. 열역학 제 1법칙	1. 열역학 제 0법칙
				2. 밀폐계
				3. 개방계
			2. 열역학 제2법칙	1. 비가역과정
				2. 엔트로피

필기 과목명	문제수	주요항목	세부항목	세세항목
시운전 및 안전관리	20	10. 각종 사이클	1. 동력 사이클	1. 동력시스템 개요 2. 랭킨사이클 3. 공기표준 동력 사이클 4. 오토, 디젤, 사바테 사이클 5. 기타 동력 사이클
		11. 열역학의 응용	1. 열역학의 적용사례	1. 압축기 2. 엔진 3. 냉동기 4. 보일러 5. 증기 터빈 등
		1. 교류회로	1. 교류회로의 기초	1. 정현파 및 비정현파 교류의 전압, 전류, 전력 2. 각속도 3. 위상의 시간표현 4. 교류회로(저항, 유도, 용량)
			2. 3상 교류회로	1. 성형결선, 환상결선 및 V결선 2. 전력, 전류, 기전력 3. 대칭좌표법 및 Y-△ 변환
		2. 전기기기	1. 직류기	1. 직류전동기 및 발전기의 구조 및 원리 2. 전기자 권선법과 유도기전력 3. 전기자반작용과 정류 및 전압변동 4. 직류발전기의 병렬운전 및 효율 5. 직류전동기의 특성 및 속도제어
			2. 유도기	1. 구조 및 원리 2. 전력과 역율, 토크 및 원선도 3. 가동법과 속도제어 및 제동
			3. 동기기	1. 구조와 원리 2. 특성 및 용도 3. 손실, 효율, 정격 등 4. 동기전동기의 설치와 보수
			4. 정류기	1. 회전변류기 2. 반도체 정류기 3. 수은 정류기 4. 교류 정류자기
		3. 전기계측	1. 전류, 전압, 저항의 측정	1. 직류 및 교류전압측정 2. 저전압 및 고전압측정 3. 충격전압 및 전류 측정 4. 미소전류 및 대전류 측정 5. 고주파 전류측정 6. 저저항, 중저항, 고저항, 특수저항 측정
			2. 전력 및 전력량 측정	1. 전력과 기기의 정격 2. 직류 및 교류 전력 측정 3. 역율 측정
			3. 절연저항 측정	1. 전기기기의 절연저항 측정 2. 배선의 절연저항 측정 3. 스위치 및 콘센트 등의 절연저항 측정
		4. 시퀀스제어	1. 제어요소의 동작과 표현	1. 입력기구 2. 출력기구 3. 보조기구
			2. 부울 대수의 기본정리	1. 부울 대수의 기본 2. 드모르간의 법칙
			3. 논리회로	1. AND회로 2. OR회로(EX-OR) 3. NOT회로

필기 과목명	문제수	주요항목	세부항목	세세항목
				4. NOR회로
				5. NAND회로
				6. 논리연산
			4. 무접점회로	1. 로직시퀀스
				2. PLC
			5. 유접점회로	1. 접점
				2. 수동스위치
				3. 검출스위치
				4. 전자계전기
		5. 제어기기 및 회로	1. 제어의 개념	1. 제어계의 기초
				2. 자동제어계의 기본적인 용어
			2. 조작용 기기	1. 전자밸브
				2. 전동밸브
				3. 2상 서보전동기
				4. 직류서보전동기
				5. 펄스전동기
				6. 클러치
				7. 다이어프렘
				8. 밸브 포지셔너
				9. 유압식조작기
			3. 검출용기기	1. 전압검출기
				2. 속도검출기
				3. 전위차계
				4. 차동변압기
				5. 싱크로
				6. 압력계
				7. 유량계
				8. 액면계
				9. 온도계
				10. 습도계
				11. 액체성분계
				12. 가스성분계
			4. 제어용 기기	1. 컨버터
				2. 센서용 검출변환기
				3. 조절계 및 조절계의 기본 동작
				4. 비례 동작 기구
				5. 비례 미분 동작 기구
				6. 비례 적분 미분 동작 기구
		6. 설치검사	1. 관련법규 파악	1. 냉동공조기 제작 및 설치 관련법규
		7. 설치안전관리	1. 안전관리	1. 근로자 안전관리교육
				2. 안전사고 예방
				3. 안전보호구
			2. 환경관리	1. 환경요소 특성 및 대처방법
				2. 폐기물 특성 및 대처방법
		8. 운영안전관리	1. 분야별안전관리	1. 고압가스 안전관리법에 의한 냉동기 관리
				2. 기계설비법
				3. 산업안전보건법
		9. 제어밸브 점검관리	1. 관련법규 파악	1. 냉동공조설비 유지보수 관련 관계법규

필기 과목명	문제수	주요항목	세부항목	세세항목
유지보수공사 관리	20	1. 배관재료 및 공작	1. 배관재료	1. 관의 종류와 용도 2. 관이음 부속 및 재료 등 3. 관지지장치 4. 보온보냉 재료 및 기타 배관용 재료
			2. 배관공작	1. 배관용 공구 및 시공 2. 관 이음방법
		2. 배관관련설비	1. 급수설비	1. 급수설비의 개요 2. 급수설비 배관
			2. 급탕설비	1. 급탕설비의 개요 2. 급탕설비 배관
			3. 배수통기설비	1. 배수통기설비의 개요 2. 배수통기설비 배관
			4. 난방설비	1. 난방설비의 개요 2. 난방설비 배관
			5. 공기조화설비	1. 공기조화설비의 개요 2. 공기조화설비 배관
			6. 가스설비	1. 가스설비의 개요 2. 가스설비 배관
			7. 냉동 및 냉장 설비	1. 냉동설비의 배관 및 개요 2. 냉장 설비의 배관 및 개요
			8. 압축공기 설비	1. 압축공기설비 및 유틸리티 개요
		3. 유지보수공사 및 검사 계획수립	1. 유지보수공사 관리	1. 유지보수공사 계획 수립
			2. 냉동기 정비·세관작업 관리	1. 냉동기 오버홀 정비 및 세관공사 2. 냉동기 정비 계획수립
			3. 보일러 정비·세관작업 관리	1. 보일러 오버홀 정비 및 세관공사 2. 보일러 정비 계획수립
			4. 검사 관리	1. 냉동기 냉수·냉각수 수질관리 2. 보일러 수질관리 3. 응축기 수질관리 4. 공기질 기준
		4. 덕트설비 유지보수공사	1. 덕트설비 유지보수공사 검토	1. 덕트설비 보수공사 기준, 공사 매뉴얼, 절차서 검토 2. 덕트관경 및 장방형 덕트의 상당직경
		5. 냉동냉장설비 설계도면작성	1. 냉동냉장설비 설계도면 작성	1. 냉동냉장 계통도 2. 장비도면 3. 배관도면(배관표시법) 4. 배관구경 산출 5. 덕트도면 6. 산업표준에 규정한 도면 작성법

출제기준(실기)

직무분야	기계	중직무분야	기계장비설비·설치	자격종목	공조냉동기계기사	적용기간	2025.1.1.~2029.12.31.

○직무내용 : 산업현장, 건축물의 실내 환경을 최적으로 조성하고, 냉동냉장설비 및 기타공작물을 주어진 조건으로 유지하기 위해 공학적 이론을 바탕으로 공조냉동, 유틸리티 등 필요한 설비를 계획, 설계, 시공관리 하는 직무이다.

○수행준거
1. 공학적 계산식을 활용하여 열원장비, 공조장비, 반송기기 등에 대한 용량을 산정하고 요구사양에 적합한 장비 및 부품을 선정하는 능력이다.
2. 공학적 계산식을 활용하여 반송기기 등에 대한 용량을 산정하고 요구사양에 적합한 반송기기와 부속기기를 선정하는 능력이다.
3. 설계도서에 따라 설치가 완료된 냉동공조설비의 성능을 인계자와 인수자가 설치상태 및 기능과 성능을 점검하고, 정상적으로 운용할 수 있도록 설비를 인계인수하는 능력이다.
4. 공사계약에 따른 공사기간 내에 설계도서 및 관계규정에 따라 적합하게 공사가 수행되는지 파악하여 계약기간 내에 준공되도록 공정 및 공사를 관리하는 능력이다.
5. 냉동공조설비의 내구수명유지 및 성능저하방지를 위한 연간계획, 중장기계획을 수립하고 각 대상설비 정기적인 검사를 위한 사전준비를 수행하는 능력이다.
6. 보일러설비 등 내구수명유지 및 성능저하 방지를 위해 보수하고 안전성을 확보하기 위해 점검 및 시운전을 수행하는 능력이다.
7. 냉동설비 등 내구수명유지 및 성능저하 방지를 위해 보수하고 안전성을 확보하기 위해 점검 및 시운전을 수행하는 능력이다.
8. 공조설비 등 내구수명유지 및 성능저하 방지를 위해 보수하고 안전성을 확보하기 위해 점검 및 시운전을 수행하는 능력이다.
9. 배관의 노후상태를 확인하고 유체 흐름의 적정성과 내구성을 유지하기 위해 보수공사 또는 교체공사를 수행하는 능력이다.
10. 덕트의 노후상태를 확인하고 유체 흐름의 적정성과 내구성을 유지하기 위해 보수공사 또는 교체공사를 수행하는 능력이다.
11. 냉동공조설비의 유지관리운영에 대한 안전관리를 수행하는 능력이다.
12. 산출된 재료비, 노무비등을 기초로 관련 기준에 따라 원가계산서를 작성하고 에스컬레이션 등 원가를 관리할 수 있으며 가치공학에 준하여 경제적이고 효율적으로 공사비를 관리하는 능력이다.
13. 냉동공조설비의 에너지절약 및 열효율을 극대화하기 위하여 가스, 유류, 전기 등의 에너지사용량을 측정, 분석하고 시행하는 능력이다.

실기검정방법	필답형	시험시간	3시간

실기 과목명	주요항목	세부항목	세세항목
공조냉동 설계 실무	1. 장비용량계산	1. 열원장비 계산하기	1. 냉난방부하의 특성을 분석하여 열원장비의 특성과 용량을 결정할 수 있다. 2. 경제적 시설투자와 운전을 위하여 열원장비의 수량과 형식을 선정할 수 있다. 3. 열원장비의 유지관리 편의성을 고려하여 효과적으로 배치할 수 있다.
		2. 공조장비 계산하기	1. 실별 온습도조건과 방위별 특성을 고려하여 조닝(구역)별 공조방식을 결정할 수 있다. 2. 경제적 시설투자와 운전을 위하여 공조장비의 수량과 형식을 선정할 수 있다. 3. 공조장비의 유지관리 편의성을 고려하여 효과적으로 배치할 수 있다.
	2. 부속기기 선정	1. 반송기기 용량 계산하기	1. 열원기기와 공조기기의 열매체를 전달하기 위한 펌프, 송풍기의

실기 과목명	주요항목	세부항목	세세항목
			용량을 계산할 수 있다. 2. 시스템의 안정성과 경제적인 운전을 위하여 동력기기의 형식, 수량, 효율, 운전방식을 적용할 수 있다. 3. 반송기기의 카탈로그 및 성적서를 검토하여 장비의 적합여부를 판단할 수 있다.
		2. 부속기기 선정하기	1. 냉동공조 시스템을 구성하는 열원장비, 공조장비, 반송기기의 안전장치, 부속장치 등을 선정할 수 있다. 2. 부속기기의 카탈로그 및 성적서를 검토하여 장비의 적합여부를 판단할 수 있다.
	3. 설비인계인수	1. 준공도서 작성하기	1. 한글, 엑셀, CAD프로그램 등을 사용하여 준공도서를 작성할 수 있다. 2. 현장에서 설계 변경된 내용을 파악하고 관련 서류를 검토할 수 있다. 3. 설계 변경된 내용을 설계도면에 수정할 수 있다. 4. 준공 내역서를 작성할 수 있다. 5. 준공도서 중 인계문서 및 목록 등을 인수자와 협의할 수 있다.
		2. 준공 검사하기	1. 설계도서대로 적합하게 설치되었는지 판단할 수 있다. 2. 현장여건에 알맞게 설계가 변경되어 설치되었는지 판단할 수 있다. 3. 각종 설비의 작동성능이 적절한지 확인하고 체크리스트를 작성하고 체크할 수 있다. 4. 편치리스트에 확인하고 처리방법을 검토할 수 있다. 5. 시운전결과보고서를 검토하여 설비의 성능을 파악할 수 있다. 6. 시설물에 관련된 서류를 인계인수할 수 있다.
		3. 운전 교육하기	1. 장비 및 주요 설비 등이 준공과 동시에 유지관리 업무가 수행될 수 있도록 운전매뉴얼을 작성할 수 있다. 2. 설비의 운전자에 대한 운전교육계획서를 작성하고 계획에 따라 운전교육을 실시할 수 있다. 3. 각 시스템의 운영체계 및 장비의 특성을 파악하여 시스템 운용에 필요한 중요사항 및 안전사항을 확인시킬 수 있다. 4. 설비에 대하여 운전자가 매뉴얼에 따라 운영하고 소모품 교체시기 등을 파악하여 설비의 성능에 지장이 없도록 교육을 실시할 수 있다.
	4. 공사관리	1. 관련법규 파악하기	1. 냉동공조설비와 관련된 관계법규(산업안전보건 등)를 파악하고 검토할 수 있다. 2. 공구 및 기계장비의 위험요인을 파악하고 사고를 예방할 수 있다. 3. 산업안전보건기준에 따라 작업에 필요한 안전보호구를 선정하고 지급 및 관리할 수 있다. 4. 작업근로자의 안전한 작업을 위해 안전보호구의 착용여부를 감시할 수 있다. 5. 고압가스사용에 따른 가스 안전사고를 예방할 수 있다. 6. 용접 및 절단에 따른 화재 안전사고를 예방할 수 있다. 7. 안전관리비의 사용기준을 파악하고 적법하게 집행할 수 있다. 8. 관계법규에 따라 공사착공 및 준공검사를 받을 수 있다.
		2. 시공 관리하기	1. 전체공정표와 공종별 시공계획의 수립이 적합한지 검토하여 판단할 수 있다. 2. 공사 중 설치하는 과정을 감독하고 확인하여 시공상태가 설계도서와 일치하는지 판단하고 수정하도록 지시할 수 있다. 3. 검측 및 체크리스트를 작성하여 각 항목별 시공상태를 확인할 수 있다.

실기 과목명	주요항목	세부항목	세세항목
			4. 하도급 기준의 적합성 및 적정업체의 선정여부를 검토하여 판단할 수 있다. 5. 시공상세도 작성에 따른 현장과의 일치여부를 검토하고 판단할 수 있다. 6. 준공도면이 실제 시공된 대로 작성되었는지 확인하고 검토할 수 있다.
		3. 기자재 관리하기	1. 공정표에 따라 기자재수급계획이 적합한지 판단하고 검토할 수 있다. 2. 기자재수급 지연에 따른 공정지연이 발생하지 않도록 관리할 수 있다. 3. 발주 및 제작기간, 반입일정, 반입경로 등을 수립하고 적합한지 검토할 수 있다. 4. 기자재 반입에 따른 검수요청서를 작성하고 검수할 수 있다. 5. 기자재 수불부를 작성하여 자재투입현황을 파악하고 관리할 수 있다. 6. 공사현황을 파악하여 기자재의 청구서를 작성하고 관리할 수 있다. 7. 기자재수급계획서에 따라 기자재의 보관장소를 확보하고 품질을 유지하며 도난을 방지할 수 있다.
		4. 공정 관리하기	1. 총괄공정표 및 공종별 세부 공정표를 작성하고 검토할 수 있다. 2. 주기적으로 공사의 공정률을 확인하고 예정공정과 실시공정을 체크하여 관리할 수 있다. 3. 공정이 지연될 경우 원인을 파악하고 대책을 수립할 수 있다. 4. 공정률을 파악하여 공정률에 따른 기성지급 및 기성청구를 할 수 있다. 5. 공사에 관련된 협력업체를 선정하고 관리할 수 있다.
	5. 유지보수공사 및 검사 계획수립	1. 유지보수공사 관리하기	1. 계약, 공사관리, 공사업체관리, 보수공사의 체계를 수립할 수 있다. 2. 보수공사가 발생하면 현장과 요구사항을 체크하고 공사내용 도면, 시방서작성 등 내부검토를 할 수 있다. 3. 공사 예정가격을 품셈, 내부기준에 의거하여 공사 원가서를 작성하고 품의 및 계약할 수 있다. 4. 품질, 공정, 안전관리를 기본으로 착수(공사안전허가서, 계약이행보증증권, 산재보험), 시공(공정별 검사, 공사일지 작성, 주요부 사진촬영, 일일안전 점검), 완료(하자이행증권) 순으로 공사순서를 관리할 수 있다. 5. 공정관리계획을 수립하고 분야별 공정조정, 자재 및 장비 투입 적정성, 공종 간 선행, 동시, 연관공정 착수시점 등을 관리할 수 있다. 6. 유지보수공사의 자재확보, 공급시기 등 준비상태를 기록 및 관리할 수 있다. 7. 시공계획서, 주간공정표, 진행실적 등 보수공사 공정관리를 할 수 있다. 8. 공사완료 보고서를 작성하고 시공업체를 평가할 수 있다. 9. 사후관리시 하자확인, 하자보수요청, 설계도서. 시공도면, 각종 시험검사기록서 등 보수이력관리를 할 수 있다.
		2. 냉동기 정비·세관작업 관리하기	1. 압축식 냉동기의 가동시간, 부품의 소손 및 마모정도에 따라 오버홀 정비 공사를 할 수 있다. 2. 냉동기 기종에 따라 오버홀 정비, 세관공사, 일반정비로 구분하여 정기적인 정비 계획을 수립할 수 있다. 3. 흡수식 냉동기는 직접가열식인 경우 가동시간, 버너 성능측정에 따라 오버홀 정비 공사를 할 수 있다.

실기 과목명	주요항목	세부항목	세세항목
		3. 보일러 정비·세관작업 관리하기	4. 응축기 코일 및 냉각수 계통에 대하여 스케일 생성여부에 따라 기계식 세관, 화학 세관을 정기적으로 수행할 수 있다. 5. 압축식 냉동기일 경우 냉매필터, 오일필터, 냉동유를 주기적으로 교체할 수 있다. 6. 냉동기 가동시간, 제품설명서에 의해 냉매를 주기적으로 충전할 수 있다. 7. 흡수식 냉동기인 경우 냉매, 흡수제 등을 가동시간, 제품설명서에 따라 주기적으로 교체할 수 있다. 8. 흡수식 냉동기인 경우 냉매순환펌프 등의 가동상태를 점검하여 성능저하 시 부품 등의 교체 및 보수를 할 수 있다. 9. 압축식 고압 냉동기 중 기준용량을 초과할 경우 고압가스법에 의거 해당관청에 설치신고를 하고 완성검사에 합격 후 자율 및 정기검사를 수행할 수 있다. 1. 증기보일러의 경우, 에너지합리화법에 의거 최초설치검사후 정기적으로 계속사용안전검사를 준비 및 수검할 수 있다. 2. 보일러 개방검사시 주요기기 등을 분해하여 보일러 내부 튜브 상태 등 스케일 및 부속장치 이상 유무를 확인할 수 있다. 3. 보일러 성능검사시 운전검사를 통하여 효율을 측정한 후 기준보다 효율이 저하되면 노후 대체할 수 있다. 4. 압력용기인 냉.온수 배관의 밀폐형 팽창탱크 설치시 산업안전공단에서 시행하는 완성검사 및 정기검사에 대비할 수 있다.
		4. 검사 관리하기	1. 냉동기 및 보일러 물탱크에 대하여 청소 및 위생검사를 정기적으로 수행할 수 있다. 2. 보일러 및 냉온수기에 공급되는 도시가스 설비 설치시 공급자 자체검사 및 가스안전공사 완성검사에 합격하고 매년 정기검사를 수행할 수 있다. 3. CO_2 측정 및 실내 공기질 측정, 소방검사, 경유연료 사용시 위험물 관리법 검사 등을 수행할 수 있다. 4. 검사, 성능 측정시 법적 기준 유지를 위해 보수정비 공사를 할 수 있다. 5. 폐수/폐기물 발생시 대장에 기록하고 허가업체에 위탁처리할 수 있다. 6. 각종 검사 후 교부받은 합격, 검사필증을 문서관리 규정에 의거하여 관리할 수 있다.
		5. 시운전하기	1. 각 장치별 및 부속설비에 대해 시운전 기준 및 지침서를 작성하고 시운전을 할 수 있다. 2. 최초 설계도서 및 제작성능 시험성적서를 참고하여 항목별 측정범위와 기준치에 의거하여 측정값을 기록할 수 있다. 3. 위험설비를 시운전할 경우 시운전자는 사고예방을 위하여 안전장구를 착용한 후 시운전을 할 수 있다. 4. 가동설비를 시운전할 경우 안전을 고려하여 담당자 등 시운전 관계자 외 출입을 제한할 수 있다. 5. 각 장치별 시운전 전,중,후 점검항목을 작성하고 활용할 수 있다. 6. 각 장치별 시운전 후 각종 장비류를 원상태로 정리정돈할 수 있다. 7. 장비의 교체, 보수공사가 끝난 후, 성능 평가를 위하여 평가표를 작성할 수 있다.
	6. 보일러설비 유지보수공사	1. 보일러설비 유지보수 공사 검토하기	1. 법정 제조사 내구연한을 조사하고, 보수공사 기준, 공사 매뉴얼, 절차서 등을 파악할 수 있다. 2. 보일러 및 부속설비는 사용연수, 가동시간을 기록하고, 각 장치별

실기 과목명	주요항목	세부항목	세세항목
			성능저하, 마모, 기능불량 발생 시 보수공사를 검토한 후 추진할 수 있다. 3. 보일러 본체 및 부속설비의 법정 제조사 내구연한을 참고하여 기한도래, 성능저하시 교체할 수 있다. 4. 난방부하, 급탕부하, 배관부하, 예열부하를 고려하여 보일러 정격출력의 용량선정을 할 수 있다. 5. 사용처별 열부하를 계산하여 작성하고, 각 기기별 용량선정과 관경을 결정할 수 있다. 6. 보수공사 대상 장치, 기기류의 기능과 역할을 이해하고 사양을 결정할 수 있다. 7. 열사용설비의 전체계통을 파악하고, 단위별 시공 상세 도면을 작성할 수 있다. 8. 각 공사 단위별 품셈에 의한 물량산출 및 단가조사를 통해 공사원가를 산출할 수 있다.
		2. 보일러설비 유지보수공사 관리하기	1. 열설비의 각 단위별 시방서 및 공사 절차서를 작성할 수 있다. 2. 공사도면, 시방서, 공사범위 등 과업내용에 대하여 현장설명을 할 수 있다. 3. 공사방법과 공사일정을 수립하고, 작업시 주의사항에 대해 설명할 수 있다. 4. 공정표에 의해 공사관리 감독을 수행하고, 안전관리 계획에 의한 위험요소를 발견하여 제거할 수 있다. 5. 열설비 유지보수공사 후 성능을 검수할 수 있다. 6. 공사 준공 후 하자관리를 할 수 있다.
	7. 냉동설비 유지보수공사	1. 냉동설비 유지보수공사 검토하기	1. 법정, 제조사 내구연한을 조사하고, 보수공사 기준, 공사 매뉴얼, 절차서 등을 파악할 수 있다. 2. 냉동기 및 부속설비는 사용연수, 가동시간을 기록하고, 각 장치별 성능저하, 마모, 기능불량 발생 시 보수공사를 검토한 후 추진할 수 있다. 3. 냉동기 본체 및 부속설비의 법정, 제조사 내구연한을 참고하여 기한도래, 성능저하시 교체할 수 있다. 4. 실내부하, 외기부하, 기타부하를 고려하여 냉동기 정격출력의 용량선정을 할 수 있다. 5. 사용처별 열부하를 계산하여 작성하고, 각 기기별 용량선정과 관경을 결정할 수 있다. 6. 보수공사 대상 장치, 기기류의 기능과 역할을 이해하고 사양을 결정할 수 있다.
		2. 냉동설비 유지보수공사 관리하기	1. 냉동설비의 각 단위별 시방서 및 공사 절차서를 작성할 수 있다. 2. 공사도면, 시방서, 공사범위 등 과업내용에 대하여 현장설명을 할 수 있다. 3. 공사방법과 공사일정을 수립하고, 작업시 주의사항에 대해 설명할 수 있다. 4. 냉동설비 유지보수공사 관리감독을 수행할 수 있다. 5. 냉동설비 유지보수공사 공정관리를 수행할 수 있다. 6. 냉동설비 유지보수공사 위험요소 제거 및 안전관리를 수행할 수 있다. 7. 냉동설비 유지보수공사 후 성능확인 및 시운전을 할 수 있다. 8. 냉동설비의 전체계통을 파악하고, 단위별 시공 상세 도면을 작성할 수 있다. 9. 각 공사 단위별 품셈에 의한 물량산출 및 단가조사를 통해 공사

실기 과목명	주요항목	세부항목	세세항목
	8. 공조설비 유지보수공사	1. 공조설비 유지보수공사 검토하기	원가를 산출할 수 있다. 10. 공사준공 후 하자관리를 할 수 있다. 1. 법정, 제조사 내구연한을 조사하고, 보수공사 기준, 공사 매뉴얼, 절차서 등을 파악할 수 있다. 2. 공조기 및 부속설비는 사용연수, 가동시간을 기록하고, 각 장치별 성능저하, 마모, 기능불량 발생 시 보수공사를 검토한 후 추진할 수 있다. 3. 공조기 본체 및 부속설비의 법정, 제조사 내구연한을 참고하여 기한도래, 성능저하시 교체할 수 있다. 4. 실내부하, 외기부하를 고려하여 공조기 정격출력의 용량선정을 할 수 있다. 5. 사용처별 부하계산서를 작성하고, 공조방식과 기기별 용량선정 및 관경을 결정할 수 있다. 6. 보수공사 대상 장치, 기기류의 기능과 역할을 이해하고 사양을 결정할 수 있다. 7. 공조기의 전체계통을 파악하고, 단위별 시공 상세 도면을 작성할 수 있다. 8. 각 공사 단위별 품셈에 의한 물량산출 및 단가조사를 통해 공사원가를 산출할 수 있다.
		2. 공조설비 유지보수공사 관리하기	1. 공조 부속설비의 각 단위별 시방서 및 공사 절차서를 작성할 수 있다. 2. 공사도면, 시방서, 공사범위 등 과업내용에 대하여 현장설명을 할 수 있다. 3. 공사방법과 공사일정을 수립하고, 작업 시 주의사항에 대해 설명할 수 있다. 4. 공조기 단위별 교체, 보수 공사 항목을 분류하여 공사할 수 있다. 5. 공정표에 의해 공사관리 감독을 수행하고, 안전관리 계획에 의한 위험요소를 발견하여 제거할 수 있다. 6. 공사완료 후 준공관련서류를 통하여 하자관리를 할 수 있다.
	9. 배관설비 유지보수공사	1. 배관설비 유지보수공사 검토하기	1. 내구연한을 조사하고, 보수공사 기준, 공사 매뉴얼, 절차서 등을 파악할 수 있다. 2. 배관공사는 내구연한을 파악하고 재질과 관에 흐르는 유체의 성질에 따라 교체 및 보수공사를 결정할 수 있다. 3. 사용설비 부하용량에 맞는 배관의 관경을 결정할 수 있다. 4. 배관도면 해독 및 배관적산 방법, 공사비구성 등을 파악할 수 있다. 5. 배관재질, 구경, 사용압력, 사용온도, 용도에 따라 배관의 접합방법을 결정할 수 있다.
		2. 배관설비 유지보수공사 관리하기	1. 각 공사의 단위별 품셈에 의한 물량산출 및 단가조사를 통해 공사원가를 산출할 수 있다. 2. 배관설비 전체계통 파악하여 시방서 및 절차서, 시공 상세 도면을 작성할 수 있다. 3. 공사도면, 시방서, 공사범위 등 과업내용을 현장 설명할 수 있다. 4. 공사계획을 수립하고, 공정별 고려사항을 확인할 수 있다. 5. 배관계통에 설치하는 각종 기기류의 기능과 역할 및 사양을 파악하고, 설치방법과 주의사항을 고려하여 유지보수공사를 수행할 수 있다. 6. 공정표에 의해 공사 감독을 수행하고, 안전관리 계획에 의한 위험요소를 발굴 및 제거할 수 있다. 7. 공사완료 후 준공관련서류를 통하여 하자관리를 할 수 있다.

실기 과목명	주요항목	세부항목	세세항목
	10. 덕트설비 유지보수공사	1. 덕트설비 유지보수공사 검토하기	1. 내구연한을 조사하고, 보수공사 기준, 공사 매뉴얼, 절차서 등을 파악할 수 있다. 2. 내구연한을 파악하고, 덕트의 재질과 두께에 따라 교체 및 보수공사를 결정할 수 있다. 3. 풍량과 마찰손실에 따른 덕트관경 및 장방형 덕트의 상당직경을 결정할 수 있다. 4. 도면해독 및 덕트전산 방법, 공사비구성 등을 파악하고 활용할 수 있다. 5. 덕트계통에 설치하는 가공 기기류의 기능과 역할을 파악하고 사양을 결정할 수 있다.
		2. 덕트설비 유지보수공사 관리하기	1. 덕트계통에 설치하는 각종 기기류의 설치방법 및 주의사항 등을 고려하여 유지보수공사를 수행할 수 있다. 2. 덕트이음시 모서리 세로움, 피츠버그록, 플랜지 이음과 형상보강 등을 사용할 수 있다. 3. 덕트의 형태를 변형하는 경우에는 적정 각도를 파악하고 적정치 이상일 경우 가이드 베인을 설치할 수 있다. 4. 각 공사 단위별 품셈에 의한 물량산출 및 단가조사 통해 공사원가를 산출할 수 있다. 5. 덕트설비 전체계통 파악하고 시방서 및 절차서, 시공 상세 도면을 작성할 수 있다. 6. 공사도면, 시방서, 공사범위 등 과업내용을 현장에 설명할 수 있다. 7. 공사계획을 수립하고, 덕트설치 고려사항에 대하여 파악할 수 있다. 8. 공정표에 의해 공사 감독을 수행하고, 안전관리 계획에 의한 위험 요소를 발굴 제거할 수 있다. 9. 공사완료 후 준공서류 등 하자관리를 할 수 있다.
	11. 운영안전관리	1. 안전보건관리하기	1. 산업안전보건법 기준에 따라 작업장내의 안전관리 기준을 설정하고 위험요인을 파악하여 조치할 수 있다. 2. 산업안전보건 기준에 따라 안전작업 기준을 정기, 수시로 확인, 보완할 수 있다. 3. 산업안전보건 기준에 따라 작업 전, 중, 후 점검을 수행할 수 있다. 4. 산업안전보건 기준에 따라 안전보호구를 선정할 수 있다.
		2. 분야별안전관리하기	1. 보일러 및 흡수식냉동기의 경우 도시가스법 안전관리규정에 의해 관리할 수 있다. 2. 도시가스 안전관리는 가스사용시설 및 기술기준에 의거하여 자율점검표 등을 통해 누출여부를 점검 및 관리할 수 있다. 3. 고압압축식 냉동기의 경우 고압가스 안전관리계획서에 의거하여 관리할 수 있다. 4. 고압 냉동기의 경우 안전기기류 정상 작동 여부를 확인하고 점검표에 의해 적부를 판단하여 부적합사항에 대해 조치할 수 있다. 5. 보일러, 온풍기 열원으로 사용되는 경유, 석유 연료의 저장량이 지정수량 이상일 때는 해당소방서에 위험물 취급허가를 받아 안전관리 할 수 있다. 6. 화재안전기준에 따라 인화점, 착화점 등 특성에 맞는 소화설비를 설치하고 예방, 진압, 대피, 인명구조 등 교육 및 소화활동을 할 수 있다. 7. 고압 냉동기의 경우 고전압, 전기안전에 특히 주의하고, 각 배선의 피복상태를 점검하고 누전상태를 점검 및 관리할 수 있다.
	12. 원가관리	1. 원가관리하기	1. 관련 기준에 다른 원가계산서를 작성할 수 있다.

실기 과목명	주요항목	세부항목	세세항목
	13. 에너지관리	2. 설계 VE 검토하기	2. 설계변경, 에스컬레이션등의 원가를 관리할 수 있다. 1. 설계 도서를 바탕으로 개선된 시스템 방안을 제시할 수 있다. 2. 산출된 공사비를 바탕으로 원가절감 방안을 제안할 수 있다. 3. 신기술 사례를 분석하여 성능개선 방안을 제시할 수 있다.
		1. 단열성능관리하기	1. 무기질 보온재, 유기질 보온재의 특징을 확인하고 고온유체, 저온유체 열이동과 보온, 보냉, 방로 시공 등을 분류할 수 있다. 2. 단열재 용도별, 재료별 성능(KS)을 파악하여 확인하고, 유체 특성에 맞게 재료를 구분할 수 있다. 3. 단열재 종류별 취급, 보관할 수 있다. 4. 단열재 철거, 폐기 시 종류별로 폐기물을 분류하고 처리 절차를 수행할 수 있다.
		2. 에너지사용량 분석하기	1. 계측기 보전사항을 파악하고, 정기 및 일상검사를 통하여 에너지 사용량을 확인할 수 있다. 2. 시간대별, 일일, 월별, 계절별, 년간, 년도별로 에너지 사용량을 검침하여 집계 분석할 수 있다. 3. 유사 건물과 유사 장비별로 비교 검증하여 에너지별 단위를 통합 TOE로 환산 분석할 수 있다. 4. 에너지 다소비 사업장일 경우 주기적으로 전문기관에 에너지 진단을 의뢰할 수 있다.
		3. 냉각수, 냉수, 증기사용량 분석하기	1. 냉동 싸이클, 냉수, 냉각수 라인 및 전체 배관계통을 파악하고 배관구경을 산출할 수 있다. 2. 냉수 온도의 상승과 하강에 따라 일어나는 냉동부하의 변화를 파악할 수 있다. 3. 증기압력의 상승과 하강에 일어나는 사용처 부하의 변화를 파악할 수 있다. 4. 증기배관라인 응축수가 있는지 확인하고 증기 감압시스템, 증기 트랩장치, Air Vent 설치 등을 통하여 문제를 해결할 수 있다. 5. 냉각수, 냉수, 증기량을 측정, 산출하여 유량의 과부족이 확인될 경우 개선방안을 도출할 수 있다. 6. 냉각수, 냉수 펌프의 성능곡선을 파악하여, 펌프 유량, 양정, 동력의 과부족이 확인될 경우 개선방안을 도출할 수 있다.
		4. T.A.B 공사하기	1. 설계도면, 계산서 및 설계 참고자료 등을 활용하여 에너지 원가분석을 할 수 있다. 2. 설치된 공조 및 열원설비 계통을 토대로 T.A.B 보고서 양식에 각 장비의 사양 등을 기록할 수 있다. 3. T.A.B 보고서를 작성하여 시험조정, 평가 작업을 준비할 수 있다. 4. 공조 및 열원설비의 각 계통이 시공도면 및 장비 제작사의 규격에 나타난 사항과 일치하는지 확인할 수 있다. 5. 공조 및 열원설비에 전원이 올바르게 공급되고 전력을 측정할 수 있는지 확인할 수 있다. 6. 공조 및 열원설비의 공급계통, 분배계통을 시험을 통하여 조정하고, 자동제어 계통을 점검할 수 있다. 7. 각종 장비의 입·출구 및 사용처의 온·습도 측정과 소음측정 등을 할 수 있다. 8. 점검된 사항과 조치된 사항을 분석하여 종합보고서를 작성할 수 있다.

공조냉동기계 기사 필기
CONTENTS

기본이론 냉동공학 및 공기조화 기초

제 1 장 유체역학 기초 ········· 003

제 01 과목 에너지 관리

제 1 단원 공기조화 ········· 035
제 1 장 공기조화 ········· 035
제 2 장 공기의 상태 ········· 041
연습문제 ········· 048
제 3 장 습공기 선도 ········· 053
연습문제 ········· 059
제 4 장 공기조화 설비방식 ········· 064
연습문제 ········· 079
제 5 장 공조기기 ········· 086

제 2 단원 TAB (Test, Adjusting and Balancing) ············ 108

제 1 장 공업계측 및 전기전자제어 ············ 108

실전예상문제 공업계측 ············ 125
실전예상문제 유량계측 ············ 143
실전예상문제 압력계측 ············ 159
실전예상문제 액면계측 ············ 167
실전예상문제 가스의 분석 및 계측 ············ 179

제 3 단원 보일러 설비 ············ 183

제 1 장 난 방 ············ 183

연습문제 ············ 202

제 02 과목 공조냉동설계

제 1 단원 냉 동 ············ 215

제 1 장 냉동이론 및 단위 ············ 215

연습문제 ············ 230

제 2 장 냉 매 ············ 235

연습문제 ············ 250

제 3 장 증기선도 ············ 257

연습문제 ············ 272

제 4 장 압축기 ·· 276
연습문제 ·· 287
제 5 장 응축기 및 냉각탑 ·· 292
연습문제 ·· 301
제 6 장 증발기 ·· 305
연습문제 ·· 321
제 7 장 팽창밸브 ·· 326
연습문제 ·· 335
제 8 장 기타 기기 ·· 338
연습문제 ·· 358
제 9 장 제어기기 ·· 367

제 2 단원 열역학 ·· 375
제 1 장 서 론 ·· 375
제 2 장 열의 기본 개념 및 정의 ·· 376
연습문제 ·· 390
제 3 장 일과 열 ·· 393
연습문제 ·· 399
제 4 장 열역학 제 1 법칙 ·· 405
연습문제 ·· 417

제 5 장 완전가스(이상기체) ... 423
연 습 문 제 ... 453

제 6 장 열역학 제 2 법칙 ... 476
연 습 문 제 ... 494

제 7 장 기체 압축기 ... 506
연 습 문 제 ... 511

제 8 장 내연기관 사이클 ... 519
연 습 문 제 ... 531

제 9 장 증 기 ... 536
연 습 문 제 ... 531

제 10 장 증기원동소 사이클 ... 552
연 습 문 제 ... 561

제 11 장 냉동 사이클 ... 567
연 습 문 제 ... 574

제 3 과목 시운전 및 안전관리

제 1 단원 전기 ··· 585
제 1 장 기초 전기공학 ·· 585
제 2 장 교류회로 ·· 597
제 3 장 전기기기 ·· 635

제 2 단원 시퀀스제어 ·· 686
제 1 장 시퀀스제어 ·· 686
제 2 장 PLC (Programmable Logic Controller) ·· 693
연 습 문 제 ··· 696
연 습 문 제 ··· 701

제 3 단원 제어기기 및 회로 ·· 708
연 습 문 제 ··· 715

제 4 단원 안전관리 ·· 734
연 습 문 제 ··· 746
연 습 문 제 ··· 764

제 4 과목 유지 보수 공사 관리

제 1 단원 배관재료 및 공작 ·· 775

제 1 장 배관재료 ··· 775
연 습 문 제 ··· 790

제 2 단원 배관 관련 설비 ·· 792

제 1 장 배관의 이음 및 신축이음 ······································ 792
연 습 문 제 ··· 797
제 2 장 밸브 및 배관지지 ··· 799

공조냉동기계 기사 예상문제

제 1 회 예상문제 ··· 811
제 2 회 예상문제 ··· 828
제 3 회 예상문제 ··· 846
제 4 회 예상문제 ··· 863

공조냉동기계 기사 기출문제

제 1 회 기출문제(2022.03.05.) ··· 883

기본이론

냉동공학 및 공기조화 기초

제 1 장 유체역학 기초

❶ 뉴턴의 운동 법칙

뉴턴의 운동 법칙 에는 운동 제1법칙, 운동 제2법칙,운동 제3법칙이 있다.

① 뉴턴의 운동 제1법칙 은 관성의 법칙이라고하며 관성은 외부로부터 물체에 어떤 힘이 작용하지 않는 한, 그 물체가 자신의 운동 상태를 계속해서 유지하려고 하는 성질이다.

② 뉴턴의 운동 제2법칙은 힘과 가속도의 법칙이라고하며 힘과 가속도는 물체의 운동 상태는 물체에 작용하는 힘의 크기와 방향에 따라 변하며 이와 같은 운동 상태의 변화(속도의 변화)를 가속도라고 한다.

③ 뉴턴의 운동 제3법칙 작용과 반작용의 법칙이라고하며 작용과 반작용은 밀고 당기는 힘은 두 물체 사이에 일어나는 상호 작용이다.

1. 유체의 정의

물질은 유체(fluid)와 고체(solid)로 구분하며 유체는 액상(liquid)과 기상(gas)로 구분되나 보통 액상을 액체, 기상을 기체라고도 한다. 유체역학에서는 마찰력(전단력)으로 발생되는 물질입자의 상대변위의 크기와 흐름으로 고체와 유체를 분류한다. 즉, 고체는 마찰력(전단력)이 작용하면 비교적 작은 변형을 한 후 물질 내부의 응력(전단응력)이 외력과 평형을 이룬 상태에서 정지하지만 유체는 아무리 작은 전단력이라도 작용하면 변형을 일으키며 마찰력이 없어지지 않는 한 계속해서 변형한다(흐름발생). 따라서 유체의 정의는 다음과 같다.

> 아무리 작은 마찰력(전단력)이라도 존재하면 연속적으로 변형하는 물질이다.

2. 연속체(Continum)

물질에서 고체의 응집력이 가장 크고 액체는 분자간의 응집력이 기체보다 커서 통계적 특성이 유지되어 하나의 연속물질로 취급하여 액체분자의 거동을 해석할 수 있지만 기체의 분자는 무질서한 운동을 하면서 분자 상호간에 또 용기의 벽면과 충돌한다. 이와 같이 분자운동을 하면서 기체 전체는 어떤 유동을 갖는데 기계 공학에서는 분자 개개의 운동보다는 유체 전체의 평균 거동을 해석한다. 즉, 유체를 하나의 등방성 질량체로 해석하여 연속체로 가정한다. 즉, 분자운동의 통계적 특성이 보존되는 경우이며 유체 분자 전체의 운동으로 인한 평균효과를 다루는 학문을 연속체라고 한다. 유체를 연속체로 취급할 수 있는 조건은 다음과 같다.

■ 분자간의 거리
분자의 평균자유행로(molecular mean free path)가 물체의 대표길이
(용기의 치수, 관의 지름 등)에 비해 매우 작은 경우(1% 미만)

■ 충돌과 충돌사이에 소요되는 시간
충돌간의 소요 시간이 짧아서 통계적 특성이 보존되는 경우

■ 분자간의 큰 응집력이 작용하는 유체

3. 유체의 분류

(1) 압축성에 따른 분류

■ 압축성 유체(compressible fluid)
유체에 힘이나 압력이 가해졌을 때 밀도, 비체적 등의 성질의 변화를 쉽게 일으키는 유체
(예 기체, 고속의 강제흐름)

■ 비압축성 유체(incompressible fluid)
유체에 힘이 가해졌을 때 밀도, 비체적 등의 성질의 변화를 무시할 수 있는 유체
(예 상온의 액체, 저속의 자유흐름)

☞ 물의 밀도가 $102\,[kg_f s^2/m^4]$, $1000\,[kg_m/m^3]$ 또는 비중량이 $1000\,[kg_f/m^3]$, $9800\,[N/m^3]$이라는 것은 상수이므로 비압축성이라는 것이고 압력이나 힘에 따라

값이 변하면 압축성 유체라고 생각하면 편리하다.

(2) 점성에 따른 분류

♣ 비점성 유체

마찰의 원인인 점성이 없는 유체 (예 이상유체)

이상유체 : 점성이 없는 비압축성 유체로서 실제로는 존재하지 않는 유체

♣ 점성 유체

점성이 있는 유체로서 뉴톤유체와 비뉴톤유체로 구분한다. 뉴톤유체는 점성이 일정한 유체를 말하며 비뉴톤유체는 점성이 일정하지 않은 유체이다.

☞ 이상유체와 이상기체는 성질상 전혀 다르므로 혼동하면 안 된다. 이상기체는 다음에 언급하기로 한다.

4. 단위와 차원(Units and Dimensions)

(1) 단위

모든 물리량의 크기는 일정한 기본적인 크기(기준량)를 정해 놓고 기준량과의 비로서 표시하는 데 이 기준 양을 단위라고 한다.

♣ 기본 단위

물리적 현상을 다루는 데 필요한 기본량 즉, 질량 또는 힘, 길이, 시간 등의 단위를 기본 단위라고 하며 질량을 기본 단위로 택하는 경우를 절대 단위계, 힘을 기본 단위로 택하는 경우를 중력 단위계 또는 공학 단위계라고 한다. 즉, 중력 단위계의 기본단위는 힘, 길이, 시간이며 절대 단위 계의 기본단위는 질량, 길이, 시간이다.

♣ 유도 단위

기본 단위를 조합하여 만들어지는 모든 단위 예를 들면 면적, 속도, 밀도, 에너지 등의 단위는 유도 단위라고 한다. 절대 단위계에서는 힘의 단위가 유도단위이고 중력 단위계에서는 질량이 유도 단위로 된다.

표 1·1 기본단위와 유도단위

단위계	기 본 단 위	유 도 단 위
중력	kg_f m s	$kg_f m$, kg_f/m^2 등
절대	kg_m m s	N , N m , N/m^2 등

힘은 중력단위계에서는 단위가 kg_f로서 기본단위이나 절대단위계에서는 N = kg_m·m/s이므로 유도단위이다.

조립 단위

단위 사용을 편리하게 하기 위한 접두어

표 1·2 조립단위

10^{12}	T(tera)	10^{-2}	c(centi)
10^9	G(giga)	10^{-3}	m(milli)
10^6	M(mega)	10^{-6}	μ(micro)
10^3	k(kilo)	10^{-9}	n(nano)
10^2	h(hecto)	10^{-12}	p(pico)
10^1	da(deka)	10^{-15}	f(femto)
10^{-1}	d(deci)	10^{-18}	a(atto)

(2) 단위계

CGS 단위계

길이, 질량, 시간의 기본 단위를 cm, g, sec로 하여 물리량의 단위를 유도하는 단위계

MKS 단위계

길이, 질량, 시간의 기본 단위를 m, kg, sec로 하여 물리량의 단위를 유도하는 단위계

(3) 차원

단위계에는 중력 단위계와 절대 단위계가 있는데 각각 기본 단위의 조합을 차원이라고 하며 절대 단위계의 차원을 MLT계 차원, 중력단위계의 차원을 FLT 차원이라고 한다.

✠ MLT계 차원

질량(M), 길이(L), 시간(T)을 기본차원으로 한다.

✠ FLT계 차원

힘(F), 길이(L), 시간(T)을 기본차원으로 한다.

표 1·3 각종 물리량의 차원

물리량\차원	FLT 계	MLT계	물리량\차원	FLT 계	MLT 계
힘	F	MLT^{-2}	밀 도	$FL^{-4}T^2$	ML^{-3}
길 이	L	L	운 동 량	FT	MLT^{-1}
질 량	$FL^{-1}T^2$	M	토 오 크	FL	ML^2T^{-2}
시 간	T	T	압 력	FL^{-2}	$ML^{-1}T^{-2}$
면 적	L^2	L^2	동 력	FLT^{-1}	ML^2T^{-3}
속 도	LT^{-1}	LT^{-1}	점 성 계 수	$FL^{-2}T$	$ML^{-1}T^{-1}$
각 속 도	T^{-1}	T^{-1}	동점성 개수	L^2T^{-2}	L^2T^{-1}
비 중 량	FL^{-3}	$ML^{-2}T^{-2}$	에너지, 일	FL	ML^2T^{-2}

(4) 그리스문자

그리스 문자		발 음	그리스 문자		발 음
A	α	Alpha(알파)	N	ν	Nu(뉴)
B	β	Beta(베타)	Ξ	ξ	Xi(크사이)
Γ	γ	Gamma(감마)	O	o	Omicron(오티론)
Δ	δ	Delta(델타)	Π	π	Pi(파이)
E	ε	Epsilon(입실론)	P	ρ	Rho(로)
Z	ζ	Zeta(지타)	Σ	σ	Sigma(시그마)
H	η	Eta(이타)	T	τ	Tau(타우)
Θ	θ	Theta(시타)	Y	υ	Upsilon(윕실론)
I	ι	Iota(요타)	Φ	φ	Phi(피)
K	κ	Kappa(카파)	X	χ	Chi(카이)
Λ	λ	Lambda(람다)	Ψ	ψ	Psi(프사이)
M	μ	Mu(뮤)	Ω	ω	Omega(오메가)

EX 01 질량의 차원을 MLT와 FLT계로 표시하여라.

해설 : $kg_m \to [M]$

$$kg_m \to \frac{kg_f S^2}{m} \to [FL^{-1}T^2]$$

EX 02 30[N]의 힘으로 2[m] 만큼 수평거리를 이동시켰을 때의 일을 [J], [kg·m], [erg]로 나타내어라.

해설 : $30 \times 2 = 60[N \cdot m] = 60[J]$

$$30\frac{1}{9.8} \times 2 = 6.12[kg \cdot m]$$

$1[erg] = 1[dyne \cdot cm]$

$1[N] = 10^5[dyne]$

$$60[N \cdot m]\frac{10^5[dyne]}{1[N]} \times 100 = 6 \times 10^8[dyne \cdot cm] = 6 \times 10^8[erg]$$

EX 03 밀도의 MLT와 FLT 차원은?

해설 : $kg_m/m^3 \to [ML^{-3}]$

$$kg_m \to \frac{kg_f S^2}{m \, m^3} \to kg_f \cdot s^2/m^4 \to [FL^{-4}T^2]$$

5. 비중량, 밀도, 비체적, 비중

(1) 비중량(Specific weight), [γ]

단위 체적이 갖는 유체의 중량을 비중량이라고 한다.

$$\gamma = \frac{W}{V} = \rho g \quad (W : \text{유체의 중량}, \ g : \text{중력가속도})$$

$$\frac{kg_f}{m^3} = \frac{kg_m}{s^2}\frac{m}{m^3} = \frac{kg_m}{s^2 m^2}$$

$$[FL^{-3}] = [ML^{-2}T^{-2}]$$

표준기압, 4°C의 순수한 물의 비중량은 $1,000\,[\text{kg}_f/\text{m}^3]\,(9800\,[\text{N}/\text{m}^3])$이다.

(2) 밀도(Density), [ρ]

단위 체적의 유체가 갖는 질량을 밀도라고 한다.

$$\rho = \frac{m}{V} \quad (m: \text{질량},\ V: \text{체적})$$

$$\frac{\text{kg}_m}{\text{m}^3} = \frac{\text{kg}_f\ \text{s}^2}{\text{m}\ \text{m}^3} = \frac{\text{kg}_f\ \text{s}^2}{\text{m}^4}$$

$$[ML^{-3}] = [FL^{-4}T^2]$$

물의 밀도를 기준으로 $102\,[\text{kg}_f\,\text{s}^2/\text{m}^4] = 1000\,[\text{kg}/\text{m}^3]$

(3) 비체적(Specific volume), [v_s]

✚ 절대 단위계

단위 질량의 유체가 갖는 체적

$$v_s = \frac{V}{m} = \frac{1}{\rho}$$

✚ 중력 단위계

단위 중량의 유체가 갖는 체적

$$v_s = \frac{V}{W} = \frac{1}{\gamma}$$

단, 차원은 절대 단위계로 한다 $[M^{-1}L^3]$.

(4) 비중(specific gravity), [S]

같은 체적을 갖는 물의 질량(m_w) 또는 중량(W_w)에 대한 어떤 물질의 질량(m) 또는 중량(W)의 비를 말하며 무차원(dimensionless number)이다.

$$S = \frac{m}{m_w} = \frac{W}{W_w} = \frac{\rho}{\rho_w} = \frac{\gamma}{\gamma_w}$$

ρ_w : 물의 밀도

γ_w : 물의 비중량

$\gamma = 1000\,S[\,kg_f/m^3\,] = 9800\,S[\,N/m^3\,]$

$\rho = 102\,S[\,kg_f S^2/m^4\,] = 1000\,S[\,NS^2/m^4\,]$

6. 점성(Viscosity)

유체입자와 입자사이 혹은 유체와 고체면 사이에 상대운동이 생길 때 이 상대 운동을 방해하는 마찰력 즉, 상대운동을 유발하는 외력에 저항하는 전단력이 생기게 하는 성질을 점성이라고 한다. 점성은 인접한 유체층 사이에 상대운동이 존재할 때 분자간의 응집력과 분자의 운동에 기인하는데 액체의 경우는 분자간의 응집력, 기체의 경우는 분자의 운동, 즉 운동에 너지가 주된 원인이 된다. 따라서 액체는 온도가 상승하면 점성이 감소하는 경향이 있으나 기체는 온도와 더불어 점성이 증가한다.

(1) Newton의 점성법칙

그림 1·1에서 두 평행한 평판 사이에 점성유체가 있을 때 이동평판에 수평력 F를 작용하여 속도 u로 운동시키면 힘 F는 이동평판의 면적 A와 이동평판의 속도 u에 비례하고 두 평판 사이의 수직거리 Δy에 반비례한다는 사실이 실험에 의하여 입증되었다.

[그림 1·1 newton의 점성법칙]

$$F \propto A \cdot \frac{u}{\Delta y}$$

식은 다음과 같이 쓸 수 있다.

$$\frac{F}{A} \propto \frac{u}{\Delta y}$$

$$\tau = \frac{F}{A} = \mu \frac{u}{\Delta y}$$

μ : 절대점성계수(absolute viscosity)

τ : 벽에서의 수직거리의 전단응력

$\frac{u}{\Delta y}$: 속도구배 또는 각 변형속도

즉, Newton의 점성법칙은 유체 내에서 발생하는 전단응력은 점성계수(μ)에 비례하며 유체의 속도구배(각 변형속도)에 비례한다. 또한 뉴턴 유체는 이 관계를 만족하며 점성계수가 상수인 유체이다. 뉴턴 유체를 그림으로 표시하면 그림 1·2와 같다. 그러나 그림 1·2는 Δy가 극히 작을 시에 성립하며 실제 유체에서는 구배가 있음을 실험을 통해 알 수 있다.

$$\tau = \mu \cdot \left(\frac{du}{dy}\right)$$

τ : $h = y$인 지점의 전단응력

$\left(\frac{du}{dy}\right)$: $h = y$인 지점에서의 속두구배

[그림 1·2 유체의 종류]

(2) 점성계수(Absolute viscosity)의 차원과 단위

뉴턴의 점성법칙에서 점성계수 μ는

$$\mu = \frac{\tau}{(du/dy)}$$

따라서, 점성계의 차원은 다음과 같다.

✥ FLT계 차원

$$\mu = \frac{[FL^{-2}]}{[LT^{-1}]/[L]} = [FL^{-2}T]$$

✥ MLT계 차원

$$\mu = \frac{[ML^{-1}T^{-2}]}{[LT^{-1}]/[L]} = [ML^{-1}T^{-1}]$$

✥ 점성계수의 단위

$[kg_f \cdot sec/m^2], [N \cdot sec/m^2], [dyne \cdot sec/cm^2], [lb_f \cdot sec/ft^2]$

$[kg/m \cdot sec], [g/cm \cdot sec]$

이들 단위의 관계는 다음과 같다.

$1[P] = 1[poise] = 1[dyne \cdot sec/cm^2] = 1[g/cm \cdot sec] = 100[cp]$

$1[kg_f \cdot sec/m^2] \fallingdotseq 98[poise]$

$1[N \cdot sec/m^2] \fallingdotseq 10[poise] = 1[kg/m \cdot sec]$

$1[lb_f \cdot sec/ft^2] \fallingdotseq 479[poise]$

정리하면

$1[kg_f s/m^2] = 9.8[Ns/m^2] = 98[dyne \cdot s/cm^2] = 98P = 9800cp$

(3) 동점성계수(Kinematic viscosity), [ν]

점성계수를 그 유체의 밀도로 나눈 값의 차원은 운동학적 차원을 가지므로 동점성계수라고 한다.

$$\nu = \frac{\mu}{\rho}$$

✥ 동점성계수의 차원

$$\nu = \frac{[ML^{-1}T^{-1}]}{[ML^{-3}]} = [L^2 T^{-1}]$$

질량이나 힘의 차원이 없이 길이의 차원과 시간의 차원이 조합된 유도차원이므로 FLT계나 MLT계 차원이 모두 [$L^2 T^{-1}$]로서 같다.

✥ 동점성계수의 단위

$$[m^2/\text{sec}], [ft^2/\text{sec}], [cm^2/\text{sec}]$$

이들 단위 사이의 관계는 다음과 같다.

$1[m^2/\text{sec}] = 1\,[R](Reynold) = 10^4\,[stokes]$

$1[cm^2/\text{sec}] = 1\,[stokes] = 100\,[cst]$

$1[ft^2/\text{sec}] = 929[stokes]$

정리하면

$1[m^2/s] = 10^4\,[cm^2/s] = 10^4\,[stokes](st) = 10^6\,[cst]$

EX 04 무게가 3000 [kg$_f$]이고 체적이 5 [m^3]일 때 유체의 밀도, 비중량, 비체적, 비중을 중력단위계와 절대단위계로 각각 구하여라.

해설 : 중력단위계

$$비중량\ (\gamma) = \frac{G}{V} = \frac{3000}{5} = 600\ [\text{kg}_f/\text{m}^3]$$

$$밀도\ (\rho) = \frac{r}{g} = \frac{600}{9.8} = 61.224\ [\text{kg}_f \text{S}^2/\text{m}^4]$$

$$비체적\ (v) = \frac{1}{r} = \frac{1}{600} = 1.67 \times 10^{-3}\ [\text{m}^3/\text{kg}_f]$$

$$비중\ (s) = \frac{r}{r_w} = \frac{600}{1000} = 0.6$$

절대단위계

$$밀도\ (\rho) = \frac{m}{v} = \frac{3000}{5} = 600\ [\text{kg}_m/\text{m}^3]$$

$$비중량\ (\gamma) = \rho g = 600 \times 9.8 = 5880\ [\text{N}/\text{m}^3] = 5880\ [\text{kg}_m/\text{m}^2 \text{S}^2]$$

$$비체적\ (v) = \frac{1}{\rho} = \frac{1}{600} = 1.67 \times 10^{-3}\ [\text{m}^3/\text{kg}_m]$$

$$비중\ (s) = \frac{\rho}{\rho_w} = \frac{600}{1000} = 0.6$$

> 주 : 중력이 작용시 1 [kg$_m$]는 1 [kg$_f$]이다.

7. 유체의 탄성과 압축성

유체는 외부에서 압력을 받으면 압축되고 탄성영역의 압축과정에서 유체에 가해진 에너지는 탄성에너지로 유체내부에 저장된다. 이 탄성에너지는 외부의 압력을 제거하면 가역과정으로 가정시 유체를 완전히 압축하기 전의 상태로 되돌아가게 한다. 가역과정이란 열적 평형을 유지하며 이루어지는 과정으로 계나 주위에 영향을 주거나 아무런 변화도 남기지 않고 이루어진다. 다시 말해 역과정으로 원상태로 되돌려 질수 있는 과정을 말한다. 즉, 모든 유체는 압력이 작용하면 압축이 되는데 고체와 같은 형상에 의한 강성의 탄성계수를 갖지 않으므로 유체에서는 체적을 기준으로 하는 체적 탄성계수를 사용한다.

(1) 압축율(Compressibility)

체적탄성계수의 역수로 정의된다.

그림 1·12에서

$$\beta = -\frac{dv}{v} \cdot \frac{1}{dp} = \frac{d\rho}{\rho} \cdot \frac{1}{dp}$$

v : 기체의 체적(압력 p일 때)

p : 압력

dv : 압력의 변화 dp에 따른 체적변화

dp : 압력의 변화

[그림 1·12 체적탄성계수]

여기서 - 부호는 압력이 증가하면 체적이 감소한다는 것을 의미하며 압축율을 계산한 값은 항상 + 값이 된다. 압축율은 유체에 따라 크기가 다르며 압축율이 크다는 것은 압축하기가 쉽다는 것을 의미한다.

(1) 체적탄성계수(Bulk modulus of elasticity)

체적변형율에 대한 압력의 변화율을 말하며 다음 식으로 정의한다.

$$K = -\frac{dp}{dv/v} = \frac{dp}{d\rho/\rho} \quad \text{(a)}$$

식 (a)를 변형하면

$$dp = -K\frac{dv}{v} = K\frac{d\rho}{\rho} \quad \text{(b)}$$

식 (b)는 유체에 압력이 가해지면 가해진 압력과 체적변화율 $\left(\varepsilon_v = \dfrac{dv}{V}\right)$은 비례하며 체적탄성계수는 비례상수가 된다는 것을 의미한다.

❏ 등온 변화

$$Pv = c$$

$$Pdv + vdP = 0$$

$$dP = \frac{-Pdv}{v}$$

$$K = -\frac{dP}{\dfrac{dv}{v}} = -\frac{\left(\dfrac{-Pdv}{v}\right)}{\dfrac{dv}{v}} = P$$

$$K = P$$

즉, 등온 변화과정일 때 유체의 체적탄성계수는 그 때의 절대압력과 같다.

단열 변화

$$Pv^k = c$$

$$Pkv^{k-1}dv + dPv^k = 0$$

$$dP = \frac{-Pkv^{k-1}dv}{v^k}$$

$$dP = \frac{-Pkdv}{v}$$

$$K = -\frac{dP}{\frac{dv}{v}} = -\frac{\left(\frac{-Pk\,dv}{v}\right)}{\frac{dv}{v}} = kP$$

$$K = k \cdot P$$

■ 압력파의 전파속도

$$c = \sqrt{\frac{dp}{d\rho}} = \sqrt{\frac{d\rho}{\frac{d\rho}{\rho}\rho}} = \sqrt{\frac{K}{\rho}}$$

공기중에서의 밀도변화는 가역단열과정 ($s=c$)으로 가정할 수 있으므로

$$a = \sqrt{kp/\rho}$$

따라서 완전기체내에서의 음속은 상태방정식 ($pv=RT$)을 대입하여 다음과 같이 쓸 수 있다.

$$a = \sqrt{kRT}$$

R : 기체상수 [J/kg$_m$K]

T : 절대온도 [°c+273]

또는

$$a = \sqrt{kg\,RT}$$

R : 기체상수 [kg$_f$ · m/kg$_f$ · K]

■ Mach수

Mach수는 물체(유체)속도의 음속에 대한 비로서 무차원이다.

$$M = \frac{v}{c}$$

여기에서 v는 물체 혹은 유체의 속도이고, c는 음속, K는 체적탄성계수, ρ는 유체의 밀도이다. $M>1$는 초음속(supersonic velocity), $M=1$는 음속(sonic velocity), $M<1$는 아음속(subsonic velocity)이다.

8. 유체정역학

유체역학을 역학적으로 구분하면 유체 정역학(fluid statics)과 유체 동력학(fluid dynamics)으로 구분할 수 있는데 유체 정역학이란 유체요소사이에 상대운동이 없는 유체들을 다루는 학문이라고 하며, 이 경우는 점성이 고려되지 않으므로 마찰력이나 전단력이 존재하지 않는다. 따라서 유체가 면에 미치는 압력에 의한 힘은 면에 수직방향으로만 작용한다 (정적상태).

유체 동력학은 상대운동에 있어서 마찰을 고려하는 유체, 즉 점성을 고려하는 유체(동적상태)로서 3장과 4장에서 언급한다.

(1) 압력

유체가 정지하고 있을 때 유체 속의 한 부분에 가상적인 입체를 가정하면 각각의 면에는 수직력이 작용한다. 이 때 면의 미소면적을 ΔA, 수직력, 즉 전압력을 ΔF라고 하면 압력은 다음 식으로 표시할 수 있다.

$$p = \lim_{\Delta A \to 0} \frac{\Delta F}{\Delta A} = \frac{dF}{dA}$$

전압력 F가 면에 균일하게 작용할 때 윗 식은 다음과 같이 된다.

$$p = \frac{F}{A}$$

1) 정지유체 속에서의 압력의 성질

① 임의의 한 점에 작용하는 압력의 크기는 모든 방향에서 같다

그림 2·1과 같이 정지유체 속에서 미소직각삼각기둥을 취하면 그 각각의 면에 작용하는 힘은 서로 평형을 유지할 것이다. 따라서 각 면에 작용하는 압력을 각각 P_1, P_2, P_3라고 하면 다음과 같은 평형방정식이 성립된다.

x방향 : $P_2 dy\, dz - P_s dz\, ds \sin\theta = 0$

y방향 : $P_1 dx\, dz - P_s dz\, ds \cos\theta = 0$

$dy = ds\sin\theta,\ dx = ds\cos\theta$ 이므로

$P_1 = P_2 = P_3$

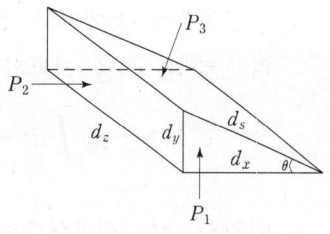

[그림 2·1]

② 동일 수평면상의 임의의 두 점에 작용하는 압력의 크기는 같다

그림 2·2와 같이 정지유체 속에서 미소면적 dA인 수평 자유물체도를 생각하면 수평력의 평형조건에서

$P_1 dA = P_2 dA$

$\therefore P_1 = P_2$

[그림 2·2]

③ 수직방향의 압력의 변화율은 유체비중량의 크기에 비례한다

중력만이 작용하는 정지유체 속의 한 점에 대한 압력과 길이의 관계를 생각하자.

그림 2·3과 같은 유체의 미소 원기둥을 생각하고 z축을 수직방향으로 높으면 다음과 같은 힘의 평형방정식이 성립된다.

$P dA - \left(P + \dfrac{\partial P}{\partial Z} dZ\right) dA - \gamma dA \cdot dz = 0$

[그림 2·3]

$\therefore \dfrac{dP}{dZ} = -\gamma$

위 식은 유체의 압력과 높이 z와의 관계를 나타내는 식이다.

정지유체 속에서의 압력을 취급할 경우는 온도를 일정하다고 하면 밀도 ρ가 일정하므로 위 식을 적분하면 다음과 같이 된다.

$$P = -\rho g \int dz + c = -\rho g z + c$$

여기서 c는 적분상수로서 그림 2·4에서 경계조건 $z = z_0$일 때 $P = P_a$를 생각하면

$$P_a = \rho g z_0 + c$$

$$\therefore c = P_a + \rho g z_0$$

따라서 정지액체 속의 임의의 점에 대한 압력은

$$P = P_a + \rho g (z_0 - z) = P_a + \rho g h = P_a + \gamma h$$

[그림 2·4]

대기압, 즉 P_a를 기준으로 하여 압력을 측정하면

$$P = \rho g h = \gamma h$$

정지액체 속의 압력은 깊이만의 함수이고 용기의 형상이나 크기에는 무관하며 압력과 깊이는 서로 비례한다.

④ 밀폐된 용기 속에 있는 유체에 가한 압력이나 힘은 모든 방향에 같은 크기로 전달된다.
　　－(Pascal 원리)

$p_1 = p_2$

$$\frac{F_1}{A_1} = \frac{F_2}{A_2}$$

[그림 2·5 Pascal 원리]

9. 연속 방정식(Continuity Equation)

(1) 질량보존의 법칙

흐르는 유체에 질량보존의 법칙을 적용하여 얻은 방정식을 연속 방정식이라고 한다.

(2) 1차원 정상류의 연속 방정식

그림 3·3에서 질량보존의 법칙을 적용하면 정상류이므로 단면 ①과 ②사이의 질량은 일정하게 유지되어야 한다. 따라서 단위 시간에 단면 ①을 들어가는 질량과 단면 ②을 통해 나가는 질량은 다음과 같다([kg_m/s]).

$$\rho_1 A_1 V_1 = \rho_2 A_2 V_2$$

[그림 3·3 1차원 정상류의 흐름]

이 식을 1차원 정상류의 연속방정식이라고 하며 다음과 같이 쓸 수 있다.

$$\rho A V = c$$

양변에 log를 취하면

$$\ln \rho + \ln A + \ln V = \ln C$$

이 식을 미분하면

$$\frac{d\rho}{\rho} + \frac{dA}{A} + \frac{dV}{V} = 0$$

① 질량유량(Mass flowrate), [$\dot{m}$][kgm/s]

$$\dot{m} = \rho A V = \rho_1 A_1 V_1 = \rho_2 A_2 V_2$$

② 중량유량(Weight flowrate), [$\dot{G}$]

$$\dot{G} = \gamma A V = \gamma_1 A_1 V_1 = \gamma_2 A_2 V_2$$

③ 체적유량(Volumetric flowrate), [Q] [m^3/s]

비압축성 유체일 경우는 $\rho_1 = \rho_2$, $\gamma_1 = \gamma_2$ 이므로

$$Q = A V = A_1 V_1 = A_2 V_2$$

 그림과 같이 3[kN/sec]의 물이 흐르는 관로유동에서 각각의 속도를 구하여라.

해설: $\dot{G} = \gamma A_1 V_1 = \gamma A_2 V_2$

$$V_1 = \frac{\dot{G}}{\gamma A_1} = \frac{3 \times 10^3 \times 4}{9800 \times \pi \times 0.2^2} = 9.744 \, [m/s]$$

$$V_2 = \frac{\dot{G}}{\gamma A_2} = \frac{3 \times 10^3 \times 4}{9800 \times \pi \times 0.1^2} = 39 \, [m/s]$$

10. 베르누이 방정식(Bernoulli's equation)

Euler의 운동방정식을 변위 s에 대해 적분한 것이 베르누이 방정식이다. 오일러의 운동방정식은 단위중량 비점성, 정상유, 유선을 따라서 흐르는 유체의 식이며 다음과 같다.

$$\frac{dP}{\rho g} + \frac{d(v^2)}{2g} + dz = 0$$

(1) 비압축성유체인 경우

$\rho = $ const이므로 윗식을 s에 대해 적분하면

$$\frac{P}{\gamma} + \frac{V^2}{2g} + Z = H$$

위 식을 비압축성 유체에 대한 베르누이(Bernoulli)의 방정식이라고 한다.

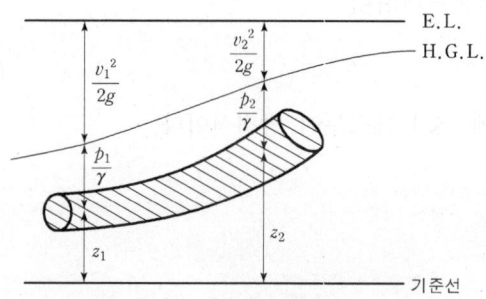

[그림 3·6 원관 속의 수두]

그러므로 베르누이 방정식의 가정은 단위중량, 비점성, 정상유 비압축성 유선을 따라서 흐르는 방정식이며 그림 3·6에서 위의 식은 다음과 같이 쓸 수 있다.

$$\frac{P_1}{\gamma} + \frac{v_1^2}{2g} + z_1 = \frac{P_2}{\gamma} + \frac{v_2^2}{2g} + z_2$$

$\frac{p}{\gamma}$: 압력수두, $\frac{v^2}{2g}$: 속도수두

z : 위치수두, H : 전수두

🔸 에너지선(E. L)

유동하는 유체의 각 위치에서 $\frac{p}{\gamma}+\frac{V^2}{2g}+z$를 연결한 선으로서 손실이 없으면 폐수로에서는 기준선과 평행한다.

🔸 수력구배선(H. G. L)

유동하는 유체의 각 위치에서 $\frac{p}{\gamma}+z$를 연결한 선으로서 유체의 유동은 수력구배선이 높은 곳에서 낮은 곳으로 이동한다.

(2) 압축성유체인 경우

압축성유체이면 ρ가 p의 함수이므로 식 오일러식을 적분하면

$$\int \frac{dp}{\rho g}+\frac{V^2}{2g}+Z=\mathrm{const}$$

이 식이 압축성유체에 대한 베르누이 방정식이다.

10-1. 베르누이 방정식의 응용

[그림 3·7]

그림 3·7과 같이 단면적이 큰 수조나 저수지에 있는 유체의 임의의 한 점 A에 베르누이 방정식을 적용하면 저수지나 용적이 큰 저장탱크의 유체는 단위중량당의 에너지가 어느 점에서나 일정(H)하므로 동일유선상의 점으로 보아 베르누이 방정식을 적용할 수 있다.

$$\frac{V^2}{2g}+\frac{p}{\gamma}+z = 0 + h + (H-h) = H$$

(1) 오리피스(Orifice)

용적이 큰 저장 탱크의 어떤 부분에 예리한 끝을 가지는 원형구멍을 오리피스라고 하며 유량을 측정하기 위해 이용된다. 그림 3·8의 점 ①과 점 ② 사이에 베르누이 방정식을 적용시키면

[그림 3·8 자유흐름의 오리피스]

$$0 + 0 + z_1 = \frac{V_2^2}{2g} + 0 + z_2$$

$$\frac{V_2^2}{2g} = z_1 - z_2 = h$$

$$\therefore V_2 = \sqrt{2gh}$$

위의 식을 토리첼리(Torricelli)의 정리라고 한다.

1) 이론유량(Q)

$$Q = A \cdot V = A \cdot \sqrt{2gh}$$

2) 실제유량

점성의 영향 등을 고려하면 이론유량보다 작다.

✢ 실제속도 [V_a]

$$V_a = C_v V = C_v \sqrt{2gh}$$

C_v = 유속계수(coefficient of velocity)

✢ 실제단면적 [A_a]

$$A_a = C_c A \quad \text{혹은} \quad d_a^2 = C_c d^2$$

C_c = 수축계수(coefficient of contraction)

✢ 실제유량 [Q_a]

$$Q_a = A_a V_a = C_c A \cdot C_v V = C_c C_v AV = CAV = CA\sqrt{2gh}$$

$C = C_v \cdot C_c$ (물의 경우) : 유량계수(coefficient of discharge)

EX 02 수면의 높이가 지면에서 h인 물통벽에 구멍을 뚫고 지면에 분출시킬 때 지면을 기준으로 구멍을 어디에 뚫어야 가장 멀리 떨어질 것인가?

해설: $V = \sqrt{2g(h-y)}$ 낙하높이

$y = \dfrac{1}{2}gt^2$ 에서 $t = \sqrt{\dfrac{2y}{g}}$

수평거리= $x = vt$

$\therefore v = \dfrac{x}{t} = \sqrt{2g(h-y)}$

$\therefore x = t\sqrt{2h(h-y)} = \sqrt{\dfrac{2y}{g}} \times \sqrt{2g(h-y)} = 2\sqrt{y(h-y)}$

가장 멀리 갈 조건

$\dfrac{dx}{dy} = 2 \cdot \dfrac{[y(h-y)]'}{2\sqrt{y(h-y)}} = \dfrac{h-2y}{\sqrt{y(h-y)}} = 0$

$h = 2y : y = \dfrac{h}{2}$ 일 때이다.

(2) 피토정압관(Pitot-static tube)

유속이 매우 빠르면 피토관의 높이가 매우 높아야 측정이 가능하므로 보통 그림 3·9와 같은 피토 정압관의 액주계 내에 비중이 큰 액체를 채워서 측정높이(Z)를 작게 하여 측정한다.

[그림 3·9 피토 정압관]

여기에서 ①~② 사이에 베르누이 방정식을 적용하면 $Z_1 = Z_2$ 이고 $V_2 = 0$ 이므로 다음과 같다.

$$\frac{V_1^2}{2g} + \frac{P_1}{\gamma} = \frac{P_2}{\gamma}$$

위의 식을 다시 정리하면 다음과 같다.

$$\frac{V_1^2}{2g} = \frac{P_2 - P_1}{\gamma}$$

여기에서 압력차 $(P_2 - P_1)$은 다음과 같다.

$$P_2 - P_1 = h(\gamma_0 - \gamma)$$

윗 식들을 연관시켜 정리하면 다음과 같다.

$$\frac{V^2}{2g} = h \cdot \frac{\gamma_o - \gamma}{\gamma}$$

앞의 식에서 속도 (V)를 구하면 다음과 같이 표현된다.

$$V = \sqrt{2gh\left(\frac{\gamma_0}{\gamma} - 1\right)}$$

EX 03 그림과 같은 피토우관의 액주계 눈금이 $h = 150[mm]$이고 관 속의 유속이 $6.09[m/s]$로 물이 흐르고 있다면 액주계 액체의 비중은 얼마인가?

해설 : $V = \sqrt{2gR\left(\dfrac{S_s}{S} - 1\right)}$

$$S_0 = 1 + \frac{6.09^2}{2 \times 9.8 \times 0.15} = 13.6$$

(3) 벤츄리계(Venturi meter)

축소·확대관에서 정압을 측정함으로써 유량을 구할 수 있도록 만든 관으로서 그림 3·10과 같다.

[그림 3·10 벤츄리관]

그림 3·10에서 점 ①과 점 ② 사이에 베르누이 방정식을 세우면 $z_1 = z_2$ 이므로

$$\frac{p_1 - p_2}{\gamma} = \frac{V_2^2 - V_1^2}{2g} = \frac{1}{2g}\left[1 - \left(\frac{d_2}{d_1}\right)^4\right] \cdot V_2^2$$

$$\therefore V_2 = \sqrt{\frac{2g\dfrac{p_1 - p_2}{\gamma}}{1 - \left(\dfrac{d_2}{d_1}\right)^4}}$$

따라서 유량은

$$Q = A_2 V_2 = \frac{A_2}{1 - \left(\dfrac{d_2}{d_1}\right)^4} \cdot \sqrt{2g \cdot \frac{p_1 - p_2}{\gamma}}$$

그림 3·9의 Manometer에서

$$\frac{p_1 - p_2}{\gamma} = \frac{\gamma_s}{\gamma}h - h = h\left(\frac{\gamma_s}{\gamma} - 1\right)$$

위 식을 대입하면

$$Q = A_2 V_2 = A_2 \cdot \sqrt{2gh\frac{\left(\frac{\gamma_s}{\gamma} - 1\right)}{1 - \left(\frac{d_2}{d_1}\right)^4}}$$

(4) 피토관(Pitot tube)

[그림 3·11 피토관]

그림 3·10의 점 ①과 점 ②사이에 베르누이 방정식을 세우고 $z_1 = z_2$, $V_2 = 0$, $P_2 = P_s$로 놓으면

$$\frac{V_1^2}{2g} + \frac{p_1}{\gamma} = \frac{p_s}{\gamma}$$

$$\therefore p_s = p_1 + \frac{\rho V_1^2}{2} : 정체압 또는 전압$$

따라서 $V_1 = \sqrt{2gh}$ 가 되며 P_1을 정압 $\frac{\rho V_1^2}{2}$을 동압이라 한다.

(5) 사이펀 관(Siphin tube)

그림 3·12에서 사이펀 관은 유체의 위치에너지로 인한 유체의 유동을 나타내는 장치로서 ①~② 사이에 베르누이 정리를 적용하면 다음과 같다.

$$\frac{P_1}{\gamma} + \frac{V_1^2}{2g} + Z_1 = \frac{P_2}{\gamma} + \frac{V_2^2}{2g} + Z_2$$

[그림 3·12 사이펀 관]

여기에서 $P_1 = P_3$(대기압), $V_1 \ll V_3$이므로 V_1은 무시, $Z_1 - Z_3$는 h로 표현되므로 다음과 같이 전개할 수 있다.

$$\frac{V_3^2}{2g} = Z_1 - Z_3 = h$$

여기서 출구속도 (V_3)는 토리첼리의 정리와 같음을 알 수 있다.

$$V_3 = \sqrt{2gh}$$

그림과 같은 사이펀에서 마찰손실을 무시할 때, 흐를 수 있는 이론적인 최대 유속은 몇 $[m/s]$인가?

해설 : $V = \sqrt{2g\Delta h} = \sqrt{2 \times 9.8 \times 4}$
$= 8.854 m/s$

제 01 과목

에너지관리

제 1 단원   공기조화
제 2 단원   TAB
제 3 단원   보일러설비

제 1 단원 공기조화

제 1 장 공기조화

1. 공기조화

(1) 공기조화의 정의

실내의 온도, 습도, 기류, 박테리아, 먼지, 냄새, 유독가스 등의 조건을 인체 및 물품에 가장 좋은 조건으로 유지하는 것이다.

(2) 공기조화의 4대요소

1) 공기의 냉각 및 가열

2) 공기의 감습 및 가습

3) 기류 분포의 균일화

4) 공기의 청결도

보건용 공기조화의 기준

구 분	기 준
공기중에 섞여 있는 먼지량	공기 $1m^3$당 0.15mg 이하
일산화탄소(CO)의 함유율	10ppm 이하(1백만분의 10 이하 : 0.001% 이하)
탄산가스(CO_2)의 함유율	1,000ppm 이하(1백만분의 1,000 이하 : 0.1% 이하)
상대습도	40% 이상, 70% 이하
기류의 이동속도	0.5m/s 이하
온 도	1) 17℃ 이상 28℃ 이하 2) 거실 온도를 외기 온도보다 낮게 유지할 경우에는 그 차가 현저하지 않게 할 것

(3) 공기조화 설비로 인한 효용도

1) 작업상의 사고 감소

2) 직무능률 향상

3) 제품의 품질 향상

4) 개인비용 절감 및 근무의욕 향상

(4) 공기조화의 분류

실내의 인간을 대상으로 하는가 또는 산업제품을 대상으로 하는가에 따라 쾌감용 공조와 산업용 공조로 구분된다.

1) 보건용 공조(Comfort Air conditioning)

재실자들이 생산활동을 능률적으로 할 수 있는 환경을 만들어 주기 위한 공조로서 인간의 쾌감이나 보건위생을 목적으로 한다. (백화점, 극장, 호텔, 사무실, 주택, 병원 등)

2) 산업용 공조(Industrial Air Conditioning)

공장에서 생산되는 제품의 합리화, 유지관리, 보관 등의 만족에 필요한 공기조화로서 물품의 생산저장을 목적으로 한다(제품창고, 섬유, 인쇄, 제빵, 전산실, 제약 등).

(5) 공기조화 설비의 구성

1) 열(냉)원장치

증기, 온수를 위한 보일러, 냉각을 얻기 위한 냉동기, 냉각탑 등

2) 공기조화기(A.H.U : Air Handing Unit)

공기여과기, 공기냉각기, 공기가열기, 송풍기 등

3) 열매체 운반장치

팬, 덕트, 배관, 펌프, 토출구, 흡입구 등

4) 자동제어장치

공조장치 운전시 경제적 운전을 위한 각종 자동으로 제어되는 장치

(6) 실내조건(기준온도)

건물종류	여 름		겨 울	
	온도[℃]	습도[%]	온도[℃]	습도[%]
주택, 사무소, 병원, 학교	25~26	45~50	23~24.5	30~35
은행, 소매점, 백화점	25.5~27	45~50	22~23	30~35
극장, 교회, 레스토랑	25.5~27	50~60	22~23	35~40
공장	27~29.5	50~60	20~22	30~35

1) 인체의 발생열량(qm)

$$q_m = q_R + q_E + q_S$$

- q_R : 복사열량
- q_E : 증발열량
- q_S : 체내출열량

인체로부터의 방열량[kcal/h]

실내온도 [℃]	정좌		경동작		보통작업		중노동	
	잠열	현열	잠열	현열	잠열	현열	잠열	현열
10	17.6	110.9	29.0	136.1	41.6	168.8	93.2	239.4
15	17.6	93.2	49.1	118.4	73.0	141.9	141.0	189.0
21	25.2	75.6	76.1	85.5	110.9	109.6	186.5	143.6
27	44.1	55.4	113.4	59.2	151.2	68.0	224.3	100.8

2) 서한도

인체에 해가 되지 않는 오염물질의 농도

① CO_2 : 0.1%

② CO : 100ppm

③ 먼지 : 0.15kg/m³

④ 외기도입량 Q[m³/h]

$$Q \geqq \frac{x}{C_a - C_o}$$

- Q : 외기도입량[m³/h]
- C_a : 오염물질의 서한도[m³/m³]
- C_o : 외기의 CO_2 함유량[m³/m³]
- x : 실내오염물질 발생량[m³/h]

3) 불쾌지수(U.I : Uncomfort Index)

U.I = 0.72(건구온도 + 습구온도) + 40.6

ASHRAE 쾌감선도

습도[%]	상 태	습도[%]	상 태
86 이상	견디기 어려운	70 이상	일부 불쾌
80 이상	무더위	70 미만	쾌 적
75 이상	전원 불쾌		
	반 이상 불쾌		

4) 실효온도(E.T : Effective Temperature(유효온도, 감각온도, 실감온도)

습구온도 이외에 기류의 영향을 더한 온도로서 그 기준은 상대습도 100%, 즉 포화상태이며, 정지공기(V=0.08~0.13m/s)의 실내상태를 말하며, 즉 온습도의 쾌감과 동일한 쾌감을 얻을 수 있는 기류를 포함한 온도이다.

5) 쾌적조건(풍속 V=0.08-0.13m/s)

① 여름철 : E.T=25~28℃, 상대습도 RH=40~60%

② 겨울철 : E.T=18~22℃, 상대습도 RH=45~65%

③ 기류 { 난방시 : 0.18~0.25 m/s
         냉방시 : 0.12~0.18 m/s

6) 효과온도(O.T : Operative Temperature)

건구온도계에 의하여 측정한 주위 벽면의 평균 복사온도(t_R)와 건구온도[t]와의 평균치이며 기온, 기동(氣動), 주위벽으로부터의 복사열 등의 종합효과를 표시한 온도

$$O.T = \frac{t_R + t}{2}$$

O.T는 인체가 느끼지 않을 정도의 미풍(V = 18cm/s)일 때의 글러브 온도와 일치하며, 습도를 생각치 않으므로 고온에서는 적용될 수 없고 보통 착의시 성인은 18.3℃ 이상, 노인·아이들은 21℃ 이상으로 된다.

제 2 장 공기의 상태

1. 건조공기와 습공기

(1) 건조공기(Dry Air)

수증기를 전혀 포함하지 않은 공기

1) 기체상수 : Ra = 29.27kg· m/kg· K

2) 비중량 : r_a = 1.293kg/m³(20℃일 때 : 1.2kg/m³)

3) 비체적 : V_a = 0.7733m³/kg(20℃일 때 : 0.83m³/kg)

4) 분자량 : M_a = 28.964

5) 조성

　① 질소(N_2) : 78.1%

　② 산소(O_2) : 20.93%

　③ 아르곤(Ar) : 0.93%

　④ 이산화탄소(CO_2) : 0.03%

　⑤ 네온(Ne) : 1.8×10-3%

　⑥ 헬륨(He) : 5.2×10-4%

(2) 습공기(Moist Air)

건조공기와 수증기를 포함한 자연공기

습공기의 전압력 (P) = (P_{N_2} + P_{O_2} + P_{air} + P_{CO_2}) + P_a + Pw

$P = P_a + P_w$ 　$\begin{cases} P_w : 수증기의\ 분압력[kg/cm^2] \\ P : 습공기의\ 전압력[kg/cm^2] \\ P_a : 건조공기의\ 분압력[kg/cm^2] \end{cases}$

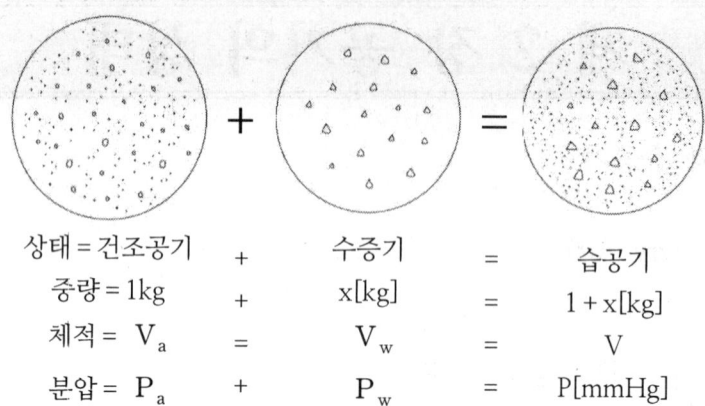

상태 = 건조공기 + 수증기 = 습공기
중량 = 1kg + x[kg] = 1 + x[kg]
체적 = V_a = V_w = V
분압 = P_a + P_w = P[mmHg]

(3) 포화습공기

공기온도에 따라 포함된 수증기량은 한계가 있는데, 최대한도의 수증기를 포함한 공기를 포화공기라고 한다. 공기온도 상승시 포화압력(P_s)도 상승하여 공기보다 많은 수증기를 함유할 수 있게 되며 온도가 내려가면 공기가 함유할 수 있는 수증기의 한도도 작아져 포화압력도 내려간다.

(4) 노점온도(D.T : Dewpoint Temperature)

습공기중에 포함되어 있는 수증기가 포화 수증기압 이상으로 되면 수증기는 유리되어 이슬로 된다. 즉, 이슬이 맺는 온도를 말하며 습공기의 수증기 분압과 동일한 분압을 갖는 포화습공기의 온도이며, 이 현상을 이용하여 공기중의 수분을 제거할 수도 있다.

(5) 건구온도(Dry Bulb Temperature : DB, t℃),
습구온도(Wet Bulb Temperature : WB, t'℃)

보통 온도계에서 지시하는 온도는 DB이고, 물의 증발작용을 이용하여 물로 적신 가제의 수막에서 온도를 WB라고 한다.

(6) 절대습도(Specific Humidity : S. H, x, kg/kg′)

습공기중에 포함되어 있는 건공기 1kg에 대한 수증기의 중량으로 나눈 값, 즉 건공기 1kg에 대한 수증기의 중량을 말한다. 절대습도는 가습·감습이 없이 냉각 가열만 할 경우에는 변하지 않는다.

$$x = \frac{\frac{P_w}{R_w T}}{\frac{P_a}{R_a T}} = \frac{\frac{P_w}{47.06}}{\frac{P-P_w}{29.27}} = 0.622 \frac{P_w}{P-P_w} = 0.622 \frac{\phi P_s}{P-\phi P_s}$$

$\begin{cases} x : \text{절대습도[kg/kg]} \quad r_a : \text{건조공기의 중량} \\ r_w : \text{습공기 중의 함유된 수증기 중량} \\ P : \text{대기압}(P_a + P_w) \\ P_a : \text{건조공기분압[mmHg]} \quad P_w : \text{수증기분압[mmHg]} \\ R_a : \text{건조공기 가스정수[29.27kg · m/kg · K]} \\ R_w : \text{수증기 가스정수[47.06kg · m/kg · K]} \\ T : \text{습공기 절대온도[K]} \quad P_s : \text{포화습공기의 수증기분압[mmHg]} \end{cases}$

(7) 상대습도(Relative Humidity : RH, Ø, %)

수증기의 분압과 동일온도의 포화습공기 수증기 분압의 비로서 $1m^3$의 습공기중에 함유된 수분의 중량과 이와 동일한 $1m^3$ 포화습공기중에 함유된 수분의 중량과의 비이다.

$\phi = \frac{P_w}{P_s} \times 100\%$ $\begin{cases} P_w : \text{습공기의 수증기 분압} \\ P_s : \text{동일온도의 포화습공기의 수증기 분압} \end{cases}$

$\phi = \frac{r_w}{r_s} \times 100\%$ $\begin{cases} \gamma_w : \text{습공기 } 1m^3 \text{중에 함유된 수분의 중량} \\ \gamma_s : \text{포화습공기 } 1m^3 \text{중에 함유된 수분의 중량} \end{cases}$

※ ϕ = 0%는 건조공기이며, ϕ = 100%는 포화공기이다.

공기를 가열하면 상대습도는 낮아지고, 냉각하면 상대습도는 높아진다.

$$x = 0.622 \frac{P_w}{P-P_w} = 0.622 \frac{\phi P_s}{P-\phi P_s} \Rightarrow \phi = \frac{P \cdot x}{(0.622+x) \cdot P_s}$$

(8) 포화도(Saturation Degree : SD, Z, %) 비교습도

포화습공기의 절대습도와 동일온도의 습증기의 절대습도의 비

$$Z = \frac{X}{X_s} \times 100 \quad \begin{cases} X_s : 포화습공기\ 절대습도[kg/kg'] \\ X : 습공기\ 절대습도 \end{cases}$$

$$Z = \frac{X}{X_s} = \frac{0.622 \dfrac{P_w}{P-P_w}}{0.622 \dfrac{P_s}{P-P_s}} = \frac{P_w}{P_s} \cdot \frac{P-P_s}{P-P_w} = \phi \frac{P-P_s}{P-P_w}$$

(9) 비체적(Specific Volume : SV, V, m^3/kg)과 비중량[kg/m^3]

건조공기 1kg'당의 습공기중의 수증기를 포함한 체적을 비체적 습공기 1m^3에 포함되어 있는 수증기의 중량을 비중량이라 한다.

1) 건조공기 1kg의 상태식 : PaV = RaT

2) 수증기 x[kg]의 상태식 : PwV = x RwT

3) P = Pa + Pw에서

   (Pa + Pw) · V = PV = (Ra + xRw) · T

$$\therefore V = \frac{(R_a + xR_w)T}{P} = \frac{(29.27 + 47.06x) \cdot T}{P} = \frac{(0.622+x) 47.06 \cdot T}{P}$$

(10) 현열, 잠열, 습공기의 엔탈피

1) 현열(Sensible Heat)

상태 변화가 없고 온도의 변화에만 주는 열에너지

$$\therefore q_s = G \cdot C \cdot (t_2 - t_1)$$

2) 잠열(Latent Heat)

온도 변화가 없고 상태 변화에 사용되는 열에너지

$$\therefore qL = G \cdot \gamma \quad \gamma : 증발잠열[kcal/kg]$$

✚ 0℃ 물의 증발잠열(597.3kcal/kg)
100℃ 물의 증발잠열(539kcal/kg)

3) 엔탈피(Enthalpy, kcal/kg′ : i)

전열량 = 현열 + 잠열

✚ $i = u + Apv \qquad di = du + Apdv$

4) 습공기의 엔탈피

① 건조공기의 현(감)열량(i_a) : 0℃의 건조공기를 0으로 함.

$$i_a = G \cdot C \cdot \Delta t = C_p t = 0.24t$$

건조공기의 비열(C = 0.24kcal/kg℃)

② 수증기의 잠열량(i_W) : 0℃의 물을 0℃의 증기로 한다.

$$i_W = G \cdot \gamma_r = r + C_X \cdot t = 597.3 + 0.44t$$

C_X : 수증기의 정압비열 = 0.441kcal/kg℃

③ 습공기의 엔탈피(i) : 건조공기와 습공기가 갖고 있는 열량의 합이다.

$$i = i_a + i_W = 0.24t + (597.3 + 0.44t)[kcal/kg]$$

(11) 현열비(Sensible Heat Factor : SHF) : 감열비

전열량에 대한 현열량의 비로서 실내로 송출되는 공기의 상태를 나타낸다.

$$SHF = \frac{q_s}{q_s + q_L} = \frac{q_s}{q_T} \quad \begin{cases} q_T : 전열량 \\ q_s : 현열량 \\ q_L : 잠열량 \end{cases}$$

(12) 열평형·물질평형·열수분비

단열된 덕트 속에 공기를 통과시키면서 열량 q[kcal/h]와 수분 L[kg/h]을 가한다. 이 때 공기의 통과량 G[kg/h], 입·출구의 엔탈피 i_1, i_2[kcal/kg], 입·출구의 절대습도 X_1, X_2 [kg/kg'], 수분의 엔탈피 iL[kcal/kg]이라고 하면

1) 열평형(Energy balance)

① 장치에 들어간 열 : $(Gi_1 + q_s + Li_L)$

② 나온 열 : Gi_2

③ 열 평형식 : $Gi_1 + q_s + Li_L = Gi_2$ ················ ⓐ

2) 수분에 대한 물질평형(Mass balance)

① 장치 내로 들어간 수분 : $Gx_1 + L$

② 나온 수분 : Gx_2

③ 물질 평형식 : $Gx_1 + L = Gx_2$ ···················· ⓑ

3) 열수분비(U)

수분량(절대습도)의 변화량에 따른 전열량의 변화량

$U = \dfrac{d_i}{d_x}$ 에서

$U = \dfrac{i_2 - i_1}{x_2 - x_1} = \dfrac{q_s + Li_L}{L} = \dfrac{q_s}{L} + i_L$

$\therefore U = \dfrac{q_s}{L} + i_L$

$\begin{cases} i_1,\ i_2 : \text{변화 전·후의 습공기 엔탈피[kcal/kg]} \\ x_1,\ x_2 : \text{변화 전·후의 습공기 절대습도[kg/kg']} \\ q_s : \text{증감된 전열량[kcal/h]} \\ L : \text{증감된 전수분량[kg/h]} \\ i_L : \text{수분의 엔탈피} \end{cases}$

㉮ 엔탈피의 변화가 없을 때 $U = \dfrac{d_i}{d_x} = \dfrac{0}{d_x} = 0$

㉯ 수분량의 변화가 없을 때 $U = \dfrac{d_i}{d_x} = \dfrac{di}{0} = \infty$

$\begin{cases} q_s : \text{공기에 가해지거나 제거되는 현열량[kcal/h]} \\ q_L : \text{공기에 가해지거나 제거되는 잠열량[kcal/h]} \end{cases}$

(13) 단열 포화온도(TA_s)

완전히 단열된 Air Washer를 이용하여 물을 순환 분무시 공기를 포화시킬 때의 출구 공기의 온도를 말하며, 풍속 5m/s 이상인 기류 속에 놓인 습구 온도계의 눈금은 단열 포화온도와 같게 된다.

$t_{AS} = \dfrac{i_s - i}{x_s - x}(t' \geqq 0℃)$ $\begin{cases} i_s : \text{온도 t'에서 포화공기의 엔탈피} \\ i : \text{온도 t'에서 포화습공기의 엔탈피} \\ x_s : \text{온도 t'에서 포화공기의 절대습도} \\ x : \text{온도 t'에서 습공기의 절대습도} \end{cases}$

연습문제

01 다음 중 공기의 조성에 대한 설명으로 틀린 것은?
① 질소는 대기의 최다 성분으로서 대기에 약 78% 정도 존재한다.
② 산소는 무색 및 무취의 기체로서 대기에 약 21% 정도 존재한다.
③ 이산화탄소는 무색 및 무취의 기체로서 대기에 약 0.035% 정도 존재하지만 최근 증가하는 경향이 있다.
④ 아르곤은 무색 및 무취의 활성기체로서 대기에 약 0.39% 정도 존재한다.

풀이 아르곤은 무색, 무취의 불활성 기체이며 대기 중에는 약 0.9% 정도가 존재한다.

02 우리의 생활주변에 있는 습공기의 성분비를 용적률로 옳게 나타낸 것은?
① 질소 : 78%, 산소 : 21%, 기타 : 1%
② 질소 : 68%, 산소 : 28%, 기타 : 4%
③ 질소 : 52%, 산소 : 41%, 기타 : 7%
④ 질소 : 78%, 산소 : 15%, 기타 : 7%

풀이 공기의 조성은 체적비로 질소가 78%, 산소가 21%, 아르곤 및 기타 1%

03 인체의 열감각에 영향을 미치는 요소로서 인체주변, 즉 환경적 요소에 해당하는 것은?
① 온도, 습도, 복사열, 기류속도
② 온도, 습도, 청정도, 기류속도
③ 온도, 습도, 기압, 복사열
④ 온도, 청정도, 복사열, 기류속도

풀이 온도, 습도, 기류, 청정도는 공기조화 4요소에 해당되며 인체에는 온도, 습도, 기류, 복사열이 포함된다.

04 인위적으로 실내 또는 일정한 공간의 공기를 사용 목적에 적합하도록 공기조화 하는데 있어서 고려하지 않아도 되는 것은?
① 온도 ② 습도
③ 색도 ④ 기류

풀이 공기조화의 3대 요소
① 온도 ② 습도
③ 기류 ④ 공기 청결도 (4요소)

05 대기의 절대습도가 일정할 때 하루 동안의 상대습도 변화를 설명한 것 중 올바른 것은?
① 절대습도가 일정하므로 상대습도의 변화는 없다.
② 낮에는 상대습도가 높아지고 밤에는 상대습도가 낮아진다.
③ 낮에는 상대습도가 낮아지고 밤에는 상대습도가 높아진다.
④ 낮에는 상대습도가 정해지면 하루종일 그 상태로 일정하게 된다.

풀이 절대습도가 일정한 상태에서 온도가 상승

하게 되면 상대습도는 감소하게 되며 온도가 낮아지면 상대습도는 증가하게 된다. 즉, 낮에는 상대습도가 감소하며 밤이 증가하게 된다.

06 습공기의 수증기 분압을 P_V, 동일 온도의 포화 수증기압을 P_S라 할 때 다음 중 잘못된 것은?

① $\dfrac{P_S}{P_V} \times 100$ = 상대습도
② $P_V < P_S$일 때 불포화습공기
③ $P_V = P_S$일 때 포화습공기
④ $P_V = 0$일 때 건공기

풀이 상대습도 = $P_V / P_S \times 100$

07 냉각코일로 공기를 냉각하는 경우에 코일표면온도가 공기의 노점온도보다 높으면 공기 중의 수분량 변화는?

① 변화가 없다.
② 증가한다.
③ 감소한다.
④ 불규칙적이다.

풀이 노점온도보다 높은 상태의 공기는 냉각이 되어도 절대습도는 변화가 없으므로 공기 중의 수분의 량은 불변이다.

08 유효 온도차(상당 외기온도차)에 대한 설명) 중 틀린 것은?

① 태양 일사량을 고려한 온도차이다.
② 계절, 시각 및 방위에 따라 변화한다.
③ 실내온도와는 무관하다.
④ 냉방 부하시에 적용된다.

풀이 상당외기온도는 외기온도 뿐만 아니라, 일사의 영향, 벽체의 구조에 따른 전열의 시간적 지연 즉, 흡수율을 고려한 것으로 상당외기온도와 실내온도와의 차를 상당외기온도차(Equivalent Temperature Difference ; ETD)라 하며, 일반적으로 표로 만들어져 있다.

09 공기조화에 대한 설명 중 맞지 않는 것은?

① 공기조화란 온도, 습도, 청정도 및 공기의 유동상태를 동시에 조정하는 것을 말한다.
② 겨울철의 공기조화에 있어서 사무실 실내 조건은 건구온도 28℃, 상대습도 35% 정도가 일반적이다.
③ 전산실의 공기조화는 산업공조라고 할 수 있다.
④ 상점, 학교, 호텔 등의 공기조화는 쾌적공조라고 한다.

풀이 겨울철 실내온도는 18~22℃, 상대습도는 60%로 유지한다.

06 ① 07 ① 08 ③ 09 ②

10 유효온도(effective temperature)에 대한 설명 중 옳은 것은?
① 온도, 습도를 하나로 조합한 상태의 측정 온도이다.
② 각기 다른 실내온도에서 습도 및 기류에 따라 실내 환경을 평가하는 척도로 사용된다.
③ 실내 환경요소가 인체에 미치는 영향을 같은 감각으로 얻을 수 있는 기류가 정지된 포화상태의 공기온도로 표시한다.
④ 유효온도 선도는 복사영향을 무시하여 건구온도 대신에 글로브 온도계의 온도를 사용한다.

[풀이] 유효온도는 실효온도라고도 하며 정지공기의 실내상태를 말하며, 온·습도의 쾌감과 동일한 쾌감을 얻을 수 있는 기류를 포함한 온도이다.

11 단열된 용기에 물을 넣고, 건구온도와 상대습도가 일정한 실내에 방치해 두면 실내는 포화상태에 도달하게 된다. 이 때 물의 온도는 결국 공기의 어떤 상태에 가까워지는 변화를 하는가?
① 건구온도   ② 습구온도
③ 노점온도   ④ 절대온도

[풀이] 물과 공기의 온도가 유사하게 되는데 이를 습구온도라 한다.

12 불쾌지수는 일반적인 열환경 평가지수가 아닌 불쾌감지수라고 할 수 있다. 기후에 따른 불쾌감을 표시하는 불쾌지수는 무엇만을 고려한 지수인가?
① 기온과 기류
② 기온과 노점
③ 기온과 복사열
④ 기온과 습도

[풀이] 불쾌지수=0.72 ×
(건구온도+습구온도)+40.6이므로 불쾌지수는 온도와 습도를 고려하여 만든 것이다.

13 다음 설명 중 맞지 않는 것은?
① 공기조화란 온도, 습도조정, 청정도, 실내 기류 등 항목을 만족시키는 처리과정이다.
② 전자계산실의 공기조화는 산업공조이다.
③ 보건용 공조는 실내인원에 대한 쾌적환경을 만드는 것을 목적으로 한다.
④ 공조장치에 여유를 두어 여름에 외부온도 차를 크게 하여 실내를 시원하게 해준다.

[풀이] 공조장치는 여름에 온도 및 습도, 기류 등을 고려하여 냉방하는 것으로 무작정 온도를 낮추어 냉방하는 것이 아니다.

10 ③   11 ②   12 ④   13 ④

14 대기의 절대습도가 일정할 때 하루 동안의 상대습도 변화를 설명한 것 중 올바른 것은?

① 절대습도가 일정하므로 상대습도의 변화는 없다.
② 낮에는 상대습도가 높아지고 밤에는 상대습도가 낮아진다.
③ 낮에는 상대습도가 낮아지고 밤에는 상대습도가 높아진다.
④ 낮에는 상대습도가 정해지면 하루종일 그 상태로 일정하게 된다.

[풀이] 절대습도가 일정한 상태에서 온도가 높아지면 상대습도는 낮아지며 온도가 낮아지면 상대습도는 높아진다.

15 쾌감의 지표로 나타내는 불쾌지수(UI)와 관계가 있는 공기의 상태량은?

① 상대습도와 습구온도
② 현열비와 열수분비
③ 절대습도와 건구온도
④ 건구온도와 습구온도

[풀이] 불쾌지수 = 0.72 × (건구온도+습구온도) + 40.6

16 대사량을 나타내는 단위로 쾌적상태에서의 안정시 대사를 기준으로 하는 단위는?

① RMR.   ② clo
③ met   ④ ET

[풀이] met : 사람이 평온한 상태에서 의자에 앉아 안정을 취하고 있을 때의 대사량으로 이를 인체 대사량이라 한다.

17 다음 중 여름철 냉방에 가장 중요한 것은?

① 온도 변화
② 압력 변화
③ 탄산가스량 변화
④ 비체적 변화

[풀이] 하절기에는 온도와 습도 조절이 중요하다.

18 건물의 지하실, 대규모 조리장 등에 적합한 기계환기법(강제급기 + 강제배기)은?

① 제1종 환기
② 제2종 환기
③ 제3종 환기
④ 제4종 환기

[풀이] 제1종 환기법 : 강제 급기와 강제 배기
제2종 환기법 : 강제 급기와 자연 배기
제3종 환기법 : 자연 급기와 강제 배기

14 ③   15 ④   16 ③   17 ①   18 ①

19 식당의 주방이나 화장실과 같은 장소에 적합한 환기방식으로 자연급기와 기계 배기로 조합된 환기방식은?

① 제1종 환기방식
② 제2종 환기방식
③ 제3종 환기방식
④ 제4종 환기방식

풀이
- 1종 : 급기, 배기 휀을 다 설치한 방식이다.
- 2종 : 급기는 휀에 의하여 이루어지며 배기는 자연배기에 의존한다.
- 3종 : 배기 휀에 의하여 배기가 이루어지나 급기는 자연급기에 의한다.

20 환기 및 배연설비에 관한 설명 중 틀린 것은?

① 환기란 실내공기의 정화, 발생열의 제거, 산소의 공급, 수증기 제거 등을 목적으로 한다.
② 환기는 급기 및 배기를 통하여 이루어진다.
③ 환기는 자연 환기방식과 기계 환기방식으로 구분할 수 있다.
④ 배연설비의 주 목적은 화재 후기에 발생하는 연기만을 제거하기 위한 설비이다.

풀이 배연설비는 건축물의 화재 시에 화재 발생원으로부터 피난 경로로 연기의 유입되는 것을 방지하는 설비로 방연벽, 배연구, 배연덕트, 배연기 등이 포함된다.

21 공기의 온도에 따른 밀도 특성을 이용한 방식으로 실내보다 낮은 온도의 신선공기를 해당구역에 공급함으로서 오염물질을 대류효과에 의해 실내 상부에 설치된 배기구를 통해 배출시켜 환기 목적을 달성하는 방식은?

① 기계식 환기법
② 전반 환기법
③ 치환 환기법
④ 국소 환기법

풀이 치환 환기법에는 다음과 같은 방식이 있다.
① 저속치환 환기법: 실내의 발열원으로부터의 상승기류를 이용해서, 바닥면에 가까운 곳에 설치된 큰 급기구로부터 냉풍을 낮은 속도 (0.5 m/s이하)로 공급하고, 실내 전체에 상향 흐름을 형성해서 환기하는 방법
② 동향기류를 이용한 치환환기법: 속도와 방향이 균일한 폭이 넓은 개구로부터의 흐름(동향기류)을 이용해서 실내의 오염된 공기를 치환하고자 하는 환기법

제 3 장 습공기 선도

절대습도[x]와 건구온도[t]와의 관계 선도가 각종 계산에 많이 사용된다.

1. 공기선도와 그 사용법

대기압(760mmHg)하의 습공기의 성질을 선도로 표시하고 습구온도[WB], 노점온도[DP], 건구온도[DB], 절대습도[x], 포화도[z], 비체적[v], 엔탈피[i], 상대습도[RH] 등으로 구성되어 있으며, 이들 중 2가지 이상이 결정되면 다른 값은 습공기 선도를 이용하여 구할 수 있다.

- h-x선도 : 엔탈피[h]와 절대습도[x]와의 관계를 사교 좌표로 그린 것
- t-x선도 : 건구온도와 절대습도와의 관계를 직각 좌표로 그린 것
- t-i선도 : 건구온도[t]와 엔탈피[i]와의 관계를 직교 좌표로 그린 것

2. 공기선도의 상태변화와 계산

(1) 공기만을 가열 냉각하는 경우

절대습도가 변하지 않고 온도만 변한다.

$$q_s = G(i_2 - i_1) = G \cdot C_p \cdot (t_2 - t_1)$$
$$= \frac{Q}{V}(i_2 - i_1) = \frac{Q}{V} \cdot C_p \cdot (t_2 - t_1)$$
$$= Q \cdot \gamma \cdot C_p (t_2 - t_1) = 0.288 Q (t_2 - t_1)$$

- q_s : 감열량[kcal/h]
- G : 공기량[kg/h]
- Q : 공기량[m³/h]
- V : 공기의 비체적[m³/kg]
- C_p : 정압비열[0.24kcal/kg℃]
- t : 건구온도[℃]
- i : 엔탈피[kcal/kg]

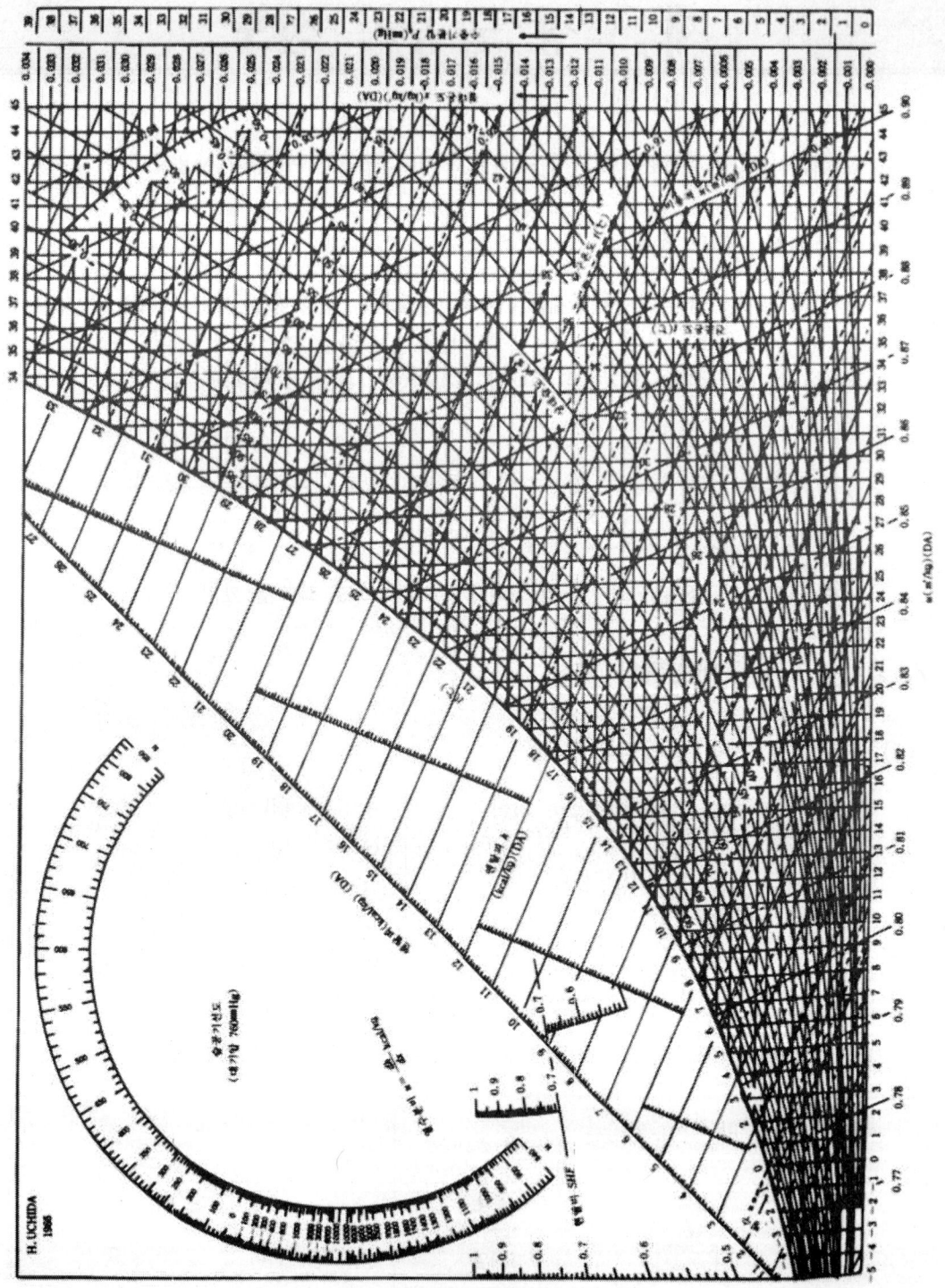

h-x(공기선도)

(2) 공기를 가습·감습할 경우

① 가습량 $L = G(x_2 - x_1) = \dfrac{Q}{V}(x_2 - x_1)$

② 잠열량 $q_L = G(i_2 - i_1) = L \cdot \gamma_0$

$q_L = 715Q(x_2 - x_1) = 597.3 \cdot \gamma \cdot Q(x_2 - x_1)$ $\begin{cases} L : \text{가습량}[kg/h] \\ \gamma_0 : \text{잠열}[kcal/kg] \end{cases}$

① Air Washer 이용법   ② 수분무 가습기법   ③ 증기 가습기법

(3) 습공기를 단열 혼합한 경우

재순환 공기를 새로운 공기 또는 공기 가열기, 공기 냉각기, 공기 세정기 등으로 처리한 공기와 혼합하여 사용하는 경우의 변화 상태를 말한다.

$\therefore t_3 = \dfrac{Q_1 t_1 + Q_2 t_2}{Q_1 + Q_2}$ (혼합온도) $\begin{array}{l} -\text{실내환기} : 1 \\ -\text{외\quad기} : 2 \\ -\text{혼합공기} : 3 \end{array}$

$\therefore x_3 = \dfrac{Q_1 x_1 + Q_2 x_2}{Q_1 + Q_2}$ (혼합절대습도)

$\therefore i_3 = \dfrac{Q_1 i_1 + Q_2 i_2}{Q_1 + Q_2}$ (혼합엔탈피) $\begin{cases} Q_1 : \text{실내공기량}[m^3/h] \\ Q_2 : \text{외기량}[m^3/h] \end{cases}$

(4) 가열가습의 경우

① $q_T = q_s + q_L = G(i_2 - i_1)$

② $L = G(x_2 - x_1)$

③ $SHF = \dfrac{q_s}{q_s + q_L} = \dfrac{q_s}{q_T}$

$\begin{cases} q_T : \text{전열량[kcal/h]} & G : \text{공기량[kcal/h]} \\ q_S : \text{현열량[kcal/h]} & L : \text{가습량[kcal/h]} \\ q_L : \text{감열량[kcal/h]} & SHF : \text{현열량} \end{cases}$

(5) 가 습

1) 장치 내 순환수 분무가습(단열가습) 세정 : Air Washer에서 분무

2) Air Washer 내에서 온수로 분무 가습

3) 소량의 물, 온수로 분무 가습

4) 증기로 분무 가습

※ Air washer의 효율 $\eta_{AW} = \dfrac{1-3}{1-2} \times 100\%$

※ Air washer 이용법 $\begin{cases} \text{수분무가습기법} \\ \text{증기가습기법} \end{cases}$

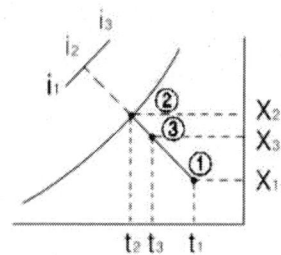

(6) By pass Factor(B.F)

가열, 냉각 코일을 접촉하지 않고 그대로 통과되는 공기의 비율

∴ $B.F = 1 - C.F$

Contact factor(C.F) : 완전히 접촉한 공기비율

1) $B.F = \dfrac{i_3 - i_2}{i_1 - i_2} = \dfrac{x_3 - x_2}{x_1 - x_2} = \dfrac{t_3 - t_2}{t_1 - t_2}$

2) $C.F = \dfrac{i_1 - i_3}{i_1 - i_2} = \dfrac{x_1 - x_3}{x_1 - x_2} = \dfrac{t_1 - t_3}{t_1 - t_2}$

코일의 열수가 증가하면 B.F는 감소한다.

(7) 현열비(감열비 : SHF)

1) $q_s = G \cdot C_p \cdot (t_2 - t_1) = 0.28Q(t_2 - t_1)$

2) $q_L = G \cdot r_0 \cdot (x_2 - x_1) = 715Q(x_2 - x_1)$

3) $SHF = \dfrac{q_s}{q_s + q_L} = \dfrac{q_s}{q_T}$

$= \dfrac{G \cdot C_p \cdot (t_2 - t_1)}{G \cdot C_p \cdot (t_2 - t_1) + G \cdot r_0 \cdot (x_2 - x_1)}$

$= \dfrac{C_p(t_2 - t_1)}{C_p(t_2 - t_1) + r_0(x_2 - x_1)}$

3. 실제장치에서의 상태변화

1) 혼합가열

$t_3 = \dfrac{t_1 Q_1 + t_2 Q_2}{Q_1 + Q_2}$

2) 혼합 → 가습(온수 분무) → 가열(일부 바이패스)

3) 혼합 → 예열 → 세정(순환수분무) → 재열

 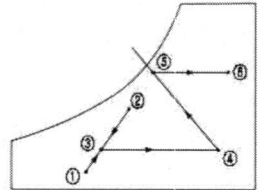

4) 외기예열 → 혼합 → 세정 → 재열

5) 외기예방 → 혼합 → 냉각

연습문제

01 습공기선도(t-x선도)상에서 알 수 없는 것은?
① 엔탈피 ② 습구온도
③ 풍속 ④ 상대습도

풀이 습공기 선도를 이용하여 엔탈피, 건구온도, 습구온도, 상대습도, 노점온도, 절대습도 등을 알 수 있다.

02 다음 중 사용되는 공기선도가 아닌 것은? (단, i : 엔탈피, X : 절대습도, t : 온도, p : 압력)
① i-X선도 ② t-X선도
③ t-i선도 ④ p-i선도

풀이 p-i선도는 몰리에 선도로 냉동기 운전상태를 일목요연하게 나타내는 선도이다.

03 다음 습공기 선도(h-x선도)상에서 공기의 상태가 1에서 2로 변할 때 일어나는 현상이 아닌 것은?

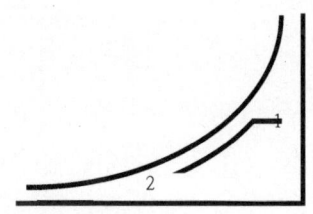

① 건구온도의 감소
② 절대습도 감소
③ 습구온도 감소
④ 상대습도 감소

풀이 ① → ② : 상대습도 100% 선 쪽으로 이 동하였으므로 상대습도는 증가가 된다.

04 습공기선도상에서 ①의 공기가 온도가 높은 다량의 물과 접촉하여 가열, 가습 되고 ③의 상태로 변화한 경우의 공기선도로 다음 중 옳은 것은?

01 ③ 02 ④ 03 ④ 04 ③

[풀이] ①항은 냉각, 감습
②항은 외기와 환기의 혼합 과정
④항은 냉각, 가습과정

05 선도에서 습공기를 상태 1에서 2로 변화시킬 때 감열비(SHF)를 올바르게 나타낸 것은?

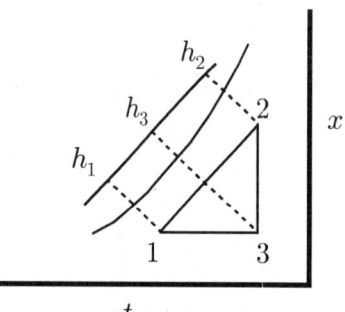

① $(h_2-h_3)/(h_2-h_1)$
② $(h_3-h_1)(h_2-h_1)$
③ $(h_3-h_1)/(h_2-h_3)$
④ $(h_2-h_1)/(h_2-h_3)$

[풀이] 감열비(현열비) = 감열/(감열+잠열)

06 엔탈피 변화가 없는 경우의 열수분비는 얼마인가?
① 0 ② 1
③ -1 ④ ∞

[풀이] 열수분비(u)=$\dfrac{di}{dx}$ 에서 di=0이면 열수분비는 0이 된다.

07 다음 그림에 대한 설명 중 틀린 것은 어느 것인가? (단, 하절기 공기조화 과정이다.)

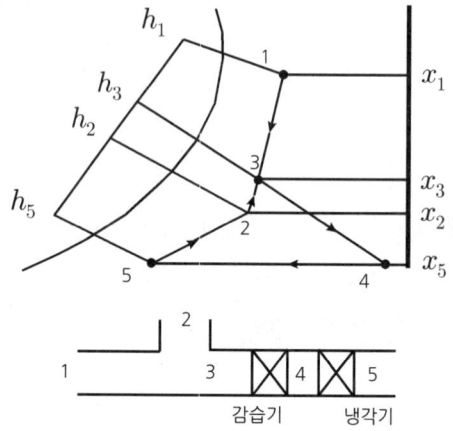

① 실내공기 ①과 외기 ②를 혼합하면 ③이 된다.
② ③을 감습기에 통과시키면 엔탈피 변화 없이 감습된다.
③ 응축열로 인하여 습구온도 일정선상에서 온도가 상승하여 ④에 이른다.
④ ⑤까지 냉각하여 취출하면 실내에서 취득 열량을 얻어 ②에 이른다.

[풀이] ①은 외기상태를 표시하는 것이며 ②는 환기되는 실내 공기를 표시하는 것으로 이들의 혼합점은 ③이 된다.

05 ② 06 ① 07 ①

08 습공기 선도에서 상태점 A의 노점온도를 읽는 방법으로 맞는 것은?

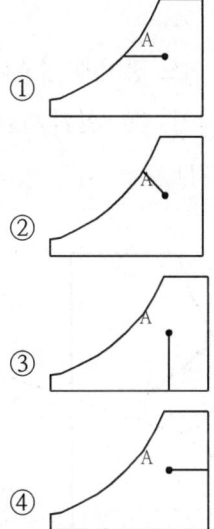

풀이 ②항은 습구온도, ③항은 건구온도, ④항은 절대습도를 읽는 방법이다.

09 다음 습공기 선도(i-x)에서 1→7의 변화를 맞게 설명한 것은?

① 1 − 2 : 감온감습
② 1 − 3 : 감온가습
③ 1 − 7 : 가열감습
④ 1 − 9 : 가열가습

풀이 1 → 2 : 가열, 1 → 3 : 냉각, 1 → 4 : 가습, 1 → 5 : 감습, 1 → 6 : 가열 가습 1 → 7 : 가열 감습, 1 → 8 : 냉각 가습, 1 → 9 : 냉각 감습

10 어떤 단열된 공조기의 장치도가 다음 그림과 같을 때 열 수분비(U)를 구하는 식은? (단, i_1, i_2 : 입구 및 출구 엔탈피 kcal/kg, X_1, X_2 ; 입구 및 출구의 절대습도 kg/kg′, qs : 가열량, L ; 가습량 kg/s, i_v : L의 엔탈피, G : 유량)?

〈가열, 가습과정 장치도〉

① $U = \dfrac{q_s}{G} - i_v$

② $U = \dfrac{q_s}{L} - i_v$

③ $U = \dfrac{q_s}{L} + i_v$

④ $U = \dfrac{q_s}{G} + i_v$

풀이 열수분비 = 엔탈피 / 절대습도

08 ① 09 ③ 10 ③

11 다음과 같은 습공기선도상의 상태에서 외기 부하를 나타내고 있는 것은?

① $G(i_3 - i_4)$ ② $G(i_5 - i_4)$
③ $G(i_3 - i_2)$ ④ $G(i_2 - i_5)$

풀이 환기부하 = G × ($i_1 - i_3$)
외기부하 = G × ($i_3 - i_2$)
냉각 코일 부하 = G × ($i_3 - i_4$)
재열기 부하 = G × ($i_5 - i_4$)

12 다음 공기선도 상에서 난방풍량이 25,000CMH일 경우 가열코일의 열량 (kcal/h)은?
(단, ①은 외기, ②는 실내 상태점을 나타내며, 공기의 비중량의 1.2kg/m³이다.)

① 84,000   ② 20,160
③ 75,000   ④ 30,500

풀이 Q=25,000kg/m³×1.2kg/m³
×(5.4-2.6)kcal/kg=84,000kcal/h

13 다음 습공기 선도는 어느 장치에 대응하는 것인가? (단, ①=외기, ②=환기, HC=가열기, CC=냉각기)

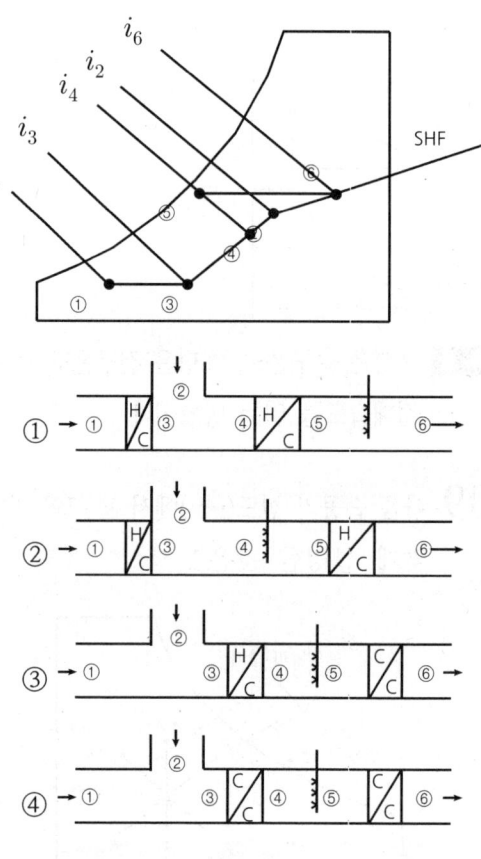

11 ③   12 ①   13 ②

14 다음 그림에 표시된 장치로서 공기조화를 행하는 경우 습공기선도에서의 $\overrightarrow{④⑤}$와 ③④/③④′는 무엇을 나타내는가?

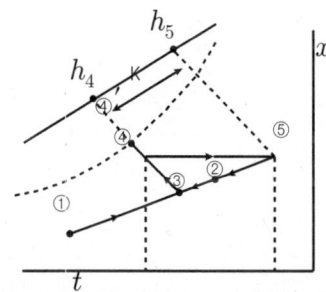

① $\overrightarrow{④⑤}$: 히터 가열량, ③④/③④′ : BF(Bypass factor)
② $\overrightarrow{④⑤}$: 가습량, ③④/③④′ : BF(Bypass factor)
③ $\overrightarrow{④⑤}$: 히터 가열량, ③④/③④′ : CF(Contact factor)
④ $\overrightarrow{④⑤}$: 가습량, ③④/③④′ : CF(Contact factor)

풀이 ① : 외기 ② : 환기 ③ : 혼합온도
④ : 가습기 출구 ⑤ : 가열기 출구
① → ③ : 환기부하, ② → ③ : 외기부하,
③ → ④ : 냉각가습, ④ → ⑤ : 히터 가열량 ⑤ → ② : 실내부하, ③④/③④′ : CF, ④④′/③④′ : BF

15 습공기의 상태변화에 관한 설명 중 옳지 않은 것은?
① 습공기를 가열하면 엔탈피가 증가한다.
② 습공기를 가열하면 상대습도는 감소한다.
③ 습공기를 냉각하면 비체적은 감소한다.
④ 습공기를 냉각하면 절대습도는 증가한다.

풀이 습공기를 냉각하면 절대습도는 불변이며 상대 습도는 증가하게 된다.

16 다음은 감습방법을 나타낸 것이다. 이들 중 공기조화에서 가장 일반적으로 쓰이고 있는 방법은?
① 압축 감습   ② 흡수식 감습
③ 흡착식 감습 ④ 냉각 감습

풀이 냉각 시 수분은 노점온도 이하가 되면 감습이 된다.

17 풍량 5000kg/h의 공기(절대습도 0.002kg/kg)를 온수 분무로 절대습도 0.00375kg/kg까지 가습할 때의 분무 수량은 약 얼마인가?
(단, 가습효율은 60%라 한다.)
① 5.25kg/h
② 8.75kg/h
③ 14.58kg/h
④ 20.01kg/h

풀이 5000kg/h×(0.00375 − 0.002)kg/kg/0.6
= 14.58kg/h

제 4 장 공기조화 설비방식

1. 공기조화 설비의 분류

  1) 난방만을 위한 설비: 직접난방방식

  2) 냉 · 난방을 위한 설비: 공기조화방식

  3) 환기만을 행한 설비: 공기조화 설비의 일부

2. 공기조화의 계획

  1) 공조방식의 결정

   설비비, 설비 스페이스, 운전비, 건물구조, 조닝 등

  2) 각 존마다 덕트의 배치계획과 공조기계실의 배치

  3) 보일러, 냉동기 등의 열원기기의 용량을 냉·난방부하의 계산치에서 결정

   ① 각 실의 취득열량, 손실열량을 계산하고 피크시의 부하에 대해 공조용 풍량, 냉방부하, 난방부하가 구해진다.

   ② 이것들의 부하에 따라 냉동기 보일러 선택

   ③ 각 존의 부하에 따라 공기조화기(냉각코일, 가열코일, 가습장치) 설계

   ④ 결정된 기기를 다시 기계실 내에 배치해 보고 기계실 치수 결정

   ⑤ 덕트설계 시작, 팬의 필요압력, 풍량에 따라 팬의 결정

   ⑥ 이상과 같은 기기를 도면상에 적용한다.

3. 조닝의 종류

   방향별 조닝, 사용별 조닝, 시간별 조닝, 층수별 조닝 등이 있으며 한 건물의 공기조화 설비시 공조 열부하 특성이 실의 방향, 사용목적, 사용시간차 등에 의하여 다른 경우가 있으므로, 각 구역의 특성에 맞도록 별개의 덕트나 냉·온수관을 설비하여 구역의 조건에 적합하도록 부분된 구역을 존(Zone)이라 하고, 그 구역마다 공조방식을 정한 것을 조닝(Zoning)이라 하며, 조닝을 하면 경제적인 운전을 기할 수 있다.

4. 공조 방식

(1) 중앙 공조

1) 송풍량이 많으므로 실내 공기의 오염이 적다.

2) 공조기가 기계실에 집중되어 있으므로 관리·보수가 용이하다.

3) 대형 건물에 적합하며 리턴 팬을 설치하면 외기냉방이 가능하다.

4) 덕트가 대형이고 개별식에 비해 덕트 스페이스가 크다.

5) 송풍동력이 크며 유닛 병용의 경우를 제외하고는 각 실마다의 조정이 곤란하다.

(2) 개별제어

1) 개별제어가 가능하고 대량 생산하므로 설비비와 운전비가 싸다.

2) 이동 및 보관, 자동조작이 가능하며 편리하다.

3) 여과기의 불완전으로 실내 공기의 청정도가 나쁘고 소음이 크다.

4) 설치가 간단하나 대용량의 경우 공조기 수가 증가하므로 중앙식보다 설비비가 많이 들 수 있다.

(3) 열원의 종류에 의한 분류

1) 전덕트 방식(전공기 방식)

① 단일 덕트 방식 : 정풍량식, 전풍량재열식, 변풍량식, 변풍량재열식

② 2중 덕트 방식 : 정풍량식, 변풍량식, 멀티존 유닛식

③ 덕트 병용 패키지 공조 방식
④ 각층 유닛 방식
⑤ 장점
　㉮ 중간 기동기의 외기냉방이 가능하다.
　㉯ 공기의 청정도를 높이 요하는 곳에 적합하다(청정도가 높다).
　㉰ 공기만을 사용하므로 수도관 등이 없어서 누수, 부식에 의한 고장이 없다.
　㉱ 연면적이 1,000m² 이하의 소규모 건물에 대해서는 공기-수 방식보다 간단하고 설비비가 저렴하다.
⑥ 단점
　㉮ 대형 덕트가 필요하며, 대형 공조실이 필요하다.
　㉯ 팬의 동력이 펌프에 비하여 크고 송풍열동력이 크게 된다.
⑦ 적용
　㉮ 1,000m² 이하의 소규모 건축물
　㉯ 대공간의 극장이나 중규모 이상의 다층건물의 내부존
　㉰ 병원 수술실, 클린룸 등 공기청정이 극히 요구되는 곳

전공기 방식

2) 공기-수 방식(덕트 배관식)

① 유닛 병용식 : 유인 유닛식, 외기덕트 병용 팬 코일 유닛식
② 복사 냉난방식

공기·수 방식(덕트 병용 복사 냉·난방)

③ 장점

 ㉮ 전 공기식에 비하여 공간을 작게 차지한다.

 ㉯ 공기 방식보다 반송동력이 작게 들며 각 실의 온도제어가 쉽다(수동제어).

 ㉰ 유닛 한 대로 소규모의 설비를 할 수 있다.

④ 단점

 ㉮ 실내 공기의 청정도가 낮다(유닛 필터가 저성능이므로).

 ㉯ 물을 사용하므로 누수 우려가 있고 외기냉방이 곤란하다.

 ㉰ 정기적으로 필터를 청소해야 한다.

⑤ 적용 : 사무실 건축물, 호텔, 병원 등의 다실 건축물의 외부존용

3) 수방식(배관식) : 팬 코일 유닛

 ① 덕트가 없으므로 덕트 스페이스는 필요하지 않으나 공기가 도입되지 않으므로 실내 공기 오염의 우려가 있다.

수방식(FCU : 팬 코일 유닛)

② 주위에 극간풍(틈새)이 있을 때는 외기도입도 가능하다.
③ 각 실 제어가 가능하고 중규모 이상의 건축물에는 부적당하다.

4) 냉매 방식(개별식)

① 룸 쿨러 ② 패키지 공조기 ③ 멀티 유닛형

	송풍기 동력	환기·청정도	공조실·덕트면적	외기냉방	누수·부식	개별제어
공기식	대	양호	대	양호	-	불가능
공기-수 방식	중	중	중	중	약간	가능
수방식	-	불량	소	불가능	많다	양호

공조 방식의 분류

분류		명 칭	
중앙 방식	전공기 방식	단일 덕트 방식	정풍량 방식	말단에 재열기가 없는 방식
			변풍량 방식	말단에 재열기가 있는 방식
		2중 덕트 방식	정풍량 2중 덕트 방식 변풍량 2중 덕트 방식 멀티존 유닛 방식 덕트 병용의 패키지 방식 각층 유닛 방식	
	공기·수 방식 (유닛 병용 방식)	덕트 병용 팬 코일 유닛 방식 유인 유닛 방식 복사 냉난방 방식		
	전수방식	팬 코일 유닛 방식		
개별 방식	냉매 방식	패키지 방식 룸 쿨러 방식 멀티 유닛 방식		

5. 각종 공조 방식의 특징 및 종류

(1) 단일 덕트 방식

열을 운반하는 매체가 공기 뿐이므로 비열이 적고 대량의 공기가 필요하므로 덕트 공간이 커야 한다.

- 고속덕트 : 풍속 15m/s 이상(20~30m/s), 전압력은 150~300mmAq 정도이며, 덕트 스페이스는 적으나 송풍력·전동기 출력이 증대하므로 설비비가 비싸고 소음이 크며 취출구에 소음상자를 부착하고, 고층건물 등에 이용된다.

- 저속덕트 : 풍속 15m/s 이하(8~15m/s), 전압력은 50~75mmAq 정도이며 다층건축물, 극장 관람석 등에 이용된다.

단일 덕트 방식(CAV 방식)

1) 정풍량 방식(Constant Air Volume : C.A.V)

① 각 실마다 부하변동 때문에 온도차가 크고 연간 소비동력이 크다.

② 존의 수가 적을 때는 타방식에 비하여 설비비가 적다.

③ 연면적 2,000m² 이하의 소규모 건축물

④ 연면적 2,000m² 이상의 다층건물의 내부존 공조설비

정풍량 방식

2) 정풍량 재열 방식(말단 재열기 설치)

① 설비비가 단일 덕트식보다는 크고 2중 덕트식보다는 적다.
② 보수, 관리비가 증가하고 하절기에도 보일러 운전이 필요하다.
③ 운전비는 재열기의 재열손실에 해당되는 만큼 단일 덕트식보다 크다.
④ 급기 덕트 말단부분에 말단 재열기를 부착하여 설정치로 유지한다.
⑤ 산업실험실, 연구실 등에 응용된다.

3) 변풍량 방식(Variable Air Volume : V.A.V)

① 실내 부하의 변화에 따라서 송풍량을 변경하여 각 실 제어가 가능하다.
② 전공기 방식 중에서도 냉동기와 더불어 운전비가 큰 송풍기의 동력이 절약된다.
③ C.A.V보다 설치비가 많다.
④ 풍량 제어기구는 허용 정압이 125~150mmAq에서 정상으로 작동된다.
⑤ 실내 공기의 청정도를 요할 시 부적당하고 공조기 용량은 C.A.V의 80% 정도로 한다.

단일 덕트 변풍량 방식(VAV 방식)

　　VAV 유닛　　　　　단일 덕트 변풍량 방식의 제어법

(2) 2중 덕트 방식(Double Duct System)

온풍과 냉풍 2개의 덕트를 설비하여 각 실의 부하조건에 따라서 혼합 박스(mixing box)로 적당한 급기온도를 조정하여 토출시키는 방식이다.

이중 덕트 방식

1) **2중 덕트 정풍량식(Double Duct Constant Air Volume : D.D.C.A.V)**

   ① 송풍동력이 크고 냉동운전비도 크다.
   ② 실내 부하에 따라 각 실 제어나 존제어 가능
   ③ 단일 덕트식보다 덕트의 점유면적이 커서 고속덕트식을 채용한다.
   ④ 냉·난방을 동시에 할 수 있으므로 계절마다 냉·난방의 전환이 필요하지 않다.
   ⑤ 실내 온도 유지를 위해 여름에도 보일러를 운전해야 한다.
   ⑥ 공기식이므로 실온 응답이 빠르고 유닛이 노출되지 않는다.
   ⑦ 습도의 완전한 조절이 곤란하고 혼합상자가 고가이다.

2) **멀티존 유닛 방식(Multi-Zone Unit System)**

   ① 1대의 공조기로 계열별 조닝한 것으로 온·냉풍을 각 실에 송출하는 방식
   ② 존제어가 가능하고 대규모의 내부존에 적합하다.
   ③ 냉동기 부하가 크고 부하변동이 심할 경우, 각 실의 송풍 불균형이 발생할 수 있다.
   ④ 공조기의 대수를 감소시킬 수 있으므로 중소규모($2,000m^2$ 이하) 건물에 적합하다.
   ⑤ 송풍량의 변동을 방지하기 위하여 송풍덕트의 전 저항을 15mmAq 이상으로 한다.

3) 2중 덕트 변풍량 방식(Double Duct Variable Air Volume : D.D.V.A.V)

① 실내의 온도 저하를 방지하기 위하여 VAV유닛과 혼합상자를 조합하여 만든 방식이다.

② 유닛이 고가이며 실내 온도 조절이 정확한 곳에 사용한다.

③ 재열식 변풍량식보다 같은 기능면에서 동력 손실이 크다.

④ 설비비가 고가이며 사무실의 중역실, 전산실 등에 사용한다.

변풍량 방식의 특성 비교

특성	단일 덕트 변풍량 방식	단일 덕트 변풍량 재열 방식	2중 덕트 변풍량 방식
장점	① 실내 부하가 적어지면 송풍량을 줄일 수 있으므로 에너지 절감 효과가 크다. ② 각 실이나 존의 온도를 개별 제어하기가 쉽다. ③ 대규모의 건물일 경우 공조기나 열원기기의 동시 가동률을 고려하면 효율적이다. ④ 일사량 변화가 심한 페리미터존에 적합하다. ⑤ 전공기 방식의 특성이 있다.	① 실의 냉방부하가 감소되어도 실내온도는 설정치 이하로 내려가지 않는다. ② 각 실 및 존의 개별제어가 쉽다. ③ 페리미터 존에 적합하다. ④ 외기 풍량을 많이 필요로 하는 실(회의실) 등에 적합하다. ⑤ 전공기 방식의 특성이 있다.	① 2중 덕트 방식의 특성을 갖는다. ② 정풍량 2중 덕트보다는 에너지 절감 효과가 있다. ③ 최소 풍량이 취출되어도 실내온도는 설정온도 범위를 유지한다. ④ 외기 풍량을 많이 필요로 하는 실에 적합하다. ⑤ 까다로운 실내 조건을 만족시킬 수 있다. ⑥ 전공기 방식의 특성이 있다.
단점	① 변풍량 유닛으로 인한 설비비가 많이 든다. ② 실내 부하가 적어지면 송풍량이 적어지므로 실내 공기의 오염도가 높다. ③ 재열기가 없으면 최소 풍량이 취출될 때 실내 온도가 낮아져 추위를 느낀다.	① 재열기 설치로 인한 설비비가 많이 든다. ② 여름에도 보일러를 가동해야 한다. ③ 재열 부하가 발생한다. ④ 실내에 있는 재열기까지 배관을 하므로 누수의 염려가 있다. ⑤ 재열기의 설치공간이 필요한다.	① 변풍량 유닛으로 인한 설비비가 많이 든다. ② 변풍량 유닛의 설치공간이 필요하다. ③ 2중 덕트 방식에 의한 혼합손실이 있다.

(3) 각 층 유닛 방식(Steep System)

1) 건물의 각 층 또는 각 층의 구역마다 공조기를 설치하는 방식

2) 방송국, 신문사, 백화점 등의 대형건물에 사용

3) 각 층마다 운전시간, 부하가 다른 경우에 사용하며 각 층별의 존 제어가 가능하다.

4) 송풍덕트가 짧게 되고 환기덕트가 필요치 않으므로 스페이스가 작아진다.

5) 공조기의 대수가 많으므로 설치비가 크며 소음 진동이 크고 보수가 어렵다.

각 층 유닛 방식

(4) 유닛 병용 방식(공기-수 방식)

1) 팬 코일 유닛 방식(F.C.U)

① 전동기 직결의 소형 송풍기, 냉·온수코일, 필터 등을 구비한 실내형 소형 공조기를 각실에 설치하여 중앙기계실로부터 냉·온수를 공급하여 공조하는 방식

② 전공기식에 비해 덕트 면적이 작고, 각 실 조절에 적합하다.

③ 유닛이 실내에 분산 설치되므로 보수관리가 용이하고 수배관의 동파, 누수우려가 있다.

④ 열에너지의 50% 정도를 물에 의존하므로 에너지 절감 효과가 있다 (공기식과 비교시).

⑤ 청정도가 낮고 필터는 매월 1회 정도 세정, 교체해야 한다.

공기-수 방식(덕트 병용 팬 코일 유닛 방식)   팬 코일 유닛

(2) 유인 유닛 방식(Induction Unit System : I.D.U)

① 하부 노즐에서 취출되는 1차 공기로서 실내 공기가 유인되어 코일을 통과하여 2차 공기와 합류하여 실내에 취출된다.

② 실내로부터 유인되는 공기를 2차 공기라고 하며, 1차 공기 + 2차 공기를 합계공기라 한다.

③ 사무실, 호텔, 고층건물에 적합하며 덕트면적도 절감된다.

④ 유인비 $K = \dfrac{TA}{PA}$ $\begin{cases} TA : 합계\ 공기 \\ PA : 1차\ 공기 \end{cases}$

⑤ 보통비의 K는 3~4이고, 더블 코일일 때는 6~7 정도이다.

⑥ F.C.U와 I.D.U의 관계

㉮ I.D.U는 전용덕트 계통이 필요하다.

㉯ F.C.U는 I.D.U에 비해 소음이 적고 동일능력일 때 싸다.

㉰ F.C.U는 내부에 팬이 있어서 보수가 필요하고 I.D.U는 수명이 길다.

공기-수 방식(I.D.U 유인 유닛 방식)

(5) 복사 냉·난방 방식(Panel Air System)

1) 건물의 바닥, 천장면의 구조체에 파이프 코일을 설치하여 여름에는 냉수, 겨울에는 온수를 통하여 냉·난방하는 방식이다.

2) 조명이나 일사가 많은 방에 효과적이고 천장이 높은 곳에 적합하다.

3) 복사열이므로 쾌감도가 좋고 실내에 유닛이 노출되지 않는다.

4) 실내 수배관이 필요하며 결로의 우려가 있다.

5) 설치비가 고가이고 중간기 냉동기의 운전이 필요하다.

복사 냉·난방 방식   복사 냉·난방 방식 계통도

(6) 패키지 유닛 방식(개별 방식 : Packaged Air Conditioner)

1) 냉각코일에 냉매를 사용하여 환기와 급기를 덕트로 통하게 하는 방식이다.

2) 패키지 유닛을 각 존마다 또는 각 층마다 설치응용할 수 있다.

3) 설치가 간단하고 자동조작이 가능하다.

4) 상점, 레스토랑 등의 소규모 구조물에 적합하다.

덕트 병용 패키지 방식

연습문제

01 다음 중 개별식 공기조화 방식이 아닌 것은 무엇인가?
① 각층 유닛방식
② 룸쿨러 방식
③ 패키지 방식
④ 멀티유닛형 룸쿨러 방식

풀이 (개별방식)패키지 방식, 룸 쿨러 방식, 멀티 유닛 방식

02 다음 공조방식 중 개별식에 속하는 것은 어느 것인가?
① 팬 코일 유니트 방식
② 단일 덕트 방식
③ 2중 덕트 방식
④ 패키지 유니트 방식

풀이 (중앙 방식) 전 공기 방식
 1) 단일 덕트방식
   ① 정풍량 방식
   ② 변풍량 방식
 2) 2중 덕트방식
  (1) 정풍량 2중 덕트방식
   ② 변풍량 2중 덕트 방식
   ③ 멀티존 유닛방식
   ④ 덕트병용 패키지 방식
   ⑤ 각층 유닛방식
 3) 공기 · 수 방식
   ① 덕트병용 팬코일 유닛방식
   ② 유인 유닛방식
   ③ 복사 냉난방방식
 4) 수(물) 방식 : 팬코일 유닛방식
(개별방식) 패키지 방식, 룸 쿨러 방식, 멀티 유닛 방식

03 중앙식 공조방식의 특징이 아닌 것은?
① 송풍량이 많으므로 실내공기의 오염이 적다.
② 리턴 펜을 설치하면 외기냉방이 가능하게 된다.
③ 소형건물에 적합하며 유리하다.
④ 덕트가 대형이고 개별식에 비해 설치공간이 크다.

풀이 중앙식 공조방식은 빌딩 또는 대형 건물에 적합하다.

04 공기조화 방식 중에서 덕트 방식이 아닌 것은?
① 팬코일유니트 방식
② 멀티존 방식
③ 각층유니트 방식
④ 유인유니트 방식

풀이 팬코일 유니트 방식은 수 방식으로 덕트를 사용하지 않는다.

01 ① 02 ④ 03 ③ 04 ①

05 다음 공기조화기에 관한 설명 중 옳은 것은?
① 유닛 히터는 코일과 팬으로 구성된다.
② 유인 유닛은 팬만을 내장하고 있다.
③ 공기 세정기를 사용하는 경우에는 엘리미네이터를 사용하지 않아도 좋다.
④ 팬 코일 유닛은 팬과 코일 및 냉동기로 구성된다.

풀이 유인 유닛방식(IDU)의 특징
① 공기 – 물 방식이다.
② 송풍기가 없다(압력 차에 의한 유인작용 : 고속덕트).
③ 겨울철에는 잠열부하 처리가 가능하다.

06 개별 공조 방식에 대한 내용 중 옳지 않은 것은?
① 송풍량이 많으므로 실내공기의 오염이 적다.
② 개별 제어가 가능하며 국소운전이 가능하여 에너지가 절약된다.
③ 유닛마다 냉동기를 갖추고 있어서 소음과 진동이 크다.
④ 외기냉방을 할 수 없다.

풀이 개별방식으로 패키지 방식, 룸쿨러방식, 멀티유닛방식 등이 있으며 외기 도입이 어려워 실내 공기의 오염 우려가 큰 것이 단점이다.

07 공기조화 설비에서 공기의 경로로 옳은 것은?
① 환기덕트 → 공조기 → 급기덕트 → 취출구
② 공기조 → 환기덕트 → 급기덕트 → 취출구
③ 냉각탑 → 공조기 → 냉동기 → 취출구
④ 공조기 → 냉동기 → 환기덕트 → 취출구

풀이 공조기에는 에어필터, 냉수코일, 온수코일, 가습기, 송풍기 등이 포함되어 있으므로 환기덕트 → 공조기 → 급기덕트 → 취출구 → 실내로 순환이 된다.

08 공기조화방식에서 변풍량 단일덕트 방식의 특징으로 틀린 것은?
① 변풍량 유닛을 실별 또는 존(zone)별로 배치함으로써 개별제어 및 존 제어가 가능하다.
② 부하변동에 따라서 실내온도를 유지할 수 없으므로 열원설비용 에너지 낭비가 많다.
③ 송풍기의 풍량제어를 할 수 있으므로 부분 부하시 변동에너지 소비량을 경감시킬 수 있다.
④ 동시사용률을 고려하여 기기용량을 결정할 수 있다.

풀이 변풍량 단일덕트 방식은 단일 덕트 방식 중 송풍 온도가 일정한 공기 송풍량을 각 실 또는 각 존의 실내 부하 변동에 따라 공급량을 변화시키는 공기 조화 방식으로 열손실은 2중 덕트 방식에 비해 적다.

09 다음 공기조화기에 관한 설명 중 옳은 것은?
① 유닛 히터는 가열코일과 팬, 케이싱으로 구성된다.
② 유인 유닛은 팬만을 내장하고 있다.
③ 공기 세정기를 사용하는 경우에는 엘리미네이터를 사용하지 않아도 좋다.
④ 팬코일 유닛은 팬과 코일 및 냉동기로 구성된다.

[풀이] 유인 유닛 방식은 하부 노즐에서 취출되는 1차 공기로서 실내 공기가 유인되어 코일을 통과하여 1차공기와 합류하여 실내에 취출된다. 공기 세정기에 부착된 엘리미네이터는 물의 비산을 방지하며 팬코일 유닛은 공기 여과기, 송풍기, 코일 등으로 이루어져 있다.

10 유인 유닛방식에 관한 설명 중 틀린 것은?
① 유인비는 보통 3~4 정도로 한다.
② 호텔 연회장의 내부 존에 적합한 공조방식이다.
③ 덕트 스페이스를 작게 할 수 있다.
④ 외기냉방의 효과가 적다.

[풀이] 유인유닛방식은 하부 노즐에서 취출되는 1차 공기로서 실내공기가 유인되어 코일을 통과하여 실내에 취출되는 것으로 유인비는 3~4이며 더블코일일 때는 6~7정도이다.

11 공기조화 방식중 유인 유니트 방식에 대한 설명이다. 부적당한 것은?
① 다른 방식에 비해 덕트 스페이스가 적게 소요된다.
② 비교적 높은 운전비로서 개별실제어가 불가능하다.
③ 각 유닛마다 수배관을 해야 하므로 누수의 염려가 있다.
④ 송풍량이 적어서 외기 냉방효과가 낮다.

[풀이] 유인 유닛방식(IDU)의 특징
① 공기 - 물 방식이다.
② 송풍기가 없다. (압력차에 의한 유인작용 : 고속덕트)
③ 겨울철에는 잠열부하 처리가 가능하다.
④ 건코일을 사용하므로 드레인 배관이 필요없다.
⑤ 팬 코일 유닛방식(FCU)에 비해 가격이 싸고 소음이 적으며 수명이 길다.

12 공조방식 중 각층 유니트 방식의 특징에 속하지 않는 것은?
① 송풍 덕트의 길이가 짧게 되고 설치가 용이하다.
② 사무실과 병원 등의 각층에 대하여 시간차 운전에 유리하다.
③ 각층 슬래브의 관통덕트가 없게 되므로 방재상 유리하다.
④ 각 층에 수배관을 하지 않으므로 누수의 염려가 없다.

[풀이] 각층 유니트 방식은 각 층 별로 수배관을 하

여야 하며 이로 인하여 누수의 우려가 있다.

13 가변풍량 방식(VAV)의 특징에 관한 설명으로 옳지 않은 것은?
① 시운전 시 토출구의 풍량 조정이 간단하다.
② 동시부하율을 고려하여 기기용량을 결정하게 되므로 설비용량을 적게 할 수 있다.
③ 부하변동에 대하여 제어응답이 빠르므로 거주성이 향상된다.
④ 덕트의 설계시공이 복잡해진다.

풀이 VAV(변풍량 방식)의 특징
① 실내 부하의 변화에 따라서 송풍량을 변경하여 각실 제어가 가능하다.
② 전 공기방식 중에서도 냉동기와 더불어 운전비가 큰 송풍기의 동력이 절약된다.
③ 정풍량방식(CAV)보다 설치비가 많다.
④ 풍량 제어기구는 허용 정압이 125~150mmAq에서 정상으로 작동한다.

14 공기조화 방식에 대한 설명 중 옳은 것은?
① 각층 유닛 방식은 대규모 건물이고 다층인 경우에 적합하다.
② 이중 덕트 방식은 에너지 절약적인 방식이다.
③ 팬코일 유닛 방식은 전 공기식에 비해 덕트 면적이 크다.
④ 단일 덕트 방식에는 혼합상자를 사용한다.

풀이 이중덕트 방식은 덕트 스페이스가 크며 열손실이 많으므로 효율이 나쁘며 덕트 말단에 혼합 상자를 설치하여야 하며, 팬코일 유닛 방식은 물방식으로 덕트 설치가 필요없다.

15 공조설비의 열원설비에서 냉각·가열을 위한 열매의 종류에 해당되지 않는 것은?
① 증기   ② 온수
③ 냉매   ④ 오일

풀이 열매의 종류는 냉매, 냉수, 온수, 증기 등이 있으며 오일은 윤활제로 사용된다.

16 단일덕트 정풍량 방식의 장점 중에서 옳지 않은 것은?
① 각 실의 실온을 개별적으로 제어할 수가 있다.
② 공조기가 기계실에 있으므로 운전, 보수가 용이하고, 진동, 소음의 전달 염려가 적다.
③ 외기의 도입이 용이하며 환기팬 등을 이용하면 외기냉방이 가능하다. 전열교환기의 설치도 가능하다.
④ 존의 수가 적을 때는 설비비가 다른 방식에 비해서 적게 든다.

풀이 단일덕트 정풍량 방식
① 각 실마다 부하변동 때문에 온도차가 크고 연간 소비동력이 크다.
② 존(Zone)의 수가 적을 때는 타 방식에 비해 설비비가 적게 든다.
③ 각 실의 실내 온도를 개별적 제어하기가 곤란하다.

13 ④   14 ①   15 ④   16 ①

17 단일덕트 재열방식의 특징으로 적합하지 않은 것은?

① 냉각기에 재열부하가 추가된다.
② 송풍공기량이 증가한다.
③ 실별 제어가 가능하다.
④ 현열비가 큰 장소에 적합하다.

풀이 단일덕트 재열방식 : 재열기를 설치하여 각 존에서 필요한 만큼 냉풍을 재열해서 사용
1) 장점
① 부하 특성이 다른 다수의 실 및 존이 있는 건물에 적합하다.
② 잠열부하가 많은 경우나 장마철 등의 공조에 적합하다.
③ 전공기 방식의 특성이 있다.
2) 단점
① 재열기의 설비비 및 유지관리비가 필요하다.
② 재열기의 설치 면적을 필요로 한다.
③ 여름에도 보일러 가동이 필수적이다.

18 가변풍량 방식의 특징에 관한 설명으로 옳지 않은 것은?

① 시운전 시 토출구의 풍량 조정이 간단하다.
② 동시부하율을 고려하여 기기용량을 결정하게 되므로 설비용량을 적게 할 수 있다.
③ 부하변동에 대하여 제어응답이 빠르므로 거주성이 향상된다.
④ 덕트의 설계시공이 복잡해진다.

풀이 가변풍량방식(VAV)은 실내부하의 변화에 따라서 송풍량을 변경하여 각 실의 제어가 가능한 것으로 정풍량방식(CAV) 보다 설치비는 많이 드나 덕트의 설계시공은 큰 차이가 없다.

19 공기조화방식에 있어 지구 환경보존과 에너지 절약 추세에 따른 특수 열원방식으로만 짝지어진 것은?

① 열회수 방식, 흡수식 냉동기 + 보일러 방식
② 흡수식 냉온수기 방식+보일러 방식
③ 열병합발전 방식, 축열방식
④ 터보 냉동기, 축열 방식

풀이 · 열병합발전방식 : 전기를 얻음과 동시에 주변에 온수를 제공하는 방식으로 에너지원은 기존의 발전소와 같이 화석연료를 사용한다. 이때 열이 많이 발생하고 이에 따라 냉각수가 사용이 되는데, 이 냉각수는 사용되면서 열을 받아서 뜨거운 물이 되며 이 물을 주변에 온수로 제공을 하는 것이다.
· 축열방식 : 물체의 온도변화를 이용하여 열량을 저장하는 방식으로 현열축열에는 모래, 자갈, 쇄석, 콘크리트블록, 벽돌 등 고체의 토양이 이용되며 축열 물주머니는 물을 이용한 것이고, 지중 열교환 온실은 토양을 이용한 것이다.

17 ④ 18 ④ 19 ③

20 극간풍이 비교적 많고 재실 인원이 적은 실의 중앙공조방식으로 가장 경제적인 방식은?
① 변풍량 2중덕트 방식
② 팬코일 유닛 방식
③ 정풍량 2중덕트 방식
④ 정풍량 단일덕트 방식

풀이 팬 코일 유닛 방식 : 송풍기 · 냉온수 코일 · 에어 필터 등을 하나의 캐비닛에 넣은 팬 코일 유닛을 실내에 설치하고 코일에 냉·온수를 보내어 공조하는 방식으로 극간풍에 의한 외기 도입이 가능한 건물, 사무실 건물의 외부 존 등에 사용된다.

21 2중 덕트 방식의 특징 중 옳지 않은 것은?
① 실내부하에 따라 개별제어가 가능하다.
② 2중 덕트이므로 덕트 스페이스는 적게 된다.
③ 실내습도의 완전한 제어가 어렵다.
④ 냉풍 및 온풍이 열매체이므로 실내온도 변화에 대한 응답이 빠르다.

풀이 2중 덕트이므로 덕트 스페이스는 크게 되며 열 손실이 많다.

22 냉풍 및 온풍을 각 실에서 자동적으로 혼합하여 공급하는 송풍방식은?
① 멀티존 유닛 방식
② 유인 유닛 방식
③ 팬코일 유닛 방식
④ 2중 덕트 방식

풀이 2중 덕트 방식은 냉풍과 온풍 덕트를 각각 설치한다.

23 복사난방(판넬히팅)의 특징을 설명한 것 중 맞지 않는 것은?
① 외기온도 변화에 따라 실내의 온도 및 습도조절이 쉽다.
② 방열기가 불필요하므로 가구배치가 용이하다.
③ 실내의 온도분포가 균등하다.
④ 복사열에 의한 난방이므로 쾌감도가 크다.

풀이 복사 난방의 외기온도 변화에 따라 습도 조절이 어렵다.

24 흡수식 냉온수기에 대한 설명이다. ( )안에 들어갈 명칭으로 가장 알맞은 용어는?

> "흡수식 냉온수기는 여름철에는 (①)에서 나오는 냉수를 이용하여 냉방을 행하며 겨울철에는 (②)에서 나오는 열을 이용하여 온수를 생산하여 냉방과 난방을 동시에 해결할 수 있는 기기로서 현재 일반 건축물에서 많이 사용되고 있다."

① ① 증발기, ② 응축기
② ① 재생기, ② 증발기
③ ① 증발기, ② 재생기
④ ① 발생기, ② 방열기

풀이 흡수식 냉·온수기의 경우 여름에는 증발기를 이용한 냉방을, 겨울에는 난방을 목적으로 재생기(발생기)에서 방출되는 열을 사용하는 것이다.

25 히트 펌프 방식(열원 대 열매)에 속하지 않는 것은?
① 공기-공기 방식
② 냉매-공기 방식
③ 물-물 방식
④ 물-공기 방식

풀이 히트 펌프방식에서 열원과 열매체는 주로 공기와 물을 사용한다.

24 ③   25 ②

제 5 장 공조기기

1. 공조기의 구성요소

(1) 에어필터(Air Filter : A.F)

(2) 공기예열기(Pre Heater : P.H)

(3) 공기예냉기(Pre Cooler : P.C)

(4) 공기냉각 감습기(Air Cooler or Dehumidifier : A.C)

(5) 공기 가습기(Air Humidifier) : A.H

(6) 공기 재열기(Reheater) : R.H

(7) 송풍기(Fan) : F

(8) 공기의 온습도 변화 담당기기

① 공기 예열기 ┐
② 공기 재열기 ┴── 공기 가열코일(H.C) : Heating Coil

③ 공기 예냉기 ┬── 에어와셔(A.W) : Air Washer
④ 공기 냉각 감습기 ┴── 공기냉각 Coil(C.C)

⑤ 공기 가습기 ┬── A.W 또는 가습팬(H.P), 수분무(W.S)
              └── 증기분무(S.S)

2. 공기 여과기(Air Filter)

(1) 에어필터의 성능

필터의 여과효율 (η_f : %)

$$\eta_f = \frac{C_1 - C_2}{C_1} \times 100\% \quad \begin{cases} C_1 : \text{필터입구 공기 중의 먼지량} \\ C_2 : \text{필터출구 공기 중의 먼지량} \end{cases}$$

(2) 효율 측정방법

공기중에 떠있는 먼지 중에 담배연기 0.06~0.5μ, 박테리아 0.22~1.0μ, 바이러스 0.015~0.22μ 등이며 인체로 침입하는 먼지는 5μ 이하의 것들이므로 공기여과가 필요하다.

1) 중량법

필터에서 집진되는 먼지의 중량으로 효율결정(큰입자)

2) 변색도법(비색법)

작은 입자의 대상으로 필터에서 포집된 공기를 각각 여과기에 통과시켜서 그 오염도를 광전관을 사용하여 측정

3) 계수법(D.O.P법)

고성능 필터를 측정하는 방법으로 일정한 크기의 시험입자(0.3μ)를 사용하여 먼지(진애) 계측기로 측정

(3) 고성능 필터(H.E.P.A : High Efficiency Particulate Air Filter)

1) Dop법에 의한 여과효율이 99.79% 이상이며 여과재는 글래스파이버, 아스베스토스 파이버가 사용된다.

2) 병원수술실, 방사선물질 취급소, 클린룸 등에 사용된다.

3) 공기저항이 25~200mmAq 정도로 크므로 송풍설계에 유의해야 한다.

(4) 클린룸(Clean Room) 설비

1) 공기중의 부유먼지, 유해가스, 미생물 등의 오염물질까지도 극소로 만든 클린룸은 정밀측정실이나 반도체산업, 필름공업 등에서 응용되며 청정의 대상이 주로 부유먼지의 미립자인 경우를 공업용 클린룸(ICR : Industrial Clean Room)이라 한다.

2) 클린룸은 분진의 미립자 뿐만 아니라 세균, 곰팡이, 바이러스 등도 극히 제한시킨 무균실로서 수술실, 제약공장 등 특별한 공장, 유전공학 등에 적용되고 있으며 이를 바이오클린룸(B.C.R : Bio Clean Room)이라 한다.

3) 클린룸의 등급을 나타내는 규격은 몇 가지 있으나 예로서 미연방규격에 의하면 그림과 같이 $1ft^3$의 공기 체적 내에 있는 $0.5\mu m$ 크기의 입자수를 나타낸다. 예를 들어 Class 100인 경우는 $1ft^3$의 체적 내에 $0.2\mu m$ 크기의 미립자가 750개, $0.3\mu m$ 크기가 300개, $0.5\mu m$ 크기가 100개 있다는 뜻이다.

청정도의 class조건

3. 공기냉각코일

(1) 코일의 종류

1) 공기냉각코일

　① 냉수코일 : 관 내에 냉수(5~10℃)를 통하는 것

　② 직접 팽창코일(DX) : 관 내에 냉매를 직접 팽창시켜서 그 증발열로써 공기를 냉각하는 것

2) 공기가열코일

　① 온수코일 : 관 내에 온수(40~60℃)를 통과시켜서 공기 가열(냉·온수 코일)

　② 증기코일 : 증기의 응축 잠열(100℃의 응축잠열 539kcal/kg)을 이용하여 공기 가열 (증기압 0.1~2.0atg)

　③ 전열코일 : 코일 내에 니크롬선을 내장하여 공기가열(마그네슘 사용)

(2) 냉수코일의 설계법

1) 기류와 수류의 방향은 역류가 되게 하고 대수평균온도차(M.T.D)를 크게 한다.

* 대수평균온도차(M.T.D)

평행류　　　　　　역류(대향류)

$$\therefore \text{M.T.D} = \frac{\Delta_1 - \Delta_2}{2.3\log\left(\frac{\Delta_1}{\Delta_2}\right)} = \frac{\Delta_1 - \Delta_2}{\ln\left(\frac{\Delta_1}{\Delta_2}\right)}$$

- 역류시 $\Delta_1 = t_1 - t_{w2}$, $\Delta_2 = t_2 - t_{w1}$
- 평행류시 $\Delta_1 = t_1 - t_{w1}$, $\Delta_2 = t_2 - t_{w2}$

$$\begin{cases} t_1 : 공기입구온도 & t_{w1} : 냉수입구온도 \\ t_2 : 공기출구온도 & t_{w2} : 냉수출구온도 \end{cases}$$

2) 냉수 입출구 온도차($t_{w2} - t_{w1}$)은 5℃ 이상으로 하고 코일의 열수 4~8개가 많이 사용된다.

3) 코일 통과 풍속은 2~3m/s가 경제적이며 코일에 부착한 수막을 유지하고자 할 때에는 2.3m/s 이하의 풍속을 사용한다. 그 이상시는 비산방지를 위하여 엘리미네이터를 설치한다.

4) 관내의 수속은 1m/s 전후를 사용한다.

5) 수속이 너무 높으면 물의 저항이 증가해서 관내를 침식시킬 우려가 있으므로 2.2m/s 이하로 한다.

6) 코일의 설치는 관이 수평이 되도록 하고 수직으로 설치할 때는 fin의 면이 수평이 되어 fin의 표면에 고인 물 때문에 성능이 저하한다.

7) 코일의 동결방지
   ① 운전정지시 외기 댐퍼를 송풍기와 인터로크한다(송풍기 정지시 외기댐퍼 전폐).
   ② 온수코일은 야간 운전정지시 순환펌프를 운전시켜 코일 내의 물을 유동시킨다.
   ③ 외기와 환기를 충분히 혼합하여야 한다.
   ④ 증기코일은 0.5atg 이상의 증기를 사용하여 구배에 따른 응축수가 고이지 않도록 한다.
   ⑤ 운전중에는 전열교환기를 사용하여 외기온도를 1℃ 이상으로 해서 도입한다.

4. 에어와셔(Air Washer : A.W) : 공기 세정기

에어와셔는 앞부분에 세정실과 뒷부분에 엘리미네이터가 있다. 이 기기는 통과 공기중의 냉·온수를 분무하여 공기중의 먼지 등을 세정하고 공기의 냉각·감습 또는 가열·가습도 하며, 주로 습도 조절이 목적이라고 할 수 있는 방직공장 등에서는 냉각·감습기로도 사용된다.

(1) 에어와셔의 종류

노즐형	횡형저속식	종래에 가장 일반적으로 사용되고 있으며, 전면풍속은 $v_f = 2 \sim 3m/s$를 사용한다.
분무형	횡형고속식	$v_f = 5 \sim 8m/s$를 사용하고, 단면적을 소형으로 한 것
	유닛형 고속식	Carrier Co.와 Luwa Co.의 제품이 유명하며, 풍속 10m/s 전후를 사용한다. 공장 생산형이고 천장에 매달아 사용할 때가 많다.
충전형	캐필러리형	글래스울의 필터형 유닛을 충전물로 사용한다. 길이는 1m 이내이다.
	역류형	공장생산형이며 유닛으로서 사용한다.

(2) 구 조

1) 분무노즐(Spray Nozzle)

분무수를 세립화하여 공기와의 접촉을 크게 하기 위한 것으로 물은 1.5~2atg정도이며, 청동제의 캡을 풀어 소제할 수 있도록 되어 있다.

2) 플러딩 노즐(Flooding Nozzle)

엘리미네이터에 부착된 먼지를 세정한다.

3) 루버(Louver)

공기 세정기 내의 공기흐름을 정류함과 동시에 분무수의 비산방지에 유리하다
(다공판이나 루버 사용).

4) 엘리미네이터(Eliminator)

통과 공기중의 수적의 비산수 방지 목적. 4~6번 접은 아연, 철판, 염화비닐 코팅판 사용

(3) 수공기비

1) 수공기비 = $\dfrac{수량}{공기량} = \dfrac{L[kg/h]}{G[kg/h]}$

	L/G		$l/min/1,000m^3/h$	
	1뱅크	2뱅크	1뱅크	2뱅크
가습	0.2~0.6	0.4~1.2	5~14	9~26
냉각감습	0.4~1.0	0.8~2.2	7.21	16~43

일반적으로 가장 많이 사용되는 것은 2뱅크

L/G = 0.8~1.2(16~26 $l/min/1,000m^3/h$)

2) A·W의 단면적(Af)

$$A_f = \dfrac{Q}{3,600 V_f} = \dfrac{G}{4,300 V_f}$$

$\begin{cases} V_f : 풍속[m/s] \\ G : 공기량[kg/h] \\ Q : 공기량[m^3/h] \end{cases}$

(4) 에어와셔의 성능표시

1) 냉각감습시의 전열효율(엔탈피효율, 작용효율 : E.F)

$$E.F = \dfrac{i_1 - i_2}{i_1 - i_w}$$

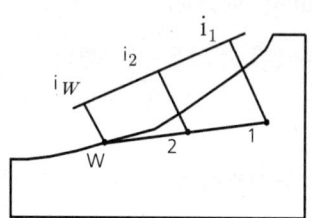

2) 가습시 전열효율(E.F′)

$$E.F' = \dfrac{i_2 - i_1}{i_w - i_1}$$

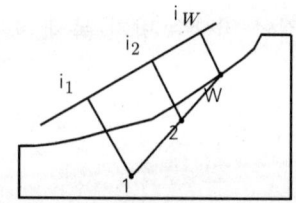

3) 단열 가습시의 포화효율(S.F)

$$S.F = \frac{t_1 - t_3}{t_1 - t_2}$$

4) 분무수 출구온도

$$t_{w2} = t_{w1} + \frac{q_c}{L}$$

$$L = t_{w2} - t_{w1} = G(i_1 - i_2)$$

$$\therefore \frac{L}{G} = \frac{i_1 - i_2}{t_{w2} - t_{w1}} \quad \begin{cases} q_c : \text{냉각부하열량[kcal/h]} \\ L : \text{분무수량[kg/h]} \end{cases}$$

5) 분무실의 높이

$$h = \frac{A}{\text{분무실의 폭}}$$

5. 가습장치(Humidifier)

1) A.W에 의한 단열가습방법

2) A.W 내의 온수를 분무하여 가습하는 방법

3) 소량의 물 또는 온수를 분무하는 방법

4) 수중기를 공기류 속에 분무하는 방법

5) 가습팬을 사용하여 증발하는 수중기를 이용하는 방법

6) 실내에 직접 분무하는 방법

가습시의 전달효율 x

③ 소량의 물 또는 온수의 분무시

6. 감습장치

(1) 냉각 감습장치
냉각코일, 공기세정기를 이용

(2) 압축 감습장치
공기를 압축하여 여분의 수분을 응축시키는 방법이다. 동력이 많이 들기 때문에 사용하지 않는다.

(3) 흡수식 감습장치
염화리튬, 트리에틸렌글리콜 등의 액체 흡수제를 이용

(4) 흡착식 감습장치
실리카겔, 활성알루미나 등의 반고체, 고체 흡수제를 사용하여 감습한다(극저습도용).

Katuabar식 감습장치

※ 제습효율(η_{deh}) $= \dfrac{B}{A}$ $\therefore \eta_{deh} = \dfrac{\Delta x \cdot r}{i_1 - i_2}$

7. 전열교환기와 현열교환기

(1) 전열교환기

회전식과 고정식이 있으며 석면 등으로 만든 얇은 판에 LiCl과 같은 흡수제를 침투시켜 현열과 동시에 잠열도 교환할 수 있는 구조이다.

$$\therefore \eta = \frac{i_2 - i_4}{i_2 - i_1}$$

$$\therefore \eta = \frac{i_3 - i_1}{i_2 - i_1}$$

1) 회전식 전열교환기

벌집모양의 로더 회전으로 외기와 배기의 온도·습도를 열교환시킨다.

2) 고정식 전열교환기

Al판에 분말 흡습제를 도포하여 배기-외기-배기의 순으로 현열과 잠열은 교환되고, 배기의 오염물질이 도입외기에 전달되는 일이 적게 된다.

3) 전열교환기의 효율(엔탈피 효율)

외기를 기준함

(2) 현열교환기

산업용 공기조화용으로 연도배기가스의 열회수, 공업용 가열로의 열회수용과 원통다관식, 플레이트형, 스파이럴형 등이 있다.

$$\therefore \eta = \frac{t_2 - t_1}{t_3 - t_1}$$

1) 원통다관식 열교환기

① 동체(Shell) 내에 다수의 관(Tube)을 설치한 형식으로 가장 널리 사용되고 있으며, 관내에 물을 통하고 관외의 증기로 가열하는 방식. 관 내 물의 유속은 1.2m/sec 이하이고, 관의 바깥지름은 25.4mm의 동관이 많이 사용된다.

② 유량이 적을 때는 패스의 수를 늘려서 관 내의 유속을 올리도록 설계한다.

증기-수열교환기

| VW = Q'/A | VW = 2Q'/A | VW = 4Q'A |

VW : 유속[m/s]   Q' : 유량[m³/s]   A : 튜브 단면적의 합계[m²]

   (a) 2패스   (b) 2패스   (c) 4패스

[패스수]

2) 플레이트형 열교환기

① 태양열 이용장치, 초고층 건물의 물-물 열교환기로 많이 사용
② 그림과 같이 냉수, 온수를 역류시켜서 열교환한다.
③ 최고 내압이 20atg, 내온은 40℃까지 제작 또는 물 대신 고압증기를 사용하는 경우도 있다.

④

$$\Delta_1 = t_{w1} - t_{c2}$$

$$\Delta_2 = t_{w2} - t_{c1}$$

$$\therefore \frac{1}{K} = \frac{\frac{1}{a_1 + 1}}{a_2}$$

플레이트형 열교환기

$\begin{cases} t_{w1}, t_{w2} : \text{온수 입구, 출구의 온도}[\degree C] \\ t_{c1}, t_{c2} : \text{냉수 입구, 출구의 온도}[\degree C] \\ a_1, a_2 : \text{가열수, 피가열수의 열전달률}[kcal/m^2 \cdot h \cdot \degree C] \end{cases}$

3) 스파이럴형 열교환기

스테인리스의 강관을 이용하여 스파이럴상으로 감아서 그 단부를 용접하여 코일하고 개스킷을 사용하지 않는다.

스파이럴형 열교환기

4) 수조내 코일

수조 내에 담근 코일의 전열량[kcal/m²·h] (물은 자연대류일 때)

$\Delta t(\degree C)$	20	40	60	80	100	120
동관	230	770	1,450	2,650	3,300	4,400
청동관	200	660	1,300	2,200	2,900	4,000
철관	120	420	860	1,500	2,000	2,800
연관	-	-	170	240	280	-

〈주〉 본표는 스케일이 없는 상태이며, 스케일이 생겼을 때는 본표의 1/2, 수중의 고형물이 25% 이상일 때는 1/3로 한다. Δt는 물의 온도차(℃)이다.

8. 송풍기(Fan)

선풍기 : 대기압 하에서 공기를 흡입하고 압력상승은 0이며 대류작용에 의한 공기유동
Fan : 대기압 하에서 공기를 흡입하고 압력상승은 1,000mmAq 미만이다.
Blower : 대기압 하에서 공기를 흡입하고 압력상승은 1,000mmAq 이상이다.

- 다익 송풍기의 번호 : $No. = \dfrac{임펠러\ 지름[mm]}{150}$
- 축류형 송풍기 번호 : $No. = \dfrac{임펠러\ 지름[mm]}{100}$

(1) 소요동력(공기동력)

$$kW = \frac{Q \times P_T}{102 \times 3,600 \times n_T}[kW] = \frac{Q \times P_s}{102 \times 3,600 \times n_s}[kW]$$

$$\therefore P_T = P_s + P_v$$

$$P_T = P_s + \left(\frac{V_D}{4.04}\right)^2$$

$$\therefore P_v = P_T - P_s = \frac{V_2 r}{2g} = \left(\frac{V}{4.03}\right)^2$$

$$\therefore V = 4.03\sqrt{Pv}$$

Q : 풍량[m³/h]　　P_T : 전압[mmAq]
P_s : 정압[mmAq]　V_p : 토출풍속[m/s]
n_T : 전압효율　　　n_s : 정압효율
P_v : 동압

날개차

다익 송풍기

터보 송풍기

(2) 송풍기의 상사법칙

송풍기의 상사법칙은 2대의 송풍기 형식이 기하학적으로 비슷하고, 익근차 내의 유체의 흐름도 유체 역학적으로 서로 비슷하며, 2대의 송풍기 효율은 변함이 없다면 송풍기 크기나 회전수의 변화에 따라 펌프의 상사법칙과 같이 관계식이 성립한다. 단, 공기의 온도나 비중량의 변화는 없어야 한다.

1) 풍량 $Q_2 = \left(\dfrac{N_2}{N_1}\right) \cdot \left(\dfrac{D_2}{D_1}\right)^3 \cdot Q_1$

2) 정압 $P_{S2} = \left(\dfrac{N_2}{N_1}\right)^2 \cdot \left(\dfrac{D_2}{D_1}\right)^2 \cdot P_{S1}$

3) 동력 $L_2 = \left(\dfrac{N_2}{N_1}\right)^3 \cdot \left(\dfrac{D_2}{D_1}\right)^5 \cdot L_1$

$\begin{cases} D_1, D_2 : \text{익근차(임펠러)의 직경} \\ N_1, N_2 : \text{회전수(rpm)} \\ Q_1, Q_2 : \text{풍량} \\ P_{S1}, P_{S2} : \text{정압} \\ L_1, L_2 : \text{동력} \end{cases}$

EX 01 어떤 펌프가 970rpm으로 회전할 때 전양정 9.2m, 유량 0.6m³/min를 송출한다. 펌프의 회전수가 1,450rpm으로 되었을 경우에 유량은 몇 m³/min가 되는가?

유량 상사법칙 공식으로부터

$Q_2 = Q_1 \times \left(\dfrac{D_2}{D_1}\right)^3 \times \left(\dfrac{N_2}{N_1}\right)$에서 동일펌프이므로 $D_1 = D_2$

∴ $Q_2 = 0.6 \times (1)^3 \times \left(\dfrac{1,450}{970}\right) = 0.9 \, \text{m}^3/\text{min}$

답: 0.9m³/min

(a) 다익 송풍기의 특성　(b) 터보 송풍기의 특성　(c) 래디얼 송풍기의 특성

각종 송풍기의 특성

임펠러의 작용에 의한 분류

9. 펌프(Pump)

(1) 분류

1) 구조에 따른 분류

① 원심 펌프(Centrifugal Pump) : 디퓨저 펌프, 볼류트 펌프
② 축류 펌프 : 프로펠러 펌프
③ 왕복형 펌프 : 피스톤 펌프, 플런저 펌프
④ 회전 펌프 : 기어 펌프, 베인(깃) 펌프
⑤ 특수 펌프 : 마찰 펌프, 제트 펌프, 기포 펌프

[원심 펌프] [사류 펌프] [축류 펌프] [라인 펌프]

[볼류트 펌프] [디퓨저 펌프] [단흡입 펌프] [양흡입 펌프]

(2) 펌프의 양정(Lift)

- 전양정 = 실양정 + 압력수두 + 속도수두 + 국부손실수두 + 배관마찰수두

※ 국부손실 = 밸브, 엘보, 응축기, 냉각탑 등의 기기 내의 손실수두임.

(3) 원심 펌프의 특성곡선

1) 원심 펌프에서 양정(H) · 회전수(N) · 동력(L) · 효율(η)의 관계를 그리는 곡선

H-Q : 양정곡선   L-Q : 축동력곡선   n-Q : 효율곡선

n = 일정일 때의 특성 곡선

2) 펌프의 손실

① 수력손실

㉮ 유로 전체에 걸친 마찰(곡관, 부속품, 단면의 변화 등)

㉯ 회전차, 안내 날개, 와류실, 송출구 등의 와류에 의한 손실 및 헤드

㉰ 회전차의 입·출구의 충돌에 의한 손실

$$h\,l = f\,\frac{l}{4Rh} \cdot \frac{V^2}{2g} \quad \begin{cases} Rh : \text{수력반경} \\ f : \text{관마찰계수} \\ l : \text{관 길이} \end{cases}$$

② 누설손실

㉮ 회전차 입구부의 웨어링 부분

㉯ 축추력 평형장치부

㉰ 패킹 박스의 누설

㉱ 봉수용에 쓰이는 압력수 및 베어링부의 틈새 등의 누설

(4) 유효흡입양정(NPSH : Net Positive Suction Head)

이론적인 펌프의 흡입양정은 상온의 물인 경우 약 10m이나(1기압 기준) 실제로는 흡입관 내의 손실, 임펠러 입구에서의 손실, 증기발생 등으로 인해 6m 정도이다. 또한 펌프의 흡입 높이는 액비중에 반비례하여 휘발성 액체는 상당히 낮아진다.

1) 펌프에서 얻어지는 N.P.S.H(mH₂O)

$$N.P.S.H = \frac{P}{r} - \left(\frac{P_v}{r} + Ha_s + Hf_s\right) \quad \begin{cases} P : \text{대기압}[kg/m^2] \\ P_v : \text{수온에 해당하는 포화증기압}[kg/m^2] \\ Ha_s : \text{흡입실양정}[mH_2O] \\ r : \text{물의 비중량}[kg/m^3] \\ H_{fs} : \text{흡입관의 마찰손실수두}[mH_2O] \end{cases}$$

2) 펌프가 필요로 하는 N.P.S.H(소요 N.P.S.H, mH₂O)

$$N.P.S.H' = aH \quad \begin{cases} a : \text{Thoma의 계수} = N.P.S.H/H \\ H : \text{펌프의 전양정}[mH_2O] \end{cases}$$

(5) 펌프의 공동현상(Cavitation)

흡입양정이 높거나, 임펠러 입구의 원주속도가 고속인 경우 등에 임펠러 입구에 국부적으로 고진공이 생겨 수중에 함유되고 있던 공기가 유리하거나 또는 물이 증발하여 작은 기포가 다수 발생하게 되는 현상으로, 이 기포가 물의 흐름과 함께 이동하여 고압부에 나오게 되면 압력작용이 갑자기 없어진다. 이와 같이 기포의 발생과 소멸이 반복되면 펌프의 소음, 진동이 생기고 임펠러 침식, 양수불능이 된다.

1) 현상
① 소음과 진동이 생긴다.
② 양정곡선 및 효율곡선의 저하를 가져온다.
③ 베인(깃)에 대한 침식이 생긴다.

비교 회전도가 작은 원심 펌프($n_s = 230$)

2) 캐비테이션 방지법
① 펌프의 설치 위치를 낮춘다. 흡상인 경우 액면에 가깝게, 압입인 경우는 펌프 위치를 액면에서 가능한 한 낮게 한다. 이렇게 하면 유효 흡입 수두가 증가한다.
② 펌프 회전수를 작게 한다.
③ 단흡입 펌프이면 양흡입으로 고친다.
④ 흡입관 손실을 작게 한다.
⑤ N.P.S.H = 1.3~1.4N.P.S.H'로 한다.

> ※ 유량 부족시 : 2대 이상 펌프를 병렬로 연결하여 사용한다.
> ※ 양정 부족시 : 2대 이상 펌프를 직렬로 연결하여 사용한다.

(6) 수격작용(Water Hammering)

관속을 충만하게 흐르고 있는 액체의 속도를 급격히 변화시키면 이 액체에 큰 압력변화가 발생한다. 이러한 현상을 수격작용이라 한다.

1) 방지책

① 관 내의 유속을 낮게 한다(관경을 크게 한다).
② 펌프에 플라이 휠을 부착하여 펌프의 속도가 급격히 변화하는 것을 방지한다.
③ 서지 펌프를 설치한다.
④ 밸브를 펌프 송출구 가까이 설치하고 밸브를 적당히 제어한다.

(7) 서징(Surging)현상-맥동현상

펌프의 송출압력과 송출량이 주기적으로 변동시 운전상태가 변화하지 않는 한 그 시작된 변동이 지속되는 현상이며, 이 현상이 강할 때는 심한 진동과 서징 음향이 발생하여 운전불능의 상태가 된다.

> ※ 서징 현상의 발생 원인
> ① 펌프의 양정 곡선이 우향 상승 구배일 때
> ② 배관 중에 수조가 있거나 또는 기상 부분이 있을 때
> ③ 배출량을 조절하는 밸브의 위치가 ②항의 수조 또는 기상 부분의 후방에 있을 때

(8) 상사법칙

$$Q_2 = \left(\frac{N_2}{N_1}\right) Q_1$$

$$H_2 = \left(\frac{N_2}{N_1}\right)^2 H_1$$

$$P_2 = \left(\frac{N_2}{N_1}\right)^3 P_1$$

N_1, N_2 : 처음, 나중 회전수[rpm]
H_1, H_2 : 처음, 나중 양정[m]
Q_1, Q_2 : 처음, 나중 유량[m³/sec]
P_1, P_2 : 처음, 나중 동력[kW]
$n_1 = n_2$

(9) 비교회전속도(비속도)

$$N_s = \frac{N \times \sqrt{Q}}{\left(\dfrac{H}{\eta}\right)^{\frac{3}{4}}}$$
 $\begin{cases} N_s : 비속도 \\ Q : 유량 \\ \eta : 단수 \end{cases}$ $\begin{matrix} N : 회전수 \\ H : 양정 \end{matrix}$

10. 흡입구와 취출구

인체에 드래프트를 느끼지 않게 하기 위하여 설계한다. 천장 취출구로는 아네모스탯형, 팬형 등이 널리 쓰이며 모듈방식을 채용하는 고급사무소 건물에는 T라인이 쓰이며, 극장 등과 같이 천장이 높을 때는 천장노즐 혹은 아네모스탯 등이 일반적으로 사용된다. 벽설치형 취출구로는 유니버설형이 가장 많다.

(1) 용 어

1) 종횡비 (아스펙트비)

   장변과 단변의 비 (b/a>1)

2) 자유면적

   취출구 또는 흡입구 구멍면적의 합계

   $$자유면적비 = \frac{자유면적}{전면적(前面積)}$$

3) 전면적(Face area)

   a×b

4) 도달거리(Throw)

   취출구에서 0.25m/s의 풍속이 되는 위치까지의 거리. 보통 안목의 3/4으로 한다.

5) 강하도(Drop)

   취출구에서 도달거리에 도달할 때까지 생긴 기류의 강하를 말한다.

제 2 단원 TAB (Test, Adjusting and Balancing)

제 1 장 공업계측 및 전기전자제어

가. 공업계측

1) 공업계측개요

   가) 계측일반(계량과 측정)

   ◼ 계측과 제어의 목적
   - 조업조건의 안정화
   - 열설비의 고효율화
   - 안전위생관리
   - 작업인원 절감

   ◼ 계기의 보전
   - 검사 및 수리
   - 정기점검 및 일상점검
   - 보존관리자의 교육
   - 예비부품 및 예비계기 상비
   - 관련자료의 정비기록 등

   (1) 계측기의 구비조건

   (가) 구조가 간단하고 취급이 용이할 것

   (나) 보수가 용이할 것

   (다) 견고하고 신뢰성이 있을 것

   (라) 원거리 지시 및 기록이 가능하고 연속적 측정이 가능할 것

   (마) 경제적일 것

   (바) 구입이 용이하며 경제적일 것

(2) 계측단위

(가) 기본단위(Fundamental Unit)

기본량	이름	단위	기본량	이름	단위
길이	meter	m	온도	Kelvin	K
질량	kilogram	kg	물질량	mole	mol
시간	second	s	광도	candela	cd
전류	Ampere	A			

(나) 유도단위(조립단위 : Drived Unit)

유도량	SI 유도단위
	유도단위
넓이	m^2
부피	m^3
속력, 속도	m/s
가속도	m/s^2
파동수	m^{-1}
밀도, 질량밀도	kg/m^3
비(比)부피	m^3/kg
전류밀도	A/m^2
자기장의 세기	A/m
(물질량의)농도	mol/m^3

(다) 보조단위

배량, 분량	호칭법	기호	배량, 분량	호칭법	기호
10^{12}	테라	T	10^{-2}	센티	c
10^9	기가	G	10^{-3}	밀리	m
10^6	메가	M	10^{-6}	마이크로	μ
10^3	킬로	k	10^{-9}	나노	n
10^2	헥토	h	10^{-12}	피코	p
10	데카	da	10^{-15}	펨토	f
10^{-1}	데시	d	10^{-18}	아토	a

(라) 특수단위

습도, 비중, 입도, 인장강도, 내화도, 굴절도, 등

(3) 측정

기계제작시 공작물의 치수 및 표면 거칠기를 확인하기 위해서는 가공작업 중이거나 종료 후에 검사 및 측정을 하여야 원하는 치수 또는 모양을 얻을 수 있으며, 정밀도가 높아질수록 측정의 중요성은 증대된다. 측정치는 물체의 온도상승이나 하강에 따라 측정오차가 발생하는데, 정밀측정의 표준온도는 20℃이다. 측정의 종류에는 직접측정, 비교측정과 간접측정이 있다.

① 직접측정 : 눈금이 있는 측정기를 사용하여 측정물의 실제 치수를 재는 것

② 비교측정 : 이미 알고 있는 표준편의 양과의 차를 비교하는 것

③ 간접측정 : 기하학적으로 간단히 측정할 수 없는 경우 피측정물에 Boll, Roller 등을 끼워 측정하는 것

(가) 측정기의 특성

측정기는 얼마나 정확하게 측정하는 계기인가를 판단해야 하므로 다음과 같은 특성을 살펴봐야 한다.

① 감도(sensitivity)와 배율(factor of magnification)
- 감도란 지시의 변화와 그것을 주는 측정량의 변화와의 관계이며, 길이 측정일 경우 감도 대신에 배율을 사용한다.

② 측정력
- 대다수의 측정기는 필요한 힘만큼을 계산해야 하므로 인자는 기체층, 유막, 지방막 등이 있다.

③ 기계적인 변형

④ 열팽창 및 광학적인 오차

(나) 오차와 보정

① 오차의 정의

	오차	보정
정의	측정값과 참값이 어느정도 다른가를 나타낸 것.	측정값을 참값과 같게 하려면 얼마나 보정해야 하는가를 나타낸 것.
오차 및 보정	측정값- 참값	참값- 측정값
오차율 및 보정율	(측정값- 참값) / 참값	(참값- 측정값) / 측정값
특징	- 측정에는 오차가 따르게 마련이다. - 보정값 과 오차 는 크기는 같고 부호는 반대가 된다.	

(다) 확도와 정도

① 확도 : 측정값이 참값과 어느 정도 일치하는가 하는 정도를 나타내는 값.

② 정도 : 측정기로 미지량을 측정하는 경우에 어느 정도 미세하게 측정할 수 있느냐를 나타내는 것.

(라) 오차(Error) 및 측정의 방식

오차가 발생하는 원인은 계통적인 것과 우연적인 것이 있다. 계통오차란 동일 조건하에서 항상 같은 크기와 같은 부호를 가지는 오차이며, 이러한 오차의 원인은 주로 측정기, 측정 방법, 및 피측정물의 불완전성 등이다.

오차의 종류		원 인	실 례
우연 오차	복잡한 영향에 의한 오차	갖가지 조건이 겹쳐서 일어나므로 원인 불명인 경우가 많다.	외부상황의 미세한 변동
고정 오차	측정기의 고유오차	측정기의 구조상 또는 취급상에서 일어난다.	눈금, 나사 피치의 백래시, 측정압의 변화, 귀환오차.
	측정자의 개인오차	측정자의 버릇, 부주의, 숙련도에서 일어난다.	눈금을 읽는 버릇, 시차(視差) 취급방법
	환경에 의한 오차	실온, 기압, 채광, 진동 등에서 일어난다.	온도변화, 압력변화, 탄성변형, 조명방법

· 오차 = 측정값 − 참값

· 상대오차 = $\dfrac{\text{오차}}{\text{참값(측정값)}}$

· 위치수허용차 = 최대허용치수 − 기준치수

· 아래치수허용차 = 최소허용치수 − 기준치수

✥ 아베의 원리(Abbe's principle) : "표준척과 피측정물은 동일 축 선상에 위치하여야 한다."이며 그렇지 않으면 측정 오차가 생긴다. 〈스케일, 외측마이크로미터, 측장기〉

✥ 정밀도(Precision) : 우연오차 즉 측정치의 흩어짐의 정도를 의미하며 표준편차로서 나타낸다. 표준편차가 작을수록 우연오차가 적어지므로 정밀도가 좋아진다.

✥ 정확도(Accuracy) : 계통적 오차 즉 참값에 대한 모평균의 치우침의 정도이다.

(마) 측정기의 종류 및 재료

측정기를 분류하면 길이 측정기, 각도 측정기, 평면 측정기로 구분할 수 있다.

㉠ 길이 측정기 : 강철자, 직각자, 퍼스, 디바이더, 마이크로미터, 버어니어 캘리퍼스, 높이 게이지, 다이얼 게이지, 두께 게이지, 표준 게이지, 리밋 게이지, 광학 측정기 등

㉡ 각도 측정기 : 각도 게이지, 직각자, 분도기, 컴비네이션, 사인바, 테이퍼 게이지, 만능 각도기(bebel protractor), 분할대 등

㉢ 평면 측정기 : 수준기, 직각자, 서어피스 게이지, 정반, 옵티컬플렛, 조도계 등

① 측정기의 재료

측정기의 재료는 특히 중요한 사항으로서 일반적으로 게이지 강을 사용하며 다음 사항을 만족하여야 한다.

- 열팽창 계수가 적고 변화율이 적을 것
- 경도가 커서 내마모성이 클 것
- 정밀 다듬질이 가능하고 가공성이 양호할 것

② 측정의 방식

• 편위법

계측기 지침의 편위를 이용하여 측정하는 방법으로 용수철저울, 다이얼게이지, 가동 코일식 전력계, 전류계 등 일반계측기의 대부분으로 정밀도를 높이기 곤란하지만 조작이 간단하여 널리 쓰임

• 영위법

측정량과 가감할 수 있는 기지량을 균형시키고 그때의 균형량의 크기로 측정량을 구하는 방법으로 천칭에 의한 질량측정, 마이크로미터, 휘트스톤브리지 등이 있다. 0위치로부터의 불균형 검출하여 기준량을 조장함으로써 기준량의 정밀도를 높이므로 편위법보다 정밀도 높은 측정이 가능하다.

- 치환법

측정하려는 양과 치수를 알고 있는 양과의 지시차를 구하여 측정량을 알아내는 방법으로 다이얼게이지 등이 있다.

$$H = H_0 + (h_2 - h_1)$$

- 보상법

영위법과 편위법을 혼용한 방식으로 측정량에 가까운 보상량으로 균형시켜, 양자의 차에 해당하는 편위를 발생시키고 보상량에 편위의 지시치를 더하여 측정하는 방법

나) 온도계의 종류 및 특징

◘ 온도계 선정 시 유의사항
- 견고하고 내구성이 있을 것
- 취급하기 쉽고 측정이 간편할 것
- 온도의 측정범위 및 정밀도가 적당할 것
- 지시나 기록 등을 쉽게 할 수 있을 것
- 피측온도체와의 화학반응 등에 의한 온도계에 영향이 없을 것
- 피측온 물체의 크기가 온도계 크기에 비해 적당할 것

(1) 온도계의 종류 및 특징

(가) 접촉식 온도계
온도계의 감온부를 측정하고자 하는 대상에 직접 접촉

[접촉식 온도계의 특징]
- 측정오차가 비교적 작다
- 피 측정체의 내부온도만을 측정한다.
- 이동물체의 온도측정이 곤란하다.
- 온도변화에 대한 반응이 늦다.(측정시간 지연)
- 1,000도 이하의 저온 측정용이다.

① 유리온도계(Glass Themometer)
온도계 내 액체의 열팽창에 의한 변위를 계측
- 수은온도계 : 수은(Hg)의 비열은 $0.333[kcal/kg℃]$으로 비열이 작고 열전도율이 크기 때문에 응답성이 빠르다. 또한 모세관 현상이 적다.
(사용온도 : -35℃~360℃, 불활성기체를 사용하는 경우 : 750℃)
- 알코올온도계 : 저온용으로 많이 사용(-150~100℃)되며, 표면장력이 적어 모세관 현상이 크다.
- 베크만온도계 : 모세관 상부에 수은을 고이게 하여 측정온도에 따라 수은의 양을 조절 미소 범위의 온도변화를 정밀하게 측정할 수 있다. 다만 온도계를 읽을 때 시차에 주의하여야 한다.

② 바이메탈 온도계(Bimetal Themometer)

열팽창계수가 다른 2종 박관의 금속을 맞붙인 것으로 온도변화에 의하여 휘어지는 변위를 지시하는 구조가 간단하며 내구성이 있어 자동온도조절, 지시. 기록장치에 많이 사용된다.

[특징]
- 현장 지시용으로 많이 사용
- 응답이 늦고 히스테리시스(hysteresis)오차가 발생한다.
- 유리온도계보다 견고하다.
- 사용온도 : -50~500℃

③ 압력식 온도계(Pressure Themometer)

밀폐관 내에 수은과 같은 액체 또는 기체를 넣은 것으로 온도변화에 따른 체적변화를 압력변화로 변환하여 계측하는 온도계로서 이 압력식 온도계는 대개의 경우 자력으로 동작한다.

[특징]
- 연속기록이 가능하기 때문에 자동제어 등이 가능하다.
- 감온부, 도입부, 감압부로 구성된다.
- 진동이나 충격에 강하다.
- 금속의 피로에 의하여 관이 파열될 수 있다.
- 외기온도에 의한 영향으로 온도지시가 느리다.

a) 액체압력식 온도계
- 모세관으로 된 도압부 길이를 50m까지 길게 할 수 있다.
- 사용봉입액에 따라 수은(-30~600℃), 알코올(200℃), 아닐린(400℃)의 측정

b) 증기압력식 온도계
- 봉입기체의 온도에 따른 증기압의 변화를 이용
- 기체의 비점 : 프레온(-30℃), 에틸에테르(34.6℃), 톨루엔, 아닐린, 에틸알코올, 염화메틸 등을 사용

c) 기체압력식 온도계
- 온도변화에 따른 기체(불활성가스인 헬륨, 네온, 질소)의 체적변화를 이용
- 고온에서 기체가 금속에 침입할 수 있다.(-130℃~420℃)이하에 사용
- 모세관길이는 50~90m까지 할 수 있다.
- 순수한 기체만을 봉입한 온도계는 일명 아네로이드형 온도계라 한다.

d) 고체 팽창식 압력계
- 선팽창계수가 큰 황동의 온도에 따른 변위를 이용
- 구조가 간단하며 보수가 용이하다.
- ON-OFF 제어용(온도, 경보 등)
- 압력시 온도계에 포함되지 않는다.

④ 저항온도계(Resistance Themometer)

온도가 증가함에 따라 도체 또는 반도체인 직경 0.03~0.1mm 정도 금속저항체로서 저항이 증가하는 성질을 이용(측온저항의 변화)

[특징]
- 온도의 지시, 기록, 조절용으로 원격측정용에 적합하다.
- 별도의 전원이 불필요하다.
- 측온저항계가 가늘어 진동 등에 의하여 단선될 수 있다.
- 500℃ 이하의 정밀 측정에 적합하다.
- 표준 저항값 : 25Ω, 50Ω, 100Ω(백금) 등을 사용
-

a) 측온 저항체의 구비조건
- 일정온도에서 일정저항을 가져야 한다.
- 내열성이 있어야 한다.
- 저항온도계수가 크며 규칙적이어야 한다.
- 물리화학적으로 안정되면 동일 특성을 갖는 재료일 것

b) 측온저항

$R = R_0(1+at)$

여기서, R : 온도 측정시 저항(Ω), R_0 : 온도계 저항체의 저항(Ω)
a : 저항온도계수, t : 측정온도(임의의 온도 - 기준온도)

c) 측온저항체의 종류 및 특징

㉠ 백금(Pt)저항온도계
- 정밀측정용으로 안정성 및 재현성이 뛰어나다.
- 고온에서 열화가 적으며 저항온도계수가 적다.
- 온도측정 시 시간지연이 크며 가격이 고가이다.
- −200~500℃에서 사용된다.

㉡ 니켈(Ni)저항온도계
- 상온에서 안정성이 있다.
- 사용온도(−50~150℃)가 좋다.
- 저항온도계수가 커서(0.6%/deg) 백금 다음으로 많이 사용된다.
- 가격이 저렴하다.
- 사용범위가 좁다.

㉢ 동(Cu)저항온도계
- 가격이 싸고 비례성이 좋다.
- 저항률이 낮아 선을 길게 감을 필요가 있다.
- 0~120℃에서 사용된다.
- 고온에서 산화하므로 상온 부근의 온도측정에 사용한다.

㉣ 서미스터(Thermister)저항온도계
- 니켈(NI), 망간(Mn), 코발트(Co), 철(Fe), 구리(Cu) 등의 금속산화물의 분말을 혼합시켜 만든 반도체(응답이 빠르다.) [주로 Cu+Ni 36%]
- 전기저항이 온도에 따라 크게 변화(저항온도계수가 다른 금속에 비하여 크다.)
- −100~300℃에서 사용된다.

⑤ 열전대 온도계(Thermoelectric Thermomerter)

자유전자밀도가 다른 두 금속선을 접합시켜 양접점에 온도를 다르게 하면 온도차에 의하여 열기전력이 발생되는 원리를 이용, 즉 제백(seeback Effect)효과를 이용한다.

CJ는 냉접점, ─── 는 도선, -------- 는 보상도선

a) 열전대 온도계의 구성
 열전대 : 열기전력을 일으키는 한 쌍의 금속선
　　　　　(백금-백금로듐, 크로멜-알루멜, 철-콘스탄탄, 동-콘스탄탄)
 보호관 : 열전대를 보호하기 위하여 측온개소에 삽입되는 것
 보상도선 : 열전대 단자로부터 기준접점까지의 최대거리(동, 동-니켈합금선)
 두 접합점 : 측온접점(측정부삽입), 냉접점(냉각기에 삽입해 0℃로 유지)
 구리도선 : 기준접점에서 지시계까지의 최대거리
 지시계 : 전위차계
 냉접점 : 열전대의 측온접점에 대해 냉접점을 기준온도를 유지해야 하므로 듀워병(dewar flask)에 얼음과 증류수의 혼합물을 채운 냉각기에 사용(반드시 0℃를 유지한다.)

b) 열전대온도계의 구비조건
• 열기전력이 크고 온도 증가에 따라 연속적으로 상승할 것
• 열기전력이 안정되며 장시간 사용에도 이력현상이 없을 것
• 내열성과 내식성이 있을 것
• 재생성과 가공성이 좋으며 가격이 저렴할 것
• 전기저항, 저항온도 계수 및 열전도율이 작을 것
• 보호관 단자에서 냉접점까지는 가격이 비싼 열전대 대신 동선이나 구리-니켈합금선 등의 보상도선 이용이 가능하여야 한다.

c) 열전대 온도계의 특성
• 원격측정 및 자동제어 적용이 용이하다.
• 접촉식 온도계 중에서 가장 고온 측정이 가능
• 측정 시 전원이 불필요

- 전위차계 또는 밀리볼트계를 사용하기 때문에 공업용에는 자동평형기록계를 사용한다.
- 측정 시 전원이 불필요
- 측정범위와 회로의 저항에 영향이 적은 전위차계를 사용한다.
- 냉접점 및 보상도선으로 인한 오차가 발생되기 쉽다.
- 정확한 온도, 고온, 연속기록이 가능하며 경보 및 제어가 가능하여 실험실, 공장용으로 널리 쓰인다.

d) 열전대 온도계의 종류와 특징

종류	기호	사용금속 (+)	사용금속 (−)	사용온도	특징
백금 −백금로듐	PR (R)	백금로듐 (Rt87, Rh13)	순백금	0~1,600	고온측정에 유리, 환원성 분위기에는 약하나 산화분위기에는 강하다.
크로멜 −알루멜	CA (K)	크로멜 (Ni90, Cr10)	알루멜 (Ni94,Mn2) (Si1,A13)	−20~1,200	열기전력이 크다. 환원분위기에 강하다. 산화성 분위기에는 약하다.
철 −콘스탄탄	IC (J)	순철 (Fe)	콘스탄탄 (Cu55,Ni45)	−20~800	열기전력이 가장 크다. 환원성에는 강하나 산화성에는 약하다.
동 −콘스탄탄	CC (T)	순동 (Cu)	콘스탄탄 (Cu55,Ni45)	−200~350	저온용으로 사용 열기전력이 크다. 저항 및 온도계수가 작다.

※ 보상도선 : 열전대와 거의 같은 기전력 특성을 갖는 전선을 보상도선이라 하며 주로 동(Cu)과 동-니켈 합금의 조합으로 되어 있다.

e) 열전대온도계의 취급상 주의사항
- 계기의 충격을 피하고 일광, 먼지, 습기 등에 주의
- 도선을 접속하기 전에 지시계의 0점 조정을 정확히 할 것
- 지시계와 열전대의 결합을 확인(단자 + , −를 보상도선의 + , −와 일치)
- 사용온도 한계에 주의할 것
- 열전대 삽입길이는 보호관 바깥지름의 1.5배 이상으로 한다.
- 표준계기로 정기적인 교정을 한다.
- 눈금을 읽을 때 시차에 주의하며 정면에서 읽을 것

f) 보호관
열전대를 기계적 화학적으로 보호하기 위하여 보호관(금속, 비금속 사용)에 넣어 사용한다.

g) 기타 열전대 온도계
㉠ **흡인식 열전대 온도계** : 물체로부터 방사열을 받거나 반대로 낮은 온도의 물체에 방사열을 줌으로써 생기는 오차를 방지한다.

㉡ **사이드 열전대 온도계** : 열전대 보호관 속에 산화마그네슘(MgO), 산화알루미늄(Al_2O_3)를 넣은 것으로 매우 가늘게 만든 보호관으로 가용성이 있다.

㉢ **표면온도계** : 열전대의 냉접점을 손으로 잡았을 경우에 열접점을 물체의 표면에 접촉시켜서 표면 온도를 측정한다.

(나) 비접촉온도계
① 광고온계(Optical Pyrometer)
고온물체로부터 방사되는 특정파장을 온도계 속으로 통과시켜 온도계 내의 전구 필라멘트의 휘도를 육안(가스광선)으로 직접 비교하여 온도 측정하고 방사온도계에 비해 방사율에 대한 보정량이 적으며 측정 시 주의사항은 다음과 같다.

㉠ 비접촉식온도계 중 가장 정도가 높다.

㉡ 구조가 간단하고 휴대가 편리하지만 측정인력이 필요하다.

㉢ 측정온도 범위는 700~3,000℃이며 900℃ 이하의 경우 오차가 발생한다.

㉣ 측정에 시간 지연이 있으며 연속측정이나 자동제어에 응용할 수 없다.

㉤ 광학계의 먼지 흡입 등을 점검한다.

㉥ 개인차가 있으므로 여러 사람이 모여서 측정한다.

㉦ 측정체와의 사이에 먼지, 스모그(연기) 등이 적도록 주의한다.

② **방사온도계(Radiation Pyrometer)**

물체로부터 방사되는 모든 파장의 전방사 에너지를 측정하여 온도를 계측하는 것으로 이동물체의 온도측정이나 비교적 높은 온도의 측정에 사용되며 특징은 다음과 같다.
㉠ 구조가 간단하고 견고하다.
㉡ 피측정물과 접촉하지 않기 때문에 측정조건이 까다롭지 않다.
㉢ 방사율에 의한 보정량이 크지만 연속측정이 가능하고 기록이나 제어가 가능하다.
㉣ 1,000℃ 이상의 고온에 사용하며 이동물체의 온도측정이 가능하다. (50~3,000℃ 측정)
㉤ 발신기를 이용하여 기록 및 제어가 가능
㉥ 측온체와의 사이에 수증기나 연기 등의 영향을 받는다.
㉦ 방사 발신기 자체에 의한 오차가 발생하기 쉽다.

$Q = 4.88 \times 방사율 \times (\frac{T}{100})^4 kcal/m^2 h$로 표시한다.(스테판볼츠만 법칙)

③ **광전관 온도계(Photoelectric Pyrometer)**

광고온계의 수동측정이라는 결점을 보완한 자동화한 온도계로 2개의 광전관을 배열한 구조로 특징은 다음과 같다.
㉠ 응답속도가 빠르고 온도의 연속측정 및 기록이 가능하며 자동제어 가능
㉡ 이동물체의 온도측정이 가능
㉢ 개인오차가 없으나 구조가 복잡하다.
㉣ 온도측정범위 700~3,000℃
㉤ 700℃ 이하 측정시에는 오차발생
㉥ 정도는 ±10℃ 정도로서 광고온계와 같다.

④ 색온도계

　색온도계는 일반적으로 물체는 600℃ 이상 되면 발광하기 시작하므로 고온체를 보면서 필터를 조절하여 고온체의 색을 시야에 있는 다른 기준색과 함치시켜 온도를 측정하는 방법으로 특징은 다음과 같다.
　㉠ 방사율 영향이 적다.
　㉡ 광흡수에 영향이 적으며 응답이 빠르다.
　㉢ 구조가 복잡하여 주위로부터 빛 반사의 영향을 받는다.
　㉣ 750℃ 정도부터 측정이 가능하며 기록조절용으로 사용된다.

온도[℃]	색	온도[℃]	색
600	어두운 색	1,500	눈부신 황백색
800	붉은색	2,000	매운 눈부신 흰색
1,000	오렌지색	2,500	푸른기가 있는 흰백색
1,200	노란색		

실전예상문제
공업계측

01 전기저항 온도계의 측온 저항계의 공칭 저항치라고 말하는 것은 온도 몇 도 때의 저항소자의 저항을 말하는가?
① 20℃   ② 15℃
③ 10℃   ④ 0℃

02 국제미터원기(백금-이리듐합금)로 표시된 1미터의 길이는 온도 몇 도에서 나타내는 값인가?
① 20℃   ② 15℃
③ 20℃   ④ 25℃

03 400~500℃의 온도를 저항온도계로 측정하기 위해서 사용해야 할 저항소자는?
① 서미스터   ② 백금선
③ NI선   ④ 구리선

04 다음 보호관 중 상용사용 온도가 1,100℃인 것으로 가장 적합한 것은?
① 연강관   ② 석영관
③ 자기관   ④ 카보램던관

05 다음의 온도계 중에서 가장 높은 온도를 측정할 수 있는 온도계는?
① 열전온도계   ② 압력식 온도계
③ 수은식 유리온도계   ④ 광고온계

06 다음 열전 온도계에서 가장 높은 온도를 측정할 수 있는 온도계는?
① CA열전온도계   ② PR열전온도계
③ IC열전온도계   ④ CC열전온도계

풀이 CA열전온도계 -20~1200
PR열전온도계 0~1600
IC열전온도계 -20~800
CC열전온도계 -200~350

07 온도 측정방법에는 피측정물에 온도계의 검출부를 접촉시키는 접촉방법, 접촉시키지 않는 비접촉 방법이 있다. 비접촉 방법에 해당되는 것은?
① 유리제온도계   ② 압력식 온도계
③ 전기저항식 온도계   ④ 광고온도계

08 광고온도계를 써서 용융철의 온도를 측정하는 경우 꼭 주의하여야 할 사항은?
① 거리계수
② 개인측정오차
③ CO_2 및 H_2O에 의한 가스 흡수의 능력
④ 원격지시

01 ④   02 ②   03 ②   04 ②   05 ④   06 ②   07 ④   08 ②

09 표준기 및 계측기의 특성이 시간적 변화가 작은 정도를 무엇이라 하는가?
① 신뢰성   ② 안전성
③ 내한성   ④ 내열성

10 피측정물의 방사가시광선 중의 파장이 $0.65\mu m$의 단색광의 휘도와 표준운동 물체의 휘도를 비교하여 수동으로 온도를 구하는 온도계는 어느 것인가?
① 광전온도계   ② 광고온도계
③ 열전대온도계   ④ 방사온도계

11 열전대를 보호하기 위해 사용되는 보호관 중에서 상용 사용 온도가 제일 높으며 급냉, 급열에 강하고 방사고온계의 외관보호관으로 사용되는 것은 어느 것인가?
① 카보랜덤관   ② 자기관
③ 내열강관   ④ 석영관

12 열전대의 종류 중 실용 사용한도 온도가 200~300℃인 열전대는 어느 것인가?
① CC   ② PR
③ CA   ④ IC

풀이 CC열전온도계 -200~350
PR열전온도계 0~1600
CA열전온도계 -20~1200
IC열전온도계 -20~800

13 Thermister에 대한 설명 중 옳지 못한 것은?
① 상온 온도계수는 백금보다 현저히 크다.
② 응답이 느리다.
③ 온도 상승에 따라 저항률이 감소하는 것을 이용하여 온도를 측정한다.
④ 흡습 등으로 열화되기 쉽다.

14 다음 계량단위 중 유도단위가 아닌 것은?
① 비중   ② 유량(l/h)
③ 속도(m/sec)   ④ 무게(kg)

풀이 응답이 빠르다.

15 상용 사용 온도가 1,000℃ 정도로 급열, 급랭에 잘 견디며 알칼리에는 약하나 산에는 강한 비금속 보호관은?
① 석영관   ② 카보랜덤관
③ 자기관   ④ 연강관

16 좁은 장소에서의 온도 측정이 가능하고 지연을 적게 할 수 있으며, 극히 고감도이며 도선저항에 의한 오차를 적게 할 수 있으나 특성을 고르게 얻기가 어려우며 충격에 대한 기계적 강도가 떨어지는 측온체를 다음에서 고른다면 어느 것인가?
① 서미스터 측온 저항체   ② 열전대
③ 금속측온 저항체   ④ 광고온체

09 ② 10 ② 11 ① 12 ① 13 ② 14 ④ 15 ① 16 ①

17 공업 계기의 특징에 대하여 열거한 것 중 제일 타당성이 적은 것은?
① 설치 장소의 주위 조건에 대하여 내구성이 있을 것
② 견고하고 신뢰성이 높을 것
③ 보수가 쉽고 경제적일 것
④ 측정 범위가 넓고 다목적이어야 할 것

18 고온물체가 발산한 특성파장(보통 $0.65\mu m$)의 휘도와 비교용 표준전구의 필라멘트 휘도가 같을 때 필라멘트에 흐른 전류에서 온도가 구해지는 것은?
① 열전온도계   ② 광고온도계
③ 색온도계   ④ 방사온도계

19 정확한 온도정점을 구하기 위한 온도의 장점 중에서 국제실용 온도점의 정점에 해당되지 않는 것은?
① 물의 3중점
② 금의 응고점
③ 산소의 비점
④ 납의 응고점

풀이 ① 물의 3중점 0.01℃ 4.58mmHg
② 금의 응고점 1063℃
③ 산소의 비점 1기압 183℃
④ 납의 응고점 230℃

20 급열,급랭에 강하며 이중 보호관 외관에 사용되는 비금속 보호관은 어느 것인가? (단, 상용온도는 1,300℃ 이다.)
① 유리   ② 내열성 점토
③ 내열강   ④ 석영관

21 바이메탈식 온도계에 대한 설명으로 옳지 않은 것은?
① 바이메탈은 온도의 측정보다는 온도의 자동조절이나 여러 가지 계기의 온도보상장치에 많이 쓰인다.
② 압력용기 내의 온도측정이 곤란하고 지시값의 직독이 곤란하다.
③ 구조가 간단하고 보수가 용이하며 경년변화가 적다.
④ 100℃이하의 것은 황동과 3%Ni 강이 사용된다.

풀이 황동+36% Ni

22 산화에는 강하나 환원에 약한 열전대는 어느 것인가?
① CC   ② IA
③ IC   ④ PR

23 서미스터 온도계에 대한 설명으로 틀린 내용은?

① 소형이며 재현성이 좋다.
② 좁은 장소의 측온에 유리하다.
③ 온도에 의한 저항변화를 이용한다.
④ 응답이 빠르다.

풀이 같은 특성을 갖는 재현성은 좋지 않다.

24 다음 그림은 열전대의 결선방법과 냉접점을 나타낸 그림이다. 냉접점을 표시하는 기호는 어느 것인가?

$$A \diagup \begin{matrix} B \cdots C \\ B \cdots C \end{matrix} \begin{matrix} D \\ D \end{matrix}$$

① C   ② D
③ A   ④ B

25 상용 사용온도가 400~500℃이며 (−)측이 동이나 니켈로 구성된 열전대는 어느 것인가?

① CC   ② IC
③ PR   ④ CA

풀이 CC열전온도계 −200~350
　　　IC열전온도계 −20~800
　　　PR열전온도계 0~1600
　　　CA열전온도계 −20~1200

26 방사 고온계는 다음 어느 이론을 응용한 것인가?

① 제베크 효과
② 펠티어 효과
③ 스테판–볼츠만 법칙
④ 윈–프랑크 법칙

27 어느 가열로에 물체를 가열하고 있다. 노벽의 온도가 파열물보다 높을 때 광고온도계로 피열물을 측정하면 지시값은 실체물체의 온도보다 높아진다. 그 이유는?

① 광고온도계의 작동에 이상이 생김으로써 오차가 크기 때문이다.
② 피열물이 노에 의해서 국부적으로 과열되기 때문이다.
③ 노벽의 고온으로 인하여 지시온도가 높아진다.
④ 노벽의 고온복사열이 피열물에 반사하기 때문이다.

28 비접촉식 온도계는 어느 것인가?

① 색온도계   ② 저항온도계
③ 압력식 온도계   ④ 유리온도계

23 ①   24 ①   25 ②   26 ③   27 ④   28 ①

29 바이메탈 온도계에서 자유단의 변위거리 δ의 값을 구하는 식은?
(단, K는 정수, t는 온도변화, a는 선팽창 계수이다.)

① $\delta = \dfrac{K(a_A - a_B)L^2 t^2}{h}$

② $\delta = \dfrac{K(a_A - a_B)L^2 t}{h}$

③ $\delta = \dfrac{(a_A - a_B)L^2 t^2}{Kh}$

④ $\delta = \dfrac{(a_A - a_B)L^2 t}{Kh}$

30 다음 온도계 중에서 가장 낮은 온도를 측정할 수 있는 것은?
① 유리제 온도계
② 증기팽창식 온도계
③ 저항온도계
④ 색온도계

31 보호관으로 사용되는 재료의 최고 사용 온도는?
① 석영관 〉 자성관 〉 동관
② 석영관 〉 동관 〉 자성관
③ 자성관 〉 석영관 〉 동관
④ 동관 〉 자성관 〉 석영관

32 다공질로 되어 있고 급랭, 급열에 강한 열전대 비금속 보호관은 다음 중 어느 것인가?
① 카보랜덤관   ② 도기관
③ 자기관   ④ 석영관

33 다음은 제백효과를 이용한 온도계이다. 가장 높은 온도에 사용되는 것은 어느 것인가?
① CA열전대   ② IC열전대
③ CC열전대   ④ PR열전대

34 서미스터 측온 저항체는?
① 온도계수가 부특성이다.
② 온도변화에 따른 저항변화가 직선성이다.
③ 온도계수는 섭씨 온도자승에 비례한다.
④ 호환성이 좋다.

35 다음 중 가장 낮은 온도를 측정할 수 있으며 측정범위가 가장 작은 열전대는?
① IC   ② CC
③ PR   ④ CA

풀이 IC열전온도계 -20~800
PR열전온도계 0~1600
CC열전온도계 -200~350
CA열전온도계 -20~1200

29 ②　30 ③　31 ③　32 ①　33 ④　34 ①　35 ②

36 다음 중 비접촉식 온도계에 속하는 것은?
① 열전대 온도계
② 저항온도계
③ 바이메탈온도계
④ 복사온도계(방사고온계)

37 다음은 바이메탈온도계의 특징을 열거한 것이다. 틀린 것은?
① 정도가 높다
② 온도변화에 대하여 응답이 빠르다.
③ 기구가 간단하다.
④ 온도 자동조절이나 온도보정 장치에 이용된다.

풀 이 응답이 늦고 히스테리시스 오차가 발생

38 열전대 보호관 중 상용 사용온도가 1,000℃이며 내열성이 우수하나 환원성 가스에 기밀성이 약간 떨어지는 것은 어느 것인가?
① 카보랜덤관   ② 자기관
③ 석영관   ④ 황동관

39 다음 중 정도가 가장 좋은 온도계는?
① 기체팽창온도계   ② 저항온도계
③ 광전온도계   ④ 색온도계

40 PR(백금, 백금로듐) 열전대의 설명 중 옳은 것은?
① 측정 최고온도는 CA(크로멜, 알루멜) 열전대보다 낮다.
② 다른 열전대에 비하여 정밀 측정용에 사용된다.
③ 열기전력이 다른 열전대에 비하여 가장 높다.
④ 200℃이하의 온도 측정에 적당하다.

풀 이 열기전력이 가장 큰 열전대는 IC 열전대이다.

41 현재 2,000℃까지 고온 측정이 가능한 온도계는?
① Pt-Rh열전식 온도계
② 백금저항온도계
③ 방사온도계
④ 바이메탈온도계

36 ④ 37 ① 38 ③ 39 ② 40 ② 41 ③

42 노벽의 온도를 복사온도계로 측정할 때 주의해야 할 사항 중 틀린 것은?
① 노벽과의 사이에 수증기, 연기, CO_2가 있다면 오차가 생긴다.
② 측온체의 흑도에 따라 보정한다.
③ 계기에 따라 거리계수가 있으므로 설치위치에 주의한다.
④ 냉접점 온도를 보정한다.

풀이 냉접점의 온도는 열전대 온도계 용어이다.

43 열전 온도계로 사용되는 금속이 구비하여야 할 조건이 아닌 것은?
① 열기전력이 커야 한다.
② 열적으로 안정해야 한다.
③ 열에 의한 팽창이 커야 한다.
④ 온도와의 관계가 직선적이어야 한다.

풀이 측온저항체는 정지한 유체나 흐름이 저속인 유체의 온도를 측정한다.

44 다음 재료는 유리온도계에 사용되는 감온액이다. 온도 -150℃까지 측정할 수 있는 감온액은?
① 수은   ② 알코올
③ 가솔린   ④ 아말감

45 수질을 나타내는 ppm 단위는
① 1만분의 1 단위
② 1000분의 1 단위
③ 100만분의 1 단위
④ 10억분의 1 단위

46 열전대용 보호관인 석영보호관의 사용 최고온도는?
① 1,100℃   ② 1,300℃
③ 1,500℃   ④ 1,400℃

47 400~500℃의 온도 측정용 저항체로 일반적으로 가장 많이 쓰이는 금속은?
① Cu   ② Fe
③ Ni   ④ Pt

48 측온 저항체의 설치방법 중 틀린 것은?
① 삽입길이는 관 지름의 10~15배이어야 한다.
② 유속이 가장 빠른 곳에 설치하는 것이 좋다.
③ 가능한 한 파이프 중앙부의 온도를 측정할 수 있게 한다.
④ 파이프의 길이가 아주 짧을 때에는 유체의 방향으로 굴곡부에 설치한다.

풀이 측온저항체는 정지한 유체나 흐름이 저속인 유체의 온도를 측정한다.

49 다음의 접촉식 온도계 중 가장 높은 온도를 측정할 수 있는 것은?
① PR열전대 온도계
② IC열전대 온도계
③ Pt측온 저항체 온도계
④ Ni측온 저항체 온도계

42 ④ 43 ③ 44 ② 45 ③ 46 ② 47 ② 48 ② 49 ①

50 열전대온도계에서 열전대선을 보호하는 보호관 단자로부터 냉접점까지는 보상도선을 사용한다. 이때 사용하는 선의 재료는?
① 동선
② 동, 니켈 합금선
③ 철선
④ 열전대 단자 근처의 기전력 특성에 동일한 것

51 PR(백금, 백금로듐) 열전대의 설명 중 옳은 것은?
① 측정 최고온도는 CA(크로멜, 알루)열전대보다 낮다.
② 다른 열전대에 비하여 1,600℃ 고온까지 사용된다.
③ 열기전력이 다른 열전대에 비하여 가장 높다.
④ 200℃ 이하의 온도 측정에 적당하다.

풀이 열기전력이 가장 높은 열전대 온도계는 철 콘스탄탄 이다.

52 액체 봉입식 온도계의 장점이 아닌 것은?
① 구조가 간단하고 설치가 용이하다.
② 계기 자체에 다른 보조전원이 필요 없다.
③ 전기식 온도계에 비해 미세한 변화를 검출하는데 적합하다.
④ 출력이 충분히 커서 지시계나 기록계를 움직일 수 있다.

풀이 액체봉입식 온도계에는 알코올, 수은, 베크만 온도계가 있다.

53 주위 온도의 영향을 고려하지 않아도 좋은 온도계는 어느 것인가?
① 열전대식 온도계
② 저항식 온도계
③ 액체 팽창압력식 온도계
④ 기체 팽창 압력식 온도계

54 냉접점의 온도가 0℃가 아닐 때 지시온도의 보정이 필요한 온도계는 어느 것인가?
① 압력온도계   ② 광고온도계
③ 열전대온도계   ④ 저항온도계

55 열전대 재료가 지녀야 할 특성은 다음과 같은 구비조건이 있다. 잘못된 것은?
① 열기전력이 크고 온도의 상승에 따라 연속적으로 상승할 것
② 온도상승에 따라서 열팽창이 커야 함
③ 재생도가 높고 특성이 일정한 것 얻기 쉽고 가공이 쉬워야 함
④ 기전력 특성이 안정하고 장시간 사용에도 변화가 없고 이력현상이 없을 것

56 복사 온도계에서 전복사 에너지는 절대 온도 T의 몇 승에 비례하는가?
① 2승   ② 3승
③ 4승   ④ 5승

50 ② 51 ② 52 ④ 53 ② 54 ③ 55 ② 56 ③

57 온도계 중 이동물체의 온도측정이 가능하며, 응답시간이 매우 빠르고, 700~3,000℃까지 온도측정이 가능하며, 비교 증폭기가 부착되어 있다. 또한 온도의 연속기록 및 자동제어가 용이한 온도계는 다음 중 어느 것인가?
① 광전관고온계
② 광고온계
③ 색온도계
④ 제겔콘온도계

58 다음 금속 중 측온 저항체로 쓰이지 않는 것은 어느 것인가?
① Cu   ② Fe
③ Ni   ④ Pt

풀이 전기저항 측온 저항체: Cu, Ni, Pt, 서미스트

59 다음 중 접촉식 온도계 중 가장 높은 온도를 측정할 수 있는 것은?
① 백금-로듐 열전대 온도계
② 철-콘스탄탄 열전대 온도계
③ Pt 저항체 온도계
④ Ni 저항체 온도계

60 다음 색온도계에서 온도와 색과의 관계로서 맞는 것은?
① 600℃-붉은색
② 800℃-오렌지색
③ 1,200℃-노란색
④ 2,000℃-푸른기가 있는 흰백색

풀이 600℃ : 어두운 색 800℃ : 붉은 색
2500℃ : 푸른기가 있는 흰백색

61 다음 중 알코올, 온도계의 장점을 열거한 것인데 틀린 것은?
① 값이 싸다
② 수온보다 저온측정이 가능하다.
③ 감온액의 착색이 용이하다.
④ 정밀측정에 적당하다.

풀이 수은온도계: -35~360
알코올 온도계: -150~100

62 다음 계량단위 중 유도단위가 아닌 것은?
① 비중   ② 유량
③ 속도   ④ 점도

63 액체 연료와 관련된 다음 계측기 중에서 매년 실시하는 계량기 정기검사를 받아야 하는 것은?
① 오일미터   ② 가솔린미터
③ 탱크로리   ④ 액면계

57 ① 58 ② 59 ① 60 ③ 61 ④ 62 ① 63 ③

64 다음은 열전대 온도계를 설명한 것이다. 맞는 것은?

① 온도에 대한 열기전력이 크며 내구성 재현성이 좋다.
② 흡습 등으로 열화된다.
③ 자기가열에 주의해야 한다.
④ 밀도차를 이용한 것이다.

65 냉접점의 온도가 0℃가 아닐 때 지시온도의 보정이 필요한 온도계는?

① 압력계온도계
② 광고온도계
③ 백금로듐열전대온도계
④ 저항온도계

66 광온도계는 복사온도계에 비하여 다음과 같은 점이 다르다. 이 중에서 틀린 것은?

① 정도가 높다.
② 낮은 온도가 측정된다
③ 자동기록 및 자동제어의 목적에 쓸 수 없다.
④ 측정거리에 따라 측정치의 영향이 적다.

풀이 광온도계: 700~3000
　　　복사온도계: 200~3000

67 열전대용 보호관인 석영보호관의 상용 최고온도는?

① 1,050℃　　② 850℃
③ 1,000℃　　④ 950℃

풀이 석영보호관: 1000~1100℃

68 열전대를 다음 그림과 같이 하고 한다. 옳은 접촉방법은?
(단, CJ는 냉접점, ──는 도선, ------는 보상도선)

69 원격측정 온도계 중에서 가장 부정확한 것은 어느 것인가?

① 저항온도계
② 방사온도계
③ 가스압력식 온도계
④ 열전대식 온도계

풀이 방사온도계는 복사온도계라 하며 고온에서의 발사열을 측정하여 온도를 계산하는 방식으로 물체와 온도사이에 연기, 수증기, CO_2가 있으면 측정에 오차가 발생하므로 원격측정 온도계로 부적당하다.

70 서미스터의 성질에 대한 설명 중 틀린 것은?
① 소형제작이 가능하여 좁은 범위에서 사용이 편리하다.
② 응답이 빠르다.
③ 온도가 높아지면 저항치가 커지고, 온도계수 구배가 커진다.
④ 온도계수는 금속에 비하여 현저히 크다.

풀이 서미스터는 온도가 높아지면 저항이 감소하는 NPT형이다.

71 비접촉식 온도계 중 색온도계에 대한 장점으로 잘못된 것은?
① 방사율의 영향이 작다.
② 휴대와 취급이 간편하다.
③ 고온측정이 가능하며 기록 조절용으로 사용된다.
④ 주위로부터 빛의 반사영향을 받지 않는다.

72 다음 온도계 중 측정범위가 가장 높은 것은?
① 저항온도계   ② P-R온도계
③ 광고온도계   ④ 압력온도계

73 열전대의 냉접점에 관한 설명 중 틀린 것은?
① 냉접점의 온도가 0℃가 아닐 때는 온도보정이 필요하다.
② 냉접점의 온도는 0℃로 유지한다.
③ 냉접점과 계기 사이에는 동(Cu)선을 사용한다.
④ 자동평형 계기에서의 냉접점은 0℃이하로 유지한다.

74 PR(백금, 백금로듐)열전대의 설명 중 옳은 것은?
① 측정 최고온도는 CA(크로멜 알루멜)열전대보다 낮다.
② 다른 열전대에 비하여 정밀측정용에 사용된다.
③ 열기전력이 다른 열전대에 비하여 가장높다.
④ 2,000℃ 이상의 온도측정에 적당하다.

70 ③   71 ④   72 ③   73 ④   74 ②

나. 유량계측

1) 유량계의 분류

가) 유량측정방법

유량측정방법에는 용적유량 측정 $Q(m^3/s)$, 중량유량 측정 $\dot{G}(kg_f/s)$, 적산유량 측정, 순간유량, 질량유량 $\dot{m}(kg_m/s)$ 측정 등의 방법이 있다.

나) 유량계 측정방법 및 원리

측정방법	측정원리	종류
속도수두	전압과 정압의 차에 의한 유속 측정	피토관
차압식	압력차(차압)에 의한 유량측정	오리피스, 벤투리, 플로우-노즐
용적식	일정한 용기에 유치를 도입시켜 측정	오벌식, 가스미터, 루트식, 로터리팬, 로터리피스톤
면적식	차압을 일정하게 하고 교축기구의 면적을 변화	플로우트형(로터미터),게이트형,피스톤형
와류식	와류의 생성속도로 유량 검출	칼만식, 델타, 스와르미터
전자식	도전성 유체에 자장을 형성시켜 기전력 측정	전자유량계
열선식	유체에 의한 가열선의 흡수열량 측정	미풍계, Thermal유량계, 토마스미터
초음파식	도플러 효과 이용	초음파 유량계

2) 유량계의 종류 및 특징

가) 피토관(Pitot Tube)식 유량계(유속식 유량계)

유체 중에 피토관을 설치하여 전압과 정압에 의하여 측정된 동압으로부터 유량을 계측할 수 있다.

(1) 속도수두 측정법

베르누이 방정식에 의한 유속

피토관

그림 3·10의 점 ①과 점 ②사이에 베르누이 방정식을 세우고
$z_1 = z_2$, $V_2 = 0$, $P_2 = P_s$로 놓으면

$$\frac{V_1^2}{2g} + \frac{p_1}{\gamma} = \frac{p_s}{\gamma}$$

$$\therefore p_s = p_1 + \frac{\rho V_1^2}{2} : \text{정체압 또는 전압}$$

따라서 $V_1 = \sqrt{2gh}$ 가 되며 P_1을 정압 $\dfrac{\rho V_1^2}{2}$을 동압이라 한다.

(2) 피토관의 특징

① 기체의 유속 5m/s 이상인 경우 측정이 가능하다.

② 피토관의 단면적은 관 단면적의 1% 이하가 되어야 하고 유압측은 관지름의 20배 이상의 직관거리가 필요하다.

나) 차압식 유량계

측정관로 내에 교축기구(오리피스, 플로우노즐, 벤투리관)를 설치하여 교축기구 전,후 압력차를 이용하여 베르누이의 정리를 이용하여 유속과 유량을 계측하는 장치

(1) 오리피스(Orifice)

용적이 큰 저장 탱크의 어떤 부분에 예리한 끝을 가지는 원형구멍을 오리피스라고 하며 유량을 측정하기 위해 이용된다. 아래 그림의 점 ①과 점 ② 사이에 베르누이 방정식을 적용시키면

자유흐름의 오리피스

① 오리피스의 종류는 베나탭, 코너탭, 플랜지탭이 있다.

② 제작 및 설치가 쉽고 경제적이다.

③ 압력손실이 크고 내구성이 부족하다.

④ 정도는 2% 이내이다. 그리고 레이놀즈수가 작아지면 유량계수는 증가한다.

(2) 플로우 노즐(Flow-Nozzle)

① 노즐의 교축을 완만하게 하여 압력손실을 줄인 것으로 내구성이 있다.

② 고압(50~300[kg_f/cm^2])의 유체에서 레이놀즈수가 클 때 사용한다.

③ 오리피스에 비해 구조가 복잡하고 가공이 어렵다.

④ 레이놀즈수가 작아지면 유량계수도 감소한다.

(3) 벤투리(Venturi)

① 압력손실이 가장 적고 측정 정도가 높다.
② 값이 고가이며 설치장소를 크게 차지한다.
③ 입구와 출구각은 각각 20°와 7°정도이다.
④ 조리개부가 유선혀에 가까우며 축류의 영향도 비교적 적고 고압부의 정압공은 직관부에 설치하고 저압 측의 정압공은 조리개부에 설치한다.

[벤투리 유량계]

(4) 압력손실의 크기 비교

오리피스 > 플로우노즐 > 벤투리

(5) 차압식 유량계 취급 시 주의사항

① 교축장치를 통과할 때의 유체는 단일상이어야 한다.
② 측정범위를 넓게 잡을 수 있다.
③ 저유량에서는 정도가 저하한다.
④ 맥동 유체나 고점도 액체의 측정은 오차가 발생한다.

다) 면적식 유량계

면적식 유량계는 차압식 유량계와는 달리 교축기구 전후의 압력차를 일정하게 하고 면적을 변화시켜 유량을 측정하는 기구로 플로트(부자식,로터미터), 피스톤, 게이트식이 있다.

① 유체의 밀도에 따라 보정해야 한다.
② 압력손실이 적고 균등 유량눈금을 얻는다.
③ 기체 및 액체뿐만 아니라 부식성 유체나 슬러리(Slurry)의 유량측정이 가능
④ 정도는 ±1~2% 내로 정밀측정에 부적당하다.

⑤ 수직배관만이 사용가능하다.
⑥ 소유량이나 고점도 유체의 측정이 가능하다.
⑦ 액체, 기체 측정용이며 순간유량 측정계이다.

라) 용적식 유량계

유체가 흐르는 용기 내에 일정한 공간을 만들어 유체를 흐르게 하여 운동체의 회전 횟수를 연속 측정하는 방식으로 유체의 밀도에는 무관하고 체적유량을 적산하는 유량계로 이용된다. 종류에는 오벌식(Oval), 루트식, 드럼식, 로터리피스톤식이 있다.

[특징]
- 측정유체의 맥동에 의한 영향이 적다.
- 유량계 이전에 반드시 여과기를 설치한다.
- 고점도의 유체 유량 측정에 사용된다.
- 압력손실이 적으며 설치가 간단하지만 구조가 복잡하다.

(1) 로터리 피스톤형 유량계

원통 속의 로터리 피스톤의 회전을 회전기어에 의해 적산, 즉 그 왕복수에서 통과체적을 알 수 있다.

(2) 회전자형 유량계

밀폐된 케이스 내에 비원형의 회전자를 설치한 것으로 전후의 압력차에 의해 피측정물이 회전자를 흐를 때의 회전수를 계측

① 회전자의 형상에 따라 오벌(Oval)기어식과 루트(Root)형이 있다.
② 점성이 큰 액체 또는 기체의 유량측정이 가능하다.
③ 측정유체의 맥동에 의한 영향이 적다.

(3) 드럼형 가스미터 유량계

가스 및 공기 등의 유량적산에 사용되며 회전드럼의 회전수에 의하여 유량을 계측, 건식과 습식이 있다. 습식 가스미터는 드럼이 1개, 건식가스미터는 2개의 드럼이 있다.

[로터리형]   [회전자형]   [드럼형]

마) 와류식 유량계

인위적으로 와류를 일으켜 와류의 소용돌이 발생수가 유속과 비례한다는 사실을 응용한 유량계로 델타, 스와르메타, 칼만 유량계가 있다. 압력손실이 적고 측정범위가 넓으며 연도와 같이 부식성 있는 유체의 유량측정에는 퍼지식 와류 유량계가 사용된다. 특징은 가동부분이 없고 흐름 속에 놓여진 원주 배후에 생기는 카르만 와열은 레이놀즈수의 범위에서 유속과 관계된 정해진 발생수를 나타낸다.(소용돌이 발생수로 유속측정)

바) 전자식 유량계

페러데이의 전자유도법칙에 의하여 전기도체가 자계 내에서 자력선을 짜를 때 기전력이 발생하는 원리를 이용한 것으로 유량은 기전력에 비례한다. 즉 고체나 유체가 자계 내를 움직일 때(자속을 Cutting할 때) 전압이 발생한다.(기전력 E는 유속 V에 비례한다.)

[특징]
- 응답이 매우 빠르며 압력손실이 전혀 없다.
- 고점도의 액체나 슬러지를 포함한 액체 측정이 가능하다.
- 도전성 액체의 유량측정만 가능
- 미소 기전력을 증폭하는 증폭기가 필요하다.
- 유리 등으로 라이닝하여 내식성이 있으나 고가이다.
- 공업용 액체는 거의 유량측정이 가능하나 증기와 같은 유체는 도전율이 너무 낮아 측정이 곤란하다.
- 액체의 성상이나 부식 등에 영향을 받지 않는다.
- 감도가 높고 정도가 비교적 좋으며 유속의 측정범위에 제한이 없다.

사) 열선유량계(유속식 유량계)

저항선에 전류를 공급하여 열을 발생시키고 유체를 통과하면 저항선의 온도변화로 유속을 측정하여 유량을 계측하는 방법(미풍계, 토마스미터, Thermal 유량계)의 유량계이다.

[특징]
- 변동하는 유체의 속도측정이 가능하다.
- 흩어짐의 측정이 가능하다.
- 국부적인 흐름의 측정이 가능하다.
- 유속식 유량계이다.

아) 임펠러식 유량계(날개바퀴식)

날대바퀴, 프로펠러 등의 회전속도와 유속과의 관계를 고려하여 유량을 측정한다.

[특징]
① 기상 쪽에서는 로빈슨 풍속계(1~5m/s)가 많이 사용된다. 최근에는 프로펠러 형식의 것도 사용된다.(유속식 유량계의 일종)
② 물의 사용량 측정으로는 워싱턴형, 월트맨형이 사용된다.
③ 수(水)량 미터의 대부분은 이 형식의 것에 적산기구를 첨부해 사용된다.

자) 초음파 유량계

도플러 효과(Doppler Effect)를 이용한 것으로 초음파가 유체속을 진행할 때 유속의 변화에 따라 주파수 변화를 계측하는 방법(유체의 흐름에 따라 초음파 발사)

[특징]
① 대 유량 측정용으로 적합하다.
② 비전도성 액체의 유량측정이 가능하다. (기체 사용도 가능하다.)
③ 압력손실이 없다.

실전예상문제
유량계측

01 다음 중 용적식 유량계에 속하는 것은?
① 피토관　　　② 습식가스미터
③ 로터미터　　④ 오리피스미터

02 가정용 수도미터에 사용되는 유량계의 형태는?
① 임펠러식　　② 용적식
③ 순간식　　　④ 면적식

03 다음 유량계 중에서 습식 가스미터의 표준기로 사용되는 유량계의 형태는?
① Venturi type　　② Oval type
③ Roatry Pistion type　④ Drum type

04 피토관(Pitot tube)은 다음 어느 것에 해당하는가?
① 압력계　　　② 고도계
③ 온도계　　　④ 유속계

05 다음 유량계 중에서 가장 점도가 높은 것은?
① 로터리 피스톤식 유량계
② 터빈형 임펠러식 유량계
③ 노즐 벤투리식 유량계
④ 오리피스형 유량계

06 다음은 용적식 유량계의 종류이다. 틀린 것은 어느 것인가?
① 습식 가스미터
② 회전 원판식 유량계
③ 윌트만식 유량계
④ 오발식 유량계

07 차압식 유량계에 대한 설명 중 틀린 것은?
① 관로에 오리피스, 플로우-노즐 등을 설치한다.
② 정도가 좋으나 온도, 압력, 범위가 좁다.
③ 유량은 압력차의 평방근에 비례한다.
④ 레이놀즈 수가 10^5이상에서 유량계수가 유지된다.

08 차압식 유량계에서 교축 상류 및 하류에서의 압력이 P_1, P_2일 때 체적 유량이 Q_1이라고 한다. 압력이 각각 처음보다 2배만큼씩 증가했을 때의 유량 Q_2는 얼마인가?
① $Q_2 = \sqrt{2} \cdot Q_1$　　② $Q_2 = 2Q_1$
③ $Q_2 = \frac{1}{2}Q_1$　　④ $Q_2 = \sqrt{\frac{1}{2}Q_1}$

풀이 $Q_2 = AV = A\sqrt{2g\frac{2P_1}{r}} = \sqrt{2}Q_1$

01 ②　02 ①　03 ④　04 ④　05 ①　06 ③　07 ②　08 ①

09 면적식 유량계의 일반적인 것은?
① 스와르미터　　② 로터미터
③ 월드만식 유량계　　④ 델타 유량계

10 다음 Mesh(체) 중에서 가장 작은 구멍으로 된 mesh는?
① 20mesh　　② 40mesh
③ 80mesh　　④ 100mesh

11 차압식 유량계에 관한 설명 중 옳은 것은?
① 유량은 교축기구 전후의 차압에 비례한다.
② 유량은 교축기구 전후의 차압의 평방근에 비례한다.
③ 유량은 교축기구 전후의 차압의 근사값이다.
④ 유량은 교축기구 전후의 차압에 반비례 한다.

12 다음 중 도시가스미터의 형태는 어느 것인가?
① Drum type flow meter
② Oval type flow meter
③ Piston type flow meter
④ Diaphragm type flow meter

13 용적식 유량계에 대한 설명으로 타당한 것은?
① 유입 측에 스트레이너나 필터가 필요하다.
② 점도가 높은 유량은 측정이 곤란하다.
③ 유량은 회전자의 회전수 제곱에 비례한다.
④ 드럼식은 주로 액체측정용이다.

14 고속의 유체측정이나 고압유체의 고압유체의 유량측정에 가장 적합한 교축기구는 어느 것인가?
① 플로우노즐
② 벤투리
③ 피토관
④ 오리피스

15 면적식 유량계에 대한 설명으로 틀린 것은?
① 수평으로 부착하지 않으면 오차가 생길 염려가 많다.
② 부식성이나 고점도의 유량측정에 쉽사리 쓰인다.
③ 진동에 매우 약하다.
④ 측정하려는 유체의 밀도를 미리 알아야 한다.

16 습식 가스미터의 원리는 어떤 형태에 속하나?
① 피스톤 로터리　　② 다이어프램형
③ 오발형　　④ 드럼형

09 ②　10 ④　11 ②　12 ④　13 ①　14 ①　15 ①　16 ④

17 피토 튜브에 의한 유속 측정은 $V = \sqrt{\dfrac{2g(P_1 - P_2)}{\rho}}$ 의 공식을 이용한다. 이때 P_1, P_2는?

① 동압과 전압을 뜻한다.
② 전압과 정압을 뜻한다.
③ 정압과 동압을 뜻한다.
④ 동압과 유체압을 뜻한다.

풀이 전압−정압=동압

18 유체의 와류에 의한 유량측정방법인 유량계는 어느 것인가?

① 오발 유량계 ② 델타 유량계
③ 로터리 피스톤 유량계 ④ 로터미터

19 오발식 유량계로 유량을 측정하고 있다. 이때 지시값의 오차 중 히스테리시스차의 원인이 되는 것은?

① 온도 및 습도
② 측정자의 눈의 위치
③ 유체의 압력 및 점성
④ 내부차차의 마모

20 다음 유량계 중 유속을 측정하므로 간접적으로 유량을 구하는 계기에 속하지 않는 것은?

① 초음파 유량계
② 전자 유량계
③ 휨날개형 유량계
④ 회전날개형 유량계

21 관로에 설치된 오리피스 전후의 압력차는?

① 유량의 자승에 비례한다.
② 유량의 평방근에 비례한다.
③ 유량의 자승에 반비례한다.
④ 유량의 평방근에 반비례한다.

22 전자 유량계의 설명 중 틀린 것은?

① 압력손실이 없다.
② 고점도유체 및 슬러리의 유량측정이 가능하다.
③ 쿨롱의 전자유도 법칙을 이용한 것이다.
④ 증폭기가 필요하고 값이 비싸다.

23 피토관 유속 V(m/sec)를 구하는 식은?
(단, Pt : 전압(kg/m^2), Ps : 정압(kg/m^2))

① $V = \sqrt{2g(P_s + P_t)/r}$
② $V = \sqrt{2g(P_t + P_s)/r}$
③ $V = \sqrt{2g(P_s - P_t)/r}$
④ $V = \sqrt{2g(P_t + P_s)/r}$

24 다음은 조리개식 유량계의 종류를 열거한 것이다. 틀린 것은?

① 오리피스 ② 노즐
③ 플로트 ④ 벤투리

17 ② 18 ② 19 ② 20 ④ 21 ① 22 ③ 23 ③ 24 ③

25 직접적인 유량의 측정과 관계가 없는 것은?
① 벤투리 미터 ② 전자 유량계
③ 로터미터 ④ 열전대

26 피토관의 장점이 아닌 것은?
① 제작비가 싸다.
② 정도가 높다.
③ 구조가 간단하다.
④ 부착이 용이하다.

27 용선로의 송풍량 측정에 사용되지 않는 계기는?
① 수주 마노미터 ② 피토관
③ 경사 마노미터 ④ 노즐

28 오리피스에 의한 유량 측정에서 유량은?
① 압력차에 비례한다.
② 압력차의 평방근에 비례한다.
③ 압력차에 반비례한다.
④ 온도차의 평방근에 비례한다.

29 벤투리관에서 얻은 압력차와 $\triangle P$와 흐르는 유체의 체적유량 $W(m^3/s)$와의 관계는?
(단, k : 정수, r : 비중량)
① $W = k\sqrt{\triangle p/r}$
② $W = k\sqrt{\triangle r/p}$
③ $W = k\sqrt{2g/\triangle p}$
④ $W = k\sqrt{r\triangle p/2g}$

30 연도와 같은 불리한 조건에서 유량측정이 비교적 용이한 유량계는?
① Thermal 유량계
② Rotary piston 유량계
③ Oval 유량계
④ Delta 유량계

31 전자유량계로 유량을 구하기 위해서 직접 계측하는 것은?
① 유체 내에 생기는 자속
② 유체에 생기는 과전류에 의한 온도 상승
③ 유체에 생기는 압력상승
④ 유체에 생기는 기전력

32 유로 단면의 평균속도를 간접 측정할 수 없는 것은?
① 벤투리미터 ② 오리피스미터
③ 로터미터 ④ 오벌기어식

33 터빈형 유량계의 출력이 펄스로 나올 때 펄스의 총 수효는?
① 유량에 반비례한다.
② 유량에 비례한다.
③ 유량의 제곱근에 비례한다.
④ 유량의 제곱에 비례한다.

34 오리피스는 다음 중 어느 유량계에 속하는가?
① 터빈식　　② 면적식
③ 용적식　　④ 차압식

35 물탱크에서 h=10m, 오리피스의 지름이 10cm일 때 오리피스의 유출속도(V)와 유량(Q)은 어느 것인가?
① V=14m/sec, Q=0.11m^3/sec
② V=9.9m/sec, Q=0.15m^3/sec
③ V=15.4m/sec, Q=0.52m^3/sec
④ V=20.3m/sec, Q=0.24m^3/sec

36 피토관으로 유속을 측정할 경우 가장 관계가 깊은 것은?
① 전압과 동압의 합
② 정압과 동압의 합
③ 전압과 정압의 차
④ 동압과 정압의 차

37 먼지 등이 많은 굴뚝가스 등의 유량계측은 곤란한 요소가 많다. 따라서 다음과 같은 연속측정기를 사용한다. 틀리는 것은?
① 아뉴바 유량계
② 퍼지식 와유량계
③ 열선식 유량계
④ 습식 가스미터

38 다음 유량계 중 속도수두식 유량계에 속하는 것은?
① Annulvar 유량계
② Thermal 유량계
③ Rotameter 유량계
④ Oval 유량계

39 지름이 10cm되는 관속을 흐르는 유속이 16m/sec이었다면 유량은 얼마인가?
① 0.13m^3/sec　　② 0.52m^3/sec
③ 1.60m^3/sec　　④ 1.72m^3/sec

40 다음 중 질량유량 W(kg/sec)의 올바른 표현식은?
(단, V(m^3/sec)는 부피유량, $\rho(kg/m^3)$는 유체의 밀도)
① $W=V\rho$　　② $W=V/\rho$
③ $W=\dfrac{1}{V}\rho$　　④ $W=\rho V^2$

41 부자식(Float) 면적 유량계에 대한 설명 중 틀린 것은?
① 고점도 유체에 사용할 수 있다.
② 유체의 밀도를 미리 알고 있어야 한다.
③ 부식성 액체의 측정이 가능하다.
④ 정밀측정에 사용된다.

34 ④　35 ①　36 ③　37 ④　38 ①　39 ①　40 ①　41 ④

42 벤투리관 유량계의 특징 중 맞지 않는 것은?
① 압력손실이 적고 측정정도도 높다.
② 구조가 복잡하고 대형이다.
③ 레이놀즈 수가 10^5 정도 이하에서는 유량계수가 변화한다.
④ 점도가 큰 액체의 측정에서도 오차가 발생치 않는다.

43 다음 유량계의 종류 중에서 가장 유체압력 손실이 적은 것은?
① 유속식(Impeller식) 유량계
② 용적식 유량계
③ 전자식 유량계
④ 차압식 유량계

44 관속을 흐르는 유체가 층류로 되려면?
① 레이놀즈 수가 400보다 많아야 한다.
② 레이놀즈 수가 2,100보다 적어야 한다.
③ 레이놀즈 수가 4,000이어야 한다.
④ 레이놀즈 수와는 관계가 없다.

45 페러데이전자 유도 법칙을 이용하여 유령을 측정하는 유량계는?
① 방사선식 유량계 ② 면적식 유량계
③ 용적식 유량계   ④ 전자식 유량계

46 용적식 유량계 설명 중 바르게 설명된 것은?
① 일정한 용적의 용기에 유체를 도입시켜 유량을 측정하는 방법이다.
② 일반적으로 많이 사용되지 않고 있다.
③ 종류에는 부유식과 면적식이 있다.
④ 유체를 관에 흐르게 하고 각 측정공에서 발생하는 용적과 압력의 차를 측정하는 방법이다.

47 다음 중 면적식 유량계는 어느 것인가?
① 오리피스미터 ② 로터미터
③ 벤투리미터   ④ 플로우노즐

48 고속의 유체측정이나 고압유체의 유량측정에 가장 적합하지 않는 교축식 유량기구는?
① 벤투리   ② 플로우노즐
③ 오리피스 ④ 피토관

풀이 피토관은 유속측정기기이다.

49 오리피스는 다음 중 어느 유량계인가?
① 터빈식 ② 면적식
③ 용적식 ④ 차압식

50 유로단면의 교축면적을 이용하여 순간 유량을 측정하는 것은?
① 벤투리미터 ② 오리피스미터
③ 로터미터   ④ 피토관

51 피토관의 장점이 아닌 것은?
① 제작비가 싸다.
② 구조가 간단하다.
③ 정도가 높다.
④ 부착이 용이하다.

52 스로틀(Throttle)기구에 의하여 유량을 측정하지 않는 유량계는?
① 오리피스　② 벤투리
③ 가스미터　④ 노즐

53 다음은 유량계의 교정방법을 나열하였다. 이 중에서 기체 유량계의 교정에만 사용되는 것은?
① 밸런스를 사용하여 교정한다.
② 기준탱크를 사용하여 교정한다.
③ 기준유량계를 사용하여 교정한다.
④ 기준체적관을 사용하여 교정한다.

54 유량계 중에서 오리피스는 파이프 속에 조리개를 삽입하여 발생하는 압력차를 측정하는 것으로 어떤 원리를 응용한 것인가?
① 피타고라스의 정의
② 베르누이의 정의
③ 후크의 법칙
④ 융기의 법칙

55 다음 유량계 중에서 압력손실이 가장 큰 것은?
① Float형 면적 유량계
② 열선식 유량계
③ Rotary piston형 용적식 유량계
④ 전자식 유량계

51 ③　52 ③　53 ④　54 ②　55 ①

다. 압력계측

1) 압력측정방법

가) 기계식

(1) 액체식(1차 압력계)

링밸런스식(환상천평), 침종식, 피스톤식, 유자관식, 경사관식

(2) 탄성식(2차 압력계)

부르동관식, 벨로스식, 다이어프램식(금속, 비금속)

나) 전기식(2차 압력계)

저항선식, 압전식, 자기변형식

다) 압력의 단위

N/m^2, $mmHg$, mmH_2O, kg_f/cm^2, bar 등이 사용된다.

2) 액주식 압력계

액주관 내 물이나 수은(Hg)을 봉입, 압력차에 의한 액주의 높이로 압력을 측정하는 방식으로 액의 비중량과 높이에 의하여 계산 가능하다.

※ 액주식 압력계 액의 구비조건

- 온도변화에 의한 밀도 변화가 적을 것
- 점성이나 팽창계수가 적을 것
- 화학적으로 안정하고 휘발성, 흡수성이 적을 것
- 모세관 현상이 작을 것
- 항상 액면은 수평을 만들고 액주의 높이를 정확히 읽을 수 있을 것

가) U자식 압력계

U자형의 유리관에 물, 기름, 수은 등을 넣어 한쪽 관에 측정하고자 하는 대상 압력을 도입 U자관 양쪽 액의 높이차에 의해 압력을 측정한다. U자관의 크기는 특수 용도의 것을 제외하고는 보통 2m 정도이다.

$P_1 - P_2 = rh$

여기서, r : 액의 비중량(kg/m^3), h : 액의 높이차(m)

3) 경사관식 압력계

U자관을 변형한 것으로서 측정관을 경사시켜 눈금을 확대하므로 미세압을 정밀측정하며 U자관보다 정밀한 측정이 가능

$P_1 - P_2 = rh, \ h = x \sin\theta$

$P_1 - P_2 = r \cdot x \sin\theta$

$P_1 = P_2 + r \cdot h = P_2 + r \cdot x \sin\theta$

여기서, P_1 : 측정하려는 압력, 도입압력, P_2 : 경사관의 압력

r : 액의 비중량(kg/m^3), θ : 적은 관의 경사각

[경사관식]   [2액 마노메타]

[플로트식]   [환상천평식]   [침종식 압력계]

가) 2액 마노미터 압력계

압력계의 감도를 크게 하고 미소압력을 측정하기 위하여 비중이 다른 2액을 사용 [물(1) + 클로로포름(1.47)]하여 압력을 측정한다.

나) 플로트 액주형 압력계

액의 변화를 플로트로 기계적 또는 전기적으로 변환하여 압력 측정

다) 환상 천평식 압력계

링 밸런스 압력계라고도 하며 원형관 내에 수은 또는 기름을 넣고 상부에 격벽을 두면 경계로 발생하는 압력차로 의하여 회전하며 추의 복원력과 회전력이 평형을 이룰 때 환상체는 정지한다. 원환의 내부에는 바로 위에 격벽이 있어서 액체와의 사이에 2실로 되어 있고 개개의 압력에 하나는 대기압, 또 하나는 측정하고자 하는 압력에 연결된다.

(1) 특징

① 원격전송이 가능하고 회전력이 크므로 기록이 쉽다.
② 평형추의 증감이나 취부장치의 이동에 의하여 측정범위를 변경할 수 있다.
③ 측정범위는 25~3,000[mmAq]이다.
④ 저압가스의 압력측정에 사용된다.

(2) 설치 및 취급상 주의사항

① 진동 및 충격이 없는 장소에 수평 또는 수직으로 설치한다.
② 온도변화(0~40℃)가 적은 장소일 것
③ 부식성 가스나 습기가 적은 장소에 설치
④ 압력원과 가까운 장소에 설치(도압관은 굵고 짧게 한다.)
⑤ 보수점검이 원활한 장소에 설치

라) 침종식 압력계

종 모양의 플로트를 액중에 담근 것으로 압력에 의한 플로트의 편위가 그 내부 압력에 비례하는 것을 이용한 것으로 금속제의 침종을 띄워 스프링을 지시하는 단종식과 복종식이 있다.

(1) 특징

① 진동 및 충격의 영향이 적다.
② 미소 차압의 측정과 저압가스의 유량측정이 가능
③ 측정범위 : 단종(100[mmAq]이하, 복종(5~30)[mmAq])

(2) 설치 및 취급상 주의사항

① 봉입액(수은, 기름, 물)을 청정하게 유지하여야 한다.
② 봉입액의 양을 일정하게 한다.
③ 계기는 수평으로 설치한다.
④ 과대 압력 또는 큰 차압측정은 피해야 한다.

4) 탄성식 압력계

탄성체에 힘을 가할 때 변형량을 계측하는 것으로, 힘은 압력과 면적에 비례하고 힘의 변화는 탄성체의 변위에 비례하는 것을 이용한 계측 압력계로서 후크법칙을 의한 원리를 이용한다.

[부르동관식] [벨로스식] [다이어프램]

가) 부르동관식(Bourdon)압력계

단면이 편평형이 관을 원호상으로 구부린 가장 보편화되어 있는 압력계로 부르동관 내 압력이 대기압보다 클 경우 곡률 반경이 커지면서 지시계 지침을 회전시킨다. 부르동관 형식으로는 C형, 와선형, 나선형이 있다.

(1) 측정범위

압력계 : $0 \sim 3,000[kg_f/cm^2]$이며, 보편적으로 $2.5 \sim 1,000[kg_f/cm^2]$에 사용

진공계 : $0 \sim 760[mmHg]$

(2) 재료

저압용 : 황동, 인청동, 알루미늄 등

고압용 : 스테인리스강, 합금강 등

(3) 취급상 주의사항

① 급격한 온도변화 및 충격을 피한다.

② 동결되지 않도록 한다.

③ 사이폰관 내 물의 온도가 80℃ 이상 되지 않도록 한다.

나) 벨로스식(Bellows)압력계(진공압 및 차압 측정용)

주름형상의 원형 금속을 벨로스라 하며 벨로스와 히스테리시스를 방지하기 위하여 스프링을 조합한 구조로 자동제어장치의 압력 검출용으로 사용된다. 압력에 의한 벨로스의 변위를 링크기구로 확대 지시하도록 되어 있고 측정범위는 $0.01 \sim 10 kg/cm^2$ ($0.1 \sim 1,000 kPa$)로 재질은 인청동, 스테인리스이다.

다) 다이어프램식(Diaphragm) 압력계

얇은 고무 또는 금속막을 이용하여 격실을 만들고 압력변화에 따른 다이어프램의 변화를 링크, 섹터, 피니언에 의하여 지침에 전달하여 지시계로 나타내는 방식

[특징]
- 감도가 좋으며 정확성이 높다.
- 재료 : 금속막(베릴륨, 구리, 인청동, 양은, 스테인리스 등), 비금속막(고무, 가죽)
- 부식성 액체에도 사용이 가능하고 먼지 등을 함유한 액체도 측정이 가능하다.
- 점도가 높은 액체에도 사용이 가능하고 연소로의 통풍계로도 널리 사용된다.

5) 전기식 압력계

압력을 직접 측정하지 않고 압력 자체를 전기저항, 전압 등의 전기적 량으로 변환하여 측정하는 계기

[전기저항식]   [자기스트레인식]   [압전식]

가) 저항선식

저항선(구리-니켈)에 압력을 가하면 선의 단면적이 감소하여 저항이 증가하는 현상을 이용한 게이지로 검출부가 소형이며 응답속도가 빠르며 $0.01 \sim 100[kg_f/cm^2]$의 압력에 사용

나) 자기 스테인리스식(Strain Gauge) 압력계

강자성체에 기계적 힘을 가하면 자화상태가 변화하는 자기변형을 이용한 압력계로 수백기압의 초고압용 압력계로 이용된다.

다) 압전식(Piezo) 압력계

수정이나 티탄산 바륨 등은 외력을 받을 때 기전력이 발생하는 압전현상을 이용한 것으로 피에조(Piezo)식 압력계라 한다.

[특징]
- 원격측정이 용이하며 반응속도가 빠르다.
- 지시, 기록, 자동제어와 결속이 용이하다.
- 정밀도가 높고 측정이 안정적이다.
- 구조가 간단하며 소형이다.
- 가스폭발 등 급속한 압력변화 측정에 유리하다.
- 응답이 빨라서 백만분의 일초 정도이며 급격한 압력 변화를 측정

6) 표준 분동식 압력계(피스톤 압력계)

분동에 의하여 압력을 측정하는 형식으로 다른 탄성압력계의 기준, 교정 또는 검정용 표준기로 사용된다. 측정범위는 $5,000 kg_f/cm^2$이며 사용기름에 따라 달라진다.

$$압력(P) = \frac{램의 중량 + 분동 중량}{램의 단면적}$$

[표준분동식 압력계]

7) 아네로이드식 압력계(빈통압력계)

동심원 파상원판을 2장 겹쳐서 외주의 합친 것을 납땜하여 기밀하게 만든 것으로서 양은과 그 밖의 박판으로 만든 것을 체임버라 한다. 주로 기압측정에 사용된다. 휴대가 간편하고 내부의 바이메탈은 온도를 보정한다. 측정범위는 약 $10 \sim 3,000 mmH_2O$ 이다.

8) 진공압력계

대기압 이하의 압력을 측정하는 계기이다. 저진공에는 U자관이나 탄성식이 사용되지만 고진공에는 기체의 성질을 이용한 진공체가 사용된다.

가) 맥클라우드 진공계

1Torr=1mmHg

10^{-4} Torr까지 측정

나) 열전도형 진공계

① 피라니 진공계 : $10 \sim 10^{-5}$ Torr까지 측정

② 서미스터 진공계

③ 열전대 진공계 : $1 \sim 10^{-5}$ Torr까지 측정

다) 전리 진공계

$10^{-3} \sim 10^{-10}$ Torr까지 측정

라) 방전전리를 이용한 진공계

① 가이슬러관 : 10^{-3} mmHg까지, 어두운 암실에서는 10^{-4} 까지 측정

② 열전자 전기진공계 : 10^{-11} mmHg 정도까지 측정

③ α선 전리진공계 : 10^{-3} mmHg 정도까지 측정

실전예상문제
압력계측

01 다음 압력계 중에서 가장 정도가 높은 것은?
① 경사관 압력계
② 부르동관식 압력계
③ 분동식 압력계
④ 링밸런스식 압력계

02 압력측정 범위가 대략 10~1,500 mmH_2O인 탄성식 압력계는 어느 것인가?
① 캡슐 압력계
② 부르동관식 압력계
③ 링밸런스식 압력계
④ 다이어프램식 압력계

03 탄성식 압력계로서 제일 높은 압력의 측정에 적당한 것은?
① 링밸런스식   ② 벨로스식
③ 부르동관식   ④ 다이어프램식

04 링밸런스식 압력계에 대한 설명 중 옳은 것은?
① 도압관은 될 수 있는 한 가늘고 긴 것이 좋다.
② 측정 대상 유체는 주로 액체이다.
③ 압력원에 가깝도록 계기를 설치해야 한다.
④ 부식성 가스나 습기가 많은 곳에서는 타 압력계보다 정도가 높다.

05 침종식 압력계에 대한 설명으로 틀린 것은?
① 계기 설치는 똑바로 수평으로 해야 한다.
② 액체 측정에는 부적당하고 기체의 압력 측정에 적합하다.
③ 봉입액은 자주 세정 혹은 교환하여 청정하도록 유지한다.
④ 측정범위는 복종식이 단종식보다 넓다.

풀이 복종식: 5~30mmAq
단종식: 100mmAq

06 액주식 압력계에서 액주에 사용되는 액체의 구비조건으로 부적합한 것은?
① 점도나 팽창계수가 작을 것
② 증기에 의한 밀도 변화가 되도록 적을 것
③ 항상 액면을 수평으로 만들 것
④ 모세관 현상이 클 것

07 압력 측정에 사용하는 액체에 필요한 특성으로서 옳지 않은 것은?
① 모세관 현상이 클 것
② 점성이 작을 것
③ 열팽창계수가 작을 것
④ 일정한 화학성분을 가질 것

01 ③　02 ①　03 ③　04 ③　05 ④　06 ④　07 ①

08 부르동관 압력계에 대한 설명 중 틀린 것은?
① 구조가 간단하고 사용이 간편하다.
② 최고측정 가능압력이 1,000atm까지 되어 측정범위가 넓다.
③ 증기를 응축시키지 않고 직접 측정할 수 있다.
④ 전송장치로 원격지지, 기록이 가능하다.

09 다음 중 탄성압력계에 속하지 않는 것은?
① 부자식 압력계
② 다이어프램 압력계
③ 벨로스식 압력계
④ 부르동관 압력계

10 다음 압력계 중 고압용은?
① 다이어프램식 압력계
② 벨로스식 압력계
③ 피스톤식 압력계
④ 부르동관식 압력계

11 다음 중 가장 높은 압력을 측정할 수 있는 계기는?
① 부르동관식 압력계
② 다이어프램 압력계
③ 벨로스 압력계
④ 링밸러스 압력계

12 탄성 압력계에 속하는 것은?
① U자관 압력계
② 부르동관형 압력계
④ 침종 압력계
③ 피스톤 압력계

13 압력측정에 사용되는 액체의 필요한 특성이다. 틀린 것은?
① 일정한 화학성분을 가질 것
② 모세관 현상이 작을 것
③ 점성이 클 것
④ 열팽창계수가 작을 것

14 탄성체의 변형을 이용하여 압력을 측정하는 압력계는 어느 것인가?
① U 자관형 압력계이다.
② 토리첼리관형 압력계이다.
③ 환상천칭형 압력계이다.
④ 부르동관 압력계이다.

15 벨로스식 압력계에서 벨로스의 재질로 사용되는 것은 다음 중 어느 것인가?
① 스프링강
② 인청동 및 스테인리스강
③ 고무
④ 양은

08 ③ 09 ① 10 ④ 11 ① 12 ② 13 ③ 14 ④ 15 ②

16 압력계가 아닌 것은 어느 것인가?
① 마노미터
② 로터미터
③ 바로미터
④ 맥클라우드 게이지

17 진공계는 어느 것인가?
① 피라니 게이지
② 바로미터
③ 마노미터
④ 스트레인 게이지

18 다음 압력계 중 측정범위가 가장 넓은 것은?
① 플로트식 압력계   ② U자관 압력계
③ 단관식 압력계   ④ 침종식 압력계

19 환상천평식 압력계는 다음 중 무엇을 이용하여 압력을 측정하는가?
① 추를 이용한다.
② 부력을 이용한다.
③ 탄성을 이용한다.
④ 플로트를 이용한다.

20 다음 중에서 다이어프램 압력계의 박판 재료로 쓰이지 않는 것은?
① 양은, 고무
② 고무, 스테인리스
③ 황동강판
④ 인청동, 스테인리스

21 다음 중 가장 높은 진공도를 측정할 수 있는 계기는?
① Macleod 진공계   ② Pirani 진공계
③ 열전대 진공계   ④ 전리 진공계

22 진동충격의 영향이 작고 미소차압의 측정이 가능하며 저압가스의 유량을 측정하는데 많이 쓰이는 것은?
① 압전식 압력계
② 부르동관식 압력계
③ 침종식 압력계
④ 분동식 압력계

23 탄성압력계에 속하지 않는 것은?
① 부르동관식 압력계   ② 벨로스 압력계
③ 다이어프램 압력계   ④ 경사관 압력계

16 ② 17 ① 18 ① 19 ① 20 ③ 21 ④ 22 ③ 23 ④

24 그림에서 수직관 속에 비중이 0.9인 기름이 흐르고 있다. 여기에 그림에서와 같이 액주계를 설치하였을 때 압력계의 지시값은 얼마인가?

① $0.01 kg/cm^2$
② $0.1 kg/cm^2$
③ $0.001 kg/cm^2$
④ $1.0 kg/cm^2$

[풀이] $P = 9800 \times 13.55 \times 0.2 - 9800 \times 0.9 \times 3$
$= 98 N/m^2 = 0.001 kg/cm^2$

25 다음 경사관식 압력계에서 $P_2 = 50$ kg/cm^2일 때 측정압력 P_1은 얼마인가? (단, 액체의 비중은 1이다.)

① $50.013 kg/cm^2$
② $49.98 kg/cm^2$
③ $320 kg/cm^2$
④ $530 kg/cm^2$

[풀이] $9800 \times 0.5 \sin 15 \times \dfrac{10^{-4}}{9.8} = 0.013 kg/cm^2$
$P_1 = P_2 - 0.013 = 50 - 0.013 = 49.989 kg/cm^2$

26 다음 중 다이어프램 압력계를 설명한 것으로 틀린 것은?
① 측정이 가능한 범위는 공업용이 10~30mmAq이다.
② 연소용 드래프트계로서 보통 사용한다.
③ 다이어프램으로는 고무, 양은 인청동 등의 박판이 사용된다.
④ 이 압력계의 형태에는 다이어프램의 변화를 측정하는 다이어프램 캡슐형의 것도 있다.

27 다음 압력계 중 진공압 측정용 압력계는?
① 다이어프램
② 벨로스
③ 침종식 압력계
④ 경사관식 압력계

28 계기의 정도보다 자동제어를 용이하게 하고자 한다. 자동제어의 원격조정이 용이한 압력계는 어느 것인가?
① 분동식 압력계
② 액주형 압력계
③ 스트레인게이지 압력계
④ 부르동관식 압력계

29 탄성식 압력계의 일반교정에 쓰이는 시험기는?
① 액주식 압력계
② 정밀급 탄성압력계
③ 전기식 압력계
④ 분동식 표준압력계

라. 액면계측

1) 액면측정방법

가) 직접측정

액면의 위치를 직접 관측에 의하여 측정하는 방법으로 직관식(유리관식), 검척식, 플로트식(부자식)이 있다.

나) 간접측정

압력이나 기타 방법에 의하여 액면위치와 일정관계가 있는 양을 측정하는 것으로 차압식, 저항 전극식, 초음파식, 방사선식, 음향식 등의 액면계가 있다.

다) 액면계의 구비조건

- 연속 측정 및 원격측정이 가능할 것
- 가격이 싸고 보수가 용이할 것
- 고온 및 고압에 견딜 것
- 자동제어장치에 적용이 가능할 것
- 구조가 간단하며 내식성이 있고 정도가 높을 것

2) 액면계의 종류 및 특징

가) 직접측정식

(1) 유리관식(직관식) 액면계

유리관 또는 플라스틱의 투명한 세관을 측정 탱크에 설치하여 탱크 내 액면변화를 계측

(2) 검첨식 액면계

개방형 탱크나 저수조의 액면을 자로 직접 계측

(3) 부자식(Float)액면계

밀폐탱크나 개방탱크 겸용으로서 액면에 플로트를 띄워 액면의 상,하 움직임을 플로트의 변위로 나타내는 형식으로 공기압 또는 전기량으로 전송이 가능하다.

나) 간접측정식

(1) 압력검출식 액면계

탱크 내에 압력계를 설치하여 액면을 측정하는 장치로 저점도의 액체 측정용으로 기포식과 다이어프램식이 있다.

(2) 차압식

기준 수위에서 압력과 측정액면에서의 압력차를 비교하여 액위를 측정하는 것으로 고압밀폐 탱크에 사용된다. 종류로는 다이어프램식과 U자관식이 있고 정압을 측정함으로써 액위를 구할 수 있다.

(3) 편위식

디스플레이스먼트 액면계라 하며 액중에 잠겨있는 플로우트의 깊이에 의한 부력으로부터 토크튜브의 회전각이 변화하여 액면을 지시하며 일명 아르키메데스의 원리를 이용하여 액면을 측정하고 있는 방식이다.

[압력검출식]   [기포식]   [편위식]

(4) 정전용량식

동심원통형의 전극인 검출소자를 액 중에 넣어 이때 액 위에 따른 정전용량의 변화를 측정하여 액면의 높이를 측정한다.

(5) 전극식

전도성 액체 내부에 전극을 설치하여 낮은 전압을 이용 액면을 검지하여 자동 급, 배수제어장치에 이용

[특징]
- 고유저항이 큰 액체에는 사용이 어렵다.
- 내식성 재료의 전극봉이 필요하다.
- 저압변동이 큰 곳에서 사용해서는 안 된다.

(6) 초음파식

측정에 시간을 요하지 않는 관계로 여러 소의 액면을 한 장치로 측정할 수 있고 완전히 밀폐된 고압탱크와 부식성 액체에 대해서도 측정이 가능하고 측정범위가 매우 넓고 정도가 높은 액면계이다. 그러나 긴 거리는 통과할 수 없고 초음파는 수정이나 티탄산, 바륨 등에 발진 회로를 써서 10Kc~5Mc 진동을 주어서 얻는다.

(가) 초음파진동식

기체 또는 액체에 초음파를 사용하여 진동막의 진동변화를 측정

[특징]
- 형상이 단순하며 용기 내 삽입되는 부분이 적다.
- 가동부가 없으며 용도가 다양하다.
- 진동막에 액체나 거품의 부착은 오차발생의 원인이 된다.

(나) 초음파레벨식

가청주파수 이상의 음파를 액면에 발사시켜 반사되는 시간을 측정

[특징]
- 액체가 직접 접촉하지 않고 측정이 가능
- 이물질에 대한 영향이 적다.
- 청량음료나 유유탱크의 레벨제어에 사용된다.
- 부식성 유체(산,알칼리)나 고점성 액체의 레벨 계측이 가능하다.

(7) 기포식 액면계

액조 속에 관을 삽입하고 이 관을 통해 압축공기를 보낸다. 압력을 조절해서 공기가 관 끝에서 기포를 일으키게 하면 압축공기의 압력은 액압력과 동등하다고 생각되므로 압축공기를 압력을 측정하여 액면을 측정한다.

(8) γ선 액면계

γ선 액면계는 동위원소에서 나오는 γ선은 액면상 또는 탱크 밑바닥에서 방사시켜 그것을 측정함으로써 액위를 측정한다. 그 종류는 플로트식, 투과식, 추종식이 있으며 밀폐된 고압탱크나 부식성 액체의 탱크 등에서도 액면 측정이 가능하며 방사선으로는 Co^{60}등의 γ선이 사용된다.

실전예상문제
액면계측

01 다음 액면계 중에서 직접적으로 자동제어가 어려운 것은?
① 유리관식 액면계
② 부력검출식 액면계
③ 부자식 액면계
④ 압력검출식 액면계

02 그릇바닥의 압력을 측정하여 액면의 높이를 측정하는 기구를 압력식 액면계라고 한다. 다음 중에서 압력식 액면계라고 볼 수 없는 것은?
① 다이어프램식 액면계
② 기포식 액면계
③ 부자식 액면계
④ 플랜지형 액면발신기

03 고압 밀폐탱크의 압력 측정용으로 가장 많이 이용되는 액면계는 어느 것인가?
① 편위식 액면계
② 차압식 액면계
③ 부자식 액면계
④ 기포식 액면계

04 경보 및 액면 제어용으로 널리 사용되는 액면계는?
① 유리관식 액면계
② 차압식 액면계
③ 부자식 액면계
④ 퍼지식 액면계

05 초대형 지하탱크의 액면을 측정하기 적합한 액면계의 종류명은?
① 게이지글라스식 액면계
② 부자형 액면계
③ 전기량 검출형 액면계
④ 초음파형 액면계

06 아르키메데스의 부력의 원리를 이용한 액면 측정방정식은?
① 차압식 액면계
② 부자식 액면계
③ 기포식 액면계
④ 편위식 액면계

01 ①　02 ③　03 ④　04 ③　05 ④　06 ④

07 액면의 계측에 사용되는 계측기의 종류가 아닌 것은?
① 유리관식 액면계
② Float식 액면계
③ Isotope를 이용한 액면계(동위원소 액면계)
④ 박막식 액면계

08 고압밀폐탱크의 액면측정에 사용되는 액면계는 다음 중 어느 측정법을 사용하는가?
① Float, Rope, 활차, 중추를 사용하는 직접 측정법
② 액 내의 압력에 의한 측정법
③ 차압에 의하는 측정법
④ 부피자에 의한 측정법

09 정전용량식 액면계의 특징 중 틀린 것은?
① 구조가 간단하고 보수가 용이하다.
② 측정범위가 넓다.
③ 유전율이 온도에 따라 변화되는 곳에 사용할 수 있다.
④ 습기가 있거나 전극에 피측정체를 부착하는 곳에는 부적당하다.

07 ④ 08 ③ 09 ③

마. 가스의 분석 및 측정

1) 가스분석방법

가스분석은 계측이 간접적이며 정성적인 선택성이 나쁜 것이 많다. 가스는 온도나 압력에 의해 영향을 받기 때문에 항상 조건을 일정하게 한 후 검사가 이루어져야 한다.

가) 연소가스 분석목적
- 연료의 연소상태를 파악
- 연소가스의 조성파악
- 공기비 파악 및 열손실 방지
- 열정산 시 참고자료

나) 연소가스의 조성
CO_2, CO, SO_2, NH_3, H_2O, N_2 등

다) 시료채취 시 주의사항
- 연소가스 채취 시 흐르는 가스의 중심에서 채취한다.
- 시료 채취 시 공기의 침입이 없어야 한다.
- 가스성분과 화학적 반응을 일으키는 재료는 사용하지 않는다.(600℃ 이상에서는 철판 사용금지)
- 채취 배관을 짧게 하여 시간지연을 최소로 한다.
- 드레인 배출장치를 설치한다.
- 시료가스 채취는 연도의 중심부에서 실시한다.
- 채취구의 위치는 연소실 출구의 연도에서 하고 연도 굴곡 부분이나 가스가 교차되는 부분 및 유속변화가 급격한 부분은 피한다.
- 가스 채취관의 재료는 고온가스에서는 석영관, 저온가스에서는 철금속관을 사용한다.
- 시료가스의 흐름은 1차필터(아람담) -> 가스냉각기(냉각수) -> 2차필터(석면,솜)

2) 가스분석계의 종류 및 특징

가) 화학적 가스분석계

화학반응을 이용한 성분분석

(1) 측정방법에 따른 구분

- 체적감소에 의한 방법 : 오르사트식
- 연속측정방법 : 자동화학식 CO_2계
- 연소열법에 의한 방법 : 연소식 O_2계, 미연소계($H_2 + CO$)

(2) 오르사트식 가스분석계

시료가스를 흡수제에 흡수시켜 흡수 전후의 체적변화를 측정하여 조성을 정량하는 방법이며 100cc 체적의 뷰렛과 수준병, 고무관, 흡수병, 연결관으로 구성되어 있다.

(가) 분석순서 및 흡수제의 종류

① 분석순서 : $CO_2 \rightarrow O_2 \rightarrow CO$

② 흡수제의 종류

CO_2 : KOH 30% 수용액(순수한 물 70cc+KOH 30g 용해)

O_2 : 알칼리성 피롤카롤(용약 200cc+15~20g의 피롤가롤 용해)

CO : 암모니아성 염화 제 1동 용액(암모니아 100cc 중+7g의 염화제 1동 용해)

N_2 : 100-($CO_2 - O_2 + CO$)

[특징]
- 구조가 간단하며 취급이 용이하다.
- 숙련되면 고정도를 얻는다.
- 수분은 분석할 수 없다.
- 분석순서를 달리하면 오차가 발생한다.

(3) 자동화학식 CO_2계

오르사트 가스 분석법과 원리는 같으나 유리실린더를 이용 연속적으로 가스를 흡수시켜 가스의 용적변화로 측정하며 KOH 30% 수용액에 CO_2를 흡수시켜 시료가스의 용적의 감소를 측정하여 CO_2 농도를 측정

[특징]
- 선택성이 좋다.
- 흡수제 선택으로 O_2와 CO분석이 가능
- 측정치를 연속적으로 얻는다.
- 조성가스가 많아도 높게 측정되며, 유리부분이 많아 파손되기는 쉽다.

(4) 연소열식 O_2계(연소식 O_2계)

측정해야 할 가스와 H_2등의 가연성 가스를 혼합하고 촉매에 의한 연소를 시켜 반응열이 산소 농도에 따라 비례하는 것을 이용

[특징]
- 가연성 H_2가 필요
- 원리가 간단하고 취급이 용이
- 측정가스의 유량 변화는 오차의 원인
- 선택성이 있다.
- 오리피스나 마노미터 및 열전대가 필요하다.

(5) 미연소가스계($CO_2 + H_2$ 가스 분석)

시료 중 미연소 가스에 O_2를 공급하고 백금을 촉매로 연소시켜 온도상승에 의한 휘스톤브리지회로의 측정 셀 저항선의 저항변화로부터 측정한다.

[특징]
- 측정실과 비교실의 온도를 동일하게 유지한다.
- 산소를 별도로 준비하여야 한다.
- 휘스톤브리지회로를 사용한다.

나) 물리적 가스분석계

가스의 비중, 열전도율, 자성 등에 의하여 측정하는 방법

(1) 열전도율형 CO_2계

전기식 CO_2계라 하며 CO_2의 열전도율이 공기보다 매우 적다는 것을 이용한 것으로 CO_2분석에 많이 사용된다. 측정가스를 도입하는 셀과 공기를 채운 비교셀 속에 백금선을 치고 약 100℃의 정전류를 가열여 전기저항치를 증가시키므로 CO_2 농도로 지시한다.

[특징]
- 원리나 장치가 비교적 간단하다.
- 열전도율이 큰 수소가 혼입되면 측정오차의 영향이 크다.
- N_2, O_2, CO의 농도가 변해도 CO_2 측정오차는 거의 없다.

[취급 시 주의사항]
- 1차 여과기 막힘에 주의할 것
- 계기 내 온도상승을 방지할 것
- 가스 유속을 일정하게 유지할 것
- 브리지의 전류 공급을 점검할 것
- H_2 가스의 혼입을 막아야 한다.
- 가스압력 변동은 지시에 영향을 주므로 압력 변동이 없어야 한다.

(2) 밀도식 CO_2계

CO_2의 밀도가 공기보다 1.5배 크다는 것을 이용하여 가스의 밀도차에 의해 수동 임펠러의 회전토크가 달라져 레버와 링크에 의해 평형을 이루어 CO_2농도를 지시하도록 되어 있다.

- 보수와 취급이 용이하고 구조적으로 견고하다.
- 측정가스와 공기의 압력과 온도가 같으면 오차를 일으키지 않는다.
- CO_2 이외의 가스조성이 달라지면 측정오차에 영향을 준다.

(3) 가스 크로마토그래피법

흡착제를 충전한 통 한쪽에 시료를 이동시킬 때 친화력이 각 가스마다 다르기 때문에 이동 속도차이로 분리되어 측정실내로 들어오면서 측정하는 것으로 O_2와 NO_2를 제외한 다른 성분가스를 모두 분석할 수 있다. 분석 시에는 고체 충전제를 넣어 놓고 캐리어 가스인 H_2, N_2, He 등의 혼합된 시료 가스를 컬럼 속에 통하게 하여 측정한다.

[특징]
- 여러 종류의 가스분석이 가능하다.
- 선택성이 좋고 고감도 측정이 가능하다.
- 시료가스의 경우 수 cc로 충분하다.
- 캐리어 가스가 필요하다.
- 동일가스의 연속 측정이 불가능하다.
- 적외선 가스분석계에 비하여 응답속도가 느리다.
- SO_2 및 NO_2 가스는 분석이 불가능하다.

[가스크로마토그래피]

[적외선가스분석기]　　　　[자기식 O_2계]

(4) 적외선 가스분석계

적외선 스펙트럼의 차이를 이용하여 분석하며 N_2, O_2, H_2 이원자 분자가스 및 단원자분자의 경우를 제외한 대부분의 가스를 분석 할 수 있다.

[특징]

- 선택성이 우수하다.
- 측정농도 범위가 넓고 저농도 분석에 적합하다.
- 연속분석이 가능하다.
- 측정가스의 먼지나 습기의 방지에 주의가 필요하다.

(5) 자기식 O_2계

산소의 경우 강자성체에 속하기 때문에 산소(O_2)가 자장에 대해 흡인되는 성질을 이용한 것

[특징]
- 가동부분이 없어 구조가 간단하고 취급이 용이하다.
- 시료가스의 유량, 점성, 압력 변화에 대하여 측정오차가 생기지 않는다.
- 유리로 피복된 열선은 촉매작용을 방지한다.
- 감도가 크고 정도는 1 내외이다.

(6) 세라믹식 O_2계

지르코니아(ZrO_2)를 원료로 한 세라믹 파이프를 850℃ 이상 유지하면서 가스를 통과시키면 산소이온만 통과하여 산소농담전자가 만들어진다. 이 때 농담전지의 기전력을 측정하여 O_2농도를 분석한다.

[특징]
- 측정범위가 넓고 응답이 신속하다.
- 지르코니아 온도를 850℃ 이상 유지한다.(전기히터 필요)
- 시료가스의 유량이나 설치장소, 온도변화에 대한 영향이 없다.
- 자동제어 장치와 결속이 가능하다.
- 가연서 가스 혼입은 오차를 발생시킨다.
- 연속측정이 가능하다.

(7) 갈바니아 전기식 O_2계

수산화칼륨(KOH)에 이종 금속을 설치한 후 시료가스를 통과시면 시료가스 중 산소가 전해액에 녹아 각각의 전극에서 산화 및 환원반응이 일어나 전류가 흐르는 현상을 이용한 것

[특징]
- 응답속도가 빠르다.
- 고농도의 산소분석은 곤란하며 저농도의 산소분석에 적합하다.

- 휴대용으로 적당하다.
- 자동제어장치와 결합이 쉽다.

(8) 용액 도전율식 가스분석계

시료가스를 흡수용액에 흡수시켜 용액의 도전율 변화를 이용하여 가스농도를 측정한다.

3) 매연농도측정

가) 링겔만 농도표

링겔만 농도표는 백치에 10mm 간격의 굵은 흑선을 바둑판 모양으로 그린 것으로 농도비율에 따라 0~5번까지 6종으로 구분된다. 관측자는 링겔만 농도표와 연돌상부 30~45cm 지점의 배기가스와 비교하여 매연 농도율을 계산할 수 있다. 농도 1도당 매연 농도율은 20%이다.

나) 로버트 농도표

링겔만 농도표와 비슷하지만 4종으로 되어 있다.

다) 자동매연 측정장치

광전관을 사용

4) 온, 습도 측정

가) 온도

(1) 건구온도(Dry Bulb Temperature : DB)

보통 온도계를 지시하는 온도

(2) 습구온도(Wet Bulb Temperature : WB)

온도계 감온부를 젖은 헝겊으로 감싸고 측정한 온도(증발잠열에 의한 온도)

(3) 노점온도(Dewpoint Temperature : DT)

습공기 수증기 분압이 일정한 상태에서 수분의 증감 없이 냉각할 때 수증기가 응축하기 시작하여 이슬이 맺는 온도

나) 습도

(1) 절대습도(Specific Humidity)

건조공기 1kg에 대한 수증기 중량 비

$$절대습도(\psi) = (\frac{습가스 중의 수분}{습가스 중의 건가스}) \times 100(\%)$$

(2) 상대습도(Relative Humidity)

습공기 수증기 분압(p)과 동일온도의 포화습공기 수증기 분압(P_S)과의 비

$$\psi = (\frac{p}{p_S}) \times 100(\%)$$

(3) 포화도(비교습도) : 습공기 절대습도(x)와 포화습공기 절대습도(x_S)와의 비

즉 포화습도에 대한 습가스의 절대습도의 비가 포화도이다.

$$r = (\frac{x}{x_S}) \times 100(\%)$$

다) 습도계 및 노점계 종류

(1) 전기식 건습구 습도계

① 습구를 항상 적셔 놓아야 하는 단점이 있다.

② 저온측정은 곤란하다.

③ 실내온도를 측정하는 데 많이 사용된다.

(2) 전기저항식 습도계

① 기체의 압력, 풍속에 의한 오차가 없다.

② 구조 및 측정회로가 간단하며 저습도 측정에 적합하다.

③ 응답이 빠르고 온도계수가 크다.

④ 경년 변화가 있는 결점이 있다.

(3) 듀셀 전기 노점계

   ① 저습도의 측정에 적당하다.

   ② 구조가 간단하고 고장이 적다.

   ③ 고압 하에서는 사용이 가능하나 응답이 늦은 결점이 있다.

(4) 광전관식 노점 습도계

   ① 경년 변화가 적고 기체의 온도에 영향을 받지 않는다.

   ② 저습도의 측정이 가능하다.

   ③ 점도가 높다.

(5) 모발습도계

   ① 습도의 증감에 따라 규칙적으로 신축하는 모발의 성질 이용

   ② 안정성이 좋지 않고 응답시간이 길다.

   ③ 사용은 간편하다.

   ④ 실내 습도조절용, 제어용으로 많이 사용

   ⑤ 보통 10~20개 정도의 머리카락을 묶어서 사용, 수명은 2년 정도

(6) 건습구 습도계

   ① 건구와 습구온도계로 이루어진다.

   ② 상대습도의 표에 의해 구한다.

   ③ 자연통풍에 의한 간이 건습구 습도계와 온도계의 감온부에 풍속 3~5m/sec통풍을 행하는 통풍건습구 습도계가 있다.

실전예상문제
가스의 분석 및 계측

01 대칭성 이원자 분자 및 Ar 등의 단원자 분자를 제외하고는 대부분 가스를 분석할 수 있으며 선택성이 우수하고 연속 분석이 가능한 가스분석법은 어느 것인가?
① 적외선법 ② 음향법
③ 열전도율법 ④ 도전율법

02 가스의 상자성을 이용하여 만든 가스 분석계는 어느 것인가?
① 가스크로마토그래피
② 자기식 O_2가스계
③ CO_2가스계
④ SO_2가스계

03 기체 및 비점 300℃ 이하의 액체를 측정하는 물리적 가스 분석계로 선택성이 우수한 가스분석계는 어느 것인가?
① 밀도법
② 가스크로마토그래피법
③ 시래믹법
④ 오르사트법

04 다음 중 산성용액을 설명하는 내용이 아닌 것은?
① pH가 6이다.
② 리트머스시험지가 붉은색 변화를 일으킨다.
③ 페놀프탈레인 용액을 넣었더니 붉은색 반응을 보였다.
④ 메틸 오렌지 액을 넣었더니 붉은색 반응을 일으켰다.

풀이 페놀프탈레인은 산성에서는 무색이다. 염기성에서는 분홍색 반응이다.

05 용액 농도의 단위 중에는 규정도(N)라는 것이 있다. 규정도의 정의로 맞는 것은?
① 용액의 질량과 그 속에 녹아 잇는 용질의 질량비 100배를 말함
② 용액의 체적과 그 곳에 녹아 있는 용질 체적비의 100배를 말함
③ 용액 1,000cc 중에 녹아 있는 물질의 그램 당량수를 말함
④ 용액 1ℓ중에 녹아 있는 물질의 그램 분자량 수를 말함

06 Lingerman 매연 농도표에 대한 설명 중 잘못된 것은?
① 0도에서 5도까지의 매연 농도표로 되어 있다.
② 관측자로부터 20m 떨어진 위치에 이 표를 두고 관찰한다.
③ 관측자는 연돌에서 30~39m 떨어지 위치에서 관측한다.
④ 햇볕을 정면으로 받지 않고, 배경이 밝은

01 ① 02 ② 03 ② 04 ③ 05 ③ 06 ②

위치에서 관측한다.

풀이 관측자로부터 16m 떨어진 위치에 이 표를 두고 관찰한다.

07 가스분석계의 측정법 중 전기식 성질을 이용한 것은?
① 세라믹법
② 자율화법
③ 자동오르사트법
④ 가스크로마토그래피법

08 열전도율형 CO_2 분석계 사용시 주의사항 중 틀린 것은?
① 브리지의 공급 전류의 점검을 확실하게 행한다.
② 셀 주위 온도와 측정가스 온도를 거의 일정하게 유지시키고 과도한 상승은 피한다.
③ H_2의 혼입은 지시를 높여준다.
④ 가스 유속을 거의 일정하게 한다.

풀이 H_2는 열전도율이 크다.

09 연소가스 중의 CO와 H_2분석에 사용되는 것은?
① 과잉공기계
② 질소가스계
③ 미연 연소가스계
④ 탄산가스계

10 다음 중 화학적 가스분석계에 사용되는 방법은 어느 것인가?
① 열전도율법
② 도전율법
③ 적외성흡수법
④ 연소열법

11 가스의 상자성을 이용하여 만든 가스분석계는 어느 것인가?
① CO_2가스계
② SO_2가스계
③ 가스크로마토그래피
④ O_2가스계

12 오르사트 분석기에서 CO_2의 흡수액은?
① 산성염화제 1구리용액
② 알칼리성 염화제 1구리용액
③ 피로카롤 용액
④ KOH

13 다음은 가스채취시 주의하여야 할 사항을 설명한 것이다. 틀린 것은?
① 가스의 구성성분의 비중을 고려하여 적정 위치에서 측정하여야 한다.
② 가스채취구는 외부에서 공기가 잘 유통할 수 있도록 하여야 한다.
③ 채취된 가스의 온도, 압력의 변화로 측정 오차가 생기지 않도록 한다.
④ 가스성분과 화학반응을 일으키지 않는 관을 이용하야 채취한다.

14 다음 가스분석법 중 흡수식인 것은?
① 오르사트식
② 적외선법
③ 자기법
④ 음향법

15 가스분석 방법 중 CO_2의 농도를 측정할 수 없는 방법은 다음 중 어느 것인가?
① 열전도율법　　② 적외선법
③ 자기법　　　　④ 도전률법

16 헴펠식(Hempel) 가스분석기의 각 성분 흡수순서로 가장 적당한 것은 어느 것인가?
① $CmHn \to O_2 \to CO \to CO_2$
② $CO_2 \to CmHn \to O_2 \to CO$
③ $CO \to CO_2 \to CmHn \to O_2$
④ $O_2 \to CO \to CO_2 \to CmHn$

17 연료가스의 분석방법으로서 시료가스 중 C_2 이상의 탄화수소가 많이 함유되어 있을 때는 정확한 분석결과를 얻을 수 없으나 가스 중의 CO_2, 탄화수소, CO, 메탄계 탄화수소 및 질소성분을 분석할 수 있는 방법으로서 흡수법 및 연소법의 조합인 것은 어떠한 분석 방법인가?
① 분젠-씨랑법
② 헴펠식 분석방법
③ Junker식 분석방법
④ 오르사트 분석방법

18 가스크로마토그래피는 기체의 어떤 특성을 이용하여 분석하는 장치인가?
① 분자량　　　　② 확산속도
③ 분압　　　　　④ 부피

19 일정한 충전물질과 carrier 가스를 이용한 가스크로마토그래피를 사용하여 주어진 혼합가스를 보다 정확하게 분석하기 위해서는 여러 가지 사항을 고려하여야 하는데 다음 중 일반적으로 옳지 않은 것은 무엇인가?
① 충진컬럼의 길이
② 충진컬럼의 온도
③ Carrier 가스의 속도
④ Carrier 가스의 압력

20 가스크로마토그래피에 사용할 수 있는 캐리어 가스가 아닌 것은?
① N_2　　　　　② CO
③ H_2　　　　　④ Ar

15 ③　16 ②　17 ②　18 ②　19 ④　20 ②

21 다음 중 가스분석 측정법이 아닌 것은?
① 자동오르사트법
② 적외선흡수법
③ 플로우노즐법
④ 가스크로마토그래피법

22 다음 중 산소를 분석할 수 없는 것은?
① 연소식
② 자기식
③ 적외선식
④ 지르코나아식

23 다음 가스 중 열전도율이 가장 큰 것은?
① O_2
② N_2
③ CO_2
④ H_2

제 3 단원 보일러 설비

제 1 장 난방

1. 난방

가. 난방방식

1) 분류

- **개별 난방방식** : 각 실에 열원설비(가스, 석탄, 석유, 전기, 난로, 온돌 등)를 설치하여 열의 대류 복사 등을 이용한 난방법(주택, 사무실 등)

- **중앙 난방방식**(Central heating system)

  특정장소(기관실, 기계실)에서 보일러 등의 열원을 이용하여 증기·온수 등을 열매체로 하여 난방하며 ① 유지관리 용이 ② 위생, 방화 등이 양호하고 ③ 열효율도 좋으며 경제적이고 ④ 실내의 오염이 적고 쾌적하다.

중앙식 난방

① 증기난방 ─┬─ 저압 증기난방
　　　　　　└─ 고압 증기난방(지역 난방)

② 온수난방 ─┬─ 온수난방
　　　　　　└─ 고온수난방(지역 난방)

③ 복사난방 ─┬─ 판넬식
　　　　　　└─ 적외선 난방

④ 온풍로 난방

나. 보일러 설비

밀폐 용기에 물을 담아 가열하여 대기압 이상의 증기 또는 온수를 열사용처로 공급하는 장치

1) 보일러의 분류

- **원통형 보일러**
- **수관 보일러**
- **주철제 보일러**
- **특수 보일러**

　내분식 ─┬─ 입형 보일러
　　　　　└─ 횡형 보일러 ── 노통식, 연관식, 노통연관식(육용, 박용)
　외분식 ── 횡형 보일러

　외분식 ─┬─ 자연순환식
　　　　　└─ 강제순환식 ── 관류 보일러

　외분식 ── 섹션 보일러 ── 난방 전용용

2) 연소장치

· **내분식의 특징**

① 설치장소가 적고, 복사열의 흡수가 크다.
② 완전연소가 곤란하고 연소실 크기의 제한을 받는다(보일러 본체의 제한).
③ 역화의 위험성이 우려된다.

· 외분식의 특징

① 설치장소가 크고 복사열의 흡수가 작다.

② 완전연소가 가능하고, 저급연료의 사용도 가능하다.

③ 연소 효율을 높일 수 있다.

※ 연소실의 온도측정 - 열전식 온도계 사용

다. 보일러 부속장치

보일러의 안전하고 경제적인 운전과 효율 증대를 위하여 부착한 장치

(1) 지시장치 : 압력계, 수고계, 수면계, 온도계, 유면계, 통풍계, 급유량계, 급수량계, CO_2 미터기

(2) 안전장치 : 유전자밸브, 화염검출기, 저수위경보기, 가용마개, 방폭문, 방출관, 안전면, 압력조절기, 팽창밸브

(3) 분출장치 : 분출관, 분출밸브, 분출코크

(4) 급수장치 : 급수탱크, 급수펌프, 급수배관, 정지밸브, 체크밸브, 급수배관, 인젝터, 수량계

(5) 송기장치 : 기수분리기, 주증기관, 주증기밸브, 비수방지관, 증기헤더, 신축장치, 증기트랩, 감압밸브 등

(6) 여열장치 : 과열기, 절탄기, 재열기, 공기예열기

(7) 통풍장치 : 댐퍼, 연돌, 연도, 송풍기, 통풍계

(8) 처리장치 : 집진장치, 재처리, 급수처리, 스트레이너 등

(9) 유가열장치 : 전기식, 증기식, 온수식, 드레인밸브, 오일프리히터

(10) 연소장치 : 화격자, 버너, 연소실, 연도, 연통

※ 절탄기 : 배기가스의 여열을 이용하여 보일러수(급수)를 예열한다.
※ 과열기 : 연소가스를 이용하여 포화증기를 고온의 과열증기로 만든다.

라. 보일러 종류와 특성

(1) 주철제 보일러 : 난방용으로 대부분 사용

① 온수의 경우 3kg/cm² 이하, 증기는 1kg/cm² 이하에서 사용하고 압축에 강하고 인장에는 약하다.

② 보통 70~80%의 효율이며, 고압대형에는 부적합하고 가장 저압용이다.

③ 주철을 사용하며 고온으로 인한 열팽창이 크므로 유의해야 한다.

④ 온수용은 1.5배(사용압력)의 수고계, 증기용은 1.5~3배의 압력계 부착

⑤ 조립, 분해 등이 편리하여 고압증기를 필요로 하지 않는 중소규모의 건물에 적합하다.

⑥ 각 부분 섹션의 증감이 용이하다(운반, 반입, 설치 등이 용이).

⑦ 값이 싸고 내식성이 좋으며 수명도 길고 파열시 재해가 적다.

(2) 노통 연관 보일러

① 형체가 작고 보유수량에 비하여 전열면적이 크다.

② 증발량이 많고 증기발생시간(25~40분)이 짧으며, 열효율이 좋다(80~90%).

③ 내분식이므로 열의 방산이 적다(열손실이 적다). 고압, 대용량엔 부적합하여 패키지형으로 하기 쉽다.

④ 수관식에 비하여 가격이 싸고 구조가 복잡하며 스케일 부착이 크다.

⑤ 습증기 발생이 심하고 청소·보수가 곤란하며 역화의 위험과 파열시 재해가 크다.

노통 연관 보일러

(3) 수관식 보일러

① 구조상 고압, 대용량에 적합하고 보유 수량이 적기 때문에 중량이 가볍고 파열시 재해가 적다.
② 전열면적이 작아 증발량이 많고, 증기 발생 소요시간이 매우 짧다.
③ 외분식이므로 연소 상태가 좋고 효율이 좋으며 전열면적의 크기를 바꿀 수 있고 보일러수의 순환이 빠르다.
④ 부하변동에 대한 압력변화가 크다(보유 수량이 적기 때문).
⑤ 수위변동이 심하며(자동급수 필요) 구조가 복잡하여 청소·보수 등이 곤란하다.
⑥ 스케일로 인한 수관의 과열이 쉬우므로 수관리(연수)가 철저해야 한다.

(4) 관류 보일러

① 드럼이 없이 수관만으로 자유롭게 배치한 최고압·최대용량의 강제순환식 보일러
② 증기압이 높아질수록 드럼의 직경이 작아야 하므로 초임계 압력에 달하면 증기 드럼의 제작이 곤란하여 직경이 작은(20~30mm) 관으로만 제작한다.
③ 순환펌프에 의하여 관 내로 순환된 물은 예열, 증발, 과열의 순서로 관류하면서 소요의 증기를 발생시킨다.
④ 가동시간이 짧고 증발속도가 빠르며 스케일 처리(급수처리)에 유의해야 한다.
⑤ 부하 변동에 따른 압력변화가 크므로 급수량·연료량의 자동제어가 필요하다.
⑥ 누수 등이 적고 효율(85%)이 좋고 설비비와 소음발생에 유의해야 한다.
⑦ 수관 한 개당의 증발량은 15~20t/h 정도이고 벤슨 보일러, 스토저 보일러가 여기에 속한다.

(5) 보일러의 성능계산

① 상당증발량(Ge : 환산증발량) : 실제증발량을 기준증발량으로 환산한 증발량[kg/h]

$$G_e = \frac{G(i_2 - i_1)}{539} \ [kg/h]$$

- G : 실제증발량[kg/h]
- i_2 : 발생증기의 엔탈피[kcal/h]
- i_1 : 급수엔탈피[kcal/h]

② 보일러의 마력(BHP) : 급수온도 100°F(37.8°C)일 때 압력 70PSIG(4.9atg, 엔탈피 658kcal/kg)의 증기를 13.6kg을 발생하는 능력

$$1BHP = 13.6 \times (658 - 37.8) = 8,434 kcal/h = 8,434/539 = 15.65[kg/h]$$

$$G_e = BHP \times 15.65, \quad BHP = \frac{G_e}{15.65}$$

보일러 효율(η_B)

$$\eta_B = \frac{G(i_s - i_w)}{G_f \cdot H_e}$$

$$G_f = \frac{G(i_2 - i_1)}{\eta_B \cdot H_e}$$

- G : 실제증발량[kg/h]
- i_s : 발생증기의 엔탈피[kcal/h]
- i_w : 급수 엔탈피[kcal/h]
- G_f : 연료사용량[kg/h]
- Hl : 연료의 저위발열량[kcal/kg]

(6) 보일러 부하

$$\therefore q = q_1 + q_2 + q_3 + q_4$$

- q_1 : 난방부하[kcal/h]
- q_2 : 급탕, 급기부하[1l 당 60kcal/h]
- q_3 : 배관부하[$q_1 + q_2$의 20%로 계산]
- q_4 : 예열부하[$q_1 + q_2 + q_3$의 20~50% 정도로 계산]

① 정격출력 = $q_1 + q_2 + q_3 + q_4$
② 상용출력 = $q_1 + q_2 + q_3$
③ 방열기출력 = $q_1 + q_2$
④ 보일러마력 = 전열면적 0.929m² = 13m² E.D.R = 증발량 15.65kg/h
   = 15.65 × 539 ≒ 8,434kcal/h

마. 방열기 설비

1) 방열기의 종류

① 주형 방열기(Column radiator)

2주형, 3주형, 3세주형, 5세주형의 4종류가 있고, 방열면적은 1절당(Section)의 표면적으로 나타낸다.

(a) 2주형   (b) 3주형

(c) 3세주형   (d) 5세주형

주형 방열기

② 벽걸이 방열기(Wall radiator)

(a) 가로형　　　　　　　(b) 세로형

벽걸이 방열기

③ 길드 방열기(Gilled radiator)

　1m 정도의 주철제 파이프에 방열면적을 증대시키기 위하여 열전도율이 좋은 금속 핀을 부착한 방열기로 1단, 2단, 3단형 등이 있다.

(a) 1단　　　　　(b) 2단　　　　　(c) 3단

길드 방열기

④ 강판제 방열기

　　2주, 3주, 4주의 3종류가 있고, 외형은 주철제와 비슷하나 강판을 프레스로 성형하여 용접하여 제작하고 Section수의 증·감이 불편하여 많이 사용되지 않는다.

(a) 2주　　　　(b) 3주　　　(c) 4주

강판제 방열기

⑤ 대류형 방열기

　　핀튜브형의 가열코일이 강판제의 케이스 속에서 대류작용으로 난방을 행한다. 컨벡터와 높이가 낮은 베이스보드 히터가 있다.

2) 방열기의 호칭법

2주형 : Ⅱ	벽걸이
3주형 : Ⅲ	횡형 : WH
3세주형 : 3	종형 : WV
5세주형 : 5	

절수	15	3
종류×높이	3~650	W-V
유입관×유출관	25×25	25×20

예) 높이 : 650mm　　　　절수 : 3

　　절수 : 15　　　　　　벽걸이 세로형

　　유입·유출관경 : 25mm　유 입: 25mm

　　3세주형　　　　　　　유 출: 20mm

3) 설치장소

열손실이 가장 큰 곳에 설치하며, 벽과의 거리는 50~60mm 이격하여 설치한다.

바. 증기난방

1) 증기난방의 장·단점

① 장점

① 열의 운반능력이 크고 유지비와 설비비가 싸다(온수의 20~30% 절감).

② 예열시간이 온수난방에 비하여 짧고, 증기순환이 빠르다.

③ 방열면적은 온수난방에 비하여 작게(증발열이 크므로) 할 수 있고, 관경이 가늘어도 된다.

④ 한냉지에서의 동결 우려가 적고 방열량이 크므로 방열기가 작아도 된다.

② 단점

① 소음이 많고(스팀해머) 실내의 방열량 조정이 어렵다.

② 방열기의 표면온도가 높아서 화상의 우려와 먼지 등의 상승으로(위생상) 불쾌감이 있다.

③ 초기 통기시 주관 내 응축수의 배수시 열이 손실된다.

④ 중앙에서 계통별 용량 제어가 곤란하고 실내의 상·하 온도차가 크며 장치 수명도 짧다.

2) 증기난방 방식의 분류

① 증기압력에 의한 분류

- 저압식 : 0.1~0.35kg/cm^{2}g, 일반건물용, 주철제 방열기 사용, 고압식에 비하여 난방 쾌감도와 안전도는 좋다(관경이 크게 된다).

- 고압식 : 1~3kg/cm²g, 공장용, 대건축물, 관방열기 사용, 누설과 고온이므로 난방이 좋지 않다.

> ※ 원거리 수송시 3~5kg/cm²g, 지역 난방시 8~10kg/cm²g 사용

② 배관방식에 의한 분류
- 단관식 : 증기와 응축수가 동일 배관 내로 서로 역류하는 방식(공용으로 사용) (소형 건물, 증기트랩 불필요, 공기밸브 설치)
- 복관식 : 증기공급관과 환수관을 각각 설치하는 방식(별개의 계통으로 사용) (대부분의 방식, 트랩 설치)

③ 증기 공급방식에 따른 분류
- 상향 공급식 : 공급주관(증기)이 가장 낮은 방열기보다 낮은 곳에 설치하여 수직 브랜치관을 통하여 증기를 공급한다(입상관 설치공급, up-feed system 방식).
- 하향 공급식 : 최상층의 주증기관에서 입하관에 의한 증기 공급방식

④ 응축수 환수방식에 따른 분류
- 중력환수식 : 환수관은 약 1/100 정도의 선하향 구배로 되어 있어서 응축수의 무게에 의한 고·저차로 환수하는 방식이며, 방열기는 보일러의 수면보다 높게 하여야 하고, 대규모 장치시에는 중력으로 응축수를 탱크까지 환수시킨 후 응축수 펌프를 사용하여 보일러에 환수시킨다.
- 진공환수식 : 환수관의 말단에 진공펌프를 설치하여 장치 내의 공기를 제거하면서 환수는 펌프에 의해 보일러로 환수시키며, 환수관의 진공은 대략 100~250mmHg 정도이다(증기순환이 빠르고, 환수관경이 작아도 되며 설치위치에 제한이 없고 공기밸브 불필요).

⑤ 환수관의 배치에 따른 분류
- 건식환수 방법 : 보일러의 수면보다 환수주관이 위에 있는 경우로서 환수주관의 증기 혼입에 의한 열손실을 방지하기 위하여 방열기와 관말에 트랩 설치
- 습식환수 방법 : 보일러의 수면보다 환수주관이 아래에 있는 경우로서 건식보다 관경이 작아도 되며 관말 트랩은 불필요하다.

상향 공급, 중력, 단관, 습식 환수법   상향 공급, 복관, 진공식

하향 공급, 중력, 복관, 건식 환수법

사. 온수난방

1) 온수난방의 장·단점

① 장점

① 난방부하의 변동에 따라서 온도조절이 용이하다.

② 방열기의 표면온도가 증기난방보다 낮아서 실내공기의 상·하 온도차가 적고 쾌감도가 크다.

③ 예열시 시간이 걸리지만 잘 식지 않는다.

④ 배관 열손실이 적고 연료 소비량이 적다.

⑤ 소음이 적고 트랩 등이 불필요하며 방열기와 배관은 냉방용으로 가능

② 단점

① 고층 건물엔 사용할 수 없다.

② 공기 혼입시 온수 순환이 어렵고 증기난방에 비해 설비비가 비싸다(20~30%).

③ 동일 방열량에 대하여 방열면적이 커서 배관경이 커진다.

2) 온수난방의 분류

① 고온수식(밀폐식)

밀폐식 팽창탱크(온수압력이 대기압 이상 유지) 설치하며 방열기와 배관의 치수가 작아지며, 주철제 방열기 사용불가. 100~150℃

(a) 개방형 (b) 밀폐형

팽창탱크(expansion tank)

② 저온수식(개방식)

　개방형 팽창탱크 설치 - 온수온도 100℃ 이하로 제한

3) 온수순환 방법에 의한 분류

① 중력순환식

② 강제순환식

③ 팽창탱크
- 온수 팽창량의 계산 : 온도 상승에 의한 물의 체적 팽창량은

$$\Delta v = \left(\frac{1}{\phi_f} - \frac{1}{\phi_r}\right)v$$

Δ_v : 온수 팽창량 [l]
ϕ_r : 가열되기 시작할 때의 물의 밀도
ϕ_f : 가열된 온수 밀도[kg/l]
v : 난방장치에 함유된 전수량 [l]

아. 복사난방

1) 특 징

① 대류식에 비해 실내온도 분포가 균등하며 쾌감도도 높다(30~50℃의 온수관).
② 실내 이용면적이 넓어진다(방열기가 없으므로).
③ 같은 방열량에 대해서도 손실열량이 적다(온도가 비교적 낮으므로).
④ 대류식에 비해 공기의 대류가 적으므로 먼지 등의 상승이 없다 (30~50%의 대류열 이용).
⑤ 실내의 온도가 급변할 때 방열량 조절이 어렵다.
⑥ 시공, 수리가 복잡하고 대류난방에 비해 설비비가 비싸다.
⑦ 이상 발견이 어렵다.
⑧ 방열손실을 방지하기 위해 단열시공을 해야 하므로 시공비가 많이 든다.

EX 01 다음 복사난방에 관한 설명 중 옳은 것은?

① 고온식 복사난방은 강판제 패널 표면의 온도를 100℃이상으로 유지하는 방법이다.
② 파이프 코일이 매설 깊이는 균등한 온도분포를 위해 코일외경의 3배 정도로 한다.
③ 온수의 공급 및 환수 온도차는 가열면의 균일한 온도분포를 위해 10℃이상으로 한다.
④ 방이 개방상태에서도 난방효과가 있으나 동일 방열량에 대해 손실량이 비교적 크다.

해설 복사난방은 저온식 복사난방과 고온식 복사난방으로 구분하며 일반적으로 50℃이하의 난방을 저온식 복사난방으로 100℃ 이상의 난방을 고온식 복사난방으로 구분한다.

답: ①

2) 패널코일의 설계

(1) 평균 복사온도(MRT)

$$MRT = \frac{\Sigma t_s \cdot A}{\Sigma A}$$

$$t_s = t_a - \frac{K \cdot \Delta t}{8.1}$$

- t_s : 각 벽체의 표면온도[℃]
- A : 각 벽체의 표면적[m^2]
- t_a : 실내 공기온도[보통 16~20℃]
- 8.1 : 실내측 벽체 표면 흡열계수[$kcal/m^2h℃$: 전열계수]
- K : 벽체의 전열계수[$kcal/m^2h℃$]
- Δt : $t_a - t_o$[실내외 온도차, ℃]

(2) 가열 패널의 표면온도(ts)

패널 표면온도

종류		패널 표면온도[℃]	
		보통	최고
바닥 패널		27	35
벽 패널	플라스터 다듬질	32	43
	철 판 (온수)	71	-
	철 판 (증기)	82	-
천장 패널(플라스터 다듬질)		40	54
전선 이설 패널		93	-

(3) 파이프의 배치법

파이프 코일

자. 온풍로 난방

1) 분 류

```
온풍난방 ┬ 직접식 ─ 열풍로
         └ 간접식 ┬ 유닛히터 ┬ 증기 가열식
                 │          └ 온수 가열식
                 └ 공기 가열코일 ┬ 증기 가열식
                                └ 온수 가열식
```

2) 열풍로

(1) 열풍로 난방의 특성

① 열효율이 높고 연료비가 적게 든다.
② 설비비가 싸다.
③ 설치면적이 작다.
④ 설치가 쉽고 보수관리가 용이하다.
⑤ 집진은 물론 가습도 가능하다.
⑥ 열용량이 적고 예열기간이 짧다.
⑦ 예열부하가 적고 소형이다.
⑧ 자동운전이 가능하다.

(2) 설치시 선정조건

① 덕트 길이가 짧고 위치 선정이 쉽다.
② 굴뚝 위치는 될 수 있는 한 가까울 것
③ 열풍로의 전면(버너쪽)은 1.2~1.5m, 후면(방폭문쪽)은 0.6m 이상 비운다.
④ 통로를 충분히 할 수 있도록 배치할 것
⑤ 타기와 방폭문의 거리는 멀리 할 것
⑥ 습기 및 먼지가 적은 곳을 선택할 것

U형 열풍로 설비계통도(난방만의 경우)

연습문제

01 주철제 보일러의 특징을 열거한 것이다. 틀린 것은?

① 섹션을 분할하여 반입하므로 현장설치의 제한이 적다.
② 강제 보일러보다 내식성이 우수하며 수명이 길다.
③ 강제 보일러보다 급격한 온도변화에 강하고 고압용으로 사용된다.
④ 섹션을 증가시켜 간단하게 출력을 증가시킬 수 있다.

풀이 주철제 보일러의 특성
① 온수의 경우 3kg/cm² 이하, 증기는 1kg/cm² 이하에서 사용하고 압축에 강하고 인장에는 약하다.
② 고압대형에는 부적합하고 고온으로 인한 열팽창이 크며 저압용이다.
③ 온수용은 사용압력의 1.5배, 증기용은 1.5~3배의 압력계 부착
④ 분해, 조립이 편리하며 중, 소형의 건물에 적합하다.
⑤ 각 부분 섹션 증감이 용이하므로 운반, 반입, 설치 등이 용이하다.
⑥ 값이 싸고 내식성이 좋으며 수명이 길고 파열 시 재해가 적다.

02 공조설비에 사용되는 보일러에 대한 설명으로 적당하지 않은 것은?

① 증기 보일러의 보급수는 연수장치로 처리할 필요가 있다.
② 보일러 효율은 연료가 보유하는 고위 발열량을 기준으로 하고, 보일러에서 발생한 열량과의 비를 나타낸 것이다.
③ 관류 보일러는 소요 압력의 증기를 비교적 짧은 시간에 발생시킬 수 있다.
④ 증기 보일러 및 수온이 120℃를 초과하는 온수 보일러에는 안전장치로서 본체에 안전밸브를 설치할 필요가 있다.

풀이 보일러의 연소실에 공급된 연료가 완전 연소에 의해 발생하는 열량 중 급수로부터 어느 정도가 증기 또는 온수로 되고, 유효하게 사용되었는지를 나타내는 것으로서, $\eta = \left(\dfrac{Qs}{QB}\right) \times 100[\%]$로 표시된다. 여기서 Qs[kcal/h]는 보일러 본체, 절탄기, 과열기내 등에서 실제로 물에 흡수된 열량의 합이고 QB는 보일러에서 발생한 전열량, 즉 연료의 저발열량[kcal/kg]에 연료 소비량[kg/h]을 곱한 값이다.

01 ③   02 ②

03 공조설비에서 사용되는 보일러에 대한 설명으로 적당하지 않은 것은?

① 보일러효율은 연료의 고위발열량을 사용하여 보일러에서 발생한 열량과 연료의 전 발열량과의 비로 나타낸다.
② 관류보일러는 소요 압력의 증기를 빠른 시간에 발생시킬 수 있다.
③ 증기보일러로의 보급수는 연수시켜 공급하는 것이 좋다.
④ 증기보일러와 120℃ 이상의 온수보일러의 본체에는 안전장치를 설치하여야 한다.

풀이 보일러 효율은 연료의 저위 발열량(kcal/kg)을 사용한다.

04 노통 연관식 보일러의 장점이 아닌 것은?

① 비교적 고압의 대용량까지 제작이 가능하다.
② 효율이 높다.
③ 동일용량의 수관식 보일러보다 가격이 싸다.
④ 부하변동에 따른 압력변동이 크다.

풀이 노통 연관식 보일러의 특징
① 형체가 작고 보유수량에 비해 전열면적이 크다.
② 증발량이 많고 증기발생시간이 짧으며, 열효율이 좋다.
③ 내분식이므로 열손실이 적으며, 고압, 대용량에는 부적합하여 패키지형으로 하기 쉽다.
④ 수관식에 비해 가격이 싸고 구조가 복잡하여 스케일 부착이 크다.

⑤ 습증기 발생이 심하고 청소·보수가 곤란하며 역화의 위험과 파열 시 재해가 크다.

05 온수난방에 대한 설명으로 틀린 것은?

① 온수의 체적팽창을 고려하여 팽창탱크를 설치한다.
② 보일러가 정지하여도 실내온도의 급격한 강하가 적다.
③ 밀폐식일 경우 배관의 부식이 많아 수명이 짧다.
④ 방열기에 공급되는 온수 온도와 유량 조절이 용이하다.

풀이 밀폐식의 경우 공기와의 접촉이 차단되어 있으므로 배관 부식이 개방형에 비해 적어 수명이 길어진다.

06 다음은 온수난방 배관상의 주의사항을 나타낸 것이다. 틀린 것은?

① 보일러로부터 팽창수조 사이의 팽창관에는 필히 밸브를 부착한다.
② 방열기에는 반드시 공기빼기 밸브를 둔다.
③ 배관은 1/200~1/250 정도의 구배로 하고 가장 높은 곳에 배관중의 공기가 모이게끔 한다.
④ 배관 도중의 구경이 다른 관과의 연결은 되도록 편심형을 사용하여 공기가 고이지 않도록 한다.

풀이 팽창관에는 밸브를 부착하지 않는다.

03 ① 04 ④ 05 ③ 06 ①

07 강제순환식 온수난방에서 개방형 팽창탱크를 설치하려고 할 때, 적당한 온수의 온도는?

① 100℃ 미만
② 130℃ 미만
③ 150℃ 미만
④ 170℃ 미만

[풀이] 온수난방에서 고온수식(밀폐식)에서의 온수온도는 100~150℃, 저온수식(개방식)에서의 온수온도는 100℃미만으로 제한되어 있다.

08 다음 중 난방부하를 계산할 때 실내 손실열량으로 고려해야 하는 것은?

① 인체에서 발생하는 잠열
② 극간풍에 의한 잠열
③ 조명에서 발생하는 현열
④ 기기에서 발생하는 현열

[풀이] 인체, 조명, 기기발생 열량 등은 실내에 열을 공급해 주므로 난방부하에서는 제외되며, 극간풍은 손실열량이 되므로 난방부하에 포함되어야 한다.

09 온수배관의 시공시 주의사항으로 적합한 것은?

① 각 방열기에는 필요시만 공기배출기를 부착한다.
② 배관 최저부에는 배수밸브를 설치하여, 하향 구배로 설치한다.
③ 팽창관에는 안전을 위해 반드시 밸브를 설치한다.
④ 배관 도중에 관지름을 바꿀 때에는 편심 이음쇠를 사용하지 않는다.

[풀이] 온수 배관 시공 할 때에는 각 방열기마다 공기 배출기를 설치하여야 하며 팽창관에는 밸브 설치를 하지 않는다. 배관 도중 관경이 바뀔 때에는 편심 레듀셔를 사용한다.

10 다음에서 온수난방 설비용 기기가 아닌 것은?

① 릴리프 밸브   ② 순환펌프
③ 관말트랩   ④ 팽창탱크

[풀이] 관말트랩은 증기난방에서 사용한다.

11 열을 공급하여야 할 구역이 넓고 또한 건물이 산재하여 옥외배관이 긴 경우에 가장 적당한 난방방식은?

① 저압증기 난방   ② 온풍 난방
③ 고온수 난방   ④ 고압증기 난방

[풀이] 옥외 배관이 긴 경우에는 외부로부터 많은 열을 빼앗기기 때문에 고온수 배관을 사용하는 것이 유리하다.

07 ①　08 ②　09 ②　10 ③　11 ③

12 다음 증기난방의 분류법에 해당되지 않는 것은?

① 응축수 환수법
② 증기 공급법
③ 증기 압력
④ 지역냉난방법

풀이 증기난방 방식의 분류
① 증기압력에 의한 분류 (저압식, 고압식)
② 배관방식에 의한 분류 (단관식, 복관식)
③ 증기 공급방식에 따른 분류 (상향 공급식, 하향 공급식)
④ 응축수 환수방식에 따른 분류 (중력 환수식, 진공황수식)
⑤ 환수관 배치에 따른 분류 (건식환수방법, 습식환수방법)

13 다음 중 증기 보일러의 상당(환산) 증발량(Ge)은? (단, G_s는 실제증발량, G_W는 보일러의 수량, h_1은 급수의 엔탈피, h_2는 발생증기의 엔탈피이다.)

① $Ge = \dfrac{Gsh_2 - Gsh_1}{539}$

② $Ge = \dfrac{Gwh_1 - Gsh_2}{539}$

③ $Ge = \dfrac{Gsh_2 - Gwh_1}{539}$

④ $Ge = \dfrac{Gsh_1 - Gwh_2}{539}$

풀이 상당(환산)증발량은 실제증발량을 기준증발량으로 환산한 증발량(kg/h)

14 증기 보일러에서 환산 증발량에 관한 설명으로 옳은 것은?

① 대기압상태에서 100℃의 포화수를 100℃의 건포화증기로 증발시켜 상태변화시키는 경우의 증발량
② 대기압상태에서 37.8℃의 포화수를 100℃의 건포화증기로 증발시켜 상태변화시키는 경우의 증발량
③ 대기압상태에서 100℃의 포화수를 소요 증기로 증발시켜 상태변화시키는 경우의 증발량
④ 대기압상태에서 37.8℃

풀이 보일러의 증발 능력을 나타내는 방법으로 보일러에 있어서 실제의 증기 증발량을 대기압에서 100℃의 물을 100℃의 건포화증기로 만드는 경우의 증발량으로 환산한 것으로 환산증발량 또는 상당 증발량이라 한다.

15 증기 사용압력이 가장 낮은 보일러는?

① 노통 연관 보일러   ② 수관 보일러
③ 관류 보일러   ④ 입형 보일러

풀이 관류 보일러는 드럼없이 수관만으로 자유롭게 배치한 최고압·최대용량의 강제 순환식 보일러이며, 수관식 보일러는 보유수량이 적기 때문에 부하변동에 따라 압력변화가 크다. 노통 연관 보일러는 고압·대용량에는

12 ④ 13 ① 14 ① 15 ④

부적합하여 패키지형으로 하기 쉬우며 증발량이 많고, 열효율이 좋다. 입형 보일러의 경우 주로 저압용(1kg/cm²이하)에 사용하고 있다.

16 증기 난방배관에서 증기트랩을 사용하는 이유로서 가장 적당한 것은?

① 관내의 공기를 배출하기 위하여
② 배관의 신축을 흡수하기 위하여
③ 관내의 압력을 조절하기 위하여
④ 증기관에 발생된 응축수를 제거하기 위하여

풀이 증기 난방배관에서 생성된 응축수가 계속 순환하면 수격작용을 일으키므로 증기 트랩에서 응축수를 제거하는 역할을 한다.

17 증기난방 방식을 분류하는 방법이 아닌 것은?

① 사용 증기압력
② 증기 배관방식
③ 증기 공급방향
④ 사용 열매종류

풀이 증기난방 방식의 분류
① 증기압력에 의한 분류(저압식 : 0.1~0.35kg/cm², 고압식 : 1~3kg/cm²)
② 배관 방식에 의한 분류(단관식, 복관식)
③ 증기 공급방식에 따른 분류(상향공급식, 하향공급식)
④ 응축수 환수방식에 따른 분류(중력환수식, 진공환수식)
⑤ 환수관의 배치에 따른 분류(건식환수법, 습식환수법)

18 진공환수식 증기난방에 대한 설명으로 틀린 것은?

① 중력환수식, 기계환수식보다 환수관경을 작게 할 수 있다.
② 방열량을 광범위하게 조정할 수 있다.
③ 환수관도중 입상부를 만들 수 있다.
④ 증기의 순환이 다른 방식에 비해 느리다.

풀이 진공환수방식은 증기 순환이 빠르고 환수관경이 작아도 되며 설치위치에 제한이 없고 공기 밸브 불필요하다.

19 다음 중 증기난방에 사용되는 기기가 아닌 것은?

① 팽창탱크
② 응축수 저장탱크
③ 공기 배출밸브
④ 증기 트랩

풀이 팽창탱크는 온수난방에 필요한 기기이다.

16 ④ 17 ④ 18 ④ 19 ①

20 온풍난방의 특징으로 틀린 것은?
① 연소장치, 송풍장치 등이 일체로 되어 있어 설치가 간단하다.
② 예열부하가 거의 없으므로 기동시간이 아주 짧다.
③ 토출 공기온도가 높으므로 쾌적도는 떨어진다.
④ 실내 층고가 높을 경우에는 상하의 온도차가 작다.

풀이 ④항의 경우는 복사 냉·난방 방식의 경우 장점에 대한 설명이다.

21 냉풍 및 온풍을 각 실에서 자동적으로 혼합하여 공급하는 송풍방식은?
① 복사 냉난방 방식
② 유인 유니트 방식
③ 팬코일 유니트 방식
④ 2중 덕트 방식

풀이 냉풍, 온풍의 2개 덕트를 사용하여 송풍하고 각방에 설치된 공기 혼합 유닛(air mixing room unit)에 각각 유도하여 적당한 비율로 혼합해서 실내로 송풍한다.

22 난방 설비에 관한 설명 중 적당한 것은?
① 증기난방은 실내 상하 온도차가 적은 특징이 있다.
② 복사난방의 설비비는 온수나 증기난방에 비해 저렴하다.
③ 방열기 트랩은 증기의 유량을 조절하는 작용을 한다.
④ 온풍난방은 신속한 난방 효과를 얻을 수 있는 특징이 있다.

풀이 실내 상·하 온도차가 적은 것은 복사 난방의 특징이며 증기난방은 열의 운반능력이 크며 예열시간이 온수난방에 비해 짧고 증기순환이 빠르다.

23 난방설비에 관한 설명으로 적당한 것은?
① 소규모 건물에서는 증기난방보다 온수난방이 흔히 사용된다.
② 증기난방은 실내 상하 온도차가 적어 유리하다.
③ 복사난방은 급격한 외기 온도의 변화에 대한 방열량 조절이 우수하다.
④ 온수난방은 온수의 증발 잠열을 이용한 것이다.

풀이 증기난방은 실내 상하 온도차가 크며, 복사난방은 외기 온도 변화에 대응이 어려우며 증발잠열을 이용하는 것은 증기난방에 해당된다.

24 난방 방식 중 낮은 실온에서도 균등한 쾌적감을 얻을 수 있는 방식은?
① 복사난방   ② 대류난방
③ 증기난방   ④ 온풍로난방

풀이 복사난방의 특징
① 실내온도 분포가 균등하며 쾌감도가 높다.

20 ④   21 ④   22 ④   23 ①   24 ①

② 방열기가 없으므로 실내이용 면적이 넓어진다.
③ 온도가 비교적 낮으므로 손실열량이 적다.
④ 실내온도가 급변할 때 방열량 조절이 어렵다.
⑤ 시공, 수리가 복잡하고 대류 난방에 비해 설비비가 비싸며 이상 발견이 어렵다.

25 난방부하를 줄일 수 있는 요인이 아닌 것은?
① 극간풍에 의한 잠열
② 태양열에 의한 복사열
③ 인체의 발생열
④ 기계의 발생열

풀이 난방부하에서 극간풍에 의한 부하는 현열 부하가 해당된다.

26 보일러의 과열기가 하는 역할은?
① 온수를 포화액으로 변화시킨다.
② 포화액을 과열증기로 만든다.
③ 습증기를 포화액으로 만든다.
④ 포화증기를 과열증기로 만든다.

풀이 과열기는 수증기의 포화증기를 과열증기로 만드는 역할을 한다.

27 다음 보일러 부속 설비 중 안전장치가 아닌 것은?
① 안전밸브
② 연소안전장치
③ 고저수위 경보장치
④ 수고계

풀이 수고계는 물의 높이를 알 수 있는 것으로 보일러의 부속기기이나 안전장치는 아니다.

28 외분 연소실의 특징이 아닌 것은?
① 연소실의 크기를 자유롭게 할 수 있다.
② 연소실면의 온도가 높아 저질연료도 연소가 가능하다.
③ 복사열 흡수가 크다.
④ 설치 면적이 많이 차지한다.

풀이 내분 연소실의 경우 복사열 흡수가 크게 나타난다.

29 보일러 부속설비로서 연소실에서 연돌에 이르기까지 배치되는 순서로 맞는 것은?
① 과열기 → 절탄기 → 공기예열기
② 절탄기 → 과열기 → 공기예열기
③ 과열기 → 공기예열기 → 절탄기
④ 공기예열기 → 절탄기 → 과열기

풀이 여열장치 : 과열기, 절탄기, 재열기, 공기예열기
① 절탄기 : 배기가스의 여열을 이용하여 급수를 예열한다.
② 과열기 : 연소가스를 이용하여 포화증기를 고온의 과열증기로 만든다.

25 ① 26 ④ 27 ④ 28 ③ 29 ①

30 다음과 같은 사무실에서 방열기 설치위치로 가장 적당한 것은?

① ①, ② ② ②, ⑤
③ ③, ④ ④ ④, ⑥

풀이 방열기는 열손실이 가장 큰 창문 쪽에 설치하며, 벽과의 거리는 50~60mm 이격하여야 한다.

31 다음 중 강제 대류형 방열기에 속하는 것은?
① 주철제 방열기
② 콘벡터
③ 베이스보드 히터
④ 유닛 히터

풀이 유닛 히터(unit heater) : 가열 장치와 송풍기로 된 난방 장치로서, 가열기로는 증기나 온수가 흐르는 가열관으로 전기 가열기 또는 가스 연소기 등이 사용된다.

32 연도는 보일러와 굴뚝을 접속하는 부분이므로 연도의 설계 시에 고려해야 할 사항으로 적당하지 않은 것은?

① 가스유속을 적당한 값으로 해야 한다.
② 길이는 가능한 길게 한다.
③ 굴곡부가 적어지도록 배치한다.
④ 급격한 단면변화는 피한다.

풀이 모든 배관, 덕트 설계 시 직관, 최단거리를 원칙으로 하며 굴곡부 등은 가급적 적을수록 압력손실을 줄일 수 있다.

33 보일러의 출력 표시로서 정격출력을 나타내는 것은?
① 난방부하 + 급탕부하 + 예열부하
② 난방부하 + 급탕부하 + 배관 열손실부하
③ 난방부하 + 배관 열손실부하 + 예열부하
④ 난방부하 + 급탕부하 + 배관 열손실부하 + 예열부하

풀이 **정격출력**
=난방부하 + 급탕·급기부하 + 배관부하 + 예열부하
상용출력
=난방부하 + 급탕·급기부하 + 배관부하
방열기 출력=난방부하 + 급탕·급기부하

34 방열기의 설치위치로 적당한 곳은?
① 실내의 중앙부분
② 실내의 가장 높은 곳
③ 외기에 접하는 창문 반대쪽
④ 외기에 접하는 창문 아래쪽

풀이 방열기는 외기와 접하는 곳이나 열손실이 큰 창문아래에 설치하며 벽과 5~6cm 거리를 두고 설치한다.

30 ③ 31 ④ 32 ② 33 ④ 34 ④

35 다음 중 보일러의 안전장치가 아닌 것은?
① 가용전
② 방폭문
③ 안전밸브
④ 수면분출밸브

풀이 보일러 압력 이상 상승 시 가용전 또는 안전밸브, 릴리프 밸브 등이 작동하며 폭발 위험으로부터 안전하게 문은 방폭문으로 한다.

36 덕트의 설계 시 덕트치수 결정과 관계가 없는 것은?
① 공기의 온도(℃)
② 풍속(m/s)
③ 풍량(m^3/h)
④ 마찰손실(mmAq)

풀이 덕트 치수 결정 순서
① 송풍량 결정
② 팬에서 가장 가까운 부분의 풍속 결정
③ 마찰손실 결정
 (급기덕트 0.1-0.12mmAq/m,
 환기덕트 0.08-0.1mmAq/m)
④ 풍량과 마찰손실에 의하여 원형덕트의 지름을 도표에서 경정
⑤ 장방형 덕트의 경우 단변 × 장변 치수를 표에서 결정

37 특정한 곳에 열원을 두고 열 수송 및 분배망을 이용하여 한정된 지역으로 열매를 공급하는 난방법은?
① 간접난방법
② 지역난방법
③ 단독난방법
④ 개별난방법

풀이 지역난방이란 전기와 열을 동시에 생산하는 열병합발전소, 쓰레기 소각장 등의 열생산 시설에서 만들어진 120℃이상의 중온수를 도로 하천 등에 묻힌 이중보온관을 통해 아파트나 빌딩 등의 기계실로 공급하고 일괄적으로 온수와 급탕을 공급하여 난방을 할 수 있도록 하는 난방방식이다. 중온수란 100℃ 이상으로 가열된 물을 표현한다.

38 심야전력을 이용하여 냉동기를 가동후 주간 냉방에 이용하는 빙축열 시스템의 일반적인 구성장치로 옳은 것은?
① 축열조, 판형 열교환기, 냉동기, 냉각탑
② 펌프, 보일러, 냉동기, 증기축열조
③ 판형 열교환기, 증기 트랩, 냉동기, 냉각탑
④ 냉동기, 축열기, 브라인 펌프, 에어 프리 히터

풀이 빙축열시스템의 주요 구성 기기
가. 저온 냉동기(Brine Chiller) : 심야시간에는 얼음을 얼리기 위하여 영하의 온도로 가동(제빙운전)되며 주간시간에는 일반냉동기와 동일한 상태(냉

수운전)로 운전된다.
나. 냉각탑(Cooling Tower) : 냉동기 가동시 고온의 냉매가스를 응축하기 위해 응축기에 일정한 온도의 냉각수를 공급하며 냉동기와 연동으로 운전된다.
다. 빙축열조(ice Storage) : 낮시간에 필요한 냉방부하를 심야시간에 얼음의 형태로 저장하는 저장조로서 제빙방식에 따라 관외 착빙형, 캡슐형, 빙박리형 등이 있고 그 용량과 특성에 따라 용적 및 형태가 다르다.
라. 교환기(Heat Exchanger) : 1차 냉열원의 브라인과 2차 냉방부하측의 냉수를 서로 열교환시켜 필요한 냉방열량 공급장치로서 대부분 전열성능이 우수한 판형 열교환기를 사용한다.
마. 자동밸브(3-Way V/V) : 냉방부하 조건에 따라 축열조에서 방출되는 브라인 또는 냉수유량을 자동으로 조절하여 부하측으로 공급되는 냉수 온도를 일정하게 유지시켜 주는 역할을 축열운전과 방열운전 등 각각의 운전상태에 따라 빙축열 시스템의 운전을 자동 제어한다.

39 덕트 설계 시 고려하지 않아도 되는 사항은?
① 덕트로 부터의 소음
② 덕트로 부터의 열손실
③ 공기의 흐름에 따른 마찰 저항
④ 덕트내를 흐르는 공기의 엔탈피

풀이 덕트 설계상의 주의점
① 곡관부는 가능한 크게 구부린다.
② 덕트의 치수는 가능한 작게 한다. (아스펙트비는 6이하로 한다.)

③ 덕트의 확대부는 20° 이하로 하고 축소부는 45° 이내로 한다.
④ 송풍기 동력은 가능한 작게하고 소음 진동을 최소화 한다.

40 주로 덕트의 분기부에 설치하여 분기덕트 내의 풍량조절용으로 사용되는 댐퍼는?
① 방화댐퍼   ② 다익댐퍼
③ 방연댐퍼   ④ 스프릿댐퍼

풀이 댐퍼는 덕트 내에 흐르는 풍량을 조절하는 기구이다.
① 풍량 조절용 댐퍼 : 루버댐퍼, 베인댐퍼, 버터플라이댐퍼
② 풍량 분배용 댐퍼 : 스플릿 댐퍼
③ 정압 밸런스용 댐퍼 : 밸런싱 댐퍼
④ 역류방지용 댐퍼 : 릴리프 댐퍼
⑤ 방화 댐퍼 : 루버형, 피봇형

41 덕트의 설계법 중에서 모든 덕트 계통에서 동일한 단위마찰저항으로 하여 각부의 덕트 치수를 결정하는 방법은?
① 등속법
② 정압법
③ 등분기법
④ 등압재취득법

풀이 정압법 : 덕트 설계방법의 일종으로 주덕트의 풍속과 풍량으로부터 1m당 마찰 저항을 구하고, 이 마찰 저항값과 다른 각 덕트의 마찰 저항이 동일하게 되도록 각 덕트의 치수를 결정하는 방법이다.

42 최근에 심야전력을 이용한 축열 시스템의 도입이 활발하다. 다음 중 수축열 시스템과 비교한 빙축열시스템에 대한 설명으로 틀린 것은?
① 축열조 출구의 냉수온도를 낮출 수 있다.
② 냉동기의 동력이 다소 많아진다.
③ 냉동기의 능력이 다소 높아진다.
④ 축열조의 용량을 줄일 수 있다.

풀이 빙축열의 장점
① 잠열을 이용하므로 축열조 크기를 축소할 수 있다 (수축열의 1/4~1/10).
② 환수에 의한 온도혼합 즉 유용에너지의 감소가 거의 없다.
③ 열 손실도 1~3%로 작아진다.
④ 펌프, 팬 등의 동력비가 감소한다.
⑤ 부하 측 순환회로가 폐회로가 되므로 배관 부식 문제가 해결된다.
⑥ 축열조가 작으므로 전반적으로 가격이 낮아진다.

43 지역난방의 특징 설명으로 잘못된 것은?
① 연료비는 절감되나 열효율이 낮고 인건비가 증가된다.
② 개별건물의 보일러실 및 굴뚝이 불필요하므로 건물관리의 효용이 높다.
③ 설비의 합리화로 대기오염이 적다.
④ 대규모 열원기기를 이용하므로 에너지를 효율적으로 이용할 수 있다.

풀이 지역난방의 특징
① 경제성 : 중앙난방에 비해서 난방비가 저렴(40%수준)하고 보일러 수선유지비, 전문자격자가 필요 없다.
② 안전성 : 열원이 온수이므로 안전하며 아파트 및 건물 내에는 가스보일러와 같은 자체 열 생산 시설이 전혀 없어 무재해, 무사고, 무공해이다.
③ 환경보호 : 선진국형 냉·난방 방식으로 단지 내 굴뚝이 없으므로 중앙난방에 비하여 48%의 공해감소 효과와 고성능 공해방지 설비로 대기오염 물질을 획기적으로 줄일 수 있다.
④ 편리성 : 24시간 365일 연속난방으로 언제나 난방 및 급탕 사용이 가능하여 쾌적한 생활을 영위할 수 있다.

44 높고 낮은 건물이 산재해 있는 광범위한 지역에 일괄하여 난방하고자 할 때 적당한 방법은?
① 복사난방　　② 지역난방
③ 개별난방　　④ 온풍난방

풀이 광범위한 지역을 일괄하여 난방할 시 지역난방이 적합하다.

45 자연형 태양열 난방 방식의 종류에 속하지 않는 것은?
① 직접 획득 방식
② 부착 온실 방식
③ 공기 방식
④ 축열벽 방식

풀이 태양열 난방방식으로는 직접방식, 축열벽 이용, 부착온실 방식이 있다.

42 ③　43 ①　44 ②　45 ③

제 02 과목

공조냉동설계

제 1 단원   냉동
제 2 단원   열역학

제 1 단원 냉동

제 1 장 냉동이론 및 단위

1. 냉동 (Refrigeration)

자연계에 존재하는 물체(고체, 액체, 기체)로부터 열을 흡수, 제거하여 주위 온도보다 낮은 온도로 유지하는 조작을 넓은 의미에서의 냉동이라하며 다음과 같이 분류한다.

① 냉각(Cooling) : 물체가 필요로 하는 온도까지 낮추어 유지하는 조작
② 냉장(Storage) : 물체가 얼지 않은 상태에서 소정의 온도로 일정하게 저장하는 조작
③ 동결(Freezing) : 물체의 온도를 동결점 이하로 낮추어 고체상태로 유지하는 조작

(1) 냉동의 방법

1) 자연 냉동법

① 고체물질의 융해잠열을 이용하는 방법

얼음이 녹을 때 주위로부터 열을 흡수하기 때문에 주위 물체의 온도는 내려가게 된다. 즉, 0℃에서 얼음 1kg이 녹을 때 79.68kcal의 융해열을 흡수하는 원리를 이용하는 방법이다.

② 승화열을 이용하는 방법

고체에서 직접 기체로 상태가 변화할 때 승화열을 흡수하는데, 이 때 피냉각 물체의 온도가 내려가게 된다. 대표적인 물체가 고체 탄산가스로서 승화온도 -78.5℃에서 승화잠열 137kcal/kg이다.

③ 증발잠열을 이용하는 방법

액체가 주위로부터 열을 흡수하여 기체로 변할 때의 증발잠열을 이용하는 방법으로 액체 질소의 경우 -196℃에서 48kcal/kg을 필요로 한다.

④ 기한제를 이용하는 방법

눈 또는 얼음과 식염, 염산과 같은 염류 및 산류와의 혼합에 의해 매우 낮은 온도를 얻을 수 있다. 이 혼합체를 기한제 또는 한제라 한다. 이것은 얼음이나 눈이 염류 또는 산과 결합하는 것이 신속하여 여기에 필요한 용해열이나 융해열을 주위에서 흡수할 시간적 여유가 없기 때문에 그 열을 자기 자신으로부터 취하지 않으면 안 되므로 이로 인하여 혼합체 그 자체의 온도가 저하하는 것이다.

기한제	혼합중량비	온도강하[℃]
눈 + 식염	2 : 1	-20
눈 + 희염산	8 : 5	-32
눈 + 염화칼슘	4 : 5	-40
눈 + 탄산칼륨	3 : 4	-45

2) 기계적 냉동법

자연적인 냉동법은 물질이 갖는 증발, 융해, 승화의 잠열을 이용하는데 비하여 기계적인 냉동법은 전력, 증기, 연료 등의 에너지를 사용하여 냉동을 연속적으로 행하는 방법을 말한다. 열을 직접 적용시키는 법을 흡수식 또는 흡착식이라 하고, 기계적 일을 소비하여 행하는 법을 압축식이라 한다.

(2) 증기 압축식 냉동기

오늘날 가장 널리 사용되고 있는 방식으로 액체가 증발에 필요한 열을 피냉각 물체에서 흡수하여 냉동목적을 달성하는 것으로 NH_3(암모니아), Freon(프레온) 냉매를 사용하고 있다. 이것은 증발, 압축, 응축, 팽창을 연속적으로 하여 작용을 하는 사이클을 말한다.

1) 압축과정

증발기에서 증발된 기체냉매를 압축기로 압축하면 분자간의 거리가 가깝게 되고 압축기에서 하는 일이 열로 변해 기체냉매에 가하여지게 되어 압력과 온도가 동시에 상승하게 된다. 즉, 고온고압의 기체냉매를 만드는 역할로서 냉동기에서 실제 동력이 소비되는 기기이다. 분자간의 거리가 가까워지면 응축기에서 조금만 열을 빼앗아도 쉽게 응축액화가 가능하다.

2) 응축과정

압축기에서 토출된 고온, 고압의 기체냉매를 상온하의 물이나 공기로 열교환시켜 응축액화시키는 과정으로서 잠열상태에서의 열변화이므로 온도와 압력은 변화가 없다. 공기에 의해 열교환시켜 응축되는 것을 공랭식 응축기, 물에 의해 응축되는 것을 수냉식 응축기라 한다.

3) 팽창과정

응축기에서 응축된 액체냉매를 증발기에서 증발하기 쉽도록 저온, 저압의 액체냉매로 만드는 역할로서 압력과 온도가 동시에 강하되는 기기이다.

4) 증발과정

저온, 저압의 냉매액이 피냉각 물체로부터 열을 흡수하여 저온, 저압의 기체냉매로 변화하는 과정으로 냉동의 목적을 직접적으로 달성하는 기기이다. 잠열과정이므로 열을 흡수할 때도 온도와 압력의 변화는 없다.

(3) 흡수식 냉동기

기계적 일은 사용하지 않고 고온도의 열을 직접 적용시켜 냉동하는 것으로 서로 잘 용해하는 두 가지 물질을 사용한다. 즉, 저온상태에서는 두 물질이 강하게 용해하지만, 고온에서는 두 물질이 분리되어 그 중의 한 물질이 냉매의 작용을 하여 냉동을 하는 것이다. 이때에 열을 운반하는 물질을 냉매라 하고, 이 가스를 용해하는 물질을 흡수제라 한다.

냉 매	흡 수 제
NH_3	H_2O
H_2O	LiBr

(4) 증기 분사식 냉동기

증기 이젝터(Steam ejector)를 이용하여 저압을 발생시키며 이 저압하에서 물을 증발시키면 이 때의 잠열을 흡수하여 저온의 냉수를 만들고 이 냉수를 냉동목적에 이용하는 것이다.

(5) 전자 냉동기

성질이 다른 두 금속을 접합시켜 한쪽은 더운 곳, 다른 한쪽을 차가운 곳에 두면 근소한 전류차가 생겨 전류가 흐르게 되는 원리를 이용, 이 작용의 반대로 전기가 통하게 하면 한쪽은 더워지고 다른 한쪽은 차가워지는데 이 차가워지는 쪽을 이용하는 방식으로 프랑스인 펠티어 비루제가 발명하여 이를 펠티어 효과라 한다.

(6) 공기 압축기

공기를 압축, 가열시켜 상온에서 냉각시킨 다음 다시 팽창시켜 냉각이 된 후, 이 공기를 이용하여 냉동작용을 행하는 것을 말한다.

2. 전 열

전열이란 열이 높은 곳에서 낮은 곳으로 이동하는 것으로 전열량은 온도차에 비례하고 열저항에 반비례한다.

$$Q = \frac{\Delta t}{W}$$

- W : 열이동에 대한 저항[℃h/kcal]
- Δt : 온도차[℃]
- Q : 전열량[kcal/h]

(1) 대류(Connection)

유체가 온도에 의한 밀도차가 생겨 이 밀도차에 의해 유체가 이동하면서 열을 운반시키는 것을 대류라 하며 유체의 밀도 변화에 의하여 일어나는 자연대류와 팬, 펌프 또는 교반기 등 기계적인 방법으로 행하는 강제대류가 있다.

(2) 복사(Radiation)

고온의 물체는 복사선을 내고 자기 자신은 냉각된다. 이 복사선은 빛과 같은 전파의 일종으로 매질이 없는 진공중에서도 전달된다. 이와 같은 것을 열의 복사라 한다. 특히 검은색은 복사열을 잘 흡수하고 또한 복사열을 잘 방출한다. 이러한 이유로 가정용 냉장고의 응축기는 검은색으로 한다.

(3) 전도(Conduction)

도체에서 도체로, 즉 도체 내부에서의 열의 이동을 말한다.

1) 열전도율(λ : kcal/mh℃)

1변이 1m인 입방체의 4면을 완전히 단열하여 나머지 2변을 온도차 1℃로 유지할 때 한시간에 양면을 흐르는 열량을 열전도율이라 한다.

$$Q = \lambda \cdot F \cdot \frac{\Delta t}{\ell}$$

- Q : 한 시간 동안에 전해질 열량[kcal/h]
- λ : 열전도율[kcal/mh℃]
- F : 전열면적[m²]
- ℓ : 길이[두께 : m]
- Δt : 온도차[℃]

2) 열전도저항

전도저항의 길이(두께)에 비례하고, 전도율과 전도면적에 반비례한다.

$$W_c = \frac{\ell}{\lambda F} [℃h/kcal]$$

3) 오염계수

$$f = \frac{\ell [m]}{\lambda [kcal/mh℃]} = \frac{\ell}{\lambda} [m^2 h℃/kcal]$$

(4) 전 달

유체와 고체간의 열의 이동을 열전달이라 한다.

1) 액체가 기체보다 열전달률이 크다.

2) 유체의 유속이 빠를수록 열전달률이 크다.

3) 열전달률 = 표면 전달률 = 경막계수

$$Q = \alpha \cdot F \cdot \Delta t \begin{cases} Q : 1시간 \ 동안에 \ 전해진 \ 열량[kcal/h] \\ \alpha : 열전달률[kcal/m^2h℃] \\ F : 전열면적[m^2] \\ \Delta t : 온도차[℃] \end{cases}$$

(5) 통 과

고체를 사이에 둔 유체간의 열의 이동으로 통과율 또는 전열계수, 열관류율이라 한다.

$$Q = K \cdot F \cdot \Delta t_m \begin{cases} Q : \text{1시간 동안에 통과한 열량[kcal/h]} \\ K : \text{열통과율[kcal/m}^2\text{h℃]} \\ F : \text{전열면적[m}^2\text{]} \\ \Delta t_m : \text{평균 온도차[℃]} \end{cases}$$

1) 평균 온도차

$\Delta_1/\Delta_2 > 3$일 때는 대수평균 온도차, $\Delta_1/\Delta_2 < 3$일 때는 산술평균 온도차를 사용하나 온도차의 구분이 없으면 대수평균온도차로 계산한다.

① 산술평균 온도차 (AMTD, Arithmetric Mean Temperature Difference)

$$\Delta t_m = \frac{\Delta_1 + \Delta_2}{2}$$

산술평균 = 응축온도 $- \dfrac{\text{냉각수 입구온도} + \text{냉각수 출구온도}}{2}$

= 응축온도 - 냉각수평균온도

② 대수평균 온도차 (LMTD, Logarithmic Mean Temperature Difference)

$$\Delta t_m = \frac{\Delta_1 - \Delta_2}{2.3 \log \dfrac{\Delta_1}{\Delta_2}} = \frac{\Delta_1 - \Delta_2}{2.3(\log \Delta_1 - \log \Delta_2)} = \frac{\Delta_1 - \Delta_2}{\ln \dfrac{\Delta_1}{\Delta_2}}$$

(6) 전열벽에 따른 유체의 유동상태에 의한 온도분포

1) 대항류(항류, 역류)

유체의 운동방향이 서로 반대방향으로 흐를 때 온도분포 상태를 나타낸다.

2) 병류

전열벽이 면하여 벽면 양측면 유체의 흐름 방향이 같은 경우를 말한다.

3) 직접팽창

냉동기의 증발기 같이 냉매온도는 증발과정에서 일정하고 냉각관 벽을 격하여 냉수가 냉각되는 전열과정에서의 온도분포를 나타낸다.

(7) 평판 전열벽

열통과 저항은 열전도 저항, 열전달 저항을 합한 것이므로

$$W = W_{s_1} + W_{c_1} + W_{c_2} + W_{c_3} + \cdots + W_{s_2}$$

열전도 저항 $W_c = \dfrac{1}{\lambda F}$

열전달 저항 $W_s = \dfrac{1}{\alpha F}$ 이므로

$$\therefore K = \dfrac{1}{\dfrac{1}{\alpha_1} + \dfrac{l_1}{\lambda_1} + \dfrac{l_2}{\lambda_2} + \dfrac{l_3}{\lambda_3} + \cdots + \dfrac{1}{\alpha_2}}$$

그러므로 열전달 열량은 다음과 같다.

$$Q = KF(t_1 - t_2)$$

8-1 원통 전열량

$$Q = \dfrac{2\pi L (t_i - t_0)}{\dfrac{1}{r_1 \alpha_1} + \dfrac{1}{\lambda_1}\ln\left(\dfrac{r_2}{r_1}\right) + \dfrac{1}{\lambda_2}\ln\left(\dfrac{r_3}{r_2}\right) + \dfrac{1}{\lambda_3}\ln\left(\dfrac{r_4}{r_3}\right) + \dfrac{1}{r_4 \alpha_2}}$$

8-2 구(sphere) 전열량

$$Q = \dfrac{t_i - t_0}{R} \qquad R = \dfrac{1}{4\pi r_1^2 \alpha_1} + \dfrac{r_2 - r_1}{4\pi r_2 r_1 \lambda} + \dfrac{1}{4\pi r_2^2 \alpha_2}$$

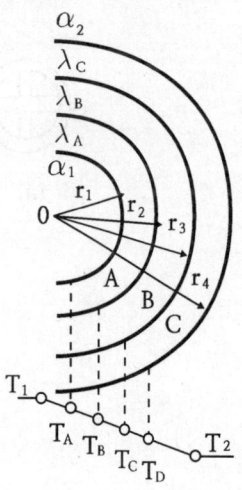

(9) 핀 튜브(Finned Tube)의 전열

냉동장치에 있어 냉매와 냉각수(냉수), 냉매와 공기(냉각풍) 간에 전열저항이 큰 쪽의 전열면적을 증가시켜 주기 위하여 핀을 부착한 튜브로 주로 프레온 냉동장치에 쓰인다.

1) 로우 핀 튜브(Low Finned Tube)

튜브 내로 전열이 양호한 유체가 흐르고 있을 때 전열이 불량한 튜브 외에 핀을 설치한 튜브를 말한다.

2) 이너 핀 튜브(Inner Finned Tube)

직접팽창식(건식) 수냉각기에 있어서는 냉각관 내에 냉매가스, 관 외에 물이 통하게 되나 표면전열이 나쁜 가스측의 전열면적을 크게 하기 위하여 관 내측에 핀을 붙인 냉각관을 말한다. 이런 관을 사용함으로써 수냉각기의 크기를 비교적 소형화할 수 있고 효율도 높일 수 있다.

※ 핀의 재료는 동·알루미늄·브라스큐포라니켈관제이며, 핀의 설치시 내외 면적비는 약 3.5이다.

    (a)   (b)   (c)

(10) 방열장치의 방습

수분이 발열재 중에 들어가면 방열작용이 현저히 떨어진다. 또한 방열재 부식우려, 수분의 동결 및 융해에 의한 방열재를 파손시킬 우려가 있다. 그러므로 외벽과 방열장치 간을 충분히 방습하여 외부에서 수분이 침입하지 않도록 한다. 그러나 방열장치의 내측은 방습하지 않는 편이 건조상태를 유지할 수 있어 오히려 더 나은 것으로 되어 있다. 방열재 내의 온도가 외기의 노점 온도보다 낮으면 수분이 침입하여 방열재 부식, 방열작용을 저해하게 되므로 경제적인 면과 외벽면에 결로를 방지할 수 있는 두께로 방열해야 한다. 대개 온도차 7~8℃에 대해 1″(25.4mm)의 두께로 한다.

1) 방열재의 종류

유리솜, 스티로폴, 코르크 등

2) 방열재의 조건

① 전열이 불량할 것(전열저항이 클 것)
② 흡습성이 적을 것(내습성이 클 것)
③ 강도와 불연성이 있을 것
④ 부식성이 없고 시공이 용이할 것
⑤ 내구력이 있을 것
⑥ 가격이 저렴하고 구입이 용이할 것

(11) 반사절연

방열장치의 하나로서 반사방열 즉, 흔히 알루미늄박 방열이라고 하는 것이 있다. 이의 원리는 복사열을 잘 반사하는 성질 즉, 복사율이 낮은 박판을 수매 사용하여 그 판의 간격을 조정, 그 간극 중의 공기의 자연대류를 극소가 되도록 한 구조로 하여 열을 저지하고자 하는 것이다.

(12) 냉동 사이클(역카르노 사이클)

두 개의 등온선과 두 개의 단열선으로 이루어지며 카르노 사이클의 역방향으로 이루어진다. 즉, 냉동기의 사이클은 역카르노 사이클이다.

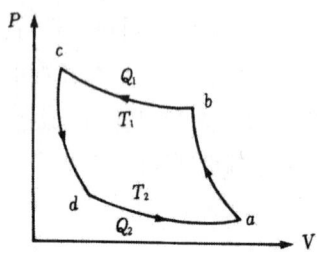

1) a → b(단열압축)
압축기에 해당된다. 저열원 T_2에서 고열원의 온도 T_1으로 상승한다.

2) b → c(등온압축)
응축기에 해당된다. 고열원의 온도 T_1에서 Q_1의 열량을 방출한다.

3) c → d(단열팽창)
팽창밸브에 해당한다. 고열원의 온도 T_1에서 저열원의 온도 T_2로 강하한다.

4) d → a(등온팽창)
증발기에 해당한다. 저열원의 온도 T_2에서 Q_2의 열을 흡수한다.

(13) 성적계수

냉동기가 저열원에서 열을 흡수하여 고열원으로 열을 버리는 데는 일이 필요한데, 이 일을 직접적으로 하는 것이 압축기이다. 그러므로 압축기가 적은 일을 하여 많은 열을 내었다면 그 냉동기의 성적계수는 좋다고 할 수 있다. 즉, 응축기 방열량＝증발기 흡수열량＋압축일의 열량

$$Q_1 = Q_2 + A_w$$

$$\therefore Q_2 = Q_1 - A_w, \quad A_w = Q_1 - Q_2$$

$$성적계수 = \frac{증발기\ 흡수열량}{압축일의\ 열량}$$

1) 이론 성적계수

$$\varepsilon = \frac{Q_2}{A_w} = \frac{증발열량}{압축일의\ 열량} = \frac{Q_2}{Q_1 - Q_2} = \frac{T_2}{T_1 - T_2} \quad \begin{cases} T_1 : 응축\ 절대온도 \\ T_2 : 증발\ 절대온도 \end{cases}$$

2) 실제적 성적계수

$$E = \frac{냉동능력}{실제적\ 소요마력} = \varepsilon \times \eta_c \times \eta_m \quad \begin{cases} \eta_c : 압축효율 \\ \eta_m : 기계효율 \end{cases}$$

※ 압축효율$(\eta_c) = \dfrac{이론적\ 마력}{실제적\ 마력}$, 기계효율$(\eta_m) = \dfrac{실제적\ 마력}{운전\ 소요\ 마력}$

(14) 냉동력(냉동효과, 냉동량)

냉매 1kg이 증발기에서 흡수하는 열량으로 단위는 kcal/kg이다.

냉동력 = 압축기 흡입가스의 엔탈피 – 팽창밸브 직전의 엔탈피

구분 냉매	−15℃의 증기엔탈피	25℃ 엔탈피	냉동효과
NH_3	397.12kcal/kg	128.09kcal/kg	269.03kcal/kg
R − 12	135.32kcal/kg	105.75kcal/kg	29.57kcal/kg
R − 22	147.9kcal/kg	107.7kcal/kg	40.2kcal/kg

(15) 냉동능력

단위시간에 증발기에서 흡수하는 열량을 냉동능력이라 하며, 단위는 kcal/h이다.

1) 1냉동톤(1RT) : Refrigeration Ton

0℃ 물 1톤을 하루 동안에 0℃ 얼음으로 만드는데 제거해야 할 열량

$Q = G \cdot \gamma = 1,000 \text{kg}/日 \times 79.68 \text{kcal/kg}$

$= 79,680 \text{kcal}/日 = 3,320 \text{kcal/h}$

∴ 1RT = 3,320kcal/h

2) 1USRT

32°F의 물 1Ton(2,000lb)을 하루 동안에 32°F의 얼음으로 만드는데 제거해야 할 열량

$Q = G \cdot \gamma$ 에서

$Q = 2,000 \times 144 = 288,000 \text{BTU}/日$

$= 12,000 \text{BTU/h} = 3,024 \text{kcal/h}$

(16) 제빙톤

원료수(25℃) 1톤을 하루 동안에 −9℃ 얼음으로 만드는데 제거해야 할 열량
(단, 열손실률은 20%로 한다)

$Q = 1,000 \times (1 \times 25 + 79.68 + 0.5 \times 9) = 109,180 \text{kcal/日} = 4,549 \text{kcal/h}$

열손실 20%를 보정해 주면
$4,549 \text{kcal/h} \times 1.2 = 5,459 \text{kcal/h}$

이것을 냉동톤[RT]으로 환산하면
$5,459 \text{kcal/h} \div 3,320 \text{kcal/h·RT} = 1.65 \text{RT}$

∴ 1제빙톤 = 1.65RT

※ 결빙시간 $= \dfrac{0.56 \times t^2}{-(t_b)}$ $\begin{cases} t : \text{얼음 두께[cm]} \\ t_b : \text{브라인 온도} \end{cases}$

연습문제

01 냉동을 행하는 있어 냉동기를 사용하지 않고 드라이 아이스(dry ice)를 이용하는 경우가 있는데, 이는 드라이 아이스의 무엇을 이용한 것인가?
① 융해열 ② 증발열
③ 승화열 ④ 응축열

풀이 승화열 : 고체 ↔ 기체로의 변화 시 필요한 열로 드라이아이스(고체 이산화탄소), 요오드, 나프탈렌, 장뇌 등이 해당된다.

02 일정한 압력하에서 물체의 온도가 변화하지 않고 상태만 변화할 때, 이 열량을 무엇이라 하는가?
① 현열 ② 잠열
③ 생성열 ④ 폐열

풀이 잠열 : 온도 변화 없이 상태 변화에 필요한 열
감열(현열) : 상태 변화 없이 온도변화에 필요한 열

03 초저온 동결에 액체질소를 사용할 때의 장점이라 할 수 없는 것은?
① 동결시간이 단축되어 연속작업이 가능하다.
② 급속 동결이 가능하므로 품질이 우수하다.
③ 동결건조가 일어나지 않는다.
④ 발생되는 질소가스를 다시 사용할 수 있다.

풀이 액체 질소의 경우 비등점이 −196℃ 이하이므로 급속 동결이 가능하며 동결시간 또한 단축이 되나 한번 사용한 질소 가스는 대기 중으로 방출하며 재사용이 어렵다.

04 열의 이동에 대한 설명으로 옳지 않은 것은?
① 고체표면과 이에 접하는 유동 유체간의 열이동을 열전달이라 한다.
② 자연계의 열이동은 비가역 현상이다.
③ 열역학 제1법칙에 따라 고온체에서 저온체로 이동한다.
④ 자연계의 열이동은 엔트로피가 증가하는 방향으로 흐른다.

풀이 "열은 높은 곳에서 낮은 곳으로 흐른다."는 것은 열역학 제2법칙에 해당한다.

05 냉동기 중 공급 에너지원이 동일한 것끼리 이루어진 것은?
① 흡수 냉동기, 기체 냉동기
② 증기분사 냉동기, 증기압축 냉동기
③ 기체 냉동기, 증기분사 냉동기
④ 증기분사 냉동기, 흡수 냉동기

풀이 증기 분사식 냉동기와 흡수식 냉동기는 냉매를 물을 사용하는 것으로 물의 증발잠열을 이용한다.

06 스테판-볼쯔만(Stefan-Boltzmann)의 법칙과 관계있는 열이동 현상은 무엇인가?
① 열전도 ② 열대류
③ 열복사 ④ 열통과

풀이 복사 전열량은 스텐판-볼쯔만 (Stefan-Boltzmann)의 법칙을 적용한다.
$Q = \sigma \cdot A(T_1^4 - T_2^4)$

07 이상 기체를 정압하에서 가열하면 체적과 온도의 변화는 어떻게 되는가?
① 체적증가, 온도상승
② 체적일정, 온도일정
③ 체적증가, 온도일정
④ 체적일정, 온도상승

풀이 정압하에서 기체를 가열하면 샤를의 법칙을 적용하여 온도와 체적은 비례하므로 같이 상승하게 된다.

08 이상적 냉동 사이클의 상태변화 순서를 표현한 것 중 옳은 것은?
① 단열팽창 → 단열압축 → 단열팽창 → 단열압축
② 단열압축 → 등온팽창 → 단열압축 → 등온압축
③ 단열팽창 → 등온팽창 → 단열압축 → 등온압축
④ 단열압축 → 등온팽창 → 등온압축 → 단열팽창

풀이 냉동 사이클은 역 카루노 사이클이므로 단열압축(압축기) → 등온압축(응축기) → 단열팽창(팽창밸브) → 등온팽창(증발기) 순으로 이루어진다.

09 열원에 따른 열펌프의 종류가 잘못된 것은?
① 공기-공기 열펌프
② 잠열 이용 열펌프
③ 태양열 기용 열펌프
④ 물-공기 열펌프

풀이 열펌프는 주로 공기와 물 등을 이용하는 것으로 현열을 이용한다.

10 공기열원 열펌프 장치를 여름철에 냉방 운전할 때 건구온도가 저하하면 일어나는 현상으로 올바른 것은?
① 응축압력이 상승하고, 장치의 소비전력이 증가한다.
② 응축압력이 상승하고, 장치의 소비전력이 감소한다.
③ 응축압력이 저하하고, 장치의 소비전력이 증가한다.
④ 응축압력이 저하하고, 장치의 소비전력이 감소한다.

풀이 여름철에 외기 건구온도가 저하하게 되면 응축기에서의 열 교환이 원활해지므로 응축압력이 저하하게 되며 이로 인하여 소비전력 또한 감소하게 된다.

06 ③ 07 ① 08 ③ 09 ② 10 ④

11 증기분사식 냉동기에 대한 설명 중 옳지 않은 것은?
① 물의 증발잠열을 이용하여 냉동효과를 얻는다.
② 공급 열원은 증기이다.
③ -10℃ 정도의 냉각에 이용된다.
④ 증기를 고속으로 분출시켜 증기를 증발기로부터 끌어올려 저압을 형성한다.

풀이 증기 분사식 냉동기는 물을 냉매로 사용하는 냉방용으로 영하로 내려가면 동결로 인하여 사용하기 불가하다.

12 흡수식 냉동기의 특징 중 틀린 것은?
① 증기열원을 사용할 경우 전력수요가 적다.
② 소음 및 진동이 적다.
③ 자동제어가 용이하고 운전경비가 절감된다.
④ 증기압축식 냉동기에 비해 예냉시간이 짧다.

풀이 흡수식 냉동기는 증기 압축식 냉동장치에 비해 압축기 대신 흡수기와 발생기를 사용함으로써 동력소비 및 소음, 진동이 적으나 예냉시간은 길다. 냉방용으로 사용한다.

13 냉동용 압축기를 냉동법의 원리에 의해 분류할 때, 저온에서 증발한 가스를 압축하여 고온으로 이동시키는 냉동법은 어느 것인가?
① 화학식 냉동법
② 기계식 냉동법
③ 흡착식 냉동법
④ 전자식 냉동법

풀이 압축기를 이용하는 냉동기를 증기 압축식 냉동기 또는 기계식 냉동법이라 한다. 이 방법은 냉동, 제빙, 냉방 등 다양하게 사용할 수 있는 것으로 가장 널리 이용되지만 전력소비가 많은 것이 단점이다.

14 냉동장치에서 일원 냉동사이클과 이원 냉동사이클과의 가장 큰 차이점은?
① 압축기의 대수
② 증발기의 수
③ 냉동장치내의 냉매 종류
④ 중간냉각기의 유무

풀이 이원 냉동사이클은 저온측 냉동기와 고온측 냉동기 두 대를 사용하며 저온측에는 R-13, R-14, 에틸렌 등이 사용하며 고온측에는 R-12, R-22 냉매가 사용한다.

15 역카르노 사이클에서 T-S 선도상 성적계수 ε를 구하는 식은 어느 것인가?
(단, AW : 외부로부터 받은 일, Q_1 : 고온으로 배출하는 열량, Q_1 : 저온으로부터 받은 열량, T_1 : 고온, T_2 : 저온)

① $\varepsilon = \dfrac{AW}{Q_1}$

② $\varepsilon = \dfrac{Q_1 - Q_2}{Q_2}$

③ $\varepsilon = \dfrac{T_1 - T_2}{T_1}$

④ $\varepsilon = \dfrac{T_2}{T_1 - T_2}$

풀이 $\varepsilon = \dfrac{T_2}{(T_1 - T_2)} = \dfrac{Q_2}{(Q_1 - Q_2)}$

16 열펌프의 특징에 대한 설명으로 틀린 것은?
① 성적계수가 1보다 작다
② 하나의 장치로 난방 및 냉방으로 사용할 수 있다.
③ 증발온도가 높고 응축온도가 낮을수록 성적계수가 커진다.
④ 대기오염이 없고 설치공간을 절약할 수 있다.

풀이 열효율이 1보다 작으며 성적계수는 대부분 1보다 크게 표시된다.

17 냉장고 방열재의 두께가 200mm이었는데, 냉동효과를 좋게 하기 위해서 300mm로 보강시켰다. 이 경우 열손실은 약 몇 % 감소하는가? (단, 외기와 외벽면과의 사이에 열전달율은 20 kcal/m²h℃, 창고내 공기와 내벽면과의 사이에 열전달율은 10 kcal/m²h℃, 방열재의 열전도율은 0.035 kcal/mh℃ 이다.)
① 30   ② 33
③ 38   ④ 40

풀이 $\dfrac{300mm - 200mm}{300mm} = 0.33 = 33\%$

18 흡수식냉동기에 적용하는 원리 중 잘못된 것은?
① 대기압의 물은 100℃에서 증발하지만, 높은 산과 같이 대기압이 1기압 이하인 곳은 100℃ 이하에서 증발한다.
② 냉매가 물을 사용할 때에는 흡수제로서 LiBr(리튬브로마이드)를 사용한다.
③ 흡수식 냉동기에서 물이 증발할 때에는 주위에서 기화열을 빼앗고 열을 빼앗기는 쪽은 냉각되게 된다.
④ 흡수식 냉동기는 증발기, 흡수기, 재생기, 응축기, 압축기, 열교환기로 구성되어 있다.

풀이 흡수식 냉동기에서는 압축기 대신에 흡수기와 열교환기, 발생기를 사용한다. 즉, 흡수식 냉동기에서는 압축기를 사용하지 않는다.

16 ① 17 ② 18 ④

19 흡수식 냉동장치에서의 흡수제 유동방향으로 적당하지 않은 것은?
① 흡수기 → 재생기 → 흡수기
② 흡수기 → 용액 열교환기 → 재생기 → 용액 열교환기 → 흡수기
③ 흡수기 → 고온 재생기 → 저온 재생기 → 흡수기
④ 흡수기 → 재생기 → 증발기 → 응축기 → 흡수기

풀이 흡수제는 냉매를 용해하고 분리하는 것으로 흡수기와 열교환기, 재생기 등을 순환하며 증발기와 응축기는 냉매가 순환하게 된다.

20 냉동 사이클에서 습압축으로 일어나는 현상에 맞지 않는 것은?
① 응축잠열 감소
② 냉동능력 감소
③ 압축기의 체적 효율 감소
④ 성적계수 감소

풀이 습압축이란 증발기에서 냉매액이 완전히 기화되지 않고 일부가 액상태로 압축기로 흡입되는 과정이며 냉동력의 감소로 냉동능력이 저하되고 성적계수가 저하된다.

21 흡수식냉동기의 구성품 중 왕복동 냉동기의 압축기와 같은 역할을 하는 것은?
① 발생기   ② 증발기
③ 응축기   ④ 순환펌프

풀이 흡수식 냉동기에서 흡수기와 발생기, 액 펌프 등은 왕복동식 냉동기에서의 압축기 역할을 한다.

19 ④   20 ①   21 ①

제 2 장 냉매

1. 냉매의 정의

 냉동공간 또는 물질에서 열을 흡수하여 타 공간이나 물질에 열을 운반하는 동작유체 즉, 냉동장치를 순환하면서 열을 운반하는 작업유체를 말한다.

(1) 1차 냉매(직접 냉매)

냉동시스템 내를 순환하여 열을 운반해 주는 매개체, 잠열 상태로 열을 운반한다.
NH_3, R-12, R-22, R-500, CO_2, SO_2 등이 있다.

(2) 2차 냉매(간접 냉매, 브라인)

냉동시스템 밖을 순환하면서 열을 이동시키는 것, 감열(현열) 상태로 열을 운반한다.

2. 냉매에 필요한 조건

(1) 물리적 조건

 1) **온도가 낮아도 대기압 이상의 압력에서 증발하고 또한 상온의 비교적 저압에서 액화할 수 있을 것**

 ① 대기압하에서 물질(냉매)의 증발온도

  ㉮ NH_3 : -33.3℃

  ㉯ R-12 : -29.8℃

  ㉰ R-22 : -40.8℃

2) 임계온도가 높아 상온에서 반드시 액화할 것

① NH_3 : 133℃

② R-12 : 111.5℃

③ R-22 : 96℃

3) 응고온도가 낮을 것

① NH_3 : -77.7℃

② R-12 : -158.2℃

③ R-22 : -160℃

4) 증발잠열이 크고 증발잠열에 비해 액체의 비열이 작을 것. 액체의 비열이 작으면 플래시 가스의 발생량이 적어서 좋다.

① NH_3 : 313.5kcal/kg(1.156)

② R-12 : 39.2kcal/kg(0.243)

③ R-22 : 52kcal/kg(0.335)

5) 윤활유와 냉매가 작용하여 냉동작용에 영향을 주지 않을 것

　유+냉매 : 증발온도 상승, 유점도 저하로 윤활작용 저해

6) 점도가 적고 전열이 양호할 것이며 표면장력이 작을 것

① NH_3 : 전열 양호

② R-12 : 전열 불량

7) 누설이 곤란하고 또한 누설 발견이 용이할 것

① NH_3 : 누설 발견이 쉽다.

② Freon : 누설 발견이 어렵다.

8) 정압비열에 대한 정적비열의 비율 즉, C_p/C_v가 적을 것

① 비열비가 크면 토출가스의 온도 상승이 크다.

② 기준 냉동 사이클에서의 토출가스 온도

　㉮ NH_3 : 98℃

　㉯ R-12 : 37.8℃

　㉰ R-22 : 55℃

9) 수분이 냉매중에 혼입되어도 냉매의 작용에 지장이 없을 것

① NH_3 : 잘 용해되므로 지장이 없다(수분 1%에 증발온도 1/2℃ 상승).

② Freon : 수분과 분리(팽창밸브 동결현상), 산(HF, HCl)을 생성하여 장치를 부식시킨다.

10) 절연 내력이 크고 전기 절연물을 침식하지 않을 것

① 질소를 1로 기준할 때

㉮ NH_3 : 0.83(밀폐형 사용불가)

㉯ R-12 : 2.4

㉰ R-22 : 1.3

11) 패킹 재료에 대하여 냉매가 영향을 미치지 않을 것

① NH_3 : 아스베스토스, 천연고무

② Freon : 특수고무(천연고무는 침식됨)

12) 터보 냉동기의 경우에는 냉매가스의 비중량이 클 것

(2) 냉매의 화학적 조건

1) 화학적으로 결합이 양호하고 안정하며 분해하는 일이 없을 것

2) 금속을 부식하는 일이 없을 것

① NH_3 : 동 및 동합금 부식

② Freon : 마그네슘 및 마그네슘 2% 이상 함유한 알루미늄 합금을 부식

③ R-40 : Al, Mg, Zn 및 그 합금을 부식

3) 인화 폭발성이 없을 것

(3) 냉매의 생물학적 조건

  1) 인체에 무해하고 누설하여도 냉장품을 손상시키지 않을 것

  2) 악취가 없을 것

(4) 냉매의 경제적 견지에서의 조건

  1) 동일 냉동능력에 대하여 소요동력이 적게 들 것

  2) 동일 냉동능력에 대하여 압축하여야 할 가스의 체적이 작을 것

  3) 자동운전이 쉬울 것

  4) 구입이 용이하고 가격이 저렴할 것

3. 암모니아(NH_3)의 특성

(1) 암모니아의 일반적인 성질

  1) 가연성, 폭발성, 악취, 독성이 있다.

  2) 임계온도 : 133℃, 임계압력 : 116.5kg/cm^{2}a

  3) 대기압하의 증발온도 : -33.3℃, 응고점 : -77.7℃(초저온에 부적합)

  4) 기준 냉동 Cycle에서 증발압력 2.4kg/cm^{2}a, 응축압력 11.895kg/cm^{2}a으로 압력이 높지 않아 배관에 난관이 없다.

  5) 흡입 용적당 냉동용량 : 529kcal/m^3

  6) 기준냉동 Cycle에서 냉동효과가 269kcal/kg으로 매우 크고, 이 때의 비체적은 0.5087m^3/kg이다. 냉동 효과가 크므로 다른 냉매보다 냉매순환량이 적어도 되므로 배관이 가늘어도 된다.

7) 열저항이 적고 전열효과는 냉매 중에서 가장 크다.

① 전열계수 응축할 때 : 5,000kcal/m²·h·℃

　　　　　증발할 때 : 3,000kcal/m²·h·℃

② NH_3는 전열이 양호하므로 튜브에 핀을 부착할 필요가 없다.

8) 비열비가 냉매 중에서 가장 크다.

① 비열비가 커서 압축 후 토출가스의 온도가 높으므로 실린더를 물로 냉각시키기 위해 워터 재킷을 설치하고, 유분리기에서 분리된 윤활유는 열화되어 배유시킨다.

② 토출가스의 온도가 높아 토출밸브에 카본이 부착되어 밸브의 능력을 저하하는 때가 있다.

③ 토출가스의 온도가 높아 -35℃ 이하를 얻으려면 2단 압축을 한다.

(2) 금속에 대한 부식성

1) 동 및 동합금을 부식하므로 동관을 사용하지 않는다. 특히, NH_3는 황동에 대하여 격심한 부식성이 있으나, 청동에 대한 부식성은 비교적 적으며 항상 유막으로 덮여 있는 베어링 메탈 등에는 사용할 수 있다.

2) 수은과 폭발적으로 화합한다.

3) 에보나이트, 베이클라이트를 침식한다.

4) 패킹 재료는 천연고무나 아스베스토스를 사용한다.

5) 수분이 있으면 아연도 침식한다.

(3) 연소성 및 폭발성

1) 공기중에 15~28% 혼입되면 폭발의 위험이 있다.

2) 490℃에서 분해한다.

3) 인화점은 보통 850℃이나, 철이 있으면 촉매작용으로 650℃가 된다.

4) 전구에는 globe를 씌운다.

5) 냉동기 설치 후 누설 시험을 공기로 할 때는 시험 후 공기를 최대한 제거한다.

(4) 전기적 성질

절연내력은 N_2를 1로 하였을 때 83%이며, 절연물질을 약화시키기 때문에 밀폐식 냉동기의 사용에 부적합하다.

(5) 독 성

1) SO_2 다음 가는 독성이 있다.

2) 0.5~0.6%에서 30분 정도 호흡하면 위험하다.

(6) 윤활유와의 관계

1) 윤활유에 잘 용해되지 않는다.

    ※ 오일은 NH_3보다 무겁기 때문에 장치중으로 넘어가면 응축기, 증발기 등의 하부에 고여 전열을 방해한다.

2) 윤활유는 정기적으로 보충해 준다.

3) 수분이 존재하면 에멀션(Emulsion) 현상이 일어나 유분리기에서 오일이 분리되지 않고 장치 내로 넘어가 고이게 된다.

4) 입형 저속에는 300번 냉동기유, 고속다기통에는 150번 사용

(7) 수분과의 관계

1) 수분과 잘 용해하며, 냉동장치 내에 수분이 1% 혼합하게 되면 증발온도가 1/2℃씩 상승한다.

> ※ 냉동장치에 수분이 혼입되면 증발압력은 저하하고 증발온도는 상승한다.

2) 수분이 침투되면 금속의 부식을 촉진한다.

4. Freon(불화 할로겐화 탄화수소계 냉매)의 구성 및 호칭법

(1) 구 성

탄화수소와 할로겐 원소의 화합물로 구성되어 있다.

1) R - OO : 메탄계 탄화수소(R - 10~R - 50)

   ① R - 12 : CCl_2F_2

   ② R - 22 : $CHClF_2$

2) R - OOO : 에탄계 탄화수소(R - 110~R - 170)

   ① R - 113 : $C_2Cl_3F_3$

   ② R - 123 : $C_2HCl_2F_3$

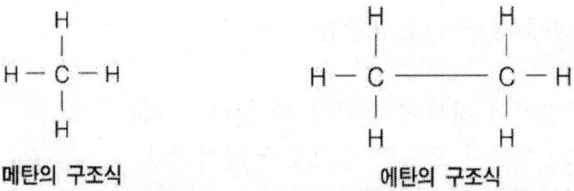

메탄의 구조식   에탄의 구조식

(2) 호칭법

1) 탄소(C)의 수 : 100자리 수 +1

2) 수소(H)의 수 : 10자리 수 -1

3) 불소(F)의 수 : 1자리 수

4) 염소(Cl)의 수 : 빈자리 수

(3) 프레온 냉매의 특성

1) 물리적 및 열역학적 성질

   ① 비등점의 범위가 넓다.

   ㉮ 비등점이 낮은 냉매는 저온용에 사용(고압냉매) : R - 12(-29.8℃), R - 22(-40.8℃), R - 13(-81.5℃)

㉯ 비등점이 높은 냉매는 고온용에 사용(저압냉매) : R-113(47.6℃),
　　　R-11(23.6℃), R-21(8.9℃), R-114(3.6℃)
　　㉰ 비열비가 NH_3에 비하여 작다.
　　㉱ 토출가스의 온도가 비교적 낮으므로 실린더를 공랭으로 한다
　　　(R-22 고속다기통에서는 수냉식으로 사용하기도 한다).
② 오일과 용해한다.
　　㉮ R-11·R-12·R-21·R-113 : 오일에 잘 용해된다.
　　　R-13·R-22·R-114 : 오일에 용해가 잘 안 되며 저온 분리성이 있다.
　　㉯ 압력이 높을수록, 온도가 낮을수록 오일에 잘 용해된다.
　　㉰ 임계 용해온도 : 오일의 온도가 낮으면 냉매가 잘 용해되지만 어느 한계 이하로
　　　낮추면 오히려 오일중에 용해되어 있는 냉매가 오일과 분리한다.
　　　이 한계온도를 임계 용해온도라 한다.
　　㉱ 오일과 냉매 용해시의 장단점
　　　㉠ 장점
　　　　ⓐ 냉동장치의 각부에 윤활이 잘 된다.
　　　　ⓑ 초저온용에서 오일의 응고도가 낮아진다.
　　　　ⓒ 오일의 회수가 용이하다.
　　　㉡ 단점
　　　　ⓐ 오일의 회수가 쉽도록 배관시 주의(만액식은 오일의 회수장치 필요)
　　　　ⓑ 오일의 점도가 낮아진다.
　　　　ⓒ 증발압력이 낮아진다.
③ 전열이 불량하기 때문에 전열면적을 넓혀 주기 위하여 휜 튜브를 사용한다.
④ 수분의 용해도는 극히 적다.

※ 장치에 수분이 함유되면 산을 생성하여 장치부식, 팽창밸브 동결현상, 동부착 현상 촉진 등을 일으킨다.
　 이를 방지하기 위해 팽창밸브와 응축기 사이에 건조기(Dryer)를 설치한다.

⑤ 절연내력이 크고 전기 절연물을 침식하지 않으므로 밀폐형 냉동기에 사용할 수 있다.

2) 화학적 성질

① 열에 대한 안정성

㉮ 열에 대하여 일반적으로 안정하고 800℃ 화염에 접촉하게 되면 포스겐 가스라는 독가스를 발생한다.

㉯ 금속이 촉매 작용을 하면 200~300℃에서 분리

㉰ 허용 최고 토출가스 온도 130~150℃

② 산화·독성·취기

㉮ 불연성·비폭발성이다.

㉯ 독성이 없다. 다만, 통풍이 불량한 곳에는 다량 누설시 질식 우려가 있다.

㉰ 취기는 염소가 많은 것은 약간 에테르 냄새가 난다.

③ 가수분해·금속·기타 재료에 대한 작용

㉮ 강이 촉매로 존재하게 되면 가수분해가 일어나 산(HF·HCl)을 생성하여 금속을 부식시킨다. 보통의 상태에서는 부식이 없다.

㉯ 마그네슘 및 마그네슘을 2% 이상 함유하는 알루미늄 합금을 부식시킨다.

㉰ 강, 주물, 동, 아연, 주석, 알루미늄 및 이들 합금의 기계구성용 금속재료의 선택은 자유다.

㉱ 천연고무·수지를 용해한다(인조고무 사용).

3) 현재 일반적으로 사용되고 있는 프레온

① R-11(CCl_3F) : 카렌 No.2 : 비등점 23.7℃, 터보 냉동기에 사용 (Air Conditioning)

② R-12(CCl_2F_2) : 비등점 -29.8℃, 소형에서 대형 100RT까지 다양하게 사용, 냉동능력 NH_3의 60%

③ R-13($CClF_3$) : 비등점 -81.5℃, 2원 냉동방식에 의하여 -100℃까지의 초저온용

④ R-21($CHCl_2F$) : 비등점 8.9℃, 크레인 조정실의 냉방장치

⑤ R-22($CHClF_2$) : 비등점 -40.8℃, 창문형 Alrcon 및 저온용의 왕복동식에 사용

⑥ R-113($C_2Cl_3F_3$) : 비등점 47.6℃, 터보냉동기 100RT 이하의 소용량 밀폐형

⑦ R-114($C_2Cl_2F_4$) : 비등점 3.6℃, 크레인 조정실의 냉방용, 회전식 압축기 (소형 냉장고용)

4) 혼합냉매

① 혼합냉매 : 2종의 냉매를 혼합시에 그 혼합 비율이 특정 비율이 아니면 액상 기상의 혼합비율이 다르게 되고 냉동장치 중에도 2종의 냉매 각각의 특성을 갖게 된다.

② 공불 혼합냉매 : 2종의 냉매를 어떤 특정 비율로 혼합하면 각각 냉매의 특성과는 다른 단일냉매의 특성을 나타내게 되며 액상 또는 기상에서의 혼합비율이 공히 같은 것을 말한다.

㉮ R-500(혼합비율은 중량 단위로 표시)
  ㉠ 카렌 No.7
  ㉡ R-12 : 73.8%, R-152 : 26.2%
  ㉢ 능력은 R-12의 20% 증가
  ㉣ 증발온도(대기압하) : -33.3℃

㉯ R-501
  ㉠ R-12 : 25%, R-22 : 75%
  ㉡ 대기압하의 증발온도 : -41℃

㉰ R-502
  ㉠ R-22 : 50%, R-115 : 50%
  ㉡ 토출가스 온도가 낮고 냉동능력이 크다.

㉱ R-22를 쓰는 냉동장치에서 기름의 회수를 용이하게 하기 위하여 기름과 용해를 잘하는 R-12를 25% 정도 섞어 사용한다(냉동능력에는 별 지장 없음). R-12를 쓰는 냉동장치에서 능력이 모자랄 경우 R-22를 20% 정도 첨가 사용하면 능력을 약 30% 정도 증대시킬 수 있다. 단, R-22는 R-12보다 압력이 높기 때문에 압축기, 응축기 등을 R-22용 내압시험에 합격한 것으로 교체하지 않으면 안 된다. 또한 패킹 재료에 대한 부식 정도가 심하기 때문에 패킹 재료도 R-22용으로 교환해줄 필요가 있다. 또한 팽창밸브도 교체해야 하므로 일반적으로 혼합냉매를 자주 사용하지 않는다.

5. 냉매의 장치에 대한 영향

(1) 에멀션(Emulsion : 유탁액 현상)

암모니아 냉동장치에서 장치 내에 수분이 침투하게 되면 암모니아와 반응하여 암모니아수(NH_4OH)를 생성하게 되며, 이 암모니아수는 오일의 입자를 미립자로 분리시키고 오일의 빛이 우유빛으로 변하게 되는 현상으로서 이 현상이 일어나면 유분리기에서 오일이 분리되지 않고 장치 각부로 넘어가 전열을 방해하게 된다.

(2) 동부착 현상(Copper Plating)

프레온 냉동장치에서 수분과 프레온이 작용하여 산이 생성되고 침입한 공기중의 산소와 화합하여 동에 반응한 다음 압축기 각 부분의 금속표면(메탈부분)에 동이 도금되는 현상으로서 장치 내 수분이 많을 때 수소원자가 많은 냉매일수록, 왁스성분이 많은 오일을 사용할 때 온도가 높은 부분일수록 잘 일어난다. 이 현상은 R-12보다 R-22에서 잘 일어나며, R-22보다 염화메틸이 더 잘 일어난다.

(3) 오일 포밍(Oil Foaming) 현상

프레온 냉동기에서 압축기 정지시 크랭크 케이스 내의 오일 중에 용해되어 있던 프레온 냉매가 압축기 기동시 크랭크 케이스 내의 압력이 급격히 낮아지므로 오일과 냉매가 급격히 분리하는데 이 때문에 유면이 약동하며 윤활유에 거품이 일어나는 현상으로서 오일 포밍이 급격히 일어나면 피스톤 상부로 다량의 오일이 올라가 오일을 압축하게 되는데, 이 때 이상음이 나는 것을 오일 해머링(Oil Hammering)이라고 한다. 오일 해머링(Oil Hammering)이 일어나면 압축기의 파손 우려가 있을 뿐 아니라, 압축기 오일이 장치중으로 넘어가 압축기의 유량이 부족하게 되므로 운전이 불가능하게 될 우려가 많다.

(4) 오일 포밍의 방지책

크랭크 케이스(Crank Case) 내에 오일 히터(Oil Heater)를 설치하여 기동 30분~2시간 전에 예열하여 오일과 냉매를 분리시킨 뒤에 압축기를 기동시키면 오일 포밍이 방지된다. 특히 터보 냉동기에서는 무정전 상태로 항상 크랭크 케이스 내의 유온을 60~80℃ 정도 유지시켜 줌으로써 오일 포밍(Oil Foaming)으로 인한 악영향을 방지한다.

6. 냉매 누설 검지법

(1) 암모니아의 누설 검지

1) 냄새로 알 수 있다.

2) 적색 리트머스 시험지가 청색으로 변한다.

3) 유황초에 불을 붙여 누설개소에 대면 백색 연기가 발생한다.

4) 페놀프탈렌 시험지를 물에 적셔 누설개소에 대면 홍색으로 변한다.

5) 물 또는 브라인에 암모니아가 누설될 때는 물이나 브라인을 조금 떠서 네슬러시 용액을 투입하면 소량 누설시 황색, 다량 누설시 자색으로 변한다.

(2) 프레온의 누설 검지

1) 비눗물로 누설 부위의 기포 발생 유무 확인

2) 헤라이드 토치 사용(연료 : 알코올, 프로판, 부탄)

① 누설이 없을 때 : 청색　　② 소량 누설시 : 녹색
③ 다량 누설시 : 자색　　　④ 과량 누설시 : 꺼진다.

(3) 전자 누설 탐지기(Halogen Leak Detector) 사용

1) 할로겐 원소 : 염소(Cl), 취소(Br), 옥소(I), 불소(F)

2) 누설 검지량 : 통상 0.14g/year, 1/200oz/year
    최고 0.014g/year, 1/2,000oz/year

헤라이드 토치

3) 사용시 주의사항

① 사용중에 약 800℃로 가열되므로 폭발성 또는 가연성 가스가 있는 곳에서 사용하지 말 것
② 정격 전압을 사용할 것. 전압이 1Volt 변동하면 감도가 15% 정도 저하된다.
③ 필라멘트가 가열되고 있을 때 흡입모터가 정지되면 필라멘트가 단선될 우려가 있으므로 검지기에 전원을 공급한 후에는 흡입모터의 작동을 확인해야 한다.
④ 누설가스 흡입구 속의 금속필터는 사용 후에는 용제로 깨끗이 청소하여 먼지나 이물질이 없게 할 것

7. 브라인(Brine)

- 냉동 시스템 외를 순환하면서 간접적으로 열을 운반하는 매개체
- 감열(현열)에 의하여 열을 운반시키므로 다량의 브라인이 필요하다.
- 배관의 부식 및 동결에 유의해야 한다.
- 대표적으로 NaCl, $CaCl_2$, $MgCl_2$가 있다.

(1) 브라인 냉동 사이클

(2) 브라인 구비조건

1) 부식성이 없을 것

2) 열 용량이 클 것

3) 응고점이 낮을 것

4) 가격이 저렴할 것

5) 점성이 작을 것(순환 펌프의 소요 동력이 작다)

6) 누설하여도 냉장품에 손상이 없을 것

(3) 브라인의 종류

1) 무기질 브라인
   ① 탄소(C)를 포함하지 않는다.　　② 금속의 부식력이 크다.
   ③ 가격이 싸다.
   NaCl, $CaCl_2$, $MgCl_2$ 등

① 염화칼슘($CaCl_2$) 수용액

   ㉮ 공업용으로 많이 쓰인다.

   ㉯ 공정점 : $-55℃$, 비중 : 1.2~1.24, B'e : 24~$28°$

> ※ 공정점 : A, B 두 물질을 용해시키면 농도가 짙어질수록 응고온도가 낮아지는데, 어느 일정한 농도 이상이 되면 다시 응고온도가 높아진다. 이 응고하는 최저온도를 공정점이라 한다. (NaCl : $-21℃$, $CaCl_2$: $-55℃$, $MgCl_2$: $-33.6℃$)

> ※ B'e(보메도) : 보메계에 의하여 측정한 공업상의 단위
> ① 물보다 가벼운 액체
> $$d = \frac{144.3}{144.3 + B'e}, \quad B'e = \frac{144.3}{d} - 144.3$$
> ② 물보다 무거운 액체
> $$d = \frac{144.3}{144.3 - B'e}, \quad B'e = 144.3 - \frac{144.3}{d}$$

   ㉰ 대부분 제빙용으로 사용

   ㉱ 흡습성이 강하고 누설되어 식품에 닿으면 떫은 맛이 나기 때문에 식품 저장용으로는 적합하지 않다.

② 염화나트륨(NaCl) 수용액

   ㉮ 주로 식품 냉동에 사용한다.

   ㉯ 가격이 저렴하다.

   ㉰ 공정점 : $-21℃$, 비중 : 1.15~1.18, B'e : 19~$22°$

   ㉱ 금속의 부식력이 모든 브라인 중에서 가장 크다.

③ 염화마그네슘($MgCl_2$) 수용액

   ㉮ $CaCl_2$가 부족할 때 사용되었으나 현재 거의 사용되지 않는다.

   ㉯ 공정점 : $-33.6℃$

   ㉰ 강에 대한 부식성은 NaCl보다 작으나 $CaCl_2$보다 약간 높다.

> ※ 부식성 : $NaCl > MgCl_2 > CaCl_2$

(2) 유기질 브라인

① 탄소(C)를 포함한 브라인

② 가격이 비싸다.

③ 금속의 부식력이 작다.

㉮ 에틸렌글리콜 : 부식성이 무기질 브라인보다 작으며 소형기계에 사용

㉯ 프로필렌글리콜 : 부식성이 작고 독성이 없으며 냉동식품 동결용에 사용

㉰ 메틸렌클로라이드
㉱ R-11
} 초저온용에 사용

(4) 브라인의 금속 부식성

1) 중성은 부식성이 작으나 산성·알칼리성으로 갈수록 부식성이 증가한다.

2) 배관은 모두 금속이므로 약알칼리성이 약산성보다 좋다(금속은 산에 약하다).

3) 브라인은 대개 PH 7.5~8.2로 유지

4) 암모니아가 브라인중에 누설되면 알칼리성이 강해져 국부적으로 부식이

   일어난다.

5) 브라인의 공기와 접촉시 부식력이 커진다.

6) 브라인의 부식 방지 처리

① $CaCl_2$ 수용액 : 브라인 1ℓ에 대하여 중크롬산소다($Na_2Cr_2O_7$) 1.6g씩 첨가하고, 중크롬산소다 100g마다 가성소다(NaOH) 27g씩 첨가

② NaCl 수용액 : 브라인 1ℓ에 대하여 중크롬산소다 3.2g씩 첨가하고, 중크롬산소다 100g마다 가성소다 27g씩 첨가

연습문제

01 다음 중 냉매의 구비조건으로 틀린 것은?
① 전기저항이 클 것
② 불활성이고 부식성이 없을 것
③ 응축 압력이 가급적 낮을 것
④ 증기의 비체적이 클 것

풀이 냉매의 구비조건
① 저온에서 증발압력이 대기압보다 높고, 상온에서는 응축압력이 낮을 것
② 냉동능력에 비해 소요 동력이 적을 것
③ 증발잠열이 크고 액체의 비열이 작을 것
④ 임계온도가 높고 응고온도가 낮을 것
⑤ 동일한 냉동능력을 내는 경우에 냉매 가스의 비체적이 작을 것
⑥ 화학적으로 안정하고, 냉매 증기가 압축열에 의해 분해되지 않을 것
⑦ 액상 및 기상의 점도는 낮고, 열전도도는 높을 것
⑧ 전기저항이 크고, 절연파괴를 일으키지 않을 것
⑨ 인화성 및 폭발성이 없고, 인체에 무해하며, 자극성이 없을 것

02 암모니아(NH_3)냉매의 특성 중 잘못된 것은?
① 기준증발온도(-15℃)와 기준응축온도(30℃)에서 포화압력이 별로 높지 않으므로 냉동기 제작 및 배관에 큰 어려움이 없다.
② 암모니아수는 철 및 강을 부식시키므로 냉동기와 배관재료로 강관을 사용할 수 없다.
③ 리트머스 시험지와 반응하면 청색을 띠고, 유황 불꽃과 반응하여 흰 연기를 발생시킨다.
④ 오존파괴계수(ODP)와 지구온난화계수(GWP)가 각각 0이므로 누설에 의해 환경을 오염시킬 위험이 없다.

풀이 암모니아는 동 및 동합금을 부식시키므로 강관을 사용하여야 한다.

03 냉매의 구비조건 중 맞는 것은?
① 활성이며 부식성이 없을 것
② 전기저항이 적을 것
③ 점성이 크고 유동저항이 클 것
④ 열전달율이 양호할 것

풀이 냉매의 구비조건
① 증발잠열이 크고 액체의 비열이 적을 것.
② 점도가 적고 전열이 양호 할 것
③ 절연내력이 크고 전기 전연물을 침식하지 않을 것
④ 수분이 침입하여도 냉매의 작용에 지장이 적을 것
⑤ 누설이 곤란하고 누설 시 발견이 용이할 것

01 ④ 02 ② 03 ④

04 H_2O-L_iBr 흡수식 냉동기에 대한 설명 중 틀린 것은?

① 냉매는 물(H_2O), 흡수제는 L_iBr 사용한다.
② 냉매 순환과정은 발생기 → 응축기 → 증발기 → 흡수기로 되어 있다.
③ 소형 보다는 대용량 공기조화용으로 많이 사용한다.
④ 흡수제는 가능한 농도가 낮고, 흡수제는 고온이어야 한다.

풀이 흡수제는 가능한 농도가 높아야 하며 흡수제는 온도가 낮아야 흡수력이 증가하게 된다.

05 흡수식 냉동기의 냉매와 흡수제 조합으로 올바른 것은?

① 물(냉매) - 프레온(흡수제)
② 암모니아(냉매) - 물(흡수제)
③ 메틸아민(냉매) - 황산(흡수제)
④ 물(냉매) - 디메틸에테르(흡수제)

풀이 흡수식냉동기의 냉매와 흡수제의 관계

냉매	암모니아	물
흡수제	물	리튬브로마이드

06 흡수식 냉동기에서 냉동 시스템을 구성하는 기기들 중 냉각수가 필요한 기기의 구성으로 올바른 것은?

① 재생기와 증발기
② 흡수기와 응축기
③ 재생기와 응축기
④ 증발기와 흡수기

풀이 흡수기와 응축기는 냉각수가 필요하며 재생기는 냉매와 흡수제를 분리시키기 위하여 온수가 필요하다.

07 흡수식 냉동기의 용량제어 방법으로 옳지 않은 것은?

① 흡수식 공급 흡수제 조절
② 재생기 공급 용액량 조절
③ 재생기 공급 증기 조절
④ 응축수량 조절

풀이 흡수식 냉동기 용량제어 방법
① 냉각수량 제어법
② 바이패스 제어법
③ 가열증기 제어법
④ 온수 유량 제어법
⑤ 흡입액 순환량 제어법

08 물(H_2O)-리튬브로마이드(LiBr) 흡수식 냉동기 설명 중 잘못된 것은?

① 특수 처리한 순수한 물을 냉매로 사용한다.
② 열교환기의 저항 등으로 인해 보통 7℃ 전후의 냉수를 얻도록 설계되어 있다.
③ LiBr 수용액은 성질이 소금물과 유사하여, 농도가 진하고 온도가 낮을수록 냉매 증기를 잘 흡수한다.
④ 묽게 된 흡수액(희용액)을 연속적으로 사용할 수 있도록 하는 장치가 압축기이다.

풀이 흡수기에서 증발기에서 증발된 냉매(물)를

04 ④ 05 ② 06 ② 07 ① 08 ④

흡수하여 묽은 용액이 되며 발생기에서는 물을 흡수제와 분리시켜 흡수 액의 농도를 진하게 만들어 주는 역할을 한다.

09 흡수식 냉동장치에 대한 설명으로 적당하지 않은 것은?
① 초기 운전 시 정격 성능을 발휘할 때까지의 도달 속도가 느리다.
② 대기압 이하에서 작동하므로 취급에 위험성이 완화된다.
③ 용액의 부식성이 크므로 기밀성 관리와 부식 억제제의 보충에 엄격한 주의가 필요하다.
④ 야간에 열을 저장하였다가 주간의 부하에 대응할 수 있다.

풀이 ④항은 축열조에 대한 설명이다.

10 일반적으로 냉방 시스템에 물을 냉매로 사용하는 냉동방식은?
① 터보식　　② 흡수식
③ 진공식　　④ 증기압축식

풀이 물을 냉매로 사용할 경우 흡수제는 리튬 브로마이드를 사용한다.

11 $H_2O-LiBr$ 흡수식 냉동기에서 냉매의 순환과정을 올바르게 표시한 것은? (단, ① 냉각기(증발기), ② 흡수기, ③ 응축기, ④ 발생기이다.)
① ④ → ③ → ① → ②
② ④ → ① → ③ → ②
③ ③ → ④ → ① → ②
④ ③ → ② → ④ → ①

풀이 흡수식 냉동기의 냉매 순환과정
증발기 → 흡수기 → 발생기(재생기) → 응축기 → 증발기

12 압축식 냉동기와 흡수식 냉동기에 대한 설명 중 잘못된 것은?
① 증기를 저렴하게 얻을 수 있는 장소에서는 흡수식 냉동기가 경제적으로 유리하다.
663
② 흡수식 냉동기에 비해 압축식 냉동기의 열효율이 높다.
③ 냉매 압축 방식은 압축식에서는 기계적 에너지, 흡수식은 화학적 에너지를 이용한다.
④ 동일한 냉동능력을 갖기 위해서 흡수식은 압축식에 비해 냉동장치가 커진다.

풀이 흡수식 냉동기는 냉매와 흡수제의 용해와 분리를 이용하는 것으로 열에너지를 이용한다.

09 ④　10 ②　11 ①　12 ③

13 냉동 사이클의 냉매 상태변화와 관계가 없는 것은?
① 등엔트로피 변화
② 등압 변화
③ 등엔탈피 변화
④ 등적 변화

풀이 냉동 사이클에서 상태변화
   등압변화 : 증발과정, 응축과정
   등엔탈피 변화 : 팽창과정
   등엔트로피 변화 : 압축과정

14 냉매와 브라인에 관한 설명 중 틀린 것은?
① 프레온 냉매에서 동부착 현상은 수소원자가 적을수록 크다.
② 유기브라인은 무기브라인에 비해 금속을 부식시키는 경향이 적다.
③ 염화칼슘 브라인에 의한 부식을 방지하기 위해 방식제를 첨가한다.
④ 프레온 냉매와 냉동기유의 용해 정도는 온도가 낮을수록 많아진다.

풀이 동부착현상은 냉매 중에 수소원자가 많을수록, 장치내에 수분이 많을수록, 오일 중에 왁스성분이 많을수록 이 현상이 심하게 일어난다.

15 다음 냉매 중 비등점이 가장 낮은 것은?
① R-717   ② R-14
③ R-500   ④ R-502

풀이 냉매의 비등점
   R-717, R-500 : -33.3℃, R-502 : -38℃, R-14 : -128℃

16 다음 냉매 중 가연성이 있는 냉매는?
① R-717   ② R-744
③ R-718   ④ R-502

풀이 R-700 단위는 무기질 냉매 표시이며 뒤의 두 자리수는 냉매의 분자량 표시이다.
   R-717 : 암모니아
   R-744 : 이산화탄소
   R-718 : 물
   R-502 : 공비혼합냉매
   암모니아는 가연성
   (폭발범위 : 15~28%),
   독성(25ppm) 가스이다.

17 암모니아 냉매를 사용하고 있는 과일 보관용 냉장창고에서 암모니아가 누설되었을 때 보관물품의 손상을 방지하기 위한 해결 방법으로 옳지 않은 것은?
① SO_2로 중화시킨다.
② CO_2로 중화시킨다.
③ 환기시킨다.
④ 물로 씻는다.

풀이 암모니아 누설 시 물로 흡수시키는 것이 좋으며 환기 시에는 공기보다 가벼우므로 천장 가까이의 문을 열어 환기시킨다. 이산화탄소로 중화시키지만 아황산가스와

만나면 황산 암모니늄을 형성하여 독성의 물질이 되기 때문에 피하여야 한다.

18 프레온(freon)계 냉매 중 R-22와 R-115의 혼합 냉매는?

① R-717 ② R-744
③ R-500 ④ R-502

풀이 R-500=R-12+R-152
R-501=R-13-R-23
R-502=R-115+R-22
R-503=R-13+R-23

19 프레온 냉동장치에서 압축기 흡입배관과 응축기 출구배관을 접촉시켜 열 교환 시킬 때가 있다. 이 때 장치에 미치는 영향으로 옳은 것은?

① 압축기 운전 소요동력이 다소 증가한다.
② 냉동 효과가 증가한다.
③ 액백(liquid back)이 일어난다.
④ 성적계수가 다소 감소한다.

풀이 열교환기는 주로 프레온 냉동장치에서 사용하며 흡입배관과 응축기 출구배관을 열교환시키면
① 저온 저압의 가스에 과열도를 주어 냉동효과를 증대시키며
② 고온, 고압의 액에 과냉각도를 주어 성적계수 향상시키며
③ 고온, 고압의 액에 과냉각도를 주어 성적계수 향상시키며
④ 압축기로 리키드 백을 방지한다.

20 암모니아 냉동기의 배관재료로서 부적합한 것은 어느 것인가?

① 배관용 탄소강 강관
② 동합금관
③ 압력배관용 탄소강 강관
④ 스테인리스 강관

풀이 암모니아는 동 및 동합금을 부식시키므로 동합금관은 사용하지 못한다.

21 암모니아 냉매의 누설검지에 대한 설명으로 잘못된 것은?

① 냄새로써 알 수 있다.
② 리트머스 시험지가 청색으로 변한다.
③ 페놀프탈레인 시험지가 적색으로 변한다.
④ 할로겐 누설검지기를 사용한다.

풀이 암모니아 냉매 누설 검지법
① 냄새로 알 수 있다. (악취)
② 유황초, 유황 걸레 등과 접촉 시 흰 연기 발생한다.
③ 리트머스 시험지 사용한다. (적색 → 청색)
④ 페놀프탈렌 누설 시 네슬러시약 사용한다. (백색 → 홍색)
⑤ 브라인에 누설 시 네슬러시약 사용한다. (미색(정상) → 황색(약간) → 갈색(다량))

※ 헤라이드 토치와 할로겐 원소 누설검지기는 프레온 누설에 사용한다.

18 ④　19 ②　20 ②　21 ④

22 암모니아를 냉매로 사용하는 냉동설비에서 시운전에 사용하면 안 되는 기체는?
① 이산화탄소 ② 산소
③ 질소 ④ 일반공기

풀이 암모니아가스는 가연성가스(폭발범위: 15~28%)로 지연성가스인 산소와 반응하면 폭발 범위가 15~79%로 급격히 증가하며 폭발의 우려가 커지므로 반드시 질소 등 불연성가스로 시운전을 하여야 한다.

23 다음 설명 중 옳은 것은?
① 메틸렌 크로라이드, 프로필렌 글리콜, 염화칼슘 용액은 유기질 브라인이다.
② 브라인은 잠열 및 현열 형태로 열을 운반한다.
③ 프로필렌글리콜은 부식성이 적고 독성이 없어 냉동식품의 동결용으로 사용된다.
④ 식염수의 공정점은 염화칼슘의 공정점보다 낮다.

풀이 브라인은 PH 7.5~8.2의 약 알카리성으로 유지하며 유기질 브라인이 부식성이 거의 없으며 무기질 브라인에는 염화칼슘, 염화마그네슘 등이 있다.

24 염화칼슘 브라인에 대한 설명 중 옳은 것은?
① 냉동 작용은 브라인의 잠열을 이용하는 것이다.
② 강관에 대한 부식도는 염화나트륨 브라인보다 일반적으로 부식성이 크다.
③ 공기 중에 장시간 방치하여 두어도 금속에 대한 부식성이 없다.
④ 가장 일반적인 브라인으로 제빙, 냉장 및 공업용으로 이용된다.

풀이 염화칼슘 공정점은 -55℃(비중 1.2~1.24)로서 주로 제빙용, 냉동용으로 많이 사용하고 있다. 브라인은 감열(현열)상태로 열을 운반한다.

25 무기질 브라인이 아닌 것은?
① $CaCl_2$ ② CH_3OH
③ $MgCl_2$ ④ $NaCl$

풀이 무기질 브라인은 탄소가 함유되지 않은 것으로 염화나트륨($NaCl$), 염화마그네슘($MaCl$), 염화칼슘($CaCl_2$) 등이 있다.

26 압축 냉동 사이클에서 응축온도가 일정할 때 증발온도가 낮아지면 일어나는 현상 중 틀린 것은?
① 압축일의 열당량 증가
② 압축기 토출가스 온도 상승
③ 성적계수 감소
④ 냉매순환량 증가

풀이 증발온도가 낮아지면 압축비가 증가하게 되며 냉매 순환량이 감소하게 되며 성적계수가 저하하게 된다.

22 ② 23 ③ 24 ④ 25 ② 26 ④

27 다음 중간 압력에 대한 설명 중 맞는 것은? (단, 저압 압축기, 고압 압축기 모두 건조 포화증기가 흡입 압축되는 정상운전을 하는 것으로 고려한다.)

① 중간 압력을 저압에 가까이 하면 성적계수는 커진다.
② 중간 압력을 고압에 가까이 하면 성적계수는 커진다.
③ 중간 압력이 낮을수록 냉동효과는 커진다.
④ 중간 압력이 낮을수록 고압 압축기 일량이 적어진다.

풀이 중간압력이 낮아지면 또한 낮아지므로 고온, 고압액에 과냉각도를 많이 줄 수 있으므로 플레쉬 가스 발생량이 감소하므로 냉동효과가 증가하게 된다.

28 중간 냉각기의 역할을 설명한 것이다. 틀린 것은?

① 저압 압축 토출가스의 과열도를 낮춘다.
② 증발기에 공급되는 액을 냉각시켜 엔탈피를 적게 하여 냉동효과를 증대시킨다.
③ 고압 압축기 흡입가스 중의 액을 분리시켜 뤼퀴드백을 방지한다.
④ 저·고압 압축기가 작용함으로써 동력을 증대시킨다.

풀이 중간 냉각기는 2단압축기에서 사용하는 것으로 역할은 다음과 같다.
① 부스타에서 토출된 가스의 과열도를 제거하여 고단 압축기 소요 동력을 감소시킨다.
② 고온고압의 냉매에 과냉각도를 주어 팽창변 통과 시 후레쉬가스 발생량을 감소시켜 냉동능력을 증대시킨다.
③ 고단 압축기로 액 흡입을 방지한다.

제 3 장 증기선도

1. 증기선도

　냉동에서는 모든 이론적 계산에 P-h선도가 일반적으로 사용되며 세로측에 절대압력, 가로측에 엔탈피를 잡아서 이들의 관계를 선도로 나타낸 것이며, P 대신 실제 도면상에는 logP로 기입되고 있다. 이 선도는 일반적으로 mollier diagram이라고 하는데, 열 및 물리적 변화의 전행정 기체 또는 액체의 상태를 간편하게 나타낸 것이다.

(1) P-h선도(Pressure-Enthalpy mollier diagram)

- 냉매 1kg에 대한 작업과정을 선도로서 표시할 것
- 이론적 계산에서 많이 쓰며 냉매 순환량, 압축기 흡입량, 응축부하를 구할 수 있다.
- 종축에 절대압력을 대수 눈금으로 잡아주고 횡축에는 Enthalpy가 표시된다.
- Mollier diagram 이용시 다음과 같은 특징이 있다.

　　┌ 냉동기의 크기 결정
　　├ 전동기의 크기 결정
　　├ 냉동능력 판단
　　├ 냉동장치의 운전상태의 양부
　　└ 합리적이고 능률적인 운전에 필요

1) Mollier diagram의 각 성질과 구성

① 과냉각액 구역 : 동일 압력하에서 포화온도 이하로 냉각된 액의 구역

② 과열증기 구역 : 건조 포화증기를 더욱 가열하여 포화온도 이상으로 상승시킨 구역

③ 습포화증기 구역 : 포화액이 동일압력하에서 동일온도의 증기와 공존할 때의 상태 구역

④ 포화액선 : 포화온도압력이 일치하는 비등직전 상태의 액선

⑤ 건조포화 증기선 : 포화액이 증발하여 포화온도의 가스로 전환한 상태의 선

2) Mollier diagram상의 6대 구성요소

① 등압선 P[kg/cm²a]

 ㉮ 횡축과 나란하며 절대압력으로 표시되어 있다.

 ㉯ 등압선상에서 압력은 일정하다.

 ㉰ 응축·증발압력을 알 수 있다.

 ㉱ 압축비를 구할 수 있다.

② 등엔탈피선 h[kcal/kg]

 ㉮ 종축과 평행하며 횡축과 직교한다.

 ㉯ 이 선상의 엔탈피는 같다.

 ㉰ 냉매 1kg에 대한 엔탈피를 구할 수 있다.

 ㉱ 냉동효과 · 압축일량 · 응축열량 · 플래시 가스량을 구할 수 있다.

등압선 P[kg/cm²a]   등엔탈피선 h[kcal/kg]

③ 등온선 t[℃]
  ㉮ 이 선상의 온도는 모두 같다.
  ㉯ 과냉각 구역에서는 등엔탈피선과 평행하며 과열증기 구역에서는 건조포화 증기 선상에서 오른쪽으로 약간 구부린 다음 급히 하향한다.
  ㉰ 습증기 구역에서는 일반적으로 표시가 되어 있지 않고 포화액선, 건조포화 증기 선에 온도가 표시되어 있다.
  ㉱ 토출가스온도, 증발온도, 응축온도, 팽창밸브 직전의 냉매온도를 알 수 있다.

④ 등비체적선 v[m³/kg]
  ㉮ 습증기 구역과 과열증기 구역에서만 존재하는 선으로서 오른쪽으로 향하여 상향으로 그려져 있다.
  ㉯ 압축기로 흡입되는 냉매 1kg의 체적을 구할 때 쓰인다.

⑤ 등엔트로피선 S[kcal/kg·°K]
  ㉮ 습증기 구역과 과열증기 구역에만 존재하며 엔트로피가 같은 점을 이은 선
  ㉯ 급경사를 이루고 상향한 곡선
  ㉰ 압축기는 단열압축이므로 등엔트로피선을 따라 압축된다.

⑥ 등건조선 X[%]
  ㉮ 습증기 구역에만 존재하며 냉매 1kg에 포함하고 있는 증기량
  ㉯ 포화액의 건조도는 0이며, 건조포화증기의 건조도는 1이다.

⟨기준 냉동 사이클⟩
증발온도 : -15℃
응축온도 : 30℃
압축기 흡입가스 : -15℃의 건조포화증기
팽창밸브 직전온도 : 25℃

⟨Mollier 선도⟩

(a—b) 압축기 → 압축과정
(b—c) → 과열 제거과정
(c—d) → 응축 과정   } 응축기
(d—e) → 과냉각 과정

기준 냉동 사이클과 몰리에르 선도와의 비교

(2) Mollier 선도상의 각부 작용

1) 압축과정(a-b)

a점은 압축기 흡입점으로 냉매의 상태는 P2 증발 압력에 해당하는 건조포화증기이며, b점은 압축기 토출점으로서 압력 P1 응축 압력에 해당하는 과열증기이다. 즉, 저온·저압의 건조포화증기가 압축기에서 압축됨으로써 고온·고압의 과열증기로 토출된다. 압축기를 통해서 나오는 가스는 피스톤에 가해진 일에 상당하는 열을 흡수하게 됨으로써 냉매의 Enthalpy는 증가하는데, 이 증가한 Enthalpy(ib-ia)는 Aw(압축기 소요 동력)에 해당하는 일의 열당량으로 나타나게 된다.

a' : 습식 압축(NH_3)
a : 건조식 압축
a" : 과열식 압축(R-12)

① 흡입증기에 따른 압축방식

㉮ a" : 과열압축(과열증기 압축)
  ㉠ 압축기 흡입가스가 과열증기일 때
  ㉡ 프레온일 경우 과열압축시 성적계수가 좋다(미국에서는 5℃ 과열증기를 기준 냉동 사이클로 약속).

㉯ a : 건압축(건조포화증기 압축)
  ㉠ 압축기 흡입가스가 건조포화증기일 때
  ㉡ 암모니아 건압축시 성적계수가 좋다(실제로는 약간 습압축을 해준다).

㉰ a' : 습압축(습포화증기 압축)
  ㉠ 압축기 흡입가스가 습포화증기일 때
  ㉡ 습압축(액압축)은 액해머링의 위험이 있으므로 피해야 한다.

2) 응축과정(b-e)

① 과열 제거과정(b-c) : 압축기에서 토출된 냉매가스가 토출관을 통과하는 동안 외부로 열을 버려줌으로써 과열이 제거되어 건조포화증기가 되는 작용이다. 이 때 냉매의 Enthalpy는 감소하며 온도도 내려가게 되나 압력은 변화없다.

② 응축과정(c-d) : 건조포화증기가 응축기에서 공기나 냉각수에 의하여 냉각되므로 응축 액화하여 포화액이 되는 과정. 응축과정 중의 냉매 Enthalpy는 감소하나 온도와 압력은 일정하다.

응축방열량 : $Q_1 = Aw + q$, $Q_1 = i_b - i_e$

③ 과냉과정(d-e) : 응축기에서 응축 액화된 냉매액이 팽창밸브까지 가는 동안 냉각되게 됨으로써 포화액이 과냉액이 되는 과정이다.

3) 팽창과정(e-f)

압력 P_1에 해당하는 고온·고압의 냉매가 팽창밸브에서 교축 팽창됨으로써 저온·저압의 습포화증기가 된다. 팽창과정은 이론상 단열 팽창이므로 팽창밸브 직전 e에서의 Enthalpy나 직후 f점에서의 Enthalpy는 동일하다.

NH_3 : 14%
R-12 : 23% ⎤ 플래시 가스 발생
R-22 : 22% ⎦

※ 증발잠열에 대한 액체의 비열이 클수록 플래시 가스 발생량이 크다.

4) 증발작용(f-a)

팽창밸브에서 압력과 온도를 내린 저온·저압의 냉매가 피냉각 물질이나 목적하는 장소에서 열을 흡수하여 증발하는 과정. 증발과정에서 냉매의 엔탈피는 증가하나 압력과 온도는 일정하다.

① 냉동효과 : $q = i_a - i_e$

② 성적계수 : $\varepsilon = \dfrac{q}{Aw} = \dfrac{i_a - i_e}{i_b - i_a}$

NH_3, R-12, R-22의 기준 냉동 사이클에서의 비교

2. 압축 냉동장치의 계산

(1) 냉동효과

$$q = i_a - i_e \begin{cases} q : 냉동효과[kcal/kg] \\ i_a : 증발기를 나오는 냉매 증기의 엔탈피[kcal/kg] \\ i_e : 팽창밸브 직전 온도에 있어서의 액냉매 엔탈피[kcal/kg] \end{cases}$$

(2) 냉매 순환량

1)

$$G = \frac{Q}{q} \begin{cases} G : 냉매 순환량[kg/h] \\ Q : 냉동 능력[kcal/h] \\ q : 냉동 효과(kcal/kg) \end{cases}$$

2)

$$G = \frac{V_a}{v} \times \eta_v \begin{cases} V_a : 이론적인 피스톤 압출량[m^3/h] \\ v : 압축기 흡입가스의 비체적[m^3/kg] \\ \eta_v : 체적효율 \end{cases}$$

3) 피스톤 압출량

$$V = \frac{\pi}{4} \times D^2 \times L \times N \times R \times 60 \begin{cases} V : 시간당 피스톤 압출량[m^3/h] \\ D : 실린더 직경[m] \\ L : 실린더 행정[m] \\ N : 기통수 \\ R : 분당 회전속도[rpm] \\ 60 : 분당 회전수를 시간으로 환산 \end{cases}$$

4) 체적 효율(ηv)

$$\eta_v = \frac{V_g}{V_a} \quad \begin{cases} V_g : \text{실제적 피스톤 압출량} \\ V_a : \text{이론적 피스톤 압출량} \end{cases}$$

※ 이론적 피스톤 압출량보다 실제적 압축기가 취급하여야 하는 증기의 체적이 적은 이유

① 간극에 의한 영향(clearance)
  ㉮ 톱 클리어런스(Top clearance) : 실린더의 두부와 피스톤이 상사점에 이르렀을 때 상사점과 실린더 두부와 사이의 공간을 말하며, 이는 실린더에 이물질이나 액이 유입되었을 때에 실린더를 보호하는 역할을 한다.
    ㉠ NH_3 대형 압축기 : 0.7~1.0mm
    ㉡ R-12 소형 압축기 : 0.2~0.5mm
  ㉯ Side clearance : 피스톤 옆면과 실린더 내벽 사이
② 밸브 또는 피스톤 링의 누설
③ 실린더 벽·피스톤·밸브 등이 가열하게 되면 잔류열에 의한 체적 팽창
④ 회전수가 빠르게 되면 통로 저항이 크기 때문에 체적 효율 감소(가스의 교착현상)

EX 01 기통경 300mm, 행정 300mm, 회전수 400rpm의 입형 저속 쌍기통 압축기의 시간당 이론적 및 실제적 압출량을 계산하시오 (단, 체적 효율 : 0.8).

이론적 피스톤 압출량 $V_a = \frac{3.14}{4} \times 0.3^2 \times 0.3 \times 2 \times 400 \times 60 = 1,017.36 m^3/h$

실제적 피스톤 압출량 $V_a \times \eta_v = 1,017.36 \times 0.8 = 813.89 m^3/h$

(3) 2단 압축(Two Stage Compression)

냉동기의 증발온도가 너무 낮으면 이에 따라 증발압력이 저하하므로 저압가스를 1단으로 압축할 경우 압축비가 커지게 된다. 이렇게 압축비가 높아지면 압축기의 토출가스의 온도가 높아지고 체적효율이 감소하여 냉동능력이 감소하며 소요동력이 현저히 증가함으로써 동력이 낭비된다. 이러한 악현상을 방지하기 위하여 증발온도가 너무 낮을 경우 또 압축비가 큰 경우에는 증발기를 나오는 저압 냉매를 2단으로 나누어 저단압축기는 저압을 중간압력까지만 상승시키고, 이 중간압력이 된 가스를 중간냉각기로 냉각한 후 고단압축기로 고압까지 올려주는 2단 압축방식을 채택하는 것이다.

(4) 2단 압축의 채용 한계

1) 증발온도

　$NH_3 : -35℃$
　　　　　　　이하일 때 2단 압축 채용
　$Freon : -50℃$

2) 압축비가 6보다 클 때 2단 압축 채용

　$P_1/P_2 > 6$　　P_1 : 응축 절대압력[kg/cm²a]
　　　　　　　　P_2 : 증발 절대압력[kg/cm²a]

(5) 중간압력의 선정

　$P = \sqrt{P_1 \times P_2}$　　　P : 중간 절대압력[kg/cm²a]

증발압력 1kg/cm²a, 응축압력 16kg/cm²a일 때 2단 압축기의 중간압력은?

$P = \sqrt{1 \times 16} = \sqrt{16} = 4 kg/cm^2 a$

(6) 2단 압축 사이클

1) 중간냉각을 물로 하는 2단 압축

a~b : 저단압축기   b~c : 수중간 냉각기   c~d : 고압압축기
d~e : 응축기   e~f : 팽창밸브   f~a : 증발기

2) 중간냉각을 물과 냉매로 하는 경우

① 1단 팽창식(밀폐식 : Cross Type)

㉮ a~b : 저단압축기

㉯ b~c : 수중간 냉각기

㉰ c~d : 액가스 중간냉각기(수중간 냉각기를 지나 들어온 냉매의 과열도가 건조포화증기까지 제거되는 과정)

㉱ d~e : 고단압축기

㉲ e~f : 응축기

㉳ f~g : 제1팽창밸브

㉴ g~d : 액가스 중간냉각기(제1팽창밸브를 통과한 냉매가 증발하는 과정)

㉵ f~h : 제2팽창밸브로 가는 냉매배관이 액가스 중간냉각기를 통과하는 과냉각이 되는 과정

㉶ h~i : 제2팽창밸브

㉷ i~a : 증발기

② 2단 팽창식(개방형 : Open Flash Type)

액가스 냉각기로 액화냉매가 완전히 중간압력의 포화온도까지 냉각되는 경우

③ 2단 팽창식의 몰리에르 선도

3) 중간냉각기

① 개방형 중간냉각기

② 밀폐형 중간냉각기

③ 직접 팽창식 중간냉각기

④ 역할

㉮ 저단측 토출가스 온도를 낮추어 고단측의 흡입측으로 보낸다.

㉯ 액냉매를 과냉각시켜 냉동효과를 증대시킨다.

(a) 개방형 중간냉각기

(b) 밀폐형 중간냉각기　　　　(c) 직접팽창식 중간냉각기

(7) 2단 압축에 관한 문제

1) 2단 압축 1단 팽창식

냉동능력 IRT인 2단 압축 냉동기가 다음 그림과 같이 운전될 때 저단 냉매순환량 GL, 중간냉각기 냉매순환량 GM, 고단 냉매순환량 GH, 저단 소요동력 kWL, 고단 소요동력 kWH는 다음과 같이 구한다.

① $G_L = \dfrac{Q}{i_a - i_g} = \dfrac{3,320}{393 - 95} = 11.1409 ≒ 11.14 \text{kg/h}$

② $G_M = \dfrac{G_L \{(i_b - i_c) + (i_e - i_g)\}}{i_c - i_f} = \dfrac{11.14 \{(437 - 398) + (136 - 95)\}}{398 - 136} = 3.4 \text{kg/h}$

③ $G_H = G_L + G_M = 11.14 + 3.4 = 14.54 \text{kg/h}$

$G_H = G_L \times \dfrac{i_b - i_g}{i_c - i_f} = 11.14 \times \dfrac{437 - 95}{398 - 136} = 14.54 \text{kg/h}$

④ $kW_L = \dfrac{G_L \times (i_b - i_a)}{860} = \dfrac{11.14 \times (437 - 393)}{860} = 0.569 kW$

⑤ $kW_H = \dfrac{G_H \times (i_d - i_c)}{860} = \dfrac{14.54 \times (458 - 398)}{860} = 1 kW$

2) 2단 압축 2단 팽창식

다음 사이클로 운전되는 2단 압축기의 냉동능력 IRT에서 저단 냉매순환량 G_L, 고단 냉매순환량 G_H, 중간냉각기 냉매순환량 G_M, 저단압축기 소요동력 kW_L, 고단 소요동력 kW_H는 다음과 같이 구한다.

① $G_L = \dfrac{Q}{q} = \dfrac{3,320}{388 - 89} = 11.1 kg/h$

② $G_M = \dfrac{G_L \{(i_b - i_c) + (i_f - i_g)\}}{i_c - i_f} = \dfrac{11.1 \{(433 - 399) + (128 - 89)\}}{399 - 128} = 2.99 kg/h$

③ $G_H = G_L + G_M = 11.1 + 2.99 = 14.09 kg/h$

$G_H = G_L \times \dfrac{i_b - i_g}{i_c - i_f} = 11.1 \times \dfrac{433 - 89}{399 - 128} = 14.09 kg/h$

④ $kW_L = \dfrac{G_L \times (i_b - i_a)}{860} = \dfrac{11.1 \times (433 - 388)}{860} = 0.557 kW$

⑤ $kW_H = \dfrac{G_H \times (i_d - i_c)}{860} = \dfrac{14.09 \times (447 - 399)}{860} = 0.7864 kW$

(8) 2원 냉동기

1) 2원 냉동기

-70℃ 이하의 초저온을 얻을 경우 다단 압축기로서 힘들 때는 다원 냉동기가 채용되는데 이것은 고온측 냉동장치의 증발기가 저온측 냉동장치의 응축기를 냉각시켜 주는 방식이다.

① 팽창탱크

저온측 냉동기를 정지하였을 때 초저온 냉매의 증발로 인하여 저온측 냉동장치의 증발기내 압력이 높아져 증발기 배관을 파괴하는 일이 있는데 이것을 방지하기 위하여 저온측 증발기에 팽창탱크를 부착하여 압력이 일정 이상이 되면 팽창탱크로 가스를 저장하는 장치이다.

㉮ 저온 냉동기에 사용되는 냉매 : R-13, R-14, R-22, 에틸렌 등

㉯ 고온 냉동기에 사용되는 냉매 : R-12, R-22 등

② 2원 냉동장치 설계시 주의점

㉮ 냉매 선택에 주의(R-13, R-14, 프로판 등)

㉯ 배관재료 선택에 주의

(2~4% 니켈강, 8~18% 스테인리스강, 이음매 없는 동관 등)

㉰ 윤활유 선택의 주의(스니소 4G, 90번 냉동기유)

㉱ 팽창탱크 설치

2) 암모니아의 다효압축

증발온도가 다른 두 개의 증발기에서 발생하는 압력이 다른 가스를 1개의 압축기 실린더로 동시에 흡입하기 위하여 압축기에 2개의 흡입구가 있는 것을 사용하는 방식으로서 하나는 피스톤 상부에 흡입밸브가 있어 저압증기만을 흡입하고 다른 하나는 피스톤의 행정 최하단 가까이에서 실린더 벽에 뚫린 제2의 흡입구가 열려 고압가스를 흡입하여 고저압의 양가스를 혼합하여 동시에 압축하는 것이다.

연습문제

01 다음 그림은 이상적인 냉동 사이클을 나타낸 것이다. 설명이 맞지 않는 것은?

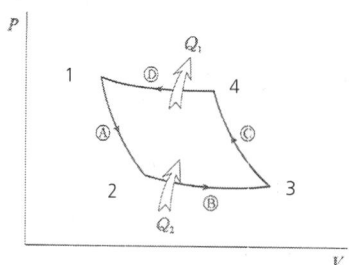

① Ⓐ 과정은 단열팽창이다.
② Ⓑ 과정은 등온압축이다.
③ Ⓒ 과정은 단열압축이다.
④ Ⓓ 과정은 등온압축이다.

풀이 Ⓑ 과정은 등온 팽창으로 증발기에 해당된다.

02 다음 그림과 같은 몰리엘(Mollier) 선도 상에서 압축냉동 사이클의 각 상태점에 있는 냉매의 상태 설명 중 틀린 것은?

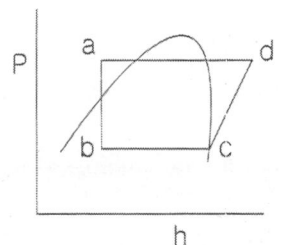

① a점의 냉매는 팽창밸브 직전의 과냉각된 냉매액
② b점은 감압되어 증발기에 들어가는 포화액
③ c점은 압축기에 흡입되는 건포화 증기
④ d점은 압축기에서 토출되는 과열 증기

풀이 b점은 교축(감압)되어 습증기상태로 증발기로 유입된다.

03 모리엘(P-h)선도상에서 응축온도를 일정하게 하고, 증발온도를 저하시킬 때 발생하는 현상으로 잘못된 것은?

① 소요동력이 증대한다.
② 압축비가 감소한다.
③ 냉동능력이 감소한다.
④ 플래쉬 가스 발생량이 증가한다.

풀이 증발온도 저하는 압축비가 증대되므로 비열비가 큰 경우가 동일한 현상을 일으킨다.

04 모리엘 선도 내 등건조도선의 건조도 0.2는 무엇인가?

① 습증기 중의 건포화 증기 20%(중량비율)
② 습증기 중의 액체인 상태 20%(중량비율)
③ 건증기 중의 건포화 증기 20%(중량비율)
④ 건증기 중의 액체인 상태 20%(중량비율)

풀이 몰리엘 선도는 냉매 1kg에 대한 과정을 나타낸 것으로 건조도가 0.2는 습증기 중의 증기가 중량비율로 20% 존재한다는 것을 의미한다.

01 ② 02 ② 03 ② 04 ①

05 실제 냉동사이클에서 냉매가 증발기를 나온 후 압축 될 때까지 압축기의 흡입가스 변화는?
① 압력은 떨어지고 엔탈피는 증가한다.
② 압력과 엔탈피는 떨어진다.
③ 압력은 증가하고 엔탈피는 떨어진다.
④ 압력과 엔탈피는 증가한다.

풀이 증발기에서 압축기로 흡입될 때까지 배관의 마찰저항과 부속기기의 저항에 의하여 압력은 감소하게 되며, 주변으로부터 지속적으로 열을 받아 엔탈피는 상승하게 된다.

06 증발압력이 낮아졌을 때에 관한 설명 중 옳은 것은?
① 냉동능력이 증가한다.
② 압축기의 체적효율이 증가한다.
③ 압축기의 토출가스 온도가 상승한다.
④ 냉매 순환량이 증가한다.

풀이 증발압력이 낮아지면 압축비가 증가되어 소요동력이 증가하며 냉동 능력은 감소한다. 토출가스 온도는 상승하고 효율은 감소한다.

07 냉동장치에서 일원 냉동사이클과 이원 냉동 사이클의 가장 큰 차이점은?
① 압축기의 대수
② 증발기의 수
③ 냉동장치 내의 냉매 종류
④ 중간냉각기의 유무

풀이 일원장치는 냉동기 한 대로 운전하며 주로 냉매는 R-12, R-22 등이 주로 쓰이며 이원 냉동 장치는 냉동기 두 대(저온측+고온측)를 열교환시켜 사용하는 것으로 저온측에는 R-13, 에틸렌, 메탄 등을 주로 사용한다.

08 다음 중 2원 냉동 사이클에 대한 설명으로 옳은 것은?
① 팽창 탱크는 저압측에 설치하는 안전장치이다.
② 고압측과 저압측에 사용하는 윤활유는 동일하다.
③ 일반적으로 저온측에 사용하는 냉매는 R-12, R-22, 프로판 등이다.
④ 일반적으로 고온측에 사용하는 냉매는 R-13, R-14 등이다.

풀이 저압측에는 90번오일을 사용하며 고압측에는 300번 오일을 사용한다. 저압측에는 R-13, 에틸렌, 프로필렌 등이 냉매로 사용되며 고압측에는 R-12, R-22등이 사용한다.

09 이원 냉동장치에 대한 설명 중 틀린 것은?
① -70℃ 이하의 초저온을 얻기 위하여 사용한다.
② 팽창탱크는 고온측 증발기 출구에 부착한다.
③ 고온측 냉매로는 비등점이 높고 응축압력이 낮은 냉매를 사용한다.
④ 저온 응축기와 고온측 증발기를 조합한 것을 캐스케이드 콘덴서라고 한다.

풀이 이원 냉동장치는 고온측 냉동기와 저온측

05 ① 06 ③ 07 ③ 08 ④ 09 ②

냉동기 두 대를 조합하여 사용하는 것으로 냉동실의 온도는 -70℃ 이하의 저온으로 냉동기 정지 또는 외기 침투로 인하여 초저온 냉매의 급격한 증발로 압력이 상승하면 배관 파열 등 피해의 우려가 있으므로 저온측 증발기에 팽창탱크를 연결하여 압력 상승을 방지한다.

10 2원 냉동사이클의 주요장치와 거리가 먼 것은?

① 저온압축기   ② 고온압축기
③ 중간냉각기   ④ 팽창밸브

풀이 중간 냉각기는 2단 압축 장치에서 사용한다.

11 다음과 같은 냉동 사이클 중 성적계수가 가장 큰 사이클은 어느 것인가?

① b - e - h - i - b
② c - d - h - i - c
③ b - f - g - i' - b
④ a - e - h - j - a

풀이 고압은 낮을수록 저압은 높을수록 성적계수는 증가하게 된다.

12 그림에서와 같이 어떤 사이클에서 응축온도만 변화하였을 때, 다음 중 틀린 것은?
(단, 사이클 A: (A-B-C-D-A) 사이클 B: (A-B′-C′-D′-A) 사이클 C : (A-B′′-C′-D′-A)

응축온도만 변했을 경우의
압력-엔탈피선도

① 압축비 : 사이클 C > 사이클 B > 사이클 A
② 압축일량 : 사이클 C > 사이클 B > 사이클 A
③ 냉동효과 : 사이클 C > 사이클 B > 사이클 A
④ 성적계수 : 사이클 C < 사이클 B < 사이클 A

풀이 냉동효과 : 사이클 A > 사이클 B > 사이클 C

13 다음 그림은 냉동사이클을 압력-엔탈피 (p-h) 선도에 나타낸 것이다. 올바르게 설명된 것은?

① 냉동사이클이 1-2-3-4-1에서 1-B-C-4-1로 변하는 경우 냉매 1kg 당 압축일의 증가는 $(h_B - h_1)$이다.

② 냉동사이클이 1-2-3-4-1에서 1-B-C-4-1로 변하는 경우 성적계수는 $[(h_1-h_4)/(h_2-h_1)]$에서 $[(h_1-h_4)/(h_B-h_1)]$로 된다.

③ 냉동사이클인 1-2-3-4-1에서 A-2-3-D-A로 변하는 경우 증발압력이 P에서 P로 낮아져 압축비는 (P_2/P_1)에서 $(P1/PA)$로 된다.

④ 냉동사이클이 1-2-3-4-1에서 A-2-3-D-A로 변하는 경우 냉동효과는 (h_1-h_4)에서 (h_A-h_4)로 감소하지만 압축기흡입증기의 비체적은 변하지 않는다.

풀이 냉동 사이클에서 증발온도는 높을수록, 응축온도는 낮을수록 성적계수가 증가하게 된다. 압축비는 고압절대압력은 저압절대압력으로 나눈 값으로 표시되며 증발온도가 낮아질수록 비체적은 증가하게 된다.

14 2단 압축 1단 팽창식과 2단 압축 2단 팽창식을 동일운전조건하에서 비교한 설명 중 맞는 것은?

① 2단 팽창식의 경우가 조금 성적계수가 높다.
② 2단 팽창식의 경우가 운전이 용이하다.
③ 2단 팽창식은 중간냉각기를 필요로 하지 않는다.
④ 1단 팽창식의 팽창밸브는 1개가 좋다.

풀이 2단 압축은 압축비가 6을 초과하는 경우 채용하는 것으로 2단 팽창은 주 라인에 팽창밸브가 2개 들어가는 것으로 1단 팽창에 비하여 성적계수를 높게 유지할 수 있다.

풀이 이론적인 성적계수
= 냉동효과 / (저단압축열량 + 고단압축열량)

13 ② 14 ①

제 4 장 압축기

증발기에서 흡수한 저온·저압의 냉매가스를 압축하여 압력을 올려줌으로써 분자간의 거리를 가깝게 하여 온도를 상승시켜 상온하에서도 응축 액화할 수 있게 한다. 즉, 저열원에서 냉매가 증발하면서 얻은 열을 고열원 응축기로 보내는 역할을 한다.

1. 구조상의 분류

(1) 개방형(Open type)

1) 직결 구동

전동기의 축과 압축기의 축이 직접 연결되어 동력전달(Motor rpm = 압축 rpm)

2) 벨트 구동

전동기와 압축기간에 V.Belt로 연결되어 동력전달(Motor rpm ≠ 압축 rpm)

(2) 밀폐형(Hermetic type)

모터와 압축기가 한 하우징 내에 있어 외부와 밀폐된 형으로 소형냉동기의 밀폐형 분류는 다음과 같다.

1) 반밀폐형

① 고저압측에 서비스 밸브가 붙어 있으며, 이곳으로 가스를 Charging Purging 할 수 있다.

② 분해점검 수리가능

2) 전밀폐형

① 고저압 어느 한쪽에만 서비스 밸브가 붙어 있으며 주로 저압측에 부착되어 수리 후 Gas Charging에 많이 사용된다.

② 모터는 상부, 컴프레서는 하부에 있다.

③ 수리시는 케이스를 쪼개야만 한다.

3) 완전밀폐형

① 서비스 밸브가 없고 Nipple로 냉매 Charging

② 내부 파악 곤란, 수리시 쪼개서 수리

③ 주로 소형 가정용 냉장고, Window type Aircon 등
 (단, 밀폐형은 전부 프레온을 사용한다)

(3) 개방형과 밀폐형의 장단점

1) 개방형

① 장점

㉮ 풀리(Pully) 크기에 따라 회전수를 임의로 할 수 있어 냉동용량을 임의로 설정할 수 있다.

㉯ 압축기 각부가 볼트로 조립되어 분해수리가 가능하다.

㉰ 압축용 전동기 이외의 구동원에 의해 구동할 수 있다.

㉱ 압축기와 구동원과 별도의 수리가 가능하다.

② 단점

㉮ 크랭크축이 외부로 관통되어 누설의 염려가 있다.

㉯ 소음의 발생이 심하다.

㉰ 외형이 커져 좁은 장소에 설치가 곤란하다.

㉱ 대량 생산시 밀폐형보다 비싸다.

2) 밀폐형

① 장점

㉮ 냉매의 누설이 없다.

㉯ 소음이 적다.

㉰ 소형이며 경량으로 된다.

㉱ 과부하 운전이 가능하다.

㉲ 대량 생산시 개방형에 비해 저렴하다.

② 단점
  ㉮ 전동기가 직결이기 때문에 회전속도를 임의로 조정할 수 없고, 50c/s로 전원 주파수가 감소되면 능력이 약 20% 감소된다.
  ㉯ 증발온도가 낮고 냉매순환량이 적은 조건에서는 흡입가스 과열에 따라 권선온도가 상승되는 우려가 있다.
  ㉰ 전동기 외에 구동원을 사용할 수 없어 전원이 없는 곳에서는 사용할 수 없다.
  ㉱ 분해수리 곤란
  ㉲ 회전수 변경으로 능력제어가 곤란

2. 압축방식에 따른 분류

(1) 왕복동식(Reciprocating Type)

피스톤의 왕복운동으로 가스를 압축하는 방식

 1) 단동식 : 1회전에 1회 압축(상승시 압축, 하강시 흡입)

 2) 복동식 : 1회전에 2회 압축(상승, 하강시 흡입 압축)

(2) 원심식(Centrifugal Type)

터보 압축기라 하며, 임펠러의 고속회전에 의한 원심력으로 가스를 압축하는 방식으로 대용량의 공기조화용으로 많이 사용. 보통 10,000~12,000rpm이 있다.

(3) 회전 압축기(Rotary Type)

1) 회전자(Rotor)의 회전에 의해 가스를 압축(주로 소형 냉동기)

2) 오일 쿨러(Oil Cooler)가 있다.

(a) 고정 날개형   (b) 회전 날개형

3) 압축기가 완전한 회전수에 달하기 전에는 블레이드는 원심력이 작아져 실린더에 꼭 밀착할 수 없으므로 가동시에는 압축이 행해지지 않아 가동시 전력소비가 적게 든다.

4) 일반적으로 1,000rpm 이상에서 블레이드가 정확히 실린더벽에 밀착된다. 보통 가정용 냉장고는 1,725rpm, 상업용 압축기는 약 1,000~1,800rpm에서 운전되고 있다.

(4) 스크루식(Screw Type)

2개의 맞물린 나사 형상의 로터 회전으로 가스를 압축하는 것이므로 구동할 때는 정해진 회전 방향이 있다.

1) 장점
① 토출가스 온도가 낮아 윤활유 열화 및 탄화가 작다.
② 용량에 비해 소형이다.
③ 흡입밸브 및 토출밸브 등이 없으므로 마찰, 마모 부분이 작다.

2) 단점
① 윤활유가 많이 든다(오일과 냉매가스를 같이 압축한다).
② 고속 회전이므로 소음이 크고 음향에 의해 고장 발견이 어렵다.
③ 전력 소비가 크고 가격이 비싸다.
④ 용량 제어시 효율 저하가 크다.

3. 윤활유

(1) 윤활유의 구비 조건

1) 응고점이 낮고 인화점이 높을 것

2) 점도가 알맞을 것이며 변질되지 말 것

3) 수분이 포화되지 않을 것이며 불순물이 없고 전기적인 절연내력이 클 것

4) 저온에서 왁스(Wax) 분리가 되지 않으며 냉매가스 흡수가 적어야 한다.

5) 냉매가스가 흡수하여도 용적 증가가 적을 것

6) 장기 휴지중 방청능력이 있을 것이며, 오일 포밍에 소포성이 있을 것

7) 항유화성이 있을 것

(2) 윤활유의 점도측정

1) 점도 측정기

    Say Bolt, Radiwood, Enger, Biscosmeter

2) 100°F의 상온하에서 관의 구경 0.125cm, 관장 1.725cm의 좁은 관을 45° 경사지게 하고 오일 60cc가 흘러 내리는데 걸리는 시간(초)을 말한다.

3) 새 기름으로 교환한 직후에는 점도가 높으므로 히터로 40℃ 이상 가열하여 운전해야 한다.

4) 나프탈렌계의 오일은 파라핀계의 것보다 냉매를 잘 흡수한다.

5) 프레온 냉동기에서는 오일 tank 유온이 40~60℃가 되도록 냉각기를 조절한다.

6) 윤활유 열화 : 오일을 장기간 운전하면 산화되어 색깔이 붉게 되는데 이것은 유중에 유기산 중합물, 에스펠 및 금속이 부식되어 유중에 섞여 흐려지게 되는 현상

7) 냉동기유의 인화점은 180~200℃ 이다.

(3) 윤활 방식

1) 비말 급유식(소형)

피스톤 행정이 짧은 소형에서 사용하는 방법으로 크랭크 샤프트의 밸런스 웨이트 또는 오일 스크레이퍼(Oil Scraper)를 설치하여 회전시 오일을 튀겨 올려줌으로써 급유하는 방식으로 오일 충진량을 정확하게 해야 하는 단점이 있다.

2) 강제 급유식(대형)

기어 펌프(Gear Pump)에서 오일을 압축하여 얻은 압력으로 급유시키는 방법으로 외기어와 내기어식이 있다. 주로 입형저속 및 고속다기통에서 사용한다.

(4) 유 압

유압계 지시압력 = 유압(기어펌프에서의 유압) + 저압으로서 일반적으로 다음과 같이 표시한다.

입형저속 = 저압 + 0.5~1.5kg/cm^2

고속다기통 = 저압 + 1.5~3kg/cm^2

터보냉동기 = 저압 + 6~7kg/cm^2

소형냉동기 = 저압 + 0.5kg/cm^2

스크류 압축기 = 고압 + 2~3kg/cm^2

1) 유압상승 원인

　① 유압계 불량

　② 유순환 회로가 막혔을 때

　③ 유압 조정밸브 불량(막혔을 경우)

　④ 유온이 낮을 경우(점도 증가)

　⑤ 오일의 과충전시

2) 유압저하 원인

　① 유압계 불량

　② 유온이 높을시(점도 저하)

　③ 오일중에 냉매 혼입시

　④ 유압 조정밸브 불량(열려 있을 경우)

　⑤ 유여과망이 막혔을 경우

　⑥ 기어 펌프(오일 펌프)의 고장시

　⑦ 유배관에서의 누설시

[큐노필터]

(5) 오일 충진 및 보충

1) 소형

오일 인젝터로 급유하거나 압축기를 분리하여 급유한다.

2) 중형(오일 플러그가 있을 때)

크랭크 케이스(Crank Case) 내를 대기압으로 유지한 후 압축기를 정지시키고 오일 플러그(Oil Plug)를 통해 급유한다.

3) 대형(Oil Charge Valve가 있을 때)

　① 오일 충전 밸브(Oil Charge Valve)와 오일통을 호스로 연결한다.

　② 오일 충전 밸브를 약간 열어 호스 내의 공기를 제거한다.

　③ 저압측 흡입밸브를 닫고 압축기를 운전하여 600mmHg까지 압력을 내린 다음 압축기를 정지시키고 토출밸브를 닫는다.

　④ 오일 충전 밸브를 열면 압력차에 의해서 오일은 자동적으로 충진된다. 적정량을 충진한 다음 오일 충진 밸브를 잠그고 압축기를 정상 운전시킨다.

⑤ 일정시간 운전 후 압축기를 정지시키고 일정시간이 지난 후 유면계를 보면서 적정량보다 적을 경우 같은 방법으로 충진한다.

4) 대형(기어 펌프가 있을 경우)

① 오일 충진 밸브와 오일통을 호스로 연결

② 오일 충진 밸브를 열어 호스 내 공기 제거

③ 오일 스톱 밸브를 닫고 오일통에서 기어 펌프로 충진

④ 유면계를 보면서 규정량이 충진되면 오일 충진 밸브를 닫고 오일 스톱 밸브를 열어 정상 운전

⑤ 호스와 오일통 제거

5) 강제 급유식에서 기어 펌프를 주로 사용하는 이유

① 용량에 비해 소형이다.

② 일정한 유압을 얻을 수 있다.

③ 구조가 간단하고 고장이 적어 수명이 길다.

(6) 용량 제어

1) 목적

① 부하변동에 따라 경제적 운전으로 동력소비를 절감할 수 있다.
② 무부하 기동을 할 수 있다.
③ 일정한 온도를 얻을 수 있다.
④ 압축기 보호

2) 방법

① 부하 상태에서 무부하 상태로(Load에서 Unload로)

증발압력(온도) 저하 → 용량 제어용 저압스위치 접점 연결 → 전자밸브 열림
→ 윤활유가 크랭크 케이스로 회수됨 → 스프링에 의해 Unload Piston이 우측으로 이동 → 연결봉도 우측으로 이동 → 캠링이 우로 회전 → 입상봉이 들려 흡입밸브를 밀어 올림으로써 Unload 상태가 됨

② 무부하 상태에서 부하 상태로(Unload에서 Load로)

증발압력(온도) 상승 → 용량 제어용 저압스위치 접점차단 → 전자밸브 닫힘 → 윤활유가 크랭크 케이스로 회수되지 못함 → 윤활유가 Unload Piston을 밀어 좌로 이동 → 연결봉도 좌측으로 이동 → 캠링이 좌로 회전 → 입상봉이 홈으로 떨어져 흡입밸브가 정상위치에 놓이고 Load 상태가 됨

용량 제어장치(일부 실린더를 놀리는 방법)

4. 운전 준비

(1) 응축기에 냉각수를 통수하는 동시에 압축기의 워터 재킷에 냉각수를 보내고 수량을 조절한다.
(2) 증발식 응축기(Eva Con)에 있어서는 송풍기의 회전을 확인한다.
(3) 유면을 확인한다. 즉, 축수중에 오일이 적당히 들어 있는가를 확인하고 또 크랭크실의 유면이 적당한가를 조사한다.
(4) 축봉장치의 상태를 조사한다. 즉, 크랭크 샤프트의 패킹을 정지시 조였던 만큼 풀어 준다(1분간 1~2방울 정도 떨어지게 한다).
(5) 각부의 전기결선을 점검한다.
(6) 장치 각 밸브의 개폐를 확인한다.
(7) V벨트를 조사한다.
(8) 압축기를 손으로 회전시켜 가볍게 도는가를 조사한다.
(9) 프레온의 경우 오일히터를 통전

연습문제

01 암모니아 입형 저속 압축기에 많이 사용되는 포펫트 밸브에 관한 설명으로 틀린 것은?
① 구조가 튼튼하고 파손되는 일이 적다.
② 회전수가 높아지면 밸브의 관성 때문에 개폐가 자유롭지 못하다.
③ 흡입밸브는 피스톤 상부 스프링으로 가볍게 지지되어 있다.
④ 중량이 가벼워 밸브 개폐가 불확실하다.

풀이 포펫트 밸브는 중량이 무거우며 밸브 개폐는 확실하게 작동한다.

02 고속 다기통 압축기의 단점에 대한 설명으로 옳지 않은 것은?
① 윤활유가 소비량이 많다.
② 토출가스의 온도와 윤활유 온도가 높다.
③ 압축비의 증가에 따른 체적효율의 저하가 크다.
④ 수리가 복잡하며 부품은 호환성이 없다.

풀이 고속다기통은 각 부품의 호환성이 있으며 동적·정적 밸런스가 양호하다.

03 회전식 압축기에 대한 설명으로 틀린 것은?
① 소형으로 설치면적이 작다.
② 진동과 소음이 적다.
③ 용량제어를 자유롭게 할 수 있다.
④ 흡입밸브가 없다.

풀이 회전식 압축기는 회전자의 회전에 의하여 압축하는 방식으로 주로 소형 냉동기에 이용되고 있으며 흡입, 토출밸브가 없으며 토출측에 역지밸브(check valve)가 토출밸브 역할을 한다.

04 회전식 압축기에 관한 설명 중 옳지 않은 것은?
① 압축이 연속적이다.
② 소형 경량화가 가능하여 설치면적이 적다.
③ 진동이 작다.
④ 왕복동식 압축기보다 구조가 복잡하다.

풀이 왕복동 압축기는 부속도 많고 장치가 타 압축기에 비해 매우 복잡하다.

05 흡입, 압축, 토출의 3행정으로 구성되며, 밸브와 피스톤이 없어 장시간의 연속운전에 유리하고 소형으로 큰 냉동능력을 발휘하기 때문에 대형 냉동공장에 적합한 압축기는?
① 왕복식 압축기
② 스쿠류 압축기
③ 회전식 압축기
④ 원심 압축기

풀이 스크류 압축기는 암수 치형이 맞물려 돌아가는 것으로 냉매와 오일을 같이 압축하는 것으로 진동은 적으나 소음이 큰 것이 단점이다.

01 ④ 02 ④ 03 ③ 04 ④ 05 ②

06 스크류(screw) 압축기의 특징을 설명한 것으로 틀린 것은?
① 동일용량의 왕복동식 압축기에 비해 부품의 수가 적고 수명이 길다.
② 10~100% 사이의 무단계 용량제어가 되므로 자동운전에 적합하다.
③ 타 압축기에 비해 오일 해머의 발생이 적다.
④ 소형 경량이긴 하나 진동이 많으므로 견고한 기초가 필요하다.

풀이 스크류 압축기(screw compressor : 나사 압축기) 특징
① 토출가스온도가 낮아 윤활유 열화·탄화의 우려가 거의 없다.
② 용량에 비하여 소형이다.
③ 흡입밸브 및 토출밸브가 마찰·마모부분이 적다.
④ 냉매와 오일이 같이 압축하므로 윤활유 소비량이 많다.
⑤ 고속회전이므로 소음이 크나 암수치형이 맞물려 회전하기 때문에 진동은 적다.
⑥ 용량제어 시 효율 저하가 크고 전력 소비가 많다.

07 스크류 압축기에 관한 설명으로 틀린 것은?
① 흡입밸브와 피스톤을 사용하지 않아 장시간의 연속운전이 가능하다.
② 압축기의 행정은 흡입, 압축, 토출행정의 3행정이다.
③ 회전수가 3500rpm 정도의 고속회전임에도 소음이 적으며, 유지보수에 특별한 기술이 없어도 된다.
④ 10~100%의 무단계 용량제어가 가능하다.

풀이 암, 수 치형이 맞물려 돌아가므로 진동은 적으나 소음은 크게 발생하여 반드시 방음장치를 하여야 한다.

08 압축기의 피스톤 링이 현저하게 마모되면 압축기의 작용은 어떻게 되는지 다음 [보기]에서 옳은 것만 고른 것은?

| 1) 냉동능력이 감소한다. |
| 2) 실린더 내에 기름이 올라가는 양이 많아진다. |
| 3) 단위 냉동능력당의 동력소비가 적게 된다. |
| 4) 체적효율은 변화가 없다. |

① 1), 3) ② 1), 2)
③ 2), 4) ④ 3), 4)

풀이 피스톤 링이 마모되면 압축이 제대로 되지 않아 피스톤 압출량 감소로 인하여 냉동능력이 감소하며, 또 오일이 피스톤 상부로 올라가 오일 햄머링의 원인이 되기도 한다.

09 압축기 톱 클리어런스가 클 경우에 대한 설명으로 틀린 것은?
① 냉동능력이 감소한다.
② 토출가스 온도가 저하한다.
③ 체적효율이 저하하다.
④ 압축기가 과열된다.

풀이 톱 클리어런스(통극 체적)이 크며 토출가스 온도가 상승한다.

06 ④ 07 ③ 08 ② 09 ②

10 용량제어가 불가능한 압축기는?
① 스크류 압축기
② 고속 다기통 압축기
③ 로터리 압축기
④ 터보 압축기

풀이 로터리 압축기는 회전식 압축기로 로우터의 회전에 의해 압축이 되는 형식으로 용량제어가 불가능하다.

11 체적효율 감소에 영향을 미치는 요소가 아닌 것은?
① 클리어런스(clearance)가 적음
② 흡입·토출밸브 누설
③ 실린더 피스톤 과열
④ 회전속도가 빨라질 경우

12 왕복동식 압축기의 회전수를 $n(\text{rpm})$, 피스톤의 행정을 $S(\text{m})$라 하면 피스톤의 평균속도 $V_s(\text{m/s})$를 나타내는 식은?

① $\dfrac{\pi \cdot S \cdot n}{60}$ ② $\dfrac{S \cdot n}{60}$

③ $\dfrac{S \cdot n}{30}$ ④ $\dfrac{S \cdot n}{120}$

풀이 실린더의 상사점과 하사점 사이의 거리를 행정(S)이라 하며 1회전 하면 2S가 된다.

피스톤의 평균속도 $=\dfrac{2S \times n}{60\text{sec}} = \dfrac{S \times n}{30}$

13 다음 설명 중 ( )에 적당한 것은?

> 압축기의 토출밸브가 누설하면 실린더가 과열되고, 토출가스 온도가 높아지며, 냉동능력이 ( )진다.

① 낮았다가 높아   ② 낮아
③ 일정해   ④ 높아

풀이 토출밸브에서의 누설은 압축된 가스의 역류되고 다시 압축되는 과정의 반복으로 토출가스온도는 상승하게 되며 이로 인하여 실린더 과열, 피스톤 마모, 냉동능력 감소 등 비열비가 높은 상태와 동일한 영향을 미친다.

14 응축압력 및 증발압력이 일정할 때 압축기의 흡입증기과열도가 크게 된 경우의 설명 중 옳은 것은?
① 증발기의 냉동효과는 증대한다.
② 냉매 순환량이 증대한다.
③ 압축기의 토출가스 온도가 상승한다.
④ 압축기의 체적효율은 변하지 않는다.

풀이 흡입가스가 과열되면 토출가스온도가 상승하게 된다.

15 압축기 과열의 원인으로 가장 적합한 것은?
① 냉각수 과대
② 수온저하
③ 냉매 과충전
④ 압축기 흡입밸브 누설

풀이 냉각수 과대 및 수온 저하는 응축압력 저하로 압축기 과열을 방지하며 냉매 과충전의 경우 압축기로 리키드백 우려가 있다. 흡입밸브의 누설은 압축된 가스가 토출되지 못하고 재 흡입되므로 결국 압축기 과열의 원인이 된다.

16 냉동장치 중 압축기의 토출압력이 너무 높은 경우의 원인으로 옳지 않은 것은?
① 공기가 냉매 계통에 흡입하였다.
② 냉매 충전량이 부족하다.
③ 냉각수 온도가 높거나 유량이 부족하다.
④ 응축기내 냉매배관 및 전열판이 오염되었다.

풀이 냉매 충전량이 부족한 경우는 토출가스온도가 높아지며 토출압력은 변함이 없거나 낮아진다.

17 압축기의 용량제어 방법 중 왕복동 압축기와 관계가 없는 것은?
① 바이패스법
② 회전수 가감법
③ 흡입 베인 조절법
④ 클리어런스 증가법

풀이 터보 냉동기에서 용량 제어 방법으로 베인조정법, 댐퍼 조정법, 회전수 가감법 등이 있다.

18 냉동장치를 운전하는 중 압축기의 패킹, 배관의 이음쇠 등에서 공기가 침입했을 때의 설명으로 옳은 것은?
① 모터의 암페어(ampere)에는 변화가 없다.
② 압축기 토출압력은 정상운전의 경우에 비하여 높아진다.
③ 공기가 존재함으로 인하여 고압압력이 상승하는 한도는 대기압까지이다.
④ 토출가스 온도는 낮아진다.

풀이 공기는 불 응축가스로 장치에 침입하면 냉매의 압력에 불 응축가스 압력이 더 해지므로 장치 압력이 높아져 동력소비가 증가한다.

19 증기 압축식 냉동 사이클에서 증발온도를 일정하게 유지시키고 응축온도를 상승시킬 때 나타나는 현상이 아닌 것은?
① 소요동력 증가
② 플래시가스 발생량 감소
③ 성적계수 감소
④ 토출가스 온도 상승

풀이 응축온도가 상승하면 압축비가 증대되며 플래시가스 발생도 많아진다.

15 ④ 16 ② 17 ③ 18 ② 19 ②

20 1대의 압축기로 증발온도를 −30℃ 이하의 저온도로 만들 경우 일어나는 현상이 아닌 것은?
① 압축기 체적효율의 감소
② 압축기 토출증기의 온도상승
③ 압축기 행정체적의 증가
④ 냉동능력당의 소요동력 증대

풀이 증발온도가 낮아지는 것은 증발압력 또한 낮아지므로 압축비 증대로 소요동력이 증대되며 효율이 감소하게 된다. 행정체적의 증가와는 무관하다.

21 용량조절장치가 있는 프레온냉동장치에서 무부하(unload) 운전시 냉동유 반송을 위한 압축기의 흡입관 배관방법은?
① 압축기를 증발기 밑에 설치한다.
② 2중 수직 상승관을 사용한다.
③ 수평관에 트랩을 설치한다.
④ 흡입관을 가능한 길게 배관한다.

풀이 2중 입상관은 프레온 소형장치에서 유화수를 주목적으로 설치한다.

22 냉동기유가 갖추어야할 조건으로 알맞지 않는 것은?
① 응고점이 낮고, 인화점이 높아야 한다.
② 냉매와 잘 반응하지 않아야 한다.
③ 산화가 되기 쉬운 성질을 가져야 된다.
④ 수분, 산분을 포함하지 않아야 된다.

풀이 냉동기유의 조건
① 응고점이 낮고 인화점이 높을 것.
② 점도가 적당하고 변질되지 말 것.
③ 수분이 포함되지 않아야 하며 불순물이 없고 절연내력이 클 것.
④ 저온에서 왁스가 분리되지 않고 냉매가스 흡수가 적어야 한다.
⑤ 항유화성이 있을 것.
⑥ 오일포밍에 대한 소포성이 있을 것.

23 냉동기유의 구비조건으로 옳지 않은 것은?
① 점도가 적당할 것
② 응고점이 높고 인화점이 낮을 것
③ 항유화성이 있을 것
④ 수분 및 산류 등의 불순물이 적을 것

풀이 응고점이 낮아야 오일이 얼지 않고 인화점이 높아야 압축 시 발생하는 열에 의하여 불이 붙지 않는다.

24 냉동장치의 윤활 목적에 해당되지 않는 것은?
① 마모방지
② 부식방지
③ 냉매 누설방지
④ 동력손실 증대

풀이 냉동장치의 윤활유 사용 목적은 크게 4가지로 대변한다.
① 발열제거
② 누설방지
③ 마모방지
④ 패킹재료 보호

20 ③   21 ②   22 ③   23 ②   24 ④

제 5 장 응축기 및 냉각탑

1. 응축기(Condenser)

(1) 응축기의 종류와 특징

압축기에서 토출된 냉매 가스를 상온하에서 물이나 공기를 사용하여 열을 제거함으로써 응축액화시키는 역할을 한다.

1) 종류

① 입형 셸 앤드 튜브식 응축기(Vertical Shell and Tube Condenser)
② 횡형 셸 앤드 튜브식 응축기(Horizental Shell and Tube Condenser)
③ 셸 앤드 코일식 응축기(Shell and Coil Condenser)
④ 7통로식 응축기(Seven Pass Condenser)
⑤ 2중관식 응축기(Double Tube Condenser)
⑥ 대기식 응축기(Atmospheric Condenser)
⑦ 증발식 응축기(Evaporative Condenser)
⑧ 공랭 응축기(Air Cooled Condenser)

2) 냉각방식에 의한 분류

① 수냉식 응축기 : 수량 및 수질이 좋은 곳에서 사용
② 공랭식 응축기 : 냉각수가 없는 곳에서 사용
③ 증발식 응축기 : 냉각수가 부족한 곳에서 사용

(2) 수냉식 응축기

1) 입형 셸 앤드 튜브식 응축기(Vertical Shell & Condenser)

① 특징

㉮ 셸 내에는 냉매, 튜브에는 냉각수가 흐른다.
㉯ 응축기 상부와 수액기 상부를 연결하는 균압관이 있다.
㉰ 수실에 스월이 부착되어 있어 관벽을 따라 흐르도록 되어 있다.

㉣ 주로 대형 암모니아 냉동기에 사용한다.

㉤ 입출구 온도차는 일반적으로 3~4℃이다.

㉥ 수량이 풍부하고 수질이 좋은 곳에 설치한다.

② 장점

㉮ 입형이므로 설치면적이 적게 든다.

㉯ 전열이 양호하며 과부하에 잘 견딜 수 있다.

㉰ 냉각관 청소가 용이하다.

㉱ 운전중에도 냉각관 청소가 가능하다.

③ 단점

㉮ 냉매액이 냉각수와 병행하므로 과냉액이 잘 안 된다.

㉯ 냉각수량이 많이 든다.

㉰ 냉각관 부식이 쉽다.

④ 냉각수량 : 20 l/min/RT

⑤ 전열계수 : 750kcal/m²h℃

⑥ 냉각면적 : 1.2m²/RT

2) 횡형 셸 앤드 튜브식 응축기(Horizential Shell & Tube Condenser)

① 특징

㉮ 셸 내에는 냉매, 튜브 내에는 냉각수가 흐른다.

㉯ 수액기를 겸하고 있어 별도의 수액기가 필요없다.

㉰ 입구, 출구에 각각의 수실이 있으며 판으로 막혀 있다.

㉱ 냉각수 출입구 온도차는 일반적으로 6~8℃이다.

㉲ 일반적으로 쿨링타워를 함께 사용

㉳ 암모니아, 프레온 냉동기의 대·중·소형 모두 사용

② 장점

㉮ 냉각수가 적게 든다(증발식 응축기 다음 12ℓ/min/RT).

㉯ 설치장소가 적게 든다.

㉰ 전열이 양호하다(900kcal/m²h℃, 수속 1m/sec).

③ 단점

㉮ 냉각관 청소 곤란(쿨민, 염산 등 약품으로 청소)

㉯ 과부하에 견디기 어렵다.

㉰ 냉각관 부식이 잘된다.

④ 설치장소 : 수량이 충분하지 못하고 수질이 좋은 곳, 설치장소가 적은 경우

3) 7통로식 응축기(7Pass Condenser)

① 특징
- ㉮ 셀 내에 냉매, 튜브 내로 냉각수가 흐른다.
- ㉯ 튜브의 패스는 7이다.
- ㉰ 능력에 따라 조합시켜 사용할 수 있다.
- ㉱ 암모니아 냉동기에 주로 쓰인다.
- ㉲ 전열이 수냉식 응축기 중에서 가장 양호하다.

② 장점
- ㉮ 설치면적이 작아도 된다.
- ㉯ 냉각수량이 적게 든다(12l/min/RT).
- ㉰ 전열이 양호하다(1,000kcal/m²·h·℃, 수속 1.3m/sec).
- ㉱ 능력에 따라 조합시켜 사용할 수 있다.

③ 단점
- ㉮ 냉각관 청소 곤란
- ㉯ 구조가 복잡하고 설치비가 비싸다.
- ㉰ 대용량에는 부적합하다.
- ㉱ 부식이 잘된다.

④ 설치장소 : 용량이 비교적 크고 장소가 부족한 곳, 수량이 부족한 경우

4) 2중관식 응축기(Double Tube Condenser)

① 특징
- ㉮ 암모니아, 프레온에서는 비교적 소형
- ㉯ 수평 냉각관에 냉각수 외측관의 냉매가 역류

② 장점
- ㉮ 전열이 양호(900kcal/m²·h·℃)
- ㉯ 냉각수량이 적게 든다(12ℓ/min/RT).
- ㉰ 설치면적이 작아도 된다.
- ㉱ 벽면 이용 설치 가능
- ㉲ 역류형이므로 차가운 액냉매를 얻을 수 있다.

③ 단점
- ㉮ 청소 곤란
- ㉯ 1대로써 대용량 제작 불능
- ㉰ 부식 발견 곤란

④ 설치장소 : 수량이 불충분하고 수질이 양호한 곳, 설치장소가 적은 곳

5) 대기식 응축기(Atmospheric Condenser)

① 특징
   ㉮ 대기식 블리더형은 응축된 액을 중간에서 회수한다.
   ㉯ 냉각수가 관 표면을 따라 흐르도록 셀은 상부에 부착시킨다.
   ㉰ 겨울에는 공랭식으로 사용 가능하다.
   ㉱ 냉각수는 지하수를 일반적으로 사용한다.
   ㉲ 주로 암모니아 냉동기에 사용

② 장점
   ㉮ 냉각관 청소 용이
   ㉯ 대용량에 사용할 수 있다.
   ㉰ 일부의 증발에 의해서도 냉각된다. ($600 kcal/m^2 \cdot h \cdot ℃$)

③ 단점
   ㉮ 냉각관 부식이 쉽다.
   ㉯ 설치장소가 커야 된다.
   ㉰ 냉각수 소요량은 입형 다음으로 많이 든다($15 l/min/RT$).
   ㉱ 제작비가 비싸다.

④ 설치장소
   ㉮ 수질이 나쁜 곳
   ㉯ 해수를 사용하는 곳
   ㉰ 수량이 적은 곳

6) 증발식 응축기(Evaporative Condenser)

① 특징
- ㉮ 냉각수의 증발에 의해 냉매가스가 응축한다.
- ㉯ 상부의 살수수온과 하부의 물탱크 수온이 같다.
- ㉰ 팬, 노즐, 냉각수 펌프 등 부속설비가 많다.
- ㉱ 겨울에는 공랭식으로 사용할 수 있다.
- ㉲ 외기 습구온도에 의해 능력이 좌우된다.
- ㉳ 냉매 압력강하가 크다.
  - ㉠ 엘리미네이터(Eliminator) : 관에 분무되는 냉각수의 일부가 공기와 같이 외부로 비산하는 것을 방지하기 위해 설치한다.

ⓛ 소비수량은 1%의 증발로 충분하나 실제로 비산수량 및 탱크 내의 물이 증발로 인한 불순물의 농축으로 5~10%의 수량이 소비된다.

ⓒ 물의 증발열은 약 580kcal/kg이다(30℃에서).

② 장점

㉮ 냉각수량이 수냉식 응축기 중 가장 적게 든다.

㉯ 냉각탑을 별도로 사용하지 않아도 된다.

㉰ 증발식 응축기 냉각수 탱크 내에 수액기를 넣어 과냉각을 시키는데 있다.

③ 단점

㉮ 구조가 복잡하다.

㉯ 압력강하가 크므로 배관에 주의를 요한다.

㉰ 송풍기 순환 펌프 등이 필요하다.

7) 공랭식 응축기(Air Cooled Condenser)

① 특징

㉮ 프레온용이며 대개 소량에서 사용된다.

㉯ 관 내에 고압 냉매 증기를 통과시키고 외부에는 축류 송풍기 다익 송풍기를 사용하여 3m/sec 정도의 바람을 보내 관 내의 냉매 증기를 응축시킨다.

㉰ R-21, 114와 같이 고온에 있어서 포화압력이 낮은 것에 적격이다.

㉱ 냉매와 공기의 온도차는 15℃로 한다. 외기온도 30~35℃에서 응축온도 45~50℃이다.

② 장점 : 냉각수 불필요, 냉각수용 배관 및 배수시설이 불필요하다.

③ 단점 : 공기는 냉각작용이 불량하므로 응축온도가 높아지고 응축기 형상이 커진다 (20kcal/m²· h· ℃).

(3) 냉각탑(Cooling Tower)

응축기에서 냉매를 응축시키고 온도가 높은 냉각수를 다시 사용하고자 냉각시키는 역할

① 수원이 풍부하지 못하거나 냉각수를 절약하고자 할 때 사용
② 증발식 응축기와 같은 원리이다.
③ 외기 습구온도에 영향을 많이 받는다.
④ 물의 증발열을 이용하여 냉각한다.
⑤ 물의 회수율 95%
⑥ 증발식 응축기에서는 냉각탑이 필요없다.
⑦ 냉각탑의 출구온도는 대기의 습구온도보다 낮아지는 일이 없다. 일반적으로 냉각탑 입구관이 출구관보다 크다.
⑧ 물의 냉각 작용에서는 물과 공기간의 온도차와 물 자체의 증발에 의한 잠열을 이용한다. 냉매 냉각관을 없애버리고 공기로 물만 냉각시켜 수냉식 응축기에 보내서 간접적으로 냉매를 응축시킬 때가 있다.
⑨ 쿨링 레인지(Cooling Range) : 냉각탑 냉각수 입구온도와 냉각탑 냉각수 출구온도와의 차를 말한다.
⑩ 쿨링 어프로치(Cooling Approach) : 냉각탑 냉각수 출구온도와 외기 습구온도와의 차를 말한다.

$$\begin{cases} \text{Cooling Range} = 냉각탑\ 입구수온 - 냉각탑\ 출구수온 \\ \text{Cooling Approach} = 냉각탑\ 출구수온 - 외기\ 습구온도 \end{cases}$$

연습문제

01 응축기에 관한 설명 중 옳은 것은?
  ① 횡형 셸앤튜브식 응축기의 관내 수속은 5m/s가 적당하다.
  ② 공냉식 응축기는 기온의 변동에 따라 응축능력이 변하지 않는다.
  ③ 입형 셸 튜브식 응축기는 운전 중에 냉각관의 청소를 할 수 있다.
  ④ 주로 물의 감열로서 냉각하는 것이 증발식 응축기이다.

풀이 횡형 응축기의 수속은 1m/sec 정도가 좋으며 수속이 너무 크면 관의 부식이 크게 되며 공랭식은 외기 온도변화에 크게 영향을 받으며 증발식 응축기는 물의 증발잠열에 의하여 응축이 이루어진다.

02 다음 응축기 중 열통과율이 가장 작은 형식은?
  ① 7통로식 응축기
  ② 입형 셸 튜브식 응축기
  ③ 공랭식 응축기
  ④ 2중관식 응축기

풀이 7통로식 응축기(1000kcal/m² h℃)가 열통과율은 가장 좋으며 2중관식 및 횡형 응축기(900 kcal/m² h℃), 입형셸엔튜브식 응축기(750kcal/m² h℃)), 증발식응축기(300kcal/m² h℃)) 순이며 공랭식은 계절별로 틀리므로 가장 전열이 나쁘다.

03 나선상의 관에 냉매를 통과시키고, 그 나선관을 원형 또는 구형의 수조에 담그고, 물을 순환시켜서 냉각하는 방식의 응축기는?
  ① 대기식 응축기
  ② 이중관식 응축기
  ③ 지수식 응축기
  ④ 증발식 응축기

풀이 자수(淸水)식 응축기(submerged condenser)
  ① 나선 모양의 관에 냉매증기를 통과시키고 이 나선관을 원형 또는 구형의 수조에 넣어 냉매를 응축시키는 것으로, 셸 코일식 응축기라고도 한다.
  ② 구조가 간단하여 제작이 용이하지만 점검과 손질이 곤란하다.
  ③ 고압에 잘 견디고 가격이 싸지만 다량의 냉각수가 필요하고 전열효과도 나빠 현재는 거의 사용하지 않는다.

04 증발식 응축기에 관한 설명으로 옳은 것은?
  ① 외기의 습구온도 영향을 많이 받는다.
  ② 외부공기가 깨끗한 곳에서는 엘리미테이터(eliminator)를 설치할 필요가 없다.
  ③ 공급수의 양은 물의 증발량과 엘리미네이터에서 배제하는 양을 가산한 양으로 충분하다.
  ④ 냉각 작용은 물을 살포하는 것만으로 한다.

풀이 증발식 응축기의 특징

01 ③ 02 ③ 03 ③ 04 ①

① 냉각수의 증발에 의하여 냉매가스를 응축시킨다.
② 상부의 살수 수온과 하부의 물탱크 수온이 같다.
③ 외기 습구온도에 의해 능력이 좌우된다.
④ 냉각수 일부의 비산을 방지하기 위하여 엘리미네이터를 설치하여야 한다.
⑤ 수냉식 응축기 중에 냉각수 소비량이 가장 적게 드나 구조가 복잡하다.
⑥ 냉각탑을 별도로 사용하지 않아도 된다.

05 응축기에서 냉매가스의 열이 제거되는 방법은?
① 대류와 전도
② 증발과 복사
③ 승화와 휘발
④ 복사와 액화

[풀이] 응축기에서는 전도와 대류에 의하여 열을 제거한다.

06 증발식 응축기에 대한 설명 중 옳은 것은?
① 냉각수의 감열(현열)로 냉매가스를 응축
② 외기의 습구 온도가 높아야 응축능력 증가
③ 응축온도가 낮아야 응축능력 증가
④ 냉각탑과 응축기의 기능을 하나로 합한 것

[풀이] 증발식 응축기는 외기습도의 영향을 받으며 냉각수의 증발잠열에 의하여 냉매가 응축이 된다. 즉, 외기 습도가 낮으면 물의 증발이 많이 이루어지므로 응축능력이 증가하고 응축온도가 높아야 쉽게 응축이 된다.

07 증발식 응축기의 보급수량의 결정요인과 관계가 없는 것은?
① 냉각수 상·하부의 온도차
② 냉각할 때 소비한 증발수량
③ 탱크내의 불순물의 농도를 증가시키지 않기 위한 보급수량
④ 냉각공기와 함께 외부로 비산되는 소비수량

[풀이] 증발식 응축기 냉각수 소비형태
① 증발 ② 비산 ③ 드레인

08 냉각탑(cooling tower)에 관한 설명 중 맞는 것은?
① 오염된 공기를 깨끗하게 하며 동시에 공기를 냉각하는 장치이다.
② 냉매를 통과시켜 공기를 냉각시키는 장치이다.
③ 찬 우물물을 냉각시켜 공기를 냉각하는 장치이다.
④ 냉동기의 냉각수가 흡수한 열을 외기에 방사하고 온도가 내려간 물을 재순환시키는 장치이다.

[풀이] 냉각탑은 응축기에서 냉매로부터 흡수한 열량을 냉각수가 방출하는 역할을 한다.

05 ① 06 ④ 07 ① 08 ④

09 냉동시스템 운전중 냉각탑 수조내 물의 온도가 갑자기 상승하는 원인으로 틀린 것은?
① 수동 급수밸브가 열려있다.
② 팬 또는 전동기가 고장이다.
③ 공기 흡입구 및 흡출구에 장애물이 붙었다.
④ 물의 분무가 불균등하다.

풀이 수동급수밸브가 열리면 냉각수 공급으로 냉각탑 수조 내의 물의 온도는 내려가게 된다.

10 냉동기, 열기관, 발전소, 화학 플랜트 등에서의 뜨거운 배수를 주위의 공기와 직접 열교환 시켜 냉각시키는 방식의 냉각탑은?
① 밀폐식 냉각탑
② 증발식 냉각탑
③ 원심식 냉각탑
④ 개방식 냉각탑

풀이 주변의 공기와 열교환하여 냉각하는 냉각탑은 개방식 냉각탑이다.

11 불응축가스가 냉동기에 미치는 영향에 대한 설명으로 틀린 것은?
① 토출가스 온도의 상승
② 응축압력의 상승
③ 체적효율의 증대
④ 소요동력의 증대

풀이 불응축가스가 존재하게 되면 응축압력이 상승하게 되며 압축기의 토출압력 또한 높아지게 된다. 즉, 압축비의 증대로 체적효율은 감소하게 되고 동력소비는 증대가 된다.

12 불응축가스를 제거하는 역할을 하는 장치는?
① 중간냉각기
② 가스퍼져
③ 제상장치
④ 여과기

풀이 가스 퍼져는 응축기와 수액기 상부에 모인 불응축가스를 방출하는 부속기기이다.

13 냉동사이클에서 응축온도 상승에 의한 영향과 가장 거리가 먼 것은?
① COP감소
② 압축기 토출가스 온도 상승
③ 압축비 증가
④ 압축기 흡입가스 압력 상승

풀이 응축온도 상승은 응축압력 상승으로 압축비가 증대하며 흡입압력과는 관계가 없다.

09 ① 10 ④ 11 ③ 12 ② 13 ④

14 외기 습구온도에 영향을 받는 것은?
① 증발식 응축기
② 대기식 응축기
③ 입형 셸 튜브식 응축기
④ 7통로식 응축기

풀이 증발식 응축기는 물의 증발잠열에 의하여 냉각수의 온도를 낮추므로 외기 습구온도에 의하여 능력이 좌우된다.

15 다음 설명 중 틀린 것은?
① 응축기의 역할은 저온저압의 냉매증기를 냉각하여 액화시키는 것이다.
② 응축기의 용량은 응축기에서 방출하는 열량에 의해 결정된다.
③ 응축기의 열 부하는 냉동능력과 압축기 소요 일의 열당량을 합한 값과 같다.
④ 응축기내에서의 냉매상태는 과열영역, 포화영역, 액체영역 등으로 구분할 수 있다.

풀이 응축기는 고온, 고압의 기체 냉매를 고온, 고압의 액체 냉매로 만드는 역할을 한다.

16 다음 냉동장치에 이용되는 응축기에 관한 설명 중 틀린 것은?
① 증발식 응축기는 주로 물의 증발로 인해 냉각하므로 잠열을 이용하는 방식이다.
② 이중관식 응축기는 좁은 공간에서도 설치가 가능하므로 설치면적이 적고, 또 냉각수량도 적기 때문에 과냉각냉매를 얻을 수 있는 장점이 있다.
③ 입형 셸 튜브 응축기는 설치면적이 적고 전열이 양호하며 운전 중에도 냉각관의 청소가 가능하다.
④ 공랭식 응축기에서의 능력 변동요소는 공기의 습구온도이다.

풀이 공랭식 응축기의 능력은 건구온도 변화에 의하여 능력이 좌우된다.

제 6 장 증발기

1. 증발기

증발기란 저온, 저압의 냉매가 피냉각 물체로부터 열을 흡수하여 저온, 저압의 가스로 되는 부분이다. 즉, 실질적으로 냉동의 목적을 달성하는 곳이다.

(1) 액 냉매 공급에 따른 분류

1) 건식 증발기

① 증발기 내의 냉매액 25%, 가스 75%이다.
② 액분리기가 필요없다(단, Hot Gas Defrost가 되는 경우에는 설치한다).
③ 가스가 많으므로 전열이 불량하다.
④ 유회수가 용이하다.
⑤ 주로 공기냉각용에 사용(직접 팽창식, 냉장식 에어컨 등)
⑥ 프레온 건식 : 상부에서 하부로 냉매 공급
   암모니아 건식 : 하부에서 상부로 냉매 공급
⑦ 냉매량이 적어도 된다.
⑧ 유회수장치가 불필요하다.

2) 반만액식 증발기

습식 증발기라고도 하며 액 50%, 가스 50%가 증발기 내에 존재하며 냉매량이 건식에 비해 많고 전열효과는 건식에 비해 양호하지만 만액식에는 미치지 못한다. 냉매는 아래에서 위로 공급한다.

3) 만액식 증발기

① 증발기 내의 액 75%, 가스 25% 존재
② 증발기가 액중에 잠기어 있어 전열이 양호
③ 건식에 비해 냉매량이 많이 든다.
④ 액체 냉각용에 사용한다.
⑤ 냉각 코일의 효율이 좋다.
⑥ 증발기 내에 오일이 고일 염려가 있으므로 프레온일 경우 유회수장치가 필요하다.
⑦ 암모니아에서는 반드시 액 분리기를 설치하여야 하며, 이 때 증발기보다 상부에 설치하며 크기는 증발기 용량의 20% 정도
⑧ 작동 : 팽창밸브 통과시 발생한 플래시 가스와 증발기를 나온 가스는 즉시 압축기로 흡입되고 액만 증발기로 들어간다.

4) 액 순환식 증발기

액 펌프를 사용하여 증발기에서 증발하는 액체량의 4~6배의 액을 강제 순환시킨다.

① 증발기 출구에 액 80%, 가스 20% 존재
② 증발기 코일 내에 오일이 고일 염려가 없다.
③ 냉매량이 많이 들며 액 펌프, 저압 수액기 등 설비가 복잡하다.
④ 대용량의 저온이나 급속동결, 냉장 등에 쓰인다.
⑤ 증발기가 여러 대라도 팽창밸브는 하나로도 된다(고압 수액기는 하나이므로).
⑥ 액 펌프식 냉각방식의 이점
   ㉮ 리퀴드 백이 완전 방지된다.
   ㉯ 제상의 자동화가 가능하다.
   ㉰ 증발기에 오일이 고이지 않으므로 열통과율이 저하되지 않는다.
   ㉱ 증발기의 열통과율이 타형의 증발기보다 양호하다.
⑦ 액 펌프 설치상의 주의점
   ㉮ 액 펌프보다 저압 수액기가 위에 위치해야 한다.
   ㉯ 흡입배관의 저항을 적게 하기 위하여 관경이 굵은 것을 사용
   ㉰ 여과기는 가능한 한 넣지 않는다.
   ㉱ 흡입배관 중 녹·먼지가 들어가지 않게 한다.
   ㉲ 저압 수액기의 하부에서 먼지를 흡입하지 않게 한다.
⑧ 액 유입부의 배관길이는 이물질의 침입방지를 위해 2.5~5cm 이상 높게 해준다.

(2) 용도에 따른 분류

1) 만액식 셸 앤드 튜브식 암모니아 냉각기

① 주로 공업용 브라인 냉각장치에 사용

② 셸 내에 냉매, 튜브 내에 브라인 존재

③ 증발기에 냉매측에서 열전달률을 좋게 하려면

      ㉮ 관이 액 냉매에 접촉하거나 잠겨 있을 때
      ㉯ 관경이 작을 것(전열만 고려시)
      ㉰ 관면이 거칠거나 핀이 부착되어 있을 것
      ㉱ 관 간격이 작을 것
      ㉲ 평균 온도차가 클 것
      ㉳ 오일이 존재하지 않을 것

④ 관경이 작으면 저항이 커져 압력강하가 크므로 체적효율 감소, 흡입압력 저하, 토출 가스 온도상승 등 여러 가지 악영향을 미치나 전열면만 생각할 때는 관경이 작은 것이 좋다.

2) 만액식 셸 앤드 튜브식 프레온 냉각기

① 공기조화장치 및 일반화학공업의 액체 냉각목적으로 이용
② 냉매측의 열전달률이 낮으므로 핀 튜브 사용
③ 냉각액의 동결에 주의(증발압력 조정밸브, TC, 단수릴레이 설치)
④ 셸 내에 냉매, 튜브 내에 브라인 존재
⑤ 열교환기를 설치하여 액 냉매의 과냉 및 리퀴드 백 방지
⑥ 유회수장치 필요

3) 건식 셸 앤드 튜브식 냉각기

① 셸에 브라인(냉수), 튜브에 냉매 존재
② 프레온용이며, 2~250RT까지 사용
③ 공조용 Chilling Unite에 적합하다.

④ Inner finned tube 사용

⑤ 오일이 장치에 고이는 일이 없으므로 유회수장치가 필요없고 또한 유분리기를 필요로 하지 않는다.

⑥ 만액식에 비해 냉매량이 적게 든다(RT당 2~3kg).

⑦ 냉매제어에 온도식 자동 팽창밸브가 사용되고 구조가 간단하다.

⑧ 물 또는 액체가 관외로 흐르게 되므로 동파 우려가 적다.

4) 보데로 냉각기

① 구조는 대기식 응축기와 같은 구조이다.

② 습식 팽창형이다.

③ 액체가 동결하여도 장치에 대한 위험성이 적다.

④ 물이나 우유의 냉각에 사용된다.

⑤ 냉각관 청소가 쉬우므로 위생적이다.

⑥ 서지 드럼(Surge Drum)과 저압 플로트 밸브 사용

5) 탱크형 냉각기(헤링본식 증발기)

① 주로 암모니아용이며, 제빙에 사용

② 만액식이다.

③ 전열률이 양호하다.

④ 브라인 교반기가 있다.

⑤ 냉각관 주위 유속 : 0.3~0.75m/sec

6) 관코일 증발기

① 냉각관에는 나관(Bare Tube)이 사용된다.
② 표면적이 작기 때문에 관이 길어지는 경향이 있다.
③ 프레온용일 때 대형에는 강관, 소형에는 동관을 사용
④ 냉장고, 쇼케이스 등에 사용
⑤ 전열이 양호하지 못하다.

7) 캐스케이드 증발기

① 액 냉매를 공급하고 가스를 분리하는 형식
② 공기 동결식의 동결 선반에 사용
③ 액 헷더 : 2, 4, 6
　 가스 헷더 : 1, 3, 5

8) 핀 튜브식 냉각기

주로 프레온용으로 건식을 채용하고 있으며 소형 냉장고, 냉장용 진열장, 공기조화 등에 광범위하게 사용되며 3/8″~3/4″의 동관에 동 또는 알루미늄 판재의 핀을 부착하여 만든 것으로 핀을 이용한 강제 대류형으로 공기냉각용으로 사용된다. 핀의 간격은 0℃ 이상의 저온용에서는 서리 문제로 인치당 3~4개, 0℃ 이상의 장치에서는 서리가 없으므로 12~14개의 핀을 부착한다.

9) 멀티피드·멀티석션 증발기

① 캐스케이드 증발기의 변형

② 공기 동결식의 동결선반에 사용

③ 캐스케이드보다 많이 사용

10) C.A 냉장고(Controlled Atmosphere Storage System)

청과물을 냉장·저장하는데 있어 보다 좋은 저장성을 확보하기 위하여 냉장고 내의 공기를 치환하는데 산소를 3~5% 감소시키고 탄산가스를 3~5% 증가시켜줌으로써 냉장고 내의 청과물의 호흡작용을 억제하면서 냉장하는 냉장고를 C.A 냉장고라 한다.

(3) 직접 팽창식과 브라인식

1) 직접 팽창식(Direct Expension System)

냉각해야 할 장소 중에 냉각관 내에 직접 냉매를 흐르게 하여 냉각하여야 할 물체 장소와 직접 접촉시켜 냉매의 증발잠열을 흡수 냉각하는 방식으로 잠열형태로 열을 제거한다. 이는 증발기가 냉동·냉장실과 동일하다.

2) 브라인식(Indirect System)

간접 냉동방식이라고 하며 냉매의 증발에 의하여 냉각된 물 또는 브라인을 순환시켜 냉동목적 물체 또는 공기를 냉각하는 방식으로 감열(현열) 형태로 열을 제거한다. 이 방식은 증발기와 냉장, 냉동실이 분리되어 있다.

3) 직접 팽창식과 브라인식의 장단점

① 직접 팽창식

㉮ 장점
  ㉠ 동일한 냉장고 온도유지에 대하여 냉매의 증발온도가 높다.
  ㉡ 시설이 간단하다.

㉯ 단점
  ㉠ 냉매의 누설에 의한 냉장품의 손상 우려
  ㉡ 여러 개의 냉장실을 동시에 운영할 때 팽창밸브의 수가 많다. 능률적인 냉동기 운전이 곤란하다.
  ㉢ 압축기 정지와 동시 냉장실 온도 상승

② 간접 팽창식

㉮ 장점
  ㉠ 냉매의 누설에 의한 냉장품의 손상 우려가 없다.

ⓒ 냉장실이 여러 개일 때도 능률적인 운전 가능
　　ⓒ 운전이 정지되더라도 온도 상승이 느리다.
㉯ 단점
　　㉠ 동일한 냉장고 온도유지에 대하여 냉매의 증발온도가 낮다.
　　ⓒ 구조가 복잡해진다.
　　ⓒ 동력소비가 크다.

4) 직접 팽창식과 브라인식의 비교

동일한 실온을 얻는데	직접 팽창식	브라인식
1. 냉매의 증발온도	고	저
2. 소요동력	소	대
3. 설비의 복잡성	간단	복잡
4. 냉매 순환량	소	대
5. 냉동능력 RT당	소	대
6. 냉매 충진량	대	소

2. 제상(Defrost)

증발기 코일에 서리가 부착되면 전열 불량이 되므로 이 서리를 제거하는 것을 제상이라한다. 제상장치는 주로 공기냉각용에 많으며 제상 시간은 **빠를수록 좋다**.

제상의 시기는
　핀 튜브 코일 : 10~15mm
　벽 코일 : 15~20mm
　헤어 핀 코일 : 25~30mm

• 제상 과다시 냉동장치에 미치는 영향	증발압력 저하 흡입압력 저하 토출가스 온도 상승 냉장실 온도 상승
• 온도식 자동 팽창밸브(T.E.V)를 사용할 경우	시간당 소요전류 감소 RT당 소요동력 증가 증발압력 저하
• 수동 팽창밸브를 사용할 경우	액 압축 우려 토출가스 온도 저하 냉장실 온도 상승

(1) 고압가스 제상(Hot Gas Defrost)

- 고온의 냉매가스를 증발기에 보내서 그 응축잠열을 이용하여 제상하는 방법이다.
- 용해한 서리가 물받이나 배수관 중에서 재동결하지 않도록 가열하여야 하며 이를 위하여 토출가스나 전열히터를 이용하는 일이 있으나 벽코일식이나 상치식에서는 온수살포제상을 병행하여 대량의 물과 같이 흘러내리게 하는 방법이 일반적으로 쓰인다.
- 비교적 용이하게 설비되며 운전도 경제적이며 제상에 소요되는 시간도 짧으므로 많이 채용되나 자동화는 약간 복잡하다.
- 건식 증발기와 같이 증발기 내에 냉매 공급량이 적은 것은 증발기에서 응축된 액을 가동되고 있는 타 증발기로 보내는 방식이 쓰인다.

1) 고압가스에 의한 제상

① 정상 운전중 밸브 B, D, F가 열려있는 상태에서 압축기 정지
② 밸브 B, D, F를 닫고 A를 연다.
③ 응축기 고온, 고압의 냉매가 E.P.R을 거쳐 증발기로 간다. 여기서 E.P.R(Evaporator Pressure Regulating Valve)은 응축기의 압력이 너무 내려가 동결되지 않도록 압력을 제어한다.
④ 밸브 E를 열어 압력차로 수액기의 액을 응축기로 이동시킨다.
⑤ 밸브 E를 닫고 밸브 C를 열어 압축기를 작동시켜 수액기를 진공상태로 한다.
⑥ 응축기의 액은 냉각수에서 열을 얻어 증발하여 E.P.R을 거쳐 증발기에서 제상을 하고 응축액화하여 수액기로 회수된다.
⑦ 밸브 A, C를 닫고 B, D를 열어 정상운전한다.

2) 증발기 1대의 경우 고압가스 제상

① 수액기 출구밸브 ④를 닫아 액관중에 냉매를 회수한 다음 ①을 닫아 증발기 내의 냉매 가스를 압축기로 흡입시킨다.

② 고압가스 유입밸브 ②, ③을 서서히 열면 증발기 내로 고압가스가 유입되어 증발기는 제상이 되며 고압가스는 응축 액화한다.

③ 제상이 끝나면 고압가스밸브 ②, ③을 닫고 수액기 출구밸브 및 팽창밸브 ①을 열면 정상 작동을 하게 된다.

④ 이 때 증발기에서 제상을 시키고 응축된 고압액 냉매는 액 분리기에서 분리되어 고압측수액기로 액회수장치를 통하여 회수된다.

3) 증발기 2대인 경우의 고압가스 제상

제1증발실 제상법(제2증발실은 정상가동)

① EV_1을 닫는다.

② C_1을 닫는다.

③ A를 닫는다.

④ B_1을 연다.

⑤ 제상되어 압력이 높아지면 D_1을 열어 제상시 응축된 액을 제2증발기로 공급한다.

⑥ 완전 제상이 되면 정상적으로 B_1, D_1을 닫고 A, C_1, EV_1을 열어 정상가동에 들어간다.

(2) 액 냉매를 제상용 수액기에 받는 제상장치

1) 팽창밸브 ① 및 증발기 출구밸브 ②를 닫는다.

2) 고압가스 유입밸브 ③ 및 ④를 연다.

3) ⑦을 열었다 닫는다.

4) ⑤, ⑥을 열면 제상시 응축된 액 냉매가 제상용 수액기에 유입된다.

5) 제상이 끝나면 ③, ④ ⑤, ⑥을 닫는다.

6) ①, ②를 열어 증발기가 냉각운전에 들어가게 한다.

7) ⑧을 열어 제상용 수액기 내에 고압가스를 도입하고(밸브 ⑩은 열린 상태), ⑨를 열면 제상 수액기 중의 액이 액관을 통하여 각 증발기에 보내진다.

8) 액이 전부 없어지면 ⑧, ⑨를 닫는다.

(3) 소형 냉동장치의 제상

소형 냉동장치에서 고압가스를 증발기에 유입시키면 점차 액화 냉매가 증발기에 고이게 되어 압축 가스량이 적어지게 되며, 또한 증발기에 고인 액화 냉매가 압축기에 흡입될 우려가 있기 때문에 다음과 같은 방법이 쓰이고 있다. 고압가스가 증발기에 들어가는 도중에 오리피스(소공)를 설치하여 가스압을 저하시켜서 증발기에서 응축하지 않고 감열에 의해서 제상을 지키는 방법이다.

1) 제상 시간이 되면 타이머에 의해 전자밸브가 열려 고압가스가 소공을 통하여 증발기로 유입하여 제상한다.

2) 제상 시간이 끝나면 타이머에 의해 전자밸브가 닫히고 정상운전에 들어간다.

(4) 재증발기를 이용한 제상방법

1) 정상 운전시

흡입관 전자밸브 C 및 액관 전자밸브 B가 열려 있으며, 증발기 팬은 가동되고, 재증발기 팬은 정지되어 있다.

2) 제상시

① 제상용 타이머(Timer)를 작동하여 고압가스 전자밸브 A를 열고 흡입관 전자밸브 C 및 액관 전자밸브 B를 닫고 제상 사이클에 들어간다.

② 이와 동시에 증발기 팬은 정지되고, 재증발기 팬은 가동되어 증발기에서 액화한 냉매는 재증발기에서 증발하여 압축기에 흡입된다.

③ 제상이 끝나면 타이머에 의해 고압가스 전자밸브 A가 닫히고 흡입관 전자밸브 C 및 액관 전자밸브 B는 다시 열리는 동시에 증발기 팬은 가동되고, 재증발기 팬은 정지되어 정상운전에 들어간다.

(5) 서모 뱅크를 이용한 제상

1) 정상 운전시

압축기의 토출가스를 응축기에 보내는 도중에서 서모 뱅크를 통과시켜 서모 뱅크에 채워진 물을 가열해 두었다가 제상시 이 물의 열로 액화 냉매를 재증발시키는데 이용된다.

2) 제상시

① 고압가스 전자밸브 A를 통전하고 흡입관 전자밸브 B를 닫아 제상 사이클에 들어간다.
② 이 때 증발기에서 액화한 냉매는 서모 뱅크에서 가열되어 있는 물에 의해 증발되어 압축기에 흡입된다.

③ 제상이 끝나고 고압가스 전자밸브 A를 닫고 흡입관 전자밸브 B를 통전하여 정상운전에 들어간다.

(6) 온수 브라인 제상(Hot Brine Defrost)

1) 브라인 코일 냉각의 경우에 쓰인다.

2) 순환중인 브라인을 온 브라인으로 교체(20℃ 이상)

3) 조작이 간단하고 효과적이나 온 브라인 탱크를 필요로 하고 설비비가 크며 열손실도 많다.

(7) 온수 살포 제상(Water Spray Defrost)

1) 증발기 팬 모터 및 냉동기 정지 후 공기의 출입구 차단

2) 냉장실은 -18℃ 이상에서 효과적이다.

3) 10~25℃의 물을 뿌려서 제상 $1m^3$당 130 l/min

4) 급배수관은 물이 잔류하여 동결하는 일이 없도록 하향구배하고, 외부의 따뜻하고 습한 공기가 침입하지 않도록 트랩 사용

(8) 전열 제상(Electric Defrost)

1) 증발기에 히터를 설치하여 제상

2) 자동제어가 용이하고 소형에 많이 쓰인다.

3) 동력이 많이 든다(열손실이 크다).

(9) 브라인 분무 제상(Brine Splay Defrost)

1) 브라인 또는 부동액을 냉각기 표면에 분무하여 제상한다.

2) 연속분무를 계속하면 실내에 브라인의 비말이 날려서 해로울 때 사용

3) 염의 보급, 농축기 설치, 부식의 문제점이 있다.

연습문제

01 다음 사항은 증발기의 구조와 작용에 관한 설명이다. 이 중 옳은 것은?
① 동일 운전상태에서는 만액식 증발기가 건식증발기보다 열통과율이 나쁘다.
② 만액식 증발기에서 부하가 커지면 냉매 순환량이 작아진다.
③ 건식 증발기는 주로 온도식 팽창밸브와 모세관을 팽창밸브로 사용한다.
④ 증발기의 냉각능력은 전열면적이 작을수록 증가한다.

[풀이] 건식증발기는 증발기 내의 액과 가스의 비율이 25:75로 냉매량이 적기 때문에 모세관이나 온도식 자동팽창밸브를 이용한다.

02 냉대액 강제순환식 증발기에 대한 설명 중 틀린 것은?
① 냉매액이 충분한 속도로 순환되므로 타 증발기에 비해 전열이 좋다.
② 일반적으로 설비가 복잡하며 대용량의 저온냉장실이나 급속 동결장치에 사용한다.
③ 강제 순환식이므로 증발기에 오일이 고일 염려가 적고 배관 저항에 의한 압력강하도 보강된다.
④ 냉매액의 의한 리키드백(liquid back)의 발생이 적으며 저압 수액기와 액펌프의 위치에 제한이 없다.

[풀이] 강제순환식 증발기의 경우 저압수액기보다 액펌프의 위치가 하단에 설치하여야 공동현상을 방지할 수 있으며 저압 수액기에서 액을 분리하여 압축기로 리키드 백을 방지할 수 있다.

03 동일한 냉동실 온도조건으로 냉동설비를 할 경우 브라인식과 비교한 직접 팽창식의 설명으로 옳지 않은 것은?
① 냉매의 증발온도가 낮다.
② 냉매 소비량(충전량)이 많다.
③ 소요동력이 적다.
④ 설비가 간단하다.

[풀이] 직접 팽창식은 냉매와 피냉각물체가 직접 열교환하는 것으로 브라인식에 비하여 증발온도가 높고 열효율이 좋은 장점이 있으나 일정이상의 부하변동 시 대응이 곤란한 단점이 있다.

04 다음 내용은 브라인에 대한 설명이다. 틀린 것은?
① 브라인은 농도가 진하게 될수록 부식성이 크다.
② 염화칼슘 브라인은 동결점이 매우 낮으며 부식성도 비교적 적다.
③ 염화나트륨 브라인은 염화칼슘 브라인에 비해 동결온도는 아주 높고 금속 재료에

01 ③ 02 ④ 03 ① 04 ①

대한 부식성도 크다.
④ 브라인에 대한 부식 방지를 위해서는 밀폐 순환식을 채용하여 공기에 접촉하지 않게 해야 한다.

풀이 브라인(간접냉매)은 감열에 의하여 열을 운반하는 냉매로 브라인의 농도보다는 PH값에 의하여 부식성 정도가 달라지는데 일반적으로 브라인의 PH는 7.5~8.2 정도가 적당하다.

05 증발압력이 낮아졌을 때에 관한 설명 중 옳은 것은?
① 냉동능력이 증가한다.
② 압축기의 체적효율이 증가한다.
③ 압축기의 토출가스 온도가 상승한다.
④ 냉매 순환량이 증가한다.

풀이 증발압력이 낮아지면 압축비 증대로 토출가스온도가 상승하게 된다.

06 다음은 증발기에 관한 내용이다. 잘못 설명된 것은?
① 냉매는 증발기 속에서 습증기가 건포화증기로 변한다.
② 건식 증발기는 유회수가 용이하다.
③ 만액식 증발기는 리키드백을 방지하기 위해 액분리기를 설치한다.
④ 액순환식 증발기는 액 펌프나 저압수액기가 필요없으므로 소형 냉동기에 유리하다.

풀이 액순환식 증발기는 액 펌프나 저압 수액기에 의하여 강제 순환되는 방식으로 급속 동결을 요하는 장치에 많이 이용되고 있다.

07 제빙에 필요한 시간을 구하는 식으로 $\tau = (0.53 \sim 0.6) \dfrac{a^2}{-b}$과 같은 식이 사용된다. 이 식에서 a와 b가 의미하는 것은?
① a : 결빙두께, b : 브라인온도
② a : 브라인온도, b : 결빙두께
③ a : 결빙두께, b : 브라인유량
④ a : 브라인유량, b : 결빙두께

풀이 a : 얼음의 두께(cm)
b : 브라인 온도(℃)
상수는 통상 0.56을 많이 사용한다.

08 제빙능력은 원료수 온도 및 브라인 온도 등의 조건에 따라서 다르다. 다음 중 제빙에 필요한 냉동능력을 구하는데 필요한 항목으로 거리가 먼 것은?
① 온도 t_W. ℃의 제빙용 원수를 0℃까지 냉각하는데 필요한 열량
② 물의 동결 잠열에 대한 열량 (79.68kcal/kg)
③ 제빙장치 내의 발생열과 제빙용 원수의 수질 상태
④ 브라인 온도 t_1 ℃부근까지 얼음을 냉각하는데 필요한 열량

풀이 액분리기는 증발기와 압축기 사이에 설치

05 ③   06 ④   07 ①   08 ③

하며 증발기에서 증발하지 못한 냉매액을 분리하여 압축기에서 액 압축이 일어나는 것을 방지한다.

포제상의 경우 온수의 온도는 20℃ 정도로 사용하며 수증기를 이용하는 제상은 행하지 않는다.

09 다음 중 얼음제조 설비가 아닌 것은?
① 팩 아이스 머신(pack ice machine)
② 칩 아이스 머신(chip ice machine)
③ 드라이 아이스(dry ice)
④ 튜브 아이스 머신(tube ice machine)

풀이 소형빙의 제조 장치 종류
① 팩 아이스 머신(pack ice machine)
② 플레이크 아이스 머신(flake ice machine)
③ 튜브 아이스 머신(tube ice machine)
④ 칩 아이스 머신(chip ice machine)
⑤ 플레이트 아이스 머신(plate ice machine)

10 냉동장치의 제상에 대한 설명 중 맞는 것은?
① 제상은 증발기의 성능 저하를 막기 위해 행해진다.
② 증발기에 착상이 심해지면 냉매 증발압력은 높아진다.
③ 살수식 제상 장치에 사용되는 일반적인 수온은 50~80℃로 한다.
④ 핫가스 제상이라 함은 뜨거운 수증기를 이용하는 것이다.

풀이 제상은 증발기 코일 표면에 부착하는 서리를 제거하여 증발기 성능을 향상시키는 것으로 대부분 고압가스 제상을 행한다. 온수 살

11 증발기의 착상이 냉동장치에 미치는 영향에 대한 설명 중 틀린 것은?
① 냉동능력 저하에 따른 냉장(동) 실내온도 상승
② 증발온도 및 증발압력의 상승
③ 냉동능력당 소요동력의 증대
④ 액압축 가능성의 증대

풀이 착상은 증발기에 서리가 부착하게 되는 현상으로 냉매와 피 냉각체의 열교환이 저해되므로 증발압력이 낮아지게 된다.

12 고온가스 제상(Hot gas defrost) 방식에 대하여 설명한 것이다. 관계가 먼 것은?
① 압축기의 고온 고압가스를 이용한다.
② 소형 냉동장치에 사용하면 언제라도 정상 운전을 할 수 있다.
③ 비교적 설비하기가 용이하다.
④ 제상 소요시간이 비교적 짧다.

풀이 고압가스제상(hot gas defrost)은 고온의 가스를 증발기로 보내 응축잠열을 이용하여 제상하는 방법으로 비교적 용이하게 설비를 할 수 있으며 제상소요시간도 짧으므로 경제적 운전이 가능하나 제상 시 응축된 액을 타 증발기로 보내야 하므로 정상운전

까지는 시간을 요한다.

13 일반적으로 사용되고 있는 제상방법이라고 할 수 없는 것은?
① 핫 가스에 의한 방법
② 전기가열기에 의한 방법
③ 운전 정지에 의한 방법
④ 액 냉매 분사에 의한 방법

풀이 ①, ②, ③항 이외에 온수 살포에 의한 방법, 브라인 분무에 의한 제상 등이 있다.

14 냉동고내 유지온도에 따라 저압압력이 낮아지는 원인이 아닌 것은?
① 고내 공기가 냉각되므로 증발기에 서리가 두껍게 부착한다.
② 냉매가 장치에 과충전되어 있다.
③ 냉장고의 부하가 작다.
④ 냉매 액관 중에 플래시 가스(flash gas)가 발생하고 있다.

풀이 냉매 충전량이 부족하게 되면 냉매 순환량 또한 감소하게 되어 저압은 낮아지게 된다.

15 빙축열방식에 대한 설명 중 틀린 것은?
① 제빙을 위한 냉동기 운전은 냉수 취출을 위한 운전보다 증발온도가 낮기 때문에 성능계수(COP)가 높아 20~30% 소비동력이 감소한다.
② 냉매의 종류는 후레온 냉매를 직접 제빙부에 공급하는 직접팽창식과 냉동기에서 냉각된 브라인을 제빙부에 공급하는 브라인 방식으로 나눈다.
③ 제빙방식은 축열조 내측 또는 외측에 얼음을 생성시키는 정적제빙방식과 축열조 외부에서 제빙하고 그 얼음을 축열조에 옮겨 축열하는 동적제빙방식으로 나눈다.
④ 빙축열조 축열용량=냉동기 능력x야간 축열운전시간이 된다. 여기에 제빙온도 등을 고려하여 기기를 선정한다.

풀이 증발온도는 높게 유지하고 응축온도는 낮게 유지하는 것이 성적계수가 양호해진다.

빙축열의 장점
① 잠열을 이용하므로 축열조 크기를 축소할 수 있다. (수축열의 1/4~1/10)
② 환수에 의한 온도혼합 즉 유용에너지의 감소가 거의 없다.
③ 열손실도 1~3%로 작아진다.
④ 펌프, 팬 등의 동력비가 감소한다.
⑤ 부하측 순환회로가 폐회로가 되므로 배관 부식 문제가 해결된다.
⑥ 축열조가 작으므로 전반적으로 가격이 낮아진다.

16 빙축열 방식이 수축열 방식에 비해 유리하다고 할 수 없는 것은?

① 축열조를 소형화할 수 있다.
② 낮은 온도를 이용할 수 있다.
③ 난방 시의 축열대응에도 적합하다.
④ 축열조의 설치장소가 자유롭다.

풀이 빙축열은 공기와 얼음을 열교환시켜 냉방하는 것으로 난방과는 관계가 없다.

16 ③

제 7 장 팽창밸브

1. 팽창밸브(Expansion Valve)

팽창밸브는 냉동 사이클에 있어서 가장 기본적인 제어기기이다. 그 목적은 고온, 고압의 액냉매를 교축작용(Throttling)에 의하여 저온 저압의 상태로 팽창시키고 동시에 증발기 부하에 따라 적정한 냉매 공급량을 유지할 수 있도록 조절하는데 있다.

보통 팽창밸브의 호칭능력은

프레온 12(R – 12)의 경우 $\begin{cases} \text{흡입가스 온도 : 5℃} \\ \text{고저압 압력차 : 4kg/cm}^2 \end{cases}$

프레온 22(R – 22)의 경우 $\begin{cases} \text{흡입가스 온도 : 5℃} \\ \text{고저압 압력차 : 7kg/cm}^2 \end{cases}$

를 기준 상태로 표시하고 있다.

이러한 기준 상태 이외의 상태에 있어서의 능력(C_2)을 구하는 데는 다음 식에 의한다.

$$C_2 = \frac{C_1}{\left(\dfrac{P_1}{P_2}\right)^{0.5}} \quad \begin{cases} C_1 : \text{기준 상태에서의 능력[냉동톤]} \\ P_1 : \text{기준 상태에서의 고저압차[kg/cm}^2] \\ P_2 : \text{상태 변환시의 고저압차[kg/cm}^2] \end{cases}$$

(1) 수동 팽창밸브(Manual Expansion Valve)

1) 주로 암모니아 건식 증발기에 사용된다.

2) 온도식 자동 팽창밸브를 사용하는 증발기 또는 저압측 부자밸브를 사용하는 만액식 증발기에서 고장시를 대비하여 바이패스 팽창밸브로 사용한다.

3) 플로트 스위치를 전자밸브를 결합시킨 정액면 유량 제어장치의 팽창밸브로도 사용된다.

4) 일반적으로 Stop Valve와 동일한 형태이나 유량 침수쪽 밸브의 변화가 더욱 세밀하여 미량이라도 조절할 수 있으며, 일반적으로 1/4회전 이상은 돌리지 않는다.

5) 팽창밸브 개도에 따른 장치에 미치는 영향

① 팽창밸브의 개도가 클 때

㉮ 저압 상승

㉯ 증발온도 상승

㉰ 리퀴드 백 우려

㉱ 심할 경우 액해머에 의해 압축기 파손 우려

② 팽창밸브의 개도가 작을 때

㉮ 저압 저하

㉯ 증발온도 저하

㉰ 흡입가스 과열

㉱ 냉장 실온 상승

㉲ 능력당 소요동력 증대

(a) 프레온용   (b) 암모니아용

(2) 모세관(Capillary Tube)

1) 가정용 소형 냉동기와 창문형 에어컨에 사용(R-12)
2) 건조기와 스트레이너가 반드시 필요하다.
3) 냉동기 정지시 고저압이 밸런스되므로 기동시 기동부하가 적게 든다.
4) 냉매 충전량이 정확해야 하며 냉매 가스도 적당한 비체적을 가져야 한다.
5) 모세관의 압력강하의 정도는 직경의 제곱에 반비례하고, 길이에 비례한다.
6) 내경 0.8~1.3mm의 모세관 사용
7) 길이가 같을 때는 굵기가 가늘수록, 굵기가 같을 때는 길이가 길수록 압력강하는 크다.

(3) 정압식 자동 팽창밸브(Automatic Expansion Valve)

냉동장치 운전 초기에는 밸브의 조정 압력(스프링 압력)보다 증발기 내 압력이 높아 밸브는 닫혀 있다가 압축기가 시동되면 증발기 압력이 스프링 압력보다 낮아질 때는 밸브가 열리게 된다. 증발압력이 일정 이하로 내려가게 되면 밸브가 열려 냉매를 많이 공급하고 증발압력이 일정 이상 상승하면 밸브가 닫혀 냉매 공급량을 줄인다. 따라서 부하에 따른 유량 제어가 불가능하다.

1) 증발기 내의 압력을 일정하게 유지시킨다.
2) 냉동부하의 변동이 작을 때 또는 냉수 브라인 등의 동결방지용으로 사용된다.
3) 부하 증대에 따른 유량제어가 불가능하다.

(4) 온도식 자동 팽창밸브(Thermal Expansion Valve)

1) 2개의 벨로스를 갖는 디트로이트(Detroit)형과 다이어프램형의 2가지가 있다.

2) 주로 프레온 건식 증발기에 사용

3) 증발기 출구 냉매의 과열도를 일정하게 한다.

4) 부하변동에 따른 유량제어가 가능하다.

5) 내부 균압형과 외부 균압형이 있다.

6) 과열도
  ① 부하변동이 작은 곳 : 3℃
  ② 부하변동이 큰 곳 : 7℃
  ③ 일반적인 부하변동 : 5℃

7) 코일 내의 압력강하(0.14kg/cm² 이상)가 있을 때 : 외부 균압형 사용
   코일 내의 압력강하(0.14kg/cm² 미만)가 없을 때 : 내부 균압형 사용

8) 다이어프램 상부에는 감온통의 압력이 하부에는 조정스프링의 압력과 증발기 입구압력이 걸려 있다.

9) 외부 균압관

증발기 코일 내에 압력강하(0.14kg/cm^2 이상)가 있으면 감온통 부분의 포화온도는 증발기 입구의 포화온도보다 항상 낮다. 따라서 팽창밸브를 정상으로 조정해도 팽창밸브는 적게 열리게 된다. 그러면 냉매량이 적게 공급되어 냉동능력이 감소되므로 외부균압관을 설치하여 강하된 압력을 다이어프램 하부에 걸리게 함으로써 코일에서 발생하는 압력 강하의 영향을 없애준다.

10) 팽창밸브 직전에 전자밸브를 설치하여 압축기 정지시 계속 증발기 내로 유입되는 것을 방지한다.

11) 감온통 내의 냉매 충전

① 가스 충전

㉮ 충전된 가스는 장치 내의 냉매와 동일하다.

㉯ 가스 충전시 충전된 가스는 감온통 내의 온도가 일정온도 이상이 되면 과열만 될 뿐, 압력 상승이 별로 없기 때문에 감온통 내의 최고 압력을 한정시킨다. 그러므로 증발압력을 일정압력 이상이 되지 않게 한정시킬 수 있으며 과열도는 일정한 상태 이상은 조정이 불가능하다.

㉰ 감온통의 부착 위치는 항상 밸브 본체보다 온도가 낮은 곳이어야 한다(응축액화 방지).

② 액 충전

㉮ 밸브 본체의 온도와 관계없이 여하한 경우에도 액이 감온통 내에 남아 있도록 충분히 충전한다.

㉯ 부하변동이 크더라도 과열도가 일정하게 유지된다.

㉰ 기동시 부하가 장시간 걸리는 것이 단점이다(압축기 정지시 흡입관이 과열되어 밸브가 열리기 때문에).

③ 액 크로스 충전

㉮ 충전되는 냉매는 장치 내 사용냉매와 다르다.

㉯ 저온용에 적합하다.

12) 온도식 자동 팽창밸브의 설치

① 밸브 본체

㉮ 증발기 가까운 곳에 설치

㉯ 냉매 분배기 가까운 곳에 설치

㉰ 가스 충전 팽창밸브일 때는 감온통 설치위치보다 따뜻한 곳에 설치

② 감온통의 설치

㉮ 증발기 출구 압축기 흡입관에 설치

㉯ 강관일 때는 알루미늄칠을 하여 녹을 방지

㉰ 흡입관 외경이(7/8)″ 이하일 경우 : 흡입관 상부
흡입관 외경이(7/8)″ 이상일 경우 : 수평보다 45° 하부에 부착

㉱ 외기의 영향을 받을 때는 보온해 줄 것

㉲ 감온도를 증가시키기 위해 감온통 포켓 설치

㉳ 여하한 경우에도 트랩에 설치하는 것은 피할 것

㉴ 감온통 충전구가 상부로 향하게 할 것

(a) 20mm 이하의 흡입관의 경우   (b) 20mm를 넘는 흡입관의 경우

(c) 감온통을 흡입관에 투입하는 방법

③ 외부 균압관의 설치

㉮ 증발기 출구의 감온통 부착 위치 뒤에 설치한다.

㉯ 항상 흡입관 상부에 연결할 것

13) 냉매 분배기(Distributor)

Cooling butor라고도 하며 팽창밸브에서 증발기로 보낼 경우에 각 계통의 증발기에 균등량의 냉매를 흐르게 하는데 사용된다.

(a) 벤투리형   (b) 압력 강하형   (c) 원심형

(5) 파일럿 밸브 부 온도식 자동 팽창밸브

증발부하가 증대하면 감온통이 열을 받아 감온통 내의 가스가 팽창하여 파일럿 밸브 경막에 압력이 가해져 밸브가 열린다. 그러면 고압이 주 팽창밸브의 피스톤을 눌러 주 팽창의 밸브시트도 열린다.

1) 냉동능력 100~270RT 대용량에서 사용

2) 대용량이 되면 액관이 굵어지게 되므로 온도식 자동 팽창밸브의 단독 용량에는 한계가 있으므로 이 팽창밸브를 사용

3) 파일럿 밸브의 개도와 비례해서 주 팽창밸브가 열린다.

(6) 고압측 플로트 밸브(High Side Float Valve)

1) 고압측 액면에 의해 작동한다.

2) 부하의 변동과 관계없이 작동하므로 만액식 증발기에 사용한다.

3) 고압측 플로트 밸브를 사용했을 때 액분리기는 증발기의 25%의 용량을 가지게 하여 리퀴드 백의 염려를 없애야 한다.

4) 응축기에서 유입되는 냉매가 플로트 실에 들어가고 액면이 일정량보다 많아지면 플로트가 떠서 밸브를 개방하므로 증발기로 액이 공급되게 한다.

5) 밸브는 항상 액냉매 중에 잠겨 있다.

6) 터보 냉동기에서 주로 사용한다.

7) 플로트 실 상부에 불응축 가스가 고이면 압력이 높아져 플로트가 뜨지 못한다. 그러면 냉매가 혼입되지 않아 증발기에 냉매부족 현상을 초래한다. 그러나 플로트 실에서 Air Purge 해낼 수 없으므로 Air Purge Vent를 설치하여 고압측에서 퍼지(Purge)하도록 한다.

(7) 저압측 플로트 밸브(Low Side Float Valve)

1) 부하변동에 따라 유량을 제어할 수 있다.

2) 저압측에 의하여 증발기의 액면을 일정하게 유지

3) 암모니아(만액식), 프레온 냉동장치에 사용

4) 플로트를 직접 증발기에 띄우는 방법과 플로트 실을 따로 설치해 주는 경우가 있다.

5) 냉매 레벨은 셀의 경우 2/3가 적당하다.

6) 대형에서는 파일럿 플로트 밸브가 쓰인다.

7) 저압 플로트 밸브의 단독 용량에는 한계가 있으므로 파일럿 플로트 밸브를 사용한다.

(8) 온도식 액면 제어밸브

1) 15Watt 정도의 히터를 감온통에 감아 액면이 내려가면 팽창밸브가 열려 액이 공급된다.

2) 액이 감온통에 접속하면 감온통 속의 냉매가 냉각되어 팽창밸브가 닫힌다.

(9) 플로트 스위치(Float Switch)

1) 액면에 의해 전원이 이어지고 전자밸브가 열리게 장치한 스위치이다.

2) 액 회수장치, 고단 압축에서 중간 냉각기의 전자밸브 개폐 등에 사용된다.

연습문제

01 다음 중 모세관의 압력강하가 가장 큰 경우는?
① 직경이 가늘고 길수록
② 직경이 가늘고 짧을수록
③ 직경이 굵고 짧을수록
④ 직경이 굵고 길수록

풀이 모세관은 관경이 0.8~1.3mm 정도이며 관경이 가늘수록 길이가 길수록 압력강하가 심하여 진다.

02 모세관의 용도 및 특징에 관한 설명 중 틀린 것은?
① 부하변동에 따른 유량조절이 불가능하다.
② 구조가 간단하나 기동시 경부하 기동이 어렵다.
③ 수분이나 이물질에 의해 동결, 폐쇄의 우려가 있다.
④ 고압측에 수액기를 설치할 수 없다.

풀이 냉동기 정지 시 모세관은 고저압이 밸런스가 되어 기동 시 경(무)부하 운전이 가능하다.

03 온도식 자동팽창 밸브에 관한 설명이 잘못된 것은?
① 주로 프레온 냉동기에 사용한다.
② 온도식 자동팽창 밸브의 작동 불량 원인은 감온통이 토출관에 너무 밀착되어 있기 때문이다.
③ 부하변동에 따라 냉매유량이 제어가 가능하다.
④ 내부균압형과 외부균압형이 있다.

풀이 온도식 자동팽창 밸브의 감온통은 압축기의 흡입관에 밀착시켜 설치한다.

04 온도식 자동팽창밸브의 감온통 설치방법으로 잘못된 것은?
① 증발기 출구 측 압축기로 흡입되는 곳에 설치할 것
② 흡입 관경이 20A 이하인 경우에는 관 상부에 설치할 것
③ 외기의 영향을 받을 경우는 보온해 주거나 감온통 포켓을 설치할 것
④ 압축기 흡입 관에 트랩이 있는 경우에는 트랩 부분에 부착할 것

풀이 온도식 자동팽창밸브의 감온통은 흡입관경이 20mm 이하인 경우 흡입관 상부에, 20mm 이상인 경우 수평부분보다 45° 하부에 설치하며 흡입관에 트랩이 설치되어 있으면 트랩전에 설치하여야 정확히 감지할 수 있다.

01 ①　02 ②　03 ②　04 ④

05 온도식 팽창밸브(Thermostatic expansion valve)에 있어서 과열도란 무엇인가?
① 고압측 압력이 너무 높아져서 액냉매의 온도가 충분히 낮아지지 못할 때 정상시와의 온도차
② 팽창밸브가 너무 오랫동안 작용하면 밸브 시이트가 뜨겁게 되어 오동작할 때 정상시와의 온도차
③ 흡입관내의 냉매가스 온도와 증발기내의 포화온도와의 온도차
④ 압축기와 증발기속의 온도보다 1℃ 정도 높게 설정되어 있는 온도와의 온도차

풀이 과열도란 압축기 흡입가스가 건조포화증기가 열을 받아 과열증기가 된 상태로 흡입가스 온도와 증발온도 차이를 말한다.

06 팽창 밸브에 관한 설명 중에서 맞는 것은?
① 정압식 팽창 밸브는 큰 용량에만 사용된다.
② 온도식 자동 팽창 밸브는 감온통이 고온을 받으면 냉매의 유량이 증가된다.
③ 모세관은 대형냉장고 또는 수냉식 콘덴싱 유니트 등에만 적용되고, 소형에는 적용되지 않는다.
④ 수동식 팽창밸브에는 플로트식이 있다.

풀이 정압식 팽창밸브는 부하변동에 따라 유량제어가 불가능하며 증발기 내의 압력을 일정하게 유지시키며 냉수 또는 브라인 동결 방지용으로 사용하며 모세관의 경우에는 부하 변동에 따라 유량제어가 불가능하므로 주로 소형 냉장고 등에 사용된다. 플로트(float)식은 부하변동에 대응하여 유량제어가 가능하며 대용량의 자동식 팽창밸브에 해당된다.

07 냉동장치 운전 중 팽창밸브의 열림이 적을 때 발생하는 현상이 아닌 것은?
① 증발압력은 저하한다.
② 순환 냉매량은 감소한다.
③ 압축비는 감소한다.
④ 체적효율은 저하한다.

풀이 팽창밸브의 열림이 적을 경우 증발압력 저하로 인하여 압축비가 증가하게 되며 플래쉬가스 발생의 증가로 냉매순환량이 감소하게 된다.

08 팽창밸브에 대한 설명이다. 틀린 것은?
① 냉동부하변동에 의해 증발기에 공급되는 냉매량을 제어한다.
② 고압 측과 저압 측간의 일정 압력 차를 유지시킨다.
③ 밸브의 교축 작용 시 플래시 가스가 발생한다.
④ 증발기 크기, 냉매의 종류에 따라 밸브를 달리할 필요가 없다.

풀이 냉매의 종류와 증발기 용량에 따라 팽창밸브의 종류를 선정하여야 한다.

05 ③ 06 ② 07 ③ 08 ④

09 팽창밸브에 사용하는 감온통의 배관상 설치 위치에 대한 설명이 잘못된 것은?
① 증발기 출구측 흡입관의 수평부에 설치한다.
② 흡입관 관경이 20mm 이상일 때는 중심부 수평에서 45° 상부에 설치한다.
③ 흡입관 관경이 20mm 이하일 때는 배관상부에 설치한다.
④ 트랩부분에는 설치하지 않는다.

풀이 흡입관경이 20mm 이하인 경우 흡입관 상부에, 20mm초과하는 경우 수평부분보다 45° 하부에 부착하여야 한다.

10 냉동장치의 전자식 팽창밸브에 대한 설명 중 틀린 것은?
① 응축압력 변화에 따른 영향을 받지 않는다.
② 응축기 출구 과냉각의 변화를 보상할 수 있다.
③ 높은 과열도를 유지하여 시스템의 효율을 높일 수 있다.
④ 센서를 사용하여 감지하고 제어함으로써 설치 위치 선정이 용이하다.

풀이 전자식 팽창밸브는 높은 과열도를 유지하게 되면 시스템 효율 자체가 저하하게 되므로 과열도는 너무 높지 않게 유지하여야 한다.

11 냉매 교축 후의 상태가 아닌 것은?
① 온도는 강하한다.
② 압력은 강하한다.
③ 엔탈피는 일정불변이다.
④ 엔트로피는 감소한다.

풀이 팽창밸브에서 냉매의 교축작용이 일어나는 것으로, 이때 압력과 온도는 강하되나 엔탈피는 단열변화로 간주하므로 불변이 되며 엔트로피는 증가하게 된다.

12 증발기내의 압력에 의해 작동하는 팽창밸브는?
① 정압식 자동 팽창밸브
② 열전식 팽창밸브
③ 모세관
④ 수동식 팽창밸브

풀이 정압식 자동 팽창밸브
증발기내에서의 증발압력을 일정하게 유지시켜 증발온도를 일정하게 유지하는 방식

13 팽창밸브 중에서 과열도를 검출하여 냉매 유량을 제어하는 것은?
① 정압식 자동팽창밸브
② 수동팽창밸브
③ 온도식 자동팽창밸브
④ 모세관

풀이 온도식 자동 팽창밸브(TEV)는 흡입 배관에 감온통을 설치하여 과열도를 일정하게 유지하게 해주는 프레온 소형장치에서 주로 사용한다.

제 8 장 기타 기기

1. 수액기(Liquid Receiver)

- 응축기에서 응축한 액을 일시 저장하여 증발기 내의 소요 냉매량을 팽창밸브로 공급한다.
- 수액기가 2기 이상이며 직경이 서로 다를 때는 수액기의 상단을 일치시킨다(액봉으로 인한 피해를 안 받기 위하여).
- 액면계의 파손을 방지하기 위하여 금속제 커버를 만들게 되어 있으며 수액기와 접속되는 앵글밸브는 볼타입(Ball Type) 앵글밸브가 있다.
- 균압관은 충분히 굵은 것을 사용해야 하며 균압관에 에어 퍼저(Air Purger)를 설치한다.

(1) 주의사항

1) 수액기에 직사광선을 쬐지 말 것
2) 수액기에 액을 3/4 이상 만액시키지 말 것
3) 화기를 엄금할 것
4) 안전밸브의 원밸브는 항상 열어 둘 것(작동중)
5) 균압관의 크기가 작지 않을 것
6) 용접계수 부분에는 배관이나 기타 기기를 접속하지 말 것
7) 인접한 장수계수간(용접상호거리)의 간격을 판 두께의 10배 이상 이격시킬 것

(2) 안전사항

1) 액면은 부하변동에 따라 변한다.

2) 수액기나 응축기 안전밸브의 작동압력은 압축기 안전밸브와 같으나 운전중 작동하는 일은 거의 없다.

3) 안전밸브의 설치목적은 불의의 사고에 대비하여 설치된다(화재).

4) 안전밸브 대신 가용전을 사용하기도 한다(Freon).

5) 사용 전의 구성성분 및 용융온도

   ① 성분 : 주석(Sn), 카드뮴(Cd), 비스무트(Bi), 납(Pb), 안티몬(Sb)

   ② 용융온도 : 68~75℃

   ③ 최소구경 : 안전밸브 구경의 1/2 이상

   ④ 설치위치 : 압축기 토출가스의 영향을 받지 않는 곳으로 주로 응축기나 수액기 상부에 설치한다.

6) 수액기의 위치는 응축기보다 낮은 곳에 설치

(3) 수액기 동판과 경판 두께의 관계 (R : 곡률 반경, D : 수액기 직경)

1) R = D일 때 : 경판과 동판의 두께를 같게 한다.

2) R > D일 때 : 경판을 동판의 두께보다 두껍게 한다.

3) R < D일 때 : 경판을 동판의 두께보다 얇게 해준다.

2. 유분리기(Oil Separator)

- 유분리기 종류는 원심분리형, 가스충돌형, 자연낙하형의 3종류가 있다.
- 압축기에서 토출가스에 섞여 나가는 윤활유가 응축기 및 증발기에 들어가 전열을 나쁘게 하는 것을 방지하기 위해서 응축기와 압축기 사이에 설치한다.
- 암모니아는 응축기 가까이에, 프레온은 압축기 가까이 설치하여 냉매가스가 응축이 안되고 윤활유가 쉽게 분리될 수 있게 한다(암모니아는 압축기와 응축기의 1/4위치, 프레온은 3/4위치).
- 암모니아는 윤활유가 탄화함으로써 배유시키지만 프레온 냉동기에서는 윤활유가 탄화하지 않으므로 크랭크 케이스 내로 반유시킨다.
- 암모니아 유분리기에서 분리된 윤활유는 일단 유류에 저장하여 암모니아 가스는 흡입관으로 보내고 윤활유는 배유시킨다.

(a) 배플형   (b) 원심 분리형   (c) 철망형   (d) 원심 변형형

(1) 유분리 방법

1) 원통 내에 선회판을 붙여 가스에 회전운동을 줌으로써 오일 미립자를 원심분리시킨다.
2) 용기 내에 가스를 도입해서 방해판에 의해서 방향을 변환시키고, 이 때 충돌에 의하여 기름방울이 판에 부착하는 작용을 이용하여 분리시킨다.
3) 토출가스를 비교적 큰 용기 내로 도입해서 가스의 속도를 늦게 하여 비교적 무거운 기름방울을 분리시킨다.

(2) 프레온 냉동기에서 유분리기를 부착하는 경우

1) 만액식 증발기를 사용하는 경우

2) 상당한 다량의 기름이 토출가스에 혼입되는 것으로 생각되는 경우

3) 토출가스 배관이 길어지는 경우

4) 증발온도가 낮은 경우

(3) 유분리기의 선정

유분리기에서의 유동 속도는 61m/min 이내로 할 것. 단 원심형을 제외하며 압력손실이 적은 형의 것을 선택할 것

3. 여과기(Strainer or Filter)

(1) 설치 목적

1) 냉매나 윤활유 중에 이물질이 혼입되어 제어밸브를 폐쇄하는 것을 방지한다.

2) 압축기의 밸브, 축수, 피스톤 등을 소손하는 원인이 되므로 설치한다.

(2) 형 태

(a) Y형 여과기　　　　　(b) L형 여과기

(3) 규 격

1) Mesh : 1인치당 들어있는 구멍수

2) 액관 : 80~100mesh 사용

3) 가스관 : 40~100mesh 사용

4) 여과기는 냉매의 유통저항을 적게 하기 위하여 충분한 것으로 선정한다.

(4) 장치 내에 여과기를 부착하는 곳

1) 흡입측

2) 팽창밸브 직전

3) 액관

4) 크랭크 케이스 내 오일 입구

5) 오일 펌프 후 큐노 필터

6) 드라이어 내부

4. 냉매 건조기(Dryer)

(1) 설치 목적
프레온 냉동장치에서 수분 침입시 미치는 악영향을 제거해 주기 위해 팽창밸브 직전의 액관에 설치한다.

(2) 설치 위치

(a) 개방형 드라이어   (b) 밀폐형 드라이어

> ※ 소형 냉동기에는 일반적으로 실리카겔이 사용되며 대형에는 활성알루미나가 사용된다. 건조제가 수분을 많이 흡수하면 작은 분말로 변하여 팽창밸브 직전의 여과망을 막아버리는 경향이 있다.

(3) 수분 침입의 원인

1) 외기의 침입

2) 공기에 의한 압력 시험 후 진공 불충분시

3) 냉매나 윤활유 충전시 부주의

4) 정비상의 부주의(제작시 R-12의 경우 0.0025% 이하의 수분 허용함)

5) 개방형의 경우 극도의 진공 운전

6) 수분이 섞인 냉매나 오일 충전시

(4) 수분 침입의 영향

1) 프레온
   ① 팽창밸브 동결
   ② 장치 부식
   ③ 흡입압력 저하
   ④ 동부착 현상
   ⑤ 오일의 유화

2) 암모니아
   ① 장치 부식
   ② 유탁액 현상
   ③ 증발온도 상승
   ④ 흡입압력 저하

5. 가스 퍼저(불응축 가스 방출기)

냉동장치 내에 불응축 가스가 침입했을 때 이를 제거하는 장치

(1) 냉동장치 내 불응축 가스 침입 원인

1) 진공운전시 배관 또는 축봉부의 누설로 인한 공기의 침입
2) 오일이나 냉매 충진시 부주의
3) 오일의 화학적 분해
4) 냉매 충진 전에 장치 내를 완전히 진공시키지 않아 잔류해 있는 경우
5) 정비 수리상의 부주의
6) 밀폐형에서 모터 소손시 발생하는 연기

(2) 불응축 가스 혼입 영향

1) 응축기 열교환 악화
2) 응축압력 상승으로 소요동력 증대
3) 토출가스 온도 상승으로 윤활유 열화, 탄화
4) 실린더 과열 및 피스톤 마모 증대
5) 축수하중 증대 및 냉동능력 감소

(3) 불응축 가스가 모이는 곳

  1) 응축기 상부

  2) 수액기 상부

  3) 증발식 응축기에서는 액 헤더에 모인다.

(4) 가스 퍼저(Gas Purger)가 없는 장치의 불응축 가스 혼입여부 확인법

  1) 압축기 정지한다.

  2) 응축기 입·출구 체크밸브를 닫는다.

  3) 냉각수를 계속 통수시켜 냉매가스를 완전히 응축시키고 냉각수 입·출구 온도가 같아지나 확인한다.

  4) 고압계기에 나타난 압력과 냉각수온에 대응하는 포화압력보다 높으면 불응축 가스가 존재하는 것이다.

(5) 수동식 가스 퍼저

  1) 압축기 정지

  2) 응축기 입·출구 체크밸브를 닫는다.

  3) 약 30분간 냉각수를 통수시켜 냉매를 완전히 응축시킨다.

  4) 에어 퍼저밸브를 열어 공기를 배출 후 닫는다.

  5) 응축기 입·출구 밸브를 열고 정상 운전. 이 때 암모니아 장치는 수조로 방출하며 프레온 장치는 대기중에 방출한다.

(6) York형 불응축 가스 퍼저

1) 작동순서

① 냉매액 스톱밸브 ①을 열고 불응축 가스 퍼저 드럼 내를 냉각시킨다.
② 불응축 가스 스톱밸브 ②를 열고 균압관으로부터 불응축 가스를 드럼 내로 유입시킨다. 여기서 냉각관에 의해 불응축 가스는 냉각되어 드럼 상부에 모이고 냉매가스는 액화되어 드럼 하부에 고이게 된다.
③ 스톱밸브 ③을 열고 냉매액을 수액기로 돌려보낸다.
④ 불응축 가스가 냉각되었으며 스톱밸브 ②를 닫고 균압관으로부터 가스유입을 중지시킨다.
⑤ 스톱밸브 ③을 닫는다.
⑥ 스톱밸브 ④를 약간 열고 불응축 가스를 서서히 물통(수조)에 방출시킨다 (NH_3일 경우 수조가 있다).
⑦ 방출이 끝나면 스톱밸브 ④를 닫는다.

서모 밸브는 ④의 단계에서 불응축 가스가 충분히 냉각되었을 때 자동으로 열려 불응축 가스를 방출시킨다. 따라서 새로운 가스가 드럼 내로 유입되어 드럼 내의 온도가 높아지면 닫힌다. 이 때 온도식 자동팽창밸브를 흡입가스의 온도상승에 의해 팽창밸브를 보다 크게 열어서 드럼 내를 냉각시키게 된다.

2) York형에서 불응축 가스가 존재하면

① 온도계 눈금이 내려간다.
② 압력계 눈금이 상승한다.
③ 액면계 액면이 내려간다.

3) 불응축 가스가 없으면

① 온도계 눈금은 퍼지 드럼 내의 응축온도로 일정
② 압력계 눈금은 퍼지 드럼 내의 냉매 포화압력으로 일정
③ 액면계의 액면은 높아진다.
④ 작동순서
 ㉮ 수액기의 액이 액관을 지나 ①을 통해 드럼 안으로 들어가 드럼을 냉각
 ㉯ ③을 열어 불응축 가스를 유입한다.
 ㉰ ②를 열어 액을 수액기로 회수
 ㉱ ②, ③을 계속 열어둔다.
 ㉲ 불응축 가스가 많으면 ④가 자동적으로 열려서 방출하고 닫힌다.
⑤ 수동보다 냉매손실이 크다.
⑥ 수동과 자동을 병용

(7) 암스트롱식(Amstrong type) 가스 퍼저

1) 조작순서

① 가스 퍼저 본체 내부에 일정한 높이까지 액을 채운다.
② 이 냉매는 온도식 팽창밸브를 통하여 냉각관 내에서 증발한 냉매에 의해 냉각된다.
③ 냉각된 퍼지 드럼 내의 냉매액중의 수액기 또는 응축기에서 인도된 불응축 가스가 혼합된 가스를 도입시켜 냉각시키게 되므로 냉매 가스는 응축 액화하여 드럼 내의 냉매액과 혼합되고 불응축 가스만이 드럼 상부에 모이게 된다.
④ 불응축 가스가 드럼 상부에 보이게 되면 액면이 낮아져 플로트 밸브가 자동적으로 열리게 되며 불응축 가스는 물병 속으로 모이게 된다.
⑤ 불응축 가스가 방출되면 또다시 수액기로부터 가스를 혼입하여 일단 버킷에 부착된 밸브가 닫히게 되므로 팽창밸브로 냉매공급을 중지시킨다.
⑥ 버킷 내의 가스는 구멍을 통하여 위로 올라가 상부의 찬 냉매액에 의하여 냉각되어 불응축 가스만이 드럼 상부에 남게 되는 것이다.
⑦ 버킷 내에는 다시 액이 들어와서 내부 압력도 떨어져 자체의 무게로 버킷은 가라앉는다. 이 때 버킷의 밸브가 열려서 팽창밸브의 냉매액을 다시 공급한다.
⑧ 이러한 액냉매는 드럼 하부에 있는 역 버킷형 드럼밸브에 의하여 간헐적으로 배관

ⓐ를 통하여 팽창밸브에서 냉각관에 공급되어 증발된 후 압축기에 되돌아간다.

6. 열 교환기(Heat Exchaner)

(1) 설치 목적

1) 플래시 가스 발생 억제(응축기 가까이)

2) 리퀴드 백 방지(증발기 가까이)

3) 만액식 증발기에서 유회수 장치

4) 프레온에서 냉동효과 증대 성적계수 향상

(2) 설치해야 할 경우

1) R-12나 R-500을 사용하는 증발온도 -15℃ 전후에서 효과가 크다.

2) 액관이 현저히 입상할 경우

3) 액관이 보온함 없이 따뜻한 곳을 통과하는 경우

4) 만액식 증발기의 유회수 장치

(3) 플래시 가스의 발생 원인

1) 압력강하에 의한 경우

① 액관이 현저히 입상할 경우

② 액관의 사이즈나 전자밸브, 체크밸브 등의 크기가 작을 때

③ 액관중 스트레이너, 드라이어 등이 막혔을 경우

2) 가열에 의한 경우

① 액관이 보온없이 따뜻한 곳을 통과할 때

② 수액기가 직사광선을 받을 때

③ 응축온도가 지나치게 낮을 때

④ 수액기 냉매온도가 주위보다 높을 때

(4) 플래시 가스의 영향

1) 팽창밸브의 능력이 감퇴되어 증발기 내로 유입되는 실제적 냉매액 감소

2) 냉동능력 감소

3) 냉장실온 상승

4) 흡입가스 과열

5) 토출가스 온도 상승

6) 실린더 과열

7) 윤활유 열화, 탄화

8) 증발압력 저하

(5) 열교환기의 종류

1) 용접식 열교환기

소형에서 주로 사용하며 증발기 출구의 가스관과 모세관(팽창밸브)을 용접하여 열교환시키는 것

2) 2중관식 열교환기

가는 튜브와 굵은 튜브와의 2중관에서 액냉매를 내측관에 관 사이로 가스를 흘려서 열교환된다(R-22에서 주로 사용).

3) 셸 앤드 튜브식 열교환기

셸 내로 가스가 흐르고 튜브 내로 액이 흐른다. 주로 대형 프레온 냉동장치에서 사용한다.

7. 유회수 장치

(1) 소 형

증발기에서 접속된 회수관을 통하여 냉매와 오일의 혼합액을 뽑아서 액체 냉매는 유분리기에서 히터에 의해 가열되어 증발하고 오일만이 소량씩 압축기에 회수된다.

(2) 대 형

증발기에서 축출한 냉매와 오일의 혼합액을 열교환기에 의해 액은 증발시켜 압축기로 보내고 오일만을 소량씩 압축기 크랭크 케이스로 회수한다.

8. 유류(Oil Reservoir)

암모니아 냉동장치에서 유분리기, 응축기, 수액기 등에서 고인 오일을 정기적으로 밖으로 뽑아낼 때 용기에서 직접 오일 드레인 밸브를 통하여 밖으로 빼내면 용기 내가 고압이므로 위험하고 냉매로 인하여 인체에 의해 염려가 많다. 그러므로 우선 유류로 회수한 다음 저압측 연결관을 열어 오일 중에 섞여 있는 냉매를 저압측으로 보낸 다음 유면계를 보면서 방출한다(겨울에는 더운물로 유류를 가열하여 암모니아를 되도록 빨리 돌려보낸다).

[작동순서]

1) ①번과 ②번을 연다.

2) 유류기 내 오일을 유입시킨 다음 ①번과 ②번 밸브를 닫는다.

3) ③번과 ④번 밸브를 열어 유류기 내의 압력을 저압으로 한 다음 ③번과 ④번을 닫는다.

4) ⑤번 밸브를 서서히 열어 배유시킨다.

9. 균압관

(1) 설치 목적

수액기를 설치한 실내의 온도가 응축기 설치부분의 온도보다 높을 때 또는 냉각수의 온도가 너무 낮을 때 수액기의 압력이 높아지는 일이 있다. 이러한 때 그림과 같이 응축기와 수액기 상부를 연결한 가는 관을 설치한다. 이것을 균압관이라 하며, 응축기와 수액기의 압력을 균일하게 해주므로 압력차로 인한 응축기에 액이 고여 전열면적이 작아져 응축능력을 저해하는 일이 없어지게 하는데 목적이 있다.

(2) 균압관의 종류

1) 응축기와 수액기 사이의 균압관, 응축기와 응축기 사이의 균압관, 수액기와 수액기 사이의 균압관

2) 저압가스 균압관($0.14 kg/cm^2$ 이상의 압력강하일 때 설치)

3) 오일 레벨 균압관

4) 플로트 균압관

5) 크랭크 케이스 균압관

10. 액 분리기(Liquid Separator)

(1) 액 분리기의 작용

1) 증발기에서 유입되는 액립을 분리시켜 액 압축을 방지하여 압축기 보호

2) 액 분리기는 Accumulator, Suction trap 또는 Surge drum이라고도 한다.

3) 유분리기와 구조가 비슷하다.

4) 열교환기의 구조로 된 것은 플래시 가스(Flash Gas)를 분리하여 줌으로써 냉각 코일의 효율을 증대시킨다.

5) 기동시 증발기 내의 액이 교란되는 것을 방지한다.

6) 가스속도 1m/sec

7) 만액식에서 모든 액 분리기는 증발기보다 상부에 설치한다.

(2) 액 분리기의 종류

1) 원심분리형

2) 가스충돌형

3) 원심가스 충돌형

(a) 원심분리형   (b) 가스충돌형   (c) 원심가스 충돌형

11. 열교환기 겸용 액 분리기

(1) 중력 급액식 액 분리기

1) 액 냉매는 팽창밸브에 의해 액 분리기로 보내진다.

2) 액은 중력에 의해 체크밸브를 통하여 증발기로 들어간다.

3) 증발기에서 증발을 끝낸 냉매가스와 팽창밸브 통과시 발생된 플래시 가스는 즉시 압축기로 회수된다.

4) 증발기 출구와 입구를 겸한다.

5) 액 압축을 방지하고 동시에 냉각코일의 효율을 증대시킨다.

(2) 압력 급액식 액 분리기

1) 냉매액은 열교환 과정을 거쳐 팽창밸브를 통하여 증발기로 들어간다.

2) 액 분리기 내의 냉매액은 팽창밸브로 공급되는 냉매액을 과냉시키고 자신은 열을 받아 증발하여 압축기로 흡입된다.

3) 주로 제빙용으로 이용된다.

(3) 액회수 장치(수동식)

1) 운전중에는 A밸브는 열려 있어 액 분리기와 액류기가 동일압력(저압)이 되므로 액 분리기 내의 액냉매가 액류기로 회수된다.

2) 액류기에 적정량의 액냉매가 모이면 A밸브를 닫고, B밸브를 열면 액류기와 수액기 내의 압력이 동일압력(고압)이 되므로 수액기로 액이 낙차에 의해 회수된다.

3) 액냉매가 수액기로 회수되면 B밸브를 닫고, A밸브를 열어 액 분리기 내의 액냉매가 다시 액류기로 회수하도록 한다.

(4) 액회수 장치(자동식)

압축기 가까이 흡입관에 설치하여 분리된 액을 고압측의 수액기로 회수하는 장치로 이 장치는 단순히 액 압축을 방지하는 것이 목적이다.

1) **작동상황**

① 냉동장치가 정상운전을 행하고 있을 때는 전자밸브 SV2가 열려 있고 SV1이 닫혀 있으며, 액받이는 저압으로 되어 액 분리기 내에 고인 액은 액받이로 흘러내린다.

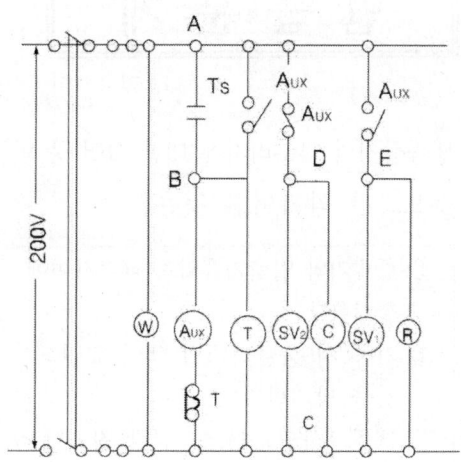

TS : 토글스위치   AUX : 보조계전기   T : 한시계전기
SV : 전자밸브   CV : 체크밸브   F : 퓨즈
W : 백색표시등   G : 녹색표시등   R : 적색표시등
FS : 플로트 스위치

② 액받이는 액이 일정 레벨에 달하며 플로트 Sw가 작동하여 Aux를 통전시키며 따라서 B접점이 떨어지고 A접점이 붙어 T에 통전됨과 동시에 SV_1에 통전되어 액받이가 저압에서 고압으로 된다.

③ 이 때문에 체크밸브 CV_1이 닫히고 CV_2가 열려 액받이 내의 액은 중력에 의해 수액기에 회수된다.

④ 사전에 액회수에 필요한 시간이 T에 조정되어 있기 때문에 일정시간 반송된 다음 T의 B접점이 닫혀 Aux로의 전원이 차단

⑤ Aux의 A접점이 떨어지고 B접점이 붙어 녹색등이 점등됨과 동시에 정상운전에 들어간다.

2) 위 장치의 수동조작

① A를 열어 액류 내를 저압으로 유도하여 액 분리기 내의 액을 액류로 유입시킨다.

② 액류 내에 액이 차면 A를 닫고 B를 열어 액류 내를 고압으로 유도하여 액류 내의 액을 수액기로 회수한다.

③ 액류 내의 액이 완전히 제거되면 B를 닫고 A를 열어 액류를 다시 저압으로 유도한다. 이와 같이 조작을 반복한다.

연습문제

01 냉동장치의 액분리기에 대한 설명 중 맞는 것으로만 짝지어진 것은?

> ① 증발기와 압축기흡입측 배관사이에 설치한다.
> ② 기동 시 증발기내의 액이 교란되는 것을 방지한다.
> ③ 냉동부하의 변동이 심한 장치에는 사용하지 않는다.
> ④ 냉매액이 증발기로 유입되는 것을 방지 하기 위해 사용한다.

① ①, ②   ② ③, ④
③ ①, ③   ④ ②, ③

[풀이] 액분리기는 증발기와 압축기 사이에 설치하여 증발기에서 급격한 부하 변동 등으로 압축기로 액이 들어가는 것을 방지하는 역할을 한다.

02 액 분리기에 대하여 기술할 때 옳은 것은?

① 액 분리기는 R-22의 냉동장치에서 액을 반드시 건조기로 되돌리는 일을 한다.
② 액 분리기는 흡입관 중의 가스와 액을 분리하여 액 압축을 방지시킨다.
③ 액 분리기는 압축기에서 액과 가스를 분리하는 것이다.
④ 액 분리기는 암모니아의 냉동장치에는 사용하지 않는다.

[풀이] 액분리기는 증발기와 압축기 사이에 설치하여 압축기로 액이 들어가는 것을 방지한다. 이때 액분리기에서 분리된 냉매 액은 증발기로 되돌리는 방법과 수액기로 회수하는 방법, 열교환기를 이용하여 압축기로 회수하는 방법 등이 있다.

03 냉동장치에서 액압축이 일어나기 쉬운 조건이 아닌 것은?

① 팽창밸브의 개도가 과소할 때
② 냉동부하의 급격한 변동이 있을 때
③ 운전 정지시에 액관의 밸브를 닫지 않았을 때
④ 흡입관의 도중에 트랩 등 윤활유나 액냉매가 고이기 쉬운 부분이 있을 때

04 암모니아 장치에 유분리기를 설치하려 한다. 유분리기를 어느 위치에 설치하면 작용이 양호한가?

① 증발기와 압축기 사이에서 증발기 가까운 쪽
② 증발기와 압축기 사이에서 압축기 가까운 쪽
③ 압축기와 응축기 사이에서 응축기 가까운 쪽
④ 압축기와 응축기 사이에서 압축기 가까운 쪽

[풀이] 암모니아는 윤활유와 분리하는 성질이기 때문에 가급적 점도가 강한 응축기 가까운 쪽에 유분리기를 설치하여야 한다.

01 ① 02 ② 03 ① 04 ③

05 다음 중 유분리기를 반드시 사용하지 않아도 되는 경우는?
① 만액식 증발기를 사용하는 경우
② 토출가스 배관이나 장치 전체의 배관이 길어지는 경우
③ 증발온도가 낮은 경우
④ HFC계 냉매를 사용하는 소형냉동장치의 경우

풀이
· CFC : 특정 프레온(염소를 포함하여 오존층 파괴의 정도가 높은 화합물)
· HCFC : 지정프레온(염소를 가지고 있지만 수소를 포함하고 있어 오존 파괴가 작은 화합물)
· HFC : 대체프레온(염소를 가지고 않고 수소를 포함한 물질로 오존 파괴 우려가 없는 화합물)

06 전자밸브(solenoid valve) 설치 시 주의사항이 아닌 것은?
① 코일 부분이 상부로 오도록 수직으로 설치한다.
② 전자밸브 직전에 스트레이너를 장치한다.
③ 배관 시 전자밸브에 부당한 하중이 걸리지 않아야 한다.
④ 전자밸브 본체의 유체 방향성에 무관하게 설치한다.

풀이 유체의 흐름 방향과 밸브의 화살표 방향이 일치되게 설치하여야 한다.

07 냉동장치의 고압부에 대한 안전장치가 아닌 것은?
① 안전밸브
② 고압압력스위치
③ 가용전
④ 방폭문

풀이 안전밸브와 고압 압력 스위치는 압축기 안전장치이며 토출지변 직전에 설치한다. 가용전은 주변의 화재 등으로 온도가 상승한 경우 작동하는 것으로 주로 토출가스 영향을 직접적으로 받지 않는 응축기 또는 수액기 상부에 설치하는 것으로 카드늄, 비스므스, 안티몬, 주석, 납 등이 주성분이며 작동온도는 65-75℃에서 용융한다.

08 다음 중 고압차단스위치가 하는 역할은?
① 유압의 이상고압을 자동으로 감소시킨다.
② 수액기 내의 이상고압을 자동으로 감소시킨다.
③ 증발기 내의 이상고압을 자동으로 감소시킨다.
④ 압력이 이상고압이 되었을 때 압축기를 정지시킨다.

풀이 고압차단스위치(HPS)는 토출밸브와 토출지변 사이에 설치하여 토출압력이 이상 상승하면 작동하여 압축기를 정지시키는 역할을 한다.

09 냉동장치에서 디스트리 뷰터의 역할로서 옳은 것은?

① 냉매의 분배
② 흡입가스의 과열방지
③ 증발온도의 저하방지
④ 플래시 가스의 발생방지

풀이 디스트리 뷰터는 냉매 분배기라 하며, 여러 대의 증발기로 냉매 공급을 균등하게 하는 역할을 한다.

10 안전밸브의 점검사항이 아닌 것은?

① 분출 전개압력
② 가스분출 파이프의 지름
③ 분출 정지압력
④ 안전밸브의 누설

풀이 안전밸브의 점검사항 ① 분출전개압력 ② 분출정지압력 ③ 안전밸브 누설검사

11 냉동장치에서 압력용기의 안전장치로 사용되는 가용전 및 파열판의 설명으로 옳지 않은 것은?

① 파열판은 내압시험 압력이상의 압력으로 한다.
② 응축기에 부착하는 가용전의 용융온도는 보통 75℃ 이하로 한다.
③ 안전밸브와 파열판을 부착한 경우 파열판의 파열압력은 안전밸브의 작동 압력이상으로 해도 좋다.
④ 파열판은 터보 냉동기에 주로 사용된다.

풀이 파열판은 터보 냉동기에서 냉동기 운전 중이나 정지 중에 냉매가 주로 저압측에 모여있으므로 저압측의 안전장치로 쓰이며 정상 운전압력과 파열압력을 고려하여 사용하여야 하며 내압시험과는 무관하다. 가용전은 프레온 냉동기의 고압측 안전장치로 주로 토출가스의 영향을 직접적으로 받지 않는 응축기나 수액기 상부에 설치하며 카드뮴, 비스므스, 안티몬, 주석, 납 등이 주성분이며 용융온도는 68~75℃ 정도이다.

12 냉동장치에 부착하는 안전장치에 관한 설명이다. 맞는 것은?

① 안전밸브는 압축기의 헤드나 고압측 수액기 등에 설치한다.
② 안전밸브의 압력이 높은 만큼 가스의 분사량이 증가하므로 규정보다는 높은 압력으로 지정하는 것이 안전하다.
③ 압축기가 1대일 때 고압차단 장치는 흡입밸브에 부착한다.
④ 유압보호 스위치는 압축기에서 유압이 일정압력 이상이 되었을 때 압축기를 정지시킨다.

풀이 압축기 안전장치

· 안전두 : 정상고압 + 3kg/cm^{2}로서 고·저압 사이의 격벽에 설치하며 주로 액 압축 시 작동한다.
· 고압차단스위치(HPS) : 정상고압 + 4kg/cm^{2}로서 토출밸브와 토출지변사이에서 설치하며 이상 고압 시 압축기 정

지시킨다.

- 안전밸브 : 정상고압 + 5kg/cm² 로서 토출밸브와 토출지변사이에서 설치하며 이상 고압 시 냉매 일부를 방출하여 일정한 고압을 유지시킨다.
- 유압보호 스위치(OPS) : 유압이 일정 이하가 되면 압축기 정지시키는 역할

13 프레온 냉동장치의 배관공사 중에 수분이 장치 내에 잔류했을 경우 이 수분에 의한 문제점으로 옳지 않은 것은?

① 프레온 냉매와 수분은 거의 융합되지 않으므로 냉동장치 내의 온도가 0℃ 이하가 되면 수분은 빙결한다.
② 수분은 냉동장치 내에서 철재 재료 등을 부식시킨다.
③ 증발기 전열기능을 저하시키고, 흡입관 내 냉매 흐름을 방해한다.
④ 프레온 냉매와 수분은 화합반응하여 알칼리를 생성시킨다.

풀이 장치에 수분 침투하면 미치는 영향
프레온 : ① 팽창변 동결·폐쇄
② 산(HF, HCl)을 생성하여 장치 부식 촉진
③ 동부착현상 유발
암모니아 : 수분 1% 함유함에 따라 증발온도 0.5° 상승
* 프레온장치에서는 응축기나 수액기 출구에 건조기(dryer)를 설치하여야 하며 암모니아 장치는 배관상의 압력손실을 이유로 사용하지 않는다.

14 증기 압축식 냉동장치의 운전 중에 리키드 햄머가 발생되고 있을 때 나타나는 현상 중 옳은 것은?

① 흡입압력이 현저하게 저하한다.
② 토출관이 뜨거워진다.
③ 압축기에 서리가 생긴다.
④ 압축기의 토출압력이 낮아진다.

풀이 리키드 햄머 : 비압축성인 액체가 압축기로 흡입되어 압축되는 현상으로, 이때 진동 및 소음이 격심하게 발생되며 토출 측 압력계가 심하게 떨리면서 토출관에 서리가 생긴다.

15 냉매 배관 내에 플래시가스(flash gas)가 발생했을 때 운전상태가 아닌 것은?

① 팽창밸브의 능력 부족현상
② 냉매부족과 같은 현상
③ 팽창밸브 직전의 액 냉매의 온도상승 현상
④ 액관 중의 기포 발생

풀이 플래시가스 발생은 배관내의 온도 상승 또는 압력손실에 의한 것으로 이때 냉매의 온도 변화는 없는 상태이다.

13 ④ 14 ③ 15 ③

16 프레온 냉동장치에서 가용 전에 관한 설명 중 옳지 않은 것은?

① 가용전의 용융온도는 75℃ 이하로 되어 있다.
② 가용전은 Sn(주석), Cd(카드뮴), Bi(비스무트) 등의 합금이다.
③ 온도상승에 따른 이상 고압으로부터 응축기 파손을 방지한다.
④ 가용전의 구경은 안전밸브 최소구경의 1/2 이하이어야 한다.

풀이 가용전의 구경은 안전밸브 최소구경의 1/2 이상이어야 한다.

17 자동제어의 목적이 아닌 것은?

① 냉동장치 운전상태의 안정을 도모한다.
② 냉동장치의 안전을 유지한다.
③ 경제적인 운전을 꾀한다.
④ 냉동장치의 냉매 소비를 절감한다.

풀이 자동제어는 제어 대상을 일정한 목표값 범위에 수용하도록 상황 변화에 따라 요구되는 수정을 하면서 자동적으로 조절하는 것으로 장치의 안전 및 경제적인 운전을 할 수 있다.

18 프레온 냉매의 경우 흡입배관에 이중 입상관을 설치하는 목적으로 적합한 것은?

① 오일의 회수를 용이하게 하기 위하여
② 흡입가스의 과열을 방지하기 위하여
③ 냉매액의 흡입을 방지하기 위하여
④ 흡입관에서의 압력강하를 줄이기 위하여

풀이 평상시에는 가는 관으로 냉매가 흡입되고 굵은관은 오일에 의하여 폐쇄되어 있다가 증발기 과부하로 흡입가스가 증대되면 굵은관의 오일이 밀려 올라가 통로가 열리게 되는 현상으로 오일 회수를 목적으로 프레온 소형장치에서 설치되는 것이다.

19 냉장고 내 유지온도에 따라 저압압력이 낮아지는 원인이 아닌 것은?

① 냉장고내 공기가 냉각되므로 증발기에 서리가 두껍게 부착한다.
② 냉매가 장치에 과 충전되어 있다.
③ 냉장고의 부하가 작다.
④ 냉매 액관 중에 플래시 가스(flash gas)가 발생하고 있다.

풀이 냉매 과충전은 액백 현상이 일어날 우려가 있으며 저압저하 원인과는 관계가 없다.

20 냉동장치의 제어기기에 관한 설명 중 올바르게 서술한 것은?

① 만액식 증발기에 저압측 프로트식 팽창밸브를 설치하여 증발온도를 거의 일정하게 제어할 수 있다.
② 냉장고용 냉동장치에서 겨울철에 응축온도가 낮아지면 팽창밸브 전후의 압력차가 커지기 때문에 팽창밸브가 작동하지 않는다.
③ 일반적인 증발압력조정밸브는 증발기 입구측에 설치하여 냉매의 유량을 조절하고 증발기내 냉매의 압력을 일정하게 유지하

는 조정밸브이다.
④ R-22를 냉매로 하는 냉방기에서 증발기 출구의 과열도가 커지면 감온통 내의 가스 압력이 높아져 온도식 자동팽창밸브가 닫힌다.

풀이 저압측 플로트식 팽창밸브는 증발기 부하 변동에 따라 유량을 공급하므로 흡입가스 온도를 일정하게 유지하며 응축온도가 낮아지면 고·저압 압력차이가 작아져 냉매 순환이 되질 않는다. 증발압력조정밸브는 증발기 출구 측에 설치한다.

21 냉동장치의 제어에 관한 설명 중 올바른 것은?
① 온도식 자동팽창밸브는 증발기 입구의 냉매가스온도가 일정한 과열도로 유지되도록 냉매유량을 조절하는 팽창밸브이다.
② 증발온도가 다른 2대의 증발기를 1대의 압축기로 운전할 때 증발압력조정밸브는 증발 온도가 높은 쪽의 증발기 출구측에 설치한다.
③ 흡입압력조정밸브는 증발기 입구측에 설치하여 기동시 과부하 등으로 인해 압축기용 전동기가 손상되기 쉬운 것을 방지한다.
④ 저압측 플로트식 팽창밸브는 주로 건식 증발기의 액면 높이에 따라 냉매의 유량을 조절하는 것이다.

풀이 온도식 자동팽창밸브는 증발기 출구에서의 과열도를 일정하게 유지하며 흡입압력조정밸브는 압축기 흡입측에 설치하여 흡입압력이 일정 이상이 되는 것을 방지한다. 저압측 플로트밸브는 주로 만액식 증발기로 사용하며 액면의 높이에 따라 유량제어가 된다.

22 냉동장치의 운전에 관한 다음 설명 중 맞는 것은?
① 압축기에 액백(liquid back) 현상이 일어나면 토출가스 온도가 내려가고 구동 전동기의 전류계 지시값이 변동한다.
② 수액기 내에 냉매액을 충만시키면 증발기에서 열부하 감소에 대응하기 쉽다.
③ 냉매 충전량이 부족하면 증발압력이 높게 되면 냉동능력이 저하한다.
④ 냉동부하에 비해 과대한 용량의 압축기를 사용하면 저압이 높게 되고, 장치의 성적계수는 상승한다.

풀이 수액기에 냉매액에 만액되면 안전공간이 없어 위험하므로 액은 85% 정도 충만하면 되며 냉매 충전량이 부족하면 흡입가스 과열로 토출가스 상승의 원인이 된다. 압축기 용량이 과대하면 증발기에서 증발하지 못한 냉매액을 흡입하여 액백의 원인이 된다.

23 다음은 냉동장치에 사용되는 자동제어 기기에 대하여 설명한 것이다. 이 중 옳은 것은?

① 고압 차단 스위치는 토출압력이 이상 저압이 되었을 때 작동하는 스위치이다.
② 온도조절스위치는 냉장고 등의 온도가 일정범위가 되도록 작용하는 스위치이다.
③ 저압 차단 스위치(정지용)는 냉동기의 고압측 압력이 너무 저하하였을 때 차단하는 스위치이다.
④ 유압 보호 스위치는 유압이 올라간 경우에 유압을 내리기 위한 스위치이다.

풀이 고압차단스위치(HPS) :
정상고압+4kg/cm² 로서 토출밸브와 토출지변 사이에 설치하며 이상 고압 시 압축기 정지시킨다.

저압차단스위치(LPS) : 흡입지변과 흡입밸브 사이에 설치하며 저압(흡입압력)이 규정압력보다 낮아지면 압축기를 정지시킨다.

유압보호 스위치(OPS) : 유압이 일정 이하가 되면 압축기를 정지시키는 역할

24 냉동장치가 정상적으로 운전되고 있을 때 옳은 설명은?

① 팽창밸브 직후의 온도는 직전의 온도보다 높다.
② 크랭크 케이스 내의 유온은 증발온도보다 낮다.
③ 수액기 내의 액온은 응축온도보다 높다.
④ 응축기의 냉각수 출구온도는 응축온도보다 낮다.

풀이 팽창밸브에서 압력과 온도를 동시에 낮추기 때문에 팽창밸브 직전의 온도가 높으며 유온은 암모니아의 경우 비열비가 크기 때문에 윤활유 열화, 탄화를 막기 위하여 40℃ 이하로, 프레온인 경우 오일 포밍을 방지하기 위하여 30℃ 이상으로 유지한다. 수액기와 응축기의 액의 온도는 동일하다. 냉각수온과 응축온도는 통상 10℃ 정도 차이가 이상적이며 응축온도가 높아야 한다.

25 다음 냉동기기에 관한 설명 중 옳은 것은?

① 온도 자동 팽창밸브는 증발기의 온도를 일정하게 유지제어한다.
② 흡입압력 조정밸브는 압축기의 흡입압력이 설정치 이상이 되지 않도록 제어한다.
③ 전자밸브를 설치할 경우 흐름방향을 생각할 필요는 없다.
④ 고압측 플로트(float)밸브는 냉매액의 속도로써 제어한다.

풀이 온도 자동 팽창밸브는 흡입가스 과열도를 일정하게 유지하여 작동하는 프레온 소형 장치에 주로 이용하며 전자밸브는 흐름방향(화살표)에 유의하여 설치하며 고압측 플로트 밸브는 고압측 액면의 량에 따라 작동한다.

23 ② 24 ④ 25 ②

26 냉동장치의 운전에 관한 일반사항 중 옳지 못한 것은?

① 펌프 다운 시 저압측 압력은 대기압 정도로 한다.
② 압축기 가동전에 냉각수 펌프를 가동시킨다.
③ 장시간 정치시키는 경우에는 재가동을 위하여 배관 및 기기에 압력을 걸어둔 상태로 둔다.
④ 장시간 정지 후 시동 시에는 누설 여부를 점검한 후에 기동시킨다.

풀이 냉동기 장시간 정지하는 경우 배관내의 압력은 대기압정도로 유지하고 나머지 냉매는 수액기 등에 저장하여야 한다.

27 축열시스템의 방식에 대한 설명 중 잘못된 것은?

① 수축열 방식 : 열용량이 큰물을 축열제로 이용하는 방식
② 빙축열 방식 : 냉열을 얼음에 저장하여 작은 체적에 효율적으로 냉열을 저정하는 방식
③ 잠열축열 방식 : 물질의 융해 및 응고 시 상변화에 따른 잠열을 이용하는 방식
④ 토양축열 방식 : 심해의 해수온도 및 해양의 축열성을 이용하는 방식

풀이 토양축열방식 : 온실자체의 태양열 집열기능을 이용하여 낮동안 승온된 공기를 열교환시켜 땅 속에 축열하였다가 온도가 내려간 밤에 방열시켜 난방하는 방식을 말한다. 시설비가 많이 들고 공기순환팬 운전에 전력소모가 많다. 점질토가 적합하며 파이프 내에 물의 침입이 없어야 한다. 시스템 구성은 송풍팬, 송풍핏트, 열교환 내에 축적되는 열을 토양에 일시적으로 저장, 야간에 필요할 때 열을 난방에 이용하는 방법을 말한다.

28 축열시스템에 대한 설명으로 잘못된 것은?

① 열흐름에 관해서는 모두 축열장치를 경유하는 전력축열과 일부열을 축열장치를 경유하는 부분축열이 있다.
② 열의 공급방법은 축열장치 단독으로 공급하는 방법과 축열장치와 열원장치에서 동시에 공급하는 방법이 있다.
③ 축열 시간은 일반적으로 야간에 축열, 주간에 방열하는 1일 사이클을 많이 사용한다.
④ 수축열 시스템이란 냉열을 얼음에 저장하는 방법으로 작은 체적에 효율적으로 냉열을 저장하는 방법이다.

풀이 ④항은 빙축열에 대한 설명이다.

29 수축열 방식의 축열재 구비조건으로 잘못된 것은?

① 단위체적당 축열량이 적을 것
② 가격이 저렴할 것
③ 화학적으로 안정할 것
④ 열의 출입이 용이할 것

풀이 단위 체적당 축열량이 커야 능력이 증대된다.

30 빙축열 설비의 특징이 아닌 것은?

① 축열조의 크기를 소형화할 수 있다.
② 값싼 심야전력을 사용하므로 운전비용이 절감된다.
③ 자동화 설비에 의한 최적화 운전으로 시스템의 운전효율이 높다.
④ 제빙을 위한 냉동기운전은 냉수취출을 위한 운전보다 증발온도가 낮기 때문에 소비동력은 감소한다.

풀이 냉수취출을 위한 운전보다 증발온도가 낮기 때문에 소비동력은 증가하나 심야전력을 이용하므로 운전비용이 감소한다.

31 최근 에너지를 효율적으로 사용하자는 측면에서 빙축열 시스템이 보급되고 있다. 빙축열시스템의 분류에 대한 조합으로 적당하지 않은 것은?

① 정적형 - 관외착빙형
② 정적형 - 빙박리형
③ 동적형 - 리키드아이스형
④ 동적형 - 과냉각아이스형

풀이 빙축열 시스템의 분류
① 정적 제빙형 : 관외 착빙형(완전동결형, 직접 접촉형), 관내 착빙형, 캡슐형
② 동적 제빙형 : 빙 박리형(ice harvest), 액체식 빙 생성형(slurry type)

32 냉동장치에서 공기가 들어 있음을 무엇을 보고 알 수 있는가?

① 응축기에서 소리가 난다.
② 응축기 온도가 떨어진다.
③ 토출온도가 높다.
④ 증발압력이 낮아진다.

풀이 공기는 불 응축가스이며 냉동장치에 존재하면 공기의 분압만큼 압력이 상승하게 되어 토출가스 온도가 상승하게 되며 소요동력이 증대된다.

33 다음 중 방열재로 사용되는 재료가 아닌 것은?

① 메틸클로라이드
② 폴리스틸렌
③ 폴리우레탄
④ 글라스 울

풀이 메틸클로라이드(CH_3Cl)는 R-40으로 프레온 냉매이다.

제 9 장 제어기기

1. 전자밸브(Solenoid Valve)

   1) 전자석을 이용하여 밸브의 개폐를 전원에서 on, off시킨다.

   2) 냉동장치 중 어느 곳이나 설치가 가능하다.

   3) 밸브를 개폐시키는 역할은 할 수 있으나 부하에 따른 유량조절은 불가능하다.

   4) 설치위치는 냉매의 흐름 방향과 전자밸브에 있는 화살표 방향과 일치시킨다.

   5) 전자밸브 직전에는 될 수 있는 한 스트레이너를 설치하고 가용 전압에 주의할 것

   6) 반드시 전자코일을 상부로 설치할 것

   7) 소용량에서는 직동식 S.V를 설치하고 대용량에서는 Pilot 작동식 S.V를 설치한다.

   8) Pilot 작동식 S.V가 열리는데 필요한 압력차는 $0.2kg/cm^2$ 정도이다.

(a) 직동식 전자밸브   (b) 간접 직동식 전자밸브

2. 압력자동 급수밸브(Water Regulating Valve : 절수밸브)

(1) 압력 절수밸브와 감온통식 절수밸브가 있다.

(a) 압력자동 급수밸브　　　　(b) 온도자동 급수밸브

(2) 설치 위치

응축기 냉각수 입구에 설치

(3) 작동 개요

압축기 토출압력의 변화에 의하여 응축기로 공급하는 냉각수량을 증감시킨다. 항상 응축압력을 일정하게 유지시켜 주며 압축기 정지와 동시에 냉각수 공급을 중단시킨다. 압축기 토출압력이 높아지면 벨로스가 줄어들면서 밸브봉을 밀어낸다. 따라서, 밸브가 열리게 되며 냉각수는 응축기로 다량 넘어가게 되며 토출압력이 낮아지면 벨로스가 스프링 압력에 의해 늘어나게 되고 밸브는 닫혀 항상 응축압력을 일정하게 해준다.

3. 증발압력 조정밸브(Evaporator Pressure Regulator : E.P.R)

1) 증발압력이 일정 이하가 되는 것을 방지한다.

2) 압축기 흡입관에 설치하며 밸브 입구의 압력에 의해서 작동한다.

3) 냉수 브라인의 동결방지용으로 사용한다.

4) 고압가스 제상시 응축기의 압력제어로 응축기 냉각수의 동결방지에도 사용한다.

5) 한 대의 압축기로 유지온도가 다른 여러 대의 증발기를 사용할 경우 증발압력이 높은 곳에 E.P.R을 설치하고 제일 낮은 곳에는 체크밸브를 설치한다.

6) 냉장실온이 소정온도 이하가 되면 좋지 않은 경우

7) 냉장실 내가 과도하게 제습되는 것을 방지할 때

4. 흡입압력 조정밸브(Suction Pressure Regulator : S.P.R)

1) 흡입압력이 일정 이상이 되는 것을 방지한다.

2) 흡입관에 설치하며 밸브 출구의 압력에 의해 작동한다.

3) 흡입압력의 변동이 많은 경우에 사용한다.

4) 저전압에서 높은 흡입력으로 기동시 사용한다.

5) 고압가스 제상으로 흡입압력이 높을 때 사용한다.

6) 흡입압력이 과도하게 높아 리퀴드 백이 일어날 경우에 사용한다.

7) 작동 개요

① 벨로스 하부에 흡입압력 유도

② 흡입압력이 상부의 스프링 압력보다 낮아지면 밸브시트가 열린다.

③ 흡입압력이 피스톤 상부까지 유도된다.

④ 압력차에 의해 피스톤이 하향으로 움직여 밸브가 열린다.

⑤ 흡입압력이 일정압력보다 높을 때 밸브시트가 닫혀 흡입압력이 피스톤 상부에 작용하게 되므로 밸브가 닫힌다.

5. 고압차단 스위치(High Pressure Cut out Switch)

1) 응축압력이 일정 압력 이상이 되면 작동하여 압축기용 전동기의 접점을 차단하므로 압축기를 정지시킨다.

2) 압축기 안전장치의 일종이다.

3) 작동압력(Cut out)은 통상적으로 정상고압 + $4kg/cm^2$

4) 고압 차단 스위치는 Differential(차압)이 없는 것이 많으며, 리셋 버튼이 있어 수동 복귀형이다.

5) 인출위치는 압축기 1대일 경우 토출밸브와 체크밸브 사이, 압축기가 여러 대일 경우 공통 토출가스 헤더에 설치한다.

6. 저압차단 스위치(Low Pressure Cut out Switch)

압축기 정지용과 언로더용 2가지가 있다.

1) 압축기 정지용 : 저압이 일정 이하가 되면 접점이 차단 압축기를 정지시킨다.

2) 언로더용 : 저압이 일정 이하가 되면 접점이 붙어 언로더용 전자밸브가 작동하여 언로더 상태로 된다. 일종의 용량 제어장치이며 압축기 보호장치이다.

3) 압축기 정지용 LPS의 차압이 너무 작으면 압축기 발정이 심하고 너무 크면 정지시간이 길어져 소정의 냉동목적을 달성하기 힘들게 된다.

4) Cut in, Cut out형과 차압형 두 가지가 있다.

(a) Cut in, Cut out형   (b) 차압형

7. 고저압 차단 스위치(Dual Pressure Cut out Switch)

1) 고압이 일정 이상되거나 저압이 일정 이하로 되면 압축기용 모터를 정지시킨다.

2) 고압차단 스위치와 저압차단 스위치가 그림과 같이 내장되어 있다.

3) 고압과 저압이 정상일 때는 전류가 5→A→4→2→B→1로 흐른다.

4) 고압이 높아지면 B가 떨어지고 C가 붙음으로 전류는 5→A→4→2→C→3으로 흘러서 경보기가 작동한다.

5) 저압이 낮아지면 A가 떨어진다.

8. 유압보호 스위치(OPS)

1) 20HP 이상의 강제 윤활방식을 채택하는 압축기에서 유압이 일정압력 이하가 되어 일정 시간(60~90초)이 지나면 작동하여 전기적인 접점을 차단시키므로 압축기를 정지시켜 윤활 불량에 의한 압축기 소손을 방지한다.

2) OPS가 작동하여 압축기가 정지한 후 재기동시킬 경우는 리셋 버튼을 눌러 주어야 하는 수동 복귀형이다.

3) 바이메탈식과 가스통식이 있다.

(a) 바이메탈식   (b) 가스통식

※ 유압이 정상일 때 A전류는 A→L→타이밍 접점→M→모터로 흐름
※ 유압이 일정 이하로 낮아지면 차압 접점이 붙어서 a전류가 A→L→타이밍 접점→M→ 차압 접점→히터로 흘러 히터에 열이 발생하고 60~90초 후 바이메탈이 점선과 같이 구부러져 타이밍 접점이 떨어지므로 모터가 정지

9. 온도 조절기(Thermostat Control)

(1) 역 할

온도의 변화를 검출하여 전기적인 접점을 on, off시킨다.

(2) 종 류

1) 바이메탈식

온도 변화를 바이메탈이 검지하여 그의 반곡작용으로 전기적인 접점을 on, off시킨다.

(a) 고내온도가 높을 때 (b) 고내온도가 낮을 때

와권형   바이메탈 서모스탯

① 와권형 : Room Thermostat으로 많이 사용. 보통 수은 Sw와 겸용으로 사용한다.
② 원판형 : 원판 전체가 바이메탈로 되어 디스크의 반곡작용으로 접점을 개폐시키는 것으로 바이메탈에 전류가 흐른다.
③ 평판형 : 온도 조절기로는 드문 예이나 모터 권선 조온기로 사용한다.

제 2 단원 열역학

제 1 장 서론

1. 열역의 정의

열역학(thermodynamics)은 자연과학의 중요한 부분을 차지하며 에너지와 이들 사이의 변환 및 물질의 성질과의 관계를 조사하는 과목으로 기계분야에 응용 열적인 성질이나 작용 등에 관해 조사하는 학문을 공업열역학(engineering thermodynamics)이라 하고 화학적 변화에 대한 것은 화학열역학(chemical thermodynamics)에서 다룬다. 즉, 공업열역학은 각종 열기관(heat engine) 즉 내연기관(internal combustion engine)이나 증기원동소(steam power plant)과 가스터빈(gas turbine), 공기압축기(air compressor), 송풍기(blower) 및 냉동기(refrigerator) 등을 배우는데 있어서 기초적인 이론지식과 공업열역학과 열 전달의 개념을 익히는데 그 기본을 두는 학문이다. 즉, 어떤 물질이 한 형태에서 다른 형태로 변화할 때 그 변화가 열에 의한 것이라면 열역학과 열 전달의 범위에 속하며, 상태 변화 전후의 일어난 상황을 조사하는 학문을 열역학, 종료사이의 일을 조사하는 것을 열 전달이라 한다. 여기서 상태변화 전과 후란 열적평형을 이룬 상태를 말한다. 일반적으로 물질을 분자 및 원자의 집합체로 고려하여 미소입자의 운동을 통계적으로 전개하는 미시적 방법과 온도, 압력, 체적 등을 계측기를 이용 직접 측정가능한 양을 대상으로 하는 거시적 방법으로 구분되며 수식전개에서 편미분을 이용하는 진보된 방법으로 구분된다.

위의 내용을 도표화하면 다음과 같다.

다시 말해서 열역학은 열과 일 및 이들과 관계를 갖는 물질의 열역학적 성질을 다루는 학문이라 정의 할 수 있다.

제 2 장 열의 기본 개념 및 정의

1. 동작물질과 계

열기관에서 열을 일로 또는 일을 열로 전환시킬 때는 반드시 매개물질이 필요한데 주로 열에 의하여 압력이나 체적이 쉽게 변하거나 액화나 증발이 쉽게 일어나는 물질을 동작물질(working substance) 또는 작업물질이라고 한다.

열역학에서 대상으로 하는 이들 물질의 한정된 공간을 계(system)이라 하고 계의 주위와 계와의 구분을 경계라고 한다. 계의 종류로는 개방계(open system), 밀폐계(closed system), 절연계(isolated system)의 세 가지로 구분되며, 다시 개방계는 정상유와 비정상유로 구분되어 다음과 같다.

1) 절연계(Isolated system)
계의 경계를 통하여 물질이나 에너지의 교환이 없는 계

2) 밀폐계(closed system)
계의 경계를 통하여 물질의 교환은 없으나 에너지의 교환은 있는 계

3) 개방계(open system)
계의 경계를 통하여 물질이나 에너지의 교환이 있는 계로 정상류와 비정상류로 구분할 수 있다.

① 정상유(Steady State Flow)
과정간의 계의 열역학적 성질이 시간에 따라 변하지 않는 흐름.

② 비정상유(NonSteady State Flow)
과정간의 계의 열역학적 성질이 시간에 따라 변하는 흐름.

그림 2-1

(a)

(b)

(c)

그림 2-2 계방계

정상유와 비정상유를 구분을 하면 설명하기 가장 편리한 항이 속도이므로 속도로 표시하면 그림 2-2(a)처럼 1점에서의 속도가 5[m/s]이고 그 점에서의 속도가 5[m/s]이면 정상유이다.

그림 2-2(b)에서 1점에서의 속도가 5[m/s]이면 그 점에서는 속도가 빨라지므로 예를 들어 8[m/s]라고 하면 역시 정상유이다. 즉 정상유와 비정상유는 한 점에서 시간에 대한 변화량이므로 한 점에서 변화가 없이 일정하다면 정상유이다.

그러면 비정상유의 경우는 그림 2-2(c)에서 1점에서의 속도가 예를 들면 5+0.001t[m/s]이고 그 점에서의 속도로 5+0.001t[m/s]이면 이러한 흐름은 한 점에서 시간에 따라 변하므로 비정상유이다. 그러면 그림 2-2(a)와 그림 2-2(b)는 거리 즉 두 점에서 속도의 변화이므로 그림 2-1(a)는 등속류(등류)라고 하며 그림 2-2(b)는 비등속류(비등류)라고 한다.

즉, 그림 2-2(a)는 정상유 등류이며, 그림 2-2(b)는 정상유 비등류이며, 그림 2-2(c)는 비정상 등류인 것이다.

그림 2-3와 같은 흐름은

비정상 $\left(\dfrac{\partial v}{\partial t} \neq 0\right)$

비등류 $\left(\dfrac{\partial v}{\partial s} \neq 0\right)$ 이다.

$v_1 = 5 + 0.0001t$
$v_2 = 8 + 0.0001t$

그림 2-3 개방계

2. 열역학적 성질

평형 상태에서의 온도, 압력, 체적과 같은 성질들에 의해 정해지는 계를 상태(state)라 하며, 한 상태에서 다른 상태로 변화하는 것을 상태변화라 하고 이 경로를 과정(process)이라 한다. 한 상태에서 물질의 성질은 특정한 값을 가지며 상태에 도달하기 이전의 경로에는 무관하다. 즉, 성질은 경로에 관계없이 계의 상태에만 관계하는 함수이다.

성 질
- 강도성질(Intensive Quantity of state)
  예) 온도(T), 밀도(p), 압력(P), 비체적(v) 등
- 종량성질(Extensive Quantity of state)
  예) 내부에너지(U), 엔탈피(H), 엔트로피(S), 체적(V) 등

따라서 성질은 강도성질과 종량성질로 구분된다.

위에서 열거한 상태, 과정, 상태 변화를 도식화하면 다음과 같다.

그림 2-4 상태변화

3. 과정

어떤 계가 임의의 과정을 지나 다른 상태로 변화할 경우 주위에 아무런 변화도 남기지 않고 이루어지며 그 변화를 반대 방향으로도 원래상태로 돌아가는 과정을 가역과정 이라 하고 위의 조건이 만족하지 않는 과정을 비가역과정이라 한다. 가역과정은 실제로는 존재하지 않으나 열역학적인 견지에서 비가역과정에 대응하는 과정으로서 가정하여 받아들이고 있다. 과정의 종류는 다음과 같은 것들이 있다.

- 정압 과정 : 과정간의 압력이 일정한 과정. $\triangle p = 0$, $p_1 = p_2$
- 정적 과정 : 과정간의 체적 또는 비체적이 일정한 과정. $\triangle v = 0$, $v_1 = v_2$
- 등온 과정 : 과정간의 온도가 일정한 과정. $\triangle T = 0$, $T_1 = T_2$
- 단열 과정(등엔트로피 과정) : 과정간의 열량변화가 없는 과정.
- 폴리트로프 과정

다음과 같은 상이한 여러 과정이 일정한 주기로서 이루어지는 것을 사이클(cycle)이라 하며 사이클은 가역사이클(reversible cycle)과 비가역사이클(irreversible cycle)로 구분되며 실제 자연현상에서는 가역사이클은 존재하지 않으므로 준평형과정(guasi-eguilibrium process) 또는 준정적과정이라는 가정하에 가역사이클을 해석한다.

4. 단위와 차원

1) 단 위

단위계에는 기본단위와 유도단위가 있으며 절대단위제와 공학단위제(중력단위제)로 구분된다.

① 기본단위 : 물리적 현상을 다루는 데 필요한 기본량, 즉 질량 또는 힘, 길이, 시간 등의 단위를 기본단위라고 하며 질량과 힘 중에서 질량을 기본단위로 택하는 경우를 절대 단위제, 힘을 기본단위로 택하는 경우를 중력 단위제 또는 공학 단위제라고 한다.

② 유도단위 : 기본단위를 조합하여 만들어지는 모든 단위, 즉 면적, 속도, 밀도, 에너지 등의 단위는 유도단위이며 절대 단위제에서는 힘의 단위가 유도단위이고 중력 단위제에서는 질량이 유도단위로 된다.

표 2-1 기본단위와 유도단위

단위계	기본단위	유도단위
중 력	kg_f, m, s	$kg_f m$, kg_f/m^2 등
절 대	kg_m, m, s	N, Nm, N/m^2 등

※ 힘은 중력단위계에서는 단위가 $[kg_f]$로서 기본 단위나 절대 단위계에서는 $N = [kg_m \cdot m/s^2]$ 이므로 유도단위이다

③ 조립단위 : 단위 사용을 편리하게 하기 위한 접두어

표 2-2 조립단위

10^{12}	T(tera)테라	10^{-2}	c(centi)센티
10^{9}	G(giga)기가	10^{-3}	m(milli)밀리
10^{6}	M(mega)메가	10^{-6}	μ(micro)마이크로
10^{3}	k(kilo)킬로	10^{-9}	n(nano)나노
10^{2}	h(hecto)헥토	10^{-12}	p(pico)피코
10^{1}	da(deka)데카	10^{-15}	f(femto)펨토
10^{-1}	d(deci)데시	10^{-18}	a(atto)아토

④ 그리스(희랍)문자

표 2-3

그리스 문자		발 음	그리스 문자		발 음
A	α	Alpha(알파)	N	ν	Nu(뉴)
B	β	Beta(베타)	Ξ	ξ	Xi(크사이)
Γ	γ	Gamma(감마)	O	o	Omicron(오티론)
Δ	δ	Delta(델타)	Π	π	Pi(파이)
E	ε	Epsilon(입실론)	P	ρ	Rho(로)
Z	ζ	Zeta(지타)	Σ	σ	Sigma(시그마)
H	η	Eta(이타)	T	τ	Tau(타우)
Θ	θ	Theta(시타)	Υ	υ	Upsilon(웁실론)
I	ι	Iota(요타)	Φ	φ	Phi(피)
K	κ	Kappa(카파)	X	χ	Chi(카이)
Λ	λ	Lambda(람다)	Ψ	ψ	Psi(프사이)
M	μ	Mu(뮤)	Ω	ω	Omega(오메가)

2) 단위계

① CGS 단위계 : 길이, 질량, 시간의 기본단위를 [cm], [gr], [sec]로 하여 물리량의 단위를 유도하는 단위계

② MKS 단위계 : 길이, 질량, 시간의 기본단위를 [m], [kg], [sec]로 하여 물리량의 단위를 유도하는 단위계

3) 차원

모든 물리적 현상은 길이, 시간, 질량 또는 기본량으로서 표시할 수 있는데 이 기본량의 조합을 차원이라고 하며 절대 단위제의 차원을 MLT, 중력단위제의 차원을 FLT로 표시한다.

① MLT계 차원 : 질량(M), 길이(L), 시간(T)을 기본차원으로 한다.
② FLT계 차원 : 힘(F), 길이(L), 시간(T)을 기본차원으로 한다.

표 2-4 각종 물리량의 차원

물리량 \ 차원	FLT계	MLT계	물리량 \ 차원	FLT계	MLT계
힘	F	MLT^{-2}	밀 도	$FL^{-4}T^{-2}$	ML^{-3}
길 이	L	L	운 동 량	FT	MLT^{-1}
질 량	$FL^{-1}T^2$	M	토 크	FL	ML^2T^{-2}
시 간	T	T	압 력	FL^{-2}	$ML^{-1}T^{-2}$
면 적	L^2	L^2	동 력	FLT^{-1}	ML^2T^{-3}
속 도	LT^{-1}	LT^{-1}	점성계수	$FL^{-2}T$	$ML^{-1}T^{-1}$
각 속 도	T^{-2}	T^{-2}	동점성계수	L^2T^{-1}	L^2T^{-1}
비 중 량	FL^{-3}	$ML^{-2}T^{-2}$	에너지, 일	FL	ML^2T^{-2}

4) 단위와 차원 연습

$[kg_f] \rightarrow [kg_m \dfrac{m}{s^2}]$, $[F] = [MLT^{-2}]$

$[kg_m] \rightarrow [kg_f \dfrac{s^2}{m}]$, $[M] = [FL^{-1}T^2]$

$[kg_f/m^2] = [kg_m \dfrac{m}{s^2}/m^2] \rightarrow \dfrac{kg_m m}{s^2 m^2}$, $[FL^{-2}] = [ML^{-1}T^{-2}]$

$[m^3/kg_m = \dfrac{m^3}{kg_f} \dfrac{m}{s^2}]$, $[M^{-1}L^3] = [F^{-1}L^4T^{-2}]$

5. 열평형 및 온도

(1) 열평형

분자 운동론에서의 온도는 분자의 운동에너지에 관련한 양으로서 기체 분자의 운동에너지에 비례하는 물질이다.

두 물질의 열 전달이 일어나지 않는다면 두 물질은 서로 열평형 상태에 있다고 할 수 있으며, 이것을 열역학 제0법칙(the zeroth law of thermodynamic)이라 하며 온도계원리 또는 열평형 법칙이라고 한다.

(2) 온도

온도를 표시하는 계측기로 온도계(Thermometer)가 있으며, 섭씨온도[℃], 화씨온도[°F], 절대온도[K], 랜킨온도[°R] 등이 있다.

1) 섭씨온도[℃]

표준대기압(1.0332 [kg/cm^2]) 하에서 빙점을 0[℃], 비등점을 100[℃]로 하여 100등분한 눈금

2) 화씨온도[°F]

빙점을 32[°F], 비등점을 212[°F]로 하여 180등분한 눈금

3) 절대온도[K]

이론적으로 물체가 도달할 수 있는 최저온도를 기준으로 하여 물의 삼중점(1atm하에서 물, 얼음, 수증기가 평형되어 공존하는 온도)을 273.16[K]로 정한 온도

$$\frac{[℃]}{100} = \frac{[°F]-32}{180} \qquad [℃] = \frac{5}{9}([°F]-32)$$

$$[K] = [℃] + 273.16 \qquad\qquad [°R] = 459.6 + [°F]$$

6. 비중량, 비체적, 밀도 비중

1) 비중량(Specific weight), [ɤ]

단위 체적이 갖는 물체의 중량을 비중량 이라고 한다.

$$ɤ = \frac{W}{V} = \rho g \qquad W : 유체의 중량$$

$$V : 체적$$

표준기압 4C의 순수한 물의 비중량은 $1,000 kg_f/m^3 (9,800 N/m^3)$이다.

2) 밀도(Densite), [ρ]

단위 체적의 물체가 갖는 질량을 밀도라고 한다.

$$\rho = \frac{m}{V} \qquad m : 질량$$

$$V : 체적$$

3) 비체적(Specific Volume), [v_s]

① 절대 단위계 : 단위 질량의 유체가 갖는 질량을 유체가 갖는 체적

$$v_s = \frac{v}{m} = \frac{1}{\rho}$$

② 중력 단위계 : 단위 중량의 유체가 갖는 체적

$$v_s = \frac{V}{W} = \frac{1}{ɤ}$$

물의 비체적은 $0.001[m^3/kg_m] = 0.001[m^3/kg_f]$이다. 즉 $1[kg_m]$에 대한 물의 비체적과 $1[kg_f]$에 대한 물의 비체적은 지구에서는 변화가 없다.

4) 비중(Specific Gravity)

같은 체적을 갖는 4[℃]의 물을 질량 [m_w] 또는 중량 [W_w]에 대한 어떤 물질의 질량 [m] 또는 중량[W]의 비를 말하며, 무차원 수(Dimensionless number)이다.

$$S = \frac{m}{m_w} = \frac{W}{W_w} = \frac{\rho}{\rho_w} = \frac{\gamma}{\gamma_w}$$

ρ_w : 물의 밀도

γ_w : 물의 비중량

그러므로 임의 물체의 비중량 및 밀도는

$$\gamma = 9800S \, [N/m^3]$$
$$\rho = 1000S \, ([kg_m/m^3] = [NS^2/m^4])$$

로 암기하면 편리하다.

7. 에너지와 동력

(1) 에너지

일을 할 수 있는 능력으로 표시되며, [kgm(Nm)]이다.

위치 에너지 $Gh(mgh)$

운동 에너지 $\dfrac{GV^2}{2g} \left(\dfrac{mv^2}{2} \right)$

1[kcal] = 427[kgm] = 4.186[kJ]

그러므로 열의 단위는 [kcal(kJ)]이며 일의 단위도 [kJ]이므로 열과 일은 에너지단위이다.

(2) 동력(Power)

동력은 일(에너지)의 시간에 대한 비율 즉, 단위시간당 일을 동력이라 한다.

1[Ps](Pferde Starke)=75[kgm/s]=735.5[W]

1[HP](Horse Power)=76[kgm/s]

1[kW]=1000[W]=1000[J/s]=102[kgm/s]

1[Psh]=632.3[kcal]

1[kWh]=860[kcal]=3600[kJ]

8. 압력(P)

압력이란 단위면적당 작용하는 수직 방향의 힘으로 정의된다.

1) 표준 대기압[atm]

$1[atm] = 1.0332[kg/cm^2] = 760[mmHg] = 10.33[mAq] = 1.013[bar] = 14.7[psi]$

단, $1[bar] = 10^5[N/m^2] = 10^5[Pa]$

$1[Pa] = 1[N/m^2]$

2) 공학 기압[at]

$1[at] = 1[kg/cm^2]$

일반적으로 압력의 크기는 완전진공을 기준으로 하는 절대압력(Absolute pressure)과 국지 대기압을 기준으로 하는 계기압력(Gage pressure)이 있다.

3) 절대 압력

절대 압력 = 대기압 + 계기압
           = 대기압 − 진공압

4) 진공도

진공도[%]

$= \dfrac{계기압(진공압)}{대기압} \times 100[\%]$

그림 2-5 절대압력과 게이지 압력과의 관계

9. 열량과 비열

물질에 열을 가하면 일반적으로 온도는 가한 열에 따라 증가하는 성질이 있으나 열을 가하여도 온도가 변하지 않는 구역이 있는데 그 구역을 잠열이라 하고 온도가 변하는 구역을 현열로 구분한다. 현열 구역에서 1[kg]의 물체를 1[℃] 높이는데 필요한 열량을 비열이라 하며 기준을 4[℃] 물로 하여 1[kcal/kg℃]로 하고 있다. 또한 절대단위로 표현하면 1[kcal]가 4.18[kJ]이므로 4.18[kJ/kgK]이다.

① kcal

kilogram-calorie의 약어이며 1[kcal]는 표준대기압하에서 순수한 물 1[kg]을 14.5[℃]에서 15.5[℃]까지 높이는데 필요한 열량

② Btu

British thermal unit의 약어이며 1[Btu]는 표준대기압하에서 순수한 물 1[lb]를 32[℉]에서 212[℉]까지 올리는데 필요한 열의 $\frac{1}{180}$이다.

③ Chu

Centigrade heat unit의 약어로서 [kcal]와 [Btu]의 조합단위로서 순수한 물 1[lb]를 14.5[℃]에서 15.5[℃]까지 상승시키는데 필요한 열량으로 [pcu](pound celsius unit)로도 표시한다.

1[kcal] = 3.9868[Btu] = 2.205[Chu] = 4.1867[kJ]

1[kg] = 2.2046[lb](pound)

1) 잠열

열을 가하게되면 일반적으로 물질의 온도는 증가한다. 그러나 어느 구간에서는 열을 아무리 가해도 온도의 변화가 일어나지 않게 된다. 즉 표준대기압(1[atm])하에서 물은 아무리 많은 열을 가해도 100[℃]이상은 올라가지 않게 된다. 열을 가하거나 감할시 온도변화가 있는 구역을 감열 구역이라 하고 열을 가하거나 감하더라도 온도변화가 없는 구역을 잠열 구역이라 한다. 0[℃]의 얼음이 0[℃]의 물로 변할 때의 잠열을 융해잠열이라고 하며 79.8[kcal/kg] (79.8×4.18 = 333.5[kJ/kg])이고 표준대기압에서 100[℃]의 물이 100[℃]의 증기로 변할 때의 증발잠열 (539[kcal/kg] = 539×4.18) = 2253[kJ/kg]이라 한다. 이는 상태가 변할 때 에너지가 필요하거나 방출해야만 하기 때문이다.

예를 들면 100[℃]의 물로 변하며 0[℃]의 얼음이 열을 받으면 0[℃]의 물로 변하고 온도의 변화는 없을 것이다. 그림으로 표시하면 다음과 같다.

그림 2-6

즉 잠열이란 고상에서 액상으로 액상에서 기상으로 변할 때 혹은 반대의 현상이 될 때 분자간의 길이를 늘리거나 줄이는데 에너지가 필요하기 때문이다.

2) 열역학 제0법칙

열역학에는 제0법칙부터 제3법칙까지 4개의 법칙으로 구성된 학문으로서 열역학의 핵심이라 하며 모든 열역학의 기본이 된다. 열역학 제0법칙은 실험법칙으로서 어떤 물질이 또 다른 물질과 열평형을 이루고 있으면 그 두 물질은 서로 열평형 상태에 있다고 한다. 즉 열역학은 종료 전후의 일을 조사하는 학문이므로 시작점도 열평형을 이루어야하며 종료상태로 열평형을 이루어야 열역학의 범위에 든다고 할 수 있다. 즉, 열역학 제0법칙을 열평형 법칙 또는 온도계 원리라고 할 수 있다.

3) 사이클(cycle)

어떤 임의 상태의 계가 몇 개의 상이한 과정을 지나서 최초 상태로 돌아올 때 그 계는 사이클을 이루었다고 한다. 따라서 사이클(cycle)을 이룬 계의 성질은 최초의 성질들과 그 값이 같아야하며 시계방향으로 회전하면 사이클이라 하고 반시계 방향으로 회전하면 역사이클이라고 한다.

그림 2-7 (a) 사이클(cycle)　　(b) 역사이클(Reverse cycle)

4) 함수(Function)

열역학적으로 함수에는 점함수(point function)와 경로함수(path function)가 있다. 점함수는 경로에 따라서 값의 변화가 없는 함수이며 완전 미분이고, 경로함수는 경로에 따라서 값이 변화하는 함수로 불완전 미분이다.

연습문제

01 섭씨[℃]와 화씨[°F]의 양편의 눈금이 같게 되는 온도는 몇 [℃]인가?

① 40 ② -30
③ 0   ④ -40

풀이 $°C = \dfrac{9}{5}[℃] + 32$ 에서

$$x = \dfrac{5}{9} + 32$$

$$\therefore x = -40[℃]$$

02 대기압이 750[mmHg]이고 보일러의 압력계가 12[kg/cm²]을 지시하고 있을 경우, 이 압력을 절대압력으로 환산하여라. [MPa]

① 1.27   ② 12.7
③ 127×10³   ④ 1.27×10⁶

풀이 $P = 750 \times \dfrac{101.3 \times 10^{-3}}{760}$

$+ 12 \times \dfrac{101.3 \times 10^{-3}}{1.0332} = 1.27[\text{MPa}]$

03 복수기의 진공압력계가 0.8[atg]를 지시할 때 복수기 내의 절대압력 [mmHg] 및 진공도 [%]를 구하라. (단, 이 때 대기압은 700 [mmHg]이다)

① 100, 60   ② 120, 70
③ 111, 84   ④ 100, 90

풀이 절대압력 = 대기압-진공압

$= 700 - 0.8 \times \dfrac{760}{1.0332}$

$= 111.53[\text{mmHg}]$

진공도 $= \dfrac{진공압}{대기압} \times 100$

$= \dfrac{0.8}{700 \times \dfrac{1.0332}{760}} \times 100$

$= 84[\%]$

04 대기압이 700[mmHg]일 때, 게이지 압력이 52.3[kg/cm²]인 증기의 (1)절대압력은 얼마인가? [mAq]

① 500   ② 520
③ 530   ④ 540

풀이 (1) 절대압력 = 대기압+계기압
$= 9.49 + 521.38 = 530.87$ mAq

(2) 절대압력 = 대기압-진공압

$= \dfrac{700 \times 1.0332 \times 10^4}{760} - 180$

$\times \dfrac{1.0332 \times 10^4}{760}$

$= 7069.26[\text{kg/m}^2]$

(2) 180[mmHg] 진공은 절대압력으로 얼마인가? [kg/m²]

① 7.069   ② 70.69
③ 706.9   ④ 7069

05 어떤 기름의 체적이 0.5[m³]이고, 무게가 36[kg]일 때 이 기름의 밀도는 얼마인가? [kgs²/m⁴]

① 7.35   ② 73.5
③ 735   ④ 0.735

01 ④ 02 ① 03 ③ 04 (1) ③ (2) ④ 05 ①

풀이 $\gamma = \dfrac{G}{v} = \dfrac{36}{0.5} = 72[\text{kg/m}^3]$

$\gamma = \rho g$

기름의 $\rho = \dfrac{\gamma}{g} = \dfrac{72}{9.8}$

$= 7.35[\text{kg} \cdot \text{s}^2/\text{m}^4]$

06 20[t]의 트럭이 수평면에서 40[km/h]의 속력으로 달린다. 이 트럭의 운동에너지를 열로 환산하면?[kJ]
(단, 노면마찰은 무시한다.)
① 1.234 ② 12.34
③ 1234 ④ 123467

07 W=100[kg]인 물체에 $a=2.5[\text{m/s}^2]$의 가속도를 주기 위한 힘 F[kg]를 구하여라. (단, 마찰 등은 무시한다)
① 25.5 ② 25
③ 2.25 ④ 2.5

08 1[kWh]와 1[Psh]를 열량으로 환산하여라.
① 860[kcal], 632.3[kcal]
② 102[kcal], 75[kcal]
③ 632.3[kcal], 860[kcal]
④ 75[kcal], 102[kcal]

09 70[℃]의 물 500[kg]과 30[℃]의 물 700[kg]을 혼합하면 이 혼합된 물의 온도는 몇 [℃]가 되는가?

① 56.67[℃] ② 50[℃]
③ 46.67[℃] ④ 46[℃]

10 질량 50[kg]인 동으로 된 내용기에 물 200[ℓ]가 들어있다. 90[℃]의 물 속에서 꺼낸 20[kg]의 연구를 이 속에 넣었더니 수온이 20[℃]로부터 24[℃]로 되었다. 연구의 비열은 얼마인가?
(단, 동의 비열은 0.386[kJ/kgK]이다.)
① 2.596 ② 0.259
③ 25.9 ④ 259

11 완전하게 보온되어 있는 그릇에 7[kg]의 물을 넣고 온도를 측정하였더니 t=15[℃]로 되었다. 그릇의 비열 C=0.234[kJ/kgK], 중량 G=0.5[kg]이다. 그 속에 온도 200[℃], 중량 G=5[kg]의 금속 조각을 넣고 열평형에 도달한 후의 온도가 25[℃]이었다면, 금속의 비열은 얼마인가?[kJ/kgK]
① 3.36 ② 0.336
③ 0.334 ④ 3.34

12 공기가 압력일정의 상태에서 0[℃]에서 50[℃]까지 변화할 때, 그 비열이 C=1.1 + 0.0002t의 식으로 주어진 평균 비열은 얼마인가?[kJ/kgK]
(단 t는 ℃ 이다)
① 0.55 ② 5.5
③ 0.11 ④ 1.1

06 ③ 07 ① 08 ① 09 ③ 10 ① 11 ② 12 ④

13 0[℃]일 때 길이 10[m], 단면의 지름 3[mm]인 철선을 100[℃]로 가열하면 늘어나는 길이는 몇 [mm]인가?
(단, 단면적의 변화는 무시하고 철의 선팽창계수는 $1.2 \times 10^{-5}/[℃]$이다.)
① 10 ② 11
③ 12 ④ 13

14 1[kl]인 기름을 100[m]의 높이까지 빨아올리는데 요하는 일량은 얼마인가?[J]
(단, 기름의 비중량은 $8130[N/m^3]$이고, 마찰이나 그 밖의 손실을 생각하지 않는다.)
① 8.13×10^4 ② 83×10^4
③ 8.3×10^4 ④ 81×10^4

13 ③ 14 ④

제 3 장 일과 열

1. 일(work)

만일 계(system) 외부의 물체에 대한 전 효과가 무게를 올리는 것이라면 그 계는 일을 한 것이라 한다. 즉 일은 힘과 거리의 곱으로 나타내며 중력단위제에서는 $[kg_f \cdot m]$이며 절대단위제에서는 $[N \cdot m]$로 나타낸다. 즉,

$$1[kg_f \, m] = 9.8[N \cdot m] = 9.8[J] \text{ 이다.}$$

열역학에서는 힘을 얻기 위해 주로 압력을 사용하므로 $F = P \cdot A$ 그림 3-1에서 상태가 P_1에서 P_2로, V_1에서 V_2로 변했으므로 시작점 1점에서 종료점 2점으로

피스톤이 후퇴했을 때의 일을 나타내면

그림 3-1 밀폐계 일(절대일)

$$_1W_2 = \int_1^2 \delta W = \int_1^2 F dx = \int_1^2 PA dx = \int_1^2 P dv \quad \text{이다.}$$

그림 3-2
절대일과 공업일

즉, $_1W_2 = \int_1^2 Pdv$

다음의 식을 좌표로 나타내기 위해서는 P-V 선도가 필요하다.
V축에 투상한 면적, 즉 1, 2, n, m을 절대일(absolute work)이라고 하며

$$_1W_2 = \int_1^2 \delta W = \int_1^2 Pdv$$

절대일은 비유동일(밀폐계일=팽창일)이라고도 한다.
P축에 투상한 면적 즉 ℓ, 1, 2, s, l을 공업일(technical work)이라고 한다.

$$W_t = \int_1^2 \delta W = -\int_1^2 vdP$$

(면적에는 (-)가 없으므로 (+)값으로 만든다.)

공업일은 유동일(정상유일=압축일)이다.

EX 01 기체가 0.2[MPa]의 일정한 압력하에서 체적이 2.5[m³]이 4[m³]으로 마찰없이 팽창되었을 때의 절대일은 몇 [kJ]인가?

해 설: 절대일은 $_1W_2 = \int_1^2 Pdv$ 이며 일정한 압력하에서는

$$_1W_2 = P(v_2 - v_1) = 0.2 \times 10^6 (4-2.5) = 300,000[J] = 300[kJ]$$

EX 02 게이지 압력1.2[atg]의 이상기체가 표준대기압하에서 용적1.2[m³]에서 압력의 변화 없이 용적이5[m³]으로 마찰 없이 팽창하였다. 절대일은 몇[kJ]이며 열량의 단위로는 몇[kcal]인가?

해 설: 압력은 항상 절대압력으로 해야 하므로

절대압력 = 대기압 + 계기압

$$= 1.013 \times 10^5 [\mathrm{Pa}] + 1.2 \frac{1.013 \times 10^5}{1.0332} = 2.19 \times 10^5 [\mathrm{Pa}]$$

절대일 $_1W_2 = \int_1^2 Pdv = P(v_2 - v_1)$

$$= 2.19 \times 10^5 (5 - 1.2) = 832,200 [\mathrm{J}] = 832.2 [\mathrm{kJ}]$$

1[kcal] = 4.18[kJ]이므로

$$_1W_2 = 832.2 [\mathrm{kJ}] \frac{1[\mathrm{kcal}]}{4.18[\mathrm{kJ}]} = 199.1 [\mathrm{kcal}]$$

2. 열(Heat)

앞에서 기술한 일은 열에 의해 발생한 것이다. 열이란 온도차($T_1 - T_2$) 혹은 온도구배(dT)에 의해 계의 경계를 이동하는 에너지 형태이다.

그림 3-3 에너지 변화

그림 3-3의 (a)에서 (b)로 되기 위해서

$$Q \propto G \triangle T$$

즉 열량은 질량과 온도차에 비례하므로

$Q = GC \triangle T$ 로 표현하고

$C = \dfrac{Q}{G \triangle T} [\mathrm{kcal/kg℃}]$ 이다.

여기서 C는 비열이라 하며 단위 중량의 물질을 1℃ 올리는 데 필요한 열량이라고 정의되며 절대단위제의 단위로 전환하면[kJ/kgK]이다.

비열은 물질의 고유한 성질로서 같은 열을 가해도 각각의 온도 증가는 다르기 때문에 4[℃]의 물을 기준으로 하여 측정을 한다.

4[℃] 물의 비열 $C = 1[\text{kcal/kg℃}] = 4.18[\text{kJ/kgK}]$으로 하며 주요한 물질의 비열과 비중은 다음과 같다.

표 3-1 비열의 예(20℃)

원소	비열[kcal/kg℃]	원소	비열[kcal/kg℃]
Ag	0.056(0℃)	Mg	0.25
Al	0.215	Mn	0.250
Au	0.031	Mo	0.061
C	0.165	Na	0.295
Ca	0.149(0~100℃)	Ni	0.105
Cd	0.055	P	0.177
Co	0.099	Pb	0.031
Cr	0.110	Pt	0.032
Cu	0.092	S	0.175
Fe	0.110	U	0.028
Ge	0.073	W	0.032
Hg	0.033	Zn	0.0915
K	0.177		

절대단위제의 비열 즉[kJ/kgK]는 숫자에다 4.186을 곱하면 얻어지나 평균비열이라고 생각하면 적당하다.

표 3-2 주요 금속의 비중

원소	W	Os	Mo	Ir	Cr	Pt	Ti	Fe	Co	Ni	Be
S	19.1	22.5	10.2	22.5	7.0	21.4	4.6	7.8	8.9	8.9	1.85
원소	Cu	Au	Ag	Al	Mg	Zn	Sn	Li	Na	K	Hg
S	8.7	19.3	10.5	2.7	1.74	7.1	7.3	0.53	0.97	0.86	13.6

EX 03 물 200[ℓ]를 5[℃]에서 20[℃]까지 가열할 경우 필요한 열량은 몇[kJ]인가?

해 설: 물 200[ℓ]의 질량은 200[ℓ]는 0.2[m³]이므로

질량 $m = \rho \cdot v = 1000 \times 0.2 = 200[kg_m]$

$_1Q_2 = mc(T_2 - T_1) = 200 \times 4.18 \times (20 - 5) = 12,540[kJ]$

EX 04 어떤 액체 500[kg]을 10[℃]에서 30[℃]까지 가열시 7[MJ]의 열량이 소모되었다. 이 액체의 비열은 몇 [kJ/kgK]인가

해 설: $_1Q_2 = mc(T_2 - T_1)$

$$C = \frac{_1Q_2}{m(T_2 - T_1)} = \frac{7 \times 10^6}{500(30-10)} = 700[J/kgk] = 0.7[kJ/kgK]$$

◎ 주의

예제 3.3과 예제 3.4에서 물 10[kg]는 지구에서 10[kg$_m$]는 10[kg$_f$]인 것을 숙지하고 단위관계를 조심해야 한다. 또한 온도차는 20[℃]-5[℃]=15[℃]이며 절대 온도로 하여도 (20+273)-(5+273)=15[K]로 변화가 없다. 그러나 앞의 실험에서 10[℃]에서 15[℃]까지 올리는 데 필요한 열량과 30[℃]에서 35[℃]까지 올리는 데에 필요한 열량이 약간의 차이가 있는 것을 알게 되었다. 즉 비열은 상수가 아니며 온도의 함수이므로

$$_1Q_2 = \int_1^2 \delta Q = \int_1^2 mc\,dT = m\int_1^2 c\,dT \text{ 이다.}$$

그러나 온도차에 대한 비열의 변화가 미세하므로

$$_1Q_2 = m\int_1^2 cdT = mC_m(T_2 - T_1) \text{ 으로 하며}$$

이 때 C_m을 평균 비열이라고 하면

$$C_m = \frac{_1Q_2}{m\int_1^2 dT} = \frac{m\int_1^2 cdT}{m\int_1^2 dT} = \frac{\int_1^2 cdT}{t_2 - t_1} \text{ 이다.}$$

열과 일은 열역학에서 매우 중요하므로 다시 정리하면 다음과 같다.

3. 열과 일의 비교

① 열과 일은 둘 다 전이현상 (Q[kcal] ↔ W[kgm])이다.
② 열과 일은 경계현상이다. 이들은 계의 경계에서만 측정되고 또한 경계를 이동하는 에너지이다.
③ 열과 일은 모두 경로함수(=과정함수)이며, 불완전 미분이다.
④ 열은 급열시(+) 방열시(-)이며, 일은 할 때가(+) 받을시(-)이다.
　그림으로 표시하면 다음과 같다.

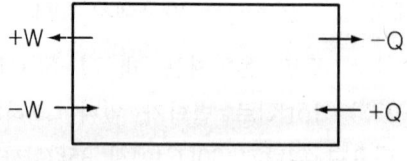

그림 3-4 열과 일의 비교

연습문제

01 600[W]의 전열기로서 3[kg]의 물을 15[℃]로부터 90[℃]까지 가열하는데 요하는 시간을 구하여라.
(단, 전열기의 발생열의 70[%] 온도 상승에 사용되는 것으로 생각한다.)

① 3.73[min] ② 37.3[min]
③ 0.06[min] ④ 300[sec]

풀이 $Q = mc\Delta T = 3 \times 4.18 \times (90-15)$
$= 940.5 [kJ]$
$t = \dfrac{940.5}{0.6 \times 0.7} \times \dfrac{1}{60} = 37.32 [\min]$

02 중량 20[kg]인 물체를 로프와 활차를 써서 수직 30[m] 아래까지 내리는 데는 손과 로프 사이의 마찰로 에너지를 흡수하면서 일정한 속도로 1분간이 걸린다. 손과 로프 사이에서 1시간에 발생하는 열량은 몇 [kJ]인가?

① 3528 ② 98
③ 352.8 ④ 58.8

풀이 $mgh = 20 \times 9.8 \times 30$
$= 5880 [J]$
$Q = 5880 \times 60 \times 10^{-3}$
$= 352.8 [kJ]$

03 30[℃]의 물 1,000[kg]과 90[℃]의 물 500[kg]을 혼합하면 물은 몇 [℉]가 되는가?

① 50[℉] ② 122[℉]
③ 67.8[℉] ④ 154[℉]

풀이 $1,000 \times (x-30) = 500 \times (90-x)$
$x = 50 ℃$
$[℉] = \dfrac{9}{5} ℃ + 32$
$= \dfrac{9}{5} \times 50 + 32 = 122 [℉]$

04 200[m] 높이에서 물이 낙하하고 있다. 이 물의 낙하 전 에너지가 손실없이 모두 열로 바뀌었다면 물의 상승온도는 절대온도로 얼마인가?

① 0.468 ② 4.68
③ 46.8 ④ 273.468

05 70[℃], 50[℃], 20[℃]인 3종류의 액체가 있다. A와 B를 동일 질량씩 혼합하면 55[℃]가 되고, A와 C를 같은 질량으로 혼합하면 30[℃]가 된다면, B와 C를 동일한 무게로 섞으면 그 온도는 몇 ℃가 되겠는가?

① 0.32857 ② 3.2857
③ 0.032857 ④ 32.857

풀이 ○ $C_A \cdot (70-55) = C_B \cdot (55-50)$,
∴ $C_A = \dfrac{1}{3} C_B$ ...... ①

01 ②　02 ③　03 ②　04 ①　05 ④

∘ $C_A \cdot (70-30) = C_C \cdot (30-20)$,

∴ $C_A = \dfrac{1}{4} C_C$ ······ ②

∘ $C_B \cdot (50-x) = 4C_A \cdot (x-20)$,

∴ $\dfrac{C_B}{C_C} = \dfrac{x-20}{50-x}$ ······ ③

∘ $3C_A(50-x) = 4C_A(x-20)$

∴ $32.8[℃] = 305.8[K]$

06 0.08[m³]의 물속에 500[℃]의 쇠뭉치 3[kg]을 넣었더니 그의 평균온도가 20[℃]로 되었다. 물의 온도 상승을 구하라. (단, 쇠의 비열은 0.61[kJ/kgK]고, 물과 용기와의 열교환은 없다.)

① 2.61[K]
② 2.61[℃]
③ 275.61[K]
④ 275.61[℃]

풀이 물이 얻은 열량과 쇠뭉치가 잃은 열량은 같으므로 물 0.08[m³]

$G = \gamma_m \cdot V$
$= 1,000[\text{kg/m}^3] \times 0.08[\text{m}^3]$
$= 80[\text{kg}]$

$80 \times 4.186 \times \triangle T$
$= 3 \times 0.61 \times (500-20)$

07 100[PS]를 발생하는 기관의 1시간 동안의 일을 [kcal]로 나타냈을 때의 값은 몇 [kcal]인가?

① 632.3
② 6323
③ 63230
④ 632300

풀이 100[ps] × 1[hr] = 100[psh]
1[psh] = 632.3[kcal]이므로
100 × 632.3 = 63,230[kcal]

08 1,200[W] 커피포트(coffeepot)로서 0.5[ℓ]의 물을 15[℃]로부터 가열하였더니 증발하고 0.2[ℓ] 남았다. 요하는 시간은(min)? (단, 가열량은 모두 물의 상승온도에 사용된 것으로 하며, 물의 증발비열은 2257[kJ/kg]이다.)

① 17.14
② 18.4
③ 11.87
④ 12

풀이 $Q = mc\triangle T + $ 잠열
$= 0.5 \times 4.18 \times (100-15)$
$\quad + 0.3 \times 2257$
$= 854.75[\text{kJ}]$

$t = \dfrac{854.75}{1.2 \times 60} = 11.87[\text{min}]$

09 500[W]의 전열기로 1[ℓ]의 물을 10[℃]에서 100[℃]까지 가열할 경우 유효열량이 30[%]라면 가열에 필요한 시간 [min]은?

① 41.8
② 51.8
③ 31.8
④ 0.698

10 -5[℃]의 얼음 20[g]을 20[℃]의 물로 만드는데 필요한 열은 몇 [kJ]인가? (단, 얼음의 잠열은 333[kJ/kg]이며 얼음의 비열은 2.1 [kJ/kgK]이다.)

① 8.542
② 1.882
③ 1.672
④ 1.868

06 ① 07 ③ 08 ③ 09 ① 10 ①

11 -10[℃]의 얼음 3[kg]을 120[℃]의 증기로 만드는데 필요한 열량은 몇 [MJ]인가? (단, 표준대기압 상태이며 얼음의 잠열은 333[kJ/kg], 비열은 2.1[kJ/kgK]이며 증기의 잠열은 2253[kJ/kg], 비열은 1.88[kJ/kgK]이다.)
① 9.2
② 92
③ 920
④ 92000

12 공기가 체적 일정하에서 변화할 때 그 비열이 C=0.717+0.00015t [kJ/kgK]의 식으로 주어진다. 이 경우 3[kg]의 공기를 0[℃]에서 200[℃]까지 가열할 경우 평균 비열은 얼마인가?[kJ/kgK] (단, t는 절대온도이다)
① 0.732
② 0.773
③ 0.832
④ 0.873

13 질량이 m_1[kg]이고, 온도가 t_1[℃]인 금속을 질량이 m_2[kg]이고, t_2[℃]인 물 속에 넣었더니 전체가 균일한 온도 t'로 되었다면, 이 금속의 비열은 어떻게 되겠는가? (단, 외부와의 열교환은 없고, $t_1 > t_2$이다.)
① $C = \dfrac{m_1(t_1 - t')}{m_2(t' - t_2)}$ [kcal/kgK]
② $C = \dfrac{m_2(t_2 - t')}{m_1(t' - t_1)}$ [kcal/kgK]
③ $C = \dfrac{m_1(t' - t_1)}{m_2(t_2 - t')}$ [kcal/kgK]
④ $C = \dfrac{m_2(t' - t_2)}{m_1(t' - t_1)}$ [kcal/kgK]

14 진공도 90[%]란 몇 [ata]인가?
① 0.10332
② 10
③ 10.332
④ 1.0332

15 어느 증기 터빈에서 입구의 평균 게이지 압력이 0.2[MPa]이고, 터빈 출구의 증기 평균 압력은 진공계로서 700[mmHg]이었다. 대기압이 760[mmHg]이라면 터빈 출구의 절대압력은 얼마인가?[MPa]
① 0.006
② 0.007
③ 0.008
④ 0.009

16 다음 중 옳은 것은?
① 대기압 = 계기압 + 진공압
② 계기압 = 절대압 - 대기압
③ 절대압 = 계기압 - 대기압
④ 진공압 = 계기압 + 대기압

11 ① 12 ② 13 ② 14 ① 15 ③ 16 ②

17 열역학 계산에서 압력과 온도는?
① 계기압과 온도계 온도를 쓴다.
② 절대압과 절대온도를 쓴다.
③ 계기단위와 절대단위를 병용한다.
④ 경우에 따라 다르다.

풀이 열역학 계산에서 압력은 절대압력[ata] 온도는 절대온도 [K]

18 대기 중에 있는 직경 10[cm]의 실린더의 피스톤 위에 50[kg]의 추를 얹어 놓을 때 실린더 내의 가스체의 절대압력은 몇 [MPa]인가? (단, 피스톤의 중량은 무시하고, 대기압은 1.013[bar] 이다.)
① 0.636　　② 1.669
③ 0.163　　④ 163

풀이 절대압 = 대기압+계기압

$$계기압 = \frac{G}{\frac{\pi d^2}{4}} = \frac{4 \times 50 \times 9.8}{\pi \times 0.1^2}$$

$$= 0.062[MPa]$$

절대압 = 0.1013+0.062
　　　= 0.1633[MPa]

19 대기압이 760[mmHg]일 때 진공 게이지로 720[mmHg]인 증기의 압력은 절대 압력으로 몇 [kPa]인가?
① 0.0533　　② 0.533
③ 5.33　　　④ 53.3

풀이 절대압=대기압-진공압

$$= (760-720)\frac{1.013 \times 10^2}{760}$$

$$=5.33[kPa]$$

20 어떤 알코올 밀도가 $7.6[kg\,sec^2/m^4]$이다. 이 알코올의 비체적은 얼마인가? $[m^3/kg]$
① 0.13425
② 1.3425×10^{-2}
③ 1.3425×10^{-3}
④ 1.3425×10^{-4}

풀이 $\gamma = \rho \cdot g = \frac{1}{v} = v = \frac{1}{\rho \cdot g}$

$$= \frac{1}{7.6[kg\,sec^2/m^4] \cdot 9.8[m/sec^2]}$$

$$= 0.013425[m^3/kg]$$

21 동작물질에 대한 설명 중 틀린 것은?
① 증기관의 수증기, 내연기관의 연료와 공기의 혼합가스 등으로 일명 작업유체라 한다.
② 계 내에서 에너지를 저장 또는 운반하는 물질이다.
③ 상변화를 일으키지 않아야 한다.
④ 열에 대하여 압력이나 체적이 쉽게 변하는 물질이다.

풀이 동작물질 - 증기관의 수증기, 내연기관의 연료와 공기의 혼합가스 등으로 일명 작업유체라 하며 절연계를 제외하고 계 내에서 에너지 저장 또는 운반상이 변화하기도 함. 열에 대해 압력이나 체적이 변하기도 하는 물질

17 ②　18 ③　19 ③　20 ②　21 ③

22 중량 20[kg]의 물체가 공중에서 자유낙하하여 20[m] 위치에 도달했을 때 물체의 속도는 몇 [m/sec]인가?

① 1.98 ② 19.8
③ 0.33 ④ 1,188

풀이 운동에너지 = 위치에너지
$$v = \sqrt{2g \cdot h} = \sqrt{2 \times 9.8 \times 20}$$
$$= 19.8[m/s]$$

23 크레인으로 1,000[kg]을 수직으로 10[m] 올리는데 요하는 일은 약 얼마인가?[kJ]

① 10,000 ② 1,000
③ 98 ④ 9.8

풀이 $W = F \cdot s = 1,000 \times 10$
$= 10,000[kg \cdot m]$
$= 10,000 \times 9.8 \times 10^{-3} = 98[kJ]$

24 연료의 발열량이 28.5[MJ/kg]이고, 열효율이 40[%]인 기관에서 연료소비량이 35[kg/hr]라면 발생동력 [PS]은?

① 151 ② 238.1
③ 0.24 ④ 23.81

풀이 1[ps]=735[J/s]
$$\eta = \frac{[ps] \times 735 \times 10^{-6} \times 3600}{35 \times 28.5}$$
$$[ps] = \frac{35 \times 28.5 \times 0.4}{735 \times 10^{-6} \times 3600} = 151[ps]$$

25 출력 15,000[kW]의 화력발전소에서 연소하는 석탄의 발열량이 25[MJ/kg], 발전소의 열효율이 40[%]라면 1시간당 석탄의 필요량은 몇 [kg]인가?

① 5.4 ② 54
③ 540 ④ 5400

풀이 $\eta = \frac{15 \times 3600}{m \times 25}$
$$m = \frac{15 \times 3600}{0.4 \times 25} = 5400$$

26 10인승 정원의 엘리베이터에서 1인당 중량을 60[kg]으로 하고, 운전속도를 100[m/min]로 할 경우에 필요한 동력을 구하여라.[kW]

① 1.87 ② 9.8
③ 1.33 ④ 13.3

풀이 $\frac{60 \times 9.8 \times 10 \times 100}{60 \times 1000} = 9.8 \text{kw}$

27 다음 중 동력(공율)의 단위가 아닌 것은?

① kg-m/sec ② kW-h
③ HP ④ PS

풀이 1[ps]=75[kg · m/s] 동력은 단위 시간당 일

28 100[W]의 전등을 매일 7시간 사용할 때 1개월간에 사용하는 열량을 계산하여라. [kJ]

① 88 ② 75600
③ 900 ④ 9000

22 ② 23 ③ 24 ① 25 ④ 26 ② 27 ② 28 ②

29 100[PS]의 원동기가 2분 동안에 하는 일의 열당량은 몇 [kJ]인가?
① 900,000　　② 88,200
③ 8,820　　　④ 882

30 일과 이동열량은?
① 점함수이다.
② 엔탈피와 같이 도정함수이다.
③ 과정에 의존하므로 성질이 아니다.
④ 엔탈피처럼 성질에 속한다

31 열 및 일에너지에 대한 설명 중 옳지 않은 것은?
① 어떤 과정에서 열과 일은 모두 그 경로에는 관계없다.
② 열과 일은 서로 변할 수 있는 에너지이며 그 관계는 1[kcal] =427[kg·m]이다.
③ 열은 계에 공급된 때, 일은 계에서 나올 때가 +(정) 값을 가진다.
④ 열역학 제1법칙은 열과 일에너지의 변환에 대한 수량적 관계를 표시한다.

32 열전달 과정에서 전도되는 열량은?
① 온도차에 반비례한다.
② 경도의 길이에 반비례한다.
③ 단면적에 반비례한다.
④ 열전도율에 반비례한다.

33 다음 중에서 점함수가 아닌 것은?
① 일　　　　② 체적
③ 내부 에너지　④ 압력

34 50마력을 발생하는 열기관이 1시간 동안에 한 일을 열량으로 환산하면 몇 [kJ]인가?
① 31,615　　② 1323.4
③ 132,340　　④ 316.15

풀이 $Q = 50[\text{ps}] \times 1[\text{hr}] \times \dfrac{632.3[\text{kcal}]}{1[\text{psh}]}$
$= 31,615[\text{kcal}]$
$Q = 31,615 \times 4.186 = 132430[\text{kJ}]$

35 윈치로 15[ton]의 하중을 마찰제동하여 20[m] 아래에서 정지시켰다. 이 때 베어링에 마찰 및 그 밖의 손실을 무시하면 제동기로부터 발생하는 열량은 얼마인가? [kJ]
① 2,941　　② 702.57
③ 70,257　　④ 294.1

풀이 $Q = AW = \dfrac{1[\text{kcal}]}{427[\text{kg} \cdot \text{m}]} \times G \cdot h$
$= \dfrac{1[\text{kcal}]}{427[\text{kg} \cdot \text{m}]} \times 15,000[\text{kg}] \cdot 20[\text{m}]$
$= 702.57[\text{kcal}] = 2941[\text{kJ}]$

29 ③　30 ③　31 ①　32 ②　33 ①　34 ③　35 ①

제 4 장 열역학 제 1 법칙

1. 에너지 보존의 원리

영국의 J. Watt가 열을 기계적 일로 바꾸는 장치인 소형 증기기관을 발명한 이후 열과 일의 관계를 알아내려는 연구가 활발하였다.

J. P. Joule은 1847년 실험장치를 통해 열이 일로 전환되는 변수 즉, 열상당량을 구할 수 있는 실험을 하였으며 열의 관계를 양적으로 표현하였다.

"어떤 계가 임의의 사이클(cycle)을 이룰 때 이루어진 열전달의 합은 이루어진 일의 합과 같다."라고 표현하며 이를 열역학 제1법칙(The first law of thermodynamics)이라 하여 에너지 보존 원리라고도 한다.

그림 4-1 Joule의 실험

중력단위제에서는 Q=AW 이다.

여기서 $A = \dfrac{Q}{W} = \dfrac{1}{427} \dfrac{[kcal]}{[kg]\cdot[m]}$　(A:일의 열당량)

W=JQ 이다.

여기서 $J = \dfrac{W}{Q} = 427 \,[kgm/kcal]$　(J:열의 일당량)

절대단위계에서는 열이나 일이 모두 에너지 단위이므로 A(일의 열당량), J(열의 일당량)이 필요없이 Q=W, W=Q로 사용된다.

1) 제1종 영구운동(perpetual motion of the first kind) 기관

열역학 제1법칙을 위배하는 기관을 일컬으며 에너지의 소비없이 연속적으로 동력을 발생하는 기관 즉, 스스로 에너지를 창출해서 효율이 100%를 넘는 존재할 수 없는 기관이다.

2) 계의 상태 변화에 대한 에너지 보존 원리

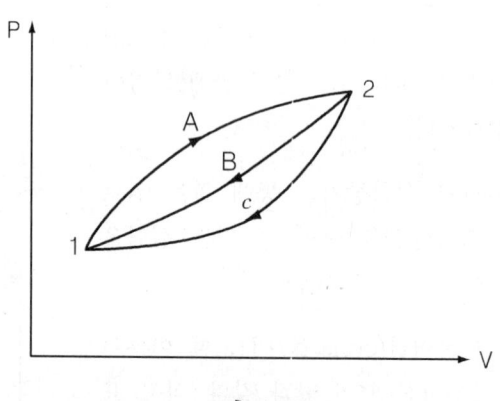

그림 4-2

열역학적 상태량 에너지의 존재의 설명

Joule의 에너지 보존 원리에 의하면

$\oint \delta Q = \oint \delta W$

$$\int_{1A}^{2} \delta Q + \int_{2B}^{1} \delta Q = \int_{1A}^{2} \delta W + \int_{2B}^{1} \delta W \cdots\cdots ①$$

$$\int_{1A}^{2} \delta Q + \int_{2C}^{1} \delta Q = \int_{1A}^{2} \delta W + \int_{2C}^{1} \delta W \cdots\cdots ②$$

① - ②

$$\int_{2B}^{1} \delta Q - \int_{2C}^{1} \delta Q = \int_{2B}^{1} \delta W - \int_{2C}^{1} \delta W \cdots\cdots ③$$

$$\int_{2B}^{1} (\delta Q - \delta W) = \int_{2C}^{1} (\delta Q - \delta W)$$

그러므로 Joule 에너지 보존 원리를 정리하면 $\oint \delta Q = \oint \delta W$ 이다.

열[Q]과 일[W] 각각은 도정함수이지만, 열[Q] - 일[W]은 점함수가 된다.

$$\therefore \delta Q - \delta W = dE$$
$$= d(\text{내부 에너지} + \text{유동 에너지} + \text{운동 에너지} + \text{위치 에너지})$$
$$= d\left(U + pv + \frac{V^2}{2g} + Z\right)$$

여기서 운동 에너지와 위치 에너지의 합을 역학적 에너지라고 한다.

$$\text{역학적 에너지} = \frac{GV^2}{2g} + GZ$$

절대단위제에서는

$$\delta Q - \delta W = dE$$

$$\delta Q = d(u) + d(\triangle pv) + d\left(\frac{mv^2}{2}\right) + d(mgz) + \delta W$$

그러므로,

$$Q_2 = m(u_2 - u_1) + \int \triangle pv + \frac{m(V_2^2 - V_1^2)}{2} + mg(Z_2 - Z_1) + W_t$$

$$\text{역학적 에너지} = \frac{mv^2}{2} + mgz$$

3) 계에서의 에너지 방정식의 적용

1장에서 전술한 바와 같이 계에는 절연계, 밀폐계, 개방계가 있으며 열과 일의 유동성이 없다. 계방계에는 정상류와 비정상류가 있는데 여기서는 정상류에 관해서만 설명한다.

① 정상류 에너지 방정식

◎ 중력단위제

$$_1Q_2 = G(u_2 - u_1) + A\int_1^2 \triangle PV + \frac{G(V_2^2 - V_1^2)A}{2g} + AG(Z_2 - Z_1) + W_t$$

여기서, $G(u_2 - u_1)$: 내부 에너지

$A\int_1^2 \triangle PV$: 유동 에너지

$\dfrac{G(V_2^2 - V_1^2)A}{2g}$: 운동 에너지

$AG(Z_2 - Z_1)$: 위치 에너지

$W_t = -\int vdp$: 공업 일

여기서 내부 에너지와 유동 에너지의 합을 엔탈피(entalpy)라 한다.

$$G(h_2 - h_1) = G(u_2 - u_1) + A\int \triangle pv$$

$$= G(u_2 - u_1) + A\int_1^2 pdv + A\int_1^2 vdp$$

$v = c$인 정적과정에서 $\triangle h = (u^2 - u^1) + A\int_1^2 pdv$

$p = c$인 정압과정에서 $\triangle h = (u^2 - u^1) + A\int_1^2 vdp$

$p \neq c,\ v \neq c$인 과정에서는 $\triangle h = (u^2 - u^1) + \dfrac{p_2v_2 - p_1v_1}{427}$

1점인 경우에는 $h_1 = u_1 + \dfrac{p_1v_1}{427}$

◎ 절대단위제

$$_1Q_2 = m(u_2 - u_1) + \int_1^2 \Delta pv + \frac{m(v_2^2 - v_1^2)}{2} + mg(Z_2 - Z_1) + W_t$$

엔탈피는 내부 에너지와 유동 에너지의 합이므로

$\triangle H = \triangle U + \triangle PV$

$m(h_2 - h_1) = m(u_2 - u_1) + \int pdv + \int vdp$

$v = c$ 인 정적과정에서 $\triangle h = (u_2 - u_1) + v(p_2 - p_1)$

$p = c$ 인 정압과정에서 $\triangle h = (u_2 - u_1) + p(v_2 - v_1)$

$v \neq c, p \neq c$ 인 2점의 상태에서 $\triangle h = (u_2 - u_1) + (p_2 v_2 - p_1 v_1)$

1점의 상태에서 $h = u + \triangle pv$ 이다.

② 밀폐계 에너지 방정식(비유동 에너지 방정식)

밀폐계에서는 유동 에너지 ($\triangle PV$)의 변화가 없으며 운동 에너지와 위치 에너지의 크기는 다른 에너지 변화에 비해 작으므로 무시하면

$\delta q = du + pdv$

$_1Q_2 = m(u_2 - u_1) + p(v_2 - v_1)$ ······ ⓐ

식 ⓐ를 비유동에너지 방정식이라고 한다.

EX 01 공기가 압력 일정하에서 변화할 때 그 비열이 $C=1.1+0.000019t$ [kJ/kgK]의 식으로 주어진다. 이 경우 3[kg]의 공기를 0[℃]에서 200[℃]까지 가열할 경우에 열량과 평균 비열은 얼마인가?

해설: $Q = m \int c\, dT = 3 \int_0^{200} (1.1 + 0.000019t)\, dt$

$= 3\left[1.1t + 0.000019\frac{t^2}{2}\right]_0^{200}$

$= 3\left(1.1 \times 200 + 0.000019\frac{200^2}{2}\right) = 661.14 \, [\text{kJ}]$

$C = \dfrac{Q}{m(200-0)} = \dfrac{661.14}{3 \times 200} = 1.1019 \, [\text{MPa}]$

EX 02 어느 증기 터빈에서 입구의 평균 게이지 압력이 2 [Mpa]이고 터빈 출구의 증기 평균 압력은 진공계로서 700[mmHg]이었다. 대기압이 760[mmHg]이라면 터빈 입구 및 출구의 절대 압력은 얼마인가? [Mpa]

해설: 터빈 입구 (절대 압력=대기압+계기압)

절대 압력 $= 101.3 \times 10^{-3} + 2 = 2.1012 \, [\text{kJ/kg K}]$

터빈 출구 (절대 압력=대기압−진공압)

절대 압력 $= 101.3 \times 10^{-3} - 700 \times \dfrac{101.3 \times 10^{-3}}{760} = 0.008 \, [\text{MPa}]$

EX 03 내부 에너지 170[kJ]를 보유하는 물체에 열을 가했더니 내부 에너지가 188[kJ] 증가하였다. 외부에 0.98[kJ]의 일을 하였을 때 가해진 열량은 몇 [kJ]인가?

해설: $_1Q_2 = \Delta U + W$

$= (188 - 170) + 0.98 = 18.98 \, [\text{kJ}]$

EX 04 어느 증기 터빈에 매시 2,000[kg]의 증기가 공급되어 80[PS]의 출력을 낸다. 이 터빈의 입구 및 출구에서의 증기의 속도가 각각 800[m/s], 150[m/s]이다. 터빈의 매시간의 열손실은 얼마인가?
(입구 및 출구에서의 엔탈피가 각각 3140[kJ/kg], 2763[kJ/kg]이다.)

해 설 : $_1Q_2 = m(h_2 - h_1) + \dfrac{m(v_2^2 - v_1^2)}{2} + mg(z_2 - z_1) + W_t$

$= 2000(2763 - 3140) + \dfrac{2000(150^2 - 800^2)}{2 \times 1000} + 80 \times 0.735 \times 3600$

$= -754000 - 617500 + 211680$

$= -1159820 [kJ/hr]$

※ 참고 $1[psh] = 0.735 \times 3600 = 2646[kJ]$

4) 과정에 따른 열량의 변화

① 비열(specific heat)

앞 절에서 4[℃]의 물의 비열을 기준량 1[kcal/kg℃]로 하여 각각 물질의 비열을 정하였으며 일(W)은 압력(P)과 체적(V)의 함수로 표기할 수 있으나 열을 함수로 표시하는데는 적합치가 않아 정확한 실험을 통해 비열이 상수가 아님을 찾아내었다.

수식으로 표기하면

$$_1Q_2 = \int \delta Q = \int m C dT$$

여기서 질량(m)은 상수이나 비열은 온도의 함수이므로 상수화 할 수 없었다.
그러므로

$$_1Q_2 = m \int C dT \quad \text{로 표기되었다.}$$

그러나 고상이나 액상에서는 온도차에 의한 비열이 거의 변화가 없기 때문에 평균 비열[C_m]의 개념을 적용하기로 하였다.

$$_1Q_2 = m \int c dt = m C_m \int dt = m C_m (T_2 - T_1)$$

$$C_m = \frac{_1Q_2}{m(T_2 - T_1)} = \frac{m \int C dT}{m(T_2 - T_1)} = \frac{\int C dT}{\Delta T} [kJ/kgK]$$

그러나 고상이나 액상에서는 과정에 따른 비열이 거의 일정하여 열량의 차가 없으나 기상에서는 비열의 차이가 큰 것을 알았다.

그림 4-3
정압과정의 실린더

즉, 다음의 두 과정에서의 비열의 차는 시작점(1점) 상태에서 열이 들어오면 피스톤은 마찰을 무시하는 상태에서 끝점(2점)의 상태로 밀려나므로 정압과정이라고 할 수 있다. 이때의 열량을 수식으로 표기하면

$$_1Q_2 = \int m C dT = m C (T_2 - T_1) \quad \text{이다.}$$

위의 피스톤은 정압과정이므로 정압과정의 표기를 하면

$$Q_p = m C_p \Delta T \quad \text{이다.}$$

그림 4-4

정적과정의 실린더

여기서 $C_p = \dfrac{Q_p}{m \triangle T}$ [kJ/kgK] 이며 C_p를 정압비열이라 하며 정압과정에서 단위질량을 1[℃] 올리는 데 필요한 열량이라 정의한다. 피스톤이 열을 공급받았을 때 옆의 그림은 압력[P] 증가, 온도[T]는 증가하나 체적[V]는 일정하므로 정적과정이라 하면 이 때의 열량은

$$Q_v = m C_v \triangle T \quad \text{이다.}$$

여기서 $C_v = \dfrac{Q_v}{m \triangle T}$ 이며 C_v를 정적비열이라 하고 정적과정에서 단위질량을 1[℃] 올리는 데 필요한 열량이라 하며 기상의 상태에서는 동일 온도를 올리는데 정적과정의 비열과 정압과정의 비열이 다르다는 것을 실험으로 알 수 있었다. ◆ 공기를 열역학에서 주로 취급하는데, 평균비열은 $C_V = 0.717\, kj/kgk$, $C_p = 1\, kj/kgk$로 한다.

EX 05 −10[℃] 얼음 3[kg]을 120[℃]의 증기로 만드는 데 필요한 열량은 몇 [kJ]인가? (단, 표준대기압 상태이며 증기의 비열은 1.88[kJ/kgK], 얼음의 비열은 2.1[kJ/kgK]이고 0[℃]의 잠열은 334[kJ/kg], 100℃ 잠열은 2256[kJ/kg]이다.)

해 설 : $Q = mc(T_2 - T_1) + 잠열 + mc(T_2 - T_1)$

$\quad = 3 \times 2.1(0+10) + 3 \times 334 + 3 \times 4.18 \times (100-0)$

$\quad \quad + 3 \times 2256 + 3 \times 1.88 \times (120-100)$

$\quad = 9200[\text{kJ}] = 9.2[\text{MJ}]$

EX 06 한 계가 외부로부터 105[kJ]의 열과 8.4[kJ]의 일을 받았다. 계의 내부 에너지의 변화는?

해 설 : $Q = U + W$

$\triangle U = Q - W = 105 + 8.4 = 113.4[\text{kJ}]$

EX 07 윈치로 15[ton]의 하중을 마찰제동하여 20[m] 아래에서 정지시켰다. 이 때 베어링의 마찰 및 그 밖의 손실을 무시하면 제동기로부터 발생하는 열량은 얼마인가?[kJ]

해 설 : $Q = \dfrac{mgz}{1000} = \dfrac{15 \times 10^3 \times 9.8 \times 20}{1000} = 2940 \,[\text{kJ}]$

5) 정상류 과정에서 노즐의 에너지 방정식

① 중력단위제

$$_1Q_2 = G(u_2 - u_1) + A\int \Delta PV + A\dfrac{G(V_2^2 - V_1^2)}{2g} + AG(Z_2 - Z_1) + W_t$$

$$_1Q_2 = G(h_2 - h_1) + A\dfrac{G(V_2^2 - V_1^2)}{2g} + AG(Z_2 - Z_1) + W_t$$

그림 4-5 정상유과정

노즐 위치가 수평이므로 $Z_1 = Z_1$ 이다.

$$_1Q_2 = G(h_2 - h_1) + A\dfrac{G(V_2^2 - V_1^2)}{2g}$$

속도가 빠르므로 단열유동을 한다고 가정하면 $_1Q_2$ 와 W_t 는 0(Zero)이다.

$$0 = G(h_2 - h_1) + A\dfrac{G(V_2^2 - V_1^2)}{2g}$$

입구 속도에 비해 출구 속도가 매우 빠르므로 초기 속도를 무시하면

$$h_2 - h_1 = A\dfrac{V_2^2}{2g} \qquad \therefore V_2 = \sqrt{\dfrac{2g(h_1 - h_2)}{A}} = \sqrt{2g(h_1 - h_2) \times 427}$$

② 절대단위(SI)

$$_1Q_2 = m(h_2 - h_1) + \dfrac{m(V_2^2 - V_1^2)}{2 \times 1000} + mg(z_2 - z_1) + W_t$$

단열유동을 하며 노즐이 수평이라고 하면

$$0 = m(h_2 - h_1) + \dfrac{m(V_2^2 - V_1^2)}{2}$$

초속도(V_1)은 출구 속도(V_2)에 비해 작으므로 무시하면

$$h_1 - h_2 = \frac{V_2^2}{2}$$

그러므로

$$\therefore V_2 = \sqrt{2(h_1 - h_2)} = \sqrt{2\triangle h} \text{ 이다.}$$

단위를 표기하면

$$\triangle h = J/kg = \frac{Nm}{kg} = \frac{kg_m \cdot m^2}{s^2 kg_m} = m^2/s^2$$

의 차원이 되므로 V_2^2의 차원과 같다. 그러나 실제 노즐에서는 완전한 단열유동 변화는 일어나지 않으므로 출구 속도는 약간의 저하가 발생한다. 속도 계수는 이러한 속도의 차를 수정하기 위한 계수이다.

$$\psi = \frac{V_R}{V_{th}} \quad \psi : \text{속도계수}$$

$$V_R : \text{실제 속도}$$

$$V_{th} : \text{이론 속도}$$

EX 08 압력2[MPa], 온도 460[℃], 엔탈피 $h_1 = 3366$[kJ/kg]인 증기가 유입하여서 압력 1[MPa], 온도 310[℃], 엔탈피 $h_2 = 3073$[kJ/kg]인 상태로 유출된다. 노즐 내의 유동을 정상유로 보고 증기의 출구속도 V_2를 구하여라.
(단, 노즐 내에서의 열손실은 없으며, 초속 V_1은 10[m/s]이다.)

해 설 : $_1Q_2 = m(h_2 - h_1) + \dfrac{m(V_2^2 - V_1^2)}{2} + W_t$

열과 일의 유동이 없으므로

$$0 = (h_2 - h_1) + \frac{(V_2^2 - V_1^2)}{2 \times 1000}$$

$$0 = (3073 - 3366) + \frac{(V_2^2 - 10^2)}{2 \times 1000}$$

$$V_2 = 765.57 [m/s]$$

EX 09 어느 계의 동작 유체인 가스가 42[kJ]의 열을 공급받고 동시에 외부에 대해서 39[kJ]의 일을 하였다. 이 때 가스의 내부 에너지의 변화는 얼마인가?

해 설 : $Q = \triangle U + W$ 에서

$\triangle U = Q - W = 42 - 39 = 3[kJ]$

EX 10 1[kg]의 가스가 압력 0.05[MPa], 체적 2.5[m³]의 상태에서 압력 1.2[MPa], 체적 0.2[m³]의 상태로 변화하였다. 만약 가스의 내부 에너지는 일정하다고 하면 엔탈피의 변화량은 얼마인가?

해 설 : $\triangle H = \triangle U + \triangle PV$

$= O + (P_2 V_2 - P_1 V_1) = 1.2 \times 10^6 \times 0.2 - 0.05 \times 10^6 \times 2.5$

$= 115000[J] = 115[kJ]$

EX 11 가스가 50[kJ]의 일을 받아 100[kJ]의 열을 방출했을 때 가스의 내부 에너지는?

해 설 : $\triangle U = Q - W = -100 + 50 = -50[kJ]$

연습문제

01 발열량42000[kJ/kg]인 경유를 사용하여 연료소비율200[g/kwh]로 운전하는 디젤기관의 열효율은 얼마인가?[%]

① 15 ② 24
③ 43 ④ 54

풀이 $\eta = \dfrac{1[\text{kwh}] \times 3600}{0.2 \times 42000}$
$= 0.428 \fallingdotseq 43[\%]$

02 매시19.4[kg]의 가솔린을 소비하는 출력 100[kW]인 기관의 열효율은?
(단, 가솔린의 저위 발열량은 42000[kJ/kg]이다.)

① 84 ② 64
③ 54 ④ 44

풀이 $\eta = \dfrac{100 \times 3600}{19.4 \times 42000}$
$= 0.442 \fallingdotseq 44.2[\%]$

03 두 개의 물체가 또 다른 물체와 열평형을 이루고 있을 때, 그 두 물체가 서로 열평형 상태에 있다고 정의되는 경우는?

① 열역학 제0법칙
② 열역학 제1법칙
③ 열역학 제2법칙
④ 열역학 제3법칙

04 내부 에너지160[kJ]를 보유하는 물체에 열을 가했더니 내부 에너지가200[kJ] 증가하였다. 외부에0.1[kJ]의 일을 하였을 때 가해진 열량은 몇[kJ]인가?

① 39.9 ② 40.1
③ 40   ④ -39.9

풀이 $Q = U + W$
$= (200 - 160) + 0.1$
$= 40.1$

05 어떤 물질의 정압 비열이 다음 식으로 주어졌다.

$$C_P = 0.2 + \dfrac{5.7}{t+73}[\text{kJ/kgK}] \quad [t : 온도 \cdot ℃]$$

이 물질1[kg]이 1[atm]하에서 0[℃], 1[m³]으로부터 100[℃], 3[m³]까지 팽창할 때의 내부 에너지를 구하여라.

① 20   ② 24.9
③ 29.3 ④ -178

풀이 $Q = \displaystyle\int_0^{100} mCp\,dT$
$= m\displaystyle\int_0^{100}\left(0.2 + \dfrac{5.7}{t+73}\right)dT$
$= 0.2[t]_0^{100} + 5.7[\ln(t+73)]_0^{100}$
$= 0.2 \times 100 + 5.7[\ln(173) - \ln 73]$
$= 24.9[\text{kJ}]$
$u_2 - u_1 = h_2 - h_1 - p(v_2 - v_1)$
$\quad = 24.9 - 101.3(3-1)$
$\quad = -177.7$

01 ③ 02 ④ 03 ① 04 ② 05 ④

06 어느 증기 터빈에 매시 2,000[kg]의 증기가 공급되어 80[kW]의 출력을 낸다. 이 터빈의 입구 및 출구에서의 증기의 속도가 각각 800[m/s], 150[m/s]이다. 터빈의 매시간마다의 열손실은 얼마인가?[MJ] (단, 입구 및 출구에서의 엔탈피가 각각 3200[kJ/kg], 2300[kJ/kg]이다.)
① 2129.5 ② -2129.5
③ 2129500 ④ -2129500

07 압력 0.2[MPa], 온도 460[℃], 엔탈피 $h_1 = 3700$[kJ/kg]인 증기가 유입하여서 압력 0.1[MPa], 온도 310[℃], 엔탈피 $h_2 = 3400$[kJ/kg]인 상태로 유출된다. 노즐 내의 유동을 정상유로 보고 증기의 출구속도 V_2를 구하여라.
(단, 노즐 내에서의 열손실은 없으며, 초속 V_1은 10[m/s]이다.)
① 77.5 [m/s]
② 775 [m/s]
③ 8.06 [m/s]
④ 80.6 [m/s]

08 팽창일에 대한 설명 중 옳은 것은?
① 가역 정상류 과정의 일
② 밀폐계에서 마찰이 있는 과정에서 한 일
③ 가역 비유동 과정의 일
④ 이상기체만의 한 일

09 열역학 제1법칙을 옳게 설명한 것은?
① 밀폐계의 운동 에너지와 위치 에너지의 합은 일정하다.
② 밀폐계에 전달된 열량은 내부 에너지 증가와 계가 한 일(work)의 합과 같다.
③ 밀폐계의 가해준 열량과 내부 에너지의 변화량의 합은 일정하다.
④ 밀폐계가 변화할 때 엔트로피의 증가를 나타낸다.

10 에너지 보존의 법칙에 관해 다음 설명 중 옳은 것은?
① 계의 에너지는 일정하다.
② 계의 에너지는 증가한다.
③ 우주의 에너지는 일정하다.
④ 에너지는 변하지 않는다.

11 $\delta Q = dU + \delta W$의 식은 다음의 어느 경우에 해당되는가?
(단, Q:열량, U:내부 에너지, W:일량이다.)
① 비유동 과정에서의 에너지식이다.
② 정상유동 과정에서의 에너지식이다.
③ 정상유동 및 비유동 과정에서의 에너지식이다.
④ 열역학 제2법칙에 대한 식이다.

풀이 $\delta Q = dU + \delta W$는 밀폐계(비유동 과정)에서 열역학 제1법칙의 식이다.

06 ① 07 ② 08 ③ 09 ② 10 ③ 11 ①

12 한 계가 외부로부터 100[kJ]의 열과 300[kJ]의 일을 받았다. 계의 내부 에너지의 변화는?

① 400   ② -400
③ 200   ④ -200

[풀이] $Q = U + W$
$\triangle U = Q - W = 100 + 300$
$= 400[kJ]$

13 계의 내부 에너지가 200[kJ]씩 감소하며 630[kJ]의 열이 외부로 전달되었다. 계가 한 일은 몇 [kJ]인가?

① 830   ② 430
③ -430 ④ -830

[풀이] $Q = U + W$
$W = Q - U = -630 + 200$
$= -430[kJ]$

14 내부 에너지를 잘못 나타낸 것은?

① $du = C_V dT$
② $du = \delta q - v\, dp$
③ $du = \delta q - p\, dv$
④ $U = GC_V \triangle T$

15 어느 계의 동작유체인 가스가 40[kJ]의 열을 공급받고 동시에 외부에 대해서 16.8[kJ]의 일을 하였다. 이 때 가스의 내부 에너지의 변화는 얼마인가?

① 23.2   ② 56.8
③ -23.2 ④ -56.8

[풀이] $\triangle U = Q - W$
$= 40 - 16.8 = 23.2$

16 가스 160[kJ]의 열량을 흡수하여 팽창에 의해 50[kJ]의 일을 하였을 때 가스의 내부 에너지 증가는?

① 210   ② 110
③ 21   ④ 11

[풀이] $\triangle U = Q - W = 160 - 50 = 110[kJ]$

17 실린더 내의 가스에 40[kJ]의 열을 가하였더니 팽창에 의하여 외부에 160[kJ]의 일을 하였다. 가스의 내부 에너지의 변화량은 얼마인가?

① -120 ② 120
③ 200   ④ -200

[풀이] $\triangle U = Q - W = 40 - 160 = -120[kJ]$

18 실린더 내의 밀폐된 가스를 피스톤으로 압축하여 5[kJ]의 열량을 방출하고 20[kJ]의 압축일을 하였다. 이 가스의 내부 에너지의 증가량을 구하여라.[kJ]

① -25   ② -15
③ 25   ④ 15

[풀이] $\triangle U = Q - W = -5 + 20 = 15[kJ]$

12 ① 13 ③ 14 ② 15 ① 16 ② 17 ① 18 ④

19 압력 0.3[MPa], 체적 0.5[m³]의 기체가 일정한 압력하에서 팽창하여 체적이 0.6[m³]으로 되었고, 또 이 때 85[kJ]의 내부 에너지가 증가되었다면 기체에 의한 열량은 얼마인가?

① 30　　② 85
③ 115　　④ 50

풀이
$W = P(V_2 - V_1) = 0.3 \times 10^3 \times (0.6 - 0.5)$
$= 30[kJ]$
$Q = U + W = 85 + 30 = 115[kJ]$

20 1[ata], 15[℃]에서 공기의 비체적은 0.816[m³/kg]이다. 10[kW]의 공기압축기를 사용하여 매분 5[m³]의 공기를 압축하고 있다. 지금 냉각수에 공기 1[kg]당 80[kJ]의 열을 방열한다면 공기가 배출할 때의 엔탈피는 얼마나 증가되는가?

① 600 [kJ/min]
② 680 [kJ/min]
③ 109.8 [kJ/min]
④ 1098 [kJ/min]

풀이 압축기 일량
＝엔탈피의 증가량＋냉각수를 통한 방출량
$\triangle H = W - Q = 10 \times 60 - 80 \times \dfrac{5}{0.816}$
$= 109.8[kJ/min]$

21 기체가 0.2[MPa]의 일정한 게이지 압력하에서 4[m³]가 2.4[m³]로 마찰없이 압축되면서 동시에 80[kJ]의 열을 외부로 방출하였다. 내부 에너지의 증가는 몇 [kJ]인가?

① 240　　② 320
③ 402　　④ 420

풀이 $\triangle U = Q - W$
$= -80 + (0.2 \times 10^3 + 101.3) \times (4 - 2.4)$
$= 402.08[kJ]$

22 절대 압력 0.2[MPa]의 이상기체가 일정 압력밑에서 그 체적이 10[m³]에서 4[m³]로 마찰없이 압축되어 300[kJ]의 열을 외부로 방출하였다면 내부 에너지의 증가는?[kJ]

① 600　　② 900
③ 1200　　④ 1500

23 1[kg]의 가스가 압력 0.05[MPa], 체적 2.5[m³]의 상태에서 압력 1.2[MPa], 체적 0.2[m³]의 상태로 변화하였다. 만약 가스의 내부 에너지는 일정하다고 하면 엔탈피의 변화량은 얼마인가?[kJ]

① 11.5　　② 115
③ 140　　④ 365

24 유체가 30[m/sec]의 유속으로 노즐에 들어가서 50[m/sec]로 유출할 때 마찰이나 열교환을 무시한다면 엔탈피의 변화량은 얼마인가?[kJ/kg]

① 8000　　② 800
③ 80　　④ 0.8

19 ③　20 ③　21 ③　22 ②　23 ②　24 ④

25 중량 20[kg]인 가스가 0.2[MPa], 체적 4.2[m³]인 상태로부터 압력 1[MPa], 체적 0.84[m³]인 상태로 압축되었다. 이 때 내부 에너지의 증가가 없다고 하면 엔탈피의 증가량은 얼마인가?[kJ]

① 0.84　　② 8.4
③ 84　　　④ 0

26 압력 1[MPa], 용적 0.1[m³]의 기체가 일정한 압력하에서 팽창하여 용적이 0.2[m³]로 되었다. 이 기체가 한 일을 [kJ]로 계산하면 얼마인가?

① 100　　② 10
③ 1　　　④ 0.1

27 내부 에너지가 200[kJ] 증가하고, 압력의 변화가 1[ata]에서 5[ata]로, 체적 변화는 3[m³]에서 1[m³]인 계의 엔탈피 증가량은? [kJ]

① 1000　　② 100
③ 396　　　④ 39.6

28 소형 터빈에서 증기가 300[m/sec] 속도로 분출하면 유속에 의한 증기 1[kg]당 에너지 손실은 몇 [kJ]인가?

① 45　　　② 450
③ 45.9　　④ 459

29 어느 물질 1[kg]이 압력 0.1[MPa], 용적 0.86[m³]의 상태에서 압력 0.5[MPa], 용적 0.2[m³]의 상태로 변화했다. 이 변화에서 내부 에너지의 변화가 없다고 하면 엔탈피의 증가량은 얼마로 되는가 [kJ]?

① 14　　　② 18.6
③ 140　　 ④ 186

30 밀폐된 용기 내에 50[℃]의 공기 10[kg]이 들어있다. 외부로부터 가열하여 120[℃]까지 온도를 상승시키면 내부 에너지 증가는 얼마인가 [kJ]? (단, 증기의 평균 정적비열은 $C_v=0.7[kJ/kgK]$이다.)

① 5.01　　② 501
③ 490　　 ④ 49

31 2000[m]의 높이에서 강구를 자유낙하 시켰다. 이 강구가 바닥에 떨어질 때 운동 에너지가 전부 열에너지로 바뀌고, 열의 70[%]를 강구가 흡수하였다면 온도 상승은 얼마인가?[K]
(단, 강철의 비열은 0.607[kJ/kgK]라 한다.)

① 296[K]　　② 29.6[K]
③ 22.6[K]　　④ 230.6[K]

25 ④　26 ①　27 ③　28 ①　29 ①　30 ③　31 ③　32 ①

32 10[℃]에서 160[℃]까지의 공기의 평균 정적비열은 0.717[kJ/kgK] 이다. 이 온도 범위에서 공기 1[kg]의 내부 에너지의 변화는 몇 [kJ/kg]인가?

① 107.55　　② 10.75
③ 1.0135　　④ 0.1

32 ①

제 5 장 완전가스(이상기체)

물질은 고체와 유체로 구분되며, 유체는 다시 액상과 기상으로 구분된다. 기상은 가스와 증기로 구분되며, 액화가 어려운 것을 가스라 하고 액화가 비교적 쉬운 것을 증기라 한다. 이상기체(완전가스)란 기체분자의 크기가 없으며 따라서 분자 상호간의 인력이 없다. 또한 충돌시는 완전 충돌로 본다. 따라서 보일(Boyle), 샤를(Charles), 게이루삭(Gay-Lussac) 및 Joule의 법칙이 적용되는 즉, 완전가스의 상태 방정식을 만족하는 가스를 일컬으나 실제로는 존재하지 않는다. 그러나 원자수가 적은 기체나 온도가 높고 압력이 낮은 경우의 실제기체는 이상기체에 가까워진다.

1. 보일-샤를의 법칙

1) 보일의 법칙(Boyle 또는 Mariotte : 1662)

온도가 일정한 경우 가스의 비체적은 압력에 반비례한다.

$T_1 = T_2$

$\dfrac{v_2}{v_1} = \dfrac{p_1}{p_2},\ p_1 v_1 = p_2 v_2$

즉, $pv = c$

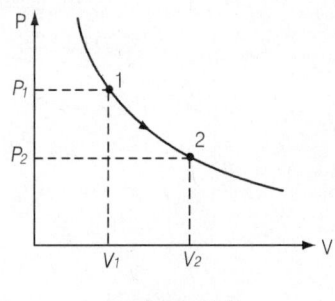

보일의 법칙

2) 샤를의 법칙(Charle 혹은 Gay-Iussac의 법칙)(1802)

압력이 일정한 경우 가스의 비체적은 온도에 비례한다.

$$p_1 = p_2, \quad \frac{V_2}{V_1} = \frac{T_1}{T_2}, \quad \frac{V}{T} = c$$

 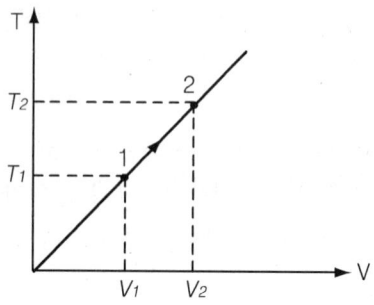

샤를의 법칙

3) 보일-샤를의 법칙

일정량의 기체의 압력과 체적의 곱은 온도에 비례한다.

$$\frac{p_1 V_1}{T_1} = \frac{p_2 V_2}{T_2}, \quad \frac{pv}{T} = c$$

완전가스의 상태변화

2. 완전가스의 상태방정식

보일-샤를의 법칙에 의해서

$$\frac{PV}{T} = C$$

$$PV = mRT$$

$$Pv = RT \quad (v\text{는 비체적})$$

이 식을 이상기체 상태방정식이라 한다.

$$R = \frac{Pv}{T}$$

일정량의 기체의 압력과 체적의 곱은 절대온도에 비례하며 비례상수 R(가스상수)은 1[kg]의 기체를 온도 1[K] 올리는 동안 외부에 행한 일을 의미한다.

기체상수(R)은 기체의 일정한 상태에서는 각각의 기체에 대하여 특유한 값을 가지며 정적과정, 정압과정 등의 과정에 따라 변하는 수치가 아니다. 가장 많이 사용하는 기체가 공기이며 공기의 값은 0[℃] 1[atm]에서의 값을 표준상태(STP)라 하고, 표준상태(Standard Temper- ature and Pressure)에서 공기의 기체상수(R)를 구해보면,

$$R = \frac{P_0 V_0}{T_0} = \frac{1.0332 \times 10^4}{273} \times 0.7734 = 29.27 [\text{kg·m/kgK}]$$

절대단위로 기체상수는

29.27 × 9.8 = 286.85 ≒ 287[N·m/kgK] = 287[J/kgK] = 0.287[kJ/kgK] 이다.

그러므로 대부분의 기체상수는 표준상태에서의 값을 사용하며 STP 상태라고 한다. 동일한 온도 압력 체적 내의 가스의 분자수는 종류에 관계없이 모두 같다고 하는 아보가드로(Avogadro) 법칙에 의해 STP 상태에서 분자량을 M이라 하면 M[kg/kmol]이며 체적 V(22.4[m³/kmol]이므로 위의 식에서

$$RM = 848 = \overline{R}\,[\text{kgm/kmol K}]$$

여기서 $\overline{R}$를 일반기체상수(Universal Gas Constant)라 한다. 절대단위로 환산하면

$$\overline{R} = \frac{PV}{T} = \frac{101300 \times 22.4}{273} = 8312[\text{J/kmol} \cdot \text{K}]$$
$$= 8.312\,[\text{kJ/kmol} \cdot \text{K}]$$

이다.

그러므로 절대단위로서 이상기체의 상태방정식은 $PV = mRT$이다.

3. 완전가스(이상기체)의 비열

열역학 제1법칙에서

$$\delta Q = du + \delta W = du + pdv$$

$$\delta Q = dh - vdp$$

$$\delta Q = CdT$$

여기에서

$$C_v = \left(\frac{\partial Q}{\partial T}\right)_v = \frac{\partial U}{\partial T} \qquad C_p = \left(\frac{\partial Q}{\partial T}\right)_p = \frac{\partial h}{\partial T}$$

위의 식에서

$$\triangle h = \triangle U + \triangle pv$$

$$C_p dT = C_v dT + RdT \text{ 에서 } C_p = C_v + R$$

$$\therefore C_p - C_v = R$$

양비열의 비를 비열비(k)라 하면

$$k = \frac{C_p}{C_v}, \quad C_p - C_v = R, \quad kC_v - C_v = R$$

$$C_v = \frac{R}{k-1} \quad C_p = \frac{kR}{k-1} \quad C_p - C_v = R$$

비열비 k는 같은 원자수의 기체분자에서는 같다.

$$\begin{array}{l} 1\text{원자 가스} \quad k = \frac{5}{3} \fallingdotseq 1.667 \\ 2\text{원자 가스} \quad k = \frac{7}{5} = 1.4 \\ 3\text{원자 가스} \quad k = \frac{4}{3} \fallingdotseq 1.333 \end{array}$$

위의 유도식에서 보면 정적비열, 정압비열 기체상수는 온도만의 함수이나 정압비열과 정적비열의 비는 원자수만의 함수임을 알 수 있다. 즉 산소(O2)의 비열비와 질소(N2)의 비열비는 2원자 기체로서 1.4인 것을 알 수 있으며 대부분의 조성이 산소와 질소로 이루어진 공기의 비열비로 1.4인 것을 알 수 있다. 특히 공기의 평균정적 비열(C_v)은 0.717 $kJ/kg \cdot k$이며 평균 정압비열(C_p)은 $1 kJ/kg \cdot k$이다.

4. 이상기체의 상태변화

앞절에서의 유도식들은 모두 이상기체에 대한 식들이므로 상태변화에 대한 항을 상태변화의 과정의 관점에서 다시 관찰해볼 필요성이 있다.

상태변화에는 가역변화와 비가역변화가 있는데 표로 표시하면 다음과 같다.

즉 이상기체에 관한 식은 모두 가역변화에 관한 식이며 비가역변화의 식은 교축변화, 기체혼합 이외에 마찰 등의 현상이 있다. 다시 말해 우주에서 일어나는 변화는 대부분 비가역 변화라고 할 수 있으나 이상기체는 가역과정이라고 가정하는 과정이다.

1) 등적 변화

체적이 일정한 경우의 상태 변화로 $Pv=RT$ 에서 $\dfrac{P}{T}=\dfrac{R}{v}$ 로 우변이 정수이므로

$$\frac{P_1}{T_1}=\frac{P_2}{T_2}=일정$$

또 등적변화에서

$$_1W_2=\int_1^2 Pdv=0$$

$$_1Q_2=m(u_2-u_1)+\int_1^2 Pdv=m(u_2-u_1)$$

$$_1Q_2=m(u_2-u_1)=mC_v(T_2-T_1)=\frac{1}{k-1}V(P_2-P_1)$$

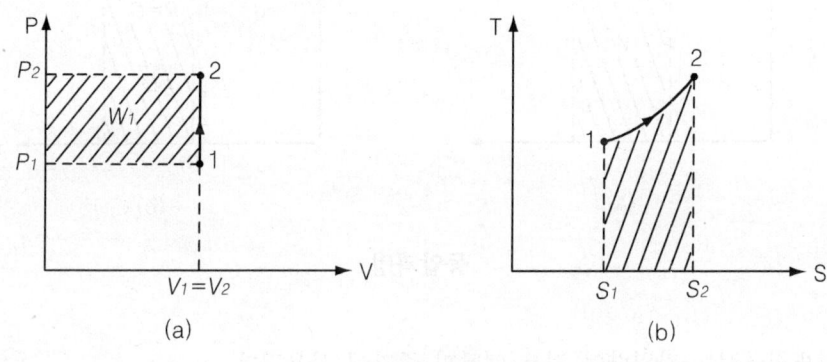

(a)　　　　　(b)

등적과정

등적변화에서는 외부에서 가해진 열량은 전부 내부 에너지 증가 또는 온도를 높이는데 소비된다.

2) 등압 변화

압력일정하의 상태변화이므로 $Pv=RT$에서 $\dfrac{v}{T}=\dfrac{R}{P}$ 우변이 정수이므로

$$\dfrac{V_1}{T_1}=\dfrac{V_2}{T_2}=일정$$

$$_1W_2=\int_1^2 PdV=P(V_2-V_1)=R(T_2-T_1)$$

$$_1Q_2=\int_1^2 \delta Q=\int_1^2 dh-\int_1^2 vdP=C_p\int_1^2 dT=C_p(T_2-T_1)$$

$$=h_2-h_1=\dfrac{k}{k-1}P(v_2-v_1)$$

(a)   (b)

등압과정

등압변화에서는 가열량이 전부 엔탈피 증가에 사용된다.

3) 등온 변화

Pv=일정으로 $P_1 v_1 = P_2 v_2$, $\dfrac{P_1}{P_2} = \dfrac{v_2}{v_1}$

$\delta Q = C_v dT + P dv$ 및 $\delta Q = C_p dT + v dP$에서 $dT = 0$이므로

$dQ = P dv \quad dQ = -v dP$

$Q = \int P dv = {}_1W_2 = -\int v dP = W_t$

$${}_1W_2 = \int_1^2 P dv = P_1 v_1 \int_1^2 \dfrac{dv}{v} = P_1 v_1 \ln \dfrac{v_2}{v_1} = RT_1 \ln \dfrac{v_2}{v_1}$$

$$= P_1 v_1 \ln \dfrac{P_1}{P_2} = RT_1 \ln \dfrac{P_1}{P_2}$$

등온과정

열량은

$$\delta Q = C_v dT + P dv$$

$${}_1Q_2 = {}_1W_2 = W_t$$

$$\therefore {}_1Q_2 = RT_1 \dfrac{v_2}{v_1} = RT_1 \dfrac{P_1}{P_2}$$

4) 단열변화

외부와의 열의 출입이 없는 상태 변화를 넓은 의미에서 단열 변화라 하며 이 경우 계내 발생 되는 마찰열이 작업유체에 전해지는 경우가 비가역 단열 변화이며, 안밖으로 전 열의 출입이 없는 경우가 가역 변화이다.

$$\delta Q = c_v dT + Pdv = 0$$

상태방정식 ($pv = RT$)을 미분하면

$$Pdv + vdP = RdT$$

$$dT = \frac{1}{R}(Pdv + vdp)$$

따라서 기초식은

$$C_v \left(\frac{Pdv}{R} + \frac{vdP}{R} \right) + Pdv = 0$$

$$\therefore (C_v + R)Pdv + C_v vdp = 0$$

이다.

여기서 $C_p - C_v = R$, $k = \dfrac{C_p}{C_v}$ 를 대입하면

$$C_p Pdv + C_v vdp = 0$$

$$\therefore k \frac{dv}{v} + \frac{dP}{P} = 0$$

적분해서 $\displaystyle\int k \frac{dv}{v} + \int \frac{dP}{P} = k \ln v + \ln P = C_{1(정수)}$

그러므로 $Pv^k = C_1$, $\quad P_1 v_1^k = P_2 v_2^k$

$P = \dfrac{RT}{v}$, $v = \dfrac{RT}{P}$ 를 사용하면

$$Tv^{k-1} = C \qquad T_1 v_1^{k-1} = T_2 v_2^{k-1}$$

또는

$$\frac{T}{P^{\frac{k-1}{k}}} = C \qquad \frac{T_1}{P_1^{\frac{k-1}{k}}} = \frac{T_2}{P_2^{\frac{k-1}{k}}}$$

P, V, T 의 관계를 정리하면 다음과 같이 표시된다.

$$\frac{T_2}{T_1} = \left(\frac{v_1}{v_2}\right)^{k-1} = \left(\frac{P_2}{p_1}\right)^{\frac{k-1}{k}}$$

외부에서 하는 일은

$$_1W_2 = \int_1^2 Pdv = P_1v_1^k \int_1^2 \frac{dv}{v_k} = \frac{P_1v_1}{k-1}\left[1-\left(\frac{v_1}{v_2}\right)^{k-1}\right] = \frac{P_1v_1}{k-1}\left[1-\left(\frac{p_1}{P_2}\right)^{\frac{k-1}{k}}\right]$$

$$= \frac{1}{k-1}(P_1v_1 - P_2v_2) = \frac{R}{k-1}(T_1 - T_2) = \frac{C_v}{(T_1 - T_2)}$$

공업일 W는

$$W_t = -\int_1^2 vdP = \int_2^1 vdP = \int_2^1 \left(\frac{P_1}{P_2}\right)^{\frac{1}{k}} dP = \frac{k}{k-1}(P_1v_1 - P_2v_2)$$

$$\therefore W_t = k \cdot {_1W_2}$$

단열 변화에서는 공업일은 절대일의 k배에 해당된다.

내부 에너지 및 엔탈피에 대해서는

$$u_2 - u_1 = C_v(T_2 - T_1) = \frac{(P_2v_2 - P_1v_1)}{k-1} = {_1W_2}$$

$$h_2 - h_1 = C_p(T_2 - T_1) = \frac{k}{k-1}(P_2v_2 - P_1v_1) = k \cdot {_1W_2} = -W_t$$

P-V 선도에서는 단열선이 등온선보다 그 경사가 크다.

가역단열과정

5) 폴리트로프 변화

임의의 정수를 지수로 하는 다음 상태식으로 표시되는 상태 변화로 내용 등에 따라 여러 가지 변화가 있다.

$$P v^n = 일정$$

위 식의 n을 폴리트로프 지수(Polytropic Exponent)라 하며, $+\infty$에서 $-\infty$까지의 값을 가지며 등온변화는 $n=1$, 단열변화는 $n=k$, 등적변화는 $n=\infty$, 등압변화는 $n=0$이다.

가역변화식에서 $k=n$으로 두면

$$P_1 v_1^n = P_2 v_2^n = P v^n = 일정$$

$$T_1 v_1^{n-1} = T_2 v_2^{n-1} = T v^{n-1} = 일정$$

$$\frac{T_1}{P_1^{\frac{n-1}{n}}} = \frac{T_2}{P_2^{\frac{n-1}{n}}} = \frac{T}{P^{\frac{n-1}{n}}} = 일정$$

즉,

$$\frac{T_2}{T_1} = \left(\frac{v_1}{v_2}\right)^{n-1} = \left(\frac{P_2}{P_1}\right)^{\frac{n-1}{n}}$$

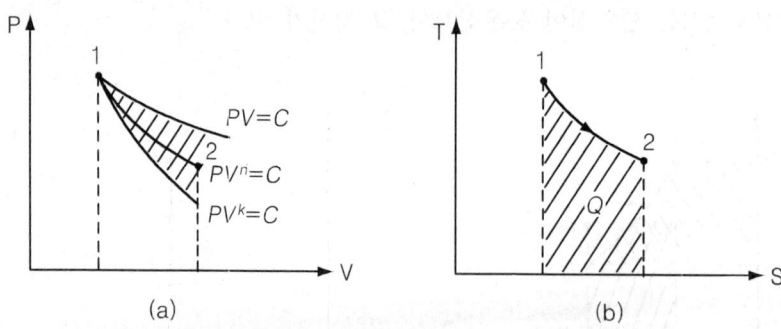

(a)　　　　　　　　　(b)

폴리트로프 과정

◎ 일에 대해서는

$$_1W_2 = \int_1^2 Pdv = P_1 v_1^n \int_1^2 \frac{dv}{v^n} = \frac{1}{n-1}(P_1v_1 - P_2v_2) = \frac{P_1v_1}{n-1}(1-\frac{T_2}{T_1})$$

$$= \frac{P_1v_1}{n-1}\left[1-\left(\frac{v_1}{v_2}\right)^{n-1}\right] = \frac{P_1v_1}{n-1}\left[1-\left(\frac{P_2}{P_1}\right)^{\frac{n-1}{n}}\right] = \frac{n}{n-1}R(T_1-T_2)$$

$$-W_t = \int_1^2 vdP = P_1 \frac{1}{n} v_1 \int_1^2 \frac{dP}{P^{1/n}} = \frac{n}{n-1}(P_1v_1 - P_2v_2)$$

$$= \frac{nP_1v_1}{n-1}(1-\frac{T_2}{T_1}) = \frac{nP_1v_1}{n-1}\left[1-(\frac{v_1}{v_2^{n-1}})\right] = \frac{nP_1v_1}{n-1}\left[1-\left(\frac{P_2}{P_2}\right)^{\frac{n-1}{n}}\right]$$

$$= \frac{n}{n-1}R(T_1-T_2)$$

◎ 외부에서 공급되는 열량은

$$\delta Q = C_v dT + Pdv$$

$$_1Q_2 = C_v(T_2-T_1) + {_1W_2} = C_v(T_2-T_1) + \frac{R}{n-1}(T_1-T_2)$$

$$= C_v \frac{n-k}{n-1}(T_2-T_1)$$

여기서 $C_v\frac{n-k}{n-1} = C_n$ 이라 표시하고, C_n을 폴리트로프의 비열(Polytropic Spcific Heat)이라 한다.

◎ 내부 에너지의 변화는 $u_2 - u_1 = C_v(T_2-T_1) = \frac{1}{k-1}RT_1\left[\left(\frac{P_2}{P_1}\right)^{\frac{n-1}{n}}-1\right]$

◎ 엔탈피의 변화는 $h_2 - h_1 = C_p(T_2-T_1) = \frac{k}{k-1}RT_1\left[\left(\frac{P_2}{P_1}\right)^{\frac{n-1}{n}}-1\right]$

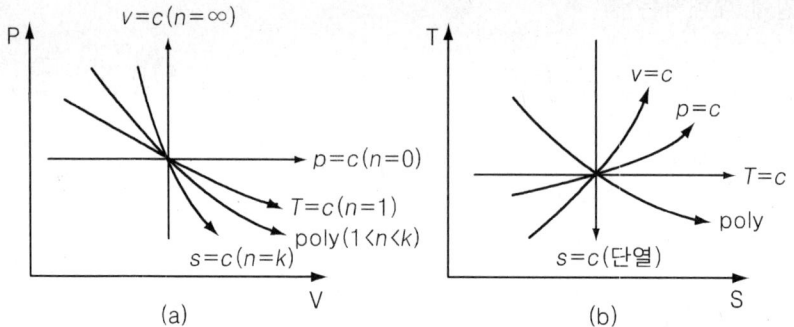

각 과정에 따른 P-V선도와 T-S선도

> **EX 01** 어떤 이상기체 3[kg]을 400[℃] 상승시키는 데 필요한 열량이 압력일정의 경우와 체적일정의 경우에 500[kJ]의 차가 있다. 이 기체의 기체상수를 구하라.
>
> 해 설 : $Q_p - Q_v = mc_p \triangle T - mc_v \triangle T = (c_p - c_v) m \triangle T$
>
> $$R = c_p - c_v = \frac{Q_p - Q_v}{m \triangle T} = \frac{500 \times 10^3}{3 \times 400} = 416.67 \text{J/kgK}$$

EX 02 압력 $p=7[bar]$인 산소 $2[kg]$의 최초 온도 $T_1=300[℃]$이였다. 이것을 정압하에서 냉각열량 $500[kJ]$만큼 냉각했더니 체적이 1/2로 줄었다. 이 산소의 정압비열, 정적비열을 구하고, 또 외부에 한 일량, 내부 에너지의 변화량, 엔탈피의 변화량을 각각 구하라.

해 설 : 기체상수 $R = \dfrac{R_0}{M} = \dfrac{8312}{32} = 259.75[J/kgK]$

압력일정시

$$T_2 = T_1 \dfrac{V_2}{V_1} = (300+273) \times \dfrac{1}{2} = 286.5[K] = 13.5[℃]$$

$$\therefore V_1 = \dfrac{mRT_1}{p} = \dfrac{2 \times 259.75 \times (300+273)}{7 \times 10^5} = 0.425[m^3]$$

$Q_p = mC_p(T_2-T_1)$에서

$$C_p = \dfrac{Q_p}{m(T_2-T_1)} = \dfrac{-500}{2(13.5-300)} = 0.87[kJ/kgK]$$

$$C_v = C_p - R = 0.87 - \dfrac{259.25}{1000} = 0.61[kJ/kgK]$$

$$_1W_2 = P(V_2-V_1) = 7 \times 10^5 \left(\dfrac{0.425}{2} - 0.425\right) = -148750J = -148.75[kJ]$$

$$\triangle U = mC_v(T_2-T_1) = 2 \times 0.61 \times (13.5-300) = -349.53[kJ]$$

$$\triangle H = mC_p(T_2-T_1) = 2 \times 0.87 \times (13.5-300) = -498.51[kJ]$$

EX 03 체적 $2[m^3]$의 밀폐용기에 공기가 $T_1=20[℃]$, $p_1=500[kPa]$이었다. 이 용기를 가열하여 내압이 $p_2=1000[kPa]$까지 상승하였다면 최종온도와 가열량을 구하라. (단, 공기의 가스상수 및 정적비열은 각각 $0.2872[kJ/kgK]$, $0.7171[kJ/kgK]$이다.)

해 설 : 체적일정이므로

$$T_2 = T_1 \dfrac{p_2}{p_1} = (20+273) \times \dfrac{1000}{500} = 586[K] = 313[℃]$$

$$m = \dfrac{p_1 V}{RT_1} = \dfrac{500 \times 2}{0.2872 \times 293} = 11.88[kg]$$

$$\therefore {_1Q_2} = mc_v(T_2-T_1) = 11.88 \times 0.7171 \times (131-20) = 2497.4[kJ]$$

EX 04 어떤 이상기체가 초압 $p_1=1500[\text{kPa}]$, 체적 $V_1=0.1[\text{m}^3]$의 상태에서 등온팽창을 하여 팽창비가 3이었다. 이 과정에서 기체가 차지하는 최종체적, 외부에 한 일량, 외부로부터 받은 열량을 구하여라.

해 설 : $V_2 = 3V_1 = 3 \times 0.1 = 0.3[\text{m}^3]$

$$_1W_2 = p_1 V_1 \ln \frac{V_2}{V_1} = 1500 \times 0.1 \ln 3 = 164.79[\text{kJ}]$$

$$_1Q_2 = {_1W_2} = 164.79[\text{kJ}]$$

EX 05 초기상태 $p_1=1[\text{bar}]$, $T_1=15[℃]$인 공기 $10[\text{m}^3]$를 최종상태 $p_2=7[\text{bar}]$까지 $n=1.3$의 폴리트로프 압축을 할 때 최종체적 및 온도, 압축에 필요로 하는 일, 가열량을 각각 구하라.(단, 공기의 정적 비열은 $0.7171[\text{kJ/kgK}]$이다.)

해 설 : P-V-T 관계식에서 폴리트로프 과정이므로

$$V_2 = V_1 \left(\frac{p_1}{p_2}\right)^{1/n} = 10 \times \left(\frac{1}{7}\right)^{1/1.3} = 2.24[\text{m}^3]$$

$$T_2 = T_1 \left(\frac{p_2}{p_1}\right)^{\frac{n-1}{n}} = (15+273.15) \times 7^{0.3/1.3} = 451.48\text{K} = 178.33[℃]$$

$$m = \frac{p_1 V_1}{RT_1} = \frac{1 \times 10^2 \times 10}{0.2872 \times (15+273.15)} = 12.084[\text{kg}]$$

$$_1W_2 = \frac{m}{n-1}R(T_1-T_2) = \frac{12.084}{1.3-1} \times 0.2872 \times (15-178.33)$$
$$= -1889.5[\text{kJ}]$$

$$_1Q_2 = mc_v \frac{n-k}{n-1}(T_2-T_1) = 12.084 \times 0.7171 \times \frac{1.3-1.4}{1.3-1}(178.33-15)$$
$$= -471.78[\text{kJ}]$$

5. 반완전 가스

반완전 가스 및 실제기체를 이해하는 데 있어서는 이상기체의 제반식을 이해하는 것이 필수적이다. 이상기체에서는 상태 방정식 $PV=RT$를 따르며, 내부 에너지 및 엔탈피는 온도만의 함수라고 하였다.

반완전 가스는 이상기체 상태식을 반 이론적으로 수정한 것으로 1873년에 Van der walls 상태식이 발표되었다. 즉, 이상기체의 상태식에서 압축성 계수 $Z=\dfrac{PV}{RT}$를 실제가스의 이상기체에 얼마나 접근하는가를 측정하는 척도로 사용하여 압축성 계수(Z)는 압력(P)이 0에 접근하면 압축성 계수는 모든 등온선에 대하여 1에 접근한다는 것을 알 수 있으며, 압축성 계수가 1이면 잔류체적(Residual Volume)과 Joule-Thomson 계수는 항상 0이다. 순수물질에 대한 압축성 계수는 임계점을 포함하며 임계점을 정해주면 임계압력(P_c), 임계온도(T_c), 임계비체적(V_c)이 존재한다.

$$\frac{P}{P_c} \text{ (환산압력)} \quad \frac{T}{T_c}=T_r \text{ (환산온도)} \quad \frac{v}{v_c}=v_r$$

반완전 가스의 상태방정식으로는 Van der walls식으로 이상기체식의 수정식이다.

$$P=\frac{RT}{v-b}-\frac{a}{v^2}$$

여기서 상수 b는 분자가 점유하는 체적에 대한 수정이며, $\dfrac{a}{v^2}$는 분자간의 인력을 고려한 수정이다. a와 b는 일반상태식의 상수이다. 특히, 이 상수는 임계점에서의 기울기가 0이라는 사실에서 구할 수 있다.

$$\left(\frac{\partial P}{\partial v}\right)_T=-\frac{RT}{(v-b)^2}+\frac{2a}{v^3}$$

$$\left(\frac{\partial^2 P}{\partial v^2}\right)_T=\frac{2RT}{(v-b)^3}+\frac{6a}{v^4}$$

위의 도함수는 임계점에서 0이 되므로

$$\frac{-RT_c}{(v_c-b)^2}+\frac{2a}{v_c^3}=0 \quad \frac{2RT_c}{(v_c-b)^3}+\frac{6a}{v_c^4}=0 \quad P_c=\frac{RT_c}{(v_c-b)}-\frac{a}{v_1^2}$$

3개의 방정식을 풀면

$$v_v = 3b \quad a = \frac{27 R^2 T_c^2}{64 P_c}, \quad b = \frac{RT_c}{8P_c}$$

그러므로 Van der walls의 임계점에 대한 압축성 계수는 $\frac{3}{8}$이다. 그러나 Van der walls 식보다도 실제 기체에 더 많이 접근한 식이 많이 제안되어 사용되고 있다. 이러한 각종의 상태식은 각종 물질의 P-V-T 거동을 나타내기 위해 사용되고 있다.

6. 혼합가스

2종 이상의 기체혼합은 달톤(Dalton)의 법칙이 적용된다. 두 가지 이상의 다른 이상기체를 하나의 용기에 혼합시킬 경우 혼합기체의 전압력은 각 기체의 분압의 합과 같다.

달톤의 분압법칙

위의 그림과 같이 동일한 체적과 동일한 온도에서는

$PV = mRT$ 에서

$$P = \frac{mRT}{V} \quad P = P_1 + P_2 + P_3 \cdots$$

$$\frac{mRT}{V} = \frac{m_1 R_1 T_1}{V_1} + \frac{m_2 R_2 T_2}{V_2} + \cdots$$

$$mR = m_1 R_1 + m_2 R_2 + \cdots$$

$$m \frac{848}{M} = m_1 \frac{848}{M_1} = m_2 \frac{848}{M_2} + \cdots$$

1) 혼합가스의 비중량 (γ)

혼합가스 비중량을 각각 $r_1, r_2, r_3, \cdots r_n$이라 하면

$G = rV$ 에서

$G = G_1 + G_2 + \cdots + G_n = r_1 V_1 + r_2 V_2 + \cdots + r_n V_n = rV$

즉, $rV = r_1 V_1 + r_2 V_2 + \cdots + r_n V_n = \sum_{i=1}^{n} r_i V_i$

$\gamma = \sum_{i=1}^{n} \gamma_i = \gamma_1 \dfrac{V_1}{V} + \gamma_2 \dfrac{V_2}{V} + \cdots + \gamma_n \dfrac{V_n}{V} = \sum_{i=1}^{n} \gamma_i \dfrac{P_i}{P} = \gamma_1 \dfrac{P_1}{P} + \gamma_2 \dfrac{P_2}{P} + \cdots + \gamma_n \dfrac{P_n}{P}$

2) 혼합가스 중량비 $\left(\dfrac{G_i}{G}\right)$

중량비 $\left(\dfrac{G_i}{G}\right)$는 체적비 $\left(\dfrac{V_i}{V}\right)$와 비중량비 $\left(\dfrac{\gamma_i}{\gamma}\right)$의 곱으로 표시되므로

$\dfrac{G_i}{G} = \dfrac{\gamma_i}{\gamma} \dfrac{V_i}{V} = \dfrac{M_i}{M} \dfrac{V_i}{V} = \dfrac{R}{R_i} \dfrac{V_i}{V}$ $\left(\because \dfrac{P}{\gamma r} = RT \text{에서 } \gamma \propto M\right)$

3) 혼합가스 분자량(M) 및 가스정수(R)

$\gamma V = \sum_{i=1}^{n} \gamma_i V_i$ 에서

$\gamma V = \sum_{i=1}^{n} \gamma_i \dfrac{V_i}{V} = \sum_{i=1}^{n} \gamma \dfrac{M_i}{M} \dfrac{V_i}{V} = \sum_{i=1}^{n} r \dfrac{M_i}{M} \dfrac{P}{P}$ 로 되므로

혼합가스 분자량(M)은

$M = \sum_{i=1}^{n} M_i \dfrac{V_i}{V} = \sum_{i=1}^{n} M_i \dfrac{P_1}{P}$ 이다.

가스정수 $R = \dfrac{8312}{M}$ 이므로

$R = \dfrac{848}{\sum_{i=1}^{n} M_1 \dfrac{V_1}{V}} = \dfrac{848}{\sum_{i=1}^{n} M_1 \dfrac{P_1}{P}}$

4) 혼합가스의 비열(C)

혼합가스의 단위 질량당 비열과 질량을 각각 C, m라 하고 각 가스의 단위 질량당 비열과 질량을 각각 C_i, m_i라 하면

$$Cm = \sum_{i=1}^{n} C_i m_i \quad \therefore C = \sum_{i=1}^{n} C_i \frac{m_i}{m}$$

5) 혼합가스의 온도(T)

각 가스 온도를 T_i라 하고 혼합 후 온도를 T라 하면 열역학 0법칙에 의하여

$$\sum_{i=1}^{n} m_i C_i (T - T_i) = 0 \quad \therefore T = \sum_{i=1}^{n} \frac{m_i C_i T_i}{m_i C_i}$$

EX 06

압력 5[bar], 온도 50[℃], 체적 1[m³]의 메탄가스 (CH₄)와 압력 2[bar], 온도 10[℃], 체적 1.5[m³]의 공기를 혼합했을시의 온도와 압력을 구하시오.
(단, 메탄가스의 정적비열 (C_v)은 0.6376[kJ/kgK]이며 공기의 정적비열 (C_v)은 0.717[kJ/kgK]이다.)

해 설 : 메탄가스를 첨자1, 공기를 첨자2로 표시하면

$$R_1 = \frac{8312}{M_1} = \frac{8312}{16} = 519.5 [\,J/kgK\,]$$

$$R_2 = 287 [\,J/kgK\,]$$

상태방정식에서

$$m_1 = \frac{P_1 V_1}{R_1 T_1} = \frac{5 \times 10^5 \times 1}{519.5 \times (50+273)} = 2.98 [\,kg\,]$$

$$m_2 = \frac{P_2 V_2}{R_2 T_2} = \frac{2 \times 10^5 \times 1.5}{287 \times (10+273)} = 3.69 [\,kg\,]$$

혼합기체 온도식에서

$$T = \frac{m_1 C_{v1} T_1 + m_2 C_{v2} T_2}{m_1 C_{v1} + m_2 C_{v2}}$$

$$= \frac{2.98 \times 0.6376 \times (50+273) + 3.69 \times 0.7171 \times (10+273)}{2.98 \times 0.6376 + 3.69 \times 0.7171}$$

$$= 299.72 [\,K\,] = 26.72 [\,℃\,]$$

혼합기체 기체상수식에서

$$R = R_1 \frac{m_1}{m} + R_2 \frac{m_2}{m} = 519.5 \frac{2.98}{2.98+3.69} + 287 \frac{3.69}{2.98+3.69}$$

$$= 390.88 [\,J/kgK\,]$$

$$P(V_1 + V_2) = (m_1 + m_2) RT$$

그러므로

$$P = \frac{(m_1+m_2) RT}{V_1 + V_2} = \frac{(2.98+3.69) \times 390.88 \times 299.72}{1+1.5} = 814897 [\,N/m^2\,]$$

$$= 814.9 [\,kPa\,]$$

7. 공기(air)

고상 또는 액상이 있는 1개의 성분과 접촉하고 있는 이상기체 혼합물에 대한 해석으로는 다음과 같은 가정이 널리 사용되고 있으며 상당한 정확성도 있다.

(1) 고상 또는 액상에는 용해가스가 없다.

(2) 가스상은 이상기체로 한다.

(3) 혼합물과 응축된 상이 있을시 평형은 다른 성분의 존재로 인하여 영향을 받지 않는다.

즉, 평형이 이루어질 때 포화온도에 대응하는 포화압력이 같다고 가정한다.

1) 기초적인 사항

① 습공기

　공기는 질소, 산소, 아르곤, 탄산가스, 수증기 등의 혼합물로 대기중의 공기의 성분은 수증기를 제외하면 그 혼합비율은 거의 일정하지만 수증기는 기후 등에 따라 변동하는 정도가 크다.

　이 때문에 수증기를 전혀 함유하지 않은 공기를 건조공기라고 하고 이것에 대해 수증기를 함유한 공기를 습공기라고 한다. 즉, 습공기는 건조공기와 수증기의 혼합물이다.

② 습도의 표시 방법

◎ 절대습도(Humidity Ratio) : x, [kg/kgDA]

　건조공기 1[kg]을 함유한 습공기 중의 수증기의 중량으로 공조계산에 가장 널리 사용된다.(absolute humidity) 즉, 공기와 수증기의 혼합비로서 x로 표시한다.

$$x = \frac{G_v}{G_a}$$

$$G_v = \frac{P_v V}{R_v T} = \frac{P_v VM}{RT} \quad G_a = \frac{P_a V}{R_a T} = \frac{P_a VM}{RT}$$

◎ 상대습도(relative humidity) : ϕ, [%]

습공기의 수증기 분압과 동일 온도의 포화공기의 수증기 분압과의 비를 [%]로 나타낸 것. 모발, 섬유 등의 신축은 상대습도에 의해 크게 변화한다.

즉, 혼합물중의 증기의 물분의 동일 온도, 동일 전압하의 포화 혼합물중의 증기의 물분에 대한 비, 즉 임의의 습공기중 수증기 분압과 동일 온도에서의 증기의 포화압력(p_g)과의 비

$$\phi = \frac{P_v}{P_g} = \frac{\rho_v}{\rho_g} = \frac{V_g}{V_v}$$

절대습도(x)와의 관계에서

$$x = \frac{R_a P_v}{R_v P_a} = \frac{M_v P_v}{M_a P_a}$$

공기수증기 혼합물에서

$R_a = 29.27$ [kgm/kgK], $R_v = 47.06$ [kgm/kgK] 이므로

$$x = 0.622 \frac{P_v}{P_a} = 0.622 \frac{\phi P_g}{P - \phi P_g}$$

$$\phi P_a = P_v$$

$$\therefore \phi = \frac{xP}{(0.622 + x) P_v}$$

상대습도(Φ)가 1일 때 절대습도는

$$x = 0.622 \frac{P_g}{P - P_g} \quad \text{이다.}$$

◎ 비교습도(Degree of Saturation) : φ

습공기의 절대습도(x)와 그 온도에 있어서의 포화공기의 절대습도와의 비를 [%]로 나타낸 것으로 포화도라고도 한다. 상대습도와 비교습도는 온도가 높은 곳에서는 차이가 크지만, 상온부근에서는 차이가 적어 실용도로 볼 때는 같은 수치로 본다.

$$\phi = \frac{x}{x_g} = \phi \frac{P - P_g}{P - \phi P_a}$$

◎ 노점온도(dew point) : t'', [℃]

　포화공기의 절대습도는 온도가 낮아지면 같이 적어지게 된다. 습공기를 냉각하면 포화상태에 도달하고 냉각을 계속하면 공기중의 수증기의 일부가 응축하여 결로 현상이 발생한다. 공기가 포화상태로 되는 온도를 노점온도라고 하고 습공기의 일정 압력 하에서의 노점온도는 절대습도에 대하여 일정치를 나타낸다.

◎ 습구온도(wet bulb) : t', [℃]

　습도의 측정에는 건습구온도계도 널리 사용된다. 건구온도계는 보통의 온도계로서 공기의 온도를 측정하지만 습구온도계는 감온부를 가제로 싸고 모세관 현상으로 물을 흡상시켜 감온부를 습하게 하면 그 표면에서 물이 증발하여 구부가 냉각되고 주위의 공기에서 구부에 열이 전달되어 균형을 이루면 습구온도계의 눈금은 하강을 정지한다. 이 때의 온도가 습구온도이다. 습구온도는 구부의 물의 증발에 의해 건구온도보다 낮은 온도를 나타내지만, 이 차이는 상대습도가 클수록 작다. 또 포화공기의 건습구온도는 같다. 또 이 차이는 온도에 의해서 변화되므로 상대습도의 계산에는 건습구온도의 온도차를 이용하여야 한다. 습구에서의 증발은 기류 속도에 의해서 변화되므로 일정한 풍속에서 측정해야 한다. 이 때문에 풍속이 없는 실내에서 사용하는 오가스트식 건습계와 일정한 풍속을 강제적으로 불어주는 아스만 습도계가 사용된다. 이러한 것은 동일 온습도의 공기를 측정하여도 다른 습구온도를 나타내므로 수증기 분압이나 상대습도 계산식에는 각각 별개의 것이 사용된다. 또 흐르는 공기 중에 물방울을 분무하면 공기와 물방울 사이에 열전달과 물질이동이라는 것이 이루어지지만 입구공기의 온습도에 의해서 결정된다. 수온의 경우에는 분무수의 증발과 공기로부터의 열전달이 균형을 이뤄 수온이 변화하지 않는다. 공기의 온도는 점차 이 수온에 가까워져 포화상태에서는 이 수온과 같게 된다. 이 온도를 단열포화온도라고 부르며 습구온도는 기류속도가 크게 되면(5[m/s] 이상) 점차로 단열포화 온도와 같게 된다. 단열 포화온도는 공기의 온습도만으로 결정되고 풍속에는 영향이 없으므로 이론적으로 습구온도 대신에 이것을 사용하면 편리하다.

◎ 수증기분압(steam partial pressure) : h, p, [mmHg], [kg/cm²]

습공기는 건조공기와 수증기의 혼합물로서 습공기의 전용적을 수증기만으로 점유되고 있다고 가정한 경우에 나타내는 압력 즉, 수증기 분압으로서 이것과 절대습도와의 관계는 달톤의 분압법칙에 의해 다음 식으로 나타낸다.

$$x = 0.622 \frac{p}{P-p} = 0.622 \frac{h}{H-h}$$

x : 절대습도 [kg/kgDA] P : 습공기의 전압 [kg/cm²]
p : 수증기 분압 [kg/cm²] H : 습공기의 전압 [mmHg]
h : 수증기 분압 [mmHg]

◎ 포화공기(saturated air)

공기가 함유할 수 있는 수증기의 양에는 한도가 있고 이것은 온도나 압력에 따라서 다르다. 최대 한도량까지 수증기를 함유한 공기를 포화공기라고 한다. 물을 비등시키는 경우의 압력과 온도와의 관계는 포화증기압으로 알려져 있다. 즉, 100[℃] 포화증기압은 1.033 [kg/cm²]이다. 이 관계는 공기 중의 수증기에 대해서도 포화공기의 수증기 분압을 상기의 포화 증기압이라고 해도 되므로 20[℃] 포화공기의 수증기 분압은 0.0238[ata]가 된다.

2) 습공기 선도

습공기의 상태는 압력, 온도, 습도, 엔탈피, 비용적 등에 의해서 표시된다. 압력이 일정할 때 다른 상태값은 2개의 변수를 좌표축에 잡은 선도로서 나타낼 수가 있다. 이것을 습공기선도라고 한다. 공기선도에서는 엔탈피와 절대습도를 좌표로 사용한 $i-x$ 선도나 건구온도와 절대습도를 사용한 $t-x$ 선도, 건구온도와 엔탈피를 사용한 $t-i$ 선도가 있는데 $i-x$ 선도가 널리 쓰이고 있다. $i-t$ 선도는 냉각탑의 계산에 사용된다.

그림 5-11 습공기 선도

$i-x$ 선도는 종축에 절대습도, 사축에 엔탈피를 사용한 것으로 이것을 기준으로 다른 상태의 값이 표시되어 있다. 또 현열비나 열수분비를 구하는 눈금도 표시되어 있다.
또한 표준대기압을 기준하고 있으며 어떤 상태의 공기도 선도상에서는 한 점으로 표시된다.
선도의 포화곡선은 각 온도에 대한 포화 공기점을 연결한 것으로 상대습도 100[%]에 해당된다.
이 곡선의 아래쪽은 불포화 공기로서 통상 사용하는 범위이고, 상부쪽은 포화수증기압 이상으로 수증기를 함유한 불안정한 과포화 상태 또는 일부의 수증기가 응축하여 노상으로 부유하고 있는 노입공기(저온에서는 눈을 함유한 설입공기)의 상태이다. 또한 선도의 현열비와 열수분비는 공기의 상태변화의 기준이 되는 값이며 현열비(S.H.F)는 엔탈피 변화에 대한 현열량 변화의 비율로서

$$SHF = \frac{C_p \triangle t}{\triangle i} = \frac{q_s}{q_S + q_L}$$

$\triangle i$: 엔탈피 변화량[kcal/kg]

$\triangle t$: 온도변화량[℃]

C_P : 공기의 정압비열[kcal/kg℃]

로 구해지는데 공기 A가 D로 변화하였다면 점 P에서 AD선의 평행선을 그으면 현열비 눈금을 찾을 수 있다.
열수분비는 절대습도 변화에 대한 엔탈피 변화의 비율로서

$$\mu = \frac{di}{dx} \text{ 이다.}$$

선도에는 일정한 구배로서 표시되어 있으며 선도의 기준점과 열수분비 눈금상의 점을 연결한 직선과 평행한 변화는 사용하는 매체가 좌우한다. 수온 $tw[℃]$의 수적을 A에 분무하여 그 수적을 완전히 증발시키는 경우에는 $μ = di/dx = tw$이고 A 공기는 기준 열수분비선에 평행으로 변화해서 E점의 방향으로 진행된다.

더욱이 습구온도에 단열 포화온도를 쓰고 있으므로 습구온도 $t'[℃]$ 일정의 직선은 열수분비선에 평행하다.

8. 이상기체 공식정리

이상기체에서의 제반공식을 이용한 계산문제는 자주 출제되는 항목으로서 반드시 암기하여야 된다. 그러므로 이상기체의 공식을 정리하면 다음과 같다.

$$\triangle S = mC_v \ln \frac{T_2}{T_1} + mR \ln \frac{V_2}{V_1} \quad (\because \ln 1 = 0)$$

$$\triangle S = mC_p \ln \frac{T_2}{T_1} - mR \ln \frac{P_2}{P_1}$$

(a) 이상 기체 공식

	$P=C$	$V=C$	$T=C$
P.V.T	$P=P_1=P_2=C$ $\dfrac{v}{T}=c \quad \dfrac{v_1}{T_1}=\dfrac{v_2}{T_2}$	$v=v_1=v_2=c$ $\dfrac{P}{T}=c \quad \dfrac{P_1}{T_1}=\dfrac{P_2}{T_2}$	$T=T_1=T_2=C$ $pv=C \quad p_1v_1=p_2v_2$
C	$C_p=\dfrac{k}{k-1}R$	$C_v=\dfrac{R}{k-1}$	$C=\infty$
n	0	∞	1
$\int pdv$	$P(v_2-v_1)$	$P(v_2-v_1)=0$	$p_1v_1\ln\dfrac{v_2}{v_1}$
$-\int vdp$	$-v(p_2-p_1)=0$	$-v(p_2-p_1)$	$-p_1v_1\ln\dfrac{v_2}{v_1}$
$_1U_2=u_1-u_2$	$du=C_vdT$ $mC_v(T_2-T_1)$	$du=C_vdT$ $mC_v(T_2-T_1)$	0
$_1H_2=H_2-H_1$	$dh=C_pdT$ $mC_p(T_2-T_1)$	$dh=C_pdT$ $mC_p(T_2-T_1)$	0
Q	$dQ=dh-Avdp$ $mC_p(T_2-T_1)$	$dQ=dh+Avdp$ $mC_v(T_2-T_1)$	$p_1v_1\ln\dfrac{v_2}{v_1}$
S	$mC_p\ln\dfrac{T_2}{T_1}$	$mC_v\ln\dfrac{T_2}{T_1}$	$mR\ln\dfrac{v_2}{v_1}$

(b) 이상 기체 공식

	$S=C$	$n=n$(폴리트로프)
P.V.T	$pv^k=c \quad Tv^{k-1}=c$ $\dfrac{T_2}{T_1}=\left(\dfrac{p_2}{p_1}\right)^{\frac{k-1}{k}}=\left(\dfrac{V_1}{V_2}\right)^{k-1}$	$pv^n=c \quad Tv^{n-1}=c$ $\dfrac{T_2}{T_1}=\left(\dfrac{p_2}{p_1}\right)^{\frac{n-1}{n}}=\left(\dfrac{V_1}{V_2}\right)^{n-1}$
C	$C=0$	$C_n=C_v\dfrac{n-k}{n-1}$
n	k	$1<n<k$
$\int pdv$	$\dfrac{p_1v_1-p_2v_2}{k-1}$	$\dfrac{p_1v_1-p_2v_2}{n-1}$
$-\int vdp$	$-\dfrac{k(p_1v_1-p_2v_2)}{k-1}$	$-\dfrac{n(p_1v_1-p_2v_2)}{n-1}$
$_1U_2=u_1-u_2$	$du=C_vdT$ $mC_v(T_2-T_1)$	$du=C_vdT$ $mC_v(T_2-T_1)$
$_1H_2=H_2-H_1$	$dh=C_pdT$ $mC_p(T_2-T_1)$	$dh=C_pdT$ $mC_p(T_2-T_1)$
Q	0	$mC_n(T_2-T_1)$
S	0	$mC_n\ln\dfrac{T_2}{T_1}$

연습문제

01 어떤 용기에 온도 20[℃], 압력 190[kPa]의 공기를 0.1[m³] 투입하였다. 체적의 변화가 없다면 온도가 50[℃]로 상승했을 경우 압력은 몇 [kPa]로 되겠는가? 또 압력을 처음 압력으로 유지하려면 몇 [kg]의 공기를 뽑아야 하는가?

① 209.45, 0.021
② 200.5, 0.21
③ 172.35, 0.021
④ 172.35, 021

풀이
$$\frac{P_1}{T_1} = \frac{P_2}{T_2} \quad P_2 = \frac{P_1}{T_1}$$

$$T_2 = \frac{190}{293} \times 323$$

$$= 209.45[\text{kPa}]$$

$$m_1 = \frac{P_1 V_1}{RT_1}$$

$$= \frac{190 \times 0.1}{0.287 \times (20+273)}$$

$$= 0.226[\text{kg}]$$

$$m_3 = \frac{P_3 V_3}{RT_3}$$

$$= \frac{190 \times 0.1}{0.287 \times (50+273)}$$

$$= 0.2049[\text{kg}]$$

$$\triangle m = m_3 - m_1 = 0.0211[\text{kg}]$$

02 어떤 이상기체 3kg이 400[℃]에서 가역 단열팽창하여 그 온도가 200[℃]로 강하하였고, 또 체적은 2배로 되었다면, 이 때 외부에 대해서 93[kJ]의 일을 했을 때 기체상수와 C_v, C_p을 구하여라.

① $R = 788.75[\text{J/kgK}]$
  $C_v = 0.155[\text{kJ/kgK}]$
  $C_p = 0.26[\text{kJ/kgK}]$

② $R = 78.875[\text{J/kgK}]$
  $C_v = 0.155[\text{kJ/kgK}]$
  $C_p = 0.234[\text{kJ/kgK}]$

③ $R = 0.78[\text{J/kgK}]$
  $C_v = 0.155[\text{kJ/kgK}]$
  $C_p = 0.234[\text{kJ/kgK}]$

④ $R = 78.875[\text{J/kgK}]$
  $C_v = 0.16[\text{kJ/kgK}]$
  $C_p = 0.26[\text{kJ/kgK}]$

풀이
$$\frac{T_2}{T_1} = \left(\frac{V_1}{V_2}\right)^{k-1} = \left(\frac{P_2}{P_1}\right)^{\frac{k-1}{k}}$$

$$\ln\left(\frac{T_2}{T_1}\right) = (k-1)\ln\left(\frac{V_1}{V_2}\right)$$

$$K = \frac{\ln\left(\frac{T_2}{T_1}\right)}{\ln\left(\frac{V_1}{V_2}\right)} + 1 = \frac{\ln\left(\frac{200+273}{400+273}\right)}{\ln\left(\frac{1}{2}\right)} + 1$$

$$= 1.509$$

$$W = \frac{mR(T_1 - T_2)}{k-1}$$

$$R = \frac{W(k-1)}{m(T_1 - T_2)} = \frac{93 \times 10^3 (1.509-1)}{3(400-200)}$$

$$= 78.875[\text{J/kgK}]$$

$$C_v = \frac{R}{k-1} = \frac{78.875}{1.509-1} = 155[\text{J/kgK}]$$

01 ① 02 ②

$$= 0.155 [\text{kJ/kgK}]$$
$$C_p = k \cdot C_v = 1.509 \times 0.155 = 0.234 [\text{kJ/kgK}]$$

03 체적 500[ℓ]인 탱크 속에 초압과 초온이 0.2[MPa], 200[℃]인 공기가 들어 있다. 이 공기로부터 126[kJ]의 열을 방열시킨다면 압력 [MPa]은 얼마로 되는가?

① 9.9   ② 0.99
③ 0.099   ④ 0.0099

[풀이] $P_1 V_1 = mRT_1$

$$m = \frac{P_1 V_1}{RT_1} = \frac{0.2 \times 10^6 \times 0.5}{287 \times (200+273)}$$
$$= 0.737 [\text{kg}]$$
$$Q_v = mC_v(T_2 - T_1)$$
$$T_2 = \frac{Q}{mC_v} + T_1$$
$$= \frac{-126}{0.737 \times 0.717} + (200+273)$$
$$= 234 [K]$$
$$\frac{P_1}{T_1} = \frac{P_2}{T_2}$$
$$P_2 = T_2 \frac{P_1}{T_1} = 234 \frac{0.2}{473} = 0.099 [\text{MPa}]$$

04 어느 가스 4[kg]이 압력 0.3[MPa], 온도 40[℃]에서 2[m³]의 체적을 점유한다. 이 가스를 정적하에서 온도를 40[℃]에서 150[℃]까지 올리는데 209[kJ]의 열량이 필요하다. 만일 이 가스를 정압하에서 동일 온도까지 온도를 상승시킨다면 필요한 가열량은 얼마인가?[kJ]

① 209   ② 290
③ 420   ④ 500

[풀이] $p = c$ 에서 $\dfrac{V_1}{T_1} = \dfrac{V_3}{T_3}$

$$V_3 = \frac{V_1}{T_1} T_3 = \frac{2}{40+273}(150+273)$$
$$= 2.703 [\text{m}^3]$$

같은 온도범위이므로
$$\triangle H = \triangle U + \triangle PV$$
$$Q_p = Q_v + P(V_3 - V_1)$$
$$= 209 + 0.3 \times 10^3 (2.703 - 2)$$
$$= 419.9 \fallingdotseq 420 [\text{kJ}]$$

05 0.2[MPa], 30[℃]인 공기 4[kg]을 정압하에서 586[kJ]의 열을 가할 경우 가열 후의 온도를 구하여라. 그리고 이 공기를 정적 과정으로서 처음의 온도까지 하강시키려면 몇 [kJ]의 열량을 방출해야 하는가?

① 176.5, -420   ② 449.5, -420
③ 449.5, 420   ④ 76.5, -420

[풀이] $Q_p = mC_p(T_2 - T_1)$

$$T_2 = \frac{Q}{mC_p} + T_1 = \frac{586}{4 \times 1} + (30+273)$$
$$= 449.5 [K]$$
$$Q_v = mC_v(T_3 - T_2) = 4 \times 0.717 \times (303 - 449.5)$$
$$= -420$$

방열한 열은 420[kJ]

06 어느 압축공기 탱크에 공기가 40루베 채워져 있다. 공기 밸브를 열었을 때의 압력이 0.7[MPa], 얼마 후에 압력이 0.3[MPa]로 저하했다면 처음의 공기 중량과 최종의 공기 중량은 몇 [%] 감소하겠는가? (단, 공기의 온도는 26[℃]이다.)

① 42.8   ② 45.2
③ 55.2   ④ 57.1

03 ③ 04 ③ 05 ③ 06 ④

풀이
$$m_1 = \frac{P_1 V_1}{RT_1}$$
$$= \frac{0.7 \times 10^6 \times 40}{287 \times (26+273)} = 326.3$$
$$m_2 = \frac{P_2 V_2}{RT_2} = \frac{0.3 \times 10^6 \times 40}{287 \times (26+273)} = 140$$
$$\frac{m_1 - m_2}{m_1} \times 100 = \frac{326.3 - 140}{326.3} \times 100 = 57[\%]$$

07 초온 50[℃]인 공기 3[kg]을 등온팽창 시킨 다음 다시 처음의 압력까지 가역단열팽창시켰더니 공기의 온도가 95[℃]로 되었다고 한다. 등온변화 중 공기에 가해진 열량은 얼마인가?

① 1.57　　② 15.7
③ 27　　④ 127

풀이
$$\frac{T_3}{T_2} = \left(\frac{P_3}{P_2}\right)^{\frac{k-1}{k}}$$
$$\frac{P_3}{P_2} = \left(\frac{T_3}{T_2}\right)^{\frac{k}{k-1}} = 1.579$$
$$Q = P_1 V_1 \ln\frac{V_2}{V_1} = mRT_1 \ln\frac{P_1}{P_2}$$
$$= mRT_1 \ln\frac{P_3}{P_2}$$
$$= 3 \times 0.287 \times (50+273) \ln 1.579$$
$$= 127[kJ]$$

08 온도 30[℃], 압력 1[atm]인 공기 3[kg]이 단열압축 되어서 체적이 0.6[m3]로 되었다. 압축일량을 구하여라.[kJ]

① 722.1　　② 555
③ -722.1　　④ -555

풀이
$$V_1 = \frac{mRT_1}{P_1} = \frac{3 \times 0.287 \times (30+273)}{101.3} = 2.575[m^3]$$

단열과정이므로 $T_2 = T_1 \left(\frac{V_1}{V_2}\right)^{k-1}$
$$= (30+273)\left(\frac{2.575}{0.6}\right)^{1.4-1}$$
$$= 542.62[K]$$
$$W = \frac{k(P_1 V_1 - P_2 V_2)}{k-1}$$
$$= \frac{kmR(T_1 - T_2)}{k-1}$$
$$= \frac{1.4 \times 3 \times 0.287(303 - 542.62)}{1.4-1}$$
$$= -722.1[kJ]$$
압축일이므로 W = 722.1[kJ]

09 어느 가스 10[kg]을 50[℃] 만큼 온도 상승시키는데 필요한 열량은 압력 일정인 경우와 체적 일정인 경우에는 837[kJ]의 차가 있다. 이 가스의 가스상수를 구하라. [kJ/kgK]

① 16.74　　② 8.4
③ 1.674　　④ 0.84

풀이
$$Q_p - Q_v = m(C_p - C_v)\Delta T = 837$$
$$C_p - C_v = \frac{837}{m \Delta T} = \frac{837}{10 \times 50} = 1.674$$
$$C_p - C_v = R = 1.674[kJ/kgK]$$

10 압력 0.3[MPa], 20[℃]의 공기 5[kg]이 폴리트로프 변화하여 335[kJ]의 열량을 방출하고, 그 온도는 200[℃]로 되었다. 이 변화에서 최종 체적과 압력을 구하여라.

① 2.2[m³], 30.5[MPa]
② 2.2[m³], 3.05[MPa]
③ 0.22[m³], 30.5[MPa]
④ 0.22[m³], 3.05[MPa]

풀이 $Q = mC_n(T_2 - T_1)$

07 ④　08 ①　09 ③　10 ④

$$= mC_v \frac{n-k}{n-1}(T_2 - T_1)$$

$$\frac{n-k}{n-1} = \frac{Q}{mC_v(T_2-T_1)} = \frac{-335}{5 \times 0.717 \times (200-20)} \text{에서}$$

$$n = 1.26$$

$$\frac{T_2}{T_1} = \left(\frac{P_2}{P_1}\right)^{\frac{n-1}{n}} = \left(\frac{V_1}{V_2}\right)^{n-1}$$

$$V_2 = \left(\frac{T_1}{T_2}\right)^{\frac{n}{n-1}} \cdot V_1$$

$$= \left(\frac{20+273}{200+273}\right)^{\frac{1}{1.26-1}} \times 1.4 = 0.22 [m^3]$$

$$P_2 = \left(\frac{T_2}{T_1}\right)^{\frac{n}{n-1}} \cdot P_1 = \left(\frac{200+273}{20+273}\right)^{\frac{1.26}{1.26-1}} \times 0.3$$

$$= 3.05 [MPa]$$

11 5[kg]의 공기를 20[℃], 1[atg]의 상태로부터 등온변화하여 압력 8[atg]로 한 다음 정압변화시키고, 다시 단열변화시켜 처음 상태로 되돌아왔다. 정압변화 후의 온도 및 변화에 가해진 열량을 구하라. (단, 단위는 [kJ])

① 77.83　　② 778.3
③ 1186.8　　④ 18.68

풀이 문제를 도식화하면

$$T_1 = (20+273) = 293 [K]$$

$$P_1 = (1+1.0332) \times \frac{101.3}{1.0332} = 199.4 [KPa]$$

$$\underrightarrow{T=C}$$

$$P_2 = (8+1.0332) \times \frac{101.3}{1.0332} = 885.66 [KPa]$$

$$T_2 = 20+273 = 293 [K]$$

$$\underrightarrow{P=C} \quad T_3 = ?$$

$$P_3 = 885.66 [KPa]$$

$$\underrightarrow{S=C} \quad P_4 = 199.34 [KPa]$$

$$T_4 = 293 [K]$$

$$\frac{T_4}{T_3} = \left(\frac{P_3}{P_4}\right)^{\frac{k-1}{k}} \text{에서} \quad T_3 = T_4 \left(\frac{P_3}{P_4}\right)^{\frac{k-1}{k}}$$

$$= 293 \left(\frac{885.66}{199.34}\right)^{\frac{1.4-1}{1.4}}$$

$$= 448.66 [K]$$

$$Q_P = mC_P(T_3 - T_2) = 5 \times 1 \times (448.66 - 293)$$

$$= 778.3 [kJ]$$

12 체적 56[ℓ]인 탱크 속에 압력 0.7[MPa], 온도 32[℃]인 공기가 들어있고, 다른 쪽 탱크(체적 64[ℓ]) 속에는 압력 0.35[MPa], 온도 15[℃]인 공기가 들어있다. 양 탱크 사이에 설치되어 있는 밸브가 열려서 공기가 평행상태로 되었을 때의 공기의 온도가 21[℃]로 되었다면 압력은 얼마인가?[kPa]

① 5.01　　② 50.1
③ 501　　④ 5013

풀이
$$m_1 = \frac{P_1 V_1}{R_1 T_1} = \frac{7 \times 10^5 \times 56 \times 10^{-3}}{287 \times 305}$$

$$= 0.447 [kg]$$

$$m_2 = \frac{P_2 V_2}{RT_2} = \frac{0.35 \times 10^6 \times 64 \times 10^{-3}}{287 \times 288} = 0.266$$

$$\therefore P = \frac{(m_1+m_2)RT}{V_1+V_2}$$

$$= \frac{(0.447+0.266) \times 287 \times 294}{(56+64) \times 10^{-3}}$$

$$= 501345 [J/m^2] = 501 [kPa]$$

13 초압과 초온이 0.2[MPa], 27[℃]인 어느 가스 5[kg]이 7[m³]의 체적을 점유한다. 이 가스를 정적하에서 압력을 0.5[MPa]까지 높이는 데는 2302[kJ] 열량이 필요하다. 만일 가스를 단열적으로 동일 압력까지 압축시키려면 몇 [kJ]의 일량이 필요한가?

① 933.33   ② 750
③ 191.2   ④ 841.5

풀이 $P_1 = 0.2 \times 10^6$ [Pa] 가스
$T_1 = 27 + 273$, $m = 5$ [kg]
$P_2 = 0.5 \times 10^6$ [Pa], $V_1 = 7 m^3$
$\uparrow v = c \quad Q_v = 2302$ [kJ]

$\xrightarrow{s=c} P_3 = 0.5 \times 10^6$ [Pa]
$W = ?$ [kJ]

$R = \dfrac{P_1 V_1}{m T_1} = \dfrac{0.2 \times 10^6 \times 7}{5 \times (27 + 273)}$
$= 933.33$ [J/kgK]

$T_2 = \dfrac{P_2}{P_1} \cdot T_1$
$= \dfrac{0.5}{0.2}(27 + 273) = 750$ [K]

$Q_v = m C_v (T_2 - T_1)$에서
$C_v = \dfrac{Q_v}{m(T_2 - T_1)} = \dfrac{2302 \times 10^3}{5(750 - 300)}$
$= 1023.11$ [J/kgK]

$C_v = \dfrac{R}{k-1}$에서
$K = \dfrac{R}{C_v} + 1 = \dfrac{933.33}{1023.11} + 1 = 1.912$

$\left(\dfrac{P_1}{P_3}\right)^{\frac{1}{k}} = \dfrac{V_3}{V_1}$에서

$V_3 = V_1 \left(\dfrac{P_1}{P_3}\right)^{\frac{1}{k}} = 7 \times \left(\dfrac{0.2}{0.5}\right)^{\frac{1}{1.912}}$
$= 4.335$ [m³]

$W = \dfrac{P_1 V_1 - P_3 V_3}{k - 1}$
$= \dfrac{0.2 \times 10^6 \times 7 - 0.5 \times 10^6 \times 4.335}{1.912 - 1} = -841557$ [J]
$= -841.557$ [kJ]

14 보일-샤를의 법칙을 설명한 것은 다음 중 어느 것인가?

① 일정량의 기체의 체적과 절대온도의 상승적은 압력에 반비례한다.
② 일정량의 기체의 체적과 절대온도의 상승적은 압력에 비례한다.
③ 일정량의 기체의 체적과 압력의 상승적은 절대온도에 비례한다.
④ 일정량의 기체의 체적과 압력은 상승적은 절대온도에 반비례한다.

풀이 보일-샤를의 법칙
$$\dfrac{PV}{T} = C$$

15 실제기체가 이상기체의 상태방정식을 근사하게 만족시키는 경우는?

① 압력과 온도가 높을 때
② 압력이 높고 온도가 낮을 때
③ 압력은 낮고 온도가 높을 때
④ 압력과 온도가 낮을 때

풀이 실제기체가 이상기체의 상태 방정식을 만족시키는 조건
① 분자량이 작아야 한다.
② 압력이 낮아야 한다.

13 ④   14 ③   15 ③

③ 온도가 높아야 한다.
④ 비체적이 커야 한다.

16 "같은 온도, 같은 압력의 경우 모든 가스의 1[kmol]이 차지하는 용적은 같다."라는 법칙은 어느 법칙인가?

① 샤를의 법칙
② 아보가드로의 법칙
③ 달톤의 법칙
④ 보일의 법칙

17 가스의 비열비($k=C_P/C_V$)의 값은?

① 언제나 1보다 작다.
② 언제나 1보다 크다.
③ 0이다.
④ 0보다 크기도 하고, 1보다 작기도 하다.

[풀이] $1 < n < k$

18 다음 중 기체상수의 단위는?

① kcal/kg · ℃
② kg·m/kg · K
③ kg·m/kmol · K
④ kg·m/m³ · K

[풀이] $R = \dfrac{P_0 \cdot V_0}{T_o}$

$= \dfrac{1.0332 \times 10^4 [kg/m^2] \times 0.7734 [m^2/kg]}{273 [K]}$

$= 29.27 [kg \cdot m/kg \cdot K]$

19 다음 가스 중 기체상수가 가장 큰 것은?

① H_2 ② N_2
③ Ar   ④ 공기

[풀이] $R = \dfrac{8312}{M}$

각 기체의 분자량
$H_2=2$, $N_2=28$,
Ar=40, 공기=29

20 정압비열이 0.92[kJ/kgK]이고, 정적비열이 0.67[kJ/kgK]인 기체를 압력 0.4[MPa] 온도 20[℃]로써 0.25[kg]을 담은 용기의 체적은 몇 [m³]인가?

① 0.46   ② 46
③ 0.046   ④ 4.6

[풀이] $C_p - C_v = R$에서

$R = C_p - C_v = 0.92 - 0.67$

$= 0.25 [kJ/kgK]$ $V = \dfrac{mRT}{P}$

$= \dfrac{0.25 \times 0.25 \times 10^3 \times (20 + 273)}{0.4 \times 10^6} = 0.046 [m^3]$

21 $Pv^n = C$에서 n값에 따라 다음과 같이 된다. 다음 중 맞는 것은?

① $n = 0$이면 등온과정
② $n = 1$이면 가역단열과정
③ $n = k$이면 정압과정
④ $n = \infty$이면 정적과정

[풀이] $pv^n = c$ $n = o : p = c$ (정압)
$n = 1 : pv = c$ (등온)
$n = k : pv^k = c$ (단열)

16 ② 17 ② 18 ② 19 ① 20 ③ 21 ④

22 C_p가 C_v보다 큰 이유를 설명한 것 중 틀린 것은?
① 정적하에서는 가해진 열이 전부 내부 에너지로 저장되므로
② 정압하에서는 동작물질 팽창일에 에너지가 소요되므로
③ 정압하에서는 분자간 거리가 늘어나는 데 에너지를 소모하므로
④ 정적하에서는 비열이 일정하게 되므로

23 압력 294[kN/m²], 체적 1.66[m³]인 상태의 가스를 정압하에서 열을 방출시켜 체적을 1/2로 만들었다. 기체가 한 일은 몇 [kJ]인가?
① 244   ② 488
③ -244   ④ -488

풀이 $W = P \cdot \triangle V = 294 \times (0.83 - 1.66)$
       $= -244[kJ]$

24 노즐 내에서 증기가 가역단열과정으로 팽창한다. 팽창 중 열낙차가 33[kJ/kg]이라면 노즐 입구에서의 증기 속도를 무시할 때 출구의 속도는 몇 [m/sec]인가?
① 25.7   ② 257
③ 259   ④ 26.4

풀이 $V = \sqrt{2 \triangle h} = \sqrt{2 \times 33 \times 10^3} = 257[m/s]$

25 이상기체를 정압하에서 가열하면 체적과 온도의 변화는 어떻게 되는가?
① 체적증가, 온도일정
② 체적일정, 온도일정
③ 체적증가, 온도상승
④ 체적일정, 온도상승

풀이 $Q = mC_p(T_2 - T_1)$
       $\dfrac{V_1}{T_1} = \dfrac{V_2}{T_2}$
이상기체 정압가열시에 온도증가, 체적증가이다.

26 비열비 $k=1.4$인 이상기체를 $PV^{1.2} = C$ 일정한 과정으로 압축하면 온도와 열의 이동은 어떻게 되겠는가?
① 온도 상승, 열방출
② 온도 상승, 열흡수
③ 온도 강하, 열방출
④ 온도 강하, 열흡수

풀이 $Q = mC_v \dfrac{n-k}{n-1}(T_2 - T_1)$
압력증가시 온도가 증가하여 열은 방출된다. 즉 n-k는 음수이다.

27 초기상태가 100[℃], 1[ata]인 이상기체가 일정한 체적의 탱크에 들어 있다. 이 탱크에 열을 가해 온도가 200[℃]로 되었을 때 탱크 내에 이상기체의 압력은 몇 [MPa]인가?
① 1.268   ② 0.124
③ 12.68   ④ 124

22 ④ 23 ③ 24 ② 25 ③ 26 ① 27 ②

풀이 $\dfrac{T_2}{T_1} = \dfrac{P_2}{P_1}$ 에서

$P_2 = P_1 \cdot \dfrac{T_2}{T_1} = \dfrac{101.3}{1.0332} \times \dfrac{473}{373}$

$= 124.3 [\text{kPa}] = 0.124 [\text{MPa}]$

28 정압하에서 완전가스를 10[℃]~200[℃] 까지 높인다면 비중량은 몇 배가 되겠는가?

① 59.8   ② 5.98
③ 0.598   ④ 0.0598

풀이 $p = c$ 에서 $pv = RT$

$\dfrac{v}{T}$, $v = \dfrac{1}{r}$ $\therefore \dfrac{1}{T_1 r_1} = \dfrac{1}{T_2 r_2}$

$\therefore \dfrac{r_2}{r_1} = \dfrac{T_2}{T_1} = \dfrac{283}{473} = 0.598$ 배

29 공기 10[kg]과 수증기 5[kg]이 혼합되어 10[m³]의 용기 안에 들어 있다. 이 혼합기체의 온도가 60[℃]일 때 혼합기체의 압력은 몇 [MPa]인가?
(단, 수증기의 기체상수는 0.46[kJ/kg]이다.)

① 172.2   ② 460
③ 17.2   ④ 0.172

풀이 달톤의 분압법칙

$PV = mRT$

$P = \dfrac{m_1 R_1 T}{V} + \dfrac{m_2 R_2 T}{V}$

$= \dfrac{5 \times 0.46 \times 333}{10} + \dfrac{10 \times 0.287 \times 333}{10}$

$= 172.2 [\text{kPa}] = 0.172 [\text{MPa}]$

30 $C_v = 0.741$[kJ/kgK]인 이상기체 5[kg]을 일정한 체적하에서 20[℃]~100[℃]까지 가열하는 데 필요한 열량은?

① 287   ② 296.4
③ 28.7   ④ 2.87

풀이 $Q_v = mC_v(T_2 - T_1) = 5 \times 0.741 \times (100 - 20)$

$= 296.4 [\text{kJ}]$

31 공기 3[kg]을 압력 0.2[MPa], 온도 30[℃] 상태에서 온도의 변화 없이 압력 1[MPa]까지 가역적으로 압축하는데 필요한 일은 몇 [kJ]인가?

① 42   ② 420
③ 4200   ④ 42000

풀이 $W = p_1 \cdot v_1 \cdot \ln \dfrac{V_2}{V_1}$

$= p_1 \cdot v_1 \cdot \ln \dfrac{P_1}{P_2}$

$= m \cdot R \cdot T \cdot \ln \dfrac{P_1}{P_2}$

$= 3 \times 0.287 \times 303 \times \ln \dfrac{10}{1}$

$= -420 [\text{kJ}]$

32 온도 10[℃], 압력 0.2[MPa]의 체적 2[m³] 공기를 1[MPa]까지 가역적을 단열 압축하였다. 압축일(W)은?

① 819   ② 585
③ -819   ④ -585

풀이 $\dfrac{T_2}{T_1} = \left(\dfrac{P_2}{P_1}\right)^{\frac{k-1}{k}} = \left(\dfrac{V_1}{V_2}\right)^{k-1}$

$$V_2 = \left(\frac{P_1}{P_2}\right)^{\frac{1}{k}} \cdot V_1$$
$$= \left(\frac{0.2}{1}\right)^{\frac{1}{1.4}} \times 2 = 0.634$$
$$W_t = \frac{k(p_1 v_1 - p_2 v_2)}{k-1}$$
$$= \frac{1.4(0.2 \times 2 - 1 \times 0.634) \times 10^3}{1.4 - 1} = -819[\text{kJ}]$$

압축일이므로 819[kJ]

33 반완전 가스를 설명한 것 중 옳은 것은?
① 비열은 온도, 압력에 관계없이 일정하다.
② 정압비열과 정적비열의 차가 일정하지 않다.
③ 비열은 압력에 관계없이 온도만의 함수이다.
④ 상태식 $PV=RT$를 따르지 않는다.

풀이 반완전 가스(semi-perfect gas or half ideal gas) : 완전가스의 상태식 $P_v = RT$를 만족하고 비열이 온도만의 함수로서 정적 및 정압비열의 차가 일정한 가스

34 이상기체의 내부 에너지에 대한 Joule의 법칙에 맞는 것은?
① 내부 에너지는 체적만의 함수이다.
② 내부 에너지는 엔탈피만의 함수이다.
③ 내부 에너지는 압력만의 함수이다.
④ 내부 에너지는 온도만의 함수이다.

35 10[ata], 250[℃]의 공기 5[kg]이 $PV^{1.3}=C$에 의해서 체적비가 5배로 될 때까지 팽창하였다. 이 때 내부 에너지의 변화는 몇 [kJ/kg]인가?
① 143.6 ② 718
③ -143.6 ④ -718

풀이
$$T_2 = T_1 \cdot \left(\frac{V_1}{V_2}\right)^{n-1}$$
$$= 523 \times \left(\frac{1}{5}\right)^{1.3-1} = 322.7[\text{K}]$$
$$u_2 - u_1 = C_v \cdot (T_2 - T_1)$$
$$= 0.717 \times (322.7 - 523) = -143.6[\text{kJ/kg}]$$

36 실체기체가 이상기체의 상태식을 근사하게 만족시키는 경우는?
① 압력과 온도가 낮을 때
② 압력과 온도가 높을 때
③ 압력이 높고, 온도가 낮을 때
④ 압력이 낮고, 온도가 높을 때

37 열역학 제1법칙에 어긋나는 것은?
① 받은 열량에서 외부에 한 일을 빼면 내부 에너지의 증가량이 된다.
② 열은 고온체에서 저온체로 흐른다.
③ 계가 한 참일은 계가 받은 참열량과 같다.
④ 에너지 보존의 법칙이다.

풀이 열은 고온체에서 저온체로 흐른다는 열역학 제2법칙이다.

38 열역학 제1법칙을 맞게 설명한 것은?
① 밀폐계에서 공급된 열량은 내부 에너지의 증가와 계가 외부에 한 일의 합과 같다.
② 밀폐계의 공급된 열량은 내부 에너지의 증가와 유동일의 합과 같다.
③ 밀폐계에 공급된 열량은 내부 에너지의 증가와 유동일의 차와 같다.

33 ③ 34 ④ 35 ③ 36 ④ 37 ② 38 ①

④ 밀폐계에 공급된 열량은 내부 에너지의 증가와 계가 외부에 한 일의 차와 같다.

39 제1종 영구기관이란?
① 열역학 제0법칙에 위반되는 기관
② 열역학 제1법칙에 위반되는 기관
③ 열역학 제2법칙에 위반되는 기관
④ 열역학 제3법칙에 위반되는 기관

40 동력의 단위가 아닌 것은?
① PS   ② BTU/h
③ kg·m/s   ④ kWh

41 1[HP]이 1시간 동안에 한 일을 열량으로 환산하면 몇 [MJ]인가?
① 2.68   ② 26.8
③ 160.8   ④ 1608

풀이 $1[HP \cdot h] = 76[kg\,m/s]\dfrac{3600[s] \times 9.8[J]}{[kg\,m]}$
$= 2.68[MJ]$

42 1[kW]가 1시간 동안에 한 일을 열량으로 환산하면 몇 [MJ]인가?
① 3.6   ② 36
③ 35.28   ④ 353

풀이 $1[kWh] = 1\dfrac{[kN \cdot m]}{[s]} \cdot \dfrac{[h]}{[h]}3600[s]$
$= 3600[kJ] = 3.6[MJ]$

43 $dQ = dU + AdW$는 다음 중 어느 경우인가?
① 가역 정상 유동 과정 에너지식
② 가역 비유동 과정 에너지식
③ 개방계 에너지식
④ 밀폐계 유동 과정 에너지식

44 다음 중 맞는 것은?
① $Q = (U_2 + U_1) + W$
② $Q = (U_2 + U_1) + W_t$
③ $Q = (U_2 - U_1) + W$
④ $Q = (U_2 - U_1) + W_t$

45 1[kW]는 몇 [kJ/s]인가?
① 1000   ② 980
③ 9.8   ④ 1

46 가역 비유동 과정에서 $P-V$ 선도 곡선의 아래 넓이는 무엇을 나타내는가?
① 일량   ② 열량
③ 내부 에너지량   ④ 엔탈피량

47 절대일을 맞게 설명한 것은?
① 가역 정상 유동 과정 일
② 개방계의 일
③ 가역 비유동 과정 일
④ 이상기체만이 한 일

39 ②   40 ④   41 ①   42 ①   43 ②   44 ③   45 ④   46 ①   47 ③

48 공업일을 맞게 설명한 것은?
  ① 밀폐계의 일
  ② 가역 비유동 과정일
  ③ 이상기체만이 한 일
  ④ 가역 정상 유동 과정일

49 비유동 과정과 관계 없는 것은?
  ① $dW = -vdp$
  ② $\delta q = du + PdV$
  ③ $\triangle u = \int C_v dT$
  ④ $\delta q = C_v dT$

50 엔탈피를 틀리게 나타낸 것은?
  ① $u + PV$ ② $dq + vdP$
  ③ $dq = C_p dT$ ④ $du + PdV$

51 내부 에너지를 잘못 나타낸 것은?
  ① $du = C_v dT$
  ② $\triangle u = dq - PdV$
  ③ $\triangle u = dq - VdP$
  ④ $dq = C_v dT$

52 열역학에서 에너지 보존의 법칙은?
  ① 열역학 제0법칙
  ② 열역학 제1법칙
  ③ 열역학 제2법칙
  ④ 열역학 제3법칙

53 열역학 제1법칙을 바르게 표시한 것은?
  ① 에너지 보존의 법칙 중 열과 일의 관계를 표시한 것이다.
  ② 열평행에 관한 법칙
  ③ 이론적으로 유도 가능하며 엔트로피의 뜻을 설명한다.
  ④ 이상기체에만 적용되는 법칙이다.

54 노즐에서 초속을 무시할 때 출구 속도는?
  ① $W_2 \propto \triangle h$ ② $W_2 \propto \triangle h^2$
  ③ $W_2 \propto \triangle h^3$ ④ $W_2 \propto \triangle h^{\frac{1}{2}}$

풀이 $\dfrac{mv^2}{2} = mgh$

55 초속 W_1인 분수의 높이($\triangle z$) 계산식은?
  ① $\triangle z = \dfrac{W_1}{2g}$
  ② $\triangle z = \dfrac{W_1^2}{2g}$
  ③ $\triangle z = \dfrac{W_1^3}{2g}$
  ④ $\triangle z = \dfrac{W_1^{\frac{1}{2}}}{2g}$

56 엔탈피를 맞게 설명한 것은?
  ① 유동 과정 일과 내부 에너지의 합이다.
  ② 비유동 과정 일과 내부 에너지의 합이다.
  ③ 체적이 일정할 때 이동된 열량이다.
  ④ 온도가 일정할 때 이동된 열량이다.

48 ④ 49 ① 50 ④ 51 ③ 52 ② 53 ① 54 ④ 55 ② 56 ①

풀이 $\triangle H = \triangle U + \triangle PV$

57 내부 에너지를 맞게 설명한 것은?
① 내부 에너지와 유동일의 합이다.
② 압력이 일정할 때 이동된 열량이다.
③ 온도가 일정할 때 이동된 열량이다.
④ 체적이 일정할 때 이동된 열량이다.

풀이 $\triangle U = Q_v = mC_v(T_2 - T_1)$

58 에너지의 단위가 아닌 것은?
① kcal ② kg·m
③ PSh ④ N

59 계가 외부에서 105[kJ]의 열과 8.4[kJ]의 일을 받았다. 계의 내부 에너지 변화는 얼마인가?[kJ]
① 96.6 ② 113.4
③ 9.66 ④ 11.3

풀이 $\triangle U = Q - W = 105 + 8.4 = 113.4 [kJ]$

60 계의 내부 에너지가 419[kJ]로 감소하며 837[kJ]의 열이 외부로 전달되었다. 계가 한 일은?
① 418 ② -481
③ -418 ④ 481

풀이 $W = Q - U = -837 - (-419) = -418 [kJ]$

61 계의 동작 물질이 419[kJ]의 열을 공급받고 동시에 외부에 대하여 19.6[kJ]의 일을 하였다. 내부 에너지 변화는 얼마인가?
① 438.6 ② 399.4
③ -399.4 ④ -438.6

풀이 $\triangle U = Q - W = 419 - 19.6 = 399.4 [kJ]$

62 어떤 이상기체가 초압 $p_1 = 1500[kPa]$, 체적 $V_1 = 0.1[m^3]$의 상태에서 등온팽창을 하여 팽창비가 3이었다. 이 과정에서 기체가 외부에 한 일량을 구하라.[kJ]
① 164.79 ② 16.479
③ 32.9 ④ 330

풀이 $V_2 = 3V_1 = 3 \times 0.1 = 0.3[m^3]$
$$_1W_2 = p_1 V_1 \ln \frac{V_2}{V_1}$$
$$= 1500 \times 0.1 \ln 3 = 164.79[kJ]$$

63 외부와 단열된 실린더 내에 기체가 들어 있다. 이 기체 1[kg]이 가역단열팽창하면서 12558[kJ]의 일을 했다면 내부 에너지 변화는 얼마인가?
① 12558 ② -12558
③ 1281 ④ -1281

풀이 $\triangle U = Q - W = 0 - 12558 = -12558[kJ]$

57 ④ 58 ④ 59 ② 60 ③ 61 ② 62 ① 63 ②

64 기체가 0.15[MPa]의 일정한 압력하에 체적 5[m³]가 3[m³]로 마찰없이 압축되면서 외부에 335[kJ]의 열을 방출하였다. 내부 에너지의 변화는 얼마인가?

① -35 ② 35
③ -335 ④ 335

풀이 $\triangle U = Q - W = Q - P(V_2 - V_1)$
$= -335 - 0.15 \times 10^3 \times (3-5) = -35\,[\text{kJ}]$

65 체적 2[m³]의 밀폐용기에 공기가 $T_1 = 20[℃]$, $p_1 = 500[\text{kPa}]$이었다. 이 용기를 가열하여 내압이 $p_2 = 1000[\text{kPa}]$까지 상승하였다면 가열량을 구하라.
(단, 공기의 가스상수 및 정적비열은 각각 0.2872[kJ/kgK], 0.717[kJ/kgK]이다.)

① 2497[MJ] ② 24.97[kJ]
③ 249.7[kJ] ④ 2497.4[kJ]

풀이 $T_2 = T_1 \dfrac{P_2}{P_1}$

$= (20 + 273.15) \times \dfrac{1000}{500}$

$= 586.3[\text{K}] = 313.15[℃]$

$m = \dfrac{P_1 V}{RT_1} = \dfrac{500 \times 2}{0.2872 \times 293.15}$

$= 11.88[\text{kg}]$

$\therefore q_{12} = m C_v (T_2 - T_1)$

$= 11.88 \times 0.7171 \times (313.15 - 20)$

$= 2497.4[\text{kJ}]$

66 1[kg]의 기체가 압력 0.05[MPa], 체적 2.5[m³]의 상태에서 압력 1.2[MPa], 체적 0.2[m³]의 상태로 변화하였다. 만일에 기체의 내부 에너지가 일정하다면 엔탈피의 변화는 얼마인가?[kJ]

① 11.5 ② 115
③ 1.15 ④ 1150

풀이 $\triangle H = \triangle U + \triangle PV$
$= (0.2 \times 1.2 - 0.05 \times 2.5) \times 10^3 = 115[\text{kJ}]$

67 유체가 30[m/s]의 유속으로 노즐에 들어가 500[m/s]로 유출할 때 마찰이나 열교환이 없다면 엔탈피의 변화량은 얼마인가? [kJ/kg]

① 12.5 ② 125
③ 12455 ④ 124550

풀이 $\triangle h = \dfrac{V_2^2 - V_1^2}{2} = \dfrac{500^2 - 30^2}{2}$

$= 124550[\text{J/kg}] = 124.55[\text{kJ/kg}]$

68 압력 3[MPa], 온도 460[℃]의 증기 ($h_1 = 3366[\text{kJ/kg}]$)가 압력 1[MPa], 온도 310[℃]($h_2 = 3073[\text{kJ/kg}]$)의 상태로 되어 나온다. 노즐의 유동은 정상유동이고 손실이 없으며 입구속도를 무시하면 출구속도는 몇 [m/s]인가?

① 466 ② 566
③ 666 ④ 766

풀이 $V_2 = \sqrt{2(h_1 - h_2) + v_1^2}$

64 ①　65 ④　66 ②　67 ②　68 ④

$$= \sqrt{2(3366-3073)\times 10^3 + 0^2} = 765.5 [m/s]$$

69 증기터빈의 입구와 출구의 엔탈피가 각각 3223[kJ/kg], 2595[kJ/kg], 속도는 900[m/s], 300[m/s]로 유출하며 증기터빈은 1200[PS]의 일을 한다. 터빈의 복사 및 전도 등에 의한 열손실이 시간당 37674[kJ]이면 매시간당 공급되는 증기량은 얼마인가?

① 3252[kg/h] ② 3241[kg/h]
③ 3714[kg/h] ④ 3142[kg/h]

풀이
$Q = m(h_2 - h_1) + \dfrac{m(V_2^2 - V_1^2)}{2} + W_t$

$Q - W = m\left[(h_2 - h_1) + \dfrac{V_2^2 - V_1^2}{2}\right]$

$m = \dfrac{Q - W}{(h_2 - h_1) + \dfrac{V_2^2 - V_1^2}{2}}$

$= \dfrac{-37674 \times 10^3 - 1200 \times 735 \times 3600}{(2595 - 3223)\times 10^3 + \dfrac{300^2 - 900^2}{2}}$

$= 3252 \; kgm/h$

70 Boyle-Charles의 법칙을 맞게 표시한 것은?

① $\dfrac{VT}{P} = C$ ② $\dfrac{PV}{V} = C$
③ $\dfrac{PV}{T} = C$ ④ $\dfrac{P}{VT} = C$

71 이상기체의 내부 에너지에 대한 Joule의 법칙을 맞게 설명한 것은?
① 내부 에너지는 압력만의 함수다.
② 내부 에너지는 체적만의 함수다.
③ 내부 에너지는 밀도만의 함수다.
④ 내부 에너지는 온도만의 함수다.

풀이 $C_v = \dfrac{\partial u}{\partial T} = \left(\dfrac{\partial Q}{\partial T}\right)_v$

72 등적 과정에서 기체가 외부에 한 일은?
① 0이다.
② 이동된 열량과 같다.
③ 내부 에너지는 감소량과 같다.
④ 엔탈피의 감소량과 같다.

73 이상기체의 상태식을 맞게 쓴 것은?
① $PV = RU$ ② $RT = PV$
③ $TV = PR$ ④ $T = PRV$

풀이 $PV = mRT$

74 C_p와 C_v의 관계식을 맞게 쓴 것은?
① $C_p = C_v - R$
② $C_p = R - C_v$
③ $C_p = C_v + R$
④ $C_p = C_v - R$

75 다음 관계식 중에서 틀린 것은?
① $C_v = \left(\dfrac{\partial u}{\partial T}\right)_v$
② $C_p - C_v = R$
③ $C_p = \left(\dfrac{\partial h}{\partial T}\right)_p$
④ $C_p = \dfrac{R}{k-1}$

69 ①　70 ③　71 ④　72 ①　73 ②　74 ③　75 ④

풀이 $C_p = \dfrac{kR}{k-1}$

76 등압비열이 등적비열보다 큰 이유를 설명한 것 중에 틀린 것은?
① 등적하에서는 비열이 압력의 함수로 주어지므로
② 등압하에서는 외부에 팽창일을 하는 데 열을 소비하므로
③ 등적하에서는 가해진 열이 내부 에너지로 저장되므로
④ 등압하에서는 분자간의 거리가 늘어나는 데로 에너지를 소모하므로

77 등적하에서 가열할 때 내부 에너지 변화를 맞게 표시한 것은?
① $q = C_p(T_2 - T_1)$
② $q = R(T_2 - T_1)$
③ $q = \dfrac{(T_2 - T_1)}{C_v}$
④ $q = C_v(T_2 - T_1)$

78 이상기체의 등온변화를 맞게 설명한 것은?
① 열이동이 없다.
② 엔탈피의 변화가 없다.
③ 엔트로피의 변화가 없다.
④ 일이 0이다.

79 가역단열과정을 맞게 설명한 것은?
① 엔탈피의 변화가 없다.
② 내부 에너지의 변화가 없다.
③ 엔트로피의 변화가 없다.
④ 일이 0이다.

80 $W_a(= \int pdV)$과 $W_t(= -\int VdP)$의 관계 중 틀린 것은?
① 등온변화 : $W_t = W_a$
② 폴리트로프 변화 : $W_t = nW_a$
③ 단열변화 : $W_t = kW_a$
④ 교축과정 : $W_a = W_t = 0$

81 $PV^n = C$에서 $n = 0$이면 어느 변화인가?
① $T = C$ ② $S = C$
③ $V = C$ ④ $P = C$

82 열이동이 없는 것은?
① 등압 과정
② 폴리트로프 변화
③ 등적 과정
④ 등엔트로피 변화

풀이 등엔트로피변화가 단열변화이다.

83 다음 중 등엔트로피 과정은?
  ① 등압 과정   ② 단열 과정
  ③ 등적 과정   ④ 등온 과정

84 폴리트로프 비열을 맞게 표시한 것은?
  ① $\dfrac{n-k}{n-1}C_v$ ② $\dfrac{n-k}{k-1}C_v$
  ③ $\dfrac{k-n}{1-k}C_v$ ④ $\dfrac{n-k}{1-n}C_v$

85 이상기체의 엔탈피가 변하지 않는 과정은?
  ① 등온 과정   ② 등적 과정
  ③ 교축 과정   ④ 등압 과정

  [풀이] 이상기체에서 엔탈피의 변화가 없는 과정은 등온과정이다.

86 폴리트로프 변화 설명 중 틀린 것은?
  ① 공업일은 절대일의 n배이다.
  ② n이 $1<n<k$의 범위 내에 있으면 가열하여도 온도가 내려간다.
  ③ 대수좌표($\log P - \log V$ 선도) 상에서는 직선이 된다.
  ④ 대수좌표 상에서 직선의 기울기가 45°이면 가역단열과정이다.

  [풀이] 대수좌표에서 기울기가 45이면 등온과정이다.

87 다음 중에서 틀린 것은?
  ① 등적과정에서 이동된 열량은 엔트로피 변화와 같다.
  ② 등온과정에서 내부 에너지의 변화가 없다.
  ③ 등적과정에서는 절대일이 0이다.
  ④ 등압과정에서 이동된 열량은 엔탈피와 같다.

88 다음 식 중에서 틀린 것은?
  ① $\delta q = du + PdV$
  ② $\delta q = dh - PdV$
  ③ $\delta q = C_v dT = du$
  ④ $\delta q = C_p dT = dh$

  [풀이] $\delta q = dh - vdp$

89 등온 변화에서 압력이 증가하면 엔탈피의 변화는?
  ① 증가한다.   ② 감소한다.
  ③ 변하지 않는다. ④ 알 수 없다.

  [풀이] 온도변화가 없으므로
  $\triangle H = mC_p(T_2 - T_1) = 0$

90 일반 기체상수의 단위는?
  ① N·m/kmol·K   ② N·m/kg·K
  ③ kJ/N·K   ④ kN/kmol·K

91 기체상수가 가장 큰 것은?
  ① 공기   ② H_2
  ③ N_2 ④ CO_2

83 ② 84 ① 85 ① 86 ④ 87 ① 88 ② 89 ③ 90 ① 91 ②

풀이 $R = \frac{8312}{M}$

분자량이 작을수록 기체상수가 크다.

92 비열비가 가장 큰 것은?
① H_2 ② N_2
③ O_2 ④ NH_3

풀이 비열비[k]는
  1원자 $k = \frac{5}{3}$
  2원자 $k = 1.4$
  3원자 $k = \frac{4}{3}$

93 다음 중 틀린 것은?
① 등압일 때 $\frac{V}{T} = C$
② 등적일 때 $\frac{P}{T} = C$
③ 단열일 때 $S = C$
④ 등압일 때 $\frac{P}{V} = C$

94 이상기체에서 항상 성립되는 것은?
① $\frac{C_P}{C_v} < 1$ ② $C_P = C_v$
③ $C_P < C_v$ ④ $C_P > C_v$

95 $P-V$선도에서 곡선의 기울기가 45[℃]인 것은?
① 등적 변화   ② 등온 변화
③ 등압 변화   ④ 단열 변화

96 $PV = C$를 대수값을 취하여 직각좌표에 그리면 어느 것이 되는가?
① 수평선
② 수직선
③ 쌍곡선
④ 기울기가 45[℃]인 직선

풀이 $PV = C$는 등온과정이다.

97 온도 20[℃], 게이지압력 600[kPa]의 산소 50[kg]이 봄베에 충만되어 있다. 이 산소를 사용한 후에 온도 18[℃], 게이지 압력 300[kPa]이 되었다면 사용한 산소 질량은 얼마인가?
① 5.43   ② 28.81
③ 21.19   ④ 34.24

풀이 $R = \frac{R_O}{M} = \frac{8314.3}{32}$
$= 259.82[\text{J/kgK}]$
$V = \frac{m_1 R T_1}{p_1}$
$= \frac{50 \times 259.82 \times 293.15}{(600 \times 10^3 + 101325)}$
$= 5.43[\text{m}^3]$
$m_2 = \frac{p_2 V}{R T_2}$
$= \frac{(300 \times 10^3 + 101325) \times 5.43}{259.82 \times 291.15}$
$= 28.81[\text{kg}]$
∴ 사용량 $= m_1 - m_2$
$= 50 - 28.81 = 21.19[\text{kg}]$

92 ① 93 ④ 94 ④ 95 ② 96 ④ 97 ③

98 기체를 등온팽창시키면 열과 내부 에너지는 어떻게 되는가?

① 방열감소 ② 방열불변
③ 흡열감소 ④ 흡열불변

99 기체를 등압하에 가열하면 체적과 온도의 변화는?

① 체적 증가, 온도 일정
② 체적 일정, 온도 일정
③ 체적 증가, 온도 상승
④ 체적 일정, 온도 상승

100 기체를 단열 팽창시키면 온도는 어떻게 되는가?

① 올라간다. ② 내려간다.
③ 일정하다. ④ 알 수 없다.

101 다음 중 맞는 것은?

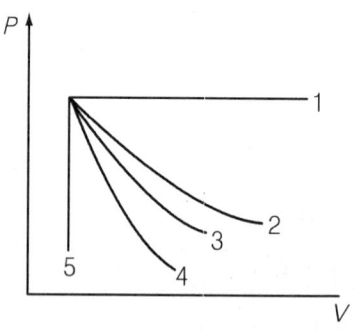

	등적선	등압선	등온선	단열선	폴리트로프선
①	5	1	2	3	4
②	5	1	4	2	3
③	5	1	2	4	3
④	5	1	3	2	4

102 n의 값에 따라 기체를 같은 압력까지 압축하는 데 필요한 일은?

① n의 값이 증가하면 일은 증가 후 감소한다.
② n의 값이 커질수록 일은 작아진다.
③ n의 값이 작아질수록 일은 작아진다.
④ n의 값과 일의 크기는 관계없다.

풀이 압축하는 데 필요한 일은 절대일로 판단 같은 압력까지 압축시 n값이 증가할수록 일은 작아진다.

103 다음 중 맞는 것은?

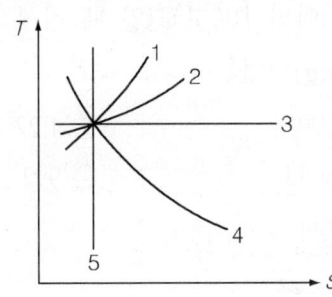

	등적선	등압선	등온선	단열선	폴리트로프선
①	1	2	3	5	4
②	4	2	3	5	1
③	2	1	3	5	4
④	2	4	3	5	1

104 다음 중 맞는 것은?

① $n=0$, $T=C$
② $n=1$, $Q=0$
③ $n=k$, $P=C$
④ $n=\infty$, $V=C$

105 압력 P_1, 온도 T_1, 체적 V_1인 공기를 T_2까지 온도 상승시켰을 때 내부 에너지의 변화를 구하는 식은?

① $\dfrac{P_1V_1}{RT_1}C_v(T_2-T_1)$

② $\dfrac{P_1V_1}{RT_1}C_p(T_2-T_1)$

③ $\dfrac{RV_1}{P_1T_1}C_v(T_2-T_1)$

④ $\dfrac{RV_1}{P_1T_1}C_p(T_2-T_1)$

[풀이] $\triangle U = mC_v(T_2-T_1)$
$PV = mRT$
$m = \dfrac{PV}{RT}$

106 0.1[m³]의 기체가 0.5[m³]로 팽창할 때 맞는 것은?

① 등온팽창 후 압력=단열팽창 후 압력
② 등온팽창 후 압력<단열팽창 후 압력
③ 등온팽창 후 압력>단열팽창 후 압력
④ 알 수 없다.

107 탄산가스(CO_2)의 기체상수는 얼마인가? [J/kgK]

① 19.27 ② 192.7
③ 18.8   ④ 188

[풀이] $M = 12+32 = 44$
$R = \dfrac{8310}{44} = 188[J/kgK]$

108 분자량이 40인 2원자 가스가 있다. 이 기체를 완전가스라 한다면 등적비열은 몇 [kJ/kgK]인가?

① 0.52   ② 0.241
③ 0.171 ④ 0.124

[풀이] $R = \dfrac{8310}{40} = 208$
$C_v = \dfrac{R}{k-1} = \dfrac{208}{1.4-1}$
$= 520 = 0.52[kJ/kgK]$

103 ① 104 ④ 105 ① 106 ③ 107 ④ 108 ①

109 수소의 기체상수 $R=4.1[kJ/kgK]$이고, 등적비열이 $10.12[kJ/kg]$ 이고, 비열비 $k=1.409$이면 수소의 등압비열은 몇 $[kJ/kgK]$인가?

① 약 14 ② 약 24
③ 약 34 ④ 약 44

풀이 $C_p = \dfrac{kR}{k-1} = \dfrac{1.409 \times 4.1}{1.409 - 1} = 14.12[kJ/kgK]$

110 비열비가 1.33, 기체상수가 $0.46[kJ/kgK]$인 이상기체의 등적비열과 등압비열은 각각 몇 $[kJ/kgK]$인가?

① $C_v = 1.394$ $C_p = 1.854$
② $C_v = 1.854$ $C_p = 1.394$
③ $C_v = 13.94$ $C_p = 18.54$
④ $C_v = 18.54$ $C_p = 13.94$

풀이 $C_v = \dfrac{R}{k-1} = 1.394[kJ/kgK]$
$C_p = kC_v = 1.854[kJ/kgK]$

111 공기의 $1[kg]$이 압력대기압하에서 체적이 $0.85[m^3]$이면 공기의 온도는 몇 $[℃]$인가?

① 15 ② 20
③ 27 ④ 30

풀이 $PV = mRT$
$T = \dfrac{PV}{mR} = \dfrac{101.3 \times 0.85}{1 \times 0.287}$
$= 300 - 273 = 27$

112 분자량이 28.5인 이상기체의 압력이 $3[ata]$이면 $1000[℃]$일 때 비체적은 몇 $[m^3/kg]$인가?

① 0.099 ② 1.22
③ 0.6699 ④ 992

풀이 $R = \dfrac{8310}{28.5} = 291.6[J/kgK]$
$PV = RT$
$V = \dfrac{RT}{P} = \dfrac{0.2916 \times 1273}{3 \times 101.3}$
$= 1.22[m^3/kg]$

113 체적 $0.5[m^3]$의 탱크에 압축공기를 넣었다. $27[℃]$에서 탱크 내의 압력이 $1.27[MPa]$일 때 탱크 내의 공기의 질량은 몇 $[kg]$인가?

① 7.375 ② 0.013
③ 128 ④ 56.05

풀이 $PV = mRT$
$m = \dfrac{PV}{RT} = \dfrac{1270 \times 0.5}{0.287 \times 300}$
$= 7.375[kg]$

114 $1[kg]$의 공기를 압력 $0.1[MPa]$, 온도 $20[℃]$의 상태에서 압력 $0.2[MPa]$, 온도 $100[℃]$의 상태로 변화하면 체적은 몇 배로 되는가?

① 2.5 ② 5
③ 0.39 ④ 0.64

풀이 $\dfrac{P_1 V_1}{T_1} = \dfrac{P_2 V_2}{T_2}$

109 ① 110 ① 111 ③ 112 ② 113 ① 114 ④

$$\frac{V_2}{V_1} = \frac{P_1 T_2}{P_2 T_1} = \frac{0.1 \times (100+273)}{0.2 \times (20+273)} = 0.64$$

115 압력 0.4[MPa], 비체적 3[m³/kg]의 기체를 등압하에 팽창시켰더니 비체적이 4.6[m³/kg]으로 되었다. 이 기체가 외부에 한 일은 몇 [kJ/kg]인가?

① 6.4
② 64
③ 640
④ 6400

풀이 $W = P(V_2 - V_1) = 0.4 \times 10^3 \times (4.6 - 3)$
$= 640 [kJ/kg]$

116 공기를 난방장치로, 온도를 -10[℃]에서 60[℃]로 상승시키려 할 때 순환공기를 등압하에 가해야 할 열량을 구하면 몇 [kJ/h]인가?

(단, 60[℃]일 때 1시간에 소요되는 공기는 760[mmHg]에서 1300[m³]이고, $C_p = 1[kJ/kgK]$이다.)

① 1378
② 1450
③ 14460
④ 96460

풀이 $PV = mRT$
$m = \frac{PV}{RT} = \frac{101.3 \times 1300}{0.287 \times (60+273)}$
$= 1378 [kg/h]$
$Q_p = mC_p(T_2 - T_1) = 1378 \times 1 \times (60+10)$
$= 96460 kJ/h$

117 체적이 4[m³]인 탱크 내에 20[℃], 250[kpa]의 공기가 들어 있다. 이 탱크 내의 공기압력을 일정하게 유지하면서 온도 50[℃]가 되도록 하려면 몇 [kg]의 공기를 빼내야 하는가?

① 0.0526
② 0.5672
③ 0.9464
④ 1.1

풀이 $m = \frac{P_1 V_1}{RT_1} = \frac{250 \times 10^3 \times 4}{287 \times 293} = 11.89$

$m = \frac{P_2 V_2}{RT_2} = 10.787$

$\triangle m = m_1 - m_2 = 1.103$

118 압력 0.2[MPa], 온도 30[℃]의 공기가 30[ℓ]의 용기에 들어 있다. 이 공기를 0.4[MPa]로 상승시키기 위한 가열량은 몇 [kJ]인가?

① 12
② 15
③ 17
④ 19

풀이 $T_2 = \frac{P_2}{P_1} T_2 = \frac{4}{2} \times 303 = 606$

$m = \frac{PV}{RT}$

$= \frac{2 \times 10^5 \times 30 \times 10^{-3}}{287 \times 303} = 0.069$

$Q = mC_v(T_2 - T_1)$
$= 0.069 \times 0.717 \times (606 - 303)$
$= 15 [kJ]$

119 초기상태가 100[℃] 0.1[MPa]인 이상기체가 일정한 체적의 탱크에 들어 있다. 이 탱크에 열을 가해 온도가 200[℃]로 되었을 때 탱크 내 이상기체의 압력은 몇 [MPa]인가?

① 0.127
② 0.2
③ 0.15
④ 0.227

풀이 $P_2 = \frac{T_2}{T_1} \cdot P = \frac{200+273}{100+273} \times 0.1 = 0.127$

115 ③ 116 ④ 117 ④ 118 ② 119 ①

120 압력 0.3[MPa], 온도 35[℃]의 공기가 0.4[m³]인 용기에 들어 있다. 이 공기를 0.7[MPa]로 올리기 위한 가열량은 몇 [kJ]인가?

① 18.4　　　　② 184
③ 400　　　　④ 1840

풀이
$m = \dfrac{PV}{RT} = \dfrac{3 \times 10^5 \times 0.4}{287 \times (35+273)} = 1.36 kg$

$T_2 = \dfrac{P_2}{P_1} \cdot T_1 = \dfrac{0.7}{0.3} \times (35+273) = 718.7$

$Q = m C_v (T_2 - T_1)$
$= 1.36 \times 0.717 \times (718.7 - 305) = 400.5$

121 1[kg]의 공기가 일정한 온도 100[℃]하에서 처음 체적이 5배로 되었다. 이 공기가 한 일은 얼마인가?[kJ]

① 522　　　　② 172
③ 52.2　　　　④ 17.2

풀이
$W = mRT_1 \ln\dfrac{V_2}{V_1} = 1 \times 0.287 \times (100+273)\ln 5$
$= 172.3 [kJ]$

122 온도 200[℃], 압력 0.1[MPa]의 공기를 등온압축하여 압력 0.35[MPa]로 하고, 5233[kJ]의 열량을 외부에 방출하려면 몇 [kg]의 공기가 필요한가?

① 30.77　　　　② 40.77
③ 50.77　　　　④ 60.77

풀이
$m = \dfrac{Q}{RT_1 \ln\dfrac{P_1}{P_2}} = \dfrac{-5233}{0.287 \times (200+273)\ln\dfrac{0.1}{0.35}} = 30.77$

123 온도 0[℃], 압력 0.1[MPa], 체적 1.7[m³]의 공기를 압력 1[MPa]까지 가역단열압축하였다. 공기의 질량과 압축 후의 체적은 얼마인가? (단, $k=1.4$이다.)

① 0.22, 0.33　　　　② 2.2, 0.33
③ 22, 33　　　　④ 220, 330

풀이
$V_2 = \dfrac{V_1}{\left(\dfrac{P_2}{P_1}\right)^{\frac{1}{k}}} = \dfrac{1.7}{(10)^{\frac{1}{1.4}}} = 0.33$

$m = \dfrac{PV}{RT} = \dfrac{0.1 \times 10^6 \times 1.7}{287 \times 273} = 2.2[kg]$

124 온도 50[℃], 압력 0.2[MPa]의 공기 1[kg]을 가역단열로 1.2[MPa]까지 압축할 때 압축일은 얼마인가?[kJ] (단, $k=1.4$이다.)

① 21.7　　　　② 217
③ 15.5　　　　④ 155

풀이
$T_2 = \left(\dfrac{P_2}{P_1}\right)^{\frac{k-1}{k}} \cdot T_1$

$= \left(\dfrac{1.2}{0.2}\right)^{\frac{0.4}{1.4}} \times (273+50) = 539 K$

$W_t = \dfrac{kmR(T_2-T_1)}{k-1}$

$= \dfrac{1.4 \times 1 \times (539-323) \times 0.287}{1.4-1} = 217[kJ]$

125 단열지수가 1.4, 폴리트로프 지수가 1.3, 등적비열이 0.653 [kJ/kgK]이면 이 기체의 폴리트로프 비열은 얼마인가?

① 0.042　　　　② 0.217
③ 0.172　　　　④ 0.472

120 ③　121 ②　122 ①　123 ②　124 ②　125 ②

풀이 $C_n = C_v \dfrac{n-k}{n-1} = 0.653 \dfrac{1.3-1.4}{1.3-1}$

$= -0.217 [kJ/kgK]$

126 압력 0.5[MPa], 온도 37[℃]의 공기 5[kg]이 폴리트로프 변화를 하여 364[kJ]의 열량을 방출하며 180[℃]로 되었다면 변화 후의 압력은 얼마인가?
① 3721 ② 372.1
③ 37.21 ④ 3.721

풀이 $Q_n = mC_v \dfrac{n-k}{n-1}(T_2 - T_1)$

$n = 1.233$

$P_2 = \left(\dfrac{T_2}{T_1}\right)^{\frac{n}{n-1}} \cdot P_1 = 3.7 [MPa]$

127 기체를 단열압축했을 때와 등온압축했을 때 내부 에너지의 증가량을 맞게 표시한 것은?
① $(Q=0) > (T=C)$
② $(W=0) < (T=C)$
③ $(Q=0) = (T=C)$
④ 알 수 없다.

128 등온변화할 때 공업일 W_t와 절대일 W_a 사이의 관계를 맞게 표시한 것은?
① $W_t = W_a$ ② $W_t = 2W_a$
③ $W_t = 3W_a$ ④ $W_t = 4W_a$

129 등온변화와 관계없는 것은?
① $W_t = W_a$ ② $Q_{12} = W_a$
③ $\triangle U = 0$ ④ $Q = 0$

130 기체가 단열팽창하면서 외부에 하는 절대일은 다음 중 어느 에너지인가?
① 위치 에너지 ② 운동 에너지
③ 압력 에너지 ④ 내부 에너지

131 단열변화에서 PVT 관계가 맞는 것은?
① $\dfrac{T_1}{T_2} = \left(\dfrac{V_2}{V_1}\right)^{k-1} = \left(\dfrac{P_2}{P_1}\right)^{\frac{k}{k-1}}$

② $\dfrac{T_1}{T_2} = \left(\dfrac{V_2}{V_1}\right)^{k-1} = \left(\dfrac{P_1}{P_2}\right)^{\frac{k-1}{k}}$

③ $\dfrac{T_2}{T_1} = \left(\dfrac{V_2}{V_1}\right)^{k-1} = \left(\dfrac{P_2}{P_1}\right)^{\frac{k-1}{k}}$

④ $\dfrac{T_1}{T_2} = \left(\dfrac{V_2}{V_1}\right)^{k-1} = \left(\dfrac{P_2}{P_1}\right)^{\frac{k-1}{k}}$

132 다음 중에서 가역단열 과정 팽창일이 아닌 것은?
① $W_a = \dfrac{k}{1-k}(P_2V_2 - P_1V_1)$

② $W_a = \dfrac{mRT_1}{1-k}\left[\left(\dfrac{P_2}{P_1}\right)^{\frac{k-1}{k}} - 1\right]$

③ $W_a = U_2 - U_1$

④ $W_a = \dfrac{mR}{1-k}(T_2 - T_1)$

126 ④ 127 ① 128 ① 129 ④ 130 ④ 131 ② 132 ①

제 6 장 열역학 제2법칙

열역학 제1법칙은 계 내에서 임의의 cycle 중의 열전달의 합은 일의 합과 같다는 것을 말하는 즉, 하나의 에너지 형태에서 다른 형태의 에너지로 변화할 때의 양적 관계를 표시한 것이다. 그러나 열이나 일이 흐르는 방향에 대해서는 아무런 제한도 없었다. 그러한 일이 일어난다는 것은 있을 수 없으므로 제2법칙이 공식화되었으며 임의의 사이클에서 열역학 제1법칙과 제2법칙을 만족할 때에만 실제로 일어난다. 즉, 제2법칙은 과정이 어떤 한 방향으로만 진행하고 반대방향으로는 진행되지 않는 에너지 변환의 방향성과 비가역성임을 명시했다. 즉 자연계의 현상과 에너지의 변화는 평형상태를 이루며 한 방향으로만 변화하며 그 반대방향으로의 변화는 일어나지 않으며 열을 역학적 에너지로 변환하는 것은 제약을 받아 완전하게 변할 수 없는 비가역과정이라는 것이다.

1. 열역학 제2법칙의 표현

◎ 열저장소

열용량이 무한대이어서 아무리 많은 열을 주거나 받아도 온도의 변화가 없는 저장소로서 이상기체의 등온변화와 같은 물질이 지구상에는 존재하지 않기 때문에 질량이 거의 무한대인 물질을 열저장소로 가정한 것이다. 예를 들면 대기나 바다 등을 그 예로 들을 수 있다.

즉 열저장소의 단위는 $Q = mc\triangle T$에서 질량(m)과 비열(c)의 곱을 열용량이라 하며 단위는 [kcal/℃] 혹은 [kJ/K]로써 단위온도를 높이는데 필요한 에너지를 열용량으로 정의한다.

1) Kelvin-Plank의 표현

사이클로 작동하면서 아무런 효과도 내지 않고 단일 열저장소에서 기계장치를 구성하여 일을 하는 것은 불가능하다. 즉, 열기관이 동작유체의 의해서 일을 발생시키려면 공급 열원보다 더 온도가 낮은 열원이 필요하게 된다는 것이다. 따라서 100[%]의 열효율을 갖는 열기관을 만드는 것은 불가능하다.

2) Clausius의 표현

사이클로 작동하면서 저온 열저장소로부터 고온 열저장소로 열을 전달하는 것 외에 아무 효과도 내지 않는 기계 장치를 만드는 것은 불가능하다. 즉, 냉동기 또는 열펌프에 관련한 표현이다. 이 두 가지 표현에 대해서 열역학 제2법칙을 정리하면

① 열은 자연적으로는 저온 물체로부터 고온 물체로는 흐르지 않는다. 따라서 저온물체로부터 고온물체로의 열의 이동은 반드시 일의 소비가 따른다.

② 열이 일로 변하기 위해서는 열원 이 외에 이것보다 낮은 열저장소가 있을 것. 즉, 저장소간 온도의 차이가 있어야 한다.

③ 사이클 과정에서 열원의 열이 모두 일로 변화할 수 없다.

아래 그림에서 처럼 단일 열저장소에서 열교환은 일어날 수가 없다.

제2종 영구기관

열역학 제2법칙에 근거하면 열교환이 일어나려면 최소한 2개 이상의 열저장소가 필요하며 고온체에서 저온체로 열이동을 하며 일(W_A)이 만들어지며 저온체에서 고온체로 열이동이 일어나기 위해서는 일(W_l)이 필요하다는 것이다.

다시 그림 6-2(a)를 우리는 열기관이라고 하나 저온체에서 고온체로 가는데 필요한 일(W_l)이 매우 적다고 가정하면 다음과 같은 그림 6-2(b)로 된다. 그림 6-2(b)를 사이클(cycle)로서 도시하면 (c)와 같다.

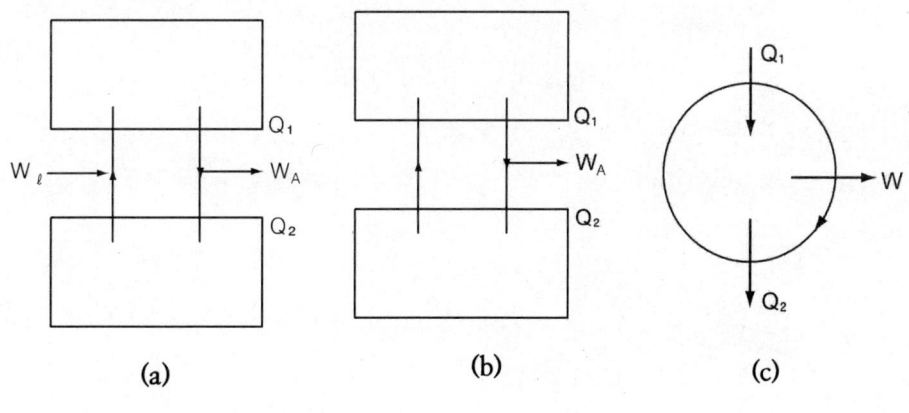

그림 6-2 가역 사이클

그림 6-2의 사이클을 열기관 사이클이라고 한다. 클라우지우스(Clausius)의 표현은 냉동기 사이클의 정의가 된다. 그림으로 표시하면 6-3(a)와 같이 되며 사이클(cycle)로 표시하면 (b)와 같이 된다. 이를 역사이클(irreverse cycle)이라고 하며 냉동 또는 열펌프 사이클의 기본이다.

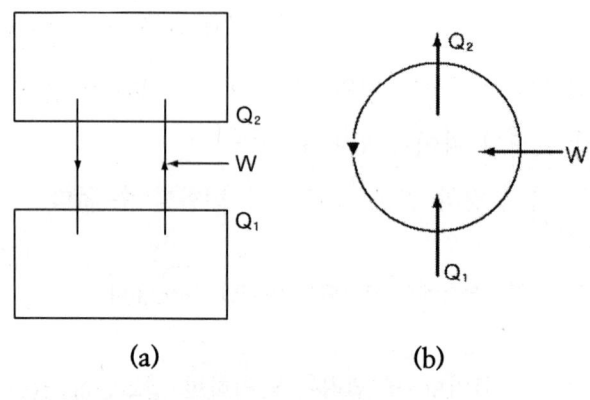

그림 6-3 역 가역 사이클

2. 열효율, 성능계수, 가역과정

1) 열기관
열역학 제2법칙에 의해서 열을 일로 변환시키기 위해서는 고온체와 저온체가 있어야 하며, 이와 같은 원리에 의해 일을 발생하는 장치를 열기관이라 한다.

2) 열효율
열기관이 발생하는 일의 양은 고온체에서 준 열(Q_1)과 저온체에서 받은 열(Q_2)과의 차이이며,

$$W = Q_1 - Q_2 \quad \text{이다.}$$

여기에서 유효열량과 공급열량의 비를 열효율(Thermal Efficiency)이라 한다.

$$\text{열효율}\,(\eta) = \frac{\text{유효일}}{\text{공급 열량}} = \frac{AW}{Q_1} = \frac{Q_1 - Q_2}{Q_1} = 1 - \frac{Q_2}{Q_1} = 1 - \frac{T_2}{T_1}$$

η : 열효율 Q_1 : 공급된 열량 [kcal]
Q_2 : 일의 열당량 (1/427[kcal/kg·m]) W : 유효일 [kg·m]
T_1 : 고온체 온도 [K] T_2 : 저온체 온도 [K]

절대단위의 표현으로는 열과 일의 단위를 [kJ]로 표기하므로 다음과 같다.

$$\eta = \frac{W}{Q_1} = 1 - \frac{Q_2}{Q_1} = 1 - \frac{T_2}{T_1}$$

3) 성적 계수(성능 계수)

역사이클로 작동하면서 저온체에서 열을 받아 고온체로 열이동을 성취시키는 기구로 냉동기와 열펌프로 구분된다.

$$\text{cop}(\varepsilon_R) = \frac{Q_{저}}{Aw} = \frac{Q_{저}}{Q_{고} - Q_{저}} = \frac{T_{저}}{T_{고} - T_{저}}$$

$$\text{cop}(\varepsilon_h) = \frac{Q_{고}}{Aw} = \frac{Q_{고}}{Q_{고} - Q_{저}} = \frac{T_{고}}{T_{고} - T_{저}}$$

$$|\varepsilon| > 1 \quad \varepsilon_h - \varepsilon_R = 1$$

절대단위로 표시하면

$$\text{cop}(\varepsilon_R) = \frac{Q_{저}}{W} = \frac{Q_{저}}{Q_{고} - Q_{저}} = \frac{T_{저}}{T_{고} - T_{저}}$$

$$\text{cop}(\varepsilon_h) = \frac{Q_{고}}{W} = \frac{Q_{고}}{Q_{고} - Q_{저}} = \frac{T_{고}}{T_{고} - T_{저}}$$

4) 가역과정

열적 평형을 유지하며 이루어지는 과정이며, 계나 주위에 영향을 주거나 아무런 변화도 남기지 않고 이루어지며 역과정으로 원상태로 되돌려질 수 있는 과정

◎ 가역사이클(reversible cycle)

사이클의 상태변화가 모두 가역변화로 이루어지는 사이클

◎ 비가역사이클(irreversible cycle)

사이클의 상태변화가 일부분이라도 비가역변화를 포함하는 사이클로서 실제의 사이클은 마찰이나 열전달 등의 비가역변화를 피할 수 없으므로 모두 비가역사이클이다.

3. 영구기관

열역학 제1법칙을 위배하는 기관, 즉 일을 창조하는 혹은 주어진 일보다 많은 일을 하여 효율이 100[%] 이상인 기관을 말하며 존재하지 않는 기관으로 열역학 제2법칙을 위배하는 기관을 제2종 영구기관이라고 한다. 즉, 열역학 제2법칙은 에너지 전환의 방향성과 비가역성을 명시한 법칙이므로 열기관에서는 효율이 100[%]의 기관은 존재할 수가 없으며 냉동기에서는 성능계수가 1이하는 존재할 수가 없는 기관이므로 혹시 결과치가 제2종 영구기관의 효율이 나온다면 가정을 잘못 선정한 것으로 생각하여야 한다.

제1종 영구기관 : 열역학 제1법칙 위배 기관

제2종 영구기관 : 열역학 제2법칙 위배 기관

4. 카르노 사이클(Carnot cycle : 1824)

효율이 100%로서 열이 일로 전환되는 것은 열역학 제1법칙을 위배하는 제1종 영구기관이며 불가능하므로 공급열량을 일로 치환시키는데는 전과정을 가역과정으로하여 에너지 손실을 적게한 사이클로서 이상적 가역사이클이라고도 하며 존재하지 않으며 사이클의 개념을 이해하는 데 중요한 사이클이다.

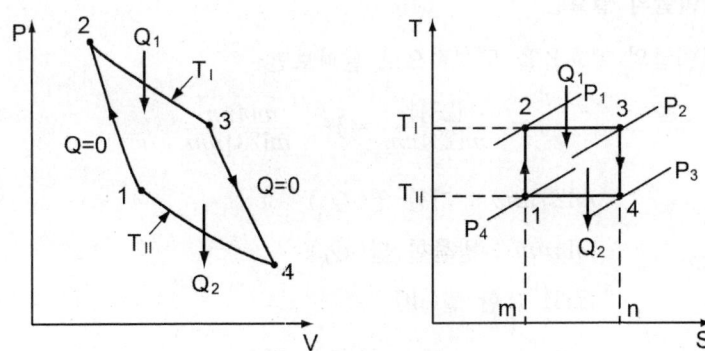

카르노 열기관 사이클의 P-V, T-S 선도

1) 과정

① **과정 1-2 단열압축**

저온열원을 제거하고 대신에 실린더 헤드에 단열체를 접촉시켜 상태 1까지 압축을 계속한다. 이 때 실린더 내부는 단열상태이며 작동유체에 가해진 압축일은 모두 내부 에너지의 증가로 나타나고, 작동유체의 온도는 T_{II}에서 T_{I}으로 상승한다.

② **과정 2-3 등온팽창**

실린더 헤드에 단열체가 접촉하고 있는 상태에서 피스톤이 2의 상태에 있을 때 단열체를 제거하고, 대신에 실린더 헤드를 고온열원과 접촉시키면 실린더 내의 작동유체는 온도 T_{I}에서 열량 Q_1을 받아 상태 3까지 팽창하여 외부에 일을 한다. 이 과정은 고온열원의 온도가 변하지 않으므로 등온변화이다.

③ **과정 3-4 단열팽창**

고온열원을 제거하고 실린더 헤드를 단열체와 접촉시키고 상태 4까지 팽창을 계속시킨다. 이 때 실린더의 내부는 단열상태이므로 작동유체는 내부 에너지를 소비하여 외부에 팽창일을 하며, 작동유체의 온도는 T_{I}으로부터 T_{II}로 강하한다.

④ **과정 4-1 등온압축**

단열체를 제거한 후 실린더 헤드를 저온열원에 접촉시키면 열량이 방출되어 피스톤을 왼쪽으로 밀어 압축시킨다. 이 동작에 의해서 작동유체는 온도 T_{II}의 상태에서 저온열원에 열량 Q_2를 방출한다. 이 때 저온열원의 온도는 변하지 않으므로 등온압축과정이다.

2) 카르노 사이클의 열효율

카르노 사이클의 열효율을 도식적으로 살펴보면

$$\eta = \frac{12341}{m1234nm} = 1 - \frac{m14nm}{m1234nm}$$

$m1234nm$: 가한 열(Q_A)

$m14nm$: 방출한 열(Q_R)

12341 : 한 일(W)

수식적으로 표기하면

$$\eta = \frac{W}{Q_A} = \frac{Q_A - Q_R}{Q_A} = 1 - \frac{Q_R}{Q_A} = 1 - \frac{mRT_4 \ln \frac{V_1}{V_4}}{mRT_2 \ln \frac{V_3}{V_2}}$$

과정 1-2와 4-1은 단열변화이므로

$$\frac{T_2}{T_1} = \left(\frac{V_1}{V_2}\right)^{k-1} \qquad V_1 = V_2 \left(\frac{T_2}{T_1}\right)^{\frac{1}{k-1}}$$

$$\frac{T_3}{T_4} = \left(\frac{V_4}{V_3}\right)^{k-1} \qquad V_4 = V_3 \left(\frac{T_3}{T_4}\right)^{\frac{1}{k-1}}$$

그러므로 효율식에 대입하면

$$\eta = 1 - \frac{RT_4 \ln \frac{V_1}{V_4}}{RT_2 \ln \frac{V_3}{V_2}} = 1 - \frac{T_4 \ln \frac{V_2 \left(\frac{T_2}{T_1}\right)^{\frac{1}{k-1}}}{V_3 \left(\frac{T_3}{T_4}\right)^{\frac{1}{k-1}}}}{T_2 \ln \frac{V_3}{V_2}}$$

T_2와 T_3는 저온체 온도이고 T_1과 T_4는 저온체 온도이므로

$$\eta = 1 - \frac{T_4}{T_2} = 1 - \frac{T_저}{T_고}$$

즉 카르노 사이클의 효율은 온도만의 함수이며 가역 과정 기관의 효율식과 일치함을 알 수 있다. 따라서 카르노 사이클의 기관보다 효율이 좋은 기관은 제2종 영구기관으로서 존재할 수가 없다. Carnot Cycle을 요약하면

① Carnot Cycle은 열기관의 이상 Cycle로서 최고의 열효율을 갖는다. 만약 η가 Carnot Cycle의 η보다 크다면 제2종 영구운동계이다.
② 같은 두 열원에서 작동되는 모든 가역 Cycle은 효율이 같다.
③ 역 Cycle도 성립된다.(가역과정)

5. 엔트로피(Entropy)

열과 가장 밀접한 강도성질은 온도(T)이며, 이에 대응하는 종량성질은 엔트로피(S)이다.

단위 : S[kcal/K], s[kcal/kgK],
절대단위 : [kJ/K], [kJ/kgK]

$$\frac{Q_1}{T_1} - \frac{Q_2}{T_2} = 0$$

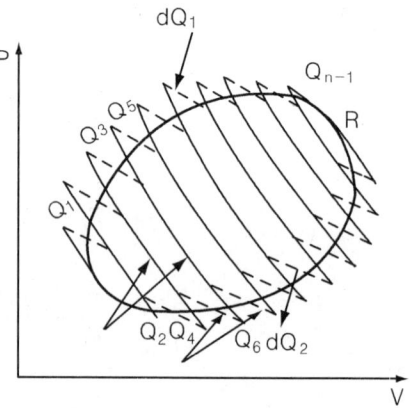

임의의 가역사이클을 미소한 카르노 사이클의 집합으로 나타냄

1) Clausius의 적분

① 가역일 때

$$n_R = 1 - \frac{Q_2}{Q_1} = 1 - \frac{T_2}{T_1}$$

$$\frac{Q_2}{Q_1} = \frac{T_2}{T_1}, \quad \frac{T_1}{Q_1} = \frac{T_2}{Q_2}$$

$$\frac{Q_1}{T_1} = \frac{Q_2}{T_2}, \quad \frac{Q_1}{T_1} - \frac{Q_2}{T_2} = 0$$

$$\Rightarrow \oint_{R(가역)} \frac{\delta Q}{T} = 0$$

② 비가역일 때

$$n_{R(가역과정)} > n_{비가역} \quad 1 - \frac{T_2}{T_1} > 1 - \frac{Q'_2}{Q_1}$$

$$\frac{T_2}{T_1} < \frac{Q'_2}{Q_1}, \quad \frac{T_2}{T_1} < \frac{Q'_2}{Q_1} \quad \frac{Q_1}{T_1} - \frac{Q'_2}{T_2} < 0$$

$$\Rightarrow \oint_{IR(비가역)} \frac{\delta Q}{T} < 0$$

그러므로 Clausius의 적분은 $\oint \frac{\delta Q}{T} \leq 0$ 이다.

◎ 참고

가역 과정에서 엔트로피(S)의 적분 : $\int_{net} \frac{\delta Q}{T} = 0$

비가역 과정에서 엔트로피(S)의 적분 : $\int_{net} \frac{\delta Q}{T} > 0$

2) 엔트로피의 유도

$$\int_1^2 \frac{\delta Q}{T} = \int_1^2 \frac{m \cdot C \cdot dt}{T} = m \cdot C \cdot \ln\frac{T_2}{T_1} = S_2 - S_1$$

$$= \triangle S[kJ/K](절대값은\ 없다.)$$

일을 하지 않은 에너지 단위로서 비교치만 준다.

엔트로피(S) 증가가 많다고 해서 일이 많다는 것이 아니다.

$$\triangle S = \int \frac{\delta Q}{T}$$

$ds = T \cdot ds$ 여기에서

$\quad\quad \delta Q = T \cdot ds \quad\quad \cdots\cdots a$

$\quad\quad \delta Q = dU \cdot Pdv \quad\quad \cdots\cdots b$

$\quad\quad\quad dU = C_v dT \quad\quad \cdots\cdots ①$

$\quad\quad\quad \delta Q = Tds \quad\quad \cdots\cdots ②$

식 ①, ②를 b에 대입하면

$$Tds = C_v dT + Pdv$$

$Pv = RT$에서 $\quad P = \dfrac{RT}{v}$

$$ds = \frac{C_v dT}{T} + \frac{RT}{Tv} \cdot dv$$

$$\triangle S = \int C_v \frac{dT}{T} + \int R \frac{dV}{V} = C_v \ln\frac{T_2}{T_1} + R\ln\frac{V_2}{V_1}$$

P와 V와의 함수

$$\delta Q = Tds = C_v dT + Pdv$$

$$ds = \frac{C_v dT}{T} + \frac{Tdv}{T}\ \text{에서}\ \ T = \frac{Pv}{R},\ \ dT = \frac{Pdv + vdP}{R}$$

위의 관계를 대입 정리하면

$$ds = C_v \frac{dP}{P} + C_p \frac{dv}{v}$$

$$\therefore \triangle S = \int_1^2 ds = C_v \ln\frac{P_2}{P_1} + C_p \ln\frac{V_2}{V_1}$$

$$\triangle H = \triangle U + pdv + vdp$$

$$\delta Q = dh - vdP$$

$Pv = RT$에서 $v = \dfrac{RT}{P}$

$$Tds = C_p dT - \dfrac{RT}{P} dp$$

$$ds = \dfrac{C_p dT}{T} - \dfrac{R}{P} dp$$

$$\int ds = \int \dfrac{C_p dT}{T} - \int \dfrac{R}{P} dp$$

$$\triangle S = C_p \ln \dfrac{T_2}{T_1} - R \ln \dfrac{P_2}{P_1}$$

◎ 폴리트로프 변화 : 완전가스의 경우 열의 출입량은

$$\delta q = C_v \dfrac{n-k}{n-1} dT \text{ 혹은 } q = C_v \dfrac{n-k}{n-1}(T_2 - T_1)$$

◎ 엔트로피 변화는

$$\triangle S = S_2 - S_1 = \int_1^2 \dfrac{\delta q}{T} = C_v \dfrac{n-k}{n-1} \int_1^2 \dfrac{\delta q}{T}$$
$$= C_v \dfrac{n-k}{n-1} \ell n \dfrac{T_2}{T_1} = C_n \ell n \dfrac{T_2}{T_1} = (n-k)C_v \ell n \dfrac{P_2}{P_1}$$

$$\therefore \dfrac{T_2}{T_1} = \left(\dfrac{P_2}{P_1}\right)^{\frac{n-1}{n}} = \left(\dfrac{v_1}{v_2}\right)^{n-1}$$

여기서 폴리트로프 지수와 각 특성값에 대한 상태변화는 다음과 같다.

n=0 등압변화

n=1 등온변화

n=k 단열변화

n=∞ 등적변화

1〈n〈k 폴리트로프 변화

3) 엔트로피식의 정리 및 지수 n의 변화

$$\therefore \triangle S = m \cdot C_v \cdot \ln \frac{T_2}{T_1} + m \cdot R \cdot \ln \frac{V_2}{V_1}$$

$$\therefore \triangle S = m \cdot C_p \cdot \ln \frac{T_2}{T_1} - m \cdot R \cdot \ln \frac{P_2}{P_1}$$

$$\therefore \triangle S = m \cdot C_p \cdot \ln \frac{V_2}{V_1} + m \cdot C_v \cdot \ln \frac{P_2}{P_1}$$

$\oint \frac{\delta Q}{T} \leq 0$ (Clausius의 적분)

$\triangle S$(엔트로피) $= \int \frac{\delta Q}{T}$ (단위 : [kJ/k])

◎ 물일 경우 : $\triangle S = m \cdot C \ln \frac{T_2}{T_1}$

◎ 잠열 : $\triangle S = \frac{Q}{T}$

◎ 기체, 증기 :

$$\triangle S = m \cdot C_v \cdot \ln \frac{T_2}{T_1} + mR \ln \frac{V_2}{V_1} = mC_p \cdot \ln \frac{T_2}{T_1} = mC_p \cdot \ln \frac{T_2}{T_1} - mR \ln \frac{P_2}{P_1}$$

$\delta Q = T \cdot dS$(제2법칙에서 유도)

$\delta Q = dU + PdV$(제1법칙에서 유도)

$dH = dU + PdV + VdP = \delta Q + VdP$

그러므로 $\delta Q = U + PdV = H - VdP = Tds$

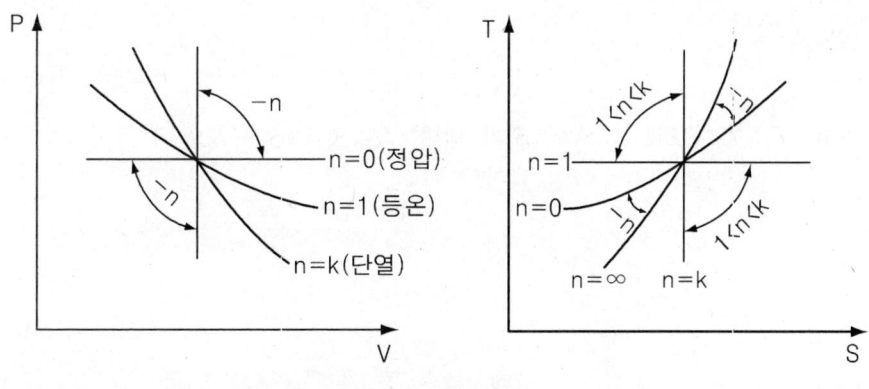

지수 n의 변화

6. 비가역 과정에서의 엔트로피 변화

$$\oint_R \frac{\delta Q}{T} = \int_{1A}^{2} \frac{\delta Q}{T} + \int_{2B}^{1} \frac{\delta Q}{T} = 0 \quad \oint_{1R} \frac{\delta Q}{T} = \int_{1A}^{2} \frac{\delta Q}{T} + \int_{2C}^{1} \frac{\delta Q}{T} = 0$$

첫 번째 식에서 두 번째 식을 빼고 정리하면

$$\int_{2B}^{1} \frac{\delta Q}{T} < \int_{2C}^{1} \frac{\delta Q}{T}$$

경로 B는 가역적이고 엔트로피는 상태량이므로

$$\int_{2B}^{1} \frac{\delta Q}{T} = \int_{2B}^{1} dS_B < \int_{2C}^{1} dS_c = \int_{2C}^{1} \frac{\delta Q}{T}$$

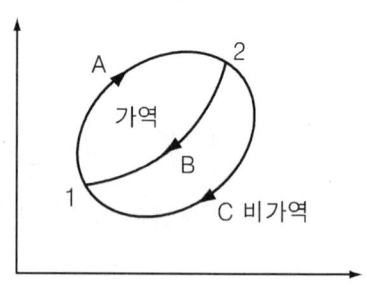

가역 비가역 사이클

그러므로 $dS_c - dS_B > 0$ 이다.

정리하면 가역 과정에서 $dS_c - dS_B = 0$ 이면, 비가역 과정에서는 $dS_c - dS_B > 0$ 로서 열의 변화가 없거나 증가, 감소일지라도 엔트로피 변화는 항상 증가한다.

1) 열 이동의 경우

온도 T_1의 물체에서 T_2이 물체로 $\triangle Q$의 열을 이동한다면 고온체의 엔트로피 감소량

$$\triangle S_1 = \frac{\triangle Q}{T_1}$$

저온체의 엔트로피 증가량

$$\triangle S_2 = \frac{\triangle Q}{T_2}$$

여기서 $T_1 > T_2$이므로 $\triangle S_1 < \triangle S_2$가 되며 $\therefore \triangle S = \triangle S_2 - \triangle S_1 > 0$

2) 마찰의 경우

이 때는 물체의 마찰 작용에 의하여 생기는 마찰일 W에 의하여 열량 Q가 발생할 때 이 열량이 물체 또는 계에 전달되는 경우이다. 물체의 엔트로피 변화는

$$\triangle S = \frac{Q}{T} = \frac{AW}{T} > 0 \text{ 이다.}$$

따라서 이 계의 엔트로피는 증가한다.

3) 교축의 경우

완전가스가 교축에 의하여 상태 P_1, T_1으로부터 상태 P_2, T_2로 변화하였다면 교축 전후의 엔탈피와 온도는 일정하고 압력은 강하하므로

$$\triangle S = C_p \ln \frac{T_2}{T_1} - R \ln \frac{P_2}{P_1} \text{ 에서 } C_p \ln \frac{T_2}{T_1} = 0$$

따라서

$$\triangle S = -R \ln \frac{P_2}{P_1} \text{ 가 되면 } P_1 > P_2 \text{ 이므로 } \triangle S > 0 \text{ 이 된다. 즉, 엔트로피는 증가한다.}$$

7. 유효 에너지와 무효 에너지

열량 Q_1을 받고 열량 Q_2를 방열하는 열기관에서 기체적 에너지로 전환된 에너지를 유효 에너지(Available Energy) E_a라 하면

$$E_a = Q_1 - Q_2 \text{ 이다.}$$

따라서 무효 에너지(Unavailable Energy)는 $Q_2 = Q_1 - E_a$로 표시된다. 고열원 T_1에서의 엔트로피 변화 $\triangle S_1$은

$$\triangle S_1 = \frac{Q_1}{T_1}$$

또 저열원의 엔트로피 변화 $\triangle S_2$는 $\triangle S_2 = \frac{Q_2}{T_2}$

Carnot 사이클이므로 $\triangle S_1 = \triangle S_2$ 즉, $\frac{Q_1}{T_1} = \frac{Q_2}{T_2}$ 이다.

따라서 무효 에너지 $Q_2 = T_2 \dfrac{Q_1}{T_1} = T_2 \triangle S_1$

주위 온도를 T_0라 하면 $E_v(Q_2) = T_0 \triangle S_1$

유효 에너지 $E_a(W) = Q_1 - Q_2 = Q_1 - T_0 \triangle S_1$

또 Carnot 사이클의 효율을 n_c라 하면

$$n_c = 1 - \dfrac{T_2}{T_1} = 1 - \dfrac{Q_2}{Q_1} = \dfrac{W(E_a)}{Q}$$

$$W(E_a) = n_c Q_1 = Q_1(1 - \dfrac{T_0}{T_1})$$

$$E_u(Q_2) = Q_1(1 - n_c) = Q_1 \dfrac{T_0}{T_1} = T_0 \triangle S$$

$$W = Q_1 - Q_2 = Q_1 - T_0 \triangle S_1$$

(a)   (b)

카르노 사이클의 유효, 무효 에너지

8. 교축과정 및 줄 톰슨 계수

1) 교축과정(Throttling Process)

교축 과정은 대표적인 비가역과정으로서 열전달이 전혀 없고 일을 하지 않는 과정으로서 h-s 선도에서는 수평선으로 표시되는 즉, 엔탈피가 일정한 과정으로서 엔트로피는 항상 증가하며 압력이 감소되는 과정이다. 종류로는 노즐, 오리피스, 팽창밸브 등이 있다.

2) 줄 톰슨(Joule Thomson) 계수

유체가 단면적이 좁은 곳을 정상유 과정으로 지날 때인 교축과정에서의 흐름은 매우 급속하게 그리고 엔탈피는 일정하게 흐르게 되므로 유체가 가스일 경우는 비체적이 언제나 증가하게 되며, 운동 에너지는 증가하게 된다.

$$\mu = \left(\frac{\partial T}{\partial P}\right)_h \quad \mu : 줄 톰슨 계수$$

줄 톰슨 계수의 값이 (+)값이면 교축 중에 온도가 감소한다는 것이며,
(-)값이면 온도가 증가한다는 것을 의미한다.

9. 최대일과 최소일

열기관의 내부에서 기체를 팽창시킬 때는 일의 양을 최대로 하는 것이 좋으며 압축기에서 기체를 압축할 때는 일의 소요량을 최소로 하는 것이 좋다.

1) 최대일

최대일은 밀폐계 즉 비유동과정에서 해석하여야 하므로 열역학 제1, 제2법칙에서

$\delta Q = dU + \delta W$

$\delta W = Tds - dU$

이다. 고압고온의 기체가 팽창하여 주위의 상태가 T_0와 P_0가 되며 가역적으로 열교환을 하면 TdS는 $T_o dS$가 된다. 또한 P_o인 대기를 밀어내는 일($P_0(V_2 - V_1)$)은 주위에 저장되며 유용일로는 이용할 수 없다. 최대열을 W_n이라 하고 최대일을 구하기 위해서는 $P_0(V_2 - V_1)$, 즉 $P_0 dV$를 빼야 되므로

$\delta W_n = T_0 dS - du - P_0 dv$ 가 된다.

적분하면

$$W_n = T_0(S_2 - S_1) - (U_2 - U_1) - P_0(V_2 - V_1)$$
$$= T_0(S_2 - S_1) + (U_1 - U_2) + P_0(V_1 - V_2)$$
$$= (U_1 - U_2) + T_0(S_1 - S_2) + P_0(V_1 - V_2)$$

위 식에서 $(U_1 - U_2) - T_0(S_1 - S_2)$를 자유 에너지(free energy) 또는 헬름홀쯔 함수(Helm holtz function)라 하며

$$F_1 - F_2 = (U_2 - U_1) - T_0(S_1 - S_2)$$
$$F = U - TS$$

이다.

2) 최소일

압축기의 압축시의 일을 해석하므로 열역학 제1, 2법칙에 의하면

$$dh = du + \triangle pv = du + pdv + vdp$$
$$vdp = dh - du - pdv$$
$$-\int vdp = dw_t = du + pdv - dh$$
$$\delta w_t = \delta Q - dh$$

적분하면

$$W_t = T_0(S_2 - S_1) - (H_2 - H_1)$$
$$= (H_1 - H_2) - T_0(S_1 - S_2)$$
$$= (H_1 - T_0 S_1) - (H_2 - T_0 S_2)$$

여기서 $H - TS$를 자유 엔탈피(free entalpy) 또는 깁스 함수(Gibbs function)라 하며 G로 표시한다.

$$G = H - TS$$

10. 열역학 제3법칙

열역학 제3법칙은 20세기(1906) 초에 공식화되었으며, W.H. Nernst(1864~1941)와 Max Planck(1858~1947)에 의해서 이루어졌다. 순수물질(완전결정)의 온도가 절대영도(-273℃)에 도달하면 엔트로피는 영에 접근한다는 것이다. 그러므로 각 물질의 엔트로피를 측정할 수 있는 절대 기준을 만들어 주며 이를 엔트로피의 절대값 정리라고도 한다.

$$\lim_{\triangle T \to 0} \frac{\triangle Q}{\triangle T} = 0$$

연습문제

01 어느 냉동기가 1[ps]의 동력을 소모하여 시간당 13395[kJ]의 열을 저열원에서 제거한다면 이 냉동기의 성능계수는 얼마인가?

① 3.06　　② 4.06
③ 5.06　　④ 6.06

풀이
$$\varepsilon_R = \frac{Q_저}{W}$$
$$= \frac{13395 \times 10^3}{735 \times 3600} = 5.06$$

02 어느 발전소가 65000[KW]의 전력을 발생한다. 이 때 이 발전소의 석탄소모량이 시간당 35[ton]이라면 이 발전소의 열효율은 얼마인가? (단, 이 석탄의 발열량은 27209[kJ/kg]이라 한다.)

① 72　　② 52
③ 25　　④ 15

풀이
$$\eta = \frac{W}{Q_고} = \frac{65000 \times 3600}{35000 \times 27209} \times 100 = 24.57$$

03 물 5[kg]을 0[℃]에서 100[℃]까지 가열하면 물의 엔트로피 증가는 얼마인가?

① 6.52　　② 65.2
③ 652　　④ 6520

풀이
$$\triangle S = \frac{\triangle Q}{T} = \frac{m \cdot C \cdot \triangle T}{T}$$
$$= m \cdot C \ln \frac{T_2}{T_1} = 5 \times \ln \frac{373}{237} \times 4.18$$
$$= 6.523 [kJ/kgK]$$

04 완전가스 5[kg]이 350[℃]에서 150[℃]까지 $n=1.3$ 상수에 따라 변화하였다. 이 때 엔트로피 변화는 몇 [kJ/kgK]가 되는가?
(단, 이 가스의 정적비열은 $C_v = 0.67$ [kJ/kg], 단열지수 = 1.4)

① 0.086　　② 0.03
③ 0.02　　④ 0.01

풀이
$$ds = C_p \cdot \frac{dT}{T}$$
$$\therefore S_2 - S_1 = C_n \int_T^{T_1} \frac{dT}{T}$$
$$= C_v \cdot \frac{n-k}{n-1} \ln \frac{T_2}{T_1}$$
$$= 0.67 \times \frac{1.3 - 1.4}{1.3 - 1} \times \ln \frac{423}{623}$$
$$= 0.086 [kJ/kgK]$$

05 어느 열기관이 1사이클당 126[kJ]의 열을 공급받아 50[kJ]의 열을 유효일로 사용한다면 이 열기관의 열효율은 얼마인가?

① 30　　② 40
③ 50　　④ 60

풀이
$$\eta = \frac{W}{Q_1} = \frac{50}{126} = 0.4 \times 100\% = 40\%$$

01 ③　02 ③　03 ①　04 ①　05 ②

06 공기 2[kg]을 정적과정에서 20[℃]로부터 150[℃]까지 가열한 다음에 정압과정에서 150[℃]로부터 200[℃]까지 가열했을 경우의 엔트로피 변화와 무용 에너지 및 유용 에너지를 구하라.
(단, 주위 온도는 10[℃]이다.)

① $\triangle S = 0.75$[kJ/K]

   $E_u = 21.25$[kJ]
   $E_a = 72.35$[kJ]

② $\triangle S = 75$[kJ/K]

   $E_u = 21.2$[kJ]
   $E_a = 72.3$[kJ]

③ $\triangle S = 75$[kJ/K]

   $E_u = 212.25$[kJ]
   $E_a = 72.35$[kJ]

④ $\triangle S = 0.75$[kJ/K]

   $E_u = 212.25$[kJ]
   $E_a = 72.35$[kJ]

풀이 $Q = mC_v(T_2 - T_1)$
$+ mC_p(T_3 - T_2)$
$= 2 \times 0.71 \times (423 - 293) + 2 \times 1 \times (473 - 423)$
$= 284.6$[kJ]

$\triangle S = \triangle S_1 + \triangle S_2$
$= mC_v \ln \frac{T_2}{T_1} + mC_p \ln \frac{T_3}{T_2}$
$= 2 \times 0.71 \times \ln\left(\frac{423}{293}\right) + 2 \times 1 \times \ln\left(\frac{473}{423}\right)$
$= 0.75$[kJ/K]

$E_u = T_0 \triangle S$
$= 283 \times 0.75 = 212.25$[kJ]

$E_a = Q_A - E_u$
$= 284.6 - 212.25 = 72.35$[kJ]

07 20[℃]의 주위 물체로부터 열을 받아서 -10[℃]의 얼음 50[kg]이 융해하여 20[℃]의 물이 되었다고 한다. 비가역 변화에 의한 엔트로피 증가를 구하라.[kJ/K] (단, 얼음의 비열은 2.1[kJ/kgK], 융해열은 333.6[kJ/kg])

① 79.79   ② 74.78
③ 50.1   ④ 5.01

풀이 $Q = m_{얼} C_{얼}(T_2 - T_1) + mQ_융 + m_물 C_물(T_3 - T_2)$
$= 50 \times 2.1 \times (273 - 263) + 50$
$\times 333.6 + 50 \times 4.18 \times (293 - 273) = 21910$[kJ]

$\triangle S_1 = m_{얼} C_{얼} \ln \frac{T_2}{T_1} + \frac{Q}{T_2} + m_물 C_물 \ln \frac{T_3}{T_2}$
$= 50 \times 2.1 \ln\left(\frac{273}{263}\right) + \frac{50 \times 333.6}{273}$
$+ 50 \times 4.18 \times \ln\left(\frac{293}{273}\right)$
$= 79.79$[kJ/K]

$\triangle S_2 = \frac{-21910}{20 + 273} = -74.78$[kJ/K]

그러므로 $\triangle S = \triangle S_1 - \triangle S_2$
$= 79.79 - 74.78 = 5.01$[kJ/K]

08 열역학 제2법칙을 옳게 표현한 것은?
① 에너지의 변화량을 정의하는 법칙이다.
② 엔트로피의 절대값을 정의하는 법칙이다.
③ 저온체에서 고온체로 열을 이동하는 것 외에 아무런 효과도 내지 않고 사이클로 작동되는 장치를 만드는 것은 불가능하다.
④ 온도계의 원리를 규정하는 법칙이다.

풀이 $\eta = \frac{W}{Q_h} = \frac{167}{419} = 39.85$[%]

$\eta = 1 - \frac{T_저}{T_고} = 1 - \frac{20 + 273}{100 + 273} = 0.21 \times 100$[%] = 21[%]

06 ④   07 ④   08 ③

09 어떤 사람이 자기가 만든 열기관이 100[℃]와 20[℃] 사이에서 419[kJ]의 열을 받아 167[kJ]의 유용한 일을 할 수 있다고 주장한다면, 이 주장은?
① 열역학 제1법칙에 어긋난다.
② 열역학 제2법칙에 어긋난다.
③ 실험을 해보아야 판단할 수 있다.
④ 이론적으로는 모순이 없다.

10 제2종 영구운동 기관이란?
① 영원히 속도변화 없이 운동하는 기관이다.
② 열역학 제2법칙에 위배되는 기관이다.
③ 열역학 제2법칙에 따르는 기관이다.
④ 열역학 제1법칙에 위배되는 기관이다.

11 열역학 제2법칙은 다음 중 어떤 구실을 하는가?
① 에너지 보존 원리를 제시한다.
② 어떤 과정이 일어날 수 있는가를 제시해 준다.
③ 절대 0도에서의 엔트로피값을 제공한다.
④ 온도계의 원리를 규정하는 법칙이다.
풀이 ① 제1법칙, ③ 제3법칙

12 열역학 제2법칙을 설명한 것 중 틀린 것은?
① 제2종 영구기관은 동작물질의 종류에 따라 존재할 수 있다.
② 열효율 100[%]인 열기관은 만들 수 없다.
③ 단일 열저장소와 열교환을 하는 사이클에 의해서 일을 얻는 것은 불가능하다.
④ 열기관에서 동작물질에 일을 하게 하려면 그 보다 낮은 열저장소가 필요하다.

13 비가역 과정이 되는 원인이 아닌 것은?
① 압력   ② 비탄성 변형
③ 자유 팽창   ④ 혼합

14 Clausius의 열역학 제2법칙을 설명해 주는 것은?
① 열은 그 자신으로서는 저온체에서 고온체로 흐를 수 없다.
② 모든 열교환은 계 내에서만 이루어진다.
③ 자연계의 엔트로피값 결정요소는 온도강하이다.
④ 엔탈피와 엔트로피의 관계는 항상 밀접하다.

15 Carnot 사이클은 어떠한 가역변화로 구성되며, 그 순서는?
① 단열팽창→등온팽창→단열압축→등온압축
② 단열팽창→단열압축→등온팽창→등온압축
③ 등온팽창→단열팽창→등온압축→단열압축
④ 등온팽창→등온압축→단열팽창→단열압축

09 ② 10 ② 11 ② 12 ① 13 ① 14 ① 15 ③

16 어떤 변화가 가역인지 또는 비가역인지를 알려면?

① 열역학 제1법칙을 적용한다.
② 열역학 제3법칙을 적용한다.
③ 열역학 제2법칙을 적용한다.
④ 열역학 제0법칙을 적용한다.

17 다음 과정 중 카르노 사이클에 포함되는 것은?

① 가역등압 과정
② 가역등온 과정
③ 가역등적 과정
④ 비가역 과정

18 카르노 사이클(Carnot Cycle)의 열효율을 높이는 방법에 대한 설명 중 틀린 것은?

① 저온쪽의 온도를 낮춘다.
② 고온쪽의 온도를 높인다.
③ 고온과 저온간의 온도차를 작게 한다.
④ 고온과 저온간의 온도차를 크게 한다.

19 고온 열원의 온도 500[℃]인 카르노 사이클(Carnot Cycle)에서 1사이클(Cycle)당 1.3[kJ]의 열량을 공급하여 0.93[kJ]의 일을 얻는다면, 저온열원의 온도는?[℃]

① 53
② -53
③ 70.264
④ 73.263

[풀이] $\eta = \dfrac{W}{Q_1} = 1 - \dfrac{T_{저}}{T_{고}}$

$T_{저} = \left(1 - \dfrac{W}{Q_1}\right) \cdot T_{고} = 773 \times \left(1 - \dfrac{0.93}{1.3}\right)$

$= 220 = -53$

20 Carnot 사이클 기관은?

① 가솔린 기관의 이상 사이클이다.
② 열효율은 좋으나 실용적으로 이용되지 않는다.
③ 기계효율은 좋고 크기 때문에 많이 이용된다.
④ 평균유효압력이 다른 기관에 비하여 크기 때문에 많이 이용된다.

21 증기를 교축(throttling) 시킬 때 변화 없는 것은?

① 압력(Pressure)
② 엔탈피(Enthalpy)
③ 비체적(Specific Volume)
④ 엔트로피(Entropy)

22 어떤 냉매액을 교축밸브(Expansion Valve)를 통과하여 분출시킬 경우 교축 후의 상태가 아닌 것은?

① 엔트로피는 감소한다.
② 온도는 강하한다.
③ 압력은 강하한다.
④ 엔탈피는 일정 불변이다.

[풀이] 교축과정은 비가역 과정이므로 엔트로피는 증가한다.

23 Carnot 사이클로 작동되는 열기관에 있어서 사이클마다 2.94[kJ]의 일을 얻기 위해서는 사이클마다 공급열량이 8.4[kJ], 저열원의 온도가 27[℃]이면 고열원의 온도는 몇 도가 되어야 하는가? [℃]

① 350
② 650
③ 461.5
④ 188.5

풀이
$$\eta = \frac{W}{Q} = 1 - \frac{T_2}{T_1}$$
$$\frac{2.94}{8.4} = 1 - \frac{27+273}{T_1}$$
$$T_1 = 461.5 - 273 = 188.5$$

24 공기 1[kg]의 작업물질이 고열원 500[℃], 저열원 30[℃]의 사이에 작용하는 카르노 사이클 엔진의 최고 압력이 0.5[MPa]이고, 등온팽창하여 체적이 2배로 된다면 단열팽창 후의 압력은 얼마인가? [kPa]

① 19
② 25
③ 2.5
④ 9.43

풀이
$$P_3 = P_2 \left(\frac{V_2}{V_3}\right) = 0.5 \times \frac{1}{2} = 0.25 MPa$$
$$P_4 = P_3 \left(\frac{T_4}{T_3}\right)^{\frac{k}{k-1}} = 0.25 \left(\frac{30+273}{500+273}\right)^{\frac{1.4}{0.4}}$$
$$= 9.427[kPa]$$

25 고열원 300[℃]와 저열원 30[℃] 사이에 작동하는 카르노 사이클의 열효율은 몇 [%]인가?

① 40.1
② 43.1
③ 47.1
④ 50.1

풀이
$$\eta_c = 1 - \frac{T_저}{T_고} = 1 - \frac{303}{573}$$
$$= 0.4712 \times 100[\%] = 47.1[\%]$$

26 2[kg]의 공기가 Carnot 기관의 실린더 속에서 일정한 온도 70[℃]에서 열량 126[kJ]를 공급받아 가역 등온팽창한다고 보면 공기의 수열량의 무효 부분은?(단, 저열원의 온도는 0[℃]로 한다.)[kJ]

① 100.28
② 116
③ 126
④ 200.6

풀이
$$E_u = T_0 \triangle S = 273 \frac{126}{70+273} = 100.28[kJ]$$

27 우주간에는 엔트로피가 증가하는 현상도 감소하는 현상도 있다. 우주의 모든 현상에 대한 엔트로피 변화의 총화에 대하여 가장 타당한 설명은?

① 우주간의 엔트로피는 차차 감소하는 현상을 나타내고 있다.
② 우주간의 엔트로피 증감의 총화는 항상 일정하게 유지된다.
③ 우주간의 엔트로피는 항상 증가하여 언젠가는 무한대가 된다.
④ 산업의 발달로 우주의 엔트로피 감소 경향을 더욱 크게 할 수 있다.

23 ④ 24 ④ 25 ③ 26 ① 27 ③

28 온도-엔트로피 선도가 편리한 점을 설명하는 데 관계가 가장 먼 것은?
① 면적이 열량을 나타내므로 열량을 알기 쉽다.
② 단열변화를 쉽게 표시할 수 있다.
③ 랭킨 사이클을 설명하기에 편리하다.
④ 면적계(planimeter)를 쓰면 일량을 직접 알 수 있다.

29 비가역 반응에서 계의 엔트로피는?
① 변하지 않는다.
② 항상 변하며 감소한다.
③ 항상 변하며 증가한다.
④ 최소상태와 최종상태에만 관계한다.

30 다음은 엔트로피의 원리를 설명했다. 틀린 것은?
① 등온등압하에서의 엔트로피의 총합은 0이다.
② 모든 작동유체가 열교환을 할 경우 비가역 변화의 엔트로피 값은 증가한다.
③ 가역 사이클에서 엔트로피의 총합은 0이다.
④ 지구상의 엔트로피는 계속 증가한다.

31 절대온도가 T_1 및 T_2인 두 물체가 있다. T_1에서 T_2에 Q의 열이 전달될 때 이 두 개의 물체가 이루는 체계의 엔트로피의 변화는?
① $\dfrac{Q(T_2-T_1)}{T_1 T_2}$ ② $\dfrac{Q(T_1-T_2)}{T_1 T_2}$
③ $\dfrac{Q(T_2-T_1)}{T_1}$ ④ $\dfrac{Q(T_1-T_2)}{T_2}$

풀이 고열원 T_1의 엔트로피 감소는 $\dfrac{Q}{T_1}$
저열원 T_2의 엔트로피 감소는 $\dfrac{Q}{T_2}$
$\therefore S = \dfrac{Q}{T_1} + \dfrac{-Q}{T_2} = \dfrac{Q(T_1-T_2)}{T_1+T_2}$

32 10[kg]의 공기가 압력 $P_1 = 0.5$[MPa]로부터 $V_1 = 5$[m²]에서 등온팽창하여 931[kJ]의 일을 하였다. 엔트로피의 증가량은 얼마인가?[kJ/K]
① 0.698 ② 1.07
③ 10.7 ④ 69.8

풀이 $T = \dfrac{PV}{mR} = \dfrac{0.5 \times 10^3 \times 5}{10 \times 0.287} = 871$
$\triangle S = \dfrac{Q}{T} = \dfrac{931}{871} = 1.07$

33 300[℃]의 증기가 1674[kJ/kg]의 열을 받으면서 가역 등온적으로 팽창한다. 엔트로피의 변화는 얼마인가?[kJ/K]
① 5.58 ② 3.58
③ 2.92 ④ 1.02

풀이 $\triangle S = \dfrac{Q}{T} = \dfrac{1674}{300+273} = 2.92$

34 물 5[kg]을 0[℃]로부터 100[℃]까지 가열하면 물의 엔트로피 증가는?
① 6.52 ② 6.52
③ 96.25 ④ 962

풀이 $\triangle S = mC \ln \dfrac{T_2}{T_1} = 5 \times 4.18 \times \ln \dfrac{373}{273} = 6.52$

28 ④ 29 ③ 30 ① 31 ② 32 ② 33 ③ 34 ①

35 2[kg]의 산소가 일정 압력 밑에서 체적이 0.4[m]에서 2.0[m]로 변했을 때 산소를 이상기체로 보고 산소의 $C_p=0.88$[kJ/kgK]이라 할 경우 엔트로피 증가는?[kJ/K]

① 88 ② 8.8
③ 4.8 ④ 2.8

풀이 $\triangle S = mC_p \ln\dfrac{T_2}{T_1} = mC_p \ln\dfrac{V_2}{V_1}$
$= 2 \times 0.88 \ln\dfrac{2}{0.4} = 2.83$[kJ/K]

36 산소가 체적 일정하에서 온도를 27[℃]로부터 −10[℃]로 강하시켰을 때 엔트로피의 변화는 얼마인가?(단, 산소의 정적비열은 0.654[kJ/kgK]이다.)[kJ/K]

① 0.086 ② −0.86
③ 0.86 ④ −0.086

풀이 $\triangle S = C_v \cdot \ln\dfrac{T_2}{T_1} = 0.654 \times \ln\dfrac{263}{300}$
$= -0.086$[kJ/K]

37 20[kWh]의 모터를 1시간 동안 제동하였더니 그 마찰열이 $t=30$[℃]의 주위에 전달하였다. 엔트로피의 증가는 몇 [kJ/K]인가?

① 4752.5 ② 237.6
③ 216 ④ 3.96

풀이 $\triangle S = \dfrac{Q}{T} = \dfrac{20 \times 3600}{273+30} = 237.6$[kJ/K]

38 100[℃]의 수증기 5[kg]이 100[℃] 물로 응결되었다. 수증기의 엔트로피 변화량은? (단, 수증기의 잠열은 2256[kJ/kg]이다.) [kJ/K]

① 28 ② 30.24
③ −28 ④ −30.24

풀이 $\triangle S = \dfrac{Q}{T} = \dfrac{5 \times 2256}{273+100} = 30.24$[kJ/K](감소)

39 초온 $t_1=1900$[℃], 초압 3.5[MPa]인 공기 0.03[m³]가 온도 $t_2=250$[℃]로 될 때까지 폴리트로프 팽창(n=1.3)을 한다. 이 과정에서 가해진 열량을 구하여라[kJ].
(단, 정적비열은 $C_v=0.717$[kJ/kg], $k=1.4$이다.)

① 165 ② 187
③ 67 ④ 21

40 −5[℃]의 얼음 100[kg]이 20[℃]의 대량의 물에서 녹을 때 전체의 엔트로피 증가는[kJ/k]?
(단, 얼음의 비열 2.11[kJ/kgK], 융해잠열은 333.6[kJ/kg]이다.)

① 146 ② 155.65
③ 14.6 ④ 9.65

35 ④ 36 ④ 37 ② 38 ④ 39 ③ 40 ④

41 다음 중 무효 에너지가 아닌 것은?
① 기준온도(절대온도)×엔트로피
② 기준온도(절대온도)×엔트로피의 변화
③ 효율이 낮아지면 커진다.
④ 카르노 사이클에서의 방출열량

42 공기 5[kg]을 정적변화하에 10[℃]~100[℃]까지 가열하고 다음에 정압하에서 250[℃]까지 가열한다. 주위 온도를 빙점으로 했을 때 무효 에너지는 몇 [kJ/kg]인가?
① 2.68 ② 73.1
③ 268 ④ 731

43 5[kg]의 물을 일정 압력하에서 25[℃]~90[℃]까지 가열되었을 때 −10[℃]를 기준온도로 했다면 공급열량 중에 무효에너지는?
① 259 ② 1086
③ 108.6 ④ 210.13

44 폴리트로프 과정에 대한 다음 사항 중 틀린 것은?
(단 T_1은 처음온도 T_2는 나중온도이다)
① $k>n>1$일 때, $T_1>T_2$이면 열을 흡수하고 팽창한다.
② $k<n$일 때, $T_1>T_2$이면 압축일을 하고 방열한다.
③ $k>n>1$일 때, $T_1<T_2$이면 방열하고 압축일을 계속한다.
④ $k<n$일 때, $T_1<T_2$이면 방열하고 압축일을 한다.

45 열역학 제2법칙은 다음 중 어떤 구실을 하는가?
① 에너지 보존의 원리를 제시한다.
② 온도계의 원리를 제공한다.
③ 절대영도에서의 엔트로피값을 제공한다.
④ 어떤 과정이 일어날 수 있는가를 제시해 준다.

46 카르노 사이클은 어떤 과정으로 구성되며 그 과정의 순서는?
① 등온팽창→단열압축→단열팽창→단열압축
② 등온팽창→단열팽창→등온압축→단열압축
③ 등온팽창→등온압축→단열압축→단열팽창
④ 등온팽창→단열팽창→단열압축→등온압축

47 엔트로피를 정의하는 식으로 옳은 것은?
① $ds=\dfrac{dT}{\delta Q}$ ② $ds=\dfrac{T}{\delta Q}$
③ $ds=\dfrac{\delta Q}{T}$ ④ $ds=\dfrac{Q}{\delta T}$

41 ①　42 ④　43 ②　44 ④　45 ④　46 ②　47 ③

48 고열원 Q_1, 저열원 Q_2인 카르노 사이클의 열효율은?

① $\eta = \dfrac{Q_2}{Q_1} - 1$
② $\eta = \dfrac{Q_1}{Q_2} - 1$
③ $\eta = \dfrac{Q_1 - Q_2}{Q_1}$
④ $\eta = \dfrac{Q_2}{Q_1 - Q_2}$

49 고열원의 온도 T_1, 저열원의 온도 T_2인 카르노 사이클의 열효율은?

① $\eta = \dfrac{T_2 - T_1}{T_1}$
② $\eta = \dfrac{T_1 - T_2}{T_2}$
③ $\eta = \dfrac{T_2}{T_1 - T_2}$
④ $\eta = \dfrac{T_1 - T_2}{T_1}$

50 열역학의 제2법칙을 맞게 표현한 것은?
① 온도계의 원리를 규정하는 법칙이다.
② 엔트로피의 절대값을 정의하는 법칙이다.
③ 제2종 영구운동하는 기관은 만들 수 없다.
④ 에너지의 변화량을 정의하는 법칙이다

51 카르노 사이클을 맞게 표현한 것은?
① 2개의 등온변화와 2개의 단열변화로 된 가역 사이클이다.
② 2개의 등적변화와 2개의 등압변화로 된 가역 사이클이다.
③ 2개의 등적변화와 2개의 단열변화로 된 가역 사이클이다.
④ 1개의 등온변화와 1개의 단열변화 및 2개의 등압변화로 된 가역 사이클이다.

52 카르노 사이클을 틀리게 설명한 것은?
① $\dfrac{Q_2}{Q_1} = \dfrac{T_2}{T_1}$
② 실제 기관으로 제작할 수 없는 사이클이다.
③ 열기관 중 효율이 가장 좋은 기관이다.
④ 2개의 등온과정과 2개의 등적과정으로 이루어진 사이클이다.

53 열역학의 제2법칙을 잘못 설명한 것은?
① 열효율이 100[%]인 열기관은 존재하지 않는다.
② 열기관의 동작물질에 일을 하게 하려면 그보다 낮은 열저장소가 필요하다.
③ 제2종 영구기관은 동작물질의 종류에 따라 존재할 수 있다.
④ 열은 스스로 저온체에서 고온체로 이동할 수 없다.

54 열역학의 제1법칙과 관계 깊은 사람은?
① Joule   ② Kelvin
③ Clausius ④ Nernst

55 카르노 사이클 기관에 대한 설명 중 맞는 것은?
① 휘발유 기관의 이론 사이클이다.
② 평균유효압력이 가장 적다.
③ 열효율은 좋으나 열기관에 이용되지 못한다.
④ 효율이 좋고 출력이 크므로 많이 쓰인다.

48 ③ 49 ④ 50 ③ 51 ① 52 ④ 53 ③ 54 ① 55 ③

56 제2종 영구운동 기관이란?

① 열역학의 제0법칙에 위배되는 기관이다.
② 열역학의 제1법칙에 위배되는 기관이다.
③ 열역학의 제2법칙에 위배되는 기관이다.
④ 열역학의 제3법칙에 위배되는 기관이다.

57 고열원의 열량 Q_1, 온도 T_1, 저열원의 열량 Q_2, 온도 T_2일 때 맞는 것은?

① $\dfrac{T_2}{T_1+T_2} = \dfrac{Q_2}{Q_2}$

② $\dfrac{T_2}{T_2} = \dfrac{Q_1}{Q_1+Q_2}$

③ $\dfrac{T_2}{T_1} = \dfrac{Q_1}{Q_2}$

④ $\dfrac{T_2}{T_1} = \dfrac{Q_2}{Q_1}$

58 열역학의 제2법칙과 관계없는 것은?

① 열효율이 100[%]인 기관은 만들 수 없다.
② 열을 저온체에서 고온체로 흐르게 하려면 일이 필요하다.
③ 입력보다 더 큰 출력을 내는 기관은 만들 수 없다.
④ 열은 고온체에서 저온체로는 스스로 이동한다.

풀이 ③ 열역학 제1법칙

59 열역학의 제2법칙은 효율을 증가시키기 위해 다음과 같은 문제에 좋은 해답을 준다. 틀린 것은?

① 고온과 저온간의 온도차를 크게 한다.
② 고온과 저온간의 온도차를 작게 한다.
③ 저온측은 온도를 낮춘다.
④ 고온측의 온도를 높인다.

60 가역기관에 대한 설명 중 잘못된 것은?

① 가역기관은 고온과 저온간의 온도차가 클수록 효율이 좋다.
② 가역기관은 작동온도 범위만 알면 효율을 구할 수 있다.
③ 고저 온도가 서로 같은 두 열저장소 사이에서 작동하는 서로 다른 두 가역기관의 효율은 같다.
④ 현재 사용중인 열기관 중 가장 효율이 좋은 것은 가역기관이다.

풀이 가역기관은 실제 존재하지 않는다.

61 어떤 사람이 자기가 만든 장치는 열을 받을 양만큼 전부 일로 변화시킬 수 있다고 주장한다. 여기에 대한 평가로 맞는 것은?

① 실험을 해보아야 판단할 수 있다.
② 근거가 있다.
③ 열역학의 제2법칙에 어긋난다.
④ 열역학의 제1법칙에 어긋난다.

56 ③ 57 ④ 58 ③ 59 ② 60 ④ 61 ③

62 계가 가역 사이클을 이룰 때 사이클에 연한 $\dfrac{\delta Q}{T}$의 적분은?

① $\oint \dfrac{\delta Q}{T} = 0$ ② $\oint \dfrac{\delta Q}{T} > 0$

③ $\oint \dfrac{\delta Q}{T} \geq 0$ ④ $\oint \dfrac{\delta Q}{T} \leq 0$

63 다음 중에서 엔트로피가 감소되는 경우는?
① 얼음이 융해되는 과정
② 열기관이 연료의 공급을 받아 외부에 일을 하는 과정
③ 고열원에서 저열원으로 열이 이동되는 과정
④ 냉동실에서 저장식품이 열을 빼앗기는 과정

64 다음 중에서 엔트로피의 단위는?
① [kcal/kg]   ② [kg/kcal]
③ [kg·m/℃]   ④ [kJ/K]

65 다음 중에서 엔트로피의 단위가 아닌 것은?
① [kcal/kg]   ② Clausius
③ [kcal/K]   ④ [kcal/kgK]

66 다음 중 틀린 식은?
① $dU + PdV = TdS$
② $dQ + dU = dS$
③ $TdS = dQ$
④ $dH = TdS + VdP$

67 10[℃]와 50[℃]의 물이 혼합되어 열평형을 이루었을 때 잘못된 것은?
① 엔트로피의 변화가 없다.
② 엔트로피는 변화된 온도구간에 대하여 적분하여 구한다.
③ 비가역 과정이므로 전계에서 엔트로피는 증가된다.
④ 10[℃]의 물에서는 엔트로피가 증가하고 50[℃]의 물에서는 감소된다.

68 어떤 방법에 의해서도 어떤 계를 절대 0도에 이르게 할 수 없다고 정의한 사람은?
① Clausius   ② Joule
③ Kelvin   ④ Nernst

69 다음 중에서 엔트로피의 변화가 없는 것은?
① 등온 변화   ② 단열 변화
③ 폴리트로프 변화   ④ 등압 변화

70 온도-엔트로피 선도가 편리한 점을 설명하는데 관계가 가장 먼 것은?
① 카르노 사이클을 설명하기 편리하다.
② 면적계(Planimeter)를 쓰면 일량을 직접 알 수 있다.
③ 넓이가 열량을 나타내므로 열량을 구하기 쉽다.
④ 단명변화를 쉽게 표시할 수 있다.

62 ① 63 ④ 64 ④ 65 ① 66 ② 67 ① 68 ④ 69 ② 70 ②

71 어떤 변화의 변화방향을 알려면?
① 열역학의 제0법칙을 적용한다.
② 열역학의 제1법칙을 적용한다.
③ 열역학의 제2법칙을 적용한다.
④ 열역학의 제3법칙을 적용한다.

72 무효 에너지를 맞게 표시한 것은?
① $(1-\eta)Q_2$
② $(\eta-1)Q_2$
③ $(\eta-1)Q_1$
④ $(1-\eta)Q_1$

73 온도 T_1 및 T_2인 두 물체가 있다. T_1에서 T_2로 Q의 열이 전달될 때 엔트로피의 변화를 구하는 식으로 맞는 것은?
① $\dfrac{T_1-T_2}{QT_1T_2}$
② $\dfrac{Q(T_1+T_2)}{T_1T_2}$
③ $\dfrac{Q}{T_1}-\dfrac{Q}{T_2}$
④ $\dfrac{Q(T_1-T_2)}{T_1T_2}$

74 클라우시우스가 정의한 엔트로피의 미소 변화식은?
① $dS=T\delta Q$
② $dS=\dfrac{T}{\delta Q}$
③ $dS=\dfrac{\delta Q}{T}$
④ $dS=(T\delta Q)^{\frac{1}{2}}$

75 카르노 사이클에서 열이 공급되는 과정은?
① 단열팽창
② 단열압축
③ 등온팽창
④ 등온압축

76 단열변화에서 엔트로피의 변화량은?
① 증가하기도 하고 감소하기도 한다.
② 변화없다.
③ 증가한다.
④ 감소한다.

77 다음 중에서 맞는 것은?
① $\dfrac{Q_1}{T_1}$ 이 감소할수록 유효 에너지는 감소된다.
② $\dfrac{Q_1}{T_1}$ 이 증가할수록 무효 에너지는 감소된다.
③ $\dfrac{Q_1}{T_1}$ 이 증가할수록 무효 에너지는 유효 에너지로 된다.
④ $\dfrac{Q_1}{T_1}$ 이 감소할수록 무효 에너지는 감소된다.

풀이 무효에너지 E_U
유효에너지 E_A

71 ③ 72 ④ 73 ④ 74 ③ 75 ③ 76 ② 77 ④

제 7 장 기체 압축기

동작물질(작동유체)가 외부에서 일을 공급받아 저압의 유체를 압축하여 고압으로 송출하는 기계를 압축기(Compressor)라 하며, 작동유체의 대표적인 것은 공기이다. 압축기의 이론적 해석을 위한 가정은 다음과 같다.

(1) 작동유체는 비열이 일정한 완전가스이다.

(2) 정상유동으로 한다.

$$W_t = -\int vdp$$
$$= mn21m$$

1. 왕복피스톤의 공통용어

① 직경(Bore) : 실린더의 직경

② 상사점(Top Dead Center) : 실린더 체적이 최소일 때의 피스톤 위치(TDC)

③ 하사점(Bottom Dead Center) : 실린더 체적이 최대일 때의 피스톤의 위치(BDC)

④ 행정(Stroke) : 피스톤이 이동하는 거리 즉, 상사점과 하사점의 사이 길이(l.s)

⑤ 통극체적 (V_c) : 피스톤이 상사점에 있을 때 가스가 차지하는 체적

⑥ 행정체적 (V_s) : 상사점과 하사점 사이의 가스가 차지하는 체적

⑦ 통극 (λ) : 통극체적과 행정체적의 백분율

$$\lambda = \frac{V_c}{V_s} \times 100$$

⑧ 압축비(ε) : 실린더 전체체적과 통극체적과의 비

$$\varepsilon = \frac{V_s + V_c}{V_c} = \frac{V_c}{V_c} + \frac{1}{V_c/V_s} = 1 + \frac{1}{\lambda}$$

$$V_s = \frac{\pi}{4} D^2 \cdot S$$

2. 압축일

통극 또는 간극체적(Clearance Volume)이 없는 1단 압축기나 원심 압축기에 의하여 기체를 압력 P_1에서 P_2까지 압축하는 데 필요한 압축일은

$$W = -\int_1^2 V dp$$

1) 등온압축시

$$W_t = P_1 V_1 \ln \frac{V_1}{V_2} = mRT_1 \ln \frac{P_2}{P_1}$$

2) 단열압축시

$$W_t = mC_p T_1 \left\{ \frac{T_2}{T_1} - 1 \right\} = \frac{k}{k-1} mRT_1 \left\{ \left(\frac{P_2}{P_1}\right)^{\frac{k-1}{k}} - 1 \right\}$$

$$= \frac{k}{k-1} P_1 V_1 \left\{ \left(\frac{V_1}{V_2}\right)^{k-1} - 1 \right\}$$

$$W_t = \frac{n}{n-1} P_1 V_1 \left\{ \frac{T_2}{T_1} - 1 \right\} = \frac{n}{n-1} mRT_1 \left\{ \left(\frac{P_2}{P_1}\right)^{\frac{n-1}{n}} - 1 \right\}$$

$$= \frac{n}{n-1} mRT_1 \left\{ \left(\frac{V_1}{V_2}\right)^{\frac{n-1}{n}} - 1 \right\}$$

3) 압축 후 온도 및 열량

① 등온압축 ($T_2 = T_1$)

$$q = P_1 v_1 \ln \frac{P_2}{P_1} = RT_1 \ln \frac{V_1}{V_2}$$

② 단열압축

$$T_2 = T_1 \left(\frac{P_2}{P_1}\right)^{\frac{k-1}{k}} = T_1 \left(\frac{V_1}{V_2}\right)^{k-1}, \quad q = 0$$

③ 폴리트로프 압축

$$T_2 = T_1 \left(\frac{P_2}{P_1}\right)^{\frac{n-1}{n}} = T_1 \left(\frac{V_1}{V_2}\right)^{n-1}$$

$$q = C_n(T_2 - T_1) = \frac{n-k}{n-1} C_v(T_2 - T_1)$$

이들 일을 압축기에서는 등온압축일 때가 최소이고, 단열압축일 때가 최대이다. 즉, 지수 (n)가 증가할수록 압축일은 증가하며, 감소할수록 압축일은 감소한다.

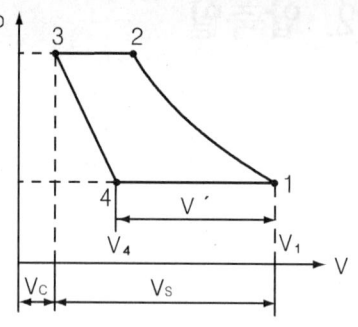

이론적인 압축기 지압선도

3. 압축기의 효율

압축기의 효율은 기계효율(η_m)과 체적효율(η_v)로 되며, 전효율은 $\eta = \eta_m \cdot \eta_v$ 이다.

1) 기계효율(η_m)

압축기의 기계효율은 제동일(W_B)과 지시일(W_I)의 비이다.

$$\eta_m = \frac{W_I}{W_B}$$

그러나 열기관에서의 기계효율은 지시일(W_I)과 제동일(W_B)의 비이다.

$$\eta_m = \frac{W_B}{W_I}$$

효율은 항상 1보다 작아야 한다.

2) 체적효율(η_v)

$$\eta_v = \frac{\text{행정당 실제 흡입체적}}{\text{행정체적}} = \frac{V_1 - V_4}{V_s} \begin{aligned} &= \frac{V_1 - V_4}{V_s} = \frac{V_s(1+\lambda) - V_4}{V_s} \\ &= 1 + \lambda - \frac{V_4}{V_s} = 1 - \lambda \left[\left(\frac{P_2}{P_1}\right)^{\frac{1}{n}} - 1\right] \\ &= 1 - \lambda \left(\frac{V_4}{V_s} - 1\right) = 1 + \lambda - \lambda \left(\frac{P_2}{P_1}\right)^{\frac{1}{n}} \end{aligned}$$

4. 다단 압축 사이클

압력비를 크게 하면 체적효율이 저하되고 배출온도가 높아져 윤활과 기밀에 문제가 발생한다. 그러므로 압력비를 높이고자 할 때와 체적효율의 감소를 방지하기 위해 다단 압축을 한다.

$$W = \int_1^a vdp + \int_a^2 vdp$$

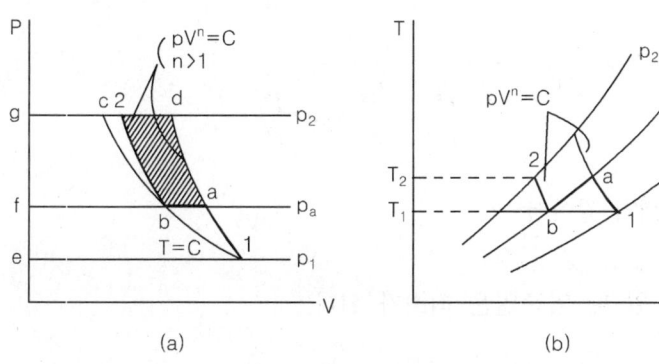

그림 7-5

이 때 압축일 W는 저압단과 고압단 모두 폴리트로프 변화를 한다면

$$W = \frac{n}{n-1} mRT_1 \left\{ \left(\frac{P_a}{P_1}\right)^{\frac{n-1}{n}} - 1 \right\} + \frac{n}{n-1} mRT_{al} \left\{ \left(\frac{P_a}{P_1}\right)^{\frac{n-1}{n}} - 1 \right\}$$

$$= \frac{n}{n-1} mR \left[T_1 \left\{ \left(\frac{P_a}{P_1}\right)^{\frac{n-1}{n}} \right\} - 1 + T_{al} \left\{ \left(\frac{P_2}{P_a}\right)^{\frac{n-1}{n}} - 1 \right\} \right]$$

만약 완전 중간 냉각을 하여 초온 T_1까지 냉각시는 $T_{al} = T_1$이므로

$$W = \frac{n}{n-1} mRT_1 \left\{ \left(\frac{P_a}{P_1}\right)^{\frac{n-1}{n}} + \left(\frac{P_2}{P_a}\right)^{\frac{n-1}{n}} - 2 \right\}$$

여기에서 중간 압력 P_a를 적당히 택하면 W를 최소로 할 수 있다.

즉,

$$\left(\frac{P_a}{P_1}\right)^{\frac{n-1}{n}} + \left(\frac{P_2}{P_a}\right)^{\frac{n-1}{n}}$$

항이 최소가 되면 된다. 따라서 P_a에 대하여 미분하여

$\dfrac{dW}{dP_a} = 0$일 때, P_a값은

$P_a = \sqrt{P_1 P_2}$ 가 된다.

$$\frac{P_a}{P_1} = \frac{P_2}{P_a} = \sqrt{\frac{P_2}{P_1}}$$

각 단의 압력비가 같아서

$\left(\dfrac{P_2}{P_1}\right)^{\frac{1}{2}}$ 일 때 압축일은 최소가 된다.

2단 이상의 다단의 경우에도 동일하며, 각 단의 압력비를 $\sqrt[3]{P_1 P_2}$, $\sqrt[4]{P_1 P_2}$…로 하면 된다. 따라서 N단 압축을 행할 경우 압축일 W는

$$W = \frac{n \cdot N}{n-1} RT_1 \left\{ \left(\frac{P_2}{P_1}\right)^{\frac{n-1}{Nn}} - 1 \right\}$$ 이 되고

각 단에 있어서 요하는 일은 W/N이다.

연습문제

01 피스톤의 행정체적 20,000[cc], 간극비 0.05인 1단 공기 압축기에서 1[ata], 20[℃]의 공기를 8ata까지 압축한다. 압축과 팽창과정은 모두 $PV^{1.3}=C$에 따라 변화한다면 체적효율은 얼마인가? 또, 사이클당 압축기의 소요일은 얼마인가?

① 82.5[%], 4.2[kJ]
② 42.8[%], 82.5[kJ]
③ 80[%], 80[kJ]
④ 80.25[%], 147[kJ]

풀이
$$\eta_v = 1 + \lambda - \lambda \left(\frac{P_2}{P_1}\right)^{\frac{1}{n}}$$
$$= 1 + 0.05 - 0.05 \times \left(\frac{8}{1}\right)^{\frac{1}{1.3}} \times 100[\%]$$
$$= 80.25[\%]$$

$$W = \frac{n}{n-1} P_1 V_1 \left\{\left(\frac{P_2}{P_1}\right)^{\frac{n-1}{n}} - 1\right\} \div \eta_v$$
$$= \frac{1.3}{1.3-1} \frac{101.3 \times 10^3}{1.0332} \times 0.02$$
$$\left\{\left(\frac{8}{1}\right)^{1.3} - 1\right\} \div 0.8025$$
$$= 147481 = 147[kJ]$$

02 20[℃]인 공기 3[kg]을 0.1[MPa]에서 0.5[MPa]까지 가역적으로 압축할 때 등온과정의 압축일 및 압축 후의 온도를 구하여라. (단, $n=1.3$이다.)

① 406[kJ], 293[K]
② 581.96[kJ], 191[K]
③ 58.2[kJ], 293[K]
④ 40.6[kJ], 210[K]

풀이
$$W_t = mRT \ln \frac{P_2}{P_1}$$
$$= 3 \times 0.287 \times 293 \ln\left(\frac{0.5}{0.1}\right)$$
$$= 406[kJ]$$
$$T_2 = 20 + 273 = 293[K]$$

03 통극체적에 대한 설명 중 옳은 것은 다음 중 어느 것인가?

① 실린더의 전체적
② 피스톤이 하사점에 있을 때 가스가 차지하는 체적
③ 상사점과 하사점 사이의 체적
④ 피스톤이 상사점에 있을 때 가스가 차지하는 체적

풀이 통극체적=극간체적

04 압력 1.033[ata], 온도 30[℃]의 공기 1kg을 10[ata]까지 압축하는 경우 2단 압축을 하면 1단 압축에 비하여 압축에 필요로 하는 일을 얼마만큼 절약할 수 있는가?
(단, 공기의 상태는 $PV^{1.3}=C$를 따른다고 한다.)

① 61[%] ② 71[%]
③ 13[%] ④ 26[%]

풀이 ① 1단의 압축의 경우

01 ④ 02 ① 03 ④ 04 ③

$$W_1 = \frac{n}{n-1} RT\left[\left(\frac{P_2}{P_1}\right)^{\frac{n-1}{n}} - 1\right]$$

$$= \frac{1.3}{1.3-1} \times 0.287 \times 303$$

$$\times \left[\left(\frac{10}{1.033}\right)^{\frac{1.3-1}{1.3}} - 1\right]$$

$$= 259.5 [kJ]$$

② 2단의 압축의 경우

$$W_2 = \frac{n \cdot N}{n-1} RT\left[\left(\frac{P_2}{P_1}\right)^{\frac{n-1}{Nn}} - 1\right]$$

$$= \frac{1.3 \times 2}{1.3-1} \times 0.287 \times 303$$

$$\times \left[\left(\frac{10}{1.033}\right)^{\frac{1.3-1}{2 \times 1.3}} - 1\right] = 225.67 [kJ]$$

$$\therefore 절약[\%] = \frac{W_1 - W_2}{W_1}$$

$$= \frac{259.5 - 225.6}{259.5} \times 100$$

$$= 13\%$$

05 통극비 λ는 다음 중 어느 것인가?
(단, V_c : 통극체적, V_s : 행정체적)

① $\lambda = \frac{V_c}{V_s}$

② $\lambda = \frac{V_s}{V_c}$

③ $\lambda = \frac{V_c + V_s}{V_3}$

④ $\lambda = \frac{V_c}{V_s} - 1$

06 왕복식 압축기의 체적효율은 어느 것인가?
① 행정체적에 대한 간극체적의 비
② 단위체적당의 일
③ 실제의 토출량과 입구상태로 행정체적을 차지하는 기체의 무게와의 비
④ 행정체적에 대한 정미흡입체적의 비

풀이 $\eta_v = \frac{V_1 - V_4}{V_s}$

07 다음 중 정상류의 압축이 최소인 것은?
① 등온 과정
② 폴리트로프 과정
③ 등엔트로피 과정
④ 단열 과정

풀이

1-2 : 등온 과정
1-3 : 폴리트로프 과정
1-4 : 단열(등엔탈피) 과정

08 압축기가 폴리트로프 압축을 할 때 폴리트로프 지수 n이 커지면 압축일은 어떻게 되는가?
① 작아진다.
② 커진다.
③ 클 수도 있고 작을 수도 있다.
④ 마찬가지이다.

09 공기를 같은 압력까지 압축할 때 비가역 단열압축 후의 온도는 가열 단열압축 후의 온도에 비하여 어떠한가?
① 낮다.
② 높다.
③ 같다.
④ 높을 수도 있고 낮을 수도 있다.

05 ① 06 ④ 07 ① 08 ② 09 ②

풀이

1-2 : 가역단열 과정
1-2′ : 비가역단열 과정
∴ $T_2' > T_2$

10 행정체적 20[ℓ], 극간비 5[%]인 1단 압축기에 의하여 0.1[MPa], 20[℃]인 공기를 0.7[MPa]로 압축할 때 체적효율은 몇 [%]인가?(단, $n=1.3$이다.)

① 75.2[%]   ② 82.66[%]
③ 88.24[%] ④ 90.21[%]

풀이 $\eta_v = 1 + \lambda - \lambda \left(\dfrac{P_2}{P_1}\right)^{\frac{1}{n}}$

$= 1 + 0.05 - 0.05 \times \left(\dfrac{0.7}{0.1}\right)^{\frac{1}{1.3}}$

$= 0.8266 \times 100 [\%]$

$= 82.66[\%]$

11 극간비가 증가하면 체적효율은?
① 증가 또는 감소   ② 불변
③ 감소   ④ 증가

풀이 극간비 $\lambda = \dfrac{V_c}{V_s}$

12 온도 15[℃]의 공기 1[kg]을 압력 0.1[MPa]로부터 0.25[MPa]까지 극간체적이 없는 1단 압축기에서 압축할 경우 압축일은 얼마인가?
(단, 등온압축으로 간주한다.)

① 82.6   ② 75.6
③ 8.26   ④ 7.56

풀이 $V_1 = \dfrac{mRT_1}{P_1}$

$= \dfrac{1 \times 0.287 \times 288}{100} = 0.826 [\text{m}^3]$

$W_t = P_1 V_1 \ln \dfrac{P_2}{P_1} = 100 \times 0.826 \times \ln\left(\dfrac{250}{100}\right)$

$= 75.68 [\text{kJ}]$

13 처음 압력 0.1[MPa], 온도가 25[℃]의 상태에서 $PV^{1.3}=C$의 변화를 하여 압력이 0.7[MPa] 압축되었다. 통극이 5[%]라고 하면 체적효율은 얼마인가?

① 60.12[%]   ② 78.19[%]
③ 82.66[%]   ④ 88.91[%]

풀이 $\eta_v = 1 + \lambda - \lambda \left(\dfrac{P_2}{P_1}\right)^{\frac{1}{n}}$

$= 1 + 0.05 - 0.05 \times \left(\dfrac{700}{100}\right)^{\frac{1}{1.3}}$

$= 0.8266 \times 100 [\%]$

$= 82.66[\%]$

14 1[ata], 25[℃]의 공기를 8[ata]까지 2단 압축할 경우 중간압력 P_m은 얼마인가?
(단, $n=1.3$ 폴리트로프 변화를 간주한다.)

① 1.182[ata]   ② 2.828[ata]
③ 3.129[ata]   ④ 4.577[ata]

풀이 $P_m = \sqrt{P_1 \cdot P_2} = \sqrt{1 \times 8} = 2.828 [\text{ata}]$

10 ② 11 ③ 12 ② 13 ③ 14 ②

15 27[℃], 0.1[MPa]의 공기 10[m³/min]을 5[MPa]까지 압축하는 데 필요한 구동마력이 50[PS]일 때 전효율을 구하면?

① 50.45[%] ② 73[%]
③ 82.14[%] ④ 90[%]

풀이 등온도시 마력

$$W = p_1 \cdot v_1 \cdot \ln \frac{p_2}{p_1}$$
$$= 0.1 \times 10^6 \times \frac{10}{60} \times \ln \frac{5}{1}$$
$$= 26824 [J/S]$$

1[PS] = 75[kg·m/s] = 0.735[kJ/s]

전효율 $= \dfrac{\text{등온도시 마력}}{\text{정미 마력}}$
$= \dfrac{26.824}{50 \times 0.735}$
$= 0.729 = 73[\%]$

16 극간비를 맞게 표시한 것은?
(단, V_c : 극간체적, V_s : 행정체적)

① $\dfrac{V_c}{V_s}$ ② $\dfrac{V_s}{V_c}$
③ $\dfrac{V_c}{V_s + V_c}$ ④ $\dfrac{V_s + V_c}{V_s}$

17 극간체적을 맞게 설명한 것은?
① 실린더 체적
② 상사점과 하사점 사이의 체적
③ 피스톤이 하사점에 있을 때 체적
④ 피스톤이 상사점에 있을 때 체적

18 극간체적을 맞게 설명한 것은?
① 실린더 체적에 압축비를 곱한 것
② 행정체적에 압축비를 곱한 것
③ 행정체적을 압축비로 나눈 것
④ 실린더 체적을 압축비로 나눈 것

풀이 압축비 $(\varepsilon) = \dfrac{V_s + V_c}{V_c}$

실린더 체적 $= V_s + V_c$
극간체적 $= V_c$

19 이단 압축할 때 압축일이 최소가 되는 중간 압력은?

① $(P_1 P_2)^2$ ② $(P_1 P_2)^3$
③ $(P_1 P_2)^{\frac{1}{2}}$ ④ $(P_1 P_2)^{\frac{1}{3}}$

20 극간비가 일정할 때 압력비가 증가하면 체적효율은?

① 압력비와 관계 없다. ② 불변
③ 증가 ④ 감소

풀이 $\eta_V = 1 + \lambda - \lambda \left(\dfrac{P_2}{P_1}\right)^{\frac{1}{n}}$

압력비 $= \dfrac{P_2}{P_1}$

21 압력비가 일정할 때 극간비가 증가하면 체적효율은?

① 극간비와 관계 없다. ② 불변
③ 증가 ④ 감소

15 ② 16 ① 17 ④ 18 ④ 19 ③ 20 ④ 21 ④

22 기체를 같은 압력까지 압축할 때 비가역 단열압축 했을 때 온도가 가역 단열압축 했을 때 온도에 비하여 맞는 것은?
① 서로 같다.
② 높을 때도 낮을 때도 있다.
③ 더 높아진다.
④ 더 낮아진다.

23 $PV^n = C$로 압축할 때 n의 값이 증가하면 압축일은?
① 증가
② 감소
③ 증가할 때도 감소할 때도 있다.
④ 불변

24 이상기체를 등온압축하면 열량과 내부에너지는 어떻게 되는가?
① 흡열, 감소   ② 흡열, 증가
③ 방열, 감소   ④ 방열, 일정

풀이 $Q = P_1 V_1 \ln \dfrac{V_2}{V_1}$
$\triangle U = mC_v(T_2 - T_1)$
체적감소, 온도불변

25 이상기체를 폴리트로프 압축했을 때와 등온압축 했을 때 엔탈피를 맞게 표시한 것은?
① 알 수 없다.
② 단열압축 때 엔탈피=등온압축 때 엔탈피
③ 단열압축 때 엔탈피<등온압축 때 엔탈피
④ 단열압축 때 엔탈피>등온압축 때 엔탈피

26 기체의 압축일이 최소인 것은?
① 등온압축   ② 단열압축
③ 폴리트로프 압축   ④ 등적압축

27 다단압축하는 목적은?
① 압축일과 체적효율 감소
② 압축일 증가, 체적효율 감소
③ 압축일과 체적효율 증가
④ 압축일 감소, 체적효율 증가

28 중간냉각기를 사용하는 가장 큰 이유는?
① 체적효율을 감소시킨다.
② 압축일을 감소시킨다.
③ 압력비를 감소시킨다.
④ 극간비를 감소시킨다.

29 체적효율을 맞게 표시한 것은?
(단, ε_0는 간극비이다.)

① $1 - \varepsilon_0 \left\{ \left(\dfrac{P_2}{P_1}\right)^n - 1 \right\}$

② $1 - \varepsilon_0 \left\{ \left(\dfrac{P_2}{P_1}\right)^{\frac{1}{n}} - 1 \right\}$

③ $1 - \varepsilon_0 \left\{ \left(\dfrac{P_2}{P_1}\right)^{\frac{n-1}{n}} - 1 \right\}$

④ $1 - \varepsilon_0 \left\{ \left(\dfrac{P_2}{P_1}\right)^{\frac{n}{n-1}} - 1 \right\}$

22 ③ 23 ① 24 ④ 25 ④ 26 ① 27 ④ 28 ② 29 ②

30 단열압축일을 틀리게 표시한 것은?

① $\dfrac{k}{k-1} P_1 V_1 \left\{ \left(\dfrac{V_1}{V_2}\right)^{k-1} - 1 \right\}$

② $\dfrac{k}{k-1} mRT_1 \left\{ \left(\dfrac{T_2}{T_1}\right) - 1 \right\}$

③ $\dfrac{k}{k-1} mRT_1 \left\{ \left(\dfrac{P_2}{P_1}\right)^{\frac{k-1}{k}} - 1 \right\}$

④ $\dfrac{k}{k-1} mRT_1 \left\{ \left(\dfrac{T_2}{T_1}\right)^{-\frac{1}{k}} - 1 \right\}$

31 M단 압축기의 압축일 계산식을 맞게 표시한 것은?

① $\dfrac{Mn}{n-1} P_1 V_1 \left\{ \left(\dfrac{P_2}{P_1}\right)^{\frac{n-1}{Mn}} - 1 \right\}$

② $\dfrac{n}{M(n-1)} P_1 V_2 \left\{ \left(\dfrac{P_2}{P_1}\right)^{\frac{M(n-1)}{n}} - 1 \right\}$

③ $\dfrac{Mn}{n-1} P_1 V_2 \left\{ \left(\dfrac{P_2}{P_1}\right)^{\frac{M(n-1)}{n}} - 1 \right\}$

④ $\dfrac{n}{M(n-1)} P_1 V_2 \left\{ \left(\dfrac{P_2}{P_1}\right)^{\frac{n-1}{M}} - 1 \right\}$

풀이 $\dfrac{Mn(P_1V_1 - P_2V_2)}{n-1}$

$= \dfrac{MnmRT_1}{n-1}\left(1 - \dfrac{T_2}{T_1}\right)$

$= \dfrac{MnmRT_1}{n-1}\left(\left(\dfrac{P_2}{P_1}\right)^{\frac{n-1}{nM}} - 1\right)$

32 N_e: 정미압축동력, N_i: 도시압축동력 이라면 압축기의 기계효율은?

① $\dfrac{N_i}{N_e + N_i}$ ② $\dfrac{N_e}{N_e + N_i}$

③ $\dfrac{N_e}{N_i}$ ④ $\dfrac{N_i}{N_e}$

33 등온압축을 맞게 표시한 것은?

① $P_1 V_1 \ln \dfrac{P_2}{P_1}$

② $P_1 V_1 \ln \dfrac{V_1}{V_2}$

③ $mRT_1 \ln \dfrac{P_1}{P_2}$

④ $mRT_1 \ln \dfrac{V_1}{V_2}$

34 단열압축 후의 온도계산식을 맞게 표시한 것은?

① $T_1 \left(\dfrac{P_2}{P_1}\right)^{\frac{k-1}{k}}$

② $T_1 \left(\dfrac{P_1}{P_2}\right)^{\frac{k-1}{k}}$

③ $T_1 \left(\dfrac{P_2}{P_1}\right)^{\frac{k}{k-1}}$

④ $T_1 \left(\dfrac{P_1}{P_2}\right)^{\frac{k}{k-1}}$

30 ④ 31 ① 32 ④ 33 ① 34 ①

35 η_m : 기계효율, η_{ad} : 단열효율, η_{oad} : 전단열효율의 관계를 맞게 표시한 것은?

① $\eta_{oad} = \eta_m \eta_{ad}$
② $\eta_m = \eta_{oad} \eta_{ad}$
③ $\eta_{ad} = \eta_m \eta_{oad}$
④ $\eta_{oad} = \eta_m / \eta_{ad}$

36 극간비 0.05인 1단 압축기에서 팽창압축이 모두 $PV^{1.3} = C$에 따르는 폴리트로프 변화라면 체적효율이 0이 되어 압축된 공기가 토출될 수 없는 압력비는 얼마인가?

① 32.3 ② 42.3
③ 52.3 ④ 62.3

37 1[ata] 27[℃]의 공기를 6[ata]까지 2단 압축할 때 중간압력은 얼마인가?
(단, $n = 1.3$인 폴리트로프 변화한다.)

① 1.45[ata] ② 2.45[ata]
③ 3.45[ata] ④ 4.45[ata]

38 압축기의 행정체적이 20[ℓ], 극간비 5[%]인 1단 압축기에 의하여 0.1[MPa], 20[℃]인 공기를 0.7[MPa]로 압축할 때 체적효율은 얼마인가?
(단, $n = 1.3$이다.)

① 32.66 ② 66.32
③ 82.66 ④ 92.8

39 처음 압력 0.1[MPa], 온도 27℃의 상태에서 $PV^{1.3} = C$의 변화를 하여 압력이 0.6[MPa]로 압축되었다면 압축 후의 온도는 몇[℃]인가?

① 180.6 ② 230.6
③ 450.6 ④ 453.6

40 온도 15[℃]의 공기 1[kg]을 압력 0.25[MPa]로부터 1[MPa]까지 극간체적이 없는 1단 압축기에서 압축할 때 등온 압축하면 압축일은 얼마인가?[kJ]

① 206 ② -114.6
③ -206 ④ 114.6

41 1[ata] 27[℃]의 공기 1[kg]을 $PV^{1.3} = C$인 폴리트로프 변화에 의하여 6[ata]까지 2단 압축할 때 중간냉각기에서 제거해야 할 열량은 얼마인가? [kJ/kg]

① -27.7 ② 27.7
③ -72.7 ④ 72.7

42 27[℃]의 공기 10[kg/s]를 1[ata]로부터 6[ata]까지 폴리트로프 변화로 압축하는데 압축 후의 온도를 100[℃]로 유지하려면 압축하는 사이에 얼마의 열을 제거하면 되는가?
(단, $C_v = 0.72$[KJ/kgK], $k = 1.4$, $n = 1.25$이다.)

① 31.5　　② 315
③ 37.3　　④ 373

43 대기압 750[mmHg], 27[℃]의 공기를 5[kg/min]의 비율로 5[ata]까지 단열 압축하는데 필요한 마력은 얼마인가? [kW]

① 4.18　　② 300
③ 290　　④ 120

44 2단 공기압축기에서 매분 1[kg]의 공기를 흡입온도 30[℃], 흡입압력 0.97[ata], 토출압력 65[ata]로 압축할 때 중간 압력은 얼마인가?[kPa]

① 5.6　　② 56
③ 79　　④ 794

제 8 장 내연기관 사이클

열기관(Heat Engine)은 연료의 연소에 의해 발생되는 열에너지를 기계적 에너지로 바꾸는 기관으로 내연기관(Internal Combustion Engine)과 외연기관(External Combustion Engine)으로 구분된다.

(1) 내연기관 : 연소가 동작물질 내에서 연소하는 기관으로 실제 사용기관으로 가솔린 엔진, 디젤 엔진, 로터리 엔진, 가스터빈 및 제트 엔진 등이 이에 속한다.
(2) 외연기관 : 동작물질 외에서 연소가 일어나 보일러, 기타 열교환기를 통해 열을 공급 받는 기관으로 증기기관 및 밀폐 사이클의 가스터빈 등이다.

1. 공기 표준 사이클

내연기관의 동작물질은 공기와 연료의 혼합물 및 잔류가스의 혼합기체이며 연소 후에는 잔류 연소 생성가스도 포함되어 열역학적 기본 특성을 알기 위해서는 공기 표준 사이클 이라는 가정이 필요하다.

① 동작물질은 이상기체인 공기이며, 비열은 일정하다.
② 연소과정은 가열과정을 대치하고 밀폐된 상태에서 외부에서 열을 공급받고 외부로 열을 방출한다.
③ 압축 및 팽창과정은 가역단열과정이다.
④ 각 과정은 가역과정으로 역 cycle로 성립한다.

대표적인 cycle의 종류는 왕복내연기관의 기본 사이클(Otto, Diesel, Sabathe), 가스터 빈의 기본 사이클(Braton), 기타 사이클(Ericsson, Stiring, Atkinson, Lenoir cycle) 등이 있다.

2. 공기 표준 오토 사이클

공기 표준 오토 사이클은 전기점화기관(Spark Ignition Internal Combustion Engine)의 이상 사이클로서 열공급 및 방열이 정적하에서 이루어지므로 정적 사이클이라고도 한다. 가솔린기관의 기본 사이클이다.

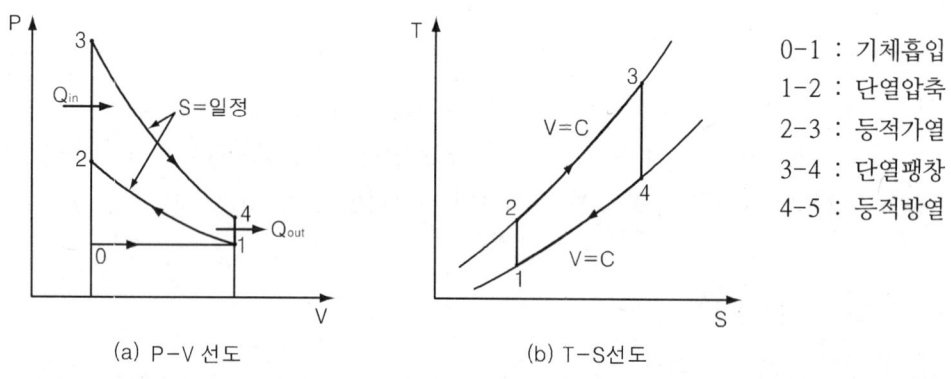

0-1 : 기체흡입
1-2 : 단열압축
2-3 : 등적가열
3-4 : 단열팽창
4-5 : 등적방열

(a) P-V 선도   (b) T-S선도

공기표준 오토 사이클의 P-V, T-S 선도

1) 사이클의 구성

① 1 → 2 과정 : 단열압축

$$T_1 v_1^{k-1} = T_2 v_2^{k-1}$$

$$T_2 = \left(\frac{v_1}{v_2}\right)^{k-1} \cdot T_1 = T_1 \cdot \varepsilon^{k-1}$$

여기서 $\varepsilon = \left(\frac{v_1}{v_2}\right)$은 압축비(Compression Ratio)이다.

② 3 → 4 과정 : 단열팽창

$$T_3 v_3^{k-1} = T_4 v_4^{k-1}$$

$$T_3 = \left(\frac{v_4}{v_3}\right)^{k-1} \cdot T_4 = \varepsilon^{k-1} \cdot T_4$$

$$\therefore T_3 = \varepsilon^{k-1} \cdot T_4$$

2) 공급열량과 방출열량 및 일

◎ 공급 열량 $q_1 = C_v(T_3 - T_2)$

◎ 방출 열량 $q_2 = C_v(T_4 - T_1)$

◎ 따라서 유효일 $W = q_1 - q_2 = C_p(T_3 - T_2) - C_v(T_4 - T_1)$

3) 열효율

$$\eta_0 = \frac{W}{q_1} = 1 - \frac{q_2}{q_1} = 1 - \frac{T_4 - T_1}{T_3 - T_2} = 1 - \left(\frac{1}{\varepsilon}\right)^{k-1}$$

여기서 ε은 압축비로서 압축 전후의 체적비로 정의된다. 즉,

$$\varepsilon = \frac{v_1}{v_2}$$

오토 사이클의 이론 열효율은 압축비만의 함수이다. 그러나 실제 사이클 기관에서 압축비가 클 경우 이상 폭발현상(Engine Knock)이 발생하므로 압축비는 5~10으로 제한을 한다.

4) 평균유효압력

유효일을 행정체적으로 나눈 값을 평균유효압력(Mean Effective Pressure : P_m)이라 하며, 오토 사이클에서의 평균유효압력 (P_{m0})은 다음과 같다.

$$P_{mo} = \frac{W}{v_1 - v_2} = \frac{\eta_0 q_1}{v_1\left(1 - \frac{1}{\varepsilon}\right)}$$

$$= \frac{q_1 P_1}{RT_1} \frac{1 - \left(\frac{1}{\varepsilon}\right)^{k-1}}{1 - \frac{1}{\varepsilon}} = P_1 \frac{a-1}{k-1} \frac{\varepsilon^k - \varepsilon}{\varepsilon - 1} \quad \left(\text{단},\ a = \frac{P_3}{P_2}\right)$$

3. 공기 표준 디젤 사이클

공기표준디젤사이클은 압축착화기관(Compression Ignition Engine)이 저속 디젤 기관 기본 사이클로서 이론적으로 연소가 등압하에서 이루어지므로 등압 사이클이라고 한다.

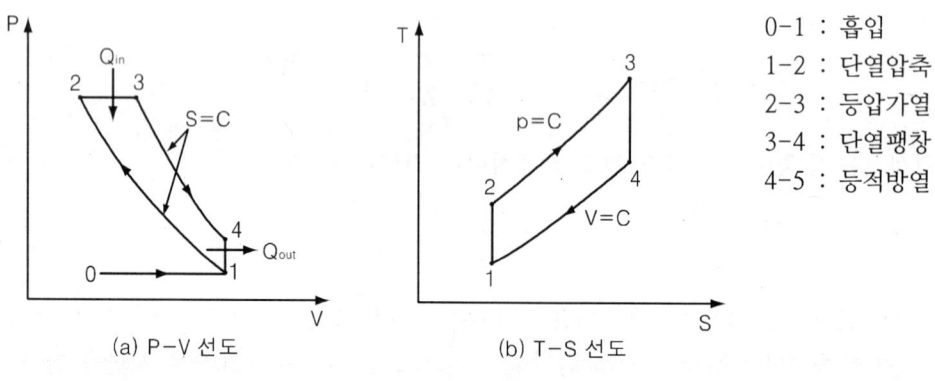

0-1 : 흡입
1-2 : 단열압축
2-3 : 등압가열
3-4 : 단열팽창
4-5 : 등적방열

공기표준 디젤 사이클의 P-V, T-S 선도

1) 사이클의 구성

① 1 → 2는 단열압축 $PV^k = C$

$$\frac{T_2}{T_1} = \left(\frac{V_1}{V_2}\right)^{k-1} = \varepsilon^{k-1}$$

$$\therefore T_2 = T_1 \left(\frac{V_1}{V_2}\right)^{k-1} = T_1 \varepsilon^{k-1}$$

② 2 → 3 정압가열 $P = C$

$$\frac{T_3}{T_2} = \frac{V_3}{V_2}$$

$$\therefore T_3 = T_2 \left(\frac{V_3}{V_2}\right) = T_2 \cdot \sigma = \sigma \cdot \varepsilon^{k-1} \cdot T_1$$

여기서 $\sigma = \dfrac{V_3}{V_2}$는 체절비 또는 연료단절비(fuel cut off ratio)

③ 3 → 4 단열팽창 $PV^k = C$

$$\frac{T_4}{T_3} = \left(\frac{V_3}{V_4}\right)^{k-1} = \left(\frac{P_4}{P_3}\right)^{\frac{k-1}{k}}$$

$$\therefore T_4 = T_3\left(\frac{V_3}{V_4}\right)^{k-1} = T_3\left(\frac{V_3}{V_2} \cdot \frac{V_2}{V_4}\right)^{k-1}$$

$$= \sigma \cdot \varepsilon^{k-1} T_1 \left(\sigma \cdot \frac{1}{\varepsilon}\right)^{k-1}$$

④ 4 → 1 정적방열 $V = C$

$$\frac{P_1}{T_1} = \frac{P_4}{T_4}$$

2) 공급열량과 방출열량 및 일

◎ 공급열량 $q_1 = C_p(T_3 - T_2)$

◎ 방출열량 $q_2 = C_v(T_4 - T_1)$

◎ 사이클의 유효일 $W = q_1 - q_2 = C_p(T_3 - T_2) - C_v(T_4 - T_1)$

3) 디젤 사이클의 이론 열효율

$$\eta_d = \frac{W}{q_1} = 1 - \frac{q_2}{q_1} = 1 - \frac{C_v(T_4 - T_1)}{C_p(T_3 - T_2)}$$

$$= 1 - \frac{(T_4 - T_1)}{k(T_3 - T_2)} = 1 - \left(\frac{1}{\varepsilon}\right)^{k-1} \frac{\sigma^k - 1}{k(\sigma - 1)}$$

여기서

$$\sigma = \frac{v_3}{v_2} = \frac{T_3}{T_2} \text{ : 단절비(cut off ratio)}$$

또는 팽창비 디젤 사이클의 이론 열효율(η_d)에서 σ와 k는 항상 1보다 크므로 $\frac{\sigma^k - 1}{k(\sigma - 1)}$ 항은 1보다 크다. 그러므로 압축비(ε)가 동일할 경우 오토 사이클의 열효율이 디젤 사이클의 열효율보다 크나 디젤 사이클에서는 압축비를 오토 사이클보다 더 크게 할 수 있어서 열효율을 증가시킬 수 있다. 디젤 기관에 주로 사용되는 실용상 압축비는 13~20의 범위이다.

디젤 사이클의 이론 평균유효압력 P_{md}는

$$P_{md} = \frac{W}{v_1 - v_2} = \frac{\eta_d q_1}{A(v_1 - v_2)} = \frac{P_1 q_1}{RT_1}$$

$$= \frac{1 - \left(\frac{1}{\varepsilon}\right)^{k-1} \frac{\sigma^k - 1}{k(\sigma - 1)}}{1 - \frac{1}{\varepsilon}} = P_1 \frac{\varepsilon^k k(\sigma - 1) - \varepsilon(\sigma^k - 1)}{(k-1)(\varepsilon - 1)}$$

4. 공기 표준 사바데 사이클

공기표준 Sabathe Cycle은 고속 디젤기관의 기본 사이클이며 고속 디젤기관에서는 공기를 압축하는데서 피스톤이 상사점에 도달하기 직전에 연료를 분사하므로 초기 분사연료는 등적연소가 되며, 다음 분사되는 연료는 용적이 증가하므로 거의 등압 연소로 된다. 이러한 사이클을 일명 복합 사이클, 등적·등압 사이클 또는 2중 연소 사이클이라 한다.

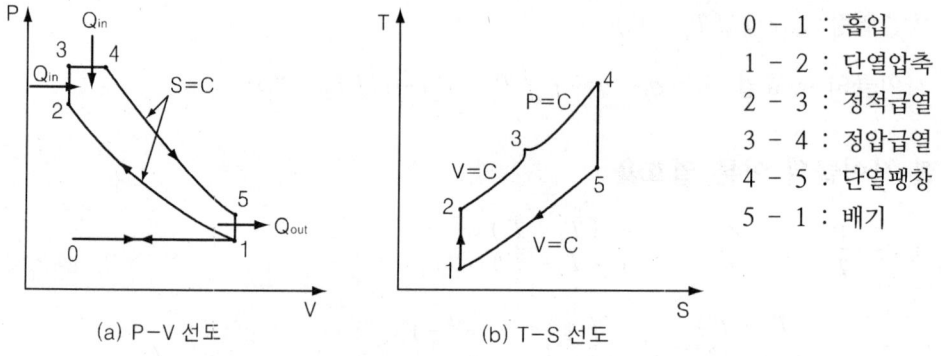

0 - 1 : 흡입
1 - 2 : 단열압축
2 - 3 : 정적급열
3 - 4 : 정압급열
4 - 5 : 단열팽창
5 - 1 : 배기

(a) P-V 선도 (b) T-S 선도

공기표준 복합 사이클의 P-V, T-S 선도

1) 사이클 구성

① 단열압축(1 → 2)

$$\frac{T_2}{T_1} = \left(\frac{v_1}{v_2}\right)^{k-1}, \quad T_2 = T_1 \varepsilon^{k-1}$$

② 정적가열(2 → 3)

$$v_2 = v_3, \quad \frac{P_2}{T_2} = \frac{P_3}{T_3}, \quad T_3 = \frac{P_3}{P_2} \cdot T_2 = \rho \cdot \varepsilon^{k-1} \cdot T_1$$

$$\frac{P_3'}{P_2} = \rho = 폭발비$$

③ 정압가열(3 → 4)

$$P_4 = P_3, \quad \frac{T_4}{T_3} = \frac{V_4}{V_3}, \quad T_3 = \frac{V_3}{V_4} \cdot T_4$$

$$T_4 = \frac{V_4}{V_3} \cdot T_3 = \frac{V_4}{V_2} \cdot \frac{V_2}{V_3} \cdot T_3 = \sigma \cdot \epsilon^{k-1} \cdot \rho \cdot T_1$$

④ 단열팽창(4 → 5)

$$\frac{T_5}{T_4} = \left(\frac{V_4}{V_5}\right)^{k-1}$$

$$T_s = T_4 \left(\frac{V_4}{V_5}\right)^{k-1} = T_4 \left(\frac{V_4}{V_3} \cdot \frac{V_3}{V_5}\right)^{k-1} = \left(\frac{V_4}{V_2} \cdot \frac{V_2}{V_1}\right)^{k-1} \cdot T$$

$$= \left(\sigma \frac{1}{\varepsilon}\right)^{k-1} \cdot \sigma \epsilon^{k-1} \cdot \rho T_1 = \sigma^k p T_1$$

2) 공급열량과 방출열량 및 유효일

◎ 공급열량 $q_1 = q_v + q_p = C_v(T_3 - T_2) + C_p(T_4 - T_3)$

◎ 방출열량 $q_2 = C_v(T_5 - T_1)$

◎ 유효일 $AW = q_1 + q_2 = C_v(T_3 - T_2) + C_p(T_4 - T_3) - C_v(T_5 - T_1)$

3) 열효율

Sabathe 사이클의 이론 열효율

$$n_s = A\frac{W}{q_1} = 1 - \frac{q_2}{q_1} = 1 - \frac{(T_5 - T_1)}{(T_3 - T_2) + k(T_4 - T_2)}$$

$$= 1 - \left(\frac{1}{\varepsilon}\right)^{k-1} \frac{\rho \sigma^k - 1}{(\rho - 1) + k\rho(\sigma - 1)}$$

여기서

$\rho = \dfrac{P_3}{P_2}$: 압력비 또는 폭발비

이다. Sabathe 사이클의 이론 열효율은 ε, σ, ρ, k의 함수이고 ε와 ρ가 클수록, σ는 적을수록 열효율이 높아진다. 또한 $\rho = 1$일 때 Sabathe 사이클의 이론 열효율은 디젤 사이클의 열효율이 된다.

4) 평균유효압력

Sabathe 사이클의 이론 평균유효압력 P_{ms}는

$$P_{ms} = \frac{W}{v_1-v_2} = \frac{W}{v_1-v_2} = \frac{\eta_s q_1}{v_1-v_2} = \frac{\eta_s q_1}{v_1\left(1-\frac{1}{\varepsilon}\right)}$$

$$= \frac{P_1 q_1}{RT_1} \times \left\{1-\left(\frac{1}{\varepsilon}\right)^{k-1} \frac{k\sigma^k-1}{(a-1)+ka(\sigma-1)}\right\}$$

$$= P_1 \frac{[\varepsilon^k\{(a-1)+ka(\sigma-1)\}-\varepsilon(\sigma^k a-1)]}{(k-1)(\varepsilon-1)}$$

5. 공기 표준(오토, 디젤, 사바데) 사이클의 비교

    내연기관의 기온 cycle은 오토 사이클, 디젤 사이클, 사바데 사이클을 비교해 보면 일을 생성하는 과정은 전부 단열팽창 과정인 것을 알 수 있으며 열을 공급받는 과정은 각기 다르지만 열을 배출하는 과정은 전부 정적과정인 것을 알 수 있으며 열효율은 압축비 일정시에는 그림 8-4에서 나타내는 바와 같이 오토 cycle이 가장 좋다. 또한 최고 압력 일정시에는 그림 8-5에서 나타내는 바와 같이 디젤 cycle이 가장 좋은 것을 알 수 있다. 그러므로 압축비가 같을 때는 오토 사이클의 열효율이 디젤 사이클의 열효율보다 크지만, 디젤 사이클에서는 압축비를 더 높게 할 수 있어 열효율은 더욱 증가시킬 수 있다.

그림 8-4

그림 8-5

6. 가스터빈사이클

가스터빈은 터빈의 깃에 직접 연소가스를 분출시켜 회전일을 얻어 동력을 발생시키는 열기관으로서 3대 기본요소에는 압축기, 연소기, 터빈으로 구성되며, 가스터빈의 공기 표준 사이클을 브레이톤(Braton) 사이클이라 한다.

공기표준 브레이톤 사이클의 계통도

(a) P-V 선도   (b) T-S 선도

공기표준 브레이톤 사이클의 P-V, T-S 선도

1) 공급열량과 방출열량 및 일

◎ 공급열량 $q_1 = C_p(T_3 - T_2) = h_3 - h_2$

◎ 방출열량 $q_2 = C_p(T_4 - T_1) = h_4 - h_1$

◎ 사이클의 유효일 $W = q_1 - q_2 = (h_3 - h_2) - (h_4 - h_1)$

2) 열효율

열효율 (η_b)은

$$\eta_b = \frac{AW}{q_1} = 1 - \frac{h_4 - h_1}{h_3 - h_2} = 1 - \frac{T_4 - T_1}{T_3 - T_2} = 1 - \frac{1}{\left(\dfrac{P_2}{P_1}\right)^{\frac{k-1}{k}}}$$

$$= 1 - \left(\frac{1}{\gamma}\right)^{\frac{k-1}{k}} = 1 - \frac{T_1}{T_2}$$

여기서

$$\gamma = \frac{P_2}{P_1} \ : \ 압력비$$

γ 가 클수록 효율은 좋아지나 γ 가 너무 크면 출력이 적어지므로 적당한 온도 T_2 를 정해야 한다.

3) 최대 출력을 내는 온도

$$\frac{T_4}{T_1} = \frac{T_3}{T_2} \qquad T_4 = \frac{T_1 T_3}{T_2}$$

$$W = mC_p(T_3 - T_2) - mC_p(T_4 - T_1) = mC_p(T_3 - T_2) - mC_p\left(\frac{T_1 T_3}{T_2} - T_1\right)$$

$$\frac{\delta W}{dT_2} = \frac{mC_p(T_3 - T_2 - \dfrac{T_1 T_2}{T_2} - T_1)}{dT_2} = 0 \qquad \therefore T_2 = \sqrt{T_1 \cdot T_3}$$

4) 실제기관에서의 단열효율

실제 기관에서는 압축과 팽창이 비가역으로 일어나므로 실제일과 가역단열일을 비교한 것을 단열효율이라고 한다.

① 터빈의 단열효율

$$\eta_t = \frac{h_3 - h_4{'}}{h_3 - h_4} = \frac{T_3 - T_4{'}}{T_3 - T_4}$$

② 압축기의 단열효율

$$\eta_c = \frac{h_2 - h_1}{h_2{'} - h_1} = \frac{T_2 - T_1}{T_2{'} - T_1}$$

실제기관의 T-S 선도

7. 기타 사이클

1) 에릭슨 사이클(Ericsson Cycle)

Braton Cycle의 단열과정을 등온과정으로 대치한 Cycle로서 실현이 곤란한 사이클이다.

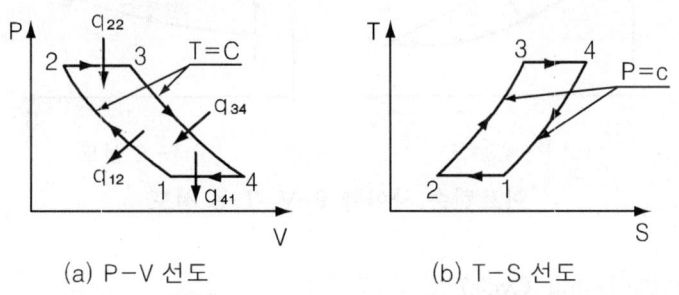

에릭슨 사이클의 P-V, T-S 선도

2) 스털링 사이클(Stirling Cycle)

2개의 등온과정과 2개의 등적과정으로 구성된 이상적 사이클로서 역스털링 사이클은 헬륨(H_e)를 냉매로 하는 극저온용 기온 냉동사이클이다.

스털링 사이클의 P-V, T-S 선도

3) 아트킨슨 사이클(Atkinson Cycle)

일명 등적 Braton Cycle 이라고 하며 2개의 단열과정과 등적, 등압과정으로 구성된다.

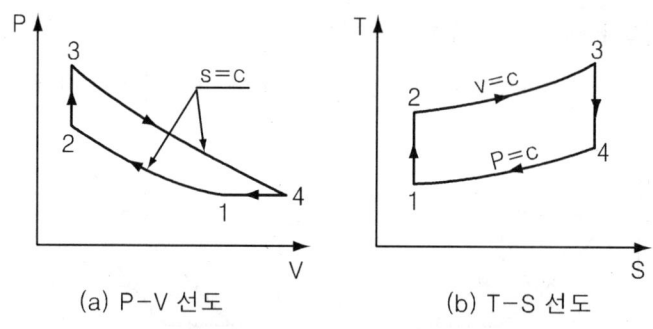

(a) P-V 선도   (b) T-S 선도

아트킨슨 사이클 P-V, T-S 선도

4) 르누아 사이클(Lenoir Cycle)

펄스-제트(Pulse-jet) 추진 계통의 사이클과 비슷하며 동작물질의 압축과정이 없이 정적 하에서 급열하여 압력상승시켜 일을 한 후 정압하에 배출하는 사이클이다.

(a) P-V 선도   (b) T-S 선도

르누아 사이클 P-V, T-S 선도

연습문제

01 압축비 8인 가솔린기관이 압축 초의 압력 1[ata], 온도 280[℃]의 오토 사이클을 행할 경우 열효율과 평균 유효압력을 구하여라.
(단, 공급열량은 3767[kJ/kg]이다.)
① 56.47%, 1498kPa
② 56.47%, 3256kPa
③ 72.12%, 200kPa
④ 72.12%, 250kPa

풀이
$$\eta_0 = 1 - \left(\frac{1}{\epsilon}\right)^{k-1} = 1 - \left(\frac{1}{8}\right)^{1.4-1}$$
$$= 0.5647 \times 100[\%] = 56.47[\%]$$
$$V_1 = \frac{RT_1}{P_1} = \frac{0.287 \times (280+273)}{101.3/1.0332} = 1.62$$
$$V_2 = \frac{1.62}{8} = 0.2$$
$$P_m = \frac{3767 \times 0.5647}{1.62 - 0.2} = 1498 kN/m^2$$
$$= 1498 kPa$$

02 저속 디젤 사이클기관에서 최고온도와 압력이 각각 2500[k], 40[ata]이 최저 온도와 압력이 각각 300[k], 1[ata]이다. 이 때 압축비와 단절비, 열효율을 구하여라. 또, 오토 사이클일 때의 열효율과의 비를 구하여라.(단, $k=1$이다.)

풀이
$$\epsilon = \frac{V_1}{V_2} = \left(\frac{P_2}{P_1}\right)^{\frac{1}{k}} = \left(\frac{40}{1}\right)^{\frac{1}{0.4}} = 14$$
$$T_2 = T_1 \cdot \left(\frac{V_1}{V_2}\right)^{k-1} = 300 \times 14^{1.4-1} = 862.13$$
$$\therefore \sigma = \frac{V_3}{V_2} = \frac{T_3}{T_2} = \frac{25000}{862.13} = 2.9$$

$$\eta_d = 1 - \left(\frac{1}{\epsilon}\right)^{k-1} \cdot \left[\frac{\sigma^{k}-1}{K(\sigma-1)}\right]$$
$$= 1 - \left(\frac{1}{14}\right)^{1.4-1} \cdot \left[\frac{2.9^{1.4}-1}{1.4(2.9-1)}\right]$$
$$= 0.55 \times 100[\%] = 55[\%]$$
$$\eta_0 = 1 - \left(\frac{1}{\epsilon}\right)^{k-1} = 1 - \left(\frac{1}{14}\right)^{1.4-1}$$
$$= 0.652 \times 100[\%] = 65.2[\%]$$

03 다음은 오토 사이클에 대한 설명이다. 가장 타당성이 없는 표현은?
① 연소가 일정한 체적하에서 일어난다.
② 열효율이 디젤 사이클보다 좋다.
③ 불꽃착화 내연기관의 이상 사이클이다.
④ 압축비가 커지면 열효율도 증가한다.

풀이 오토 사이클은 일정한 체적하에서 연소가 일어나며 불꽃 점화기관의 이상 사이클로서 열효율은 압축비만의 함수이며, 압축비가 커질수록 열효율이 증가한다.

04 복합 사이클에서 압축비 14, 압축 초의 압력 1[ata], 온도 30[℃], 최고압력 60[ata], 최고온도 2500[℃], $k=1.4$라 할 때 다음 값을 구하여라.

1) 압축 후의 압력(P_2)과 온도(T_2)

2) 폭발온도(T_3)

3) 체절비와 압력상승비(폭발비)

4) 열효율

풀이 1) $P_2 = P_1 \cdot \left(\frac{V_1}{V_2}\right)^k$

---

01 ①   02 해설 참조   03 ②   04 해설 참조

$$= 1 \times (14)^{1.4} = 40.23[\text{ata}]$$

$$T_2 = T_1 \cdot \frac{V_1^{k-1}}{V_2}$$

$$= 303 \times (14)^{0.4} = 870.75[\text{K}]$$

2) $T_3 = T_2 \cdot \left(\frac{P_3}{P_2}\right)^{\frac{k-1}{k}}$

$$= 870.75 \times \frac{60}{40.23}$$

$$= 1,298.66[\text{K}]$$

3) $\sigma = \frac{V_4}{V_3} = \frac{T_4}{T_3}$

$$= \frac{2773}{1,298.66} = 2.135$$

$$\rho = \frac{P_3}{P_2} = \frac{60}{40.23} = 1.491$$

4) $\eta_s = 1 - \left(\frac{1}{\varepsilon}\right)^{k-1}$

$$\cdot \frac{\rho \cdot \sigma^k - 1}{(\rho - 1) + k \cdot \rho(\sigma - 1)}$$

$$= 1 - \left(\frac{1}{14}\right)^{0.4} \times$$

$$\frac{1.491 \times 2.135^{1.4} - 1}{(1.491 - 1 + 1.4 \times 1.491 \times (2.135 - 1))}$$

$$= 59.7[\%]$$

05 디젤 사이클의 효율에 대한 설명 중 옳은 것은?

① 분사단절비(噴射斷切比)가 클수록 효율이 증가한다.
② 압축비가 적으면 효율은 증가한다.
③ 부분부하 운전을 할 때는 열효율이 나빠진다.
④ 분사단절비와 압축비만으로 나타낼 수 있다.

풀이 $\eta_d = 1 - \left(\frac{1}{\varepsilon}\right)^{k-1} \cdot \frac{\sigma^k - 1}{k(\sigma - 1)}$

디젤 사이클에서는 압축비가 크면 효율이 커지고, 분사 단절비가 커지면 효율은 적어진다.

06 가솔린 기관의 기본 과정은 다음 중 어느 것인가?

① 정압정온 과정
② 정적정압 과정
③ 정적정온 과정
④ 정적단열 과정

풀이 가솔린 기관에서는 오토 사이클이 기본이 된다. 오토 사이클은 2개의 정적 과정과 2개의 단열 과정으로 이루어져 있다.

07 오토 사이클의 열효율에 대한 설명 중 맞는 것은?

① 단절비가 증가할수록 감소한다.
② 압력상승비가 증가할수록 감소한다.
③ 압축비가 증가할수록 증가한다.
④ 압축비가 증가하고 체절비가 증가할수록 증가한다.

풀이 $\eta_d = 1 - \left(\frac{1}{\varepsilon}\right)^{k-1}$

08 어느 가솔린 기관의 압축비[ε]가 8일 때, 이 기관의 이론 열효율은?

(단, 비열비 $k = 1.4$이다.)

① 40.11 ② 56.47
③ 61.49 ④ 70.65

풀이 $\eta_0 = 1 - \left(\frac{1}{\varepsilon}\right)^{k-1} = 1\left(\frac{1}{8}\right)^{1.4-1}$

$$= 0.5647 \times 100[\%] = 56.47[\%]$$

05 ④ 06 ④ 07 ③ 08 ②

09 다음 열기관 사이클(cycle)이 2개인 정적 과정, 2개의 단열 과정으로 이루어진다. 이 사이클은 다음 중 어느 것인가?
① 카르노 사이클
② 오토 사이클
③ 디젤 사이클
④ 브레이톤 사이클

10 $k=1.4$의 공기를 동작물질로 하는 디젤 엔진의 최고온도 T_3가 2500[K], 최저온도 T_1이 300[K], 최고압력 P_3가 4PMPa]일 때, 체절비는 얼마인가?
① 1.905
② 2.905
③ 3.114
④ 3.781

풀이 체절비=연료 단절비

$$\sigma = \frac{V_3}{V_2} = \frac{T_3}{T_2} > 1$$

1-2 과정은 단열 과정이므로

$$\frac{T_2}{T_1} = \left(\frac{P_2}{P_1}\right)^{\frac{k-1}{k}} 에서$$

$$T_2 = \left(\frac{40}{1}\right)^{\frac{1.4-1}{1.4}} \times 300 = 860.7[K]$$

$$\therefore \sigma = \frac{T_3}{T_2} = \frac{2500}{860.7} = 2.905$$

11 디젤 사이클의 열효율은 압축비를 ε, σ 라 할 때 어떻게 되겠는가?
① ε, σ이 클수록 증가된다.
② ε, σ이 작을수록 증가된다.
③ ε이 크고, σ가 작을수록 증가한다.
④ ε이 작고, σ가 클수록 증가한다.

풀이 $\eta_d = 1 - \left(\frac{1}{\varepsilon}\right)^{k-1} \cdot \left(\frac{\sigma^k - 1}{k(\sigma - 1)}\right)$

12 $k=1.4$인 공기를 동작물질로 하는 디젤 기관에서 압축비 15, 단절비 2, 최저온도 30[℃]로 하고 이론 열효율을 구하여 이와 같이 온도범위에서 작동하는 카르노 사이클의 열효율과의 비를 구하여라.
① 0.2247
② 0.4591
③ 0.7267
④ 0.9145

풀이 $\eta_d = 1 - \left(\frac{1}{\varepsilon}\right)^{k-1} \cdot \left(\frac{\sigma^k - 1}{k(\sigma - 1)}\right)$

$$= 1 - \frac{1}{15}^{1.4-1} \times \frac{2^{1.4}-1}{1.4(2-1)} = 0.6037$$

$$\varepsilon = \frac{V_1}{V_2} \cdot \frac{T_2}{T_1} = \frac{V_1}{V_2}^{k-1} 에서$$

$$T_2 = T_1 \cdot \varepsilon^{k-1} = 303 \times (15)^{1.4-1} = 895.12$$

$$\sigma = \frac{T_3}{T_2} 에서$$

$$T_3 = T_2 \cdot \sigma = 895.12 \times 2 = 1,790.24$$

$$\therefore \eta_0 = \frac{W}{Q_1} = \frac{Q_1 - Q_2}{Q_1} = 1 - \frac{Q_1}{Q_1} = 1 - \frac{T_1}{T_3}$$

$$= 1 - \frac{303}{1,790.24} = 0.83075$$

$$\therefore \frac{\eta_d}{\eta_0} = \frac{0.6037}{0.83075} = 0.7267$$

13 공기 1[kg]으로 작동하는 500[℃]와 30[℃] 사이의 카르노 사이클에서 최고 압력이 0.7[MPa]으로 등온팽창하여 부피가 2배로 되었다면 등온팽창을 시작할 때의 부피는 몇 [m³]인가?
① 0.12
② 0.24
③ 0.32
④ 0.42

09 ② 10 ② 11 ③ 12 ③ 13 ③

풀이 $P_1 V_1 = mRT$

$$V_1 = \frac{mRT_1}{P_1} = \frac{1 \times 287 \times 773}{0.7 \times 10^6} = 0.32$$

14 디젤 사이클에서 열효율이 48[%]이고, 단절비 1.5, 단열지수 $k=1.4$일 때 압축비는 얼마인가?

① 4.348　　② 8.364
③ 6.384　　④ 5.348

풀이 $\eta_d = 1 - \left(\frac{1}{\varepsilon}\right)^{k-1} \cdot \frac{\sigma^k - 1}{k(\sigma - 1)}$

$$= \left[\frac{1.5^{1.4} - 1}{(1 - 0.48) \times 1.4 \cdot (1.5 - 1)}\right]^{\frac{1}{1.4 - 1}} = 6.384$$

15 디젤 사이클에서 압축이 끝났을 때의 온도를 500[℃], 연소최고일 때의 온도를 1300[℃]라 하면 연료단절비는?

① 1.03　　② 2.03
③ 3.01　　④ 4.01

풀이 $\sigma = \frac{V_3}{V_2} = \frac{T_3}{T_2} = \frac{1573}{773} = 2.03$

16 디젤기관에서 압축비가 16일 때 압축 전 공기의 온도가 90[℃]라면 압축 후 공기의 온도는? (단, $k=1.4$이다.)

① 427.41　　② 671.41
③ 827.41　　④ 724.27

풀이 $T_2 = T_1 \cdot \left(\frac{V_1}{V_2}\right)^{k-1} = 363 \times (16)^{1.4-1}$

$= 1,100.41[K] = 827.41$

17 Diesel Cycle의 구성요소로서 그 과정이 맞는 것은?

① 단열압축 → 정압가열 → 단열팽창 → 정압방열
② 단열압축 → 정적가열 → 단열팽창 → 정압방열
③ 단열압축 → 정적가열 → 단열팽창 → 정적방열
④ 단열압축 → 정압가열 → 단열팽창 → 정적방열

18 다음 중 2개의 정압 과정과 2개의 등온 과정으로 구성된 사이클은?

① 브레이톤 사이클(Brayton Cycle)
② 에릭슨 사이클(Ericsson Cycle)
③ 스털링 사이클(Stirling Cycle)
④ 디젤 사이클(Diesel Cycle)

19 정적 사이클에서 동작가스의 가열 전후의 온도가 300[℃], 1200[℃]이고 방열 전후의 온도가 500[℃], 60[℃]일 때 이론열효율은 몇 [%]인가?

① 20.5[%]　　② 40.1[%]
③ 45.4[%]　　④ 51.1[%]

풀이 $\eta_0 = 1 - \frac{Q_2}{Q_1} = 1 - \frac{m \cdot C_v \cdot (T_4 - T_1)}{m \cdot C_v \cdot (T_4 - T_2)}$

$= 1 - \frac{T_4 - T_1}{T_3 - T_2} = 1 - \frac{500 - 60}{1200 - 300}$

$= 0.511 \times 100 = 51.1[\%]$

14 ③　15 ②　16 ③　17 ④　18 ②　19 ④

20 통극체적(Clearance Valume)이란 피스톤이 상사점에 있을 때 기통의 최소 체적을 말한다. 만약, 통극이 5[%]라면 이 기관의 압축비는 얼마일까?
① 16 ② 19
③ 21 ④ 24

풀 이 압축비
$= \dfrac{\text{행정체적}+\text{통극체적}}{\text{통극체적}} = 1 + \dfrac{\text{행정체적}}{\text{통극체적}}$
$= 1 + \dfrac{1}{0.05} = 21$

21 내연 기관에서 실린더의 극간체적(Clearance Volume)을 증가시키면 효율은 어떻게 되겠는가?
① 증가한다.
② 감소한다.
③ 변화가 없다.
④ 출력은 증가하나 효율은 감소한다.

풀 이 압축비 $= \dfrac{\text{행정체적}+\text{극간체적}}{\text{극간체적}}$

22 브레이톤 사이클의 급열과정은?
① 등온과정 ② 정압과정
③ 단열과정 ④ 정적과정

23 압력비가 8인 브레이톤 사이클의 열효율은 몇 [%]인가?
(단, $k=1.4$이다.)
① 45 ② 50
③ 55 ④ 60

풀 이 $\mu_0 = 1 - \left(\dfrac{1}{\gamma}\right)^{\frac{k-1}{k}} = 1 - \left(\dfrac{1}{8}\right)^{\frac{1.4-1}{1.4}}$
$= 0.45 \times 100 = 45[\%]$

24 브레이톤 사이클에서 최고온도가 700[K], 팽창말의 온도가 500[K]인 가스 터빈의 터빈 단열효율을 η_t가 80[%]일 때 터빈의 출구에서의 공기의 온도는 몇 [K]인가?
① 700 ② 500
③ 240 ④ 540

풀 이 $\eta_b = \dfrac{h_3 - h_4}{h_3 - h_4} = \dfrac{T_3 - T_4}{T_3 - T_4}$
$\therefore T_4 = T_3 - \eta_b \cdot (T_3 - T)$
$= 700 - 0.5 \cdot (700 - 500)$
$= 540[K]$

25 사이클의 효율을 높이는 방법으로 유효한 방법이 아닌 것은?
① 급열 온도를 높게 한다.
② 방열 온도를 낮게 한다.
③ 동작유체의 양을 많게 한다.
④ 카르노 사이클에 가깝게 한다.

20 ③ 21 ② 22 ② 23 ① 24 ④ 25 ③

제 9 장 증기

1. 증기의 분류와 용어

열기관에서의 작동유체는 가스와 증기로 구분되는데 내연기관의 연소가스와 같이 액화와 증발현상이 잘 일어나지 않는 것을 가스라 하고, 증기 원동기의 수증기와 냉동기에서의 냉매와 같이 액화와 기화가 용이한 작동유체를 증기라 한다. 따라서 증기는 이상기체와 구분되므로 이상기체의 상태방정식을 비롯한 모든 관계식을 증기에는 적용시킬 수가 없다. 그러므로 증기는 실험치로서 구한 값에 기초하여 도표 또는 선도 등을 이용하게 된다.

증발과정(등압가열)의 상태변화

위의 그림은 일정 압력하에서 물이 증발하여 과열증기가 될 때까지의 상태변화를 나타낸 것이다.

① 과냉액(압축액)

가열하기 전의 상태에 있는 것으로 이 때 온도는 포화온도보다 낮은 상태이다.

② 포화온도

주어진 압력하에서 증발이 일어나는 온도(1[atm] 100[℃])

③ 포화수(포화액)

과냉액을 가열하면 온도가 점점 상승하며, 그 때 작용하는 압력에서 해당되는 포화온도까지 상승한다.

④ 액체열(감열)

포화수 상태까지 가한 열이다.

⑤ 습증기(습포화증기)

포화수 상태에서 가열을 계속하면 온도는 상승하지 않으며 증발에 의해 체적이 현저히 증가하여 외부에 일을 하는 상태이다.

⑥ 건포화증기(포화증기)

액체가 모두 증기로 변한 상태이다.

⑦ 증발잠열(latent heat of vaporization)

포화액에서 건포화증기까지 변할 때 가한 열량으로서 1[atm]에서 2256[kJ/kg](539[kcal/kg])이다.

⑧ 과열증기(Super heat vapor)

건포화증기 상태에서 계속 열을 가하면 증기의 온도는 다시 상승하여 포화온도 이상이 되는 증기로 과열증기의 압력과 온도는 독립성질이어서 열을 가할수록 압력이 유지되는 동안 온도는 증가한다.

⑨ 건도(질)

　　습증기의 전중량에 대한 증발된 증기중량의 비

$$x = \frac{증기중량}{전중량}$$

⑩ 습도(Percentage moisture)

　　전중량에 대한 남아 있는 액체 중량의 비율

$$y = 1 - x$$

⑪ 과열도(Degree of super heat)

　　과열증기의 온도와 포화온도와의 차, 과열도가 증가할수록 증기의 성질은 이상기체의 성질에 가까워진다.

⑫ 임계점(Critical point)

　　주어진 압력 또는 온도 이상에서는 습증기가 존재할 수 없는 점

2. 증기의 열적 상태량

증기의 값은 0[℃] 포화액을 기준으로 구한다. 즉, 물의 경우 0[℃]의 포화액(포화압력 0.00622[kg/cm²])에서의 엔탈피와 엔트로피를 0으로 가정하고 이것을 기준으로 하나 냉동기에서는 0[℃]의 포화액 엔탈피를 100[kcal/kg], 엔트로피를 1[kcal/kgK]로 한다.

일반적으로 포화액의 비체적, 내부 에너지, 엔탈피, 엔트로피를 $v'(V_f)$, $u'(u_f)$, $h'(h_f)$, $s'(s_f)$로 표시하며 건포화증기의 비체적, 내부 에너지, 엔탈피, 엔트로피를 $v''(v_g)$, $u''(u_g)$, $h''(h_g)$, $s''(s_g)$로 표시한다.

1) 액체열

1[atm]하에서 0[℃] 물의 엔탈피와 엔트로피는 다음과 같이 가정하므로

$$h_0 = 0 \quad s_o = 0$$

그러므로 열역학 제1법칙에서

$$h_0 = u_0 + P_0 v_0$$

$$u_0 = h_0 - P_0 v_0 = 0 - 0.006228 \times 10^4 \times 0.001 ≒ 0$$

즉, 0[℃] 포화액의 엔탈피와 엔트로피, 내부 에너지는 0이 된다. 주어진 압력하에서 임의 상태의 과냉액을 포화온도 (t_s)까지 가열하는 데 필요한 열을 액체열이라 하면

$$Q_1 = \int_0^{ts} mCdT = mC(t_s - 0) = mCt_s$$ 이다.

정압과정에서 열량은 엔탈피와 그 크기가 같다.

$$\triangle H = \triangle U + \triangle Pv$$

$$h' - h_0 = u' - u_0 + P(v' - v_0)$$

$$h' = u' + Pv' = Q_1$$

또한 엔트로피는

$$\triangle S = mC \ln \frac{T_s}{T_0}$$

2) 증발잠열

포화액을 등압하에서 건포화증기가 될 때까지 가열하는 데 필요한 열을 증발열 (γ)이라 한다.

$$\delta Q = dU + \triangle PV = dU + PdV$$

$$\gamma = Q = h'' - h' = (u'' - u') + P(v'' - v')$$

여기서 $u'' - u' = \rho$(내부 증발열), $P(v'' - v') = \psi$(외부 증발잠열) 즉, 잠열의 크기는 그 상태의 건포화증기의 엔탈피에서 포화액의 엔탈피를 뺀 값과 같으며, 내부 증발잠열과 외부 증발잠열의 합이다. 따라서 엔트로피 변화는 $S'' - S' = \frac{\gamma}{T}$ 이다.

습증기의 상태는 압력, 온도, 건도로 표시할 수 있으며, 건도 x인 습증기의 비체적 엔탈피 내부 에너지 엔트로피는 다음 식이 된다.

$$v_1 = v' + x(v'' - v') = v'' - y(v'' - v')$$
$$h_1 = h' + x(h'' - h') = h'' - y(h'' - h')$$
$$u_1 = u' + x(u'' - u') = u'' - y(u'' - u')$$
$$s_1 = s' + x(s'' - s') = s'' - y(s'' - s')$$

3) 과열증기

건포화증기 상태에서 가열하여 임의의 온도 T_B에 도달할 때까지의 열량을 과열의 열이라 한다.

$$Q_B = h'' - h_B = \int mC_p dT = mC_p(T'' - T_B)$$

$$S_B = S'' + \int mC_p dT = S'' + mC_p \ln \frac{T_B}{T''}$$

$$U_B = U'' + \int mC_p dT = U'' + mC_p(T_B - T'')$$

(a) 증기 P-V 선도

(b) 증기 T-S 선도

증기선도

3. 증기선도

증기 선도에서 널리 사용하는 선도는 P-V 선도, T-S 선도, h-s 선도, P-h 선도이다. 그러므로 각기 기관에서 편리한 선도를 선택하여야 한다.

1) h-s(Mollier chart) 선도

열량을 구할 때는 T-S 선도의 면적이며, 일량을 구할시는 P-V 선도의 면적이지만 증기에서의 가열은 정압과정이므로 열량과 엔탈피의 크기와 같으므로 h-s선도가 단열변화에 따른 열량의 차를 쉽게 구할 수가 있어서 고안자의 이름을 따 증기 몰리에르(Mollier) 선도라 한다.

2) P-h 선도

암모니아나 프레온 가스 등의 냉동기의 작동유체인 냉매의 상태변하 P-h 선도를 많이 사용하며, 이 선도를 냉동 몰리에르 선도라 부록에 수록하였다.

(a) 증기의 h-s선도   (b) 증기의 P-h선도

증기선도

3) 증기의 교축

교축 과정은 대표적인 비가역 과정으로서 유체가 교축되면서 압력은 감소, 속도 증가 엔탈피는 불변인 상태가 되면서 엔트로피는 증가된다. 증기선도에서의 교축과정은 다음과 같이 된다.

① 습포화증기의 교축

$$h_1 = h_2 = h'_1 + x_1(h''_1 - h'_1) = h'_2 + x_2(h''_2 - h'_2)$$

$$x_2 = \frac{h'_1 - h'_2}{h''_2 - h'_2} + x_1 \frac{h''_1 - h'_1}{h''_2 - h'_2} = \frac{h'_1 - h'_2}{\gamma_2} + x_1 \frac{\gamma_1}{\gamma_2}$$

여기서 γ_1은 1점 상태의 증발잠열, γ_2는 2점 상태의 증발잠열이다.

② 교축 후에 과열증기가 되었을 때

$$h_2 = h_1 = h'_1 + x_1(h''_1 - h'_1)$$

$$x_2 = \frac{h_2 - h'_1}{h''_1 - h'_1} = \frac{h_1 - h'_1}{\gamma_1}$$

여기서 h_2는 과열증기의 엔탈피이다. 다음의 식에 의해 습포화증기의 건도를 측정하는 계기를 교축 열량계(throttling calorime-ter)라 한다.

 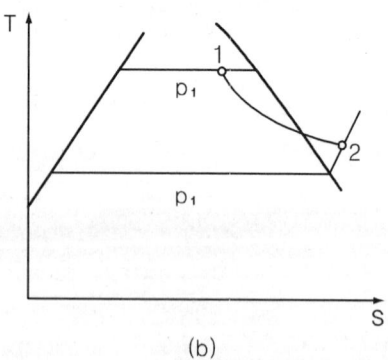

(a)   (b)

증기의 교축변화

연습문제

01 증발잠열(增發潛熱)에 대한 설명 중 옳은 것은?
① 포화압력이 높을수록 증발잠열은 감소한다.
② 포화압력이 높을수록 증발잠열은 증가한다.
③ 증발잠열의 증감은 포화압력과 아무 관계 없다.
④ 정답이 없다.

02 물의 임계온도는 몇 [℃]인가?
① 427.1 ② 374.1
③ 225.5 ④ 100

03 수증기의 임계압력은?
① 374.1[ata] ② 255.5[ata]
③ 225.5[ata] ④ 213.8[ata]

04 수증기에 대한 설명 중 틀린 것은?
① 물보다 증기의 비열이 적다.
② 수증기는 과열도가 증가할수록 이상기체에 가까운 성질을 나타낸다.
③ 포화압력이 높아질수록 증발잠열은 감소된다.
④ 임계압력 이상으로는 압축할 수 없다.

05 포화증기를 정적하에서 압력을 증가시키면 어떻게 되는가?
① 고상(固相)이 된다.
② 과냉액체가 된다.
③ 습증기가 된다.
④ 과열증기가 된다.

풀이

2점으로 되어 과열증기가 된다.

06 포화증기를 단열압축하면?
① 포화액체가 된다.
② 압축액체가 된다.
③ 과열증기가 된다.
④ 증기의 일부가 액화된다.

풀이

2점으로 되어 과열증기가 된다.

07 증기를 교축시킬 때 변화 없는 것은?
① 압력   ② 엔탈피
③ 비체적   ④ 엔트로피

풀이 교축과정에서
$\Delta h = 0$ $\Delta S > 0$
$\Delta T < 0$ $\Delta v > 0$

01 ① 02 ② 03 ③ 04 ④ 05 ④ 06 ③ 07 ②

08 증기의 Mollier chart는 종축과 횡축을 무슨 양으로 표시하는가?
① 엔탈피와 엔트로피
② 압력과 비체적
③ 온도와 엔트로피
④ 온도와 비체적

풀이 증기의 몰리에르 선도는 h-s선도이다.

09 증발잠열을 설명한 것 중 맞는 것은?
① 증발잠열은 내부잠열과 외부잠열로 이루어진다.
② 증발잠열은 증발에 따르는 내부 에너지의 증가를 뜻한다.
③ 체적의 증가로서 증가하는 일의 열상당량을 뜻한다.
④ 건포화 증기의 엔탈피와 같다.

풀이 ② 내부 증발잠열
③ 외부 증발잠열

10 수증기의 Mollier chart에서 다음과 같은 두 개의 값을 알아도 습증기의 상태가 결정되지 않는 것은?
① 비체적과 엔탈피
② 온도와 엔탈피
③ 온도와 압력
④ 엔탈피와 엔트로피

11 압력 2[MPa], 포화온도 211.38[℃]의 건포화 증기는 포화수의 비체적이 0.001749, 건포화증기의 비체적이 0.1016이라면 건도 0.8인 습포화증기의 비체적은?
① 0.00546[m³/kg]
② 0.08163[m³/kg]
③ 0.13725[m³/kg]
④ 0.41379[m³/kg]

풀이 ② $v = v' + x(v'' - v') = 0.001749 + 0.8(0.1016 - 0.001749)$
$= 0.08163 [\text{m}^3/\text{kg}]$

12 h-s 선도에서 교축과정은 어떻게 되는가?
① 원점에서 기울기가 45[°]인 직선이다.
② 직각 쌍곡선이다.
③ 수평선이다.
④ 수직선이다.

풀이 교축과정은 엔탈피불변이다.

13 증기의 Mollier chart에서 잘 알 수 없는 것은?
① 포화수의 엔탈피
② 과열증기의 과열도
③ 과열증기의 단열팽창 후의 습도
④ 포화증기의 엔트로피

08 ① 09 ① 10 ③ 11 ② 12 ③ 13 ①

14 수증기의 Mollier chart에서 과열증기 영역에서 기울기가 비슷하여 정확한 교점을 찾기 어려운 선은?

① 등엔탈피선과 등엔트로피선
② 비체적선과 포화증기선
③ 등온선과 정압선
④ 비체적선과 정압선

15 압력 1.2[MPa], 건도 0.6인 습포화증기 10[m³]의 질량은?
(단, 포화액체의 비체적은 0.0011373, 포화증기의 비체적은 0.1662[m³/kg]이다.)

① 약 60.5[kg] ② 약 83.6[kg]
③ 약 73.1[kg] ④ 약 99.8[kg]

풀이 ④ $v = v' + x(v'' - v')$
$= 0.0011373 + 0.6(0.1662 - 0.0011373)$
$= 0.1001749 2$
$\therefore G = \dfrac{V}{v} = \dfrac{10}{0.10017492}$
$\fallingdotseq 99.8[kg]$

16 2[MPa], 211.38[℃]인 포화수의 엔탈피가 905[kJ/kgK], 건포화증기의 엔탈피가 2798[kJ/kgK], 건도 0.8인 습증기의 엔탈피는?[kJ/kg]

① 241.94 ② 2419.4
③ 189.3   ④ 1893

풀이 $h_1 = h' + x(h'' - h')$

$= 905 + 0.8(2798 - 905)$
$= 2419.1[kJ/kg]$

17 압력 0.2[MPa]하에서 단위 [kg]의 물이 증발하면서 체적이 0.9[m³]로 증가할 때 증발열이 2177[kJ]이면 증발에 의한 엔트로피 변화는?[kJ/kgK]
(단, 0.2MPa일 때, 포화 온도는 약 120[℃]이다.)

① 0.18   ② 1.8
③ 5.54   ④ 18.14

풀이 $\triangle S = \dfrac{\gamma}{T} = \dfrac{2177}{120 + 273} = 5.54[kJ/kgK]$

18 일정압력 1[MPa(g)]하에서 포화수를 증발시켜서 건포화증기를 만들 때 증기 1[kg] 당 내부 에너지의 증가는?[kJ/kg]
(단, 증발열은 2018[kJ/kg], 비체적은 $v' = 0.001126$, $v'' = 0.1981[m^3/kg]$)

① 2018   ② 1821
③ 2×10^6 ④ 2.07×10^6

풀이 $\triangle U = \triangle H - \triangle PV = (h'' - h') - P(v'' - v')$
$= 2018 - 1000 \times (0.1981 - 0.001126)$
$= 2017.8[kJ/kg]$

14 ④ 15 ④ 16 ② 17 ③ 18 ②

19 온도 300[℃], 체적 0.01[m³]의 증기 1[kg]이 등온하에서 팽창하여 체적이 0.02[m³]가 되었다. 이 증기에 공급된 열량은?[kJ]

(단 $x_1 = 0.425$, $x_2 = 0.919$, $s' = 3.252$, $s'' = 5.7$이다)

① 573　　　　② 1402.7
③ 693　　　　④ 14027

풀이 $Q = T(S'' - S')$
$= 573 \times (5.7 - 3.252)(x_2 - x_1)$
$= 1402.7(0.919 - 0.425)$
$= 693[kJ]$

20 물의 임계온도는 몇 [℃]인가?

① 100　　　　② 225.56
③ 374.15　　 ④ 427.15

21 물의 임계압력은 몇 [MPa]인가?

① 22　　　　 ② 255.56
③ 25.5　　　 ④ 427.56

22 건도가 x인 습증기의 비체적을 구하는 식이다. 맞는 것은?
(단, V'': 건포화 증기의 비체적, V': 포화액의 비체적)

① $V = V'' + x(V'' - V')$
② $V = V' + x(V'' - V')$
③ $V = V' + x(V' - V'')$
④ $V = V'' + x(V' - V'')$

23 교축열량계는 다음 중 어느 것을 측정하는 것인가?

① 열량　　　　② 엔탈피
③ 건도　　　　④ 비체적

24 대기압하에서 얼음에 열을 가했을 때 맞는 것은?

① −5[℃]의 얼음 1[kg]이 열을 받으면 0[℃]까지는 체적이 증가한다.
② 0[℃]에 도달하면 열을 가해도 온도는 일정하고 체적만 증가한다.
③ 0[℃]에 도달했을 때 계속 열을 가하면 얼음 상태에서 온도가 올라가며 체적이 감소한다.
④ 0[℃]에 도달했을 때 계속 열을 가하면 얼음 상태에서 온도가 올라가며 체적도 증가한다.

25 건도를 x라 하면 $1 > x > 0$일 때는 어느 상태인가?

① 포화수　　　　② 습증기
③ 건포화 증기　　④ 과열증기

26 포화액의 건도는 몇 [%]인가?

① 0　　　　② 30
③ 60　　　 ④ 100

27 건포화 증기의 건도는 몇 [%]인가?

① 0　　　　② 30
③ 60　　　 ④ 100

19 ③　20 ③　21 ①　22 ②　23 ③　24 ②　25 ②　26 ①　27 ④

28 과열도를 맞게 설명한 것은?
① 포화온도 - 과열증기온도
② 포화온도 - 압축수온도
③ 과열증기온도 - 포화온도
④ 과열증기온도 - 압축수온도

29 임계점을 맞게 설명한 것은?
① 고체, 액체, 기체가 평형으로 존재하는 점
② 가열해도 포화온도 이상 올라가지 않는 점
③ 그 이상의 온도에서는 증기와 액체가 평형으로 존재할 수 없는 상태
④ 어떤 압력에서 증발을 시작하는 점과 끝나는 점이 일치하는 점

[풀이] 임계점이란 주어진 온도 압력 이상에서 습증기가 존재하지 않는 점으로 물에서는 374.15[℃] 22.1[MPa]이다.

30 등압하에서 액체 1[kg]을 0[℃]에서 포화온도까지 가열하는 데 필요한 열량은?
① 과열의 열 ② 증발열
③ 잠열 ④ 액체열

31 포화증기를 등적하에 압력을 증가시키면 어떻게 되는가?
① 고상 ② 압축수
③ 습증기 ④ 과열증기

32 포화증기를 단열압축하면?
① 포화수 ② 압축수
③ 과열증기 ④ 습증기

33 습증기 범위에서 등온변화와 일치하는 것은?
① 등압변화 ② 등적변화
③ 교축변화 ④ 단열변화

34 습증기를 단열압축하면 건도는 어떻게 되는가?
① 불변
② 감소
③ 증가
④ 증가 또는 감소

35 수증기 몰리에르 선도에서 종축과 횡축은 무슨 양인가?
① 엔탈피와 엔트로피
② 압력과 비체적
③ 온도와 엔트로피
④ 온도와 비체적

28 ③ 29 ④ 30 ④ 31 ④ 32 ③ 33 ① 34 ④ 35 ①

36 체적 400[ℓ]의 탱크 속에 습증기 64[kg]이 들어 있다. 온도 350[℃]인 증기의 건도는 얼마인가? (단, 증기표에서 $V'=0.0017468\ [m^3/kg]$, $V''=0.008811[m^3/kg]$이다.)

① 0.9   ② 0.8
③ 0.074   ④ 0.64

[풀이] $V = V' + x(V'' - V')$

$$x = \frac{V - V'}{V'' - V'} = \frac{\frac{0.4}{64} - 0.0017468}{0.008811 - 0.0017468}$$
$$= 0.64$$

37 수증기의 몰리에르 선도에서 다음의 두 개 값을 알아도 습증기의 상태가 결정되지 않는 것은?

① 비체적과 엔탈피
② 온도와 엔탈피
③ 온도와 압력
④ 엔탈피와 엔트로피

38 Van der wails의 식은?

① $\left(P + \frac{a}{V_2}\right)(V - b) = RT$
② $\left(P - \frac{a}{V_2}\right)(V - b) = RT$
③ $\left(P + \frac{V^2}{a}\right)(V - b) = RT$
④ $\left(P - \frac{V^2}{a}\right)(V - b) = RT$

39 Van der wails의 식에서 a와 b는 무엇을 뜻하는가?

① a : 분자의 크기   b : 분자 사이의 인력
② a : 임계점 온도   b : 임계점의 비체적
③ a : 임계점의 비체적   b : 임계점의 온도
④ a : 분자 사이의 인력   b : 분자의 크기

40 수증기의 몰리에르 선도에서 교축 과정은?

① 직각쌍곡선
② 원점에서 기울기가 45[°]인 직선
③ 수직선
④ 수평선

41 증발잠열을 설명한 것 중 틀린 것은?

① 증발잠열은 내부잠열과 외부잠열로 이루어진다.
② 증발잠열은 증발에 따르는 내부 에너지의 증가를 뜻한다.
③ 체적의 증가로서 증가하는 일의 열상당량을 뜻한다.
④ 건포화증기의 엔탈피와 같다.

42 증발열 γ, 액체열 q, 외부증발열 ϕ, 내부증발열 ρ, 건도 x 라면 맞는 것은?

① $q = \phi + \rho - \gamma$
② $q = (1-x)\phi + x\rho$
③ $\gamma = \phi + \rho$
④ $q = xq + r(1-x)$

36 ④   37 ③   38 ①   39 ④   40 ④   41 ④   42 ③

43 건포화증기를 등적하에 압력을 낮추면 건도는 어떻게 되는가?
① 증가
② 감소
③ 불변
④ 증가 또는 감소

44 건도 x_1인 습증기가 등온하에 건도 x_2로 변할 때 가열량을 맞게 표시한 것은? (단, r은 증발열)
① $(x_1+x_2)r$
② $(x_2-x_1)r$
③ x_1r
④ x_2r

45 압력 3[MPa]인 물의 포화온도는 232.75[℃]인데 이 포화수를 등압하에 300[℃]의 증기로 가열하면 과열도는 몇 [℃]인가?
① 43.17
② 52.67
③ 62.75
④ 67.25

풀이 $T_B - T'' = 300 - 232.75 = 67.25[℃]$

46 압력 0.2[MPa]하에 1[kg]의 물이 증발하면서 체적이 0.9[m³]로 증가할 때 증발열이 2177[kJ]이면 증발에 의한 엔트로피의 변화는 얼마인가? (단, 0.2[MPa]일 때 포화온도는 120[℃]이다.)
① 0.554
② 5.54
③ 55.4
④ 554

풀이 $\triangle S = \dfrac{\gamma}{T} = \dfrac{2177}{120+273} = 5.54[kJ/kgK]$

47 15[℃]의 물을 가열하여 0.7[MPa]의 건포화증기 10[kg]을 발생시키려면 얼마의 열량이 필요한가?[kJ] (단, 15[℃]의 엔탈피는 62.8 [kJ/kg], 압력 0.7[MPa]일 때 포화증기의 엔탈피는 2761.5[kJ/kg]이다.)
① 26987
② 2698.7
③ 269.87
④ 1889

풀이 $Q = (h'' - h')m = (2761.5 - 62.8) \times 10$
$= 2698.7 \times 10 = 26987[kJ]$

48 압력 0.2[MPa], 건도 0.2인 포화수증기 10[kg]을 가열하여 건도를 0.75되게 하려면 가열에 필요한 열량은 얼마인가?[kJ] (단, 압력 2[MPa]일 때 증발열은 1895[kJ/kg]이다.)
① 10422.5
② 18905
③ 14212.5
④ 94750

풀이 $Q = m(x_2 - x_1)r = 10(0.75 - 0.2) \times 1895$

49 압력 2[MPa], 포화온도 211.38[℃]의 건포화 증기는 포화수의 비체적이 0.001749[m³/kg], 건포화 증기의 비체적이 0.1016[m³/kg]이라면 건도 0.8인 습증기의 비체적은 얼마인가?
① 0.1 ② 0.08
③ 0.05 ④ 0.004

풀이 $v = v' + x(v'' - v')$
$= 0.007149 + 0.8(0.1016 - 0.007149)$
$= 0.08162 [m^3/kg]$

50 압력 2[MPa], 포화온도 212.42℃인 포화수 엔탈피가 908.79[kJ/kg] 포화증기의 엔탈피가 2799.5[kJ/kg], 건도 0.8인 습증기의 엔탈피는 얼마인가?
① 908.79 ② 2239.6
③ 1136 ④ 2493

풀이 $h = h' + x(h'' - h')$
$= 908.79 + 0.8(2799.5 - 908.79)$
$= 2493.358 [kJ/kg]$

51 압력 1.2[MPa], 건도 0.6인 습증기 10[m³]의 질량은 얼마인가?
(단, 포화액체의 비체적은 0.0011373[m³/kg], 건포화 증기의 비체적은 0.662[m³/kg]이다.)
① 98 ② 49
③ 25 ④ 10

풀이 $v = v' + x(v'' - v')$
$= 0.0011373 + 0.6 \times (0.662 - 0.0011373)$
$= 0.3977 [m^3/kg]$
$m = \dfrac{V}{v} = \dfrac{10}{0.3977} = 25.14 [kg]$

52 압력 1[MPa], 건도 90[%]인 습증기의 엔트로피는 얼마인가?[kJ/kgK]
(단, 포화수의 엔트로피는 2.129[kJ/kgK], 건포화 증기의 엔트로피는 6.591[kJ/kgK]이다.)
① 6.591 ② 7.462
③ 6.7158 ④ 6.1448

풀이 $s = s' + x(s'' - s')$
$= 2.129 + 0.9(6.591 - 2.129)$
$= 6.1448 [kJ/kgK]$

53 일정한 압력 1[MPa]하에서 포화수를 증발시켜 건포화 증기를 만들 때 증기 1[kg]당 내부 에너지의 증기는 얼마인가?
(단, 증발열은 2018[kJ/kg], 포화액의 비체적은 0.001126[m³/kg], 건포화 증기의 비체적은 0.1981[m³/kg]이다.)
① 1821 ② 3839
③ 197 ④ 2039

풀이 $\triangle U = \triangle H - \triangle PV$
$= 2018 - 1000 \times (0.1981 - 0.001126)$
$= 1821 [kJ/kg]$

49 ② 50 ④ 51 ③ 52 ④ 53 ①

54 물 1[kg]이 압력 0.2[MPa]하에 증발하여 0.9[m³]로 체적이 증가했다. 증발열이 2177[kJ/kg]이면 내부증발열은 얼마인가?

① 2100   ② 180
③ 1997.2   ④ 199.7

풀이 물 1[kg]의 체적은 0.001[m3]이다.
$\triangle U = \triangle H - \triangle PV$

55 온도 200[℃], 체적 0.05[m³]인 증기 1[kg]이 등온하에 팽창하여 체적이 0.1[m³]로 되었다. 공급된 열량은 얼마인가?(단, $x_1 = 0.387$, $x_2 = 0.784$, 200[℃]일 때 $S' = 2.3291$[kJ/kgK], $S'' = 6.4301$[kJ/kgK]이다.)

① 0.397   ② 1.628
③ 325.6   ④ 770

풀이
$\triangle S = (x_2 - x_1)(s'' - s')$
$= (0.784 - 0.387)$
$\quad (6.4301 - 2.3291)$
$= 1.628$
$\triangle S = \dfrac{Q}{T}$ 에서 $Q = T \triangle S$
$= (200 + 273) \times 1.628$
$= 770[\text{kJ}]$

56 압력 1[MPa], 건도 0.4인 습증기 1[kg]이 가열에 의하여 건도가 0.8로 되었다. 외부에 대한 팽창일은 얼마인가?
(단, 포화액체의 비체적은 0.0011262[m³/kg], 포화증기의 비체적은 0.1981[m³/kg]이다.)

① 0.4   ② 0.8
③ 0.078   ④ 78789

풀이 $\triangle PV = 1 \times 10^6 \times (0.8 - 0.4) \times (0.1981 - 0.0011262)$
$= 78789[\text{kJ}]$

54 ③   55 ④   56 ④

제 10 장 증기원동소 사이클

증기 사이클 열기관에서는 작동유체가 주로 물을 사용하며 수증기 원동소(steam power Plant)의 작동유체는 수증기(steam)으로 생각한다. 이 열기관에는 고열원에서 열을 얻기 위한 보일러 과열기 재열기와 일을 발생하는 터빈이나 피스톤, 저열원으로 열을 방출하는 복수기(응축기) 등이 필요하며, 이를 구성하는 전체를 증기원동소라 한다.

1. 랭킨 사이클(1854)

증기원동소의 기본 사이클은 랭킨 사이클(Rankine Cycle)이라 하며, 그림과 같이 2개의 단열과정과 2개의 등압과정으로 구성된다.

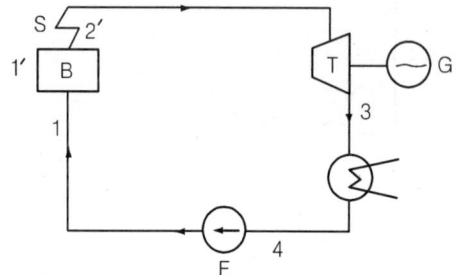

B:보일러(Boiler)
S:과열기(Super heater)
T:터빈(Turbine)
G:발전기(Generator)
C:복수기(Condenser)
F:급수 펌프(Feed pump)

그림 10-1 랭킨 사이클의 구성

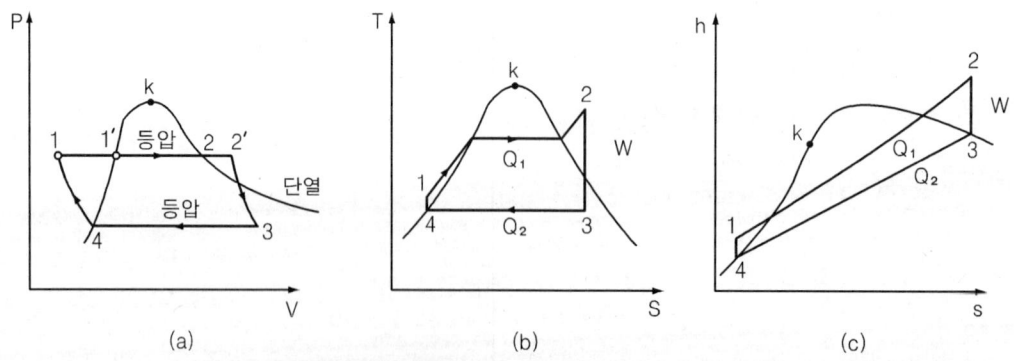

랭킨 사이클의 P-V, T-S, h-s 선도

① 등압가열(1-2) : 급수펌프에서 이송된 압축수를 보일러에서 등압가열하여 포화수가 되고, 계속 가열하여 건포화 증기가 되고, 과열기(Super heater)에서 다시 가열하여 과열증기가 된다.

② 단열팽창(2-3) : 과열증기는 터빈에 유입되어 단열 팽창으로 일을 하고 습증기가 된다.

③ 등압방열(3-4) : 터빈에서 유출된 습증기는 복수기에서 등압방열되어 포화수가 된다.

④ 단열압축(4-1) : 일명 등적압축과정이며, 복수기에서 나온 포화수를 복수펌프로 대기압까지 가압하고 다시 급수펌프로 보일러 압력까지 보일러에 급수한다.

◎ Rankine Cycle의 열효율

$$\eta_R = \frac{\text{사이클 중 일에 이용된 열량}}{\text{사이클에서의 가열량}} = \frac{W}{Q_1}$$

$$= \frac{Q_1 - Q_2}{Q_1} = 1 - \frac{Q_2}{Q_1} = \frac{m43nm}{m4123nm}$$

$$= 1 - \frac{h_3 - h_4}{h_2 - h_1} = \frac{h_2 - h_1 - (h_2 - h_4)}{h_3 - h_1}$$

$$= \frac{(h_2 - h_3) - (h_1 - h_4)}{h_2 - h_1} = \frac{(h_2 - h_3) - (h_1 - h_4)}{(h_2 - h_4) - (h_1 - h_4)}$$

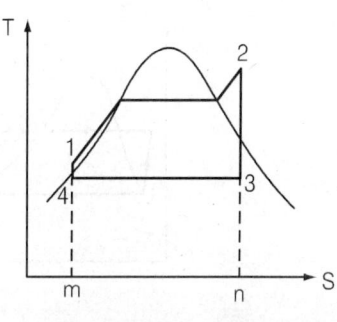

랭킨 사이클의 T-S 선도

여기서 펌프일 $(h_1 - h_4)$은 터빈일에 비하여 대단히 적으므로 터빈일을 무시하면

$$\eta_R \fallingdotseq \frac{h_2 - h_3}{h_2 - h_4} \text{ 이다.}$$

그러므로 랭킨 사이클의 η_R은 초온 및 초압이 높을수록 배압이 낮을수록 증가한다.

2. 재열 사이클(Reheative Cycle)

Rankine cycle의 열효율은 초온, 초압이 증가될수록 높아진다. 그러나 열효율을 높이기 위해서 초압을 높게 하면 터빈에서 팽창 중 증기의 건도가 감소되어 터빈날개의 마모 및 부식의 원인이 된다. 그러므로 터빈 팽창 도중 증기를 터빈에서 전부 추출하고 재열기에서 다시 가열하여 과열도를 높인 후 터빈에서 다시 팽창시키면 습도가 감소되므로 습도에 의한 터빈 날개의 부식을 방지 또는 감소시킬 수 있다. 이와 같이 터빈날개의 부식을 방지하고 팽창일을 증대시키는 목적으로 이용되는 사이클이 재열 사이클이다.

재열 사이클의 P-V, T-S, h-s 선도

R : 재열기
T_1 : 고압터빈
T_2 : 저압터빈

재열 사이클의 구성

재열 사이클(reheat cycle)의 이론적 열효율 η_{Re}는

$$\eta_{Re} = 1 - \frac{Q_2}{Q_1} = 1 - \frac{h_7 - h_1}{(h_4 - h_2) + (h_6 - h_5)}$$

$$= \frac{(h_4 - h_2) + (h_6 - h_5) - (h_7 - h_1)}{(h_4 - h_2) + (h_6 - h_5)}$$

$$= \frac{(h_4 - h_5) + (h_6 - h_7) - (h_2 - h_1)}{(h_4 - h_2) + (h_6 - h_5) + (h_1 - h_1)}$$

$$= \frac{(h_4 - h_2) + (h_6 - h_5) - (h_7 - h_1)}{(h_4 - h_2) + (h_6 - h_5) - (h_2 - h_1)}$$

펌프일을 무시하면

$$\therefore (h_4 - h_5) + (h_6 - h_7) - (h_2 - h_1)$$

$$\boxed{\eta_{Re} \fallingdotseq \frac{(h_4 - h_2) + (h_6 - h_5)}{(h_4 - h_2) + (h_6 - h_5)}}$$

3. 재생 사이클(Regenerative Cycle)

증기원동소에서 복수기에서 방출되는 열량이 많으므로 열손실이 크다. 이 열손실을 감소시키기 위하여 터빈에서 팽창 도중의 증기를 일부 추출하여 보일러에 공급되는 물을 예열하고 복수기(Condensor)에서 방출되는 증발기의 일부 열량을 급수가열에 이용한다. 이와 같이 방출열량을 회수하여 공급열량을 감소시켜 열효율을 향상시키는 사이클을 재생 사이클이라 한다. 즉 이러한 추기급수가열(bledsteam feedwater heating)을 행하는 사이클을 재생 사이클이라 한다.

재생 사이클의 구성

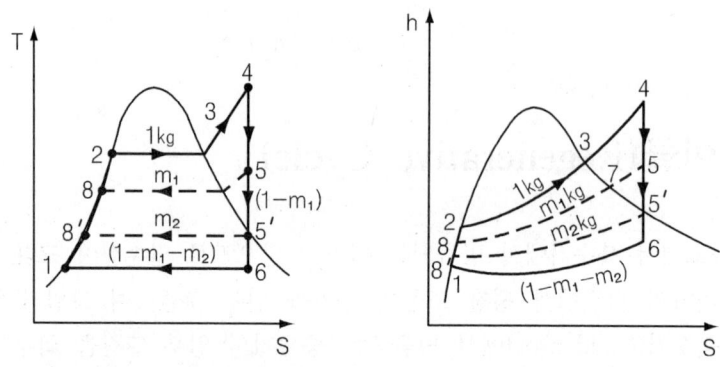

재생 사이클의 T-S 선도와 h-s 선도

증기 1[kg]에 대하여 터빈이 한 일

$$W = (h_4 - h_5) + (1 - m_1)(h_5 - h_5{'}) + (1 - m_1 - m_2)(h_5{'} - h_6)$$
$$= (h_4 - h_6) + [m_1(h_5 - h_6) + m_2(h_5{'} - h_6)]$$

가열량 $Q_1 = h_4 - h_8$

그러므로 재생 사이클의 열효율은

$$\eta = 1 - \frac{Q_2}{Q_1} = \frac{W}{Q_1} = \frac{(h_4 - h_6) - [m_1(h_5 - h_6) + m_2(h_5{'} - h_6)]}{h_4 - h_6}$$

단, 제1추출구에서의 증기추기량은 혼합급수가열기에서의 열교환으로부터

$$m_1(h_5 - h_4) = (1 - m_1)(h_8 - h_8{}')$$

$$m_1 = \frac{h_8 - h_8{}'}{h_5 - h_8{}'}$$

제2추출구에서의 추기량은

$$m_2(h_5 - h_8{}') = (1 - m_1 - m_2)$$

$$m_2 = \frac{(1 - m_1)(h_8{}' - h_1)}{h_5{}' - h_1}$$

$$= \frac{(h_5 - h_8)(h_8{}' - h_1)}{(h_5 - h_8)(h_5{}' - h_1)}$$

4. 재생 재열 사이클

터빈의 팽창 도중 증기를 재가열하는 재열 사이클과 팽창 도중 증기의 일부를 방출시키는 추기 급수가열을 하는 재생 사이클이 두 가지 사이클을 조합한 것으로 이것을 재열·재생 사이클(reheating and regenerative cycle)이라 한다.

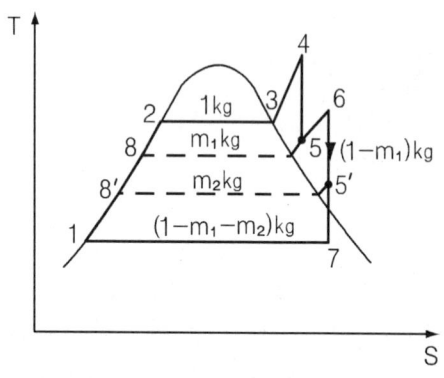

재생 사이클의 T-S 선도

재생 재열 사이클의 열효율을 구할 때 일반적으로 펌프일은 작으므로 무시한다.

$$\eta = \frac{(h_4-h_5)+(1-m_1)(h_6-h_5)+(1-m_1-m_2)(h_5-h_7)}{(h_4-h_8)+(h_6-h_5)}$$

추출량 m_1과 m_2는

$$m_1(h_5-h_8) = (1-m_1)(h_8-h_8{'})$$

$$m_1(h_5-h_8{'}) = (1-m_1-m_2)(h_8{'}-h_1)$$

5. 2유체 사이클(Binary Cycle)

증기원동소 사이클에서 온도부는 응축기의 냉각수 온도에 의하여 제한을 받고, 고온부는 재료의 강도에 의하여 제한을 받는다. 이와 같이 양열원은 어느 한계를 벗어나지 못함을 알 수 있다. 그러므로 이 같은 결점을 보완하기 위하여 2종의 다른 동작물질로 각각의 사이클을 형성하게 하고 고온측의 배열을 저온측이 가열에 이용하도록 한 사이클을 2유체 사이클이라 하고 이는 작동압력을 높이지 않고 작동유효 온도범위를 증가시킬 수 있는 특징이 있다. 즉, 동작물질로서 물의 결점을 보완하기 위해서 이다. 고온도에서 포화압력이 낮은 수은을 이용, 저온부에서 수증기 사용 수은 cycle에서 팽창일을 얻은 후 수은이 증발하는 잠열로서 또 다른 팽창일을 얻어 열효율 증대한다.

◎ 단점 : 수은은 금속면을 적시지 않으므로 보일러에서 열이동이 불량하다. 수은 증기는 유해하므로 취급에 주의를 요하며 값이 비싸다.

6. 증기플랜트의 효율

실제 증기플랜트의 열효율은 다음과 같은 원인 때문에 좀더 낮아진다.

즉, ① 보일러에서의 제손실

② 증기터빈의 제손실

③ 터빈 또는 발전기나 프로펠러 등의 기계적 손실

④ 수관 또는 증기관 내의 압력손실이 효율이 낮아지는 주요한 원인이다.

◎ 보일러 효율

$$n_B = \frac{증기가열에\ 사용된\ 열량}{연료의\ 저위발열량}$$

◎ 터빈 효율

$$n_t = \frac{터빈의\ 실제적\ 열낙차}{터빈의\ 이론적\ 열낙차}$$

◎ 기계효율

$$n_m = \frac{터빈의\ 유효출력}{터빈의출력}$$

7. 증기소비율과 열소비율

증기소비율(Specific steam consumption)은 단위 에너지(1kwh)를 발생하는 데 소요되는 증기량으로

$SR = \dfrac{3600}{W}$ [kg/kWh]　　　W : 출력(kw)
　　　　　　　　　　　　　　　SR : 증기소비율(steam ration)　로 표시하며

열소비율(specific Heat consumption)은 단위 에너지당의 증기에 의해 소비되는 열량으로 열율이라고도 한다.

$HR = \dfrac{3600}{\eta}$ [kJ/kWh]　　　HR : 열율
　　　　　　　　　　　　　　　η : 열효율

연습문제

01 랭킨 사이클의 각 과정은 다음과 같다. 부적당한 것은?
① 터빈에서 가역 단열팽창 과정
② 응축기에서 정압방열 과정
③ 펌프에서 단열압축 과정
④ 보일러에서 등온가열 과정

풀이 보일러는 정압가열 과정

02 다음은 랭킨 사이클에 관한 표현이다. 부적당한 것은?
① 응축기(복수기)의 압력이 낮아지면 배출 열량이 적어진다.
② 응축기(복수기)의 압력이 낮아지면 열효율이 증가한다.
③ 터빈의 배기온도를 낮추면 터빈효율은 증가한다.
④ 터빈의 배기온도를 낮추면 터빈날개가 부식한다.

풀이 터빈 배기온도를 낮추면 이론열효율은 증가하나 터빈효율은 감소한다.

03 다음은 랭킨 사이클에 관한 표현이다. 부적당한 것은?
① 보일러 압력이 높아지면 배출열량이 감소한다.
② 주어진 압력에서 과열도가 높으면 열효율이 증가한다.
③ 보일러 압력이 높아지면 열효율이 증가한다.
④ 보일러 압력이 높아지면 터빈에서 나오는 증기의 습도도 감소한다.

풀이 보일러와 터빈은 부속기기이다.

04 다음은 재생 사이클을 사용하는 목적을 들고 있다. 가장 적당한 것은?
① 배열을 감소시켜 열효율 개선
② 공급 열량을 적게 하여 열효율 개선
③ 압력을 높여 열효율 개선
④ 터빈을 나오는 증기의 습도를 감소시켜 날개의 부식방지

05 다음은 2유체 사이클에 관한 표현이다. 부적당한 것은?
① 수은이 응축하는 잠열로써 수증기를 증발시킨다.
② 고온부에서는 수증기를 사용하면 터빈에서 나오는 증기의 습도가 증가한다.
③ 고온에서는 포화 압력이 높은 수은같은 것을 사용한다.
④ 수은의 응축기가 수증기의 보일러 역할을 한다.

풀이 고온에서는 포화압력이 낮은 수은을 사용한다.

01 ④ 02 ③ 03 ④ 04 ② 05 ③

06 재열 사이클은 다음과 같은 것을 목적으로 한 것이다. 부적당한 것은?
① 터빈이 증가
② 공급 열량을 감소시켜 열효율 개선
③ 높은 압력으로 열효율 증가
④ 저압축에서 습도를 감소

07 랭킨 사이클에서 열효율이 25[%]이고 터빈일이 418.6[kJ/kg]이라고 하면 1[kWh]의 일을 얻기 위하여 공급되어야 할 열량은?[kJ/kg]
① 104.65
② 313.95
③ 860
④ 1674.4

풀이 $\eta = \dfrac{W}{Q}$

$Q = \dfrac{W}{\eta} = \dfrac{418.6}{0.25} = 1674.4[kJ/kg]$

08 랭킨 사이클에 있어서 터빈에서 0.7[MPa], 엔탈피 3530[kJ/kg]로부터 복수기압력 0.004[MPa]까지 등엔트로피 팽창한다. 펌프일을 고려하여 이론열효율을 구하여라.(단, 복수기압력하의 포화수의 엔탈피는 120[kJ/kg], 비체적은 0.001[m³/kg]이고, 터빈출구에서의 증기의 엔탈피는 2096[kJ/kg]이다.)
① 41.2[%]
② 42[%]
③ 42.8[%]
④ 43.9[%]

풀이 $W_P = V(P_2 - P_1)$
$= 0.001 \times (0.7 - 0.004) \times 10^3 = 0.696$

$\eta_R = \dfrac{h_2 - h_3 - W_P}{h_2 - h_4 - W_P}$
$= \dfrac{3530 - 2096 - 0.696}{3530 - 120 - 0.696}$
$= 0.42 = 42[\%]$

09 랭킨 사이클에서 등적이면서 동시에 단열변화인 과정은 어느 것인가?
① 보일러   ② 터빈
③ 복수기   ④ 펌프

10 랭킨 사이클을 맞게 표시한 것은?
① 등온변화 2, 등압변화 2
② 등압변화 2, 단열변화 2
③ 등압변화 2, 등온변화 1, 단열변화 1
④ 등압변화 1, 등온변화 1, 단열변화 1, 등적변화 1

11 증기 사이클에서 보일러의 초온과 초압이 일정할 때 복수기 압력이 낮을수록 다음 어느 것과 관계 있는가?
① 열효율 증가   ② 열효율 감소
③ 터빈출력 감소   ④ 펌프일 감소

12 T-S 선도에서의 보일러에서 가열하는 과정은?

① 612
② 1234
③ 2345
④ 3456

06 ② 07 ④ 08 ② 09 ④ 10 ② 11 ① 12 ③

13 10마력의 엔진을 2시간 동안 제동시험 하여 생긴 마찰열이 20[℃]의 주위공기에 전해졌다면 엔트로피의 증가는?[kJ/K]
① 735.5
② 293
③ 181
④ 29.3

14 랭킨 사이클은 다음 어느 사이클인가?
① 가스터빈의 이상사이클
② 디젤 엔진의 이상사이클
③ 가솔린 엔진의 이상사이클
④ 증기원동소의 이상사이클

15 T-S 선도에서 재열 재생수를 맞게 표시한 것은?

① 3단 재열, 4단 재생
② 2단 재열, 3단 재생
③ 1단 재열, 3단 재생
④ 1단 재열, 2단 재생

16 h-s 선도에서 응축과정은?

① 1-2
② 5-6
③ 6-1
④ 2-5

17 재열 사이클을 시키는 주목적은?
① 펌프일을 줄이기 위하여
② 터빈출구의 증기건도를 상승시키기 위하여
③ 보일러의 효율을 높이기 위하여
④ 펌프의 효율을 높이기 위하여

18 재생 사이클을 시키는 주목적은?
① 펌프일을 감소시키기 위하여
② 터빈출구의 증기의 건도를 상승시키기 위하여
③ 보일러용 공기를 예열하기 위하여
④ 추기를 이용하여 급수를 가열하기 위하여

19 증기터빈에서 터빈효율이 커지면 맞는 것은?
① 터빈출구의 건도가 커진다.
② 터빈출구의 건도가 작아진다.
③ 터빈출구의 온도가 올라간다.
④ 터빈출구의 압력이 올라간다.

20 랭킨 사이클에 대한 표현 중 틀린 것은?
① 주어진 압력에서 과열도가 높으면 열효율이 증가한다.
② 보일러 압력이 높아지면 터빈에서 나오는 증기의 습도를 감소한다.
③ 보일러 온도가 높아지면 열효율이 증가한다.
④ 보일러 압력이 높아지면 열효율이 증가한다.

13 ③ 14 ④ 15 ④ 16 ④ 17 ② 18 ④ 19 ② 20 ②

21 사이클의 고온측에 이상적인 특징을 갖는 작업물질을 사용하여 작동압력을 높이지 않고 작동 유효 온도범위를 증가시키는 사이클은?

① 카르노 사이클
② 재생 사이클
③ 재열 사이클
④ 2유체 사이클

22 증기 사이클에서 터빈 출구의 건도를 증가시키기 위하여 개선한 사이클은?

① 재생 사이클
② 재열 사이클
③ 2유체 사이클
④ 개방 사이클

23 랭킨 사이클의 과정은?

① 단열압축 - 등압가열 - 단열팽창 - 응축
② 단열압축 - 단열팽창 - 등압가열 - 응축
③ 등압가열 - 단열압축 - 등온팽창 - 응축
④ 등압가열 - 단열압축 - 단열팽창 - 응축

24 증기 사이클에 대한 설명 중에서 틀린 것은?

① 랭킨 사이클의 열효율은 초온과 초압이 높을수록 커진다.
② 재열 사이클은 증기의 초온을 높여 열효율을 상승시킨 것이다.
③ 재생 사이클은 터빈에서 팽창 도중의 증기를 추출하여 급수를 가열한다.
④ 팽창 과정의 습증기를 줄이고 저압부에서 증기의 용량을 줄이도록 한 것이 재열·재생 사이클이다.

25 증기원동소의 열효율을 맞게 쓴 것은?

① $\eta = \dfrac{\text{연료소비량} \times 4539}{\text{연료의 저발열량}}$

② $\eta = \dfrac{539 \times \text{연료저위발열량}}{\text{정미발생전력량} \times \text{연료소비율}}$

③ $\eta = \dfrac{\text{정미발생전력량} \times 860}{\text{연료소비량} \times \text{기계효율}}$

④ $\eta = \dfrac{860 \times \text{정미발생전력량}}{\text{연료저위발생량} \times \text{연료소비율}}$

26 랭킨 사이클의 이론효율식은?

① $\eta = \dfrac{h_4 - h_1}{h_4 - h_5}$ ② $\eta = \dfrac{h_4 - h_5}{h_4 - h_1}$

③ $\eta = \dfrac{h_4 - h_3}{h_4 - h_5}$ ④ $\eta = \dfrac{h_3 - h_5}{h_4 - h_2}$

21 ④ 22 ② 23 ① 24 ② 25 ④ 26 ②

27 T-S 선도는 무슨 사이클인가?

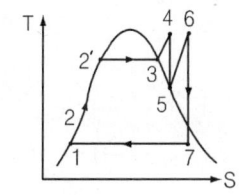

① 1단 재열 사이클
② 2단 재열 사이클
③ 1단 재생 사이클
④ 2단 재생 사이클

28 T-S 선도는 무슨 사이클인가?

① 1단 재열 1단 재생 사이클
② 1단 재열 2단 재생 사이클
③ 2단 재열 1단 재생 사이클
④ 2단 재열 2단 재생 사이클

29 랭킨 사이클의 각 점에서 증기의 엔탈피는 다음과 같다.

| 보일러 입구 : 290[kJ/kg] |
| 터빈 출구 : 2622[kJ/kg] |
| 보일러 출구 : 3480[kJ/kg] |
| 복수기 출구 : 287[kJ/kg] |

이 사이클의 열효율은 얼마인가?
① 26.8[%]   ② 30.6[%]
③ 35.7[%]   ④ 40.6[%]

30 20[ata](484.39[K])의 건포화 증기를 배기압 0.5[ata](353.81[K])까지 팽창시키는 랭킨 사이클의 이론 열효율과 이것과 같은 온도 범위에서 작동하는 카르노 사이클의 열효율과의 비는 몇 [%]인가?

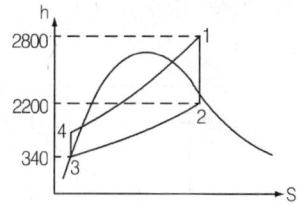

① 90   ② 85
③ 80   ④ 70

31 그림과 같은 랭킨 사이클에서 100[ata] 700[℃]의 증기가 터빈에서 공급되었다. 이 때 복수기의 압력이 0.08[ata]일 때 이론 열효율은 얼마인가?
(단, 펌프일은 무시하시오.)

$h_1 = 338.3[kJ/kg]$
$h_3 = 2880[kJ/kg]$
$h_4 = 2200[kJ/kg]$

① 27[%]   ② 38[%]
③ 43[%]   ④ 50[%]

27 ①   28 ①   29 ①   30 ①   31 ①

32 보일러에서 201[ata], 540[℃]의 증기를 발생하여 터빈에서 25[ata]까지 단열팽창한 곳에서 초온까지 재열하여 복수기 압력 0.05[ata]까지 팽창시키는 증기원동소의 h-s 선도이다. 이 원동소의 이론 열효율은 얼마인가?

① 30.5[%] ② 35.7[%]
③ 40.5[%] ④ 46.4[%]

33 일단추기 재생 사이클에서 추기점 압력 하에서 포화수의 엔탈피가 533[kJ/kg], 추기엔탈피 3060[kJ/kg], 터빈의 단열 열낙차는 1360[kJ/kg]이다. 터빈 입구에서 증기의 엔탈피는 3530[kJ/kg]이고, 추기량은 0.148일 때 재생 사이클의 열효율은 얼마인가?
(단, 펌프일은 무시한다.)

① 40.675[%] ② 40.98[%]
③ 45.67[%]   ④ 48.35[%]

제 11 장 냉동 사이클

　냉동(Refrigeration)이란 어떤 물체나 계로부터 열을 제거하여 주위온도보다 낮은 온도로 유지하는 조작을 말하며 방법으로는 얼음의 융해열이나 드라이아이스의 승화열 혹은 액체질소의 증발열 등을 이용할 수가 있다. 이러한 조작을 분류하면 다음과 같다.

- 냉각(Cooling) : 상온보다 낮은 온도로 열을 제거하는 것
- 냉동(Freezing) : 냉각작용에 의해 물질을 응고점 이하까지 열을 제거하여 고체상태로 만드는 것
- 냉장(Storage)
  - Icing Storage : 얼음을 이용하여 0[℃] 근처에서 저장하는 것
  - Cooler Storage : 냉각장치를 이용 0[℃] 이상의 일정한 온도에서 식품이나 공기를 상태 변화 없이 저장하는 것
  - Freezer Storage : 동결장치를 이용, 물체의 응고점 이하에서 상태를 변화시켜 저장하는 것
- 냉방 : 실내공기의 열을 제거하여 주위온도보다 낮추어 주는 조작

　열역학 제2법칙에 의하면 저온측에서 고온측으로 열을 이동시킬 수 있는 사이클에서 저온측을 사용하는 장치를 냉동기(Refrigerator)라 하며, 동일장치로서 고온측을 사용하는 장치를 열펌프(Heat Pump)라 한다.

1. 냉동 사이클

열역학 제2법칙에서 언급했듯이 냉동과 냉각을 위해서는 역 Cycle이 성립하여, 저온체에서 고온체로 열이동을 하여야 한다. 그러므로 이상적 가역 Cycle인 Carnot Cycle을 역회전시키면 역카르노 사이클이 된다.

그림 11-1은 역카르노 사이클의 P-V 선도 및 T-S 선도이다.

1-2 과정 : 등온팽창
2-3 과정 : 단열압축
3-4 과정 : 등온압축
4-1 과정 : 단열팽창

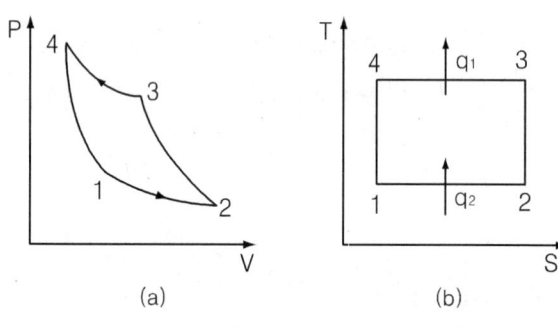

그림 11-1

위의 과정에서 다음과 같은 관계가 성립한다.

공급일

$$W = q_1 - q_2 = T_3(S_3 - S_4) - T_1(S_2 - S_1)$$

흡입열량

$$q_2 = q_1 + W = T_2(S_2 - S_1)$$

냉동기의 효과는 성적계수 또는 성능계수(Coefficient of performance)로 나타내며 다음과 같이 정의된다.

◎ 냉동기의 성능계수

$$\varepsilon_r = \frac{q_2}{W} = \frac{\text{저온체에서의 흡수열량(냉동효과)}}{\text{공급일}} = \frac{T_2}{T_1 - T_2}$$

◎ 열펌프의 성능계수

$$\varepsilon_h = \frac{q_1}{W} = \frac{\text{고온체에 공급한 열량}}{\text{공급일}} = \frac{T_1}{T_1 - T_2}$$

역 Carnot 사이클 즉 이상 냉동 사이클의 성능계수는 동작물질에 관계 없이 양 열원의 절대 온도에 관계되고, 냉동기의 성능계수는 열펌프의 성능 계수보다 항상 1이 적음을 알 수 있다.

즉 $\varepsilon_h - \varepsilon_r = 1$, $|\varepsilon| > 1$

2. 냉동능력

냉동기의 냉동능력은 냉동톤으로 표시하며, 1냉동톤(1[RT])이란 0[℃]의 물 1[ton]을 24시간 동안에 0[℃]의 얼음으로 만드는 능력이다.

$$1[RT] = \frac{79.68 \times 1000}{24} = 3320[kcal/hr] = \frac{333.7 \times 1000}{24 \times 3600} = 3.862[kW] = 5.18[ps]$$

그러므로

$1[RT] = 3.862[kW] = 5.18[ps] = 3320[kcal/hr]$

1) 냉동효과[kcal/kg]

냉매 1[kg]이 증발기에 들어가서 흡수하여 나오는 열량

2) 체적냉동효과[kcal/m³]

압축기 입구에서의 증기 1[m^3]의 흡열량

3) 냉동능력[kcal/hr]

증발기에서 시간당 제거할 수 있는 열량

4) 냉동톤(Refrigeration Ton)

1[RT]와 1[USRT]로 구분되며, 1[RT]는 0[℃]의 물 1[ton]을 24시간 동안에 0[℃]의 얼음으로 만드는 능력으로 3.862[kW](3320[kcal/h])이다. 1[USRT]는 미국 냉동톤 32[F]의 순수한 물 1[ton](2000[lb])을 24시간 동안에 32[F]의 얼음으로 만드는 필요한 능력으로 3024[kcal/hr]이다.

5) 제빙톤

1일의 얼음 생산능력을 [ton]으로 나타낸 것이다.
1제빙톤=1.65[RT]

3. 공기 냉동 사이클(Air-refrigeratior Cycle)

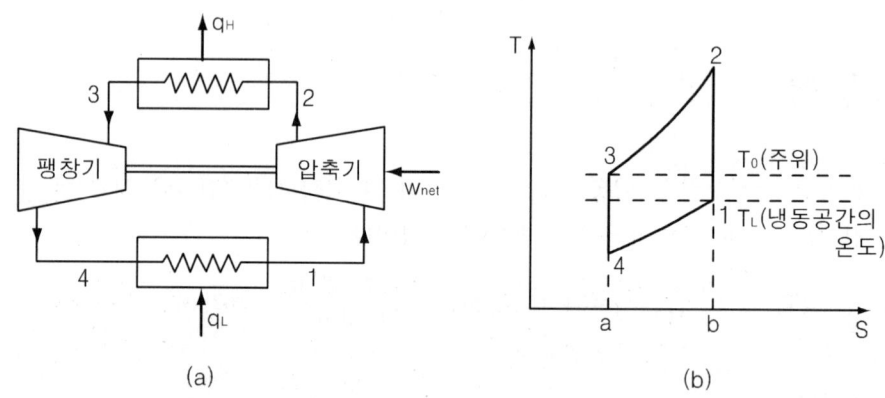

(a)   (b)

공기 표준 냉동 사이클의 구성 및 T-S 선도

공기 냉동 사이클은 가스 터빈의 이상 사이클인 Brayton 사이클의 역이다.

공기 냉동 사이클의 P-h 및 T-S이다.

4-1 과정 : 단열팽창 : $\dfrac{T_1}{T_4} = \left(\dfrac{V_4}{V_1}\right)^{k-1} = \left(\dfrac{P_1}{P_4}\right)^{\frac{k-1}{k}}$

1-2 과정 : 등압하에서 흡열 : (q_2) : $q_2 = C_p(T_2 - T_1)$

2-3 과정 : 단열압축 : $\dfrac{T_2}{T_3} = \left(\dfrac{V_3}{V_2}\right)^{k-1} = \left(\dfrac{P_2}{P_3}\right)$

3-4 과정 : 등압방열 : (q_1) : $q_1 = C_p(T_3 - T_4)$

◎ 성능 계수

$$\varepsilon_r = \dfrac{q_2}{W} = \dfrac{q_2}{q_1 - q_2} = \dfrac{T_2 - T_1}{(T_3 - T_4) - (T_2 - T_1)} = \dfrac{1}{\dfrac{T_3 - T_4}{T_2 - T_1} - 1} = \dfrac{1}{\left(\dfrac{P_4}{P_1}\right)^{\frac{k-1}{k}} - 1} = \dfrac{T_1}{T_4 - T_1}$$

4. 증기 압축 냉동 사이클

액체와 기체의 이상으로 변하는 물질을 냉매로 하는 냉동 사이클 중에서 증기를 이용하는 사이클을 증기 압축 냉동 사이클이라 한다. 냉동기에서 증발기를 나간 건포화증기가 압축기에 송입되는 도중에 과열증기가 되어 과열증기를 압축하는 사이클을 압축 냉동 사이클이라 한다.

증기 압축 냉동 사이클의 구성

5. 냉매

냉동 사이클 내를 순환하는 동작유체로서 냉동공간 또는 냉동물질로부터 열을 흡수하여 다른 공간 또는 다른 물질로 열을 운반하는 작동유체이며, 화학적으로 다음과 같이 분류한다.

무기 화합물 : NH_3, CO_2, H_2O
탄화수소 : CH_4, C_2H_6, C_3H_8
할로겐화 탄화수소 : freon
공비(共沸) 혼합물(azetrope) : R_{500}, R_{501}, R_{502} 등

1) 냉매의 종류

① 1차 냉매(직접 냉매)

냉동 사이클 내를 순환하는 동작유체로서 잠열에 의해 열을 운반하는 냉매(NH_3, freon 등)

② 2차 냉매(간접 냉매)

통칭 ($NaCl$, $CaCl_2$, $MgCl_2$ 등)을 말하며, 제빙장치의 브라인, 공조장치의 냉수 등이 이에 속한다. 감열에 의해 열을 운반한다.

2) 냉매의 구비조건

① 물리적인 조건
- 저온에서도 높은 포화온도(대기압 이상)을 가지고 상온에서 응축액화가 용이할 것
- 임계온도가 높을 것(상온 이상)
- 응고온도가 낮을 것
- 증발잠열이 크고 액체비열이 작을 것
- 윤활유, 수분 등과 작용하여 냉동작용에 영향을 미치는 일이 없을 것
- 전열작용이 양호할 것
- 점도와 표면장력이 작을 것
- 누설발견이 쉬울 것
- 비열비가 작을 것

- 전기적 절연내력이 크고 전기절연물질을 침식시키지 않을 것
- 증기와 액체의 비체적이 작을 것(밀도가 클 것)
- 터보 냉동기용 냉매는 가스 비중이 클 것

② 화학적인 조건
- 화학적인 결합이 안정될 것
- 금속을 부속하지 말 것
- 인화, 폭발성이 없을 것

③ 생물학적인 조건
- 인체에 무해할 것
- 냉장품에 닿아도 냉장품을 손상시키지 않을 것
- 악취가 없을 것

④ 경제적인 조건
- 가격이 저렴하고 구입이 용이할 것
- 자동운전이 용이할 것
- 동일 냉동능력에 대하여 소요동력이 적게 들 것(피스톤 압출량이 적을 것)

연 습 문 제

01 어떤 냉동기가 2[kW]의 동력을 사용하여 매시간 저열원에서 21000[kJ]의 열을 흡수한다. 이 냉동기의 성능계수는 얼마인가? 또, 고열원에서 방출하는 열량은 얼마인가?

① 3.96, 6270[kJ]
② 4.96, 6270[kJ]
③ 2.92, 28224[kJ]
④ 3.92, 32320[kJ]

풀이 $\varepsilon_R = \dfrac{Q_2}{W} = \dfrac{21000[kJ]}{2[kW \cdot h]} = \dfrac{21000}{2 \times 3600} = 2.92$

$\epsilon_h = \epsilon_R + 1 = 3.92$

$\therefore Q_1 = W \cdot \epsilon_h = 2 \times 3600 \times 3.92 = 28224[kJ]$

02 이상적인 냉동 사이클의 기본 사이클인 것은?

① 카르노 사이클
② 역카르노 사이클
③ 랭킨 사이클
④ 역브레이톤 사이클

03 압축 냉동 사이클에서 다음 기기 중 냉매의 엔탈피가 일정치를 유지하는 것은?

① 컴프레서
② 응축기
③ 팽창밸브
④ 증발기

풀이 팽창밸브 : 교축과정, 비가역 과정, 엔탈피 불변

04 어떤 냉매액을 팽창밸브를 통과하여 분출시킬 경우 교축 후의 상태가 아닌 것은?

① 엔트로피가 감소한다.
② 압력은 강하한다.
③ 온도가 강하한다.
④ 엔탈피는 일정불변이다.

풀이 교축 후 엔트로피는 항상 증가한다.

05 냉동기의 성능계수는?

① 온도만의 함수이다.
② 고온체에서 흡수한 열량과 공급된 일과의 비이다.
③ 저온체에서 흡수한 열량과 공급된 일과의 비이다.
④ 열기관의 열효율 역수이다.

풀이 $\varepsilon_R = \dfrac{Q_\text{저}}{W}$

06 이상냉동 사이클에서 응축기 온도가 40[℃], 증발기 온도가 −20[℃]인 이상 냉동사이클의 성능계수는?

① 5.22
② 4.22
③ 3.22
④ 2.22

풀이 $\varepsilon_R = \dfrac{T_2}{T_1 - T_2} = \dfrac{253}{313 - 253} = 4.22$

01 ③ 02 ② 03 ③ 04 ① 05 ③ 06 ②

07 성능계수가 3.2인 냉동기가 20톤의 냉동을 하기 위하여 공급해야 할 동력은 몇 [kW]인가?

① 14.14 ② 18.14
③ 20.14 ④ 24.14

풀이 1[RT] = 3.862[kW]

$\varepsilon_R = \dfrac{Q_{저}}{W}$

$3.2 = \dfrac{20 \times 3.862}{[kW]}$

$[kW] = \dfrac{20 \times 3.862}{3.2} = 24.14$

08 100[℃]와 50[℃] 사이에서 냉동기를 작동한다면 최대로 도달할 수 있는 성능계수는 약 얼마 정도인가?

① 6.46 ② 7.46
③ 8.46 ④ 9.46

풀이 $Cop = \dfrac{T_2}{T_1 - T_2} = \dfrac{323}{373 - 323} = 6.46$

09 역카르노 사이클(Carnot Cycle)은 어떠한 과정으로 이루어졌는가?

① 등온팽창 → 단열팽창 → 등온압축 → 단열압축
② 등온팽창 → 단열압축 → 등온압축 → 단열팽창
③ 등온팽창 → 등온압축 → 단열압축 → 단열팽창
④ 단열팽창 → 등온압축 → 단열팽창 → 등압팽창

풀이

10 공기냉동 사이클을 역으로 작용시키면 무슨 사이클이 되는가?

① 오토 사이클
② 카르노 사이클
③ 사바테 사이클
④ 브레이톤 사이클

11 이론증기압축 냉동 사이클에서 냉매의 순환경로로 맞는 것은?

① 팽창변 → 응축기 → 압축기 → 증발기
② 증발기 → 압축기 → 응축기 → 팽창변
③ 증발기 → 응축기 → 팽창변 → 압축기
④ 응축기 → 팽창변 → 압축기 → 증발기

풀이

12 냉장고가 저온체에서 1255[kJ/h]의 율로 열을 흡수하여 고온체에 1700[kJ/h]의 율로 열을 방출하면 냉장고의 성능계수는 얼마인가?

① 1.82 ② 2.82
③ 3.82 ④ 8.32

풀이 $\varepsilon_R = \dfrac{Q_2}{Q_1 - Q_2}$

$= \dfrac{1255}{1700 - 1255} = 2.82$

07 ④ 08 ① 09 ② 10 ④ 11 ② 12 ②

13 표준 공기 냉동 사이클에서 냉동효과가 일어나는 과정은?

① 등온과정　　② 정압과정
③ 단열과정　　④ 정적과정

풀이 냉동효과 (등압팽창 : $q_2 = C_v(T_1 - T_2)$

14 성적계수가 4.8, 압축기일의 열상당량이 235[kJ/kg]인 냉동기의 냉동톤당 냉매 순환량은 얼마인가?

① 0.8[kg/h]　　② 8.4[kg/h]
③ 12.26[kg/h]　　④ 16.26[kg/h]

풀이 $\varepsilon_R = \dfrac{Q}{W}$

$W = \dfrac{Q}{\varepsilon_R} = \dfrac{1[RT]}{4.8}$

$= \dfrac{3.862}{4.8} = 0.8[kW]$

$m = \dfrac{0.8}{235} \times 3600 = 12.26[kg/h]$

15 20[℃]의 물로 0[℃]의 얼음을 매시간 30[kg] 만드는 냉동기의 능력은 몇 냉동톤인가? (단, 물의 잠열은 335[kJ/kg], 물의 비열은 4.18[kJ/kg]이다.)

① 0.9[RT]　　② 1.2[RT]
③ 3.15[RT]　　④ 3.35[RT]

풀이 1[RT] = 3.862[kW]

$Q = mC\Delta T + m \times 335 = 12558[kJ/h]$

12558[kJ/h] = 3.488[kW]

$[RT] = \dfrac{3.488}{3.862} = 0.9$

16 냉동 용량 5냉동톤인 냉동기의 성능계수가 3이다. 이 냉동기를 작동하는 데 필요한 동력은 얼마인가?[kW]

① 3.87　　② 4.78
③ 3.49　　④ 6.44

풀이 $W = \dfrac{Q_저}{\varepsilon_R} = \dfrac{5 \times 3.862}{3} = 6.44$

17 역카르노 사이클로 작동하는 냉동기가 30[kW]의 일을 받아서 저온체로부터 85[kJ/s]의 열을 흡수한다면 고온체로 방출하는 열량은 얼마인가?[kJ/s]

① 2.8　　② 28
③ 85　　④ 115

풀이 $\varepsilon_n = 1 + \varepsilon_R$

$\dfrac{Q_고}{W} = 1 + \dfrac{Q_저}{W}$

$Q_고 = W\left(1 + \dfrac{Q_저}{W}\right) = 30\left(1 + \dfrac{85}{30}\right) = 115[kJ/s]$

18 증기압축식 냉동기의 냉매순환 순서로 맞는 것은?

① 증발기 → 압축기 → 응축기 → 팽창밸브
② 증발기 → 응축기 → 팽창밸브 → 압축기
③ 압축기 → 응축기 → 증발기 → 팽창밸브
④ 압축기 → 증발기 → 팽창밸브 → 응축기

풀이

13 ②　14 ③　15 ①　16 ④　17 ④　18 ①

19 냉매의 순환량을 조절하는 것은?
① 증발기　　　　② 응축기
③ 압축기　　　　④ 팽창밸브

20 1냉동톤은?
① 1[kW]
② 3.86[kW]
③ 3330[kcal/h]
④ 1000[kcal/h]

풀이　1[RT] = 3.862[kW] = 5.18[Ps]
　　　　　= 3320[kcal/hr]

21 냉매의 압력이 감소되면 증발온도는?
① 불변　　　　　② 올라간다.
③ 내려간다.　　　④ 알 수 없다.

풀이　냉매
① 냉동 사이클 내를 순환하는 동작유체
② 냉동 공간 또는 냉동 물질로부터 열 흡수
③ 다른 공간 또는 다른 물질로 열을 운반

22 냉동장치 중 가장 압력이 낮은 곳은?
① 팽창밸브 직후　　② 수액기
③ 토출밸브 직후　　④ 응축기

23 냉동능력 표시방법 중 틀린 것은?
① 1냉동톤의 능력을 내는 냉매의 순환량
② 냉매 1[kg]이 흡수하는 열량
③ 압축기 입구증기의 체적당 흡수량
④ 1시간에 냉동기가 흡수하는 열량

풀이　냉동능력 : 증발기에서 시간당 제거할 수 있는 열량 [kcal/hr]

24 프레온이 포함하는 공통된 원소는?
① 질소　　　　　② 산소
③ 불소　　　　　④ 유황

25 공기 냉동 사이클은 어느 사이클의 역 사이클인가?
① 오토 사이클
② 카르노 사이클
③ 디젤 사이클
④ 브레이톤 사이클

풀이　공기 냉동 cycle ↔ 브레이톤 cycle

26 증기압축 냉동 사이클에서 틀린 것은?
① 증발기에서 증발과정은 등압등온과정이다.
② 압축과정은 단열과정이다.
③ 응축과정은 등압·등적과정이다.
④ 팽창밸브는 교축과정이다.

27 냉동장치의 압축기에서 나온 고압증기는 어디로 가는가?
① 팽창밸브　　　　② 증발기
③ 응축기　　　　　④ 수액기

풀이　증발기 → 압축기 → 응축기 → 팽창밸브

19 ④　20 ②　21 ③　22 ①　23 ①　24 ③　25 ④　26 ③　27 ③

28 냉동기의 압축기의 역할은?
① 냉매를 강제 순환시킨다.
② 냉매가스의 열을 제거한다.
③ 냉매를 쉽게 응축할 수 있게 해준다.
④ 냉매액의 온도를 높인다.

29 다음 중 엔탈피가 일정한 곳은?
① 팽창밸브   ② 압축기
③ 증발기   ④ 응축기

풀이 팽창밸브:
교축과정
엔탈피 불변
비가역 과정

30 다음 중 엔트로피가 일정한 곳은?
① 팽창밸브   ② 응축기
③ 증발기   ④ 압축기

31 증발기와 응축기의 열출입량은?
① 같다.
② 응축기가 크다.
③ 증발기가 크다.
④ 경우에 따라 다르다.

풀이 성능계수는 항상 1보다 크므로 응축기 즉 고온체의 열량이 증발기, 저온체의 열량보다 크다.

32 냉동장치 내에서 순환되는 냉매의 상태는?
① 기체상태로 순환
② 액체상태로 순환
③ 액체와 기체로 순환
④ 기체와 액체, 때로는 고체로 순환

33 압력이 상승하면 냉매의 증발 잠열과 비체적은?
① 증가, 감소   ② 감소, 증가
③ 감소, 감소   ④ 증가, 증가

34 열펌프란?
① 열에너지를 이용하여 물을 퍼올리는 장치
② 열을 공급하여 저온을 유지하는 장치
③ 동력을 이용하여 저온을 유지하는 장치
④ 동력을 이용하여 고온체에 열을 공급하는 장치

35 냉동기에서 응축온도가 일정할 때 증발 온도가 높을수록 동작계수는 어떻게 되는가?
① 증가   ② 감소
③ 불변   ④ 알 수 없다.

풀이 $\varepsilon_R = \dfrac{Q_저}{W} = \dfrac{저}{고-저}$
증발기는 저온체이므로 온도가 높을수록 동작계수는 증가한다.

28 ③ 29 ① 30 ④ 31 ② 32 ③ 33 ③ 34 ④ 35 ①

36 방에 냉장고를 가동시켜 놓고 냉장고 문을 열어 놓으면 방의 온도는 어떻게 되는가?
① 올라간다. ② 내려간다.
③ 알 수 없다. ④ 불변

풀이 증발기의 흡입열량보다 응축기의 방출열량이 크다.

37 냉매가 팽창밸브를 통과한 후의 상태가 아닌 것은?
① 엔탈피 일정
② 엔트로피 일정
③ 온도 강하
④ 압력 강하

38 냉동기의 동작계수는?
① 저온체에서 흡수한 열량과 공급된 일과의 비
② 고온체에서 방출한 열량과 공급된 일의 비
③ 저온체에서 흡수한 열량과 고온체에 방출한 열의 비
④ 열기관의 열효율과 같다.

풀이 $\dfrac{\text{저온체에서 흡수한 열량}}{\text{고온체에서 버린 열량} - \text{저온체에서 흡수한 열량}}$

39 온도 T_2인 저온체에서 흡수한 열량 q_2, 온도 T_1인 고온체에 버린 열량 q_1, 동작계수는?
① $\dfrac{q_1-q_2}{q_1}$ ② $\dfrac{T_1-T_2}{T_1}$
③ $\dfrac{q_2}{q_1-q_2}$ ④ $\dfrac{T_1}{T_2-T_1}$

40 응축기의 역할은?
① 고압증기의 열을 제거, 액화시킨다.
② 배출압력을 증가시킨다.
③ 압축기의 동력을 절약시킨다.
④ 냉매를 압축기에서 수액기로 순환시킨다.

41 이상적인 냉매 식별방법은?
① 불꽃으로 판별한다.
② 냄새를 맡아본다.
③ 암모니아 걸레를 쓴다.
④ 계기 및 온도계를 비교해 본다.

42 냉매의 구비조건이 아닌 것은?
① 증발잠열이 커야 한다.
② 열전도율이 좋을 것
③ 비체적이 클 것
④ 비가연성일 것

풀이 상온에서 응축액화가 용이하며 증발잠열이 커야한다. 비열비가 작고 열전도율이 좋아야하며 비체적은 작아야 한다.

43 역카르노 사이클로 동작되는 냉동기에서 응축기 온도가 40[℃], 증발기 온도가 −20[℃]이면 동작계수는 얼마인가?
① 6.76   ② 5.36
③ 4.22   ④ 3.65

풀이 $\varepsilon_R = \dfrac{-20+273}{40+20} = 4.22$

$\dfrac{저온체}{고온체 - 저온체}$

44 냉장고가 저온체에서 1255[kJ/h]의 율로 열을 흡수하여 고열원에 1675[kJ/h]의 율로 열을 방출하면 동작계수는 얼마인가?
① 3   ② 3.5
③ 4   ④ 4.5

풀이 $\varepsilon_R = \dfrac{1225}{1675-1255} = 2.99$

$\dfrac{저온체}{고온체 - 저온체}$

45 암모니아 냉동기의 응축기 입구의 엔탈피가 1885[kJ/kg]이면 이 냉동기의 냉동효과는 얼마인가?(단, 압축기 입구의 엔탈피는 1675[kJ/kg]이고, 증발기 입구에서의 엔탈피는 400[kJ/kg]이다.)
① 4   ② 6070
③ 1275   ④ 6.07

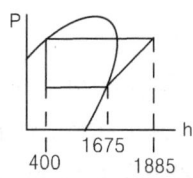

풀이 $\varepsilon_R = \dfrac{1675-400}{1885-1675} = 6.07$

$1675 - 400 = 1275$

46 냉장고에 F12가 80[kg/h]의 율로 순환되는데 증발기에 들어갈 때 엔탈피가 71[kJ/kg]이고 나올 때 엔탈피가 150[kJ/kg]이라면 이 냉장고의 용량은 얼마인가?
① 1450[kcal/h]
② 1930[kJ/s]
③ 0.725 냉동톤
④ 0.456 냉동톤

풀이 $80(150-71) = 6320[kJ/h] = 1.76[kW]$

$\dfrac{1.76}{3.862} = 0.456$

47 동작계수가 3.2인 냉동기가 20냉동톤의 냉동을 막기 위하여 공급해야 할 동력은 얼마인가?
① 24[kW]   ② 27[kW]
③ 32[kW]   ④ 35[kW]

풀이 $\varepsilon_R = \dfrac{20 \times 3.862}{W}$

$W = \dfrac{20 \times 3.862}{3.2} = 24.14[kW]$

48 5[RT]인 냉동기의 동작계수가 4이다. 이 냉동기를 동작시키는 데 필요한 동력은 얼마인가?
① 5[ps]   ② 8[ps]
③ 10[ps]   ④ 15[ps]

풀이 $\varepsilon_R = \dfrac{Q}{W}$

$W = \dfrac{Q}{\varepsilon_R} = \dfrac{5 \times 3320 \times 4.18}{3600 \times 4} = 4.81$

44 ① 45 ③ 46 ④ 47 ① 48 ①

49 제빙공장에서 1시간동안에 0[℃]의 물로 0[℃]의 얼음을 1[ton]만드는데 40[kW]의 열이 소요된다면 이 냉동기의 동작계수는 얼마인가?
(단, 얼음의 융해잠열은 335[kJ/kg]이다.)
① 2.33 ② 2.78
③ 3.45 ④ 4.63

50 브라인의 순환량이 10[kg/min]이고, 증발기 입구온도와 출구온도와의 차가 20[℃]이다. 압축기의 실제 소요마력이 3[ps]일 때 이 냉동기의 동작계수는 얼마인가?
(단, 브라인의 비열은 3.4[kJ/kgK]이다.)
① 3.26 ② 4.63
③ 5.13 ④ 5.27

51 0[℃]와 100[℃] 사이에서 역카르노 사이클로 작동하는 냉동기가 1사이클당 21[kJ]의 열을 흡수하였다면 이 냉동기의 1사이클당 동작계수는 얼마인가?
① 5.27 ② 2.73
③ 1.77 ④ 1.5

52 압축기 실린더와 팽창기 실린더에서 냉매인 공기의 상태변화가 가역 단열변화를 하는 공기냉동 사이클에서 저압이 0.2[MPa]이고, 고압이 1[MPa]일 때 이 사이클의 동작계수는 얼마인가?
(단, $k=1.4$)
① 1.71 ② 2.53
③ 3.62 ④ 4.91

53 공기냉동 사이클에서 압축실린더 입구의 온도가 0[℃]이고 출구온도가 70[℃]이며 팽창실린더의 온도가 11[℃]이고 출구온도가 -30[℃]라면 공기 1[kg] 당 냉동효과는 얼마인가?[kJ/kg]
(단, 공기의 등압비열은 1.0[kJ/kgK]이다.)
① 10.65 ② 11.82
③ 30 ④ 58.7

54 15[℃]의 물로 0[℃]의 얼음을 매시간 50[kg] 만드는 냉동기의 능력은 몇 냉동톤인가?
(단, 물의 융해잠열은 335[kJ/kg]이다.)
① 1.43[RT] ② 2.52[RT]
③ 3.26[RT] ④ 4.27[RT]

49 ① 50 ③ 51 ② 52 ① 53 ③ 54 ①

제 3 과목

시운전 및 안전관리

제 1 단원   전기
제 2 단원   시퀀스제어
제 3 단원   제어기기
제 4 단원   안전관리

제 1 단원 전기

제 1 장 기초 전기공학

1. 직류회로

가. 전기의 본질

(1) 전기와 물질

모든 물질은 마찰을 가할시 다소간에 서로 끌어 당기는 성질을 가진다는 것이 실험에 의해 관찰되었으며, 그 성질은 본질적으로 전기적 힘에 기인하는 것으로서 이것은 물체가 전기 (electricity)를 띠게 되기 때문인 것이다. 이렇게 마찰에 의해 발생되는 전기를 마찰전기라 하며, 물체가 전기를 띠는 현상을 대전(electrificatian)이라 하고, 물체가 띨 수 있는 정전기의 기본적 양을 전하(electric charge)라 하며 다음과 같은 특성이 있다.

① 발생한 전하 사이에는 인력(흡인력)과 척력(반발력)의 상반되는 두 성질이 있으며, 전하에는 정부 두 종류가 있어 같은 종류의 전하에는 반발력, 다른 종류의 전하에는 인력이 작용한다.

② 물질의 구성은 원자이며, 원자는 원자핵과 전자로 구성되어 있다. 원자핵은 양전기를, 전자는 음전기를 띠어 보유시는 양 또는 음으로 대전하게 된다.

③ 금속에서는 전자들 중의 일부는 핵의 구속에서 벗어나 자유로이 움직이는 전자가 있으며, 이를 자유전자라 한다.

㉮ 전자의 질량은 9.10955×10^{-31}kg이고, 양성자는 1.67261×10^{-27}kg이며 전자의 약 1,840배가 된다.

㉯ 전기의 발생은 물질이 여분의 양전기나 음전기를 가지게 된 것을 말하며, 물질은 양에서 음으로 대전된다.

㉰ 물질에 대전된 전기를 전하라 하며, 전하가 가지고 있는 양을 전기량이라 한다. 전기량의 단위는 쿨롱[C]이며, 1개의 전자는 1.60219×10^{-19}C의 음의 전기를 갖는다.

나. 전기 회로의 기본법칙

도체의 전위가 등전위일 경우 전하는 움직이지 않으나 도체중에 기전력이 가해져 전위차가 생기면 전하가 이동하게 되며 이러한 전하의 이동이 전류를 형성하게 된다.

(1) 전류와 전압 및 저항

① 전류 전하의 이동은 전류를 형성하며 전류는 주어진 점을 통과하는 전하의 시간적 변화율이다

$$I = \frac{dQ}{dt} \quad \begin{cases} I : 전류[A] \text{ ampere} \\ Q : 전하[전기량] \\ t : 시간 \end{cases}$$

전류의 단위는 A(암페어)를 사용하며, 1A는 도선의 단면을 1초동안 1C의 전하가 이동하는 전류의 세기이다. 전자의 전하량 e는 1.6×10^{-19}C이므로 1초 동안 6.25×10^{18}개의 전자들이 같은 방향으로 이동할 때 전류의 세기는 1A이다.

$$1A = \frac{1C}{1s} = \frac{1.6 \times 10^{-19}C \times 6.25 \times 10^{18}}{1s}$$

EX 01 100Ω의 저항에 20V의 전압을 가하였을 경우 흐르는 전류 I의 값은 몇 A인가?

해설 : $I = \frac{V}{R} = \frac{20}{100} = 0.2A$

② 임의의 두 점간의 전위차를 전압이라 하며, 단위전하를 이동시킬 때 해야 할 일로 표시된다. 즉, 양극은 음극보다 전위가 높게 되어 있어서 전위가 높은 곳에서 낮은 곳으로 흐르는 것이다.

$$V = \frac{W}{Q} \quad \begin{cases} V : 전압[V] \text{ volt} \\ W : 일[J] \\ Q : 전기량[C] \end{cases}$$

1V의 전압(전위차)으로 1C의 전기량을 이동시켜 1J의 일을 할 수 있다.

> ※ 전류를 연속적으로 흐르게 하는 원동력을 기전력이라고 한다.

(2) 저항

금속들은 많은 자유전자를 갖고 있으며 이들 각 자유전자가 도체 내를 이동할 때 저항이 생기며 이 저항을 비저항(resistivity)이라 하고, ρ라고 한다.

$$R = \rho \frac{L}{A}$$

저항의 단위로는 ohm을 쓰며, Ω의 기호로 사용한다.

도체에 큰 전류를 흘려 주기 위해서는 큰 전위차를 필요로 하게 된다.

$V = RI$ $\begin{cases} V : 전압 \\ R : 저항[Ω] \\ I : 전류 \end{cases}$

ρ는 비례 상수로 물질의 종류에 따라 달라지며 비저항이라고 한다.

비저항값인 ρ는 길이가 1m, 단면적이 $1m^2$인 물질이 가지는 전기저항으로 단위는 Ω·m를 사용한다. 이것은 물질이 가지는 고유 저항으로 비저항이 클수록 부도체에 가까운 물질이고, 대부분의 금속은 온도 증가시 저항값도 증가한다.

여러 가지 물질의 비저항(20℃)

물 질	비저항[Ω·m]	물 질	비저항[Ω·m]
은	1.6×10^{-8}	게르마늄	0.46
구리	1.7×10^{-8}	실리콘	640
알루미늄	2.8×10^{-8}	유리	$10^{10} \sim 10^{14}$
텅스텐	5.5×10^{-8}	에보나이트	$10^{13} \sim 10^{15}$
철	10×10^{-8}	고무	$(1 \sim 5) \times 10^{13}$
니크롬	1.1×10^{-6}	황	10^{15}

EX 02 직경 2mm로서 길이가 100m 동선의 저항 R은 몇 Ω인가?
(단, 동선의 비저항은 1.69×10^{-8} Ω·m이다.

해설 : $R = \rho \dfrac{L}{A} = 1.69 \times 10^{-8} \times \dfrac{100}{\pi \times 10^{-6}} = \dfrac{1.69}{\pi} = 0.538\,\Omega$

EX 03 다음 그림과 같은 회로에서 a, b 사이의 전위차는 얼마인가?

해설 : Va−Vb = −2×3 + 20 − 2×1 − 6 = 6V

(3) 전기저항의 연결

우리가 사용하는 전기 기구의 내부에는 여러 개의 저항들이 복잡하게 연결되어 있다. 그러나 이들은 기본적으로 직렬연결과 병렬연결로 되어 있으며, 이러한 저항들이 내는 효과와 같은 하나의 저항을 합성저항, 또는 등가저항이라고 한다.

① 직렬연결 : 여러 개의 저항이 전지와 다음 그림과 같이 일렬로 연결되어 회로에 흐르는 전류의 통로가 하나일 때 직렬연결되었다고 말한다.

직렬연결

저항의 직렬연결시 전류값은 같다.
$R = R_1 + R_2 + R_3 + \cdots\cdots$

② 병렬연결 : 여러 개의 저항들이 다음 그림과 같이 연결되어 있어 각 저항마다 서로 다른 통로를 만들어 줄 때 병렬연결되었다고 말한다.

병렬연결

병렬연결된 경우에 각 저항에 걸린 전압은 같다.

$$\frac{1}{R} = \frac{1}{R_1} + \frac{1}{R_2} + \frac{1}{R_3} + \cdots\cdots$$

EX 04 15Ω과 5Ω의 저항을 병렬접속하였을 때 합성저항은 몇 Ω인가?

해설 : $\frac{1}{R} = \frac{1}{15} + \frac{1}{5} = \frac{4}{15}$ ∴ $R = \frac{15}{4} = 3.75\,\Omega$

EX 05 다음 그림과 같은 회로에서 A점에 흐르는 전류의 세기가 1.2A일 때 A, B 사이의 전위차는 얼마인가?

해설 : $\frac{1}{R_1} = \frac{1}{6} + \frac{1}{6}$ $R_1 = 3$, $\frac{1}{R_2} = \frac{1}{4} + \frac{1}{5} + \frac{1}{20}$ $R_2 = 2$

∴ R = R1 + R2 = 5Ω

V = IR = 1.2 × 5 = 6V

(4) 키르히호프 법칙

① 키르히호프의 제1법칙(전류 법칙)

회로의 임의의 접합점으로 유출입하는 전류의 대수적 총합은 0이다. 즉, 접속점으로 유입하는 전류의 대수합은 0이다. 유입하는 전류의 합=유출하는 전류의 합

$I_1+I_2+I_4=I_3+I_5$

② 키르히호프의 제2법칙(전압 법칙)

임의의 폐회로를 따라서 1회전하며 취한 전압대수의 합은 그 폐회로의 저항에 생기는 전압강하의 대수합과 같다. 기전력 대수합=전압강하의 대수합

> ※ 키르히호프의 제1법칙은 어느 순간에서도 각 접합점에서 성립하며, 키르히호프의 제2법칙 역시 어느 순간에서도 폐회로에서 성립한다.

(5) 전압분배 법칙

여러 개의 전기 소자들이 있을 때 모든 소자에 동일한 전류가 흐르도록 연결된 회로를
직렬회로라 한다. 이 직렬회로에서 어떤 임의의 저항이나 결합된 직렬저항 양단에 나타난 전압은 그 저항과 회로 양단자간 전압의 곱을 회로의 등가합성 저항으로 나눈 값과 같다.

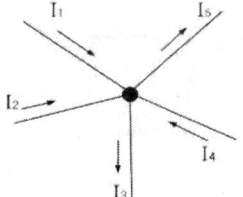

$R_T = R_1 + R_2 + \cdots + R_N$

$V = IR_T \qquad I = \dfrac{V}{R_T} = \dfrac{V_x}{R_x} \qquad V_x = \dfrac{R_x V}{R_T}$

(6) 전류분배 법칙

회로 내의 각 저항기에 동일한 전압이 걸려 있으면 병렬회로라고 한다. 입력전류 I는 V/R_x와 같으며 $V=I_x R_x$ 이므로

$I = \dfrac{V}{R_T} = \dfrac{I_x R_x}{R_T}$ $\begin{cases} R_T : \text{병렬회로의 등가합성 저항} \\ I_x : R_x \text{의 병렬회로를 통과하는 전류} \end{cases}$

$I_x = \dfrac{R_r}{R_x} I$

이 식이 전류분배 법칙의 일반형으로 어떤 병렬회로를 흐르는 전류는 병렬회로의 전체 등가 합성저항과 결정해야 할 전류가 흐르는 회로의 저항으로 나누어진 값과 입력 전류와의 곱이다.

(7) 내부저항과 단자전압

$V = E - I_r$ 　　$\begin{cases} E : 기전력\quad R : 저항 \\ r : 내부저항\quad V : 단자전압 \end{cases}$

$E = IR + I_r$

$I = \dfrac{E}{R+r}$ 　　직렬연결 ∴ $I = \dfrac{nE}{R+nr}$

　　　　　　　병렬연결 ∴ $I = \dfrac{E}{R+\dfrac{r}{n}}$

전지의 직렬연결　　　　전지의 병렬연결

다. 전력과 열량

(1) 전력과 전력량

① 전력 : 단위시간 동안에 전기 에너지를 말하며, 단위는 W[Watt]이다.

$$P = \frac{W}{t} = \frac{VQ}{t} = VI = I^2R = \frac{V^2}{R}$$

- P : 전력[W]
- W : 일[J]
- t : 시간[sec]
- Q : 전기량[C]
- I : 전류[A]
- V : 전압[V]
- R : 저항[Ω]
- *1HP = 0.746kW

② 전력량(Wh, kWh) : 전력×시간

$$W = Pt = VIt[J]$$

$$1kWh = 1,000Wh = 3,600,000Ws = 3.6 \times 10^6 J$$

$$1kWh = \frac{3.6 \times 10^6 J}{4.186 \times 10^3} = 860kcal (1cal = 4.186J)$$

③ 전력측정

전력계는 전압계와 전류계를 조합한 것과 같은 계기이다. 단자는 공통단자, 전류단자, 전압단자 등 3단자가 있다.

전력계의 접속도

(2) 줄(Joule)의 열

1A의 전류가 R[Ω] 안을 t초 동안 흐르게 되면 $I^2Rt[J]$의 전기 에너지 즉, 전력량이 소비되어 그 저항에 $I^2Rt[J]$의 열이 발생한다. 이 열을 줄의 열이라고 한다.

$$H = 0.24W = 0.24Pt$$
$$= 0.24I^2Rt[cal]$$

$\begin{cases} H : 열량[cal] \\ W : 일량[J] \\ P : 전력[W] \end{cases}$ $\begin{aligned} &t : 시간[sec] \\ &1cal = 4.186J \\ &1J = \frac{1}{4.186} ≒ 0.24cal \end{aligned}$

EX 07 수온 20℃의 물이 1.2 *l* 가 있다. 500W의 전열기를 써서 60℃까지 올리는데 몇 시간이 소요되는가? (단, 전열기 효율은 80%이다)

해설 : ① 필요한 열량 = $1.2 \times 1 \times 40 = 48kcal = 48,000cal$

② 전열기 발생능력 $H = 0.24 \times 500 \times 1 = 120cal/s$

③ 시간 = $\dfrac{48,000}{120 \times 0.8}$ = 500초   ∴ 8분 20초

※ 효율[η] = $\dfrac{출력}{입력}$ = $\dfrac{입력 - 손실}{입력}$ = $\dfrac{출력}{출력 + 손실}$

EX 08 500W의 전력을 1시간 30분간 사용하였을 때 전력량 W는 몇 kWh인가?

해설 : $P = 0.5kW$, $t = 1.5h$이므로 $W[kWh] = Pt = 0.5kW \times 1.5h = 0.75kWh$

EX 09 10Ω의 저항을 가진 도체에 5A의 전류를 1분간 흘렸을 때 발생하는 열량은 몇 cal 인가?

해설 : $H = 0.24 \times 10 \times 5^2 \times 60 = 3,600cal = 3.6kcal$

(3) 제벡효과(Seebeck Effect)

두 종류의 금속을 접속하고 두 접속점에 온도차를 두면 기전력이 발생된다. 이 기전력을 열기전력, 전류를 열전류, 이런 장치를 열전쌍이라고 한다. 이 제벡효과를 이용하여 열전대 온도계에 사용된다(열전대 온도계 : PR, CA, IC, CC).

(4) 저항온도계수

물질의 저항은 온도에 따라 달라진다. 저항의 온도가 1℃ 올라가는 경우에 본래의 저항값에 대한 저항의 증가비율을 저항 온도계수라고 한다. 필라멘트는 소등시 저항은 약 10 Ω이나 점등시 2,500Ω 이상이 되어 이 때의 저항은 약 100Ω이 된다. 필라멘트는 온도가 올라가면 저항값이 증가한다.

$$R_T = R_0\{1 + a(T-t)\} \; (\Omega)$$

R_T : 온도상승시 T(℃)
R_o : t(℃)에서의 처음 저항
a : 온도계수
T-t : 온도차

※ 금속은 온도가 상승하면 저항이 증가하지만 반도체나 전해액은 저항이 감소한다.

EX 10 20℃에서 동선의 저항이 50Ω이었다. 이 동선의 온도가 60℃가 되었을 때 저항 R은 몇 Ω인가? (단, 동의 a20의 값은 3.93×10^{-3}(℃$^{-1}$)으로 함)

해설 : $R = 50(1 + 3.93 \times 10^{-3} \times (60-20)) = 57.9\Omega$

도체의 저항 온도계수

재 료	저항의 온도계수(20℃)	재 료	저항의 온도계수(20℃)
은	0.0038	텅스텐	0.0045
동	0.00393	니켈	0.006
알루미늄	0.0039	철	0.005

어떤 길이의 연동선의 저항이 20℃에서 15Ω이었다. 이 연동선이 60℃일 때의 저항을 구하시오.
(단, 20℃의 연동선의 저항 온도계수 a20 = 0.004로 한다).

해설 : $R_T = R_t\{1 + \alpha_t(T-t)\} = 15\{1 + 0.004(60-20)\} = 17.4\Omega$

(5) 배율기(Multiplier)

전압계의 측정범위를 넓히기 위해 전압계에 직렬로 접속하는 저항을 말한다.

$$V_o = I(R_m + R) = \frac{V}{R}(R_m + R)$$
$$= V(\frac{R_m}{R} + 1)$$

$\begin{cases} V : 전압계 \\ R : 전압계\ 내부저항 \\ R_m : 배율기\ 저항 \\ V_o : 피측정\ 전압 \\ V : 전압계\ 지시전압 \\ 여기서\ (\frac{R_m}{R}+1)을\ 배율기의\ 배율이라고\ 한다. \end{cases}$

(6) 분류기(Shunt)

전류계의 측정범위를 넓히기 위해 전류계에 병렬로 접속하는 저항을 말한다.

$$IR = I_s R_s = (I_o - I)R_s$$

$$IR + IR_s = I_o R_s$$

$$I_o = (\frac{R}{R_s} + 1)I$$

여기서, $(\frac{R}{R_s} + 1)$을 분류기의 배율이라고 한다.

(7) 휘트스톤 브리지(Wheatstone Bridge)

G가 평행하면

A·B = C· D

$\dfrac{A}{D} = \dfrac{C}{B}$

$B = \dfrac{D}{C} \cdot C$

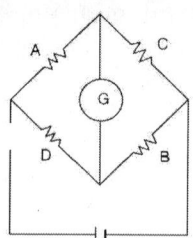

EX 12 다음 그림과 같은 회로에서 검류계 G에 전류가 흐르지 않을 때 저항 R의 값은 얼마인가?

해설 : 검류계 G에 전류가 흐르지 않을 때 마주보는 두 저항의 곱은 서로 같다.

즉, $3 \times 2 = 3 \times (\dfrac{3R}{3+R})$이 성립한다.

$R = 6\,\Omega$

제 2 장 교류회로

1. 교류 회로의 기초

가. 사인파 교류(sinusoidal wave AC)

● 교류 전압, 전류

크기 및 방향이 주기적으로 시간에 따라 사인파의 형태를 가지므로 이러한 전류, 전압을 사인파 교류(AC)라 한다.

1) 사인파 교류의 발생

그림과 같은 교류 발전기의 코일에 생기는 기전력 $v[V]$는

$$e = 2Blv\sin\theta = V_m \sin\theta [V]$$

여기서, B : 자속밀도 $[Wb/m^2]$
v : 코일의 운동 속도 $[m/s]$
l : 코일의 유효 길이 $[m]$
θ : 자기장에 직각인 자기 중심축과 코일면이 이루는 각

[교류의 발생원인]

2) 주기와 주파수

① 주기(period) $T[s]$: 1사이클의 변화에 걸리는 시간[sec],

[교류 발생원인]

코일(전기자)이 1회 전하는 데 걸리는 시간(sec)

② 주파수(frequency) $f[Hz]$: 1[sec] 동안에 반복되는 사이클(cycle)의 수

③ 주기와 주파수의 관계

$$T = \frac{1}{f} \quad \text{또는} \quad f = \frac{1}{T}$$

[각속도와 사인파 교류]

3) 각속도 w[rad/s]

① 1[sec] 동안의 각의 변화율을 각속도라 한다.

② 1[Hz] 동안에 회전한 각은 2π[rad]이므로, T[s]와 각속도 w[rad/s] 사이의 관계는

$$T = \frac{2\pi}{w}$$

$$T = \frac{1}{T} = \frac{1}{\frac{2\pi}{w}} = \frac{w}{2\pi} \;, \qquad w = 2\pi f [\text{rad/s}]$$

③ 발전기의 전기자가 회전할 때 회전각 θ[rad]

$$\theta = wt [\text{rad}]$$

$$e = 2B\ell v \sin\theta = V_m \sin wt [V]$$

④ 전압의 최대값(maximum value)

$$V_m = 2B\ell v [V]$$

$$v = V_m \sin\theta = V_m \sin wt = V_m \sin 2\pi ft [V]$$

4) 위상과 위상차(Phase difference)

① 위상(phase) : 주파수가 동일한 2개 이상의 교류 사이의 시간적인 차이를 위상이
  ㉠ 뒤진다(lag)
  ㉡ 앞선다(lead)

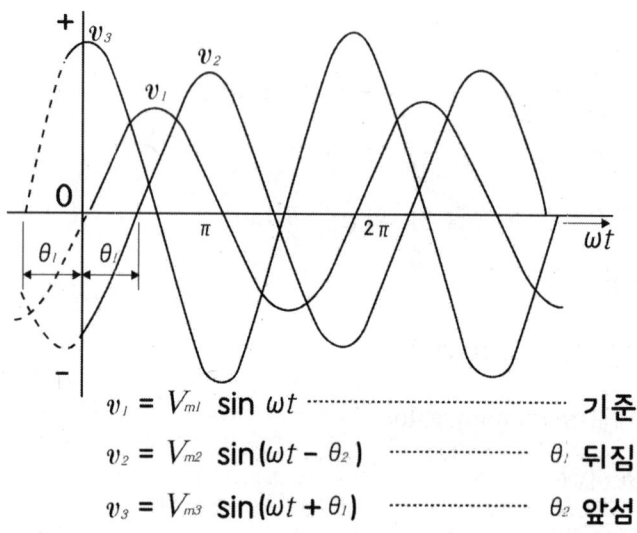

$v_1 = V_{m1} \sin \omega t$ ·················· 기준
$v_2 = V_{m2} \sin(\omega t - \theta_2)$ ·················· θ_1 뒤짐
$v_3 = V_{m3} \sin(\omega t + \theta_1)$ ·················· θ_2 앞섬

[위상차의 표시]

② 동상(in phase) : 위상차가 없는 교류, 위상차 $\theta = 0[\text{rad}]$

나. 교류의 표시

1) 순시값(Instantaneous value)

순간 순간 변하는 교류의 임의의 순간의 크기 v, i값

$v = V_m \sin wt [\text{V}]$

$i = I_m \sin wt [\text{A}]$

[교류의 전압의 표시]

2) 최대값(maxmum value) : $V_m [\text{V}]$

① 순시값 중에서 가장 큰 값
② 진폭(amplitude)
③ $V_{p-p}[\text{V}]$: 피크-피크값(peak-to-peak value)

3) 평균값(average value) ; $V_a [\text{V}]$

순시값의 반주기에 대한 평균한 값

$V_a = \dfrac{2}{\pi} V_m \fallingdotseq 0.637 V_m [\text{V}]$

4) 실효값(effective value) : $V[V]$

① 직류와 같은 효과를 내는 교류의 크기 값

② 1주기에서 순시값의 제곱의 평균을 평방근으로 표시

$$V = \sqrt{(순시값)^2의 합의 평균}$$

③ 전압에 대한 실효값 V와 최대값 V_m 관계

$$V = \frac{V_m}{\sqrt{2}} = 0.707 V_m$$

$$V = \sqrt{2} \times V ≒ 0.707 \times V$$

④ 실효값 V와 평균값 V_a의 관계는

$$\frac{V}{V_a} = \frac{\frac{V_m}{\sqrt{2}}}{V_m \cdot \frac{2}{\pi}} = \frac{\pi}{2\sqrt{2}} ≒ 1.11$$

5) 파형률 및 파고율

① 파고율

　㉠ 최대값과 실효값의 비

$$파고율 = \frac{최대값}{실효값} = \frac{V_m}{V} = \sqrt{2} = 1.414$$

② 파형율

　㉠ 실효값과 평균값의 비

$$파형율 = \frac{실효값}{평균값} = \frac{\pi}{2\sqrt{2}} = 1.111$$

2. 교류전류에 대한 R, L, C의 작용

가. 저항의 작용

6) 저항값 R만을 가지는 이상적인 저항기를 통하여

$$i = \sqrt{2}\,I\sin wt = I_m \sin wt [A]$$ 로 표시되는 사인파 전류가 흐를 때,

7) 저항기 양단의 전압은

$$V = Ri = RI_m \sin wt = \sqrt{2}\,RI\sin wt = V_m \sin wt$$

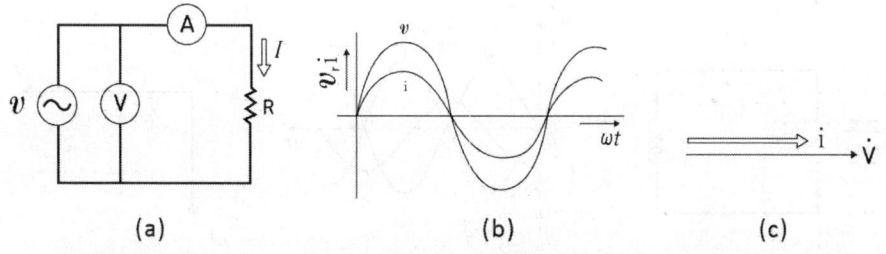

(a)   (b)   (c)

[저항회로의 전압과 전류]

8) 전류, 전압의 최대값의 관계는

$$V_m = RI_m [V]$$

9) 실효값으로 표시하면

$$V = RI[V] \text{ 또는 } I = \frac{V}{R}[A]$$

10) 저항만의 교류 회로에서는

① 전압과 전류는 동일 주파수의 사인파이다.
② 전압과 전류는 동상이다.
③ 전압과 전류의 실효값(또는 최대값)의 비는 R이다.

나. 인덕턴스의 작용

1) 인덕턴스 L만을 갖는 이상적인 코일에

$i = I_m \sin wt [A]$ 로 표기되는 교류 전류가 흐를 경우

2) 인덕턴스 L양단의 전압은

$$V = L\frac{\Delta i}{\Delta t} = L\frac{\sqrt{2}\, w\Delta t I \cos wt}{\Delta t} = \sqrt{2}\, wLI\cos wt = \sqrt{2}\, wLI \sin(wt + 90°)$$

$$= V_m \sin(wt + 90°)[V]$$

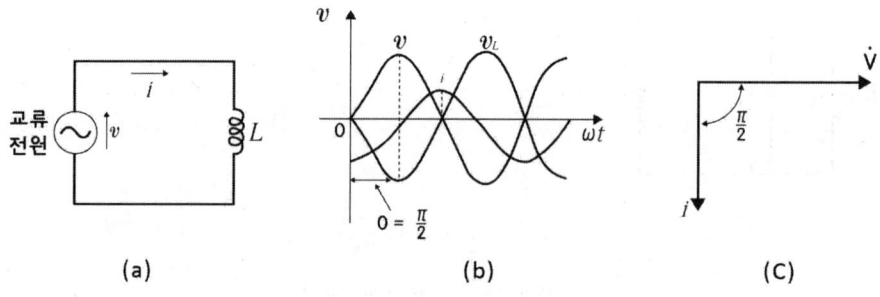

[인덕턴스 L만의 회로]

3) 전압, 전류의 최대값의 관계는

$$V_m = \sqrt{2}\, wLI = wLI_m [V]$$

4) 실효값으로는 다음과 같다.

$$V = wLI[V],\ I = \frac{V}{wL}[A]$$

5) 인덕턴스만의 교류 회로에서는

① 전압과 전류는 동일 주파수의 사인파이다.
② 전압은 전류보다 위상이 90° 앞선다. 또는 전압보다 위상이 90° 뒤진다.
③ 전압과 전류의 실효값(또는 최대값)의 비는 wL이다.

6) 유도 리액턴스(inductive reactance) X_L

$$X_L = wL = 2\pi f L [\Omega]$$

wL은 인덕턴스 회로에서 전류를 제한하는 일종의 교류 저항임을 알 수 있다.

다. 정전용량의 작용

1) 무한대의 저항을 가진 유전체로 만든 용량 C[F]의 순수한 커패시턴스에 인가 전압 [V]

$$v = \sqrt{2}\, Vsinwt\,[V]$$

2) 콘덴서에 축적되는 전하 q

$$q = Cv = \sqrt{2}\, CVsinwt\,[C]$$

3) 회로의 전류 i

$$i = \frac{\triangle q}{\triangle t} \frac{\triangle(\sqrt{2}\, CVsinwt)}{\triangle t}$$

$$= \sqrt{2}\, wCVsin(wt + \frac{\pi}{2})$$

$$= \sqrt{2}\, Isin(\omega t + \frac{\pi}{2})[A]$$

4) 이상에서와 같이 콘덴서만의 회로에서는 아래와 같다.

① 정전기에서 콘덴서의 전하는 전압에 비례한다.
② 전압과 전류는 동일 주파수의 사인파이다.
③ 전류는 전압보다 위상이 90° 앞선다.

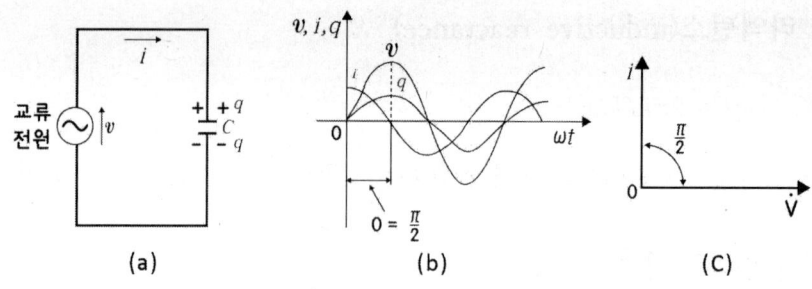

[정전용량 C만의 회로]

5) 전압과 전류의 관계

$$I = wCV = \frac{V}{X_c} [A]$$

$$V = \frac{1}{wc} \cdot I = X_c I [V]$$

6) 용량성 리액턴스(capacitive reactance) : X_c

저항과 같이 전류를 제어하며 주파수에 반비례한다.

$$X_c = \frac{1}{wC} = \frac{1}{2\pi f C} [ohm]$$

[주파수의 특성]

7) 용량 리액턴스의 주파수 특성 X_c가 주파수 f에 따라 변화하는

8) 상태를 그래프로 나타내면 그림과 같이 쌍곡선으로 된다.

3. R, L, C 직렬회로

가. RL 직렬회로

[RL 직렬회로와 벡터도]

1) 공급 전압 V의 크기 [V]는

$$|V| = \sqrt{V_R^2 + V_L^2} = \sqrt{(RI)^2 + (X_L I)^2}$$
$$= \sqrt{R^2 + (wL)^2} \cdot I [V]$$

2) 회로에서 흐르는 전류 I는

$$I = \frac{V}{\sqrt{R^2 + (wL)^2}} = \frac{V}{\sqrt{R^2 + (2\pi fL)^2}} [A]$$

3) 임피던스

$$Z = \sqrt{R^2 + (wL)^2} = \sqrt{R^2 + (2\pi fL)^2} [\Omega]$$

4) V와 전류 I의 위상차 θ

$$\tan\theta = \frac{V_L}{V_R} = \frac{X_L I}{RI} = \frac{X_L}{R} = \frac{wL}{R} = \frac{2\pi fL}{R}$$

$$\therefore \theta = \tan^{-1}\frac{X_L}{R} = \tan^{-1}\frac{wL}{R} = \tan^{-1}\frac{2\pi fL}{R}$$

나. RC 직렬회로

(a) RC직렬회로

(b) 전압 벡터도

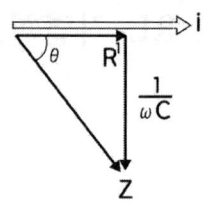
(c) 임피던스 벡터도

[RC 직렬회로]

1) 공급 전압 V의 크기

$$V = \sqrt{V_R^2 + V_C^2} = \sqrt{(RI)^2 + (X_c I)^2} = \sqrt{R^2 + X_c^2} \cdot I$$

2) 회로에 흐르는 전류 I는

$$I = \frac{V}{\sqrt{R^2 + (\frac{1}{wC})^2}} \, [A]$$

3) 회로의 임피던스

$$Z = \sqrt{R^2 + (\frac{1}{wC})^2} = \sqrt{R^2 + (\frac{1}{2\pi f C})^2} \, [\Omega]$$

4) 위상차 θ는

$$\theta = \tan^{-1}\frac{X_c}{R} = \tan^{-1}\frac{1}{wCR} = \tan^{-1}\frac{1}{2\pi f CR}$$

다. R-L-C 직렬회로

[RLC 직렬회로]

1) 그림(a)와 같은 RLC 직렬회로에서 V[V]

$$V = V_R + V_L + V_c \text{[V]}$$

$V_R = RI$ I와 동상

$V_L = X_L I = jwLI$ I보다 $\frac{\pi}{2}$ [rad] 앞선 위상

$V_c = X_c I = \frac{1}{jwC} I = -j\frac{1}{wC} I$ I보다 $\frac{\pi}{2}$ [rad] 뒤진 위상

2) 그림(b) 전압의 크기 관계는

$$V = \sqrt{V_R^2 + (V_L + V_c)^2} = \sqrt{(RI)^2 + (X_L I - X_c I)^2}$$

$$= I\sqrt{R^2 + (X_L + X_c)^2} \text{ [V]}$$

3) I와 V의 위상차 θ는

$$\theta = \tan^{-1}\frac{X_L - X_c}{R} = \tan^{-1}\frac{wL - \frac{1}{wC}}{R}$$

- $wL > \frac{1}{wC}$의 경우 : 유도성

- $wL < \frac{1}{wC}$의 경우 : 용량성

4) 합성 임피던스 Z는

$$Z = \sqrt{R^2 + (X_L + X_c)^2} = \sqrt{R^2 + (wL - \frac{1}{wC})^2} \ [\Omega]$$

라. 직렬 공진과 공진 주파수

1) 직렬 공진의 조건

$wL = \frac{1}{wC}$일 때

① 임피던스 Z (최소)

$$Z = \sqrt{R^2 + (0)^2} = R$$

② 전류 I_0(최대)

$$I_0 = \frac{V}{Z} = \frac{V}{R} \ [A]$$

2) 공진 주파수(Resonant frequency)

① RLC 직렬회로의 공진 각주파수를 w_0이라 하면

$$X = w_0 L - \frac{1}{w_0 C} = 0 \text{이므로 } w_0^2 = \frac{1}{LC}$$

$$\therefore w_0 = \frac{1}{\sqrt{LC}} \ [\text{rad/sec}]$$

② 공진 주파수 f_0는

$$f_0 = \frac{1}{2\pi\sqrt{LC}} [\text{Hz}]$$

3) 선택도(Selectivity) : 첨예도(sharpness) : 전압 확대율

$$Q = \frac{w_0 L}{R} = \frac{1}{w_0 RC} = \frac{1}{\frac{1}{\sqrt{LC}}RC} = \frac{1}{R}\sqrt{\frac{L}{C}}$$

$$(\therefore w_0 = \frac{1}{\sqrt{LC}})$$

4. R, L, C 병렬회로

가. RL 병렬회로

1) 벡터 그림으로부터

(a) 회로

(b) 벡터도

[병렬회로]

$$I = \sqrt{I_R^2 + I_L^2} = \sqrt{(\frac{V}{R})^2 + (\frac{V}{wL})^2} = V \cdot \sqrt{(\frac{1}{R})^2 + (\frac{1}{wL})^2}$$

$$= \frac{1}{\frac{1}{\sqrt{(\frac{1}{R})^2 + (\frac{1}{wL})^2}}} = \frac{V}{Z} \text{[A]}$$

2) RL 병렬회로의 합성 임피던스 Z[Ω]은

$$Z = \frac{1}{\sqrt{(\frac{1}{R})^2 + (\frac{1}{wL})^2}} = \frac{1}{\sqrt{(\frac{1}{R})^2 + (\frac{1}{2\pi fL})^2}} \text{[Ω]}$$

3) $\tan\theta = \dfrac{I_L}{I_R} = \dfrac{\dfrac{V}{wL}}{\dfrac{V}{R}} = \dfrac{R}{wL} = \dfrac{R}{2\pi fL}$

$\therefore \theta = \tan^{-1}\dfrac{I_L}{I_R} = \tan^{-1}\dfrac{R}{wL} = \tan^{-1}\dfrac{R}{2\pi fL}$

나. RC 병렬회로

1) RC 병렬회로의 전압, 전류의 관계는 RL 병렬의 경우와 마찬가지로 구할 수 있다.

$$I = \sqrt{I_R^2 + I_c^2} = \sqrt{(\dfrac{V}{R})^2 + (wCV)^2}$$

$$= V \cdot \sqrt{(\dfrac{1}{R})^2 + (wC)^2} = \dfrac{V}{\sqrt{(\dfrac{1}{R})^2 + (wC)^2}} = \dfrac{V}{Z}\,[\text{A}]$$

(a) 회로

(b) 벡터도

[병렬회로와 벡터도]

2) RC 병렬회로와 합성 임피던스 $Z[\Omega]$은

$$Z = \dfrac{1}{\dfrac{1}{\sqrt{(R)^2 + (wC)^2}}} = \dfrac{1}{\sqrt{(\dfrac{1}{R})^2 + (2\pi fC)^2}}\,[\Omega]$$

3) $\tan\theta = \dfrac{I_c}{I_R} = \dfrac{wCV}{\dfrac{V}{R}} = wCR = 2\pi fCR$

$\therefore \theta = \tan^{-1} wCR = \tan^{-1} 2\pi fCR [\text{rad}]$

다. RLC 병렬회로

1) 이 회로의 전압, 전류의 관계를 벡터 그림으로 그려보면 그림 [b]와 같이 되며, 이 그림으로부터 전압 V[V]와 전류 I[A]와의 관계, 임피던스 Z[Ω], 위상각 θ[rad]는 다음과 같이 구해진다.

$$I = \sqrt{I_R^2 + I_X^2} = \sqrt{I_R^2 + (I_C - I_L)^2}$$

$$= \sqrt{(\dfrac{V}{R})^2 + (wCV - \dfrac{V}{wL})^2} = V\sqrt{(\dfrac{1}{R})^2 + (wC - \dfrac{1}{wL})^2}$$

$$= \dfrac{V}{\dfrac{1}{\sqrt{(\dfrac{1}{R})^2 + (wCV - \dfrac{1}{wL})^2}}} = \dfrac{V}{Z} [\text{A}]$$

$$\therefore Z = \dfrac{1}{\sqrt{(\dfrac{1}{R})^2 + (wC - \dfrac{1}{wL})^2}} [\Omega]$$

(a) 회로　　　　　　(b) 벡터도

[RLC 병렬회로와 벡터도]

2) $\tan\theta = \dfrac{I_X}{I_R} = \dfrac{wCV - \dfrac{V}{wL}}{\dfrac{V}{R}} = \left(wC - \dfrac{1}{wL}\right) \cdot R$

$\therefore \theta = \tan^{-1}\left(wC - \dfrac{1}{wL}\right) \cdot R = \tan^{-1}\left(2\pi fC - \dfrac{1}{2\pi fL}\right) \cdot R[\text{rad}]$

5. 교류회로의 표시

가. 기호법(Symbolic method)

전압·전류·임피던스 등의 벡터를 복소수로 표시하여 대수적인 계산에 의해 회로를 계산하는 방법

1) 복소수에 의한 벡터 표시

① 복소수(complex number)의 성질
  ㉠ 실수부와 허수부로 구성된 벡터량
  ㉡ 허수는 제곱하면 음수가 되는 수 (허수)2=음수
  ㉢ 허수 단위(imaginary unit)는 j 또는 i로 표시한다.

  $$j = \sqrt{-1}, \quad j^2 = -1$$

  ㉣ 허수는 허수 단위와 실수의 곱으로 표시된다.

  허수=jb (b는 실수)

  ㉤ 복소수 Z의 일반적인 형태

  $$Z = a + jb$$

  - a는 실수부
  - b는 허수부

  ㉥ 절대값(absolute value)

  $$절대값 = \sqrt{(실수부)^2 + (허수부)^2}$$

ⓢ 공액(conjugate) : 허수부의 부호만이 다른 2개의 복소수

$$\dot{Z} = a + jb \qquad \overline{Z} = a - jb$$

$$(a+jb)(a-jb) = a^2 + b^2$$

② 직각좌표에 의한 표시

　㉠ 벡터 $\dot{A}$ 는

$$\dot{A} = a \pm jb$$

　㉡ 벡터 $\dot{A}$ 의 절대값 $|A|$와 편각 θ는

$$|A| = \sqrt{a^2 + b^2}, \qquad \theta = \tan^{-1} \frac{b}{a}$$

③ 삼각함수에 의한 표시

　㉠ $\dot{A}$의 절대값 A와 편각 θ

$$a = A\cos\theta, \quad b = A\sin\theta$$

$$\dot{A} = A\cos\theta + jA\sin\theta$$

$$= A(\cos\theta + j\sin\theta)$$

④ 극좌표에 의한 표시

$$\dot{A} = A \angle \theta$$

[벡터의 직각좌표와 극좌표]

2) 복소수에 의한 사인파 교류의 표시

그림에 나타낸 것은 i를 표시하는 벡터 $\dot{I}$

$$i = \sqrt{2} \cdot 10 \cdot \sin(wt + \frac{\pi}{6})$$

$$\dot{I} = 10(\cos\frac{\pi}{6} + j\sin\frac{\pi}{6})$$

- OX 축(실수측) $\quad 10\cos\frac{\pi}{6} = 5\sqrt{3}$

- OY 축(허수측) $\quad 10\sin\frac{\pi}{6} = 5$

$$\dot{I} = 5\sqrt{3} + j5 [A]$$

3) 복소수와 연산

① 곱셈

$$(a+jb)(c+jd) = ac + jad + jbc + j^2bd$$
$$= (ac-bd) + j(ad+bc)$$

② 나눗셈

$$\frac{a+jb}{c+jd} = \frac{(a+jb)(c-jd)}{(c+jd)(c-jd)} = \frac{(ac+bd) + j(bc-ad)}{c^2+d^2}$$

나. 기본 회로의 기호법 표시

1) 저항(R)만의 회로

R[Ω]의 저항에 V[V]의 전압을 가하면, 전류 I[A]는

$$I = \frac{V}{R} [A] \text{ 또는 } \dot{V} = R\dot{I} \text{ [V]}$$

2) 인덕턴스(L)만의 회로

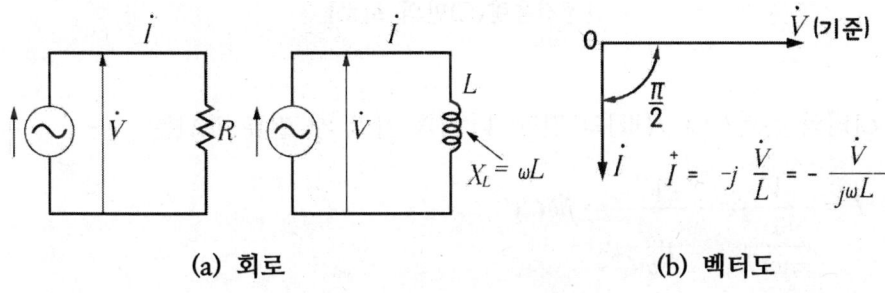

(a) 회로 (b) 벡터도

[인덕턴스(L)만의 회로]

① L[H]의 코일에 $w = 2\pi f$의 전압을 가하면, 전류 I[A]는

$$\dot{I} = -j\frac{V}{wL} = \frac{V}{jwL} \text{ [A]}$$

$$\dot{V} = jwL \text{[V]}$$

② 유도 리액턴스 : $X_L = wL$

$jX_L = jwL$(양의 상수)

3) 정전용량(C)만의 회로

(a) 회로   (b) 벡터도

[정전용량(C)만의 회로]

① $C[F]$의 콘덴서에 $f[Hz]$의 전압 $V[V]$를 가할 때 전류 $I[A]$는

$$\dot{I} = \frac{V}{\frac{1}{jwC}} = \frac{V}{-j\frac{1}{wC}} = jwCV$$

$$\dot{V} = \frac{1}{jwC}\dot{I} = -j\frac{1}{wC}\dot{I} \ [V]$$

② 용량 리액턴스 : $X_c = \dfrac{1}{wC}$

$$-jX_c = -j\frac{1}{wC}$$

4) RLC 직렬회로의 복소 임피던스(Complex inpedance)

$$\dot{Z} = R + j(wL - \frac{1}{wL})[\Omega]$$

$$\theta = \tan^{-1}\frac{wL - \frac{1}{wC}}{R} \ [rad]$$

다. 병렬 공진

 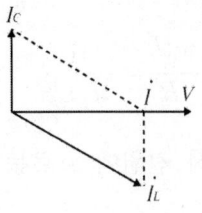

(a) 코일과 콘덴서의 병렬 회로   (b) 공진시의 벡터도

[병렬 공진]

1) 공진 조건

$$w_0 C - \frac{w_0 L}{R^2 + w_0^2 L^2} = 0$$

$$w_0 = \sqrt{(\frac{1}{LC} - \frac{R^2}{L^2})} \quad (w_0 = 2\pi f_0)$$

$$\therefore f_0 = \frac{1}{2\pi}\sqrt{(\frac{1}{LC} - \frac{R^2}{L^2})} \text{ [Hz]} \qquad \frac{1}{LC} > \frac{R^2}{L^2}$$

2) 공진 주파수

$$f_0 = \frac{1}{2\pi\sqrt{LC}} \text{ [Hz]}$$

3) 공진 임피던스

$R^2 \ll w_0^2 L^2$ 이므로

$$Z_0 = \frac{w_0^2 L^2}{R} \text{ [}\Omega\text{]} \qquad \therefore Z_0 = \frac{L}{CR} \text{ [}\Omega\text{]}$$

4) 전류의 확대

① $f = f_0$ 일 때의 전류는 최소이고 전압과 동상이 되며,

$$\frac{I_L}{I_0} = \frac{I_C}{I_0} = \frac{w_0 L}{R} = \frac{1}{w_0 CR}$$

- 병렬 공진 시 전원에 흐르는 전류 : I_0
- 코일 및 콘덴서에 흐르는 전류 : I_L, I_c

② 병렬 공진회로에서는 회로 내를 흐르는 전류가 전체 전류의 $\frac{w_0 L}{R}$ 배로 증대된다.

∴ 병렬 공진 : 전류 공진(current resonance)

6. 교류전력

가. 교류의 전력 표시

1) 임피던스 부하(일반 부하)의 전력

 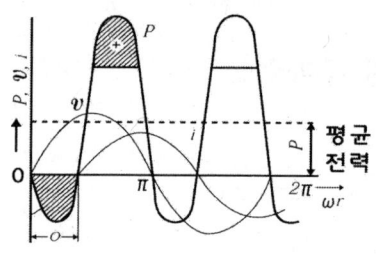

(a) 회로   (b) 전압, 전류, 전력의 파형

[임피던스 부하인 경우의 전력]

① 순시 전력 p

$$p = v \times i = \sqrt{2}\, V sinwt \times \sqrt{2}\, I sin(wt - \theta) = 2VI sinwt \cdot sin(wt - \theta)$$
$$= VI cos\theta - VI cos(2wt - \theta)\,[\text{V} \cdot \text{A}]$$

[전력 벡터도]

p의 평균값 P[W]는 (1주기에 대해서 평균)

$P = VI\cos\theta$ [W]

② 유효전력(effective power) : 부하에서 유효하게 이용되는 전력

$P = VI\cos\theta$ [W]

③ 무효전력(reactive power) : 부하에서 유효하게 이용될 수 없는 전력

$P = VI\sin\theta$ [Var]

④ 피상전력(apparent power)

$P = VI$ [VA]

나. 역률(Power factor) $\cos\theta$

1) 피상전력에 대한 실제의 유효한 전력(소비전력)의 비

$$역률 = \frac{유효전력(P)}{피상전력(P_a)} = \frac{VI\cos\theta}{VI} = \cos\theta$$

2) 역률각

전압과 전류의 위상차 θ

3) 무효각(reactive factor)

피상전력에 대한 무효전력의 비율

$$무효율 = \frac{무효전력(P_r)}{피상전력(P_a)} = \frac{VI\sin\theta}{VI} = \sin\theta$$

다. 단상 교류 전력의 측정

단상 교류 전력 측정에는 일반적으로 직·교류 양용의 전류력계형 전력계를 사용한다.

1) 전력계에 의한 전력 측정

① 단상 전력계로 전력을 측정하는 방법으로는 그림과 같이 전압 코일 PC의 한 쪽 단자를 전원 쪽에 접속하는 경우와 그림4.21(b)와 같이 부하 쪽에 접속하는 경우의 두가지가 있다. 전력계의 지시값

$$P = VI\cos\theta$$

② 부하에 리액턴스분이 있는 경우 그 역률 $\cos\theta$를 측정하려면, 역률계 대신으로 전압계와 전류계를 그림(c)와 같이 접속하고, 이때의 피상전력 P_a[VA]와 전력계의 유효전력 P를 측정하고, 다음 식에서 산출한다.

$$\cos\theta = \frac{P}{VI}$$

[단상 전력 측정]

2) 3전압계법에 의한 전력 측정

① 그림4.22(a)와 같이, 3개의 전압계와 무유도 저항 R를 접속하고, 이 회로의 각 전압, 전류의 벡터를 그리면 그림4.22(b)와 같이 된다.

② R의 단자 전압은 $V_3^2 = V_1^2 + V_2^2 + V_1 V_2 \cos\theta$

③ 이 식에서 전력 P는

$$P = V_1 I \cos\theta = \frac{V_1 V_2 \cos\theta}{R} = \frac{1}{2R}(V_3^2 - V_1^2 - V_2^2)[W]$$

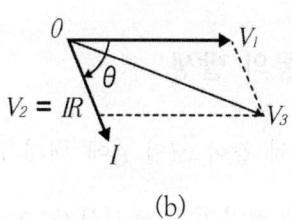

[3전압계법과 벡터도]

3) 3전류계법에 의한 전력 측정

① 그림 (a)와 같이 3개의 전류계와 무유도 저항 R를 접속하고, 이 회로를 3전 압계법과 같은 방법으로 벡터도를 그리면 그림 (b)와 같다.

$$I_3^2 = I_1^2 + I_2^2 + 2I_1I_2\cos\theta$$

② 이 식으로부터 전력 P는

$$P = VI_1\cos\theta = I_2RI_1\cos\theta = \frac{R}{2}(I_3^2 - I_1^2 - I_2^2)[W]$$

[3전류계법과 벡터도]

라. 3상 교류의 발생

1) 3상 교류의 발생

그림 (a)와 같이 코일 A에 대해서 기하학적으로 $\frac{2}{3}\pi$[rad](120°)만큼씩의 간격을 두어 코일 B와 코일 C를 배치시켜, 이들을 동시에 자기장 내에서 반시계 방향으로 회전시켜 보면 (b)와 같이 서로 $\frac{2}{3}\pi$[rad] 만큼씩의 위상차를 가지며, 크기가 같은 3개의 사인파 전압이 발생한다. 이와 같은 3개의 파형을 한데 묶어서 3상 교류(three-phase alternating current)라고 한다.

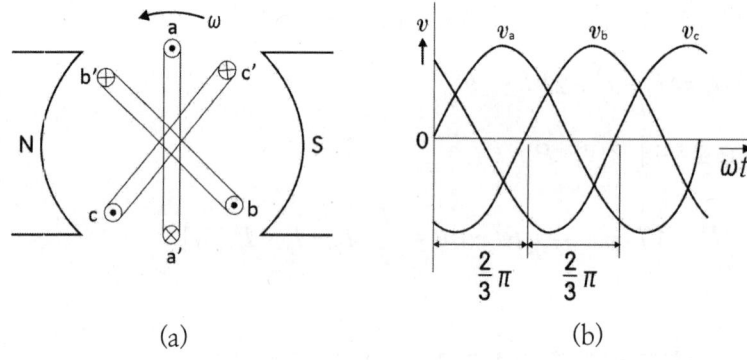

[3상 교류의 발생]

2) 3상 교류의 순시값 표시

그림에서 각 코일의 전압의 실효값을 V[V], 각속도를 w[rad/s]라 하고, v_a를 기준으로 하면 A, B, C 각 상의 전압 v_a, v_b, v_c는

$$v_a = \sqrt{2}\,Vsinwt\,[V]$$

$$v_b = \sqrt{2}\,Vsin(wt - \frac{2}{3}\pi)[V]$$

$$v_c = \sqrt{2}\,Vsin(wt - \frac{4}{3}\pi)[V]$$

마. 3상 교류의 결선

1) Y결선

① $\dot{V}_a, \dot{V}_b, \dot{V}_c$[V]의 대칭 3상 기전력을 발생하고 있는 전원의 각 상에 각각 부하 임피던스 $Z[\Omega]$을 그림4.28(a)와 같이 접속할 경우 a, b, c상의 교류를 각각 $\dot{I}_a, \dot{I}_b, \dot{I}_c$[A]라 하면

$$\dot{I}_a = \frac{V_a}{\dot{Z}}[A], \quad \dot{I}_b = \frac{V_b}{\dot{Z}}[A], \quad \dot{I}_c = \frac{V_c}{\dot{Z}}[A]$$

② 대칭 3상의 경우는 $\dot{V}_a, \dot{V}_b, \dot{V}_c = 0$[V]이므로

$$\dot{I}_a + \dot{I}_b + \dot{I}_c = \frac{V_a + V_b + V_c}{\dot{Z}} = 0[A]$$

[Y결선도]

이와 같이 전원과 부하를 Y형으로 접속하는 방법을 Y결선(Y-connection) 또는 성형결선(star connection)이라 하고, 각상의 공통점 O, O'를 중성점(neutral point)이라 한다.

③ 선간전압을 각각 $\dot{V}_{ab}$, $\dot{V}_{bc}$, $\dot{V}_{ca}$라 하면 각 선간전압은 상전압의 차가 되므로

$$\dot{V}_{ab} = \dot{V}_a - \dot{V}_b [V], \quad \dot{V}_{bc} = \dot{V}_b - \dot{V}_c [V], \quad \dot{V}_{ca} = \dot{V}_c - \dot{V}_a [V]$$

$$\therefore \dot{V}_{ab} = \dot{V}_a + (-\dot{V}_b), \quad \dot{V}_{bc} = \dot{V}_b + (-\dot{V}_c), \quad \dot{V}_{ca} = \dot{V}_c + (-\dot{V}_a) [V]$$

따라서, $\dot{V}_a$, $\dot{V}_b$, $\dot{V}_c$가 대칭 3상 전압이면 선간전압 $\dot{V}_{ab}$, $\dot{V}_{bc}$, $\dot{V}_{ca}$도 대칭 3상 전압이며, 선간전압의 위상은 $\dot{V}_a$, $\dot{V}_b$, $\dot{V}_c$보다 각각 $\frac{\pi}{6}$[rad]앞서게 된다.

[Y결선의 상전압과 선간전압의 관계]

④ 지금 $\dot{V}_{ab}$와 $\dot{V}_a$를 생각해 볼 때, 그 크기 관계는 벡터 그림으로부터

$$\dot{V}_{ab} = V_a (\cos\frac{\pi}{6}) \times 2 = \sqrt{3}\, V_a [V]$$

⑤ 극형식으로 표시하면

$$\dot{V}_{ab} = \sqrt{3}\, V_a \angle \frac{\pi}{6} [V]$$

⑥ 상전압 V_p와 선간전압 V_L의 크기 관계는

$$선간전압((V_L) = \sqrt{3} \cdot 상전압(V_P) [V]$$

2) △결선

① 그림의 결선에서 전원측의 a와 C_0, b와 a_0, c와 b_0점을 각각 하나로 묶고, 마찬가지로 부하측에서도 각각 하나로 묶어 그림(b)와 같이 하면, 전원과 부하와의 접속선은 3선으로 충분하다. 이와 같이 전원과 부하를 △형으로 접속하는 방법을 △결선(delta connection) 또는 삼각 결선이라 한다.

[△결선도]

② △결선과 전압

그림과 같은 △결선에서는 상전압은 그대로 선간전압이 되므로 상전압과 선간전압은 동일하다.

$$\dot{V}_{ab} = \dot{V}_a [\text{V}], \quad \dot{V}_{bc} = \dot{V}_b [\text{V}], \quad \dot{V}_{ca} = \dot{V}_c [\text{V}]$$

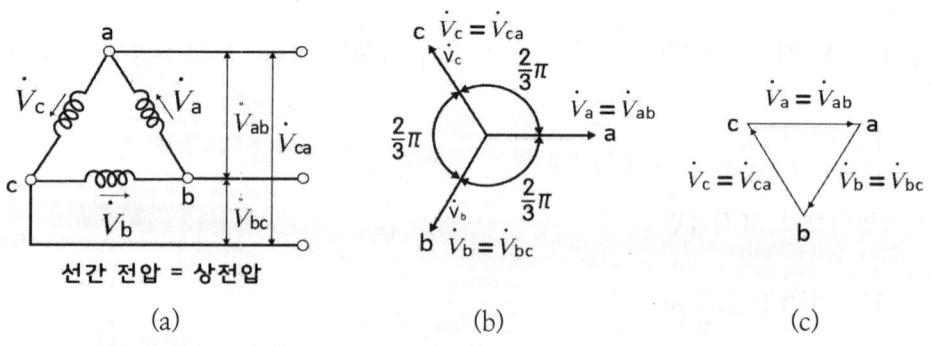

[△결선의 상전압과 선간전압의 관계]

③ $\dot{V}_a$, $\dot{V}_b$, $\dot{V}_c$ 가 대칭 3상 전압이라면 선간전압 $\dot{V}_{ab}$, $\dot{V}_{bc}$, $\dot{V}_{ca}$도 대칭 3상 전압이 된다. 그림 (b)는 이 관계를 나타낸 벡터이다.

④ 상전압 V_P와 선간전압 V_L의 크기 관계

   선간전압(V_L)=상전압(V_P)[V]

⑤ △결선과 전류

   그림 (a)에서 I_{ab}, I_{bc}, I_{ca}는 상전류이고, $\dot{I}_a$, $\dot{I}_b$, $\dot{I}_c$는 선전류이다.

   상전류와 선전류의 관계는 a, b, c점에서 키르히호프 제1법칙을 이용하면

   $I_{ab} - I_{ca} - I_a = 0$ $\qquad$ $\therefore I_a = I_{ab} - I_{ca}$

   $I_{bc} - I_{ab} - I_b = 0$ $\qquad$ $\therefore I_b = I_{bc} - I_{ab}$

   $I_{ca} - I_{bc} - I_c = 0$ $\qquad$ $\therefore I_c = I_{ca} - I_{bc}$

   그림(b)에서 선전류 I_a는 I_{ab}보다 $\sqrt{3}$배의 크기를 갖고 위상은 $\dfrac{\pi}{6}$[rad] 뒤진다.
   따라서 상전류 I_{ab}와 선전류 I_a와의 관계는

   $$I_a = \sqrt{3}\,I_{ab} \angle -\dfrac{\pi}{6}$$

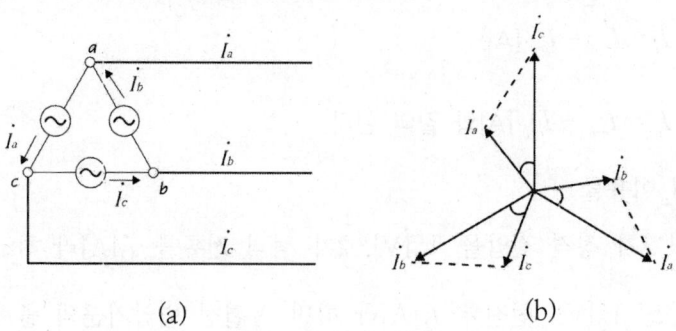

(a) $\qquad\qquad$ (b)

[△결선과 전류]

3) V결선

① V-V결선(V-V connection)은 △-△결선 방식에서 1대의 변압기가 고장이나면 제거 하고 남은 2대의 변압기를 이용하여 3상 변압을 계속하는 방식이다.

(a) 결선도   (b) 벡터도

[V결선도]

② 2차 쪽의 전압이 벡터도에서 선간전압 V_{UV}, V_{VW}, V_{WU}는 대칭 3상 전압이 되는 것을 알 수 있다.

③ 변압기의 2차 쪽에 평형 3상 저항 부하를 접속해 주면 각 선에 흐르는 전류 $I_U[A]$, $I_V[A]$, $I_W[A]$는

$$\dot{I}_u = \dot{I}_{uv'} - \dot{I}_{wu'} [A]$$

$$\dot{I}_v = \dot{I}_{vw'} - \dot{I}_{uv'} [A]$$

$$\dot{I}_w = \dot{I}_{wu'} - \dot{I}_{vw'} [A] \text{와 같이 된다.}$$

④ V결선의 이용률

변압기의 2차 정격 전압을 $V_2[V]$, 2차 정격 전류를 $I_2[A]$라 하고, 전부하일 때의 선간전압을 $V_2[V]$, 선전류 $\dot{I}_2[A]$라 하면, V결선 변압기군의 출력은

$$\sqrt{3}\, V'_2 I'_2 \times 10^{-3} = \sqrt{3}\, V'_2 I'_2 \times 10^{-3} [kVA]$$

$$\frac{\sqrt{3}\, V_2 I_2 \times 10^{-3}}{2 V_2 I_2 \times 10^{-3}} = \frac{\sqrt{3}}{2} = 0.866$$

⑤ V결선 출력 = 0.577 × △결선 출력

4) 각 상의 임피던스가 동일할 때의 변환

① $Y \rightarrow \triangle$ 변환

$$\dot{Z}_\triangle = 3\dot{Z}_Y$$

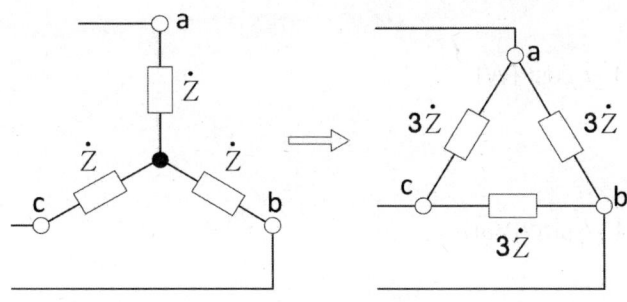

[$Y \rightarrow \triangle$ 변환]

② $\triangle \rightarrow Y$ 변환

$$\dot{Z}_Y = \frac{1}{3}\dot{Z}_\triangle$$

[$\triangle \rightarrow Y$ 변환]

바. 3상 전력

3상 전력은 부하의 결선방법에 관계없이 다음과 같이 나타낼 수 있다.

$$P = \sqrt{3} \times (선간전압) \times (선전류) \times (역률) [W]$$

1) 유효전력

$$P = \sqrt{3}\, V_L I_L \cos\theta\, [W]$$

2) 무효전력

$$P = \sqrt{3}\, V_L I_L \sin\theta\, [Var]$$

3) 피상전력

$$P_o = \sqrt{3}\, V_L I_L\, [VA]$$

4) 역률

$$\cos\theta = \frac{P}{P_0} = \frac{R}{Z}$$

제 3 장 전기기기

1. 직류기

가. 직류기의 구조

1) 전기자(armature)

기전력을 유도하는 부분으로 전기자 철심, 전기자 권선으로 구성된다.

[직류기 전기자]

2) 계자(field)

자속(자기장)을 발생시키는 곳으로 계자 철심, 계자 권선으로 구성된다.

[계자 권선 구조도]

3) 정류자(commutator)

교류 직류로 바꾸어주는 부분으로 전기자 권선과 브러시가 연결된다.

4) 브러쉬

정류자면에 접촉하여 전기자 권선과 외부 회로를 연결하는 것. 접촉 저항이 크고, 전기적 저항이 작고, 기계적 강도가 큰 전기 흑연 브러쉬가 주로 사용된다.

5) 브러쉬 홀더

브러쉬를 바른 위치로 유지하게 하고, 스프링에 의해 적당한 압력(보통 0.15~0.25 kg/cm^2)으로 정류자면에 접촉시키는 장치이다.

나. 전기자 권선법

1) 환상권 [전기자 권신법 분류]

① 환상 철심에 도선을 환상으로 감은 것이다.

② 전기적 중심점에 브러시를 놓으면 내부 병렬 회로수는 극수와 같게 되는 이점이 된다.
   → 특수 소형기에 사용

2) 고상권

① 원통형 철심의 표면에만 전 권선을 감아서 자속을 끊어 기전력을 유기한다.

② 절연 양호, 공작이 양호, 리액턴스가 작으며, 정류작용이 좋다. → 모든 직류기에 사용

(a) 환상권   (b) 고상권

[환상권과 고상권]

3) 단층권

1개의 슬롯 내에 1개의 코일변을 삽입하는 권선법이다.

4) 2층권

1개의 슬롯 내에 2개의 코일변을 삽입하는 권선법이다.

5) 중권(병렬권)

① 합성 권선 피치(y) = $y_1 - y_2$ 이다.

② 전기자 병렬 회로수(a)=극수(P)와 동일하다.

③ 브러쉬의 수(B)=극수(P)와 동일하다.

④ 균압고리는 대형에서만 필요하다.

⑤ 용도는 저전압, 대전류용이다.

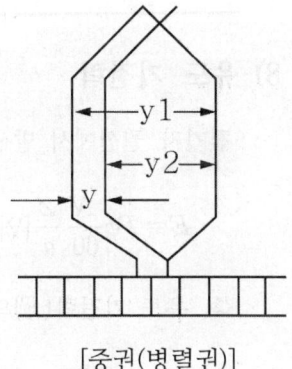

[중권(병렬권)]

6) 파권(직렬권)

① 합성 권선 피치$(y) = y_1 + y_2$ 이다.
② 전기자 병렬 회로수(a)=극수와 관계없이 2이다.
③ 브러쉬의 수(B)=2개 또는 극수만큼 설치한다.
④ 균압고리는 불필요하다.
⑤ 용도는 고전압, 소전류용이다.

[파권(직렬권)]

7) 중권과 파권의 차이점

[중권과 파권]

구분	용도	a와 p의 관계
중권(병렬권)	저전압 대전류	a=p
파권(직렬권)	고전압 소전류	a=2

8) 유도 기전력

전기자 권선에서 발생된 전압이다.

$$E = P\phi \frac{N}{60} \frac{Z}{a} [V] = K\phi N$$

즉, 유도 기전력(E)의 크기는 자속(ϕ)과 회전수(N)dp 비례한다.

단, P : 극수, ϕ : 한극당 자속[Wb], $K = \dfrac{PZ}{60a}$, N : 회전수(rpm)

a : 병렬회로수, Z : 총도체수

2. 발전기

가. 발전기의 특성

1) 타여자 발전기

다른 독립된 직류 전원으로부터 계자전류를 받아서 자속을 만드는 방식이다. 용도로는 워드-레오나드(Ward Leonard) 전압제어방식의 전원, 교류발전기 여자기 전원으로 사용된다.

① 전류 관계식 $I_a = I = \dfrac{P}{V}$

② 전압 관계식 $E = V + I_a R_a [V]$

$\therefore V = E - I_a R_a \ [V]$

즉, 전기자 저항(R_a)에 의한 전압 강하($I_a R_a$)가 발생한다.

EX 01 P=10[kW], V=100[V], N=600[rpm] 총도체수=400, 전기자 저항 R_a=0.2 [ohm]일 때 자속은? (단, 극수 4, 직렬권(파권), 타여자 발전기)

해설 : $I_a = I = \dfrac{P}{V} = \dfrac{10 \times 10^3}{100} = 100[A]$

$E = V + I_a R_a = 100 + (100 \times 0.2) = 120[V]$

$E = P\phi \cdot \dfrac{N}{60} \cdot \dfrac{Z}{a}$ 이므로 $\phi = \dfrac{60aE}{PZN} = \dfrac{60 \times 2 \times 120}{4 \times 400 \times 600} = 0.015[Wb]$

2) 자여자 발전기

자체에서 발생한 유기전력으로 부터 계자 전류를 받아서 자속을 만드는 방식이다.

① 직권 발전기 : 계자와 전기자가 직렬로 접속되어 있고 용도로는 승압기 외에는 잘 사용하지 않는다.

㉠ 전압 관계식

$$E = V + I_a(R_a + R_s)$$

즉, 전기자 저항(R_a)과 직권 계자저항(R_s)에 의한 전압강하($I_aR_a + I_aR_s$)가 발생한다.

여기서, R_a : 전기자 저항 R_s 직권 계자저항

[직권 발전기]

② 분권 발전기 : 계자와 전기자가 병렬 접속되어 있고 타여자 발전기와 같이 전압 변동률이 적어 정전압 발전기라고 하고 전기 화학용, 전지의 충전용, 동기기의 여자용 전원 등으로 사용된다.

㉠ 전류 관계식

$$I_a = I + I_f = \frac{P}{V} + \frac{V}{R_f} [A]$$

㉡ 전압 관계식

$$E = V + I_aR_a$$

즉, 전기자 저항(R_a)에 의한 전압 강하(I_aR_a)가 발생한다.

[분권 발전기]

③ 복권 발전기 : 계자 권선이 2개이고 전기자와 직·병렬로 연결
  ㉠ 외분권 : 분권 계자 권선이 직권 계자 권선의 바깥(부하)쪽에 연결되어 있는 구조이다.
    ⓐ 전류 관계식 : $I_a = I + I_f = \dfrac{P}{V} + \dfrac{V}{R_f}$
    ⓑ 전압 관계식 : $E = V + I_a(R_a + R_s)$
    $$\therefore I_a = \dfrac{E-V}{R_a + R_s}$$

[복권 발전기]

  ㉡ 내분권 : 분권 계자 권선이 직권 계자 권선 안쪽(전기자 방향)에 연결된 구조이다.
    ⓐ 전류 관계식
    $$I_a = I + I_f = \dfrac{P}{V} + \dfrac{E - I_a R_a}{R_f} 1$$
    ⓑ 전류 관계식
    $$E = V + I_a R_a + I R_s [V]$$

[가동 복권 발전기]

  ㉢ 가동복권 : 직권 계자와 분권 계자의 자속이 합쳐
     지도록 접속한 구조이고 평복권과 과복권이 있다.
    ⓐ 평복권 : 무부하 전압(V_o)과 전부하 전압(V_n)이 같도록 설계한다.
    ⓑ 과복권 : 무부하 전압(V_n)보다 전부하 전압(V_n)이 크도록 설계한다.
    ㉣ 차동복권 : 직권 계자와 분권 계자의 자속이 서로 상쇄되도록 접속한 구조이다.

[차동복권 발전기]

나. 발전기의 특성곡선 및 전압 변동률

1) 무부하 특성곡선(무부하 포화곡선)

유도 기전력 E(무부하 전압)와 계자 전류 I_f와의 관계 곡선을 말하며 무부하 상태, 정격 속도에서 계자 전류 I_f의 변화에 따른 유도 기전력 E의 변화 곡선으로 유도 기전력을 결정하는 일반적인 특성이다.

① 분권 발전기

▶ 전압 확립 조건
  ㉠ 잔류 자속이 있어야 한다.
  ㉡ 회전 방향이 적절해야 한다.
  ㉢ 계자 저항(R_f)〈임계 저항

▶ 임계 저항이란?
  계자 저항(R_f)을 증가시키면 θ가 커져 직선과 곡선이 겹치게 된다. 전압이 매우 불안정한 상태가 되는데 그때의 계자저항을 말한다.

② 직권 발전기

전기자 권선과 계자 권선이 직렬로 연결되어 있으므로 무부하 특성 곡선을 얻지 못한다. 즉, 무부하 상태에서의 직권 발전기는 전기자 권선과 계자 권선의 직렬 연결로 $I_a = I = I_s = 0$인 관계로 계자 전류(I_s)가 없으므로 잔류 자속 이상으로 자속이 증가되지 않으므로 유도기전력이 상승되지 않는다.

2) 외부 특성곡선

단자 전압 V와 부하 전류 I와 관계 곡선이다. 직권을 제외한 다른 발전기는 I_f가 일정하고 부하전류 I의 증가에 따라 전압 강하가 발생하지만, 직권 발전기는 구조상 부하전류 I가 증가하면, 계자 전류 I_s도 증가하기 때문에 유도 기전력과 단자 전압이 상승하게 된다.

3) 부하 특성곡선

단자 전압 V와 계자 전류 I_f와의 관계

4) 전압 변동율

$$\varepsilon = \frac{무부하전압 - 정격전압}{정격전압} \times 100 = \frac{V_0 - V_n}{V_n} \times 100(\%)$$

구분	무부하 전압 V_0	정격전압 V_n	전압 변동율
직권발전기	$V_0 < V_n$		⊖
분권발전기	$V_0 > V_n$		⊕
평복권발전기	$V_0 = V_n$		0
과복권발전기	$V_0 < V_n$		⊖
차동복권발전기	$V_0 > V_n$		⊕(용접기. 수하특성)
타여자발전기	$V_0 < V_n$		⊕

▶ 수하특성 : 정전력 특성, 일정한 출력이 요구되는 용접기에 사용.

다. 전기자 반작용

발전기에 부하가 걸리면 전기자 권선에 전류가 흘러 강한 기자력이 생기는데, 이 전기자 기자력이 주 자극의 계자 자속에 영향을 주는 현상을 전기자 반작용이라 한다.

1) 전기자 반작용의 현상

① 전기적 중성축의 이동(편자 작용) 현상으로
  ㉠ 발전기 : 회전 방향으로 이동된다.
  ㉡ 전동기 : 회전 반대 방향으로 이동된다.
② 브러시를 새로운 전기적 중성축으로 이동시 감자 작용에 의하여
  ㉠ 발전기 : 기전력 감소 한다.
  ㉡ 전동기 : 토크 감소, 속도 상승 한다.
③ 브러시를 전기적 중성축으로 이동시키지 않으면 불꽃이 생기는 등 직류기에 나쁜 영향을 끼친다.

2) 전기자 반작용의 방지법

[보상권선]　　　　　　　　[합성자속]

① 중성축 이동 : 브러시 위치를 전기적 중성점으로 이동한다.
② 보극 설치 : 주자극과 별도로 자극을 설치한다.

　㉠ 리액턴스 전압($L\dfrac{di}{dt}$)의 발생을 억제하여 파형을 개선한다.
　㉡ 정류작용 개선에 효과적(전압정류)이다.

③ 보상 권선 설치(가장 효과적인 방법)
　　주 자극에 홈을 파고 별도의 권선을 설치하여 전기자에 흐르는 전류와 반대 방향의 전류를 흘려 주어서 전기자 기자력을 상쇄한다.

참 고   전기자 반작용은 편자 작용, 감자 작용, 중성축의 이동 등을 일으키고 또 이것
들이 무부하의 변동에 따라 변화하므로, 항상 브러시를 전기적 중성축에 이동
시키지 않으면, 불꽃이 생겨 발전기에 나쁜 영향을 준다.

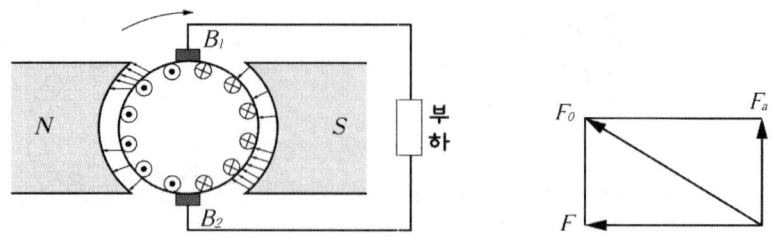

[부하를 넣었을 때 합성한 자속]

참 고   **감자작용**
편자작용 때문에 브러시의 위치를 처진 각만큼 이동시켜야 한다.
따라서 그 때 합성한 자속이 평행사변형의 다각선이 되기 때문에, 자속이
감소되어 기전력의 저하를 초래하는데 이것을 감자작용이라 한다.

[감자작용]

3) 정류

직류 발전기의 전기자 권선 안에 유도되는 AC를 DC로 변환하는 작용을 한다.

① 정류 주기 [T_C]

$$T_c = \frac{b-\delta}{v} = \frac{b-\delta}{\pi DN} \times 60[\text{sec}] = \frac{2b - \frac{\pi D}{k}}{\pi DN} \times 60[\text{sec}]$$

단, D : 직경 [m], N : 회전속도 [rpm], v : 주변속도 [m/s],

b : 브러쉬 두께 [m], δ : 절연물 두께 [m], k : 정류자 편수

② 전류 개선 대책

① 보극 설치(전압 정류)

② 보상 권선 설치

③ 접촉 저항이 큰 브러쉬 사용(저항 정류)

④ 평균 리액턴스 전압이 적을 것

$$e = L \frac{2I_c}{T_c} [V]$$

③ 직류 발전기의 단자 전압

$$V = E + I_a R_a [V]$$

단, V : 단자전압 [V], E : 역기전력 [V] ($E = \frac{Z}{a} \cdot \frac{N}{60} \cdot P\phi$),

I_a : 전기자 전류 [A], R_a : 전기자 저항 [Ω]

④ 직류 전동기의 회전 속도

$$N = K\frac{V - I_a R_a}{\phi}[rpm]$$

단, 상수 $K = \dfrac{60a}{PZ}$, P : 극수, a : 전기자 병렬회로수, Z : 전기자 도체수

⑤ 직류 전동기의 토크(회전력)

$$T = \frac{PZ}{2\pi a}I_a\phi[N \cdot m] = \frac{1}{9.8} \cdot \frac{PZ}{2\pi a}I_a\phi[kg \cdot m]$$

단, P : 자극수, ϕ : 1극당 자속, Z : 전기자 총 자속수,

a : 병렬회로수, I_a : 전기자 전류

⑥ 직류 전동기의 출력

$$P_0 = EI_a = \frac{P}{a}Z\phi\frac{N}{60}I_a = 2\pi\frac{N}{60}\tau = 2\pi n\tau[W]$$

⑦ 직류 전동기의 속도 제어

직류 전동기 속도 N[rpm] 공식은 다음과 같다.

$$N = K\frac{E_0}{\phi} = K\frac{V - I_a R_a}{\phi}[rpm]$$

a) 계자 제어법

계자 전류를 조정하여 자속 ϕ를 변화시켜 속도를 제어하는 방법. 정출력 가변 속도의 용도에 적합하다.

b) 저항 제어법

전기자 회로에 저항 R을 넣고 이것을 가감해서 속도를 제어하는 방법. 거의 사용하지 않는다.

c) 전압 제어법

전기자에 가해지는 단자 전압을 변화하여 속도를 조정하는 방법. 주로 타여자 전동기에 사용된다.

① 워드 레오나드 방식

② 일그너 방식

③ 직·병렬 제어

4) 직류 전동기의 제동

① 발전 제동

운전중인 전동기를 전원에서 분리하여 발전기로 작용시키고, 회전체의 운동 에너지를 전기적인 에너지로 변환하여 이것을 저항에서 열 에너지로 소비시켜서 제동하는 방법이다.

② 회생 제동

전동기가 갖는 운동 에너지를 전기 에너지로 변화하고, 이것을 전원으로 변환하여 제동하는 방법이다.

③ 3역전 제동

전동기를 전원에 접속된 상태에서 전기자의 접속을 반대로 하고, 회전 방향과 반대 방향으로 토크를 발생시켜서 급속히 정지하거나 역전시키는 방법이다.

5) 직류기의 효율

① 실측효율 $= \dfrac{출력}{입력} \times 100[\%]$

② 규약효율 $= \dfrac{출력}{출력+손실} \times 100[\%]$ (발전기)

$= \dfrac{입력-손실}{입력} \times 100[\%]$ (전동기)

6) 직류기의 전압 변동률과 속도 변동률

① 전압 변동률

$$\varepsilon = \dfrac{N_0 - V_n}{V_n} \times 100[\%]$$

단, V_0 : 무부하 전압[V]

V_n : 정격전압 [V]

② 속도 변동률

$$\varepsilon = \dfrac{N_0 - N_n}{N_n} \times 100[\%]$$

단, N_0 : 무부하에서의 회전수[rpm]

N_n : 정격 부하에서의 회전수[rpm]

7) 특수 직류기

① 전기 동력계

전동기와 같은 원동기의 출력을 측정하는 데 사용된다.

② 단극 발전기

3~15[V] 저전압과 수천 암페어(ampere) 이상의 대전류 발생용으로 화학공장이나 저항 용접 등에 사용된다.

③ 승압기(booster)

직류 회로에 직렬로 접속해서 회로의 전압을 광범위하게 제어하기 위해 사용되는 직류 발전기를 말한다.

④ 제3브러쉬 발전기

속도가 어느 정도 변해도 단자 전압이 별로 변하지 않으므로, 자동차 축전지의 충전용, 열차 전등의 전원에 사용된다.

⑤ 직류 스테핑 모터(DC stepping motor)

자동제어에 사용되는 특수 전동기로 정밀한 서보 기구에 많이 사용된다.

⑥ 직류 서보 모터

세밀한 속도, 위치제어에 사용된다.

2. 변압기

변압기(transformer)는 발전소에서 발전된 교류 전력을 공장이나 가정에서 필요로 하는 전압으로 변환하는 장치이다.

[변압기 회로도]

가. 유도 기전력

$$E_1 = 4.44fN_1\phi_m [V]$$

$$E_2 = 4.44fN_2\phi_m [V]$$

단, f : 주파수, N_1 : 1차측 권수, N_2 : 2차측 권수, ϕ_m : 최대 자속

나. 권수비(전압비)

$$a = \frac{E_1}{E_2} = \frac{N_1}{N_2} = \frac{V_1}{V_2} = \frac{I_2}{I_1}$$

단, E_1 : 1차 유기 기전력, E_2 : 2차 유기 기전력,

N_1 : 1차측 권수, N_2 : 2차측 권수,

V_1 : 1차측 전압, V_2 : 2차측 전압,

I_1 : 1차측 전류, I_2 : 2차측 전류

$$a = \sqrt{\frac{Z_1}{Z_2}} = \sqrt{\frac{R_1}{R_2}} = \sqrt{\frac{L_1}{L_2}}$$

단, Z_1 : 1차측 임피던스, Z_2 : 2차측 임피던스, R_1 : 1차측 저항

R_2 : 2차측 저항, L_1 : 1차측 인덕턴스, L_2 : 2차측 인덕턴스

다. 변압기의 구조

1) 내철형

[변압기 구조도]

2) 외철형

[변압기 구조도]

라. 변압기의 재료

1) 철심

두께 0.3~0.6㎜의 규소 강판(규소 함유량 4~4.5%)을 사용한다. 규소 강판은 히스테리시스손을 감소시킨다. 또한 성층하는 이유는 와류손을 감소시키기 위함이다.

2) 절연 종류

종류	최고 사용 온도[℃]	종류	최고 사용 온도[℃]
Y종	90	F종	155
A종	105	H종	180
E종	120	C종	180 이상
B종	130		

마. 변압기유 구비조건

① 절연 내력이 클 것. 변압기유 12[kV/mm](공기 3[kV/mm])
② 비열이 커서 냉각 효과가 클 것.
③ 인화점이 높을 것.
④ 응고점이 낮을 것.
⑤ 절연 재료 및 금속에 접촉하여도 화학 작용을 일으키지 않을 것.
⑥ 고온에서 석출물이 생기거나, 산화하지 않을 것.

나. 절연유의 열화

변압기는 호흡 작용에 의해 공기중의 수분과 산소를 흡수하게 되어 절연유가 산화되고 침전물이 생기는데 이를 말한다.

1) 열화방지

브리더(breather)와 콘서베이터(conservator)를 설치한다.

(a) 브리더　　　　　　(b) 콘서베이터

[유입 변압기]

2) 냉각 방식

① 건식 자냉식 : 변압기의 철심과 권선이 공기에 의해 자연히 냉각되도록 한 것. 20[kV] 이하 소용량의 변압기 또는 계기용 변압기에 주로 사용된다.

② 건식 풍냉식 : 건식 변압기에 송풍기를 달고 강제적으로 바람을 보내 냉각시키는 변압기이다.

③ 유입 자냉식 : 변압기 외함 속에 절연유를 넣고, 그 속에 변압기 철심과 권선을 넣어 절연유를 냉각시키는 방식. 보수가 간단하여 가장 많이 사용된다.

④ 유입 수냉식 : 변압기의 외함 속 윗부분에 냉각 사관(蛇管)을 설치하고 이것에 물을 통과시켜 대류하는 기름을 냉각수 관에서 냉각시키는 방식이다.

⑤ 유입 송유식 : 외함 내에 있는 가열된 기름을 순환펌프에 의해 외부의 수냉식 냉각기 및 풍냉식 냉각기에 의해 냉각시켜 다시 외함 내에 유입시키는 방식이다.

⑥ 유입 풍냉식 : 유입 변압기에 방열기를 부착시키고 송풍기에 의해 강제 통풍시켜 냉각효과를 증대시킨 방식이다.

3. 유도기

가. 유도 전동기의 원리

유도 전동기는 2가지 기본 법칙을 응용한 것인데, 첫 번째는 도체가 자속을 끊으면 이것에 기전력이 유기되며, 이 기전력의 방향은 플레밍의 오른손 법칙에 따르는 법칙이며, 둘째는 전류가 흐르는 도체가 계자안에 놓여 있을 때, 이것에 기계적인 힘이 작용한다는 것으로, 플레밍의 왼손 법칙에 따르는 원리이다.

[원리]

영구 자석을 회전시키면, 구리판이 영구 자석의 자속을 끊으며 플래밍의 오른손 법칙에 의해 기전력이 만들어진다. 이 기전력에 의해 구리판 표면에는 맴돌이 전류(소용돌이 전류)가 흐르게 된다. 이 전류는 자속을 만드는데, 이 자속은 플래밍의 왼손 법칙에 의해 힘이 발생하여 회전하게 된다. 이 방향은 영구 자석을 회전시키는 방향으로 회전하게 된다.

[아고라의 회전 원판]

1) 고정자

① 고정자 프레임

내부에서 고정자 철심을 부착하고 전동기 전체를 지지한다.

② 고정자 철심

두께 0.35~0.55mm의 규소 강판을 성층하여 만든다.

[소형 및 중형 고정자용]

③ 고정자 권선

고정자 홈에 넣을 고정자 권선은 소전류에는 둥근선, 대전류에는 평각선이 사용된다.

(a) 개방홈   (b) 반폐홈

[슬롯]

2) 회전자

① 회전자 철심

규소 강판을 성층하여 만든다.

② 농형 회전자

회전자의 홈이 축방향에 평행하지 않고 조금씩 비뚤어져 있는 홈으로 소음 발생을 억제하는 효과가 있다.

[농형 회전자의 구조]

③ 권선형 회전자

권선형 회전자는 농형 회전자와는 달리 회전자 철심의 홈 속에 구리 도체를 넣어서 고정자 권선과 같이 3상 결선을 한 것이다. 이것은 기동 저항기를 이용하여 기동 전류를 감소시킬 수 있고, 속도 조정을 자유로이 할 수 있는 이점이 있다.

[권선형 유도 전동기의 기동 회로]

3) 공극

유도 전동기의 고정자와 회전자 사이의 이격 거리를 말하는데, 보통 0.3~2.5mm 정도이다.

나. 유도 전동기의 이론

1) 동기 속도(Synchronous Speed)

회전 자기장이 회전하는 속도는 극수 P와 전원의 주파수 f에 의해 정해지고 이를 동기 속도 N_s라 한다.

$$N_s = \frac{120f}{P} \text{[rpm]}$$

EX 01 2극, 주파수 60[Hz]의 유도전동기의 동기속도 N_s ?

해설 : $N_s = \frac{120f}{P} = \frac{120 \times 60}{2} = 3,600\text{[rpm]}$ ∴ 3,600[rpm]

2) 슬립(Slip)

동기속도 N_s와 회전자와 속도 N 사이에 차이가 발생하여, 이 차이 $(N_s - N)$와 동기속도 N_s와의 비를 슬립(silp)이라고 한다.

$$S = \frac{동기속도 - 회전자속도}{동기속도} = \frac{N_s - N}{N_s} = 1 - \frac{N}{N_s}$$

$$N = (S-1)N_s = \frac{120f}{P}(1-S)$$

참 고   유도 전동기의 슬립: $0 < s < 1$

① $s = 1$이면 $N = 0$이고 전동기는 정지상태
② $s = 0$이면 $N = N_s$가 되어 전동기가 동기속도로 회전

3) 유도 기전력

① 전동기가 정지 시
  ㉠ 1차 유도 기전력 : $E_1 = 4.44 K_{w1} w_1 f \phi [V]$
  ㉡ 2차 유도 기전력 : $E_2 = 4.44 K_{w2} w_2 f \phi [V]$
  ㉢ 1차, 2차 권수비 : $\dfrac{w_1 K_{w1}}{w_2 K_{w2}} = \dfrac{E_1}{E_2} = a$

  단, K_w : 권선 계수, w : 1상 권수, ϕ : 자속, f : 주파수

② 전동기가 슬립 S로 회전 시
  상대 속도 = 회전 자계 속도 − 회전자 속도
         $= N_s - N = s N_s$가 된다.

다시 말해 회전자가 회전하고 있을 때의 상대속도는, 회전자가 정지하고 있을 때의 s배가 되므로 2차 주파수 f' 및 2차 유도 기전력 E_2'는

$$f' = sf$$
$$E_2' = 4.44 k_{w2} s f w_2 \phi = s E_2 [V]$$

다. 전력의 변환

1) 2차 저항손

$$P_{2c} = SP_2 [W]$$

단, S: 슬립, P_2: 2차 입력, P_{2c}: 2차 저항손

2) 기계적 출력(회전자 출력)

기계적 출력 = 2차 입력 − 2차 저항손

즉, $P_0 = P_2 - P_{2c} = P_2 - SP_2 = (1-S)P_2 = \dfrac{N}{N_s} P_2 [W]$

단, N_s: 동기속도, N: 회전자 속도, S: 슬립, P_2: 2차 입력, P_{2c}: 2차 저항손

3) 2차 효율(회전자 효율)

$$\eta_2 = \dfrac{\text{기계적 출력}}{\text{2차 입력}} = \dfrac{P_0}{P_2} = \dfrac{P_2(1-s)}{P_2} = (1-s)$$

4) 동기와트

동기 속도로 회전시 2차 입력을 토크로 표시한 것

$P_0 = wT = 2\pi \dfrac{N}{60} T[W]$에서

$T = \dfrac{60 P_0}{2\pi N} [N \cdot m]$ or $T = \dfrac{60 P_0}{2\pi N} \times \dfrac{1}{9.8} [kg \cdot m]$

단, 회전각속도 : $w[rad/s]$, T: 토크, N: 회전수[rpm]

라. 비례추이

1) 토크의 비례추이

권선형 유도 전동기의 회전자에 저항을 외부에서 접속하여 증가시킬 때, 전동기의 최대 토크가 낮은 속도 쪽으로 이동하는 것을 토크의 비례추이(proportional shife)라고 한다. 아래 그림의 2차 저항을 r_2라 하고, 토크 T에서 슬립 s로 운전하고 있다면, 토크 T를 일정하게 유지시키면서 2차 저항 r_2를 2배로 증가시켜 $2r_2$가 되게 하면, 그 때의 전동기 슬립은 $2s$가 되며, r_2를 3배 하여 $3r_2$로 증가시키면 슬립도 $3s$가 된다.

[토크의 비례 추이]

참 고   비례 추이를 할 수 없는 것

① 출력   ② 효율   ③ 2차 동손

마. 농형 유도 전동기의 기동법

1) 전전압 기동

① 5[kW] 이하의 소용량 농형 유도 전동기에 적용한다.
② 기동 전류가 정격 전류의 4~6배 정도가 된다.

2) $Y-\triangle$ 기동

① 5~15[kW] 정도의 농형 유도 전동기 기동에 적용된다.
② Y로 기동 시 전기자 권선에 가하여지는 전압은 정격전압의 $1/\sqrt{3}$ 이므로 $\triangle$ 기동 시에 비해 기동전류는 1/3, 기동토크도 1/3로 감소한다.

[보상기 기동]

3) 리액터 기동

전동기의 1차측에 리액터를 설치하고, 그 리액턴스 값을 조정해 전동기의 기동전류와 토크를 제어하는 방식이다.

4) 기동 보상기에 의한 기동

단권 변압기를 써서 공급 전압을 낮추어 기동시키는 방법이며, 15[kW] 이상의 전동기에 사용된다. 오른쪽에 이와 같은 결선도를 나타낸 것이며, 스위치를 S_1 쪽에 닫으면 전원 전압의 $\frac{1}{2}$ 또는 $\frac{1}{3}$ 전압이 가해져서, 기동 전류는 이 값에 비례해서 감소하고, 전동기가 가속된 후 스위치를 S_2 쪽에 닫아 전전압을 공급하여 운전한다.

바. 권선형 유도 전동기의 기동법

2차 저항법으로 2차 회로에 가변 저항기를 접속하고, 비례 추이의 원리에 의하여 큰 기동 토크를 얻고, 기동 전류도 억제한다.

사. 유도 전동기 제동법

1) 전기적 제동

① 발전 제동

전동기를 전원으로 부터 분리한 후, 1차측에 직류전원을 공급하여 발전기로 동작시킨 후, 발생된 전력을 저항에서 열로 소비시키는 방법. 발전 제동은 전동기의 회전을 정지시키거나 또는 감아 내리기의 속도제어에 사용한다.

② 역전 제동

전동기의 회전을 급속하게 정지 시 사용된다.

[회전 방향 변경]

③ 회생 제동

유도 전동기를 유도 발전기로 동작시켜 그 발생 전력을 전원에 변환해 제동하는 방법이다.

④ 단상 제동

권선형 유도 전동기의 1차측을 단상 교류로 여자하고 2차측에 적당한 크기의 저항 R을 넣으면 전동기의 회전과는 반대 방향의 토크가 발생하므로 제동된다.

[단상 제동]

아. 유도 전동기 속도제어

1) 2차 저항 가감법

권선형 전동기의 2차에 저항을 넣어 비례 추이를 이용하여 슬립 S를 바꾸는 방법이다. 이것은 간단한 방법이지만 2차 동손이 커져 효율이 나빠지며, 부하 토크가 적은 경우에는 속도 조정 범위가 적다는 것이 결점이다.

2) 주파수 변환법

$N_s = \dfrac{120f}{P}$ 에서 f를 변환해 속도를 제어하는 방법이다.

3) 극수 변환법

$N_s = \dfrac{120f}{P}$ 에서 P를 변환해 속도를 제어하는 방법이다.

4) 전원 전압 제어법

전원 전압을 주파수에 반비례하여 변화시켜 속도 제어하는 방법이다.

5) 2차 여자법

권선형 유도 전동기 2차 회전자에 2차 유기 기전력과 같은 주파수를 갖는 전압을 가하여 속도 제어하는 방법이다.

6) 종속법

2대 이상의 유도 전동기를 사용하여 한쪽 고정자를 다른쪽 회전자 회로에 연결하고 기계적으로 축을 직결해서 속도를 제어하는 방법이다.

① 직렬 종속법 : $N = \dfrac{120f}{p_1 + p_2} [rpm]$

② 차동 종속법 : $N = \dfrac{120f}{p_1 - p_2} [rpm]$

③ 병렬 종속법 : $N = \dfrac{2 \times 120f}{p_1 + p_2} [rpm]$

자. 3상 유도 전동기 시험

1) 실부하법

① 전기 동력계법
② 프로니 브레이크법
③ 손실을 알고 있는 직류발전기를 사용하는 방법

2) 슬립의 측정

① 회전계법
② 직류 밀리볼트계법
③ 수화기법
④ 스트로보 스코프법

차. 단상 유도 전동기

단상 유도 전동기는 전부하 전류에 대한 무부하 전류의 비율이 대단히 크고 역률과 효율 및 그 밖의 성능은 동일한 정격의 3상 유도 전동기에 비하면 대단히 나쁘고, 중량이 무거우며 가격도 비싸다. 그러나 전원으로부터 간단하게 사용될 수 있는 편리한 점이 있어 가정용, 소공업용, 농사용 등 주로 0.75[kW] 이하의 소출력용으로 많이 사용된다.

1) 분상 기동형

기동 시에만 주 권선과 보조 권선에 의해 회전 자기장을 만들어 기동시키고, 가속되면 주 권선만으로 운전하는 방식의 전동기이다. 전기 냉장고, 세탁기, 소형 공작기계, 펌프 등에 사용된다.

2) 콘덴서 기동형

그림과 같이 보조권선 A에 직렬로 콘덴서를 접속해서 분상하는 것이다. 기동이 완료되면 원심력 스위치에 의해 보조권선 A가 차단된다. 소형의 공작기계, 송풍기 등에 사용된다.

[콘덴서 기동형]

[영구 콘덴서 전동기]

3) 영구 콘덴서 전동기

다음 그림과 같이 일정한 값의 콘덴서를 항상 접속해 두는 것으로 기동 토크는 적고 운전 시의 특성도 양호하지 않는 선풍기, 전기냉장고, 전기세탁기 등에 널리 사용되며 기동 토크는 20~100[%]이다.

4) 셰이딩 코일형

회전자는 농형이고, 고정자의 성층 철심은 아래 그림과 같이 몇 개의 돌극으로 되어있다. 자극철심에는 1차권선이 감겨 있고, 자극의 일부 b에는 셰이딩 코일(shading coil)이 감겨져 있다. 전축, 선풍기 등에 사용된다.

[셰이딩 코일형 전동기]

5) 반발형

반발 유도 전동기는 그림과 같이 2개의 권선이 있으며, 전기자 권선은 정류자에 접속되어 반발 기동 시에 주로 동작하고, 농형 권선은 운전 시에 사용된다. 용도는 농사용 펌프 등에 사용된다.

[반발 유도 전동기의 슬롯]

4. 동기기

1) 동기 발전기

가) 원리

회전자 회전을 하면 계자극에 의해 전자 유도법칙이 성립되어 기전력이 발생하고발생 방향은 플래밍의 오른손 법칙을 따른다.

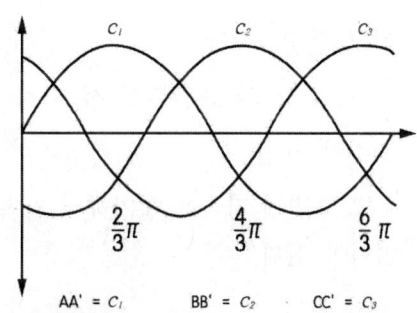

⊗ 전류가 들어가는 방향
⊙ 전류가 나오는 방향

나) 종류

① 회전 계자형 : 계자극이 회전하고 고정자에서 발전기 전력을 인출. 일반적으로 많이 사용한다.

② 회전 전기자형 : 계자극이 고정되고 회전자에서 발전기 전력 인출 (소용량, 특수용)하여 사용한다.

2) 동기 발전기의 구조

가) 고정자

① 전기자 철심

0.35~0.5mm의 얇은 강판을 성층하여 사용한다.

② 전기자 권선

2층권이 주로 사용된다.

나) 회전자

① 자극 철심

1.6~3.2mm의 연강판을 성층 철심으로 한 것을 사용한다.

② 회전자 계철

그 주변에 자극을 설치해서 자속의 통로가 되고, 회전 원심력에 견딜수 있는 구조이어야 한다.

③ 계자 코일

소용량기에서는 2중 면권의 환동선 또는 평각 동선이 사용되고, 중형 이상에서는 나동대를 평권으로 감는다.

3) 동기 발전기의 동기속도(N_s)

$$N_s = \frac{120f}{P}[rpm]$$

단, f : 주파수, P : 극수

4) 수소 냉각 발전기

전폐 냉각형의 냉각용 매체로 공기 대신에 수소를 사용한 것으로 수소의 비중이 공기의 약 7[%]이므로 풍손이 공기 냉각의 약 $\frac{1}{10}$로 감소한다.

5) 동기 발전기 전기자 권선법

가) 집중권과 분포권

1극 1상의 코일이 차지하는 슬롯수가 1개가 되는 권선을 집중권 2개 이상에 분포된 것을 분포권이라고 한다.

[분포권의 장점]
① 기전력의 파형이 좋아진다.
② 권선의 누설 리액턴스가 감소된다.
③ 전기자에 발생되는 열을 골고루 분포시켜 과열을 방지한다.

나) 전절권과 단절권

코일의 간격이 극 간격과 같은 것을 전절권 극 간격보다 작은 것을 단절권이라 한다.

[단절권의 장점]
① 동의 양이 적게 된다.
② 고조파를 제거해 파형을 좋게 한다.

다) 전기자 감는 방법

중권, 파권, 쇄권이 있으나 중권이 사용된다.

라) 단층권과 2층권

전기자 철심의 1개의 슬롯에 코일변 1개를 넣는 것을 단층권 2개를 포개어 넣는 것을 2층권이라 하는데 보통 2층권이 사용된다.

6) 동기 발전기의 유도 기전력

가) 유도 기전력

$$E = 4.44K\phi fn = 4.44K_d K_p \phi fn\,[V]$$

단, E : 1상의 기전력[V], ϕ : 1극의 자속[Wb], n : 직렬로 연결된 코일 권수

$$K = K_d \cdot K_p$$

단, K : 권선계수(0.9 SIM 0.95), K_d : 분포계수, K_p : 단절계수

① 단절권 계수(K_p)

$$K_p = \frac{\text{단절권의 유기기전력}}{\text{전절권의 유기기전력}} = \sin\frac{n\beta\pi}{2} = \sin\frac{\beta\pi}{2}$$

$$\beta = \frac{\text{코일피치(권선피치)}}{\text{극피치(자극피치)}} = \frac{\text{코일피치}}{\frac{\text{전슬롯수}}{\text{극수}}}, \; n = \text{고조파}$$

② 분포권 계수(K_d)

$$K_d = \frac{\text{분포권의 유기기전력}}{\text{집중권의 유기기전력}} = \frac{\sin\dfrac{n\pi}{2m}}{q\sin\dfrac{n\pi}{2mq}}$$

단, m : 상수, n : 고조파수, q : 매극 매상의 슬롯수

$$q = \frac{\text{전슬롯수}}{\text{상수} \cdot \text{극수}} = \frac{S}{m \cdot p}$$

나) 전기자 반작용

전기자 회전 자속이 계자 자속에 영향을 끼치는 현상

① 교차 자화작용(가로축 반작용)

전기자의 코일에 전류를 흐르게 하면 계자에 관계없이 계자의 자력선과 직각 방향의 자력선이 생기는데 이 전기자 권선 전류에 의한 자화작용을 말한다.

② 감자작용(직축 반작용)

인덕턴스 L만의 회로에서는 전기자 전류에 의한 회전 자속이 주자속을 감소시키는 방향으로 작용하는데 이것을 말한다.

③ 증자작용(좌화작용)

동기기에서 회전 자속이 주 자속을 증가시키는 방향으로 작용하는 것이다.

다) 동기 임피던스

$$Z_s = r_a + jX_s [\Omega]$$

단, r_a : 전기자 권선, X_s : 동기 리액턴스

라) 전기자 누설 리액턴스

$$X_L = 2\pi f L [\Omega]$$

마) 동기 리액턴스

$$X_s = X_a + X_L$$

단, X_a : 전기자 반작용 리액턴스, X_L : 누설 리액턴스

바) 출력과 부하각

① 1상의 출력

$$P = \frac{EV}{Z_s}sin\delta \times 10^{-3} ≒ \frac{EV}{X_s}sin\delta \times 10^{-3} \ [\text{kW}]$$

단, E : 유도기전력, V : 단자전압, δ : 부하각

② 3상의 출력

$$P = 3\frac{EV}{X_s}sin\delta \times 10^{-3} [\text{kW}]$$

단, E : 1상의 유도 기전력, V : 1상의 단자 전압, δ : 부하각

7) 동기 발전기 특성

가) 동기 발전기의 무부하 포화곡선

무부하 단자전압 V와 계자전류 I_f와의 관계 곡선이다.

나) 3상 단락 곡선

단락전류 I_s와 계자전류 I_f와의 관계 곡선이다.

참 고   단락 곡선

동기 발전기의 전 상을 전부 단락시키고, 발전기를 정격 속도로 운전하는 경우, 계자전류와 단락전류와의 관계를 나타내는 곡선을 말하다.

다) 단락비(short circuit ratio)

$$K_s = \frac{\text{무부하에서 정격전압을 유지하는데 필요한 계자전류}}{\text{3상 단락시 정격전류와 같은 단락전류를 흘리는데 필요한 계자전류}}$$

$$= \frac{1}{Z_s'} \times 100 [\%]$$

단, Z_s' : 1상의 퍼센트 동기 임피던스

라) 전압 변동률

$$\varepsilon = \frac{V_o - V_n}{V_n} \times 100 [\%]$$

단, V_0 : 무부하 단자 전압, V_n : 정격 단자 전압

마) 1상의 동기 임피던스

$$Z_n = \frac{V}{\sqrt{3} I_s} [\Omega]$$

단, I_s : 단락 전류[A], V : 무부하 단자 전압[V]

바) 1상의 퍼센트 동기 임피던스

$$\%Z_s = \frac{Z_s I_n}{\frac{V_n}{\sqrt{3}}} \times 100 [\%]$$

단, V_n : 정격 전압[V], I_n : 정격전류[A], Z_n : 1상의 동기 임피던스[Ω]

8) 동기 발전기의 병렬운전

가) 발전기에 필요한 병렬운전 조건
① 기전력의 크기가 같아야 한다.
② 기전력의 위상이 같아야 한다.
③ 기전력의 주파수가 같아야 한다.
④ 기전력의 파형이 같아야 한다.

나) 원동기에 필요한 병렬운전 조건
① 조속기가 너무 예민하지 않아야 한다.
② 균일한 각속도를 가져야 한다.
③ 적당한 속도 조정률을 가져야 한다.

다) 난조를 일으키는 원인과 대책
① 원동기의 조속기 감도가 지나치게 예민한 경우 : 조속기를 적당히 조정 한다.
② 원동기의 토크에 고조파 토크를 포함하는 경우 : 디젤 기관 등에서 일어나는 난조로 회전부의 플라이휠 효과를 적당히 선정한다.

9) 동기 전동기의 회전속도

$$N_s = \frac{120f}{P}[rpm]$$

단, P : 극수, f : 주파수[Hz]

10) 동기 전동기의 전기자 반작용

동기 전동기도 전기자 권선에 전류가 흐르면 동기 발전기와 같이 전기자 반작용이 생긴다. 이 경우, 전동기에 가해 준 단자 전압 $V[V]$에 대하여 앞선 전류를 감자 작용, 뒤진 전류는 증자 작용을 하고, 위상이 같은 전류는 교차 자화 작용을 한다.

11) 3상 동기 전동기의 1상 출력

$$P = \frac{EV\sin\delta}{X_s}[W]$$

단, X_s : 동기 리액턴스, V : 단자전압, E : 유도 기전력[Hz]

12) 3상 동기 전동기의 출력

$$P_0 = w\tau = 2\pi n\tau = 2\pi\frac{N_s}{60}\tau[W]$$

단, N_s : 동기속도, τ : 토크$[N \cdot m]$[Hz]

13) 동기전동기의 기동법

가) 자기 기동법

회전 자극 표면에 기동 권선을 설치하여 기동 시에는 농형 유도 전동기를 동작 시켜 기동시키는 방법이다.

나) 타 기동법(기동 전동기법)

동기 전동기에 전동기를 연결하여 기동시키는 방법이다.

14) 동기 전동기의 장단점

가) 장점

① 부하의 변화로 속도가 변하지 않는다.
② 계자 권선의 직류 여자 전류를 조정하여 역률을 조정할 수 있고, 역률을 1로 또는, 진상 역률 운전이 가능하여 전력 계통의 역률을 개선 할 수 있다.
③ 공극이 넓으므로 기계적으로 견고하다.
④ 공급 전압의 변화에 대해 유도 전동기의 토크는 전압의 제곱에 비례하여 변화하지만, 동기 전동기의 토크는 전압에 비례해서 변화한다.
⑤ 전부하 효율이 양호하다.

나) 단점

① 속도 제어가 어렵다.
② 난조가 발생하기 쉽다.

참 고 동기 조상기

다음 그림과 같이 유도 부하와 병렬로 동기 조상기를 접속하고, 이것을 과여자해서 운전하면 동기 조상기는 선로에서 진상 전류를 취하여 일종의 콘덴서 역할을 하므로 송전선의 역률을 개선하고 전압 강하를 감소시킨다.

[동기 조상기]

15) 특수 동기기

가) 단상 동기 발전기
단상 교류 전력을 발생하는 동기 발전기를 말한다.

나) 고주파 발전기

다) 브러시리스 직류 서보 전동기
전류자와 브러쉬가 없으며 교류 주파수를 변화시켜 전동기의 속도를 변화시킨다.

라) 교류 동기 전동기
브러쉬, 정류자, 슬립 링, 원심력 스위치 등이 없다. 회전자는 축 방향으로 자화된 영구 자석이고, 고정자 권선은 2개의 권선이 감겨져 있다.

마) 유도 동기 전동기
보통의 권선형 유도 전동기와 같은 구조를 갖고 있다. 기동 입력이 작고, 기동 토크와 인입 토크가 커서 시멘트 공장, 제지 공장, 동기 조상기의 기동 등에 사용된다.

바) 동기 주파수 변환기
주파수가 다른 두 개의 송전 계통을 서로 연결하여 전력을 유통할 경우나, 상용 주파수 50[Hz], 60[Hz]를 100~180[Hz]로 바꾸고자 할 때 사용된다.

사) 회전 변류기
동기 전동기와 직류 발전기를 겸하고 있다. 그래서 전류를 바꾸는 역할을 하고 있으므로 기계적 출력을 발생할 필요가 없다.

5. 정류기 및 전력제어

1) 정류기

가) 정의

정류기란 다이오드 사이리스터 등 전력용 반도체 소자를 적절히 조합해서 교류전원으로 변환 시켜주는 장치를 말한다. 또한, 사이리스터를 이용하면 정류작용뿐만 아니라 출력 전압을 제어할 수 있다.

나) PN 접합 다이오드

PN 접합에서는 한쪽 방향으로는 전류가 잘 통과하는 반면 그와 반대방향으로 전류가 거의 흐르지 않는다. 이런 현상을 정류라 하고, 현재 사용되는 실리콘 정류 소자는 이러한 성질을 이용한 것이다.

[쇼트키 다이오드]   **[심벌]**

다) 반도체

고유저항이 $10^{-4} \sim 10^8 [\Omega \cdot m]$의 범위를 갖는다. 원자가는 4가 원자이며 대표적으로 실리콘(Si), 게르마늄(Ge), 셀렌(Se), 산화동(Cu_2O) 등이 있다.

① 진성 반도체

　공유 결합이 매우 크므로 전기전도가 곤란해, 실제로 전도소자로 사용 안한다.

② N형 불순물 반도체

　5가 불순물 원자(As, Sb, P, Pb)를 도핑하며 도너(donor) 원자(잉여전자제공)이다.

③ P형 불순물 반도체

　3가 불순물 원자(B, Al, Ga, In)를 도핑하며 엑셉터(accrptor) 원자(인근전자를 받아들임)이다.

라) 특수 반도체

① 제너다이오드(Zener diode)

정전압 회로에 사용된다.

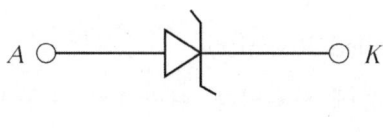

[심벌]

② 터널 다이오드

불순물을 크게 도핑해서 캐리어(전류 만드는 대상)의 터널링 효과를 이용한 다이오드로, 마이크로파 발전기나 고속 스위칭 회로에 사용된다.

③ 쇼트키 다이오드(Schottkey diode)

한쪽에 금속을 또 한쪽에 반도체를 접합하여 반든 다이오드로, 고속동작 이용시 사용된다.

[쇼트키 다이오드]　　　[심벌]

④ 버랙터 다이오드(varactor diode)

역바이어스를 걸면 공핍증이 형성되는데, 그 공핍증의 용량을 사용하는 특수 다이오드이다.

[심벌]

⑤ 발광 다이오드(LED)

　　접합부에 전류가 흐르면 빛을 내는 금속간 화합물 접합 다이오드, 소자(素子)의 종류에 따라 다른 색깔의 빛을 얻을 수 있으며, 전자 제품에서의 문자 표시, 숫자 표시 따위에 쓴다.

⑥ SCR(Silicon Controlled Rectifier)

　　고압의 대전류 정류에 사용된다. 단방향성 소자이다.

[심벌]

⑦ 트라이액(triac)

　　쌍방향성 소자이다. 비교적 적은 전력으로 가동할 수 있다. 이것은 교류의 전류 제어용 조광기, 직권 전동기의 속도 제어 등에 사용된다.

[심벌]

⑧ 트랜지스터(transistor)

　　증폭 작업과 스위칭 작용을 한다.

a) NPN형　　　　　　b) PNP형

[심벌]

⑨ CDS

광-저항 변환 소자인데 감도가 높다. 빛을 받으면 저항값이 내려가므로 광검출기로 이용된다.

[심벌]

⑩ 반도체 IC

실리콘 단결정 기판 속에 여러 개의 능동 및 수동 소자를 만들고, 이들을 금속막으로 결선하여 구성시킨 것으로 모놀리식(monolithic) IC 라고도 한다.

2) 정류회로(AC→DC로 변환)

가) 단상 정류회로

① 단상 반파 정류 평균 직류 전압 $E_{d0}[V]$

$$E_{d0} = \frac{\sqrt{2}}{\pi}E = 0.45E[V]$$

② 단상 전파 정류 평균 직류 전압 $E_{d0}[V]$

$$E_{d0} = \frac{2\sqrt{2}}{\pi}E = 0.9E[V]$$

나) 3상 정류회로

① 3상 반파 정류 평균 직류 전압 $E_{d0}[V]$

$$E_{d0} = 0.17E[V]$$

② 3상 전파 정류 평균 직류 전압 $E_{d0}[V]$

$$E_{d0} = 1.35E[V]$$

다) 사이리스터의 위상제어 정류회로

① 단상 반파 정류 평균 직류 전압 $E_d[V]$

$$E_d = \frac{\sqrt{2}E}{2\pi}[1+\cos\alpha][V]$$

② 단상 전파 정류 평균 직류 전압 $E_d[V]$

$$E_d = \frac{\sqrt{2}E}{\pi}[1+\cos\alpha][V]$$

라) 맥동률

$$맥동률 = \sqrt{\frac{(실효값)^2 - (평균값)^2}{(평균값)^2}} \times 100 = \frac{교류분}{직류분} \times 100[\%]$$

① 단상 전파 정류

$$맥동률 = \sqrt{\frac{(\frac{E_m}{\sqrt{2}})^2}{(\frac{2E_m}{\pi})^2} - 1} \times 100 = 48\%$$

② 3상 전파 정류

　　맥동률=17[%]

3) 전력 제어(사이리스터 응용)

가) 컨버터 회로(AC-AC 교류변환, 주파수변환)

교류-교류 전력제어 장치로서 주파수의 변화는 없고 전압의 크기만을 바꾸어 주는 교류 전력제어 장치와 주파수 및 전압의 크기까지 바꾸는 사이클로 컨버터가 있다.

나) 초퍼 회로(DC-DC 직류변환)

ON, OFF를 고속도로 반복할 수 있는 스위치를 초퍼(chopper)라고 한다. 이것은 직류 변압기로 쓸 수가 있고, 직류 전력의 제어가 행하여지는 것으로 직류 전동기의 제어 등에 널리 응용된다.

① 강압형 초퍼

$$E_2 = \frac{T_{on}}{T} \times E_1 [V]$$

여기서, $T = T_{on} + T_{off}$ 로 스위칭 주기이다.

② 승압형 초퍼

$$E_2 = \frac{T}{T_{off}} \times E_1 [V]$$

다) 인버터 회로(DC-AC 역변환)

교류를 직류로 변환시키는 장치를 정류기 또는 순변환 장치라 하는데 비하여 직류를 교류로 변환하는 장치를 인버터(inverter) 또는 역변환 장치라고 한다. 사이리스터는 제어용 신호 전력이 작고 허용 주파수가 높으므로, 전력변환과 주파수 변경의 역변환용 소자로 우수한 특성을 가지고 있다.

제 2 단원 시퀀스제어

제 1 장 시퀀스제어

가. 시퀀스 제어

(1) 접점의 도시기호

① a접점 : 열려있는 접점(Arbeit Contact, Make Contact)
② b접점 : 닫혀있는 접점(Break Contact)
③ c접점 : 전환 접점(Change-over Contact)

명 칭	그림기호 a접점	그림기호 b접점	적 요
접점(일반) 또는 수동 조작	(a) / (b)	(a) / (b)	a접점 : 평시에 열려 있는 접점(NO) b접점 : 평시에 닫혀 있는 접점(NC) c접점 : 전환 접점
수동 조작 자동 복귀 접점	(a) / (b)	(a) / (b)	손을 떼면 복귀하는 접점이며, 누름형, 당김형, 비틈형으로 공통이고, 버튼 스위치, 조작 스위치 등의 접점에 사용된다.
기계적 접점	(a) / (b)	(a) / (b)	리미트 스위치 같이 접점의 개폐가 전기적 이외의 원인에 의하여 이루어지는 것에 사용된다.
조작 스위치 잔류 접점	(a) / (b)	(a) / (b)	
전기 접점 또는 보조 스위치 접점	(a) / (b)	(a) / (b)	

명 칭	그림기호		적 요
	a접점	b접점	
한시 동작 순시복귀 접점	(a)	(a)	특히 한시 접점이라는 것을 표시할 필요가 있는 경우에 사용한다.
	(b)	(b)	
한시 복귀 접점	(a)	(a)	
	(b)	(b)	
수동 복귀 접점	(a)	(a)	인위적으로 복귀시키는 것인데, 전자식으로 복귀시키는 것도 포함한다. 예를 들면, 수동 복귀의 열전계전기 접점, 전자복귀식 벨계전기 접점 등
	(b)	(b)	
전자 접촉기 접점	(a)	(a)	잘못이 생길 염려가 없을 때는 계전 접점 또는 보조 스위치 접점과 똑같은 그림 기호를 사용해도 된다.
	(b)	(b)	
제어기 접점 (드럼형 또는 캡형)			그림은 하나의 접점을 가리킨다.

* 한시동작 순시복귀 : a접점 : 전원 투입시 설정시간 경과 후에 동작하여 닫치고 전원제거시 순간적으로 복귀

(2) 논리시퀀스 회로

① 논리적 회로(AND gate) : 2개의 입력 A와 B 모두가 '1'일 때만 출력이 '1'이 되는 회로로서 논리식은 X = A·B이다.

(a) 접점 회로의 예 (b) 진리표 (c) 소자의 표시기호
(d) 벤다이어그램 (e) 각 신호간의 관계

AND 회로

② 논리합 회로(OR gate) : 입력 A 또는 B의 어느 한쪽이든가, 양자 모두가 '1'일 때 출력이 '1'이 되는 회로로서 논리식은 X = A + B이다.

OR 회로

③ 논리부정 회로(NOT gate) : 입력이 '0'일 때 출력은 '1', 입력이 '1'일 때 출력은 '0'이 되는 회로로서 입력신호에 대하여 부정(NOT)의 출력이 나오는 것이다. 논리식은 X = $\overline{A}$ 이다.

NOT 회로

④ NAND 회로(NAND gate) : AND 회로에 NOT 회로를 접속한 AND-NOT 회로로서 논리식은 X = $\overline{A \cdot B}$이다.

NAND 회로

⑤ NOR 회로(NOR gate) : OR 회로에 NOT 회로를 접속한 OR-NOT 회로로서 논리식은 X = $\overline{A+B}$이다.

NOR 회로

⑥ 배타적 논리합 회로(Exclusive-OR 회로) : 입력 A, B가 서로 같지 않을 때만 출력이 '1'이 되는 회로로서 A, B가 모두 '1'이어서는 안 된다는 의미가 있다. 논리식은 X = $\overline{A} \cdot B + A \cdot \overline{B} = A \oplus B$이다.

EX-OR 회로

⑦ X-NOR 회로 C = $\overline{A \oplus B}$

입력		출력
A	B	C
0	0	1
0	1	0
1	0	0
1	1	1

(c) 소자의 표시기호

(d) 벤다이어그램

(a) 접점 회로의 예   (b) 진리표

X-NOR 회로

EX 01 다음 접점 회로를 도시하라.

해설: $AB + \overline{A}C + BCD$

$= AB + \overline{A}C + BCD(A + \overline{A})$

$= AB + \overline{A}C + ABCD + \overline{A}BCD$

$= AB(1+CD) + \overline{A}C(1+BD)$

$= AB + \overline{A}C$

⑧ 한시 회로

㉮ 한시동작 회로 : 입력신호가 '0'에서 '1'로 변화할 때에만 출력신호의 변화가 뒤지는 회로
㉯ 한시복귀 회로 : 입력신호가 '1'에서 '0'으로 변화할 때만 출력신호의 변화가 뒤지는 회로
㉰ 뒤진 회로 : 어느 때나 출력신호의 변화가 뒤지는 회로

(3) 응용 회로

① 자기유지 회로(Memory Holding Circuit) : 회로상태에서 전기를 연결하면 릴레이에 전자석이 발생되어 접점을 연결시키므로 계속적인 전류가 흐르는 회로

② 인터록(Inter Lock) : 2대 이상의 기기를 운전하는 경우에 그 운전순서를 결정하거나 동시기동을 피하거나 일정한 조건이 충전되지 않았을 때는 다음 기기가 운전되지 않도록 할 필요가 있는 경우에 사용하는 전기적 회로

　　　팬모터가 운전되지 않으면　　　모터 두 대를 운전하는 경우
　　　압축기가 운전되지 않는 회로　　동시에 가동되지 않도록 한 회로

> ※ 시퀀스 제어기호
> ① STP : 정지용 스위치(stop)
> ② F-ST : 정회전용 기동스위치(forward-start)
> ③ R-ST : 역회전용 기동스위치(reverse-start)
> ④ F-MC : 정회전용 전자 접촉기(forward-electro magnetic contactor)
> ⑤ R-MC : 역회전용 전자 접촉기
> ⑥ THR(✳) : 열동형 과전류 계전기(thermal relay)
> ⑦ MCB(molded case circuit-breaker) : 배선용 차단기
> ⑧ Ⓜ : 전동기(motor)

㉮ 논리공식
　㉠ 교환의 법칙　$\begin{cases} A+B=B+A \\ A \cdot B = B \cdot A \end{cases}$
　㉡ 결합의 법칙　$(A+B)+C = A+(B+C)$

ⓒ 분배의 법칙 $\begin{cases} (A \cdot B) \cdot C = A \cdot (B \cdot C) \\ A \cdot (B + C) = A \cdot B + A \cdot C \\ A + (B \cdot C) = (A + B) \cdot (B + C) \end{cases}$

ⓔ 동일의 법칙 $\begin{cases} A + A = A \\ A \cdot A = A \end{cases}$

ⓜ 부정의 법칙 $\begin{cases} (A) = \overline{A} \\ (\overline{\overline{A}}) = A \end{cases}$

ⓗ 흡수의 법칙 $\begin{cases} A + A \cdot B = A \\ A \cdot (A + B) = A \end{cases}$

ⓢ 공리 $\begin{cases} 0 + A = A \\ 1 \cdot A = A \\ 1 + A = 1 \\ 0 \cdot A = 0 \end{cases}$

(4) 논리공식

접점회로		논리도	논리공식
A A	A	A A — A	A · A = A
A / A	A	A A ⊃— A	A + A = A
A Ā	0	A A — 0	A · Ā = 0
A / Ā	1	A A ⊃— 1	A + Ā = 1
A B A	A	B A — A	A(A + B) = A
A A B	A	B A — A	A · B + A = A

제 2 장 PLC (Programmable Logic Controller)

　IC 등 반도체 기술의 발전에 의하여 시퀀스 제어가 유접점 릴레이 방식에서 무접점의 로직(Logic) 방식으로 변하면서 더욱 간소화되어 PLC(Programmable Logic Controller) 및 컴퓨터에 의한 제어로 발전되었다. 이것은 각 산업 분야에서 제품이 다양화되고, 소량 다품종을 생산하지 않으면 안 될 실정에서 자동 기계의 가공 순서 변경이나 생산 라인의 변경이 있을 경우 유접점의 릴레이 반에서는 제어 회로의 변경이나 조립에서 배선의 수정 등을 하지 않으면 안 되지만 PLC에서는 프로그램의 변경만으로 수정이 가능한 커다란 장점이 있다.

가. PLC의 특징

　PLC란 종래에 사용하던 제어반 내의 보조 릴레이, 컨트롤 릴레이, 타이머, 카운터 등의 기능을 대체하고자 만들어진 전자 응용 기기이며, 대상의 시퀀스를 합리적으로 기획하고 제어반의 소형화, 내부 제어 회로 변경의 신속성 및 제어 회로 상호 간 배선 작업의 프로그램화로 경제성 및 신뢰성에서 획기적인 제어 장치라고 할 수 있다. 이러한 PLC에 대한 장점을 들어 보면 다음과 같다.

① 동작 실행에 대한 내용 변경을 프로그램에 의하여 쉽게 바꿀 수 있으며 배선 작업이나 부품 교체 작업이 없게 된다.
② 프로그램된 내용을 필요할 때 간단히 확인할 수 있으므로 체계적인 고장 진단과 점검이 용이하다.
③ 릴레이 반에 비하여 신뢰성이 높고 고속 동작이 가능하다.
④ 제어 기능량에 비하여 설치 면적이 대폭 적어지며 전기 소모량도 대단히 적어진다.

나. 프로그램 방식

PLC는 컴퓨터와는 달리 기계를 취급하는 사람이나 전기의 시퀀스에 익숙한 사람이 사용하므로 이 사람들이 알기 쉬운 말, 즉 프로그래밍 언어가 여러 가지 고안되어 있다. 따라서 제어 순서를 프로그램 하는 방식에도 여러 가지 종류가 있고 각 PLC 제작 회사마다 다르지만 기본적으로 다음과 같은 4가지 방식이 있다.

① 유접점 기호에 의한 방식
② 논리 연산에 의한 방식
③ 흐름도에 의한 방식
④ 공정 보진에 의한 방식

유접점에 의한 릴레이 시퀀스에 친숙했기 때문에 PLC 각 제작 회사들은 유접점 기호에 의한 레더도(Ladder Diagram) 방식에 역점을 두고 있다.

(a) 유접점 기호에 의한 방식 (b) 논리연산에 의한 방식

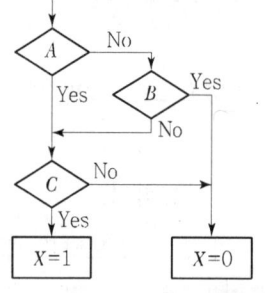

(c) 흐름도에 의한 방식 (d) 공정 보진에 의한 방식

프로그램 방식

연습문제

01 PLC의 특징을 설명한 것으로 틀린 것은?
① 프로그램을 쉽게 바꿀 수 있으며 배선 작업이나 부품 교체 작업이 없다.
② 프로그램 내용 확인이 간단하고 체계적인 고장 진단과 점검이 용이하다.
③ 신뢰성이 높고 고속 동작이 가능하다.
④ 설치 면적이 적어지고 전기 소모량이 많아진다.

02 다음 중 PLC의 자기진단 기능이 아닌 것은?
① 배터리 전압 저하 확인 기능
② 코드 에러 확인 기능
③ CPU 이상 동작 확인 기능
④ 외부 노이즈 검출 기능

03 릴레이제어에 비해 PLC제어의 특징을 설명한 것으로 틀린 것은?
① 제어내용의 변경이 어렵다.
② 회로배선이 간소화된다.
③ 신뢰성이 향상된다.
④ 보수가 용이하다.

04 다음 중 PLC의 입력 스위치로 사용할 수 없는 것은?
① 푸시버튼스위치
② 근접스위치
③ 솔레노이드
④ 초음파스위치

05 PLC의 주변기기를 사용하여 프로그램을 메모리에 기억시키는 것을 무엇이라고 하는가?
① 코딩(Coding)
② 디버그(Debug)
③ 로딩(Loading)
④ 메모리 할당

06 PLC의 입력부 선정 시 고려해야 할 사항이 아닌 것은?
① 정격전압
② 정격전류
③ 입력 접점수
④ 출력기기의 종류

07 PLC의 출력 형식이 아닌 것은?
① 릴레이 출력
② SSR 출력
③ 변압기 출력
④ 트랜지스터 출력

01 ④ 02 ④ 03 ① 04 ③ 05 ③ 06 ④ 07 ③

08 PLC프로그래밍 방식 중 입력신호에 대해 출력신호가 언제 출력되는가를 도식화한 것으로 입출력의 타이밍, 입출력신호의 파형 등을 용이하게 표현하는 방식은?

① 래더도 방식
② 플로차트 방식
③ 타임차트 방식
④ 스텝래더 방식

풀이 타임차트
신호나 장치의 동작의 변화를 시간 축에 따라서 나타낸 선도

09 PLC 입출력 장치의 역할과 가장 거리가 먼 것은?

① 잡음 제어
② 절연 결합
③ 기억 선택
④ 신호 레벨 변환

10 PLC 구성 시 출력기기에 해당되지 않는 것은?

① 표시등　　② 버저
③ 히터　　　④ 광센서

풀이 입력기기
광센서, 각종 스위치 인코더, 과전류 계전기 등

11 PLC 래더선도(Ladder Diagram) 작성 시 고려사항으로 틀린 것은?

① 접점을 몇 번 사용해도 무방하다.
② 신호의 흐름은 오른쪽에서 왼쪽으로, 아래에서 위로 흐르게 한다.
③ 코일의 뒤에 접점을 사용할 수 없다.
④ 모선에 입력조건 없이 출력을 직접 지정할 수 없다.

12 PLC의 중추적 역할을 담당하며, 연산부와 레지스터부로 구성된 장치는?

① 중앙처리장치
② 기억장치
③ 출력장치
④ 입력장치

13 다음 기기 중에서 PLC 장치로 대체가 가능한 것은?

① 솔레노이드
② 푸시버튼스위치
③ 리미트스위치
④ 타이머

14 PLC 입력부의 절연방법이 아닌 것은?

① 리드 릴레이
② 트랜스포머
③ 포토 커플러
④ 발광 다이오드

08 ③　09 ③　10 ④　11 ②　12 ①　13 ④　14 ④

15 그림과 같은 유접점 계전기의 제어 회로는?

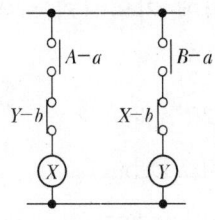

① 정지우선 차기유지회로
② 인터록 회로
③ 온 딜레이 회로
④ 반복 동작 회로

16 일반적으로 PLC 본체의 구성에 포함되지 않는 것은?
① 전원부
② CPU
③ 입출력부
④ 프로그램 로더

17 PLC의 입출력부에서 외부기기와 내부 회로를 전기적으로 절연시킬 목적으로 사용되는 전자소자는?
① 다이오드   ② 트랜지스터
③ 포토커플러   ④ 트라이액

풀 이 포토커플러
절연되는 특징을 이용한 것으로 회로 간에 전기적으로 절연한 상태에서 전기신호를 전달한다.

18 PCL의 DIO(Digital Input Output) 장치에 인터페이스하기에 적절치 못한 소자는?
① 토글 스위치   ② 광전 스위치
③ 포텐쇼 미터   ④ 근접 센서

19 출력부가 트렌지스터 출력 형태로 되어 있는 PLC에 대한 설명으로 틀린 것은?
① 릴레이 출력에 비해 수명이 길다.
② 교류 부하용 무접점 출력이다.
③ 릴레이 출력에 비해 출력 빈도수가 많은 제어에 적합하다.
④ 정격전류의 8~10배의 돌입 전류에서도 견딜 수 있도록 회로를 구성해야 한다.

20 릴레이 제어와 비교한 PLC 제어의 특징이 아닌 것은?
① 시스템 확장 및 유지보수가 용이하다.
② 산술, 논리연산이 가능하다.
③ 컴퓨터 등과 같은 외부 장치와 통신이 가능하다.
④ 수정, 변경은 릴레이 제어방식보다 어렵다.

21 PLC용 핸디로더 키 사용 시 리셋 신호가 들어오지 않은 상태에서 입력신호가 몇 번 들어왔는가를 계수하여 설정값이 되면 출력을 내보내는 명령으로 맞는 것은?
① TMR   ② KR
③ CNT   ④ LOAD

15 ②   16 ④   17 ③   18 ③   19 ②   20 ④   21 ③

풀이 CNT(Counter)
입력신호를 계수하여 설정값이 되면 출력값을 내보내는 계수기이다.

22 다음 그림과 같은 회로의 명칭은?

① 시간지연회로
② 자기유지회로
③ 시프트 회로
④ 인터록 회로

풀이

23 다음 래더 다이어그램의 최소 스텝 수는?

① 4　　　　　② 5
③ 6　　　　　④ 7

풀이

스텝 수 14개(전부 병렬로 계산)

24 PLC의 주변기기를 사용하여 프로그램을 메모리에 기억시키는 것을 무엇이라고 하는가?
① 코딩(Coding)
② 디버그(Debug)
③ 로딩(Loading)
④ 메모리 할당

풀이 프로그램 입력장치를 이용하여 시퀀스프로그램 내용을 PLC메모리에 기억시키는 작업을 로딩(Loading)이라 한다.

25 CNC공작기계에서 조작하고 있을 때만 동작되는 회로로 정상운전에 앞서 CNC공작기계의 세부조정이나 모터의 회전방향을 조사하며 일명 촌동 혹은 조그(Jog) 운전에 응용되는 회로는?
① 인칭회로　　　② 자기유지회로
③ 우선회로　　　④ 인터록회로

풀이 인칭회로
스위치를 누르고 있는 동안에만 동작하는 회로로, 조깅회로라고도 한다.

22 ②　23 ③　24 ③　25 ①

26 그림의 PLC 래더도를 논리식으로 올바르게 표현한 것은?

① $(A \cdot B) + C = Y$
② $(A+B) \cdot C = Y$
③ $(A+B) + C = Y$
④ $(A \cdot B) \cdot C = Y$

27 대부분의 PLC에서 ADD 명령의 용도는?
① 10진수로 보정한 후 곱한다.
② 레지스터 내용을 더한다.
③ 파일을 더한다.
④ 직접 곱한다.

28 PLC의 입·출력 중 구동 출력에 해당하는 것은?
① 솔레노이드 밸브
② 온도센서
③ 근접센서
④ 스위치

풀이 ②, ③, ④ - 입력

29 입력 응답시간이 15[ms], 출력 응답시간이 10[ms], 1 명령어 실행시간이 2[μs]인 PLC에서 2000스텝의 프로그램을 실행시키는 데 걸리는 총 시간은 몇 [ms]인가?
① 25   ② 27
③ 29   ④ 31

풀이 $15 + 10 + 2 \times 10^{-3} \times 2000 = 29$

30 PLC 명령어 중 회로도 좌측 제어모선에서 직접 인출되는 논리 스타트를 나타내는 명령어는?
① NAND   ② NOR
③ AND   ④ LD

풀이 LD(LOAD)는 논리 연산을 개시하는 명령어이다.

26 ①   27 ②   28 ①   29 ③   30 ④

2. 측정용 센서

가. 센서

- 측온저항 : 온도 → 임피던스
- 광전지 : 광 → 전압
- 광전다이오드 : 광 → 전압
- 전자석 : 전압 → 변위

나. 변환요소

변환량	변환요소
압력 → 변위	벨로즈, 다이어프램, 스프링
변위 → 압력	노즐플래퍼, 유압 분사관, 스프링
변위 → 임피던스	가변저항기, 용량형 변환기
변위 → 전압	포텐셔미터, 차동변압기, 전위차계
전압 → 변위	전자석, 전자코일
광 → 임피던스	광전관, 광전도 셀, 광전 트랜지스터
광 → 전압	광전지, 광전 다이오드
방사선 → 임피던스	GM관, 전리함
온도 → 임피던스	측온 저항(열선, 서미스터, 백금, 니켈)
온도 → 전압	열전대(열전쌍)

연습문제

01 다음 중에서 압력의 변화를 위치의 변화로 변환하는 장치는?
① 회전증폭기 ② 서미스터
③ 벨로즈 ④ 전위차계

02 기계적 조작을 전기적 신호로 바꾸어주는 것으로 기계적 위치의 검출에 널리 사용되는 스위치는?
① 액면스위치
② 광전스위치
③ 리미트스위치
④ 온도스위치

[풀이] 리미트스위치
기계장치에서 동작이 한계 위치에 이르면 접점이 절환되는 스위치로 기계적 조작을 전기적 신호로 바꾸어 주는 역할을 한다.

03 다음 중 외부 기기로부터 들려오는 잡음이 PLC의 CPU 쪽으로 전달되지 않도록 외부기기와 내부회로를 전기적으로 절연시키는 데 사용하는 부품으로 가장 적합한 것은?
① 포토커플러 ② 발광다이오드
③ 트라이액 ④ 근접센서

[풀이] 포토커플러
발광부와 수광부가 있으며 전기적으로 절연되어 있다가 광에 의해서 신호전달

04 로봇 관절을 위치(각도)제어하려고 할 때 흔히 쓰이는 센서가 아닌 것은?
① 엔코더
② 포텐쇼미터
③ 스트레인게이지
④ 리졸버

05 사람에 비유하면 손과 발에 해당하는 부분으로 정보처리회로의 명령에 따라 공작기계의 주축, 테이블 등을 움직이는 역할을 담당하는 것으로 맞는 것은?
① 서보기구 ② 비교기
③ 검출기 ④ 리졸버

[풀이] ① 물체의 위치, 범위, 자세 등은 변위를 제어량으로 하고 목표 값의 임의의 변화에 추종하도록 한 제어기계
② 블록게이지 하위의 표준게이지와 측정물의 길이를 비교하여 그 차이를 정밀하게 재는 기계
③ 물체의 대전여부나 대전된 전하의 양, 음 등을 조사하는 기구
④ 벡터를 그 좌표 성분으로 분해 또는 합성하는 장치

06 NC 기계의 동력전달 방법으로 서보모터와 볼나사 축을 직접 연결하여 연결부위의 백래시 발생을 방지시키는 기계요소로 가장 적합한 것은?
① 기어 ② 타이밍벨트
③ 인코더 ④ 커플링

01 ③ 02 ③ 03 ① 04 ③ 05 ① 06 ④

07 스테핑 모터의 동작과 관련된 설명으로 틀린 것은?
① 구동회로에 주어지는 입력펄스 1개에 대해 소정의 각도만큼 회전시키고, 그 이상 입력이 없는 경우는 정지위치를 유지한다.
② 회전각도는 입력 펄스의 수에 반비례한다.
③ 회전속도는 입력 펄스의 주파수에 비례한다.
④ 펄스를 부여하는 방식에 따라 급속하고 빈번하게 기동, 정지가 가능하다.

08 다음 중 공장 자동화의 약칭은?
① OA   ② FA
③ LS   ④ HA

09 수치제어 방식이 아닌 것은?
① 위치결정제어
② 직선절삭제어
③ 윤곽절삭제어
④ 모방절삭제어

10 수치 제어(NC) 기계에서 수치지령의 신호 체계는?
① 펄스   ② 압력
③ 전압   ④ 저항

11 서보모터 시스템의 위치나 속도 검출 센서가 아닌 것은?
① 인코더   ② 타코미터
③ 리졸버   ④ 피에조미터

12 컴퓨터와 외부장치 간의 디지털 정보 입출력 시에 출력소자로 이용되는 것이 아닌 것은?
① 릴레이
② 발광다이오드
③ 스테핑모터
④ 근접스위치

13 제어계에서 검출부의 제어 기기들 중 접촉식 스위치는?
① 마이크로 스위치
② 투과형 광전 스위치
③ 고주파 발전형 근접 스위치
④ 미러 방사형 광전 스위치

> **풀이** 마이크로 스위치
> 접촉식 스위치로 3.2mm 이하의 미소한 접점간격으로 스냅동작기구를 갖추고 있다. ②, ③, ④는 비접촉식 스위치이다.

07 ② 08 ② 09 ④ 10 ① 11 ④ 12 ④ 13 ①

14 그림과 같은 타임 챠트 형태로 동작하는 타이머의 명칭은?

① 적산 타이머
② 감산 타이머
③ 온 딜레이 타이머
④ 오프 딜레이 타이머

풀이 온 딜레이 타이머(On Delay Timer)
• 콘덴서 용량이 차면 타이머 코일이 작동
• 오프 딜레이 타이머 (Off Delay Timer)

15 PLC 입력부에서 신호에 포함된 노이즈가 PLC 내부 장치로 전달되지 않도록 하기 위해 채택되는 요소로 맞는 것은?
① 포토커플러   ② 트라이액
③ 퓨즈   ④ CPU

풀이 ② 스위치용 반도체의 일종
③ 전선에 규정값 이상의 과도한 전류가 계속 흐르지 못하게 자동적으로 차단하는 장치

16 다음 중 SCR에 대한 설명으로 틀린 것은?
① 4개의 단자를 갖고 있다.
② 2개의 N형 반도체와 2개의 P형 반도체 층으로 되어 있다.
③ 캐소우드(K)에서 애노우드(A)로 전류를 흐르게 하면 SCR은 오프(Off) 상태가 된다.
④ 정류작용으로 사용할 수 있다.

17 포토다이오드에 대한 설명으로 틀린 것은?
① 포토다이오드는 입사광에 대한 광전류의 직선성이 우수하다.
② 반도체 NPN 접합으로 되어 있다.
③ 광기전력형의 소자로 수광소자의 기본이 된다.
④ 광전재료로 Ge, Si 등이 많이 사용되고 있다.

18 다음 중 초음파 센서의 특징으로 옳은 것은?
① 검출 대상체의 형태, 색깔, 재질에 무관하게 검출이 가능하다.
② 대부분의 매질에 대해 반사하기 어렵고 투과하는 특징을 가지고 있다.
③ 음향에너지를 전송할 수 없다.
④ 보통 10kHz 이하의 주파수를 사용하여 검출한다.

14 ③   15 ①   16 ①   17 ②   18 ①

19 위치검출용 스위치로 널리 쓰이는 것은?
① 버튼 스위치
② 리미트 스위치
③ 셀렉터 스위치
④ 나이프 스위치

풀이 리미트 스위치는 이동 중에도 감지할 수 있는 위치 검출용 스위치이다.

20 제너 다이오드를 사용하는 회로는?
① 검파회로
② 고압증폭회로
③ 고주파 발진회로
④ 정전압회로

풀이 ① 변로된 검파 속에서 신호파를 검출하는 회로
② 고압으로 증폭시켜 주는 회로
③ 출력하는 신호를 증폭하고 공진회로에서 손상된 에너지를 보상

21 다음의 기호가 나타내는 것은?
① 트라이액
② 다이오드
③ 트랜지스터
④ 사이리스터

22 포토 인터럽터에 대한 설명으로 틀린 것은?
① 적외선 발광소자와 수광소자를 한 쌍으로 일체화한 것이다.
② 발광소자와 수광소자를 공간적으로 떼어 놓고 그 공간을 통과하는 물체를 검출한 것이다.
③ 발광소자의 빛이 포토트랜지스터에 차단 및 통과되는 것을 이용하여 펄스를 발생한다.
④ 포토 인터럽터는 VTR, 레코드플레이어의 가전기기에 한정적으로 사용되며, 산업용 기기는 거의 사용되지 않는다.

23 서미스터에 대한 설명 중 틀린 것은?
① 온도변화에 의해서 소자의 전기저항이 크게 변하는 반도체소자이다.
② PTC 서미스터는 온도가 상승함에 따라 저항이 현저히 증가하는 반도체 소자이다.
③ NTC 서미스터는 부(-)온도계수를 갖는다.
④ CTR 서미스터는 온도가 상승함에 따라 저항값이 증가하는 반도체소자이다.

24 PN 접합 반도체의 접합부에 빛을 쪼이면 전자와 정공의 작용으로 전류가 흐르는 효과를 무엇이라고 하는가?
① 광전 효과
② 루미네슨스 효과
③ 제어백 효과
④ 펠티어 효과

25 P형 반도체와 N형 반도체를 접합시켜 한쪽 방향으로만 전류가 흐르도록 한 것은?
① 트랜지스터　　② 다이오드
③ 트라이액　　　④ FET

26 보통 다이오드와는 다른 독특한 역방향 바이어스 전류-전압 특성을 가지고 있으며 다음 그림의 기호와 같이 표시되는 다이오드는?

① 반도체 접합 다이오드
② 제너 다이오드
③ 포토 다이오드
④ 바렉터 다이오드

27 반도체에 대한 설명 중 틀린 것은?
① 물질의 저항률에 따라 도체, 반도체, 부도체로 구분한다.
② 반도체는 공유결합을 한다.
③ 진성반도체는 불순물이 거의 포함되지 않는다.
④ 반도체는 정(+)의 온도계수를 갖는다.

풀이 　반도체는 부(-)의 온도계수를 갖는다.

28 서미스터에 대한 설명 중 틀린 것은?
① 온도변화에 의해서 소자의 전기저항이 크게 변화는 반도체 소자이다.
② PTC 서미스터는 온도가 상승함에 따라 저항이 현저히 증가하는 반도체 소자이다.
③ NTC 서미스터는 부(-)온도계수를 갖는다.
④ CTR 서미스터는 온도가 상승함에 따라 저항값이 증가하는 반도체 소자이다.

29 다음 중 광기전력 효과를 이용한 것이 아닌 것은?
① 태양전지
② 포토 트랜지스터
③ 포토 다이오드
④ CdS계 광도전 셀

30 측온저항체용 재료의 요구 조건으로 잘못된 것은?
① 저항 온도계수가 작을 것
② 온도-저항 특성이 직선적일 것
③ 소선의 가공이 용이할 것
④ 화학적·기계적으로 안정될 것

풀이 　저항온도계수가 커야 온도측정범위가 증가한다.

31 SCR이라고도 하는 PNPN 접합의 실리콘 정류 스위치 소자는 무엇인가?
① 다이오드　　　② 사이리스터
③ 트랜지스터　　④ 트라이액

25 ②　26 ②　27 ④　28 ④　29 ④　30 ①　31 ②

32 발광부와 수광부가 대향 배치되어 있어 이 사이에 물체가 들어가면 빛이 차단되고 수광부의 광전류가 차단되어 물체의 유·무를 검출할 수 있도록 만들어진 것은?

① 포토 인터럽터
② 포토 사이리스터
③ 포토 다이오드
④ 포토 트랜지스터

33 다음 중 온도센서가 아닌 것은?

① 서미스터　　② 열전대
③ 바이메탈　　④ 리미트스위치

[풀이] 온도센서
　접촉식과 비접촉식이 있으며, 종류로는 저항온도센서, 서미스터, 열전대, 바이메탈 등이 있다.

34 다음 센서 중에서 직접 디지털신호를 출력으로 하는 것은?

① 엔코더　　② 포텐쇼미터
③ 스트레인게이지　　④ 차동트랜스

[풀이] 엔코더
　회전각 위치와 직선 변위를 측정하는 디지털식 위치 센서로 디지털 신호로 변환하여 출력하는 장치이다.

35 서로 다른 2종류의 금속 양끝을 접합하고 양접점 간의 온도차에 의해 발생되는 열기전력을 이용하여 온도를 측정하는 것은?

① 압전센서　　② 열전쌍
③ 서미스터　　④ 측온저항체

[풀이] 열전쌍(Themocouple)
　서로 다른 금속선 양끝을 맞붙여서 전류를 발생하게 하여 온도를 측정하는 장치

36 어떤 종류의 물질은 자장 중에 놓으면 전기적인 성질이 변화하므로 자장의 유무나 강도의 변화를 전기적인 신호로 인출할 수 있는 센서는?

① 압력센서　　② 포토센서
③ 자기센서　　④ 압전센서

[풀이] 자기센서
　자장의 유무나 강도의 변화를 전기신호로 인출할 수 있는 센서

37 절대형 변위센서를 사용할 때 고려되어야 할 사항 중 틀린 것은?

① 기준점 등에 대한 정기적인 교정 필요
② 환경 중의 온도 변화에 따른 변화
③ 힘에 의한 변위량 고려
④ 측정 회로의 주기적인 교체

[풀이] 절대형 센서는 전원이 끊어지거나 도중에 오동작을 해도 최초에 설정한 기준은 변하지 않으므로 정기적인 교정이 필요 없다.

32 ①　33 ④　34 ①　35 ②　36 ③　37 ①

38 서보시스템에서 기준 값과 실제 값의 차를 무엇이라 하는가?
① 제어편차
② 외란
③ 제어변수
④ 제어 기준 값

풀이 제어편차
목표량 – 제어량

39 다음 중 고정 기준 좌표 방식의 서보 센서가 아닌 것은?
① 차동트랜스
② 리졸버
③ 절대 인코더
④ 압전형 가속도계

풀이 차동트랜스
3개의 코일과 가동철심으로 구성되어 있으며, 변위, 치수 등의 계측기에 활용되는 센서

40 다음 중 머시닝 센터(Machining Center)에 대한 설명으로 틀린 것은?
① 자동공구교환 장치(ATC)가 있다.
② 방전을 이용한 가공 작업이다.
③ 테이블은 가공물을 절삭에 필요한 위치에 오게 한다.
④ 드릴링 작업을 할 수 있다.

풀이 방전을 이용하는 기계는 방전 가공기이다.

41 컨베이어 벨트 위를 지나가는 종이상자를 감지할 수 없는 센서는?
① 유도형 센서
② 용량형 센서
③ 포토 센서
④ 적외선 센서

38 ① 39 ① 40 ② 41

제 3 단원 제어기기 및 회로

1. 자동제어

가. 자동제어의 개념

1) 자동제어

자동제어란 어떤 대상물이 요구하는 바와 같이 동작되도록 필요한 조작을 가해주는 것을 말한다. 기본적인 제어계는 그림과 같이 간단한 BLOCK 선도(BLOCK Diagram)로 나타낼 수 있다. 이 계의 목적은 입력 e에 의해서 출력 c를 제어하는 것이다.

기본적인 제어계

출력을 입력측에 되돌리는 것을 귀환(Feed back)이라고 하는데 귀환이 없을 때 즉, 출력이 입력에 전혀 영향을 주지 않는 계통 개회로 제어계라고 하며, 귀환이 있는 제어계를 폐회로 제어계라고 한다. 개회로 제어계의 예를 들면 가정용 난로의 경우 만약 난로가 스위치의 개폐시간을 조절할 수 있는 시간 조절 기능만을 갖는다면 주어진 시간 후에는 실내온도가 기준치보다 높거나 낮거나 상관없이 난로는 꺼지게 된다.

시간조절기만 있는 가정용 난로 제어계

따라서 실내온도는 외부온도의 영향을 크게 받는다. 이런 종류의 제어는 부정확하고 신빙성이 없게 된다. 폐회로 제어계의 예를 들면 가정용 난로의 경우 주위 온도와 비교하여 온도를 제어할 수 있다. 아래 그림은 가정용 난로의 폐회로 제어계를 나타낸다. 이 경우는 실내온도를 우리가 원하는 방향으로 제어가 가능하다. 실내온도와 기준온도를 비교하여 온도차가 있을 때마다 밸브를 개폐하므로 외부온도의 영향을 적게 받아 정확성과 신뢰성이 있다.

가정용 난로의 폐회로 제어계

> ※ 자동제어계로의 이점
> • 인간의 단점 : 힘과 연속성, 단조로운 작업
> • 자동제어계를 생산공정 및 기계장치 등에 적용시 이점
>   ① 생산속도를 증가시킨다.
>   ② 제품품질의 균일화
>   ③ 노동력 감소
>   ④ 생산설비 수명증가
>   ⑤ 노동조건 향상

2) 자동제어계의 용어

목표치(COMMAND) 외부에서 주어지며 피드백 제어계에 속하지 않는 신호이다. 정치제어의 경우에는 설정치(Set Point)라고도 한다.

폐루프 제어계의 기본 블록선도

- 기준입력요소(Reference Input Element)-목표치에 비례하는 기준입력신호를 발생하는 요소로서 설정부라고도 한다.
- 기준입력(Reference Input)-제어계를 동작시키는 기준으로서 직접 폐루프에 가해지는 입력이며, 목표치와 비례관계를 갖는다.
- 주귀환신호(Primary Feedback Signal)-제어량을 목표치와 비교하여 동작신호를 얻기 위해 귀환되는 신호로서 제어량과 함수관계가 있다.
- 동작신호(Actuating Signal)-기준입력과 주귀환신호와의 차로서 제어동작을 일으키는

신호이며, 편차라고도 한다(목표치와 제어량의 차).
- 제어요소(Control Element)-동작신호를 조작량으로 변환시키는 요소이다. 조절부와 조작부로 이루어진다.
- 조작량(Manipulated Variable)-제어장치가 제어대상에 가하는 제어신호로서 제어장치의 출력인 동시에 제어대상에의 입력이다.
- 제어대상(Controlled System, Controlled Process)-스스로 제어활동을 하지 않는 출력발생장치로서 제어계에서 직접 제어를 받는 장치이다.
- 외란(Disturbance)-제어량의 값을 변화시키려 하는 외부로부터의 바람직하지 않은 신호이다(유출량, 목표치 변경).
- 제어량(Controlled Variable)-제어를 받는 제어계의 출력량으로서 제어대상에 속하는 양이다.
- 귀환요소(Feedback Element)-제어량을 검출하여 주귀환신호를 만드는 요소로서 검출부(Detecting Means)라고도 한다.
- 제어편차(Controlled Deviation)-「목표치-제어량」으로 정의되는 것으로 이 신호가 그대로 동작신호로 되기도 한다.
- 비교부(Comparator)-목표치와 제어량에서 인출한 신호를 서로 비교해서 제어동작을 일으키는데 필요한 정보를 가진 신호를 만들어 내는 부분이다.
- 제어장치(Controller)-제어대상의 작동을 조절하는 장치로 기준입력요소, 제어요소, 귀환요소가 이에 속한다(제어대상 이외의 부분).

> ※ Boiler 온도를 300℃로 일정하게 유지할 경우
> ① 300℃-목표치 중유공급량 : 조작량
> ② 온도 : 제어량
> ③ 보일러 : 제어대상

- 조절부 : 기준입력(Input)과 검출부출력(Output)을 합하여 제어계가 소요의 작용을 하는데 필요한 신호를 조작부로 보냄(동작신호를 만드는 부분)
- 조작부 : 조절부로부터의 신호를 조작량으로 변화하여 제어대상에 작용
- 검출부 : 압력, 온도, 유량 등의 제어량을 측정 신호로 나타냄

3) 자동제어계의 분류

자동제어공학은 응용되는 분야가 전기공학뿐만 아니라 기계공학, 화학공학, 우주항공공학, 선박공학, 경영학 등 다양하다.

(1) 제어량의 성질에 따른 분류

① 프로세스 제어(Process Control) : 이것은 온도, 유량, 압력, 액위, 농도, pH, 효율 등의 공업 프로세스의 상태량을 제어량으로 하는 제어이다.

② 서보 기구(Servo Mechanism) : 물체의 위치, 방위, 자세 등의 기계적 변위를 제어량으로 해서 목표치의 임의의 변화에 추종하도록 구성된 제어계를 말한다.

③ 자동조정(Automatic Regulation) : 위의 두 개의 어떤 것에도 속하지 않는 것으로서 전동기의 자동속도 제어와 같은 소위 전기기지의 제어, 전압제어(AVC, AVR), 주파수 제어(AFC), 속도제어(ASR), 장력제어 등이 있다. 이들을 합해서 자동조정이라 부르는 습성이 되어 있는데 일반적으로 에너지의 변환부, 전송부, 신호의 변환부, 변송부의 자동 제어조정 등을 말하는 경우가 많다.

(2) 목표치의 성질에 따른 분류

① 정치 제어 : 목표치가 일정한 제어를 말한다. 예를 들면 온도를 일정하게 한다든가 속도를 일정하게 한다든가 하는 경우이다. 프로세스 제어나 자동조정에서는 이 정치제어방식이 특히 많다.

② 추치 제어 : 목표치가 임의의 변화를 하는 제어를 말한다. 서보 기구가 이것에 해당된다. 이와 같이 구성된 제어계를 서보계라 부르기도 한다.

③ 프로그램 제어 : 목표치가 처음에 정해진 변화를 하는 경우를 말한다. 열처리로의 온도제어 공작기계에 있어서 자동공작 등이 이것에 해당한다.

(3) 제어동작의 연속성에 의한 분류

① 연속 데이터 제어(Continuous-data Control) : 계통의 모든 부분의 신호가 연속적인 시간 변수의 함수로 표시되는 제어이다.

② 불연속 데이터 제어(Discrete-data Control) : 계통의 제어신호가 펄스열(Pulse-train)이나 디지털 코드(Digital Code)인 제어이다. 특히 디지털 코드인 경우는 디지털 컴퓨터의 많은 이점을 이용할 수 있다.

③ 개폐형(On-off Type) : 조작량이 두 개의 정한 값의 어느 것인가를 가지는 것이다. 이것은 2위치 동작이라고 하며, 구조가 간단하고 값이 싸기 때문에 많이 쓰인다.

(4) 기본 함수의 종류

임펄스 함수

계단함수

램프함수

지수함수

정현함수

여현함수

(5) 각 요소의 전달함수 정리

㉮ P동작 $G(s) = K_p$

㉯ PI동작 $G(s) = K_p\left(1 + \dfrac{1}{Ts}\right)$

㉰ PD동작 $G(s) = K_p(1 + Ts)$

㉱ PID동작 $G(s) = K_p\left(1 + \dfrac{1}{Ts} + Ts\right)$

① 비례동작(P동작)
- 잔류편차(Off-set)가 생긴다.
- 부하변동이 적은 제어에 이용
- 프로세스의 반응속도가 小 또는 中이다.

② 적분동작(I동작)
- Off-set이 제거된다(잔류편차 제거).
- 진동하는 경향이 있다.
- 제어의 안정성이 낮다.

> **적분동작이 좋은 결과를 얻으려면**
> - 전달지연과 불감시간이 작을 때
> - 제어대상의 속응도가 클 때
> - 제어대상의 평형성을 가질 때
> - 측정지연이 작고 조절지연이 작을 때

③ 미분동작(D동작)
- 진동을 제거한다(안정이 빨라진다).
- 출력이 제어편차의 시간변화에 비례한다.
- 단독사용이 없고 P동작이나 PI동작과 결합하여 사용한다.
- 응답초과량(Over Shoot) 감소

④ 비례적분(PI동작)

P 동작에서 발생하는 잔류편차를 제거하기 위한 제어
- 반응속도가 빠른 프로세스나 느린 프로세스에 사용된다.
- 부하변화가 커도 잔류편차가 남지 않는다.
- 급변 시에는 큰 진동이 생긴다.
- 전달 느림이나 쓸모없는 시간이 크면 사이클링의 주기가 커진다.

⑤ 비례미분(PD동작)
- 제어의 안정성을 높인다.
- 편차에 대한 직접적인 효과는 없다.

- 변화속도가 큰 곳에서 크게 작용한다.
- 속응성이 높아진다.

⑥ PID동작(가장우수)
- 제어량의 편차에 비례하는 동작 P동작
- 편차의 크기와 지속시간에 비례하는 I동작
- 제어량의 변화속도에 비례하는 D동작 등 3개의 합한 동작

연습문제

01 자동 제어기기에 대한 것이다. 옳은 것은?
① 고압측 플로트 밸브는 냉매액면의 변동에 의해 작동하며 응축압력 변화에 대응하여 유량조정을 한다.
② 저압측 플로트 밸브는 증발기 내 액면을 일정하게 유지하기 위한 목적으로 만액식 증발기에만 사용된다.
③ 수냉 응축기의 자동 절수밸브는 냉각수량을 조절하여 항시 응축압력이 일정 이하가 되는 것을 방지한다.
④ 압축기 유압조정밸브는 유압계 수치와 토출압력계 수치의 차에 의해 조정한다.

풀이 절수밸브(Water Regulator Valve) : 응축기 냉각수 입구측에 설치하여 응축압력을 일정하게 유지하고 냉각수량을 절약하여 경제적인 운전을 한다.

02 다음은 프로세스의 특성에 관한 것이다. 옳지 않은 것은?
① 시간적 지연(Dead Time)은 될수록 적게 하는 것이 바람직하다.
② 응답에 의한 시간지연은 프로세스에서 용량을 갖는 것에 대해서는 전부 생략될 수 있다.
③ 시정수는 전달 지연시간의 63.2%에 도달할 때까지의 시간으로서 나타낸다.
④ 프로세스의 동 특성은 타임 래그(Time lag)에 의해 결정된다.

풀이 제어량의 평형점은 무한시간 후에 평형되므로 전달 지연을 나타내는 데는 변화 시작점부터 평형점에 도달할 때까지 변화의 63.2%에 도달할 때까지의 시간으로서 전달 지연의 크기를 나타내며, 이것을 시정수(Time Constant)라 한다.

03 다음의 냉매조절기 중에서 전선배선이 꼭 필요한 것은?
① 온도자동 팽창밸브
② 플로트 밸브
③ 팽창밸브형 온도식 액면제어기
④ 흡입 압력 조정밸브

풀이 온도식 액면 제어는 감온부에 전기히터가 설치된다.

04 다음 중 온도를 전압으로 변위시키는 요소는?
① 차동 변압기 ② 벨로스
③ 열전대   ④ 광전기

풀이 ① 차동 변압기 : 변위를 전압으로
② 열전대 : 온도를 전압으로(제백효과 이용)
③ 광전지 : 빛을 전압으로

01 ③   02 ③   03 ③   04 ③

05 아래 그림과 같은 접점회로의 논리식은?

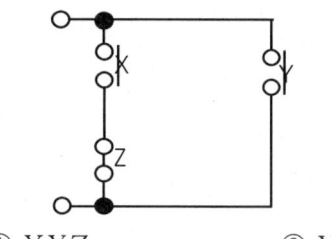

① X·Y·Z
② X+Y+Z
③ X·Z+Y
④ (X+Z)·Y

풀이 X와 Z는 직렬이므로 AND 회로이고 X, Z와 Y는 병렬이므로 OR 회로이다. 그러므로 X·Z+Y가 된다.

06 다음 중 서미스터(Thermistor)가 사용되지 않는 곳은?

① 온도-조절식 전기회로 조절
② 압력 조절
③ 온도 측정
④ 모터권선의 온도가 위험지점까지 상승할 경우 모터에 직결된 전력 차단

07 제어 방식의 종류에 들지 않는 것은?

① 공기압식
② 전자식
③ 자력식
④ 수압식

08 다음은 각 제어동작의 변화과정을 나타낸 것이다. 옳지 않은 것은?

① 그림 ①은 비례동작이다.
② 그림 ②는 미분동작이다.
③ 그림 ③은 미분동작이다.
④ 그림 ④는 비례적분 동작이다.

풀이 ①은 비례, ②는 적분, ③은 미분, ④는 비례+적분동작이다.

09 다음의 전자 릴레이 회로는?

① AND 회로
② NOR 회로
③ OR 회로
④ NOT 회로

풀이 NOT 회로(논리부정 회로)
① 논리식 $X = \overline{A}$

10 솔레노이드 밸브에 대한 설명 중 틀린 것은?

① 2위치(ON-OFF) 제어를 할 수 있다.
② 증기 가습용 배관에 사용한다.
③ 냉매 배관 계통에 사용한다.
④ 냉수유량 조절용으로 사용한다.

풀이 전자밸브(Solenoid Valve)는 2위치(on-off) 제어이므로 유량조절은 불가능하다.

11 다음 그림에서 논리기호로 표시된 것을 식으로 표시한 것으로 옳은 것은?

① $F = \overline{X}_1 + \overline{X}_2$
② $F = X_1 X_2$
③ $F = X_1 X_2 + X_1 X_2$
④ $F = X_1 X_2$

풀이 2개의 입력 X1과 X2가 모두 1일 때만 출력 F가 1이 되는 회로

12 다음 유압보호 스위치(OPS)의 설명 중 틀린 것은?
① 타이머 스위치와 유압 스위치와의 조립으로 되어 있다.
② 타이머 스위치는 바이메탈과 전기히터의 조합으로 되어 있다.
③ 타이머 스위치는 수동복귀형이며, 동작 후 복귀에는 복귀시간이 필요하다.
④ 유압을 검출하여 유압 스위치를 동작시킨다.

풀이 OPS는 유압이 일정 이하시 작동하여 압축기를 정지시키는 스위치로서 유압과 저압의 차에 의해 작동한다.

13 온도 측정에 이용하는 측온저항체에 대한 설명 중 옳은 것은?
① Pt, Ni, Cr 등의 금속선은 온도가 높아지면 저항치가 감소한다.
② 반도체의 일종인 서미스터(Thermis-tor)는 온도가 높아지면 저항치가 감소한다.
③ 서모커플(Thermocouple)은 저항변화가 아니고 전위차를 측정하는 것이다.
④ 계기까지의 배선은 특별한 배상도선이 필요 없다.

풀이 반도체는 온도가 높아지면 저항이 감소한다. 반도체는 고유저항이 $10^{-4} \sim 10^{-5}\,\Omega m$를 가진 고체로서 Si과 Ge 또는 B와의 합금이다.

14 다음은 변환장치와 변환량을 나타낸 것이다. 잘못 짝지어진 것은?
① 다이어프램 = 압력 → 변위
② 측온 저항체 = 온도 → 임피던스
③ 차동 변압기 = 전압 → 변위
④ 노즐 플래퍼 = 변위 → 압력

풀이 ③는 변위 → 전압 이외에 대쉬포트 = 피스톤 변위 → 실린더 변위, 벨로스 = 압력 → 변위이다.

11 ④　12 ④　13 ②　14 ③

15 출력 오차의 변화속도에 비례하여 조작량을 가감하는 제어로서 옳은 것은?
  ① 단순도 제어
  ② 비례 reset 제어
  ③ rate 제어
  ④ On-Off 제어

16 다음은 제어동작과 용도를 기술한 것이다. 옳지 않은 것은?
  ① 비례 P 동작은 온수, 열풍 발생기 등의 제어에 잘 사용되며 비교적 제어 정도가 낮다.
  ② 적분 I 동작은 압력, 유량의 상태 등 응답 속도가 빨라야 하는 것에 적합하다.
  ③ 비례, 적분 PI 동작은 응답이 늦은 반면에 정확해야 하는 압력, 유량제어에 전류 차압을 좋게 하는 경우 또는 외란이 적은 경우의 제어에 쓰인다.
  ④ PID 동작은 비교적 응답 속도가 빠르고 정밀한 제어를 요구하는 경우에 사용된다.

  풀이 ③는 비교적 응답이 빠른 열풍로의 온도제어, 압력, 유량제어에 전류 차압을 좋게 하는 경우에 쓰인다.

17 다음과 같은 계전기 접점회로의 논리식은?

  ① $(X+\overline{Y}+Z) \cdot (\overline{X}+Y+Z)$
  ② $X \cdot (\overline{Y}+Z)+\overline{X} \cdot Y \cdot Z$
  ③ $(X+\overline{Y} \cdot Z) \cdot (\overline{X}+Y+Z)$
  ④ $(X \cdot \overline{Y}+Z) \cdot \overline{X} \cdot Y \cdot Z$

  풀이 AND 회로(논리적 회로) : $X = A \cdot B$
  OR 회로(논리합 회로) : $X = A + B$
  NOT 회로(논리부정 회로) : $X = \overline{A}$

18 다음 중 보일러 자동제어 장치의 피드백(Feedback) 제어에 해당되지 않는 것은?
  ① 급수량 제어   ② 온도 제어
  ③ 공기량 제어   ④ 연소량

19 다음 기호 중 자동 복귀형 a접점 스위치는?

  풀이 ④ : 자동 복귀형 b접점

20 공기조화용 전자식 자동제어의 이점이 아닌 것은?

① 고정도이고 제어계의 추종성이 높다.
② 기기나 제어회로가 비교적 간단하다.
③ 제어장치 조작의 중앙 집중화가 용이하다.
④ 보상제어나 조합제어가 용이하다.

풀이 전자식의 회로는 복잡하다.

21 $\overline{A}\overline{B}\overline{C}+\overline{A}\overline{B}C+\overline{A}BC+\overline{A}B\overline{C}$를 간략화 시켰을 때 논리기호로 표시하면?

① ─▷○─ $X=\overline{C}$
② ─▷○─ $X=\overline{B}$
③ ─▷○─ $X=\overline{A}$
④ ─⊐─ $X=\overline{A}+\overline{B}$

풀이
$X = \overline{A}\overline{B}\overline{C}+\overline{A}\overline{B}C+\overline{A}BC+\overline{A}B\overline{C}$
$= \overline{A}(\overline{B}\cdot\overline{C}+\overline{B}\cdot C+B\cdot C+B\cdot\overline{C})$
$= \overline{A}\{\overline{B}(\overline{C}+C)+B\cdot(C+\overline{C})\}$
$= \overline{A}(\overline{B}+B)=\overline{A}$

22 그림과 같은 계전기 접점회로의 논리식은?

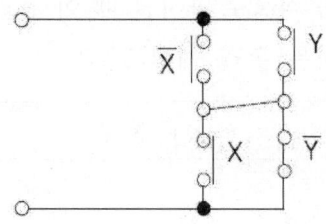

① $X\cdot Y+\overline{X}\cdot\overline{Y}$
② $X\cdot Y+X\cdot\overline{Y}$
③ $(\overline{X}+Y)\cdot(X+\overline{Y})$
④ $(\overline{X}+Y)\cdot(X+Y)$

풀이 X와 Y는 병렬이므로 OR 회로, X+Y, X와 $\overline{Y}$는 병렬이므로 OR 회로, $\overline{X}Y$ 이것들과의 합이 직렬이므로 $(\overline{X}+Y)(\overline{X}+Y)$

23 다음 중 계전기의 전자 코일의 기호가 아닌 것은?

① ──┤├──
② ──/\/\/\──
③ ──◠◠◠──
④ ──○──

풀이 ①는 전자 접촉기 a접점

20 ② 21 ③ 22 ③ 23 ①

24 출력 f가 계전기 X, Y의 접점의 함수로서 다음 식으로 표시될 때 이 논리식에 대응하는 논리 게이트는?

$$f = X + \overline{X}\,\overline{Y}$$

①

② (X̄ 접점)

③

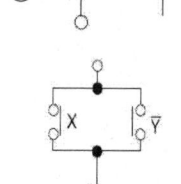

④

풀이 $f = X + \overline{X}\,\overline{Y} = X + X\overline{Y} + \overline{X}\,\overline{Y}$
$= X + \overline{Y}(X + \overline{X}) = X + \overline{Y}$

25 Feedback 제어계에서 입력 신호와 제어량이 같을 때 없어도 되는 것은 어느 것인가?
① Feedback 요소 ② 증폭부
③ 조작부 ④ 비교부

26 논리식 A·(A + B)를 간단히 하면?
① A ② B
③ A·B ④ A + B

풀이 A·(A + B) = A·A + A·B = A + A·B
= A·(1 + B) = A

27 논리식 $\overline{A} \cdot \overline{B} + \overline{A} \cdot B + AB$를 간단히 하면?
① $\overline{A} \cdot \overline{B}$ ② $\overline{A} \cdot B$
③ $\overline{A} + B$ ④ $\overline{A} + \overline{B}$

풀이 논리식
$\overline{A} \cdot \overline{B} + \overline{A} \cdot B + AB = \overline{A}(\overline{B} + B) + A \cdot B$
$= \overline{A} + A \cdot B = (\overline{A} + A) \cdot (\overline{A} + B)$
$= \overline{A} + B$

24 ④   25 ①   26 ①   27 ③

28 다음 회로 중 AND 논리회로를 나타낸 것은?

풀이 ① NOT 회로
② NAND 회로
③ AND 회로
④ OR 회로

29 보일러의 자동제어가 아닌 것은?
① 연소 제어 ② 온도 제어
③ 급수 제어 ④ 위치 제어

30 다음 논리식이 나타내는 정리는?

$$A \cdot (B \cdot C) = (A \cdot B) \cdot C$$

① 교환 법칙 ② 결합 법칙
③ 흡수 법칙 ④ 분배 법칙

풀이 $(A+B)+C = A+(B+C)$

31 다음 논리식 중 부적당한 것은?
① $A \cdot A = A$
② $A + \overline{A} = 0$
③ $A + A = A$
④ $A \cdot B + A = A$

풀이 접점회로에서 보면 $A + \overline{A} = 1$이다.
A, $\overline{A}$ 중의 하나는 반드시 1이 되기 때문이다.

32 다음 중 De Morgan의 정리를 나타낸 식이 아닌 것은?
① $A + B = B + A$
② $A \cdot (B \cdot C) = (A \cdot B) \cdot C$
③ $\overline{A} \cdot \overline{B} = \overline{A} \cdot \overline{B}$
④ $\overline{A \cdot B} = \overline{A} + \overline{B}$

33 그림과 같은 논리회로의 출력 Y를 구한 것은 어느 것인가?

① $(A \cdot B) \cdot C$ ② $(A \cdot B) + C$
③ $(A + B) \cdot C$ ④ $A + B + C$

28 ③ 29 ④ 30 ② 31 ② 32 ④ 33 ③

34 공기조화 자동제어 4기본 요소가 아닌 것은?

① 온도 조정   ② 습도 조정
③ 풍량 조정   ④ 소음 조정

35 실리콘 제어 정류소자(S.C.R)의 성질이 아닌 것은?

① PNPN의 구조로 되어 있다.
② 게이트 전류에 의하여 방전개시 전압을 제어할 수 있다.
③ 특성 곡선에 부저항 부분이 있다.
④ 온도가 상승하여 고온이 되면 누설전류는 감소한다.

풀이 온도가 상승하여 고온이 되면 누설전류는 증가한다.

36 논리식 $A + A \cdot \overline{B}$와 같은 것은?

① A   ② B
③ $A \cdot \overline{A}$ ④ $\overline{A} \cdot B$

풀이 $A + A \cdot \overline{B} = A(1 + \overline{B}) = A \cdot 1 = A$

37 논리식 $\overline{A} \cdot B + A \cdot C + \overline{B}$와 같은 것은?

① A
② B
③ $A + \overline{A} + B$
④ $\overline{A} + \overline{B} + C$

풀이 $\overline{A} \cdot B + A \cdot C + \overline{B} = A \cdot C + \overline{A} \cdot B + \overline{B}$
$= A \cdot C + (\overline{A} + \overline{B})(B + \overline{B})$
$= A \cdot C + (\overline{A} + \overline{B}) = A \cdot C + \overline{A} + \overline{B}$
$= (C + \overline{A}) \cdot (A + \overline{A}) \cdot \overline{B} = C + \overline{A} + \overline{B}$

38 다음 중 프로세스 제어(Process Control)에 속하지 않는 것은?

① 온도   ② 유량
③ 자세   ④ 압력

풀이 자세, 위치, 방향은 서보제어의 제어량이다.

39 2위치 동작의 특징에 대한 것이다. 옳지 않은 것은?

① 2위치 동작에서는 지연시간(L)과 시정수(T)의 비가 클수록 실온변동의 폭이 커진다.
② 평형치의 폭이 커지면 커질수록 실온변동의 폭이 커진다.
③ 사이클링을 짧게 할수록 제어량의 편차를 줄일 수 있으며 기계적인 고장도 막을 수 있다.
④ 2위치 동작에서는 목표치의 온도변화가 주기적으로 계속된다.

40 솔레노이드 밸브는 다음 어느 동작에 해당되는가?

① 비례 동작   ② 적분 동작
③ 미분 동작   ④ 2위치 동작

34 ④   35 ④   36 ①   37 ④   38 ③   39 ③   40 ④

41 다음 그림과 같은 논리회로는?

① OR 회로　　　　② AND 회로
③ NOT 회로　　　④ NOR 회로

풀이 A, B 중 어느 한 개가 ON되면, X0이 되고 ON되므로 OR 회로이다.

42 다음 그림과 같은 논리회로는?

① OR 회로　　　　② AND 회로
③ NOT 회로　　　④ NOR 회로

풀이 A, B가 동시에 ON되어야, X0이 되므로 AND 회로이다.

43 목표치가 정해져 있고 입출력을 비교하여 신호 전달경로가 반드시 폐루프를 이루고 있는 제어를 무엇이라 하는가?
① 비율차동 제어
② 조건 제어
③ 시퀀스 제어
④ 피드백 제어

44 비례 동작에서는 다음의 값이 적을수록 좋은 제어라 할 수 있다. 이에 해당되지 않는 것은?
① 잔류 편차　　　② 정정시간
③ 과도편차의 최대치　④ 타임래그

45 비례제어에서 과도 편차의 최대치가 적어져도 진공의 감쇠 악화로 정정 시간이 오래 걸려 제어계가 불안정하게 된다. 이 때의 현상을 옳게 나타낸 것은?
① 헌팅 현상
② 오프셋 현상
③ 플로팅 현상
④ 서징 현상

46 제어량의 편차가 없어질 때까지 동작을 계속하는 제어 동작은?
① 적분 동작(I동작)
② 비례 동작(P동작)
③ 단순도 동작
④ 평균 2위치 동작

풀이 또한 오프셋이 생기지 않는다.

41 ①　42 ②　43 ④　44 ④　45 ①　46 ①

47 전기식 제어 기기의 특징에 관한 것이다. 옳지 않은 것은?
① 신호 전달이 빠르다.
② 배선이 용이하다.
③ 구조가 간단하나 감전의 위험이 있다.
④ 원격 제어가 가능하다.

풀이 구조가 비교적 간단하나 전자식 보다는 복잡하고 보수가 어려우나 중소 용량일 경우 설비비가 싸다.

48 다음 사항 중 전자식 제어기기의 특징이 아닌 것은?
① 감도가 높다.
② 신호 전달이 빠르다.
③ 스케줄(Schedule) 제어가 가능하다.
④ 조작의 중앙 집중화에 부적합하다.

49 송풍기의 제어 방법에 들지 않는 것은?
① 인렛베인 제어
② 가변피치 제어
③ 회전수 제어
④ 바이패스 제어

50 주택의 냉난방, 유닛히터, 가습용 스프레이 및 전기 히터의 제어를 하고자 할 때 가장 적합한 제어 동작은?
① 비례제어 동작
② 2위치 제어 동작
③ 비례·적분 동작
④ 단순도 동작

51 2위치 제어에서 압력이 높은 곳에 사용되는 밸브는?
① 복좌 밸브
② 단좌 밸브
③ 3방 밸브
④ 파일럿 밸브

52 조절밸브의 선정시 유의해야 할 점에 해당되지 않는 것은?
① 구조
② 유량 특성
③ Close off rating
④ Rangeablity

53 다음 기술 중 옳은 것은?
① 압축기에 장착되는 안전밸브는 가스압축량을 기준으로 하여 필요한 최소구경을 구한다.
② 안전밸브의 양정(리프트)은 구경의 1/4로 되지 않으면 안 된다. 이 이하 양정의 것은 저양정 밸브라 부르며, 구경 면적은 접속 관경 면적의 7/10 이상이라야 한다.
③ 안전밸브의 토출압력과 고압차단의 장치와의 작동압력차는 $1kg/cm^2$로 취하는 것이 보통이다.
④ 프레온용 셀 앤드 튜브형 수냉응축기(내용

47 ③　48 ④　49 ④　50 ②　51 ④　52 ①　53 ①

적 500 l 미만)의 관판에 75℃ 이하에서 용융하는 가용전을 장착한다.

풀이 안전밸브의 종류는
① 고양정 밸브 : 리프트가 밸브시트 구경의 1/15이상 1/7 미만의 것
② 저양정 밸브 : 같은 상태에서 1/40 이상, 1/15 미만의 것
③ 전양정 밸브 : 1/7 이상, 1/4.4 미만의 것

54 그림과 같은 궤환회로의 블록선도에서 전달함수는?

① $[1-G(_s)H(_s)]^{-1} \cdot R(_s)$
② $[1+G(_s)H(_s)]^{-1} \cdot R(_s)$
③ $[1+G(_s)H(_s)]^{-1} \cdot H(_s)$
④ $[1+G(_s)H(_s)]^{-1} \cdot G(s)$

풀이 $R - CH_sG_s = C$
$RG_s = C + CG_sH_s = C(1+G_sH_s)$
$\therefore \dfrac{C}{R} = \dfrac{G_s}{1+G_sH_s} = (1+G_sH_s)^{-1}G_s$

55 옆 그림과 같은 논리 회로는?

① OR 회로
② AND 회로
③ NOT 회로
④ NOR 회로

풀이 A가 ON되면 X_0가 OFF되므로 NOT 회로이다.

56 다음은 측온 저온체의 재료에 사용되는 것들이다. 이들 중 온도가 증가하면 저항이 감소하는 것은 어느 것인가?
① 백금
② 서미스터
③ 니켈
④ 구리

풀이 이들 재료의 온도계수(1° deg 변화에 의한 저항치의 변화율)는 대략 백금 0.38%, 구리 0.43%, 니켈 0.64%, 서미스터 -4.5%이다. 이들 중 백금, 구리, 니켈은 온도와 저항이 함께 증가하나 서미스터는 온도가 증가하면 저항은 감소한다.

57 다음 설명 중 옳지 않은 것은?
① 제어량이란 제어의 대상이 되는 양을 말한다.
② 목표치란 요구하는 양을 말한다.
③ 설정치란 임의의 값을 정하지 않은 무한대의 값을 말한다.
④ 편차란 제어량과 설정치와의 차이를 말한다.

풀이 설정치는 목표치와 같은 것으로 반드시 일치하지는 않는다. 제어의 목표가 되는 값을 말한다.

54 ④ 55 ③ 56 ② 57 ③

58 다음 제어 동작 중 고속 제어에 속하지 않는 것은?

① 적분 동작
② 단순도 동작
③ 비례적분 동작
④ 미분 동작

풀이 조작신호에 의한 조절 동작에는 2위치, 평균 2위치, 다위치, 비례위치, 단순도 동작이 있고, 고속 제어에는 이 외에도 미분, 적분 동작 등이 있다.

59 Bellows 또는 Bimetal식 온도 조절기가 취할 수 있는 제어 동작이 아닌 것은?

① 비율 제어
② 2위치 제어
③ 평균 2위치 제어
④ 비례 제어

60 캐스케이드 제어에 대한 특징이다. 옳지 않은 것은?

① 최종 제어량을 정확히 제어할 수 있다.
② 잔류 편차를 자동적으로 수정하여 편차를 0으로 할 수 있다.
③ 두 개의 제어량간에 요구하는 양의 제어가 가능하다.
④ 타임 래그(Time lag)를 줄일 수 있다.

61 다음 그림과 같은 논리회로의 출력 Y는?

① $y = (A+B) \cdot C$
② $y = (A+B) \cdot \overline{C}$
③ $y = AC + B$
④ $y = (A \cdot B) + C$

풀이

$Y = (A+B) \cdot \overline{C}$

62 그림과 같은 논리회로의 출력 Y를 구하면?

① $\overline{A} \cdot B + A \cdot \overline{B}$
② $\overline{A} \cdot \overline{B} + \overline{A} \cdot B$
③ $A \cdot \overline{B} + \overline{A} \cdot \overline{B}$
④ $\overline{A} + \overline{B}$

58 ②   59 ①   60 ②   61 ②   62 ①

63 다음 중 변위를 유량으로 변환시키는 것은?
① 다이어프램
② 노즐 플래이머
③ 파일럿 밸브
④ 대쉬포트

64 그림과 같이 계전기 접점회로의 논리식은?

① X·(X·Y)
② X+(X+Y)
③ X+X·Y
④ X·(X+Y)

65 다음의 제어 동작 설명 중에서 틀린 것은?
① 2위치 동작 : on-off 동작이라고 하며, 편차의 정부에 따라 조작부를 전폐 또는 전개하는 것
② 비례 동작 : 편차의 제곱에 비례한 조작 신호를 낸다.
③ 적분 동작 : 편차의 적분치에 비례한 조작 신호를 낸다.
④ 미분 동작 : 조작신호가 편차의 증가속도에 비례하는 동작

[풀이] 비례 동작 : 편차에 비례한 조작 신호를 낸다.

66 다음 논리식 중 서로 다른 값을 나타내는 논리식은?
① $XY + X\overline{Y}$ $(X+Y)(X+\overline{Y})$
②
③ $X(X+Y)$
④ $X(\overline{X}+Y)$

[풀이] ① $XY + X\overline{Y} = X(X+\overline{Y}) = X \cdot 1 = X$
② $(X+Y)(X+\overline{Y}) = X + Y\overline{Y} = X + 0 = X$
③ $X(X+Y) = XX + YY = X + XY$
   $= X(1+Y) = X$
④ $X(\overline{X}+Y) = X\overline{X} + YX = 0 + XY = XY$

67 냉동기의 용량 제어 방법이 아닌 것은?
① 회전수 제어법
② 흡입베인 제어법
③ 크로스 제어법
④ 언로더 제어법

68 송풍기의 풍량조정 방법이 아닌 것은?
① 가변피치에 의한 방법
② 섹션댐퍼에 의한 조정법
③ 흡입틈새에 의한 조정법
④ 기차 기수에 의한 조정법

69 압력의 검출 조절에 사용되는 조절기가 아닌 것은?
① 압력조절기
② 동압조절기
③ 정압조절기
④ 차압조절기

풀이 ① 압력조절기는 증기압부, 수압, 공기압 등을 벨로스로 검출
③ 정압조절기는 미소공기 압력을 벨로스나 침(沈)경으로 검출
④ 차압조절기는 두 개의 벨로스로 압력을 검출하고 유량 등의 조정을 한다.

70 다음 그림과 같은 논리회로의 출력은?

① $D = \overline{A} \cdot \overline{B}C$
② $D = A \cdot \overline{B}C$
③ $D = A \cdot B\overline{C}$
④ $D = \overline{A} \cdot B\overline{C}$

풀이 NAND 회로
$\overline{\overline{B} \cdot C \cdot \overline{A}} = \overline{B \cdot C} \cdot A = A \cdot \overline{BC}$

71 백열 전등의 점등스위치는 어떤 스위치인가?
① 복귀형 a접점 스위치
② 복귀형 b접점 스위치
③ 검출 스위치
④ 유지형 스위치

풀이 한번 조작을 하면 반대의 조작을 할 때까지 접점의 개폐 상태가 그대로 지속되므로 유지형 스위치이고, 형광등 스탠드의 점등 스위치는 스위치를 조작할 때만 ON되고, 손을 떼면 OFF되므로 복귀형 a 접점이다.

72 자동제어 릴레이의 종류에 들지 않는 것은?
① 변환 릴레이
② 공기압 변환 릴레이
③ 리셋 릴레이
④ 센서 컨트롤러

73 논리식 $\overline{A} + A \cdot B$를 간단히 하면?
① $\overline{A} \cdot B$ ② $A \cdot \overline{B}$
③ $\overline{A} + B$ ④ $A + \overline{B}$

풀이 공식 $A \cdot B \cdot C = (A+B) \cdot (A \cdot C)$를 이용하여
$\overline{A} + A \cdot B = (\overline{A} + A) \cdot (\overline{A} + B) = \overline{A} + B$

74 비례 동작 제어에서 오프셋을 없애기 위한 것으로 옳은 것은?
① 부하가 항상 변화하고 있는 경우에는 곤란하다.
② 비례 동작 계수(Kp)의 값을 적게 해주면 된다.
③ 비례 대폭을 크게 하면 오프셋이 적어진다.
④ 오프셋을 없애려면 여기에 단순도 동작을 가해주면 된다.

75 그림과 같은 논리 심벌이 나타내는 식은?

① X = A·B + C
② X = (A + B)·C
③ X = (A·C) + B
④ X = A + B + C

풀이 AND 회로와 OR 회로의 합

76 다음의 제어스위치 중 조작스위치에 해당되지 않는 것은?
① Push Button 스위치
② Rotary 스위치
③ Toggle 스위치
④ Limit 스위치

77 다음 기호 중 시한 복귀형 a접점은?

풀이 ② : 접점식 시한 동작형 a접점
④ 뒤진회로 a접점
입력 신호의 변화 시간보다 출력 신호가 뒤늦은 회로를 시한회로라 한다.

78 PI 제어동작은 프로세스 제어계의 정상특성의 개선에 흔히 쓰인다. 이것에 대응하는 보상 요소는?
① 지상 보상 요소
② 진상 보상 요소
③ 지진상 보상 요소
④ 동상 보상 요소

풀이 PI 제어동작 : 비례적분 제어동작
Proportional Integotion

79 전달함수를 정의할 때 옳게 나타낸 것은?
① 모든 초기값은 0으로 한다.
② 모든 초기값을 고려한다.
③ 입력만을 고려한다.
④ 주파수의 특성만을 고려한다.

풀이 전달함수는 모든 초기값을 0으로 했을 때 출력신호의 라플라스 변환과 입력신호의 라플라스 변환의 비이다.

80 다음 제어계에서 적분요소는?
① 물탱크에 일정한 유량의 물을 공급하여 수위를 올린다.
② 트렌지스터에 부하 저항을 접속하여 전압 증폭을 한다.
③ 스프링에 힘을 가하여 그 변위를 구한다.
④ 물탱크에 열을 공급하여 물의 온도를 올린다.

풀이 ① : 비례요소, ② : 2차 뒤진요소
③ : 1차 뒤진요소, ④ : 적분요소

81 진동이 일어나는 장치의 진동을 억제하는데 가장 효과적인 제어 동작은?
① ON·OFF 동작   ② 비례 동작
③ 미분 동작   ④ 적분 동작

풀이 비분 동작(D 동작) : 시정수가 큰 프로세스 제어 등의 응답의 오버슈트(Overtshoot)를 감소시킨다.

82 제어요소는 무엇으로 구성되는가?
① 검출부와 조작부
② 검출부와 조절부
③ 검출부와 설정부
④ 조절부와 조작부

83 피드백 제어계의 특징이 아닌 것은?
① 정확성의 증가
② 감대폭의 증가
③ 구조가 간단하고 설치비가 저렴하다.
④ 계의 특성 변화에 대한 출력비의 감도가 증가한다.

풀이 피드백 제어계의 특징
① 정확성 증가
② 출력비의 감소
③ 비선형과 외선형에 대한 효과의 감소
④ 감대폭의 증가
⑤ 발진을 일으키고 불안정한 상태로 뒤돌아가는 경향성

84 3상 유도 전동기에 Y-△기동기를 사용하는 목적은?
① 기동 전류를 줄이려고
② 기동 토크를 크게 하려고
③ 기동시 회전을 빠르게 하려고
④ 기압 전압을 높이려고

풀이 Y-△기동기 : 기동 전류 $\frac{1}{\sqrt{3}}$ 배 감소

85 다음의 직류전동기 중 기동 회전력이 큰 순으로 맞게 되어 있는 것은?

① 직권형〉분권형〉복권형
② 복권형〉직권형〉분권형
③ 복권형〉분권형〉직권형
④ 직권형〉복권형〉분권형

풀이 직류 전동기의 기동 회전력 순서 : 직권형〉복권형〉분권형

86 도체에 대전체(帶電體)를 가까이 하면, 도체의 자유 전자가 흡인 혹은 반발되어서, 도체의 대전체에 가까운 쪽에 대전체의 전하와 다른 부호의 전하가 생기고 먼쪽에는 같은 부호의 전하가 생기는데 이런 현상을 무엇이라 하는가?

① 정전유도
② 정전기
③ 쿨롱 법칙
④ 가우스 정리

87 발전기의 유도기 전력의 방향을 알기 위한 법칙은?

① 플레밍의 오른손 법칙
② 옴의 법칙
③ 암페어의 법칙
④ 패러데이의 법칙

풀이 발전기의 유도 기전력을 알기 위한 법칙은 플레밍(Fleming)의 오른손 법칙이며, 왼손은 전동기의 회전방향과 관계가 있다.

Fleming의 오른손 법칙→발전기(Generator)
$E = VB\,l\sin\theta\,[V]$
Fleming의 왼손 법칙→전동기(Motor)
$F = BI\,l\sin\theta\,[N]$

88 변압기 용량이 100KVA를 수용하는 변전실의 소요 넓이는 어느 정도 크기인가?

① 10m²　　② 20m²
③ 33m²　　④ 100m²

풀이 변전실 면적(A)
$= 3.3\sqrt{\text{전기설비용량}(KVA)}$
$= 3.3\sqrt{100} = 33m^2$

89 3상 유도 전동기를 급속히 정지 또는 감속시킬 경우 가장 손쉽고 효과적인 제동법은?

① 발전 제동
② 완전류 제동
③ 회생 제동
④ 역상 제동

풀이 △→Y 변환 : 저항이 1/3배
Y→△ 변환 : 저항이 3배

85 ④　86 ①　87 ①　88 ③　89 ④

90 전압계를 이용하여 어떤 회로의 전압을 측정하고자 할 때 다음 설명 중 옳은 것은?

① 전압계는 회로에 직렬로 연결한다.
② 전압계는 회로에 병렬로 연결한다.
③ 전압계는 회로에 직병렬로 연결한다.
④ 아무렇게나 연결해도 관계가 없다.

[풀이]

91 건전지의 전압을 측정하고자 한다. 어느 계기를 이용해야 하는가?

① 교류 전압계
② 직류 전압계
③ 교류 전류계
④ 직류 전류계

[풀이] $\dfrac{I^+}{T}$ D.C(Direct Carrent)

92 이상적인 전류계의 내부 저항은 얼마로 가정하는가?

① $0\,\Omega$ ② $100\,\Omega$
③ $1{,}000\,\Omega$ ④ $\infty\,\Omega$

[풀이] $I = \dfrac{V}{R} \to \dfrac{V}{0} \to \infty$

(전류계 내부저항은 0, 전압계의 내부저항 ∞)

93 암페어를 바르게 정의한 것은?

① 1암페어란 1초당 6.24×10^{15}개의 전자의 이동을 말한다.
② 1암페어란 1초당 6.24×10^{16}개의 전자의 이동을 말한다.
③ 1암페어란 1초당 6.24×10^{17}개의 전자의 이동을 말한다.
④ 1암페어란 1초당 6.24×10^{18}개의 전자의 이동을 말한다.

[풀이] $e = -1.602 \times 10^{19}$(C)

$N(\text{개수}) = \dfrac{1}{e} = 6.24 \times 10^{18}(\text{개})$

$I = \dfrac{dg}{dt}$ [A]

단 dg : 전하(C), dt : 시간(초)

94 병진 운동계의 질량은 전기계의 무엇과 대응되는가?

① 전기량   ② 전기저항
③ 커패시턴스   ④ 인덕턴스

[풀이]

물리계	전기계
전기[μ]	전기량[Q]
힘[N]	전압[V]
속도[m/s]	전류
점성저항	전기저항
강도	정전용량
질량	인덕턴스

90 ②   91 ②   92 ①   93 ④   94 ④

95 직류 전동기에서의 속도 제어법이 아닌 것은?
① 계자 제어법
② 주파수 제어법
③ 전압 제어법
④ 저항 제어법

풀이 직류 전동기의 속도 제어법은
① 계자 제어법 : 정출력 제어법
② 전압 제어법 : 속도 제어 광범위 (대용량에 사용)
③ 저항 제어법 : 손실이 크다.

96 전기 집진기는 무엇을 이용한 것인가?
① 대전체간의 정전기력
② 자기력
③ 만유인력
④ 전자기력

풀이 전기나 가스 등 기체 중의 분진에 대전시켜 이것을 다시 전기적으로 포집하는 것으로서 정전기에 의한 고능률의 집진(먼지를 모으는 것)을 행한다.

97 도체의 전기저항은 다음 어떤 관계가 있는가?
① 온도상승에 따라 증가한다.
② 온도상승에 따라 감소한다.
③ 온도에 관계없이 일정하다.
④ 저온에 증가하고, 고온에 감소한다.

98 도선의 길이를 5배, 단면적을 10배로 하면 전기저항은 몇 배로 되는가?
① 1/2배   ② 2배
③ 3배   ④ 5배

풀이 도선의 저항은 길이에 비례하고, 단면적에 반비례한다 ($\frac{5}{10} = \frac{1}{2}$).

99 역률이 제일 좋은 전동기는?
① 농형 유도 전동기
② 권선형 유도 전동기
③ 반발 기동형 단상 유도 전동기
④ 3상 동기 전동기

풀이 역률이 좋은 전동기의 순서
단상 유도 전동기→3상 동기 전동기→농형 유도 전동기→권선형 유도 전동기
(기동토크가 큰 순서)
반발기동형 > 반발유도형 > 콘덴서전동기 > 분상기동형 > 세이딩코일형

100 전선의 굵기를 결정하는 요인이 아닌 것은?
① 기계적 강도   ② 안전전류
③ 배선방식   ④ 전압강하

풀이 전선의 굵기 결정 요인
① 기계적 강도,
② 안전전류,
③ 전압강하

95 ② 96 ① 97 ① 98 ① 99 ③ 100 ③

제 4 단원 안전관리

1. 산업안전

가. 안전관리(Safety Management)

생산성의 향상과 손실의 최소화를 위하여 행하는 것으로 비능률적 요소인 사고가 발생하지 않는 상태를 유지하기 위한 활동, 즉 재해로부터 인간의 생명과 재산을 보호하기 위한 계획적이고 체계적인 제반 활동을 말한다.

1) 안전의 의미

광의의 산업안전(적극적 안전)	인간생활의 복지 향상을 위하여 산업을 통해 직접 또는 간접적으로 어떤 형태의 생존권 침해도 받지 않는 상태를 말함
협의의 산업안전(소극적 안전)	산업을 통한 재난으로부터의 보호, 즉 사고의 결과인 재해로부터 인명과 재산을 보호하는 것

2) 안전의 가치

a) 안전관리의 목적 및 중요성

① 인간의 존중 : 인도주의의 실현

② 사회복지의 증진 : 경제성 향상

③ 생산성의 향상 : 안전태도의 개선 및 안전동기 부여

④ 경제적 손실의 예방 : 재해로 인한 재산 및 인적 손실예방

b) 안전활동의 효과

① 인간존중의 근본이념을 실현한다.

② 바람직한 노사관계의 형성에 기여한다.

③ 재해로 인한 손실 및 상해를 예방한다.

④ 기업의 이미지 제고 및 사회적인 인식이 변화한다.

⑤ 고유 기술이 축적되어 품질이 향상된다.

⑥ 생산성의 향상 및 기업의 신뢰도를 높여준다.

c) 안전유지와 생산의 관계

① 안전은 생산성 향상의 기본이다.

② 안전은 경비절감의 근원이 된다.

③ 안전은 직장 내 질서유지의 수준을 높인다.

④ 안전은 인간관계를 향상시킨다.

⑤ 안전은 생산목표의 척도가 된다.

3) 기계설비의 본질 안전화

① 안전기능이 기계설비에 내장되거나, 또는 내장되어 있을 것

② 페일 세이프(Fail Safe) 기능이 있을 것 : 기계나 그 부품에 파손·고장·기능 불량이 발생하여도 항상 안전하게 작동할 수 있는 기능을 가진 구조

③ 풀 프루프(Fool Proof) 기능이 있을 것 : 작업자가 기계를 잘못 취급하여 불안전 행동이나 실수를 하여도 기계설비의 안전기능이 작용되어 재해를 방지할 수 있는 기능을 가진 구조

④ 조작상의 위험이 없도록 설계할 것

⑤ 안전상 필요한 회로와 장치는 다중방식을 채택할 것

나. 위험

1) 위험의 개념

직·간접적으로 인적, 물적, 환경적 피해를 입히는 원인이 될 수 있는 실제 또는 잠재된 상태를 말한다.

2) 위험의 종류 및 사고의 형태

구분	위험의 종류	사고의 형태
기계적 위험	접촉적 위험	협착, 잘림, 스침, 격돌, 찔림, 틈에 끼임
	물리적 위험	비래, 낙하물에 맞음, 추락, 전락
	구조적 위험	파열, 파괴, 절단
화학적 위험	폭발, 화재 위험	폭발성 물질, 발화성 물질, 산화성 물질, 인화성 물질, 가연성 가스
	생리적 위험	부식성 액체, 독극물
에너지 위험	전기적 위험	감전, 과열, 발화, 눈의 장해
	열 기타의 위험	화상, 방사선 장해, 눈의 장해
작업적 위험	작업 방법적 위험	추락, 전도, 격돌, 협착, 낙하물에 맞음
	장소적 위험	붕괴, 낙하물에 맞음

2. 일반적인 안전사항

가. 작업 복장

1) **작업복**
   ① 작업복은 신체에 맞고 가벼운 것으로서 상의의 끝이나 바짓자락이 말려 들어가지 않는 것이 좋다.
   ② 실밥이 풀리거나 터진 것은 즉시 수선하도록 한다.
   ③ 고온 작업 시에도 작업복을 벗지 않는다. 작업복을 벗고 작업 시에는 재해의 위험성이 크다.
   ④ 작업복 선정 시 스타일을 고려하여 선정한다.

2) **작업모**
   ① 기계의 주위에서 작업을 할 때는 반드시 모자를 쓰도록 한다.
   ② 여성 및 장발자의 경우에는 모자나 수건으로 머리카락을 완전히 감싸도록 한다.

3) **신발**
   ① 신발은 작업 내용에 잘 맞는 것을 선정하고, 넘어질 우려가 있는 신발은 착용하지 않는다.
   ② 발의 보호를 위해 신발은 안전화의 착용이 바람직하다.

4) **보호구**
   ① 보안경 : 철분, 모래 등이 날리는 작업(연삭, 선반, 셰이퍼 등)에 사용한다.
   ② 차광 보호 안경 : 용접 작업 등과 같이 불꽃이나 유해광선이 나오는 작업에 사용한다.
   ③ 방진 마스크 : 먼지가 많은 장소나 유해가스가 발생되는 작업에 사용, 산소가 16% 이하로 결핍되었을 때에는 산소 마스크를 사용한다.
   ④ 장갑 : 선반작업, 드릴, 밀링, 연삭, 해머, 정밀기계 작업 등에는 장갑 착용을 금한다.
   ⑤ 귀마개 : 소음이 발생하는 작업 등에는 귀마개를 사용한다.
   ⑥ 안전모
      ㉠ 물건이 떨어지거나 추락, 충돌에서 머리를 보호할 수 있는 안전모를 착용한다.
      ㉡ 안전모의 상부와 머리 상부 사이의 간격을 유지하여 충격에 대비한다.
      ㉢ 턱 조리개는 반드시 졸라맨다.

나. 통행과 운반

1) 통행 시 안전수칙

① 통행로 위의 높이 2m 이하에는 장해물이 없을 것
② 기계와 다른 시설물 사이의 통행로 폭은 80cm 이상으로 할 것
③ 뛰거나 주머니에 손을 넣고 걷지 말 것
④ 통로가 아닌 곳은 걷지 말 것
⑤ 통행규칙을 지킬 것
⑥ 높은 작업장 밑을 통과할 때는 안전모를 착용할 것
⑦ 통행 우선 수칙을 숙지할 것

2) 운반 시 안전수칙

① 운반차는 규정속도를 지킬 것
② 운반 시 시야를 가리지 않게 할 것
③ 긴 물건에는 끝에 표지를 단 후 운반할 것

3) 작업장에서 작업을 시작하기 전 점검사항

① 기계 및 공구는 그 기능이 정상적인지 점검한다.
② 가스 사용 시 누설 및 폭발 위험이 없는지 점검한다.
③ 전기장치에 이상이 없는지 점검한다.
④ 작업장 조명이 정상인지 점검한다.
⑤ 정리 정돈이 잘 되어 있는지 점검한다.
⑥ 주변에 위험물이 있는지 점검한다.

3. 수공구류의 안전수칙

가. 일반적인 안전수칙

1) 일반수칙

   ① 주위를 정리정돈할 것
   ② 손이나 공구에 기름, 물 등 미끄러운 물질은 제거할 것
   ③ 수공구는 그 목적에만 사용할 것
   ④ 적절한 공구를 사용할 것

2) 수공구류 안전수칙

   ① 해머 작업

   ㉠ 보호안경을 착용할 것
   ㉡ 처음과 마지막에는 서서히 칠 것
   ㉢ 장갑을 끼지 말 것
   ㉣ 해머를 자루에 꼭 끼울 것
   ㉤ 적당한 공간을 유지할 것

   ② 정, 끌작업

   ㉠ 거스러미가 있는 정은 사용하지 말 것
   ㉡ 정에 기름이 묻을 시 기름을 깨끗이 닦은 후에 사용할 것
   ㉢ 따내기 작업 시에는 보호안경을 착용할 것
   ㉣ 절단 시 조각이 비산할 경우 반대편에 차폐막을 설치하여 비산을 방지할 것
   ㉤ 정을 잡은 손의 힘을 뺄 것
   ㉥ 날끝이 결손된 것이나 둥근 것은 사용하지 말 것
   ㉦ 정 작업은 처음에는 가볍게 두들기고 차츰 세게 두들기며, 작업이 끝날 때는 타격을 약하게 할 것
   ㉧ 담금질한 재료는 작업을 하지 않을 것
   ㉨ 절삭면을 손가락으로 만지거나 절삭칩을 손으로 제거하지 않을 것

③ 스패너, 렌치 작업
- ㉠ 사용목적 이외로 사용하지 말 것
- ㉡ 너트에 꼭 맞게 사용할 것
- ㉢ 조금씩 돌릴 것
- ㉣ 작업 중 벗겨져도 손을 다치거나 넘어지지 않는 안전한 자세인 몸 앞쪽으로 회전시킬 것
- ㉤ 스패너와 너트 사이에 물림쇠를 끼우지 말 것
- ㉥ 스패너에 파이프를 끼우거나 해머로 두들겨서 작업하지 말 것

④ 드라이버 작업
- ㉠ 드라이버는 홈에 맞는 것을 사용할 것
- ㉡ 드라이버의 이가 상한 것은 사용하지 말 것
- ㉢ 작업 중 드라이버가 빠지지 않도록 할 것
- ㉣ 전기 작업에서는 절연된 드라이버를 사용할 것

나. 다듬질의 안전작업

1) 바이스 작업

① 바이스는 이가 꼭 맞는 것을 사용할 것
② 조(Jaw)의 기름을 잘 닦아낼 것
③ 조의 중심에 공작물이 오도록 고정할 것
④ 바이스대에 재료, 공구 등을 올려놓지 말 것
⑤ 작업 중 헐거울 시 바이스를 조인 후 작업할 것
⑥ 가공물에 체결한 다음에는 반드시 핸들을 밑으로 내릴 것
⑦ 둥근 가공물은 V-블록 등의 보조구를 이용하여 고정할 것

2) 줄 작업

① 줄을 점검하여 균열이 있는 것은 사용하지 않는다.
② 줄자루는 소정의 크기의 것으로 자루를 확실하게 고정하여 사용한다.
③ 칩은 반드시 브러시로 턴다.
④ 오른손 사용자는 오른손에 힘을 주고 왼손은 균형을 잡도록 한다.

3) 쇠톱 작업

① 작업 중 톱날이 부러지지 않도록 하며 전체 날을 사용한다.

② 쇠톱자루와 테의 선단을 잘 고정시켜 좌우로 흔들리지 않도록 하고 작업한다.

③ 절삭이 끝날 무렵에는 힘을 빼고 가볍게 사용한다.

4) 스크레이핑 작업

① 스크레이퍼의 절삭날은 날카로우므로 다치지 않도록 조심한다.

② 작업을 할 때는 공작물을 확실히 고정시킨다.

③ 허리로 스크레이퍼 작업을 할 때는 배에 스크레이퍼를 대어 작업한다.

다. 주요 기계 작업 시 안전

1) 공작기계의 안전수칙

① 공구나 재료는 반드시 공구대에서 사용하도록 한다.

② 이송 중 기계를 정지시키지 않는다.

③ 기계의 회전을 손이나 공구로 멈추지 않는다.

④ 가공물, 절삭공구의 설치를 확실히 한다.

⑤ 절삭 공구는 짧게 설치하고 절삭성이 나쁘면 공구를 교체한다.

⑥ 칩이 비산하는 작업은 보안경을 사용한다.

⑦ 칩을 제거할 때는 브러시나 칩 클리너를 사용한다.

⑧ 공작물 측정 시에는 반드시 정지시킨 후 측정한다.

2) 선반 작업

① 가공물의 설치는 전원 스위치를 끄고 바이트를 충분히 뗀 다음 작업한다.

② 바이트 설치 시에는 기계를 정지시킨 다음에 한다.

③ 공작물의 설치가 끝나면 척, 렌치류는 곧 떼어 공구대에 놓는다.

④ 공작물의 길이가 직경의 12배 이상일 경우 방진구를 설치한다.

3) 연삭 작업

① 숫돌은 시운전 시 지정된 사람이 운전하도록 한다.

② 숫돌을 설치하기 전에 나무망치로 숫돌을 때려 탁한 소리가 나면 숫돌의 균열을 조사한다.

③ 숫돌차의 안지름은 축의 지름보다 0.05~0.15mm 정도의 틈을 준다.

④ 플랜지는 좌우 같은 것을 사용하고 숫돌 바깥 지름의 1/3 이상의 것을 사용한다.

⑤ 플랜지와 숫돌 사이에는 플랜지와 같은 크기의 종이와셔를 양쪽에 끼우고 너트를 조인다.

⑥ 숫돌은 시작 전 1분 이상, 숫돌 대체 시 3분 이상 시운전을 하며 작업자는 숫돌의 회전 방향으로부터 몸을 피하여 안전에 유의한다.

⑦ 숫돌과 작업대의 간격은 항상 3mm 이하로 유지한다.

⑧ 공작물과 숫돌은 조용하게 접촉하고, 무리한 압력으로 연삭은 금한다.

⑨ 소형 숫돌은 측압에 약하므로 컵형 숫돌 외에는 측면 사용을 금한다.

⑩ 숫돌의 커버를 반드시 부착하여 사용한다.

⑪ 안전 차폐막을 갖추지 않은 연삭기를 사용할 때는 방진 안경을 사용한다.

4) 용접 시 안전수칙

① 산소용접 시 안전수칙

㉠ 용접 작업 시 적당한 차광 안경을 사용한다.

㉡ 점화 시 아세틸렌 밸브를 먼저 열고 점화한 뒤 산소 밸브를 연다.

㉢ 충전된 산소병은 직사광선이 직접 투사하는 곳에 놓지 않도록 한다.

㉣ 작업 후 산소 밸브를 먼저 닫고 아세틸렌 밸브를 닫는다.

㉤ 점화는 로치 라이터로 한다.

㉥ 역화가 일어났을 때는 즉시 산소 밸브를 잠근다.

㉦ 발생기에서 5m 이내, 발생기실에서 3m 이내의 장소에서 흡연과 화기의 사용 또는 불꽃이 일어나는 행위를 금한다.

㉧ 아세틸렌 용기밸브를 열 때는 $\frac{1}{4} \sim \frac{1}{2}$ 회전만 하고 핸들은 끼워놓는다.

㉨ 아세틸렌 누출 검사 시에는 비눗물을 사용하여 검사한다.

㉩ 호스의 색은 산소용은 흑색, 아세틸렌용은 적색을 사용한다.

② 전기용접 시 안전수칙

㉠ 전기용접은 환기장치가 완전한 일정한 장소에서 실시한다.
㉡ 용접 시에는 소화기 및 소화수를 준비한다.
㉢ 우천시 옥외 작업을 금한다.
㉣ 홀더는 항상 파손되지 않은 것을 사용한다.
㉤ 작업 시에는 반드시 보호장비를 착용한다.
㉥ 용접봉을 갈아끼울 때는 홀더의 충전부에 몸이 닿지 않도록 주의한다.
㉦ 작업 중단 시에는 전원 스위치를 끄고 커넥터를 풀어준다.
㉧ 보호장갑 및 에이프런(앞치마), 발 덮개 등의 보호장구를 착용한다.

5) 드릴 작업

① 드릴을 고정하거나 풀 때는 주축이 완전히 멈춘 후에 한다.
② 드릴은 양호한 것을 사용하고, 생크에 상처나 균열이 있는 것은 교환한다.
③ 가공 중에 드릴의 절삭성이 떨어지면 곧 드릴을 재연삭하여 사용한다.
④ 작은 물건이라도 반드시 바이스나 고정구로 고정한다.
⑤ 얇은 물건을 드릴 작업할 때는 밑에 나무 등을 받치고 작업한다.
⑥ 드릴 끝이 가공물의 맨 밑에 나올 때는 가공물이 회전하기 쉬우므로 이송을 늦춘다.
⑦ 가공 중 드릴이 가공물에 박히면 기계를 정지시키고 안전장치를 한 후 손으로 드릴을 뽑아야 한다.
⑧ 드릴이나 소켓 등을 뽑을 때는 드릴 뽑게를 사용하며, 해머 등으로 두들겨 뽑지 않도록 한다.
⑨ 드릴 및 척을 교환할 때는 주축과 테이블의 간격을 좁히고 테이블 위에 나뭇조각을 놓고 작업한다.

6) 프레스(전단기) 작업

① 기계의 사용방법을 완전히 익힐 때까지는 단독으로 기계를 작동시키지 않는다.
② 작업 전에 운전하여 기계의 움직임 및 작업상태를 점검한다.
③ 형틀(Die)을 교정 또는 교환 후에는 시험 작업을 해 본다.
④ 안전장치의 작동상태를 점검한다.
⑤ 2명 이상이 작업할 때는 신호규정을 정하고 조작에 안전을 기한다.

⑥ 작업이 끝난 후에는 반드시 스위치를 내린다.

⑦ 손질, 수리, 조정 및 급유 시에는 반드시 전원 스위치를 내린 후 작업한다.

⑧ 이송이나 배출 시에는 손의 사용보다는 장치를 이용하도록 한다.

라. 동력전달장치의 안전

기계에 동력을 전달하는 원동기, 전동기, 축, 기어, 풀리, 벨트 등에는 항상 위험이 따르므로 적당한 안전장치를 해야 한다.

1) 벨트의 안전장치

① 벨트의 이음쇠는 되도록 돌기가 없는 구조로 한다.

② 벨트가 돌아가는 부분에는 커버 등을 한다.

③ 통행 중 접근할 염려가 있는 것은 둘러싸거나 안전 울타리를 한다.

2) 축(Shaft)의 안전장치

① 볼트, 키 등의 머리가 튀어 나온 부품은 컬러로 덮어준다.

② 돌출부가 없어도 지상 2m 이내에서는 의복, 머리카락 등이 감기지 않도록 장치를 한다.

3) 기어 맞물림부의 안전장치

① 기어는 가급적 전부 덮어야 한다.

② 맞물린 부분과 측면 부분은 특히 안전 커버를 한다.

4. 안전 표지와 가스용기의 색채

가. 안전 표지와 색채 사용도

① 적색 : 방향 표시, 규제, 고도의 위험 등

② 오렌지색(주황색) : 기계·전기설비의 위험, 일반위험 등

③ 황색 : 주의 표시(충돌, 장애물 등)

④ 녹색 : 안전지도, 위생표시, 대피소, 구호소 위치, 진행 등

⑤ 청색 : 수리·조절 및 검사 중, 송전 중 표시

⑥ 진한 보라색 : 방사능 위험표시(자주색)

⑦ 백색 : 글씨 및 보조색, 통로, 정리정돈

⑧ 흑색 : 방향 표시, 글씨

⑨ 파란색 : 출입금지

나. 가스용기의 색채

산소(녹색), 수소(주황색), 액화 이산화탄소(파란색), 액화 암모니아(흰색), 액화 염소(갈색), 아세틸렌(노란색), 기타(쥐색)

다. 화재의 종류

- A급 - 일반화재
- B급 - 유류
- C급 - 전기
- D급 - 금속분화제
- K급 - 주방

연습문제

01 작업장에서 전기, 유해 가스 및 위험한 물건이 있는 곳을 식별하기 위해서는 다음 중 어느 색으로 표시해야 하는가?
① 황색 ② 적색
③ 녹색 ④ 청색

02 기중기의 주요 부분이나 작업장의 위험 표시 혹은 위험이 게재된 기둥 지주·난간 및 계단을 표시하는 데 사용되는 색은?
① 황색과 보라색 ② 적색
③ 흑색과 백색 ④ 녹색

03 작업장의 벽에는 어느 색이 좋은가?
① 연초록색 ② 노란색
③ 파랑색 ④ 검은색

[풀이] 작업장의 색은 경우에 따라 다르나 다음 기준에 맞추는 것이 좋다.
- 벽 : 황색, 상아색, 연초록색
- 천정 : 흰색
- 기계 플레임에는 회색 또는 녹색, 중요한 부분에는 밝은 회색

04 작업장의 안전 표시 중 주의를 요할 때의 표시색은?
① 적색 ② 노랑
③ 주황 ④ 청색

05 다음 작업 중 보안경이 필요한 것은?
① 리베팅 작업
② 선반작업
③ 줄 작업
④ 황산 제조작업

[풀이] 밀링, 선반, 드릴 작업은 칩 비산에 의하여 눈에 상해를 입을 수 있으므로 보안경을 반드시 착용하여야 한다.

06 산업 공장에서 재해의 발생을 적게 하기 위한 방법 중 틀린 것은 어느 것인가?
① 칩은 정해진 용기에 넣는다.
② 공구는 소정의 장소에 보관한다.
③ 소화기 근처에 물건을 쌓아 놓는다.
④ 통로나 창문 등에 물건을 세워 놓지 않는다.

07 다음 중 작업장에서 착용해서는 안 되는 것은?
① 작업모 ② 안전모
③ 넥타이나 반지 ④ 작업화

08 퓨즈가 끊어져 다시 끼웠을 때 또 끊어 졌다면 그 대책은?
① 다시 한 번 끼워본다.
② 좀 더 굵은 것으로 끼운다.
③ 굵은 동선으로 바꾸는 것이 좋다.
④ 기계의 합선 여부를 점검한다.

01 ② 02 ① 03 ① 04 ② 05 ② 06 ③ 07 ③ 08 ④

09 공장의 정리정돈 방법에 관한 설명으로 적당치 않은 것은?
① 폐품은 정해진 용기 속에 넣는다.
② 공구, 재료 등은 일정한 장소에 놓는다.
③ 사용이 끝난 공구는 즉시 뒷정리를 한다.
④ 통로를 넓히기 위해 통로 한쪽에 물건을 세워 놓는다.

10 전기 스위치는 오른손으로 개폐해야 한다. 이때, 왼손의 위치로 가장 좋은 것은?
① 주위의 물체를 잡는다.
② 주위의 기계를 잡는다.
③ 접지 부분을 잡는다.
④ 일체의 것을 잡지 않는다.

11 기계의 안전을 확보하기 위해서는 안전율을 감안하게 되는데 다음 중 적합하지 않은 것은?
① 탄성률, 충격률, 여유율의 곱으로 안전율을 계산하기도 한다.
② 재료의 균질성, 응력 계산의 정확성, 응력의 분포 등 각종 인자를 고려한 경험적 안전율도 쓴다.
③ 안전율 계산에 사용되는 여유율은 연성재에 비하여 취성재를 크게 잡는다.
④ 안전율은 클수록 안전하므로 안전율이 높은 기계는 우수한 기계라 할 수 있다.

12 공장의 출입문은 안전을 위하여 어느 것이 안전한가?
① 안 여닫이문
② 밖 여닫이문
③ 셔터
④ 미닫이문

13 다음 중 방호울을 설치하여야 하는 공작기계는?
① 선반   ② 밀링
③ 드릴   ④ 셰이퍼
풀이 셰이퍼의 안전장치에는 방호울, 칩받이, 칸막이 등이 있다.

14 작업 환경에 속하지 않는 것은?
① 공구   ② 소음
③ 조명   ④ 채광

15 압력 용기에 설치하는 압력 방출장치의 작동 설정점은?
① 상용압력 초과 시
② 최고사용압력 이전
③ 최고사용압력 초과 시
④ 최고사용압력의 110%
풀이 압력방출장치는 용기의 최고압력 이전에 방출하도록 되어야 한다.

09 ④ 10 ④ 11 ④ 12 ② 13 ④ 14 ① 15 ②

16 다음 중 재해가 가장 많은 동력전달장치는?
① 기어 ② 커플링
③ 벨트 ④ 차축

17 사다리 작업 시 사다리의 경사 각도는?
① 0° ② 15°
③ 30° ④ 45°

18 기계와 기계의 간격은 최소한 얼마 이상으로 해야 하는가?
① 0.5m ② 0.8m
③ 1.2m ④ 1.4m

19 기계 설비의 안전화를 위해서는 기계, 장비 및 배관 등에 안전 색채를 구별하여 칠해야 한다. 다음 중 알맞지 않은 것은?
① 시동 단추식 스위치 : 녹색
② 정지 단추식 스위치 : 적색
③ 가스 배관 : 황색
④ 물 배관 : 백색

20 취급 운반의 5원칙과 관계가 먼 것은?
① 연속 운반으로 할 것
② 직선 운반으로 할 것
③ 운반 작업을 집중화할 것
④ 손이 닿는 운반 방식으로 할 것

풀이 1. 취급 운반의 5원칙
- 연속 운반으로 할 것
- 직선 운반으로 할 것
- 운반 작업을 집중화할 것
- 생산을 최대로 할 수 있는 운반일 것
- 시간과 경비를 최대한 절약할 수 있는 운반 작업일 것

21 밀링 작업 시 주의할 점을 잘못 설명한 것은?
① 보호안경을 사용한다.
② 커터에 옷이 감기지 않도록 한다.
③ 절삭 중 측정기로 측정한다.
④ 일감은 기계가 정지한 상태에서 고정한다.

풀이 안전 색채
- 시동 단추식 스위치 : 녹색
- 정지 단추식 스위치 : 적색
- 가스 배관 : 황색
- 대형 기계 : 밝은 연녹색
- 고열을 내는 기계 : 청록색, 회청색
- 증기 배관 : 암적색
- 기름 배관 : 황암적색
- 고압용공기 : 백색
- 저압용공기 및 물 : 초록

22 금속나트륨, 마그네슘 등과 같은 가연성 금속의 화재는 몇 급 화재로 분류되는가?
① A급 화재 ② B급 화재
③ C급 화재 ④ D급 화재

16 ③ 17 ② 18 ② 19 ④ 20 ④ 21 ③ 22 ④

23 사업장 내에서 통행 우선권이 가장 빠른 것은?

① 보행자
② 화물 실으러 가는 차량
③ 화물 싣고 가는 차량
④ 기중기

풀이 ④ > ③ > ② > ①

24 세이퍼의 작업 규칙 중 틀린 것은?

① 공작물을 단단하게 고정할 것
② 바이트는 가급적이면 짧게 고정할 것
③ 운전 중 바이트가 이동하는 방향에 설 것
④ 보호 안경을 사용할 것

풀이 세이퍼는 작동될 때 램이 앞뒤로 움직이기 때문에 앞이나 뒤 작업자에게 매우 위험하다.

25 와이어 로프로 중량물을 달아올릴 때 로프에 가장 힘이 적게 걸리는 각도는?

① 120°   ② 60°
③ 30°   ④ 90°

26 기계 설비에서 왕복 운동을 하는 운동부와 고정부 사이에 형성되는 기계의 위험점으로 적합한 것은?

① 끼임점   ② 절단점
③ 물림점   ④ 협착점

풀이 협착점이란 왕복 운동 부분과 고정 부분 사이에 형성된 위험점으로 프레스, 전단기에서 많이 볼 수 있다.

27 고압가스의 충전용기 보관 시 유의할 점 중 틀린 것은?

① 전도하지 않도록 한다.
② 전락하지 않도록 한다.
③ 충격을 방지하도록 한다.
④ 밀폐된 곳에 보관한다.

풀이 충전용기는 통풍이 잘 되는 곳에 보관한다.

28 고압가스 용기 운반 시 주의할 점 중 틀린 것은?

① 운반 전에 밸브를 닫는다.
② 용기의 온도는 35℃ 이하로 한다.
③ 종류가 다른 가스 용기도 함께 운반한다.
④ 적당한 운반차나 운반도구를 사용한다.

풀이 고압가스 용기 운반 시에는 같은 종류끼리 운반한다.

29 기계 설비의 안전 조건 중 외관의 안전화에 해당되는 조치는 어느 것인가?
① 고장 발생을 최소화하기 위해 정기 점검을 실시하였다.
② 강도의 열화를 위해 안전율을 최대로 고려하여 설계하였다.
③ 전압 강하, 정전 시의 오동작을 방지하기 위하여 자동제어장치를 설치하였다.
④ 작업자가 접촉할 우려가 있는 기계의 회전부를 덮개로 씌우고 안전 색채를 사용하였다.

30 탁상 공구 연삭기 안전 커버의 최대 노출 각도는 얼마인가?
① 180° ② 90°
③ 120° ④ 60°

풀이 탁상용 연삭기의 덮개 노출 각도는 최대 노출 각도 90°, 수평면 위 65°, 수평면 이하 작업 시 125°까지 노출할 수 있다.

31 와이어 로프로 물품을 달아올릴 경우 두 로프가 나란할 때의 장력을 1로 하면, 로프의 간격이 120°가 되었을 때의 장력은 얼마인가?
① 1배 ② 1.5배
③ 2.0배 ④ 1.7배

풀이
• 30° : 1.04배
• 60° : 1.1배
• 90° : 1.41배
• 120° : 2.0배
• 140° : 4.0배

32 중량품을 운반할 때 주의할 점이다. 잘못 설명한 것은?
① 운반 기구를 사용한다.
② 다리와 허리에 힘을 주어 물체를 들어 움직인다.
③ 운반차를 이용한다.
④ 운반차는 바퀴가 3개 이상인 것이 안전하다.

풀이 중량물을 운반할 때는 반드시 운반기구로 이동시킨다.

33 와이어 로프로 물건을 달아 올릴 때 힘이 가장 적게 걸리는 로프의 각도는?
① 30° ② 45°
③ 60° ④ 75°

34 기중기 운반 시 가장 필요 없는 것은?
① 행거 ② 로프
③ 운반 상자 ④ 포크 리프트

풀이 포크리프트는 지게차이다.

35 다음 중 안전한 해머는?
① 머리가 깨진 것
② 쐐기가 없는 것
③ 타격면이 평탄한 것
④ 타격면에 홈이 있는 것

29 ④ 30 ② 31 ③ 32 ② 33 ① 34 ④ 35 ③

36 앞치마를 사용하는 작업은?
① 밀링 작업 ② 용접 작업
③ 형삭 작업 ④ 목공 작업

37 계속 감아올라가 일어나는 사고를 방지하기 위한 안전장치는?
① 일렉트로닉 아이
② 라체트 휠
③ 전자 클러치
④ 리밋 스위치

풀이 리밋 스위치(Limit Switch)
과도하게 한계를 벗어나 계속적으로 감아 올리거나 하는 일이 없도록 제한하는 기계 설비의 안전장치로서 권과 방지장치, 과부하 방지장치, 과전류 차단장치, 입력 제한장치 등이 있다.

38 안전장치의 기본 목적이 아닌 것은?
① 작업자의 보호
② 인적·물적 손실의 방지
③ 기계 기능의 향상
④ 기계 위험 부위의 접촉 방지

39 장갑을 끼고 하여도 좋은 작업은 어느 것인가?
① 드릴 작업 ② 선반 작업
③ 용접 작업 ④ 판금 작업

40 다음 중 정작업 시 틀린 것은?
① 정작업할 때 반드시 보안경을 착용한다.
② 정으로 담금질된 재료를 가공하지 말아야 한다.
③ 자르기를 시작할 때와 끝날 무렵에는 세게 친다.
④ 철강재를 정으로 절단할 때에는 철편이 날아 튀는 것에 주의한다.

풀이 정작업 시에 처음과 끝날 무렵에는 가볍게 친다.

41 다음은 드라이버 사용 시 주의할 점이다. 틀린 것은?
① 규격에 맞는 드라이버를 사용한다.
② 드라이버는 지렛대 대신으로 사용하지 않는다.
③ 클립(Clip)이 있는 드라이버는 옷에 걸고 다녀도 좋다.
④ 나사를 빼거나 박을 때 잘 풀리지 않으면 플라이어로 꽉 잡고 돌린다.

42 안전작업이 필요한 이유에 해당되지 않는 사항은?
① 생산성이 감소된다.
② 인명 피해를 예방할 수 있다.
③ 생산재의 손실을 감소시킬 수 있다.
④ 산업 설비의 손실을 감소시킬 수 있다.

36 ② 37 ④ 38 ③ 39 ③ 40 ③ 41 ④ 42 ①

43 다음 중 보호구를 사용하지 않아도 무방한 작업은 어느 것인가?
① 보일러를 수선하는 작업
② 유해물을 취급하는 작업
③ 유해 방사선에 쬐는 작업
④ 증기를 발산하는 장소에서 행하는 작업

44 작업장에서 작업복을 착용하는 이유는?
① 방한을 위해서
② 작업자의 복장 통일을 위해서
③ 작업 비용을 높이기 위해서
④ 작업 중 위험을 적게 하기 위해서

45 다음은 공작 기계 작업 시 안전사항이다. 잘못 설명한 것은?
① 바이트는 약간 길게 설치한다.
② 절삭 중에는 측정하지 않는다.
③ 공구는 확실히 고정한다.
④ 절삭 중 절삭면에 손을 대지 않는다.

46 다음 중 안전 커버를 사용하지 않는 곳은?
① 기어　　② 풀리
③ 체인　　④ 선반의 주축

47 취급 운반 재해의 안전사항 중 틀린 것은?
① 슈트를 설치하여 중력의 이용을 시도한다.
② 취급 운반작업을 단순화한다.
③ 작은 물건을 손으로 운반한다.
④ 작업장의 조명, 환기를 적절히 한다.

48 산소, 아세틸렌 용접장치에 사용되는 ㉠ 산소 호스와 ㉡ 아세틸렌 호스의 색깔로 맞는 것은?
① ㉠ 적색 - ㉡ 흑색
② ㉠ 적색 - ㉡ 녹색
③ ㉠ 흑색 - ㉡ 적색
④ ㉠ 녹색 - ㉡ 흑색

[풀이] 산소 호스는 녹색 또는 흑색으로 한다.

49 드릴 머신에서 얇은 판에 구멍을 뚫을 때 가장 좋은 방법은?
① 손으로 잡는다.
② 바이스에 고정한다.
③ 판 밑에 나무를 놓는다.
④ 테이블 위에 직접 고정한다.

[풀이] 얇은 판에 구멍을 뚫을 때는 밑에 나무를 놓고 뚫으면 판이 갈라지거나 회전하는 일이 적다.

50 와이어 로프를 절단하여 고리걸이 용구를 제작할 때 절단방법 중 옳은 것은?
① 가스 용단　　② 전기 용단
③ 기계적 절단　　④ 부식

43 ①　44 ④　45 ①　46 ④　47 ③　48 ③　49 ③　50 ③

51 드릴 작업 중 사고가 날 우려가 있는 것은?
① 드릴 작업 중 바이스가 회전하지 않도록 힘을 주어 잡거나 볼트로 테이블에 고정한다.
② 드릴 작업 중 장갑을 끼지 않는다.
③ 드릴 작업 중 반드시 보호안경을 사용한다.
④ 얇은 판은 테이블에 힘을 주어 누르고 드릴 작업을 한다.

52 드릴 작업 시 올바른 보안경 착용방법은?
① 항상 착용한다.
② 필요할 때만 착용한다.
③ 저속할 때만 착용한다.
④ 고속할 때만 착용한다.

53 드릴 작업에서 간단히 구멍이 완전히 관통되었는지의 여부를 판정하는 방법 중 옳지 않은 것은?
① 막대기를 넣어 본다.
② 철사를 넣어 본다.
③ 손가락을 넣어 본다.
④ 빛에 비추어 본다.

54 드릴 작업 시 칩의 제거 방법으로 가장 적당한 것은?
① 회전을 중지시킨 후 손으로 제거
② 회전시키면서 솔로 제거
③ 회전을 중지시킨 후 솔로 제거
④ 회전시키면서 막대로 제거

55 기계작업 중 정전되었을 때 책임자가 꼭 해야 할 일은?
① 작업의 능률을 향상시키기 위해 작업 중 공작물을 제거한다.
② 전원 스위치를 끈다.
③ 공작물의 치수, 공작의 진척 등을 살펴본다.
④ 기계 주위를 청소 및 정돈한다.

56 기계작업의 작업복으로서 적당치 않은 것은?
① 계측기 등을 넣기 위해 호주머니가 많을 것
② 소매를 손목까지 가릴 수 있을 것
③ 점퍼형으로서 상의 옷자락을 여밀 수 있을 것
④ 소매를 오무려 붙이도록 되어 있는 것
풀이 호주머니는 없거나 적은 것을 선택한다.

51 ④ 52 ① 53 ③ 54 ③ 55 ② 56 ①

57 드릴 작업에서 드릴링할 때 공작물과 드릴이 함께 회전하기 쉬운 경우는?
① 작업이 처음 시작될 때
② 구멍이 거의 뚫릴 무렵
③ 구멍을 중간쯤 뚫었을 때
④ 드릴 핸들에 약간의 힘을 주었을 때

풀이 드릴의 끝작업에서는 회수를 감소시키거나 힘을 감소시킨다.

58 기계 가공 후 일감에 생기는 거스러미를 가장 안전하게 제거하는 것은?
① 정   ② 바이트
③ 줄   ④ 스크레이퍼

59 다음은 다듬질 작업 시 안전사항이다. 잘못 설명한 것은?
① 줄 자루가 빠지지 않도록 한다.
② 공작물은 바이스 조(Jaw)의 중심에 고정한다.
③ 손톱은 부러지지 않게 한다.
④ 절삭이 끝날 때 손톱을 힘껏 민다.

풀이 절삭이 끝날 무렵에 힘을 주면 톱날이 부러진다.

60 드릴 머신 주축에서 드릴 소켓을 뺄 때 가장 적당한 것은?
① 드릴 렌치   ② 스패너
③ 파이프 렌치   ④ 드릴 뽑기

61 다음 안전장치에 관한 설명 중 틀린 것은?
① 안전장치는 효과 있게 사용한다.
② 안전장치는 작업 형편상 부득이한 경우에는 일시 제거해도 좋다.
③ 안전장치는 반드시 작업 전에 점검한다.
④ 안전장치가 불량할 때는 즉시 수정한 다음 작업한다.

62 스패너의 크기가 너트보다 클 때 끼움판을 사용하면?
① 좋다.
② 나쁘다.
③ 경우에 따라 좋다.
④ 스패너가 너트보다 커도 무방하다.

풀이 크기가 너트보다 클 때는 적당한 크기를 다시 선정한다.

63 다음 중 귀마개가 필요한 작업은?
① 전기 용접   ② 연삭
③ 리베팅   ④ 가스용접

64 둥근 봉을 바이스에 고정할 때 필요한 공구는?
① V 블록   ② 평형대
③ 받침대   ④ 스퀘어 블록

65 정 작업 시 정을 잡는 방법 중 옳은 것은?
① 꼭 잡는다.
② 가볍게 잡는다.
③ 재질에 따라 다르다.
④ 두 손으로 잡는다.

풀이 정 작업 시 안전대책
- 작업의 처음과 끝에는 세게 치지 말 것
- 정의 재료는 담금질할 재료를 사용하지 말 것
- 철재를 절단 시에는 철편이 튀는 방향에 주의할 것
- 정의 머리는 항상 연마가 잘 되어 있을 것
- 정은 공작물의 재질에 따라 날끝의 각도가 60~70°일 것

66 정 작업을 하면 안 되는 재료는?
① 연강   ② 구리
③ 두랄루민   ④ 담금질된 강

풀이 담금질 강 중 가장 경도가 큰 것은 마텐자이트로서 깨질 위험이 크다.

67 다음 사항 중 탭(Tap)이 부러지는 원인이 아닌 것은?
① 탭의 구멍이 일정하지 않을 때
② 소재보다 경도가 높을 때
③ 핸들에 과도한 힘을 주었을 때
④ 구멍 밑바닥에 탭이 부딪혔을 때

68 숫돌 바퀴를 교환할 때는 나무 해머로 숫돌의 무엇을 검사하는가?
① 기공   ② 크기
③ 균열   ④ 입도

풀이 해머로 숫돌을 때렸을 시 탁한 소리가 나면 균열이 있는 것으로 교환할 수 없다.

69 연삭 숫돌 바퀴에 부시를 끼울 때 주의해야 할 점 중 틀린 것은?
① 부시의 구멍과 숫돌의 바깥 둘레는 동심원이어야 한다.
② 부시의 구멍은 축지름보다 1mm 크게 하여야 한다.
③ 부시의 측면과 숫돌의 측면은 일치하여야 한다.
④ 부시의 필릿 두께가 고른 것을 사용한다.

70 양 두 그라인더에서 숫돌과 받침대의 간격은 얼마로 하는 것이 좋은가?
① 3mm 이내   ② 5mm 이내
③ 8mm 이내   ④ 10mm 이내

71 숫돌 바퀴의 교환 적임자는?
① 관리자
② 숙련자
③ 기계 구조를 잘 아는 자
④ 지정된 자

65 ②   66 ④   67 ②   68 ③   69 ②   70 ①   71 ②

72 숫돌은 연삭기에 장치한 후, 몇 분 동안 시운전을 해야 하는가?
① 1분　　　　　② 3분
③ 5분　　　　　④ 8분

73 양 두 그라인딩 작업 시 작업자로서 가장 위험한 곳은?
① 숫돌 바퀴의 왼쪽
② 숫돌 바퀴의 오른쪽
③ 숫돌의 회전 방향
④ 숫돌의 후면

74 바이트를 연삭할 때 숫돌의 어느 곳에서 갈아야 하는가?
① 우측면　　　　② 좌측면
③ 원주면　　　　④ 아무 곳이나

75 회전 중 연삭 숫돌의 파괴 위험에 대비한 장치는?
① 받침대　　　　② 와셔
③ 플랜지　　　　④ 커버

76 연삭 숫돌이 작업 중에 파손되는 원인은?
① 숫돌과 공작물의 재질이 맞지 않을 때
② 입도가 작을 때
③ 숫돌 커버가 없을 때
④ 숫돌 회전수가 규정 이상일 때

77 새 연삭 숫돌을 취급하는 방법으로 적합하지 않은 것은?
① 숫돌 양면의 종이를 떼지 말고 고정한다.
② 고정하기 전에 가볍게 때려 음향 검사를 한다.
③ 숫돌의 원주면에 공작물을 연삭한다.
④ 숫돌이 빠지는 것을 방지하기 위해 강하게 죄어 고정한다.

78 연삭 숫돌 부시의 재질은 다음 중 어느 것이 좋은가?
① 연강　　　　　② 탄소강
③ 납　　　　　　④ 인청동

79 연삭작업에서 주의해야 할 사항 중 틀린 것은?
① 작업 중 반드시 보호 안경을 사용한다.
② 숫돌의 측면을 사용하면 좋은 가공면을 얻을 수 있다.
③ 회전 속도는 규정 이상으로 내지 않도록 한다.
④ 작업 중 진동이 심하면 즉시 중지해야 한다.
풀이 숫돌의 원주면을 사용하여 연삭한다.

72 ②　73 ③　74 ③　75 ③　76 ④　77 ④　78 ③　79 ②

80 다음은 연삭 작업 시 주의할 점이다. 틀린 것은?

① 숫돌 커버를 반드시 장치한다.
② 숫돌을 해머로 가볍게 두드려서 소리를 들어 균열을 확인한다.
③ 양 숫돌 바퀴의 입도는 같게 하여야 한다.
④ 작업 전에 몇 분 동안 공회전시켜 이상 유무를 확인한다.

81 사용했던 숫돌을 재사용할 때 작업 개시 전 몇 분 정도 시운전을 해야 하는가?

① 1분　② 2분
③ 3분　④ 4분

풀이 시작 전 1분 이상이며, 숫돌 대체 시 3분 이상 시운전을 한다.

82 기계의 점검 중 운전 상태에서 할 수 없는 것은?

① 기어의 물림 상태
② 급유 상태
③ 베어링부의 온도 상승
④ 이상음의 유무

83 기계를 운전하기 전에 해야 할 일이 아닌 것은?

① 급유　② 기계 점검
③ 공구준비　④ 정밀도 검사

풀이 정밀도 검사는 제품가공 완료시 점검사항이다.

84 공구는 사용한 후 어느 곳에 보관하는 것이 좋은가?

① 공구 상자　② 재료 위
③ 기계 위　④ 관리실

85 앤빌의 운반작업 중 안전에 위배되는 행동은?

① 혼자서 든다.
② 타인의 협조를 얻는다.
③ 운반차를 이용한다.
④ 조용히 내려놓는다.

86 해머 작업 시 가장 안전한 장소는?

① 좁은 통로
② 기계 바로 옆
③ 행동에 불편이 없는 곳
④ 전동장치가 있는 곳

87 해머는 다음 중 어느 것을 사용해야 안전한가?

① 쐐기가 없는 것
② 타격면에 홈이 있는 것
③ 타격면이 평탄한 것
④ 머리가 깨진 것

80 ③　81 ①　82 ②　83 ④　84 ①　85 ①　86 ③　87 ③

88 해머 작업 시 장갑을 끼면 안 되는 이유는?
① 미끄러지기 쉬우므로
② 주의력이 산만해지므로
③ 손에 상처를 적게 하기 위하여
④ 비산하는 파편에 상처를 입지 않기 위해서

89 바이스 조에 주물과 같은 거친 일감을 고정시킬 때 그 사이에 두꺼운 종이를 놓는 이유는?
① 공작물을 확실히 고정하기 위하여
② 공작물의 진동을 방지하기 위하여
③ 바이스의 조를 보호하기 위하여
④ 가공할 면의 평면을 유지하기 위하여

90 스패너나 렌치 사용 시 주의사항으로 적합지 않은 것은?
① 너트에 맞는 것을 사용할 것
② 가동 조에 힘이 걸리게 할 것
③ 해머 대용으로 사용치 말 것
④ 공작물을 확실히 고정할 것

91 드라이버 사용 시 주의사항이다. 잘못 설명한 것은?
① 홈의 폭과 같은 것을 사용할 것
② 공작물을 고정할 것
③ 자루에 대하여 축이 수직일 것
④ 날끝이 둥근 것을 사용할 것

92 스패너 작업 시 주의사항으로 가장 옳은 것은?
① 스패너 자루에 파이프 등을 끼워서 사용한다.
② 가동 조에 가장 큰 힘이 걸리도록 한다.
③ 고정 조에 큰 힘이 걸리도록 한다.
④ 볼트 머리보다 약간 큰 스패너를 사용하도록 한다.

93 정의 머리에 거스러미가 생겼을 때의 상황으로 옳은 것은?
① 해머가 미끄러져 손을 상하기 쉽다.
② 해머로 타격할 때 정에 많은 힘이 작용한다.
③ 타격면적이 커진다.
④ 금긋기 선에 따라서 쉽게 정 작업을 할 수 있다.

94 안전·보건표지의 색채, 색도기준 및 용도에서 특정 행위의 지시 및 사실의 고지에 사용되는 색채는?
① 빨간색 　　　　② 노란색
③ 녹색 　　　　　④ 파란색

풀이 안전 표지의 색채
- 적색 : 방화 금지, 고도의 위험
- 황적 : 위험, 항해, 항공의 보안 시설
- 노랑 : 충돌, 추락, 전도 등의 주의
- 녹색 : 안전 지도, 피난, 위생 및 구호 표시, 진행
- 청색 : 주의, 수리 중, 송전 중 표시(특정

행위의 지식 및 사실의 고지)
- 진한 보라색 : 방사능 위험 표시
- 백색 : 통로, 정돈
- 검정 : 위험표지의 문자, 유도 표지의 화살표

95 안전·보건표지의 색채, 색도기준 및 용도에서 비상구 및 피난소, 사람 또는 차량의 통행표지에 사용되는 색채는?
① 빨간색 ② 노란색
③ 녹색   ④ 흰색

96 다음 중 응급처치의 구명 4단계에 속하지 않는 것은?
① 쇼크 방지 ② 지혈
③ 상처 보호 ④ 균형 유지

풀이
- 구명 1단계 : 지혈
- 구명 2단계 : 기도 유지
- 구명 3단계 : 상처 보호
- 구명 4단계 : 쇼크 방지 및 치료

97 다음 중 2도 화상에 관한 설명으로 가장 적절한 것은?
① 피부가 붉게 되고 따끔거리는 통증을 수반하는 화상으로 피부층 중의 가장 바깥층인 표피의 손상만 가져온 상태
② 표피와 진피 모두 영향을 미친 화상으로 피부가 빨갛게 되며 통증과 부어오름이 생기는 상태
③ 표피와 진피, 하피까지 영향을 미쳐서 검게 되거나 반투명 백색이 되고 피부 표면 아래 혈관을 응고시키는 상태
④ 표피와 진피 조직이 탄화되어 검게 변한 경우이며 피하의 근육, 힘줄, 신경 또는 골조직까지 손상을 받는 상태

풀이
- 1도 화상 : 표재성 화상이라 하여 표피층만 손상
- 2도 화상 : 부분층 화상이며, 표피 전층과 진피 상당 부분의 손상
- 3도 화상 : 전층 화상이며 진피 전층과 피하지방까지 손상

98 산업안전보건법상 화학물질 취급 장소에서의 유류·위험 경고를 알리고자 할 때 사용하는 안전·보건표지의 색채는?
① 빨간색 ② 녹색
③ 파란색 ④ 흰색

99 안전모의 일반 구조에 대한 설명으로 틀린 것은?
① 안전모는 모체, 착장체 및 턱끈을 가질 것
② 착장체의 구조는 착용자의 머리 부위에 균등한 힘이 분배되도록 할 것
③ 안전모의 내부 수직 거리는 25mm 이상 50mm 미만일 것
④ 착장체의 머리 고정대는 착용자의 머리 부위에 고정되도록 조정할 수 없을 것

100 물체와의 가벼운 충돌 또는 부딪침으로 생기는 손상으로 충격을 받은 부위가 부어 오르고 통증이 발생되며 일반적으로 피부 표면에 창상이 없는 상처를 뜻하는 것은?

① 찰과상　　② 타박상
③ 화상　　　④ 출혈

101 다음 중 안전·보건표지의 색채에 따른 용도에 있어 지시를 나타내는 색채로 옳은 것은?

① 빨간색　　② 녹색
③ 노란색　　④ 파란색

102 다음 중 보안경을 필요로 하는 작업과 가장 거리가 먼 것은?

① 탁상 그라인더 작업
② 디스크 그라인더 작업
③ 수동 가스절단 작업
④ 금긋기 작업

103 안전모의 내부 수직거리로 가장 적당한 것은?

① 20mm 이상 40mm 미만일 것
② 15mm 이상 40mm 미만일 것
③ 10mm 이상 30mm 미만일 것
④ 25mm 이상 50mm 미만일 것

[풀이]
- 안전모는 모체, 착장체 및 턱끈을 가지고 있을 것
- 안전모의 착용 높이는 85mm 이상이고 외부수직거리는 80mm 미만일 것
- 안전모의 내부 수직거리는 25mm 이상 50mm 미만일 것
- 안전모의 수평 간격은 5mm 이상일 것

104 다음 중 발화성 물질이 아닌 것은?

① 카바이드　　② 금속 나트륨
③ 황린　　　　④ 질산 에테르

[풀이] 질산에테르라는 물질은 없으며 에스테르는 화약 제조에 사용된다.

100 ②　101 ④　102 ④　103 ④　104 ④

5. 가스용접의 안전

가스용접의 핵심위험요인은 폭발, 화재, 화상, 중독 등이다. 이들에 의한 재해를 방지하기 위한 주의사항은 다음과 같다.

가. 폭발

① 아세틸렌(C_2H_2) 가스는 공기 중의 산소와 결합하여 폭발성 혼합가스가 되므로 가스용기의 전도(넘어짐) 충격을 방지하도록 한다.
② 산소의 조정기에 기름이 묻지 않도록 한다.
③ 가스 호스가 꼬이거나 손상되지 않도록 하며, 용기에 감지 않는다.
④ 작업 전에 가스 누출 검사를 한다.

나. 화재

① 주변의 인화성·가연성 물질들을 멀리하여 불꽃이 튀지 않도록 한다.
② 소화기를 배치한다.
③ 가스 호스의 길이는 3m 이상이 되도록 한다.

다. 화상

① 용접작업 중 불꽃튀김 등으로 인하여 화상을 방지하기 위해 방화복, 앞치마, 가죽장갑 등의 보호구를 착용한다.
② 시력 보호를 위해 적절한 보안경을 선정한다.

라. 중독

① 용기는 위험한 장소나 통풍이 안 되는 장소에 보관하지 않으며 온도는 40℃ 이하로 유지시킨다.
② 작업을 하지 않을 시에는 호스를 해체하거나 환기가 충분한 장소로 이동시킨다.

마. 그 밖의 주의사항

① 호스와 취관은 손상을 통하여 누출될 우려가 없는 것을 사용한다.
② 도관에는 아세틸렌관과 산소관의 색을 달리하여 구분한다.
③ 가스집합장치는 화기를 사용하는 설비로부터 5m 떨어진 장소에 설치한다.

6. 아크용접의 안전

아크용접의 핵심위험요인은 광선에 의한 재해, 전격에 의한 재해, 가스중독에 의한 재해이다.

가. 광선에 의한 재해

① 적절한 차광도의 보안면을 착용한다.
② 안염이나 피부 손상을 예방하기 위해 적당한 차광도의 보안면이나 용접용 재킷, 앞치마, 장갑 등을 착용한다.

나. 전격에 의한 재해

① 자동전격방지기가 잘 작동되는지 확인한다.
② 충전부위에 단자방호조치가 잘 되어 있는지 확인한다.
③ 용접기의 금속부분 중 전류가 흐르지 않는 부분은 접지한다.
④ 전선은 지지대 등을 이용하여 바닥에서부터 띄워둔다.
⑤ 홀더손잡이로부터 3m 이내에 이어진 부분이 있거나 수리된 용접코드선은 사용하지 않는다.
⑥ 휴식 시 용접봉을 홀더에서 탈착한다.

다. 가스중독에 의한 재해

① 용접 시 발생하는 위해가스의 방출을 위해 국소배기장치 또는 전체 환기장치를 설치한다.
② 퓸(Fume)용 방진마스크 또는 송기 마스크를 착용한다.
　＊ 퓸 : 열에 의해 증발된 피복제 등의 물질이 냉각되어 생기는 미세한 소립자

라. 그 밖의 주의사항

① 작업복에 묻은 기름때를 제거한다.
② 작업장 주위에 소화기를 비치하며 인화성·발화성·가연성 물질을 제거한다.

연습문제

01 헬멧이나 핸드 실드의 차광유리 앞에 보호유리를 끼우는 가장 타당한 이유는?
① 시력을 보호하기 위하여
② 가시광선을 차단하기 위하여
③ 적외선을 차단하기 위하여
④ 차광유리를 보호하기 위하여

02 다음 중 용접방법과 시공방법을 개선하여 비용을 절감하는 방법에 대한 설명으로 틀린 것은?
① 적당한 아크 길이와 용접 전류를 유지한다.
② 피복 아크용접을 할 경우 가능한 한 용접봉이 긴 것을 사용한다.
③ 사용 가능한 용접방법 중 용착속도가 최대인 것을 사용한다.
④ 모든 용접에 안전을 고려하여 과도한 덧살 용접을 한다.

03 가스용접작업 시 주의사항으로 틀린 것은?
① 반드시 보호 안경을 착용한다.
② 산소 호스와 아세틸렌 호스는 색깔 구분 없이 사용한다.
③ 불필요한 호스를 사용하지 말아야 한다.
④ 용기 가까운 곳에서는 인화물질의 사용을 금한다.

[풀이] 산소 호스는 녹색(검정), 아세틸렌 호스는 적색을 사용한다.

04 다음 중 일반적으로 가스 폭발을 방지하기 위한 예방대책에서 가장 먼저 조치를 취하여야 할 사항은?
① 방화수 준비
② 가스 누설의 방지
③ 착화의 원인 제거
④ 배관의 강도 증가

05 다음 중 용접기를 설치해도 되는 장소로 가장 적합한 것은?
① 옥외의 비바람이 치는 장소
② 진동이나 충격을 받는 장소
③ 유해한 부식성 가스가 존재하는 장소
④ 주위 온도가 10℃ 정도인 장소

06 다음 중 아크용접 작업 시 용접 작업자가 감전된 것을 발견했을 때의 조치방법으로 적절하지 않은 것은?
① 빠르게 전원 스위치를 차단한다.
② 전원 차단 전 우선 작업자를 손으로 이탈시킨다.
③ 즉시 의사에게 연락하여 치료를 받도록 한다.
④ 구조 후 필요에 따라서는 인공호흡 등 응급처치를 실시한다.

01 ④　02 ④　03 ②　04 ②　05 ④　06 ②

07 용접 작업과 관련한 화재예방대책으로 가장 적절하지 않은 것은?
① 용접작업 중에는 반드시 소화기를 비치한다.
② 용접작업은 가연성 물질이 있는 안전한 장소를 택한다.
③ 인화성 액체가 들어 있는 용기나 탱크는 내부를 완전히 세척 후 통풍 구멍을 개방하고 작업한다.
④ 가스용접장치는 화기로부터 5m 이상 떨어진 곳에 설치하여 작업한다.

08 좁은 탱크 안에서 작업할 때의 주의사항으로 옳지 않은 것은?
① 질소를 공급하여 환기시킨다.
② 환기 및 배기장치를 한다.
③ 가스 마스크를 착용한다.
④ 공기를 불어넣어 환기시킨다.

09 다음 중 용접작업 시 감전재해의 예방대책으로 틀린 것은?
① 용접작업 중 용접봉 끝부분이 충전부에 접촉되지 않도록 한다.
② 파손된 용접 홀더는 신품으로 교체하여 사용한다.
③ 피복이 손상된 용접 홀더 선은 절연 테이프로 수리한 후 사용한다.
④ 본체와 연결부는 비절연 테이프로 감아서 사용한다.

10 일반적으로 사람의 몸에 얼마 이상의 전류가 흐르면 순간적으로 사망할 위험이 있는가?
① 5[mA]   ② 15[mA]
③ 25[mA] ④ 50[mA]

풀이 인체에 50[mA] 이상의 전류가 흐르면 사망할 위험에 처하고, 100[mA] 이상이면 사망한다.

11 아크용접 작업 중 감전이 되었을 때 전류 몇 mA 이상이 인체에 흐르면 심장마비를 일으켜 순간적으로 사망할 위험이 있는가?
① 5   ② 10
③ 15   ④ 50

12 용접작업 중 지켜야 할 안전사항으로 틀린 것은?
① 보호장구를 반드시 착용하고 작업한다.
② 훼손된 케이블은 사용 후에 보수한다.
③ 도장된 탱크 안에서의 용접은 충분히 환기시킨 후 작업한다.
④ 전격 방지기가 설치된 용접기를 사용한다.

07 ② 08 ① 09 ④ 10 ④ 11 ④ 12 ②

13 용접작업 시 주의사항을 설명한 것으로 틀린 것은?

① 화재를 진화하기 위하여 방화설비를 설치할 것
② 용접작업 부근에 점화원을 두지 않도록 할 것
③ 배관 및 기기에서 누출이 되지 않도록 할 것
④ 가연성 가스는 항상 옆으로 뉘어서 보관할 것

14 용접작업 시 사용하는 보호기구의 종류로만 나열된 것은?

① 앞치마, 핸드실드, 차광유리, 팔 덮개
② 용접 헬멧, 핸드 그라인더, 용접 케이블, 앞치마
③ 치핑 해머, 용접 집게, 전류계, 앞치마
④ 용접기, 용접 케이블, 퓨즈, 팔 덮개

[풀이] 용접 보호구
앞치마, 핸드실드, 헬멧 실드, 차광유리, 팔 덮개, 각반, 모자, 장갑 등이 있다.

15 아크용접기의 사용률에서 아크 발생시간과 휴식시간을 합한 전체 시간은 몇 분을 기준으로 하는가?

① 60분　　② 30분
③ 10분　　④ 5분

[풀이] 아크용접에서 사용률은 전체 작업시간(휴식시간+아크 발생시간)과 아크 발생시간을 가지고 계산한다. 일반적으로 단위 시간은 10분을 기준으로 계산한다.

16 아크 광선에 의한 전광성 안염이 발생하였을 때의 응급조치로 가장 올바른 것은?

① 안약을 넣고 수면을 취한다.
② 냉습포 찜질을 한 다음 치료를 받는다.
③ 소금물로 찜질을 한 다음 치료를 받는다.
④ 따뜻한 물로 찜질을 한 다음 치료한다.

17 아크용접의 재해라 볼 수 없는 것은?

① 아크 광선에 의한 전안염
② 스패터 비산으로 인한 화상
③ 역화로 인한 화재
④ 전격에 의한 감전

18 다음 중 용접 퓸이나 가스의 중독을 방지하기 위한 방법과 가장 거리가 먼 것은?

① 작업 중 발생한 퓸이나 가스는 흡입되지 않도록 방독 마스크나 방진 마스크를 착용한다.
② 밀폐된 곳에서의 용접 작업 시에는 강제순환기식 환기장치나 압축공기를 분출시키면서 작업한다.
③ 밀폐된 장소에서는 혼자서 작업하지 말고 반드시 관리자의 관리하에서 작업하여야 한다.
④ 작업 시 불편함을 느낄 경우 보호구는 착용하지 않아도 된다.

19 용접기에 전원 스위치를 넣기 전에 점검해야 할 사항 중 틀린 것은?

① 용접기가 전원에 잘 접속되어 있는가를 점검한다.
② 케이블이 손상된 곳은 없는지 점검한다.
③ 회전부나 마찰부에 윤활유가 알맞게 주유되어 있는지 점검한다.
④ 용접봉 홀더에 접지선이 이어져 있는지 점검한다.

풀이 홀더에는 전극케이블이 이어져 있어야 하며, 접지선은 모재나 작업대에 이어져 있어야 한다.

20 다음 중 아세틸렌 용기와 호스의 연결부에 불이 붙었을 때 가장 우선적으로 해야 할 조치는?

① 용기의 밸브를 잠근다.
② 용기를 옥외로 운반한다.
③ 용기와 연결된 호스를 분리한다.
④ 용기 내의 잔류가스를 신속하게 방출시킨다.

풀이 아세틸렌은 가연성 가스이므로 불이 붙을 수 있기 때문에 우선적으로 용기의 밸브를 잠근다.

21 다음 중 가스용접 작업을 할 때 주의하여야 할 안전사항으로 틀린 것은?

① 가스용접을 할 때는 면장갑을 낀다.
② 작업자의 눈을 보호하기 위하여 차광유리가 부착된 보안경을 착용한다.
③ 납이나 아연합금 또는 도금재료는 가스용접 시 중독될 우려가 있으므로 주의하여야 한다.
④ 가스용접 작업 시에는 가연성 물질이 없는 안전한 장소를 선택한다.

풀이 면장갑은 가연물이기 때문에 가스용접 작업을 할 때 착용하게 되면 화상의 우려가 있다.

22 다음 중 홈 가공에 관한 설명으로 옳지 않은 것은?

① 능률적인 면에서 용입이 허용되는 한 홈 각도는 작게 하고 용착 금속량도 적게 하는 것이 좋다.
② 용접 균열이라는 관점에서 루트 간격은 클수록 좋다.
③ 자동 용접의 홈 정도는 손 용접보다 정밀한 가공이 필요하다.
④ 홈 가공의 정밀도는 용접능률과 이음의 성능에 큰 영향을 끼친다.

풀이 용접 균열의 관점에서는 루트 간격은 작을수록 좋다.

23 자동 제어의 종류 중 미리 정해 놓은 순서에 따라 제어의 각 단계를 차례로 행하는 제어는?

① 시퀀스 제어 ② 피드백 제어
③ 동작 제어 ④ 인터록 제어

풀이 미리 정해진 순서에 따라 제어의 각 단계를 차례로 진행해 가는 제어는 시퀀스 제어이다.

19 ④　20 ①　21 ①　22 ②　23 ①

24 산업용 로봇의 작업 안전수칙 중 사용상 안전지침에 대한 설명으로 틀린 것은?
① 일시적으로 로봇이 움직이지 않는다고 속단하지 않는다.
② 한 동작을 반복한다고 해서 그 동작만 반복한다고 가정하지 않는다.
③ 안전장치의 작동상태는 작업시간 전 1회만 점검한다.
④ 방호울 또는 방책 등을 개방 시 로봇의 정지상태를 확인하여야 한다.

풀이 안전장치의 작동상태는 작업 시작 전·후 항상 점검하여야 한다.

25 용접용 로봇 설치장소에 관한 설명으로 틀린 것은?
① 로봇 팔을 최소로 줄인 경로 장소를 선택한다.
② 로봇 움직임이 충분히 보이는 장소를 선택한다.
③ 로봇 케이블 등이 사람 발에 걸리지 않도록 설치한다.
④ 로봇 팔이 제어패널, 조작패널 등에 닿지 않는 장소를 선택한다.

26 산업용 용접 로봇의 작업기능으로 잘못된 것은?
① 동작 기능   ② 구속 기능
③ 이동 기능   ④ 교시 기능

풀이 교시: 가르쳐서 보임

27 다음 중 용량제어의 목적이 아닌 것은?
① 부하변동에 대응한 용량제어로 경제적인 운전을 한다.
② 경부하 가동으로 기동이 용이하게 기동시 전력을 크게 한다.
③ 고내 온도를 일정하게 유지 할 수 있다.
④ 압축기를 보호하여 수명을 연장한다.

풀이 경부하 가동시는 가동이 가능하도록 전력을 작게 한다.

28 병원 건물의 공기조화시 가장 중요시 해야할 사항은?
① 공기의 청정도
② 공기 소음
③ 기류속도
④ 온도, 압력조건

풀이 온도, 습도, 기류, 청정도는 공기조화 4요소에 해당되며 인체에는 온도, 습도, 기류, 복사열이 포함되며 병원건물에는 공기의 청정도를 유지하기위해 바이오 클린룸 설비를 한다.

29 보호구를 선정하여 효과적으로 사용하기 위한 것 중 틀린 것은?
① 작업에 적절한 보호구를 설정한다.
② 작업장에는 필요한 수량의 보호구를 비치한다.
③ 보호구는 방호 성능이 없어도 품질이 양호해야 한다.
④ 작업자에게 올바른 사용 방법을 빠짐없이 가르친다.

24 ③   25 ①   26 ④   27 ②   28 ①   29 ③

풀이 보호구는 반드시 방호 성능이 있어야한다.

30 공장 설비 계획에 관하여 기계 설비의 배치와 안전의 유의사항으로 틀린 것은?
① 기계설비의 주위에는 충분한 공간을 둔다.
② 공장 내외에는 안전 통로를 설정한다.
③ 원료나 제품의 보관 장소는 충분히 설정한다.
④ 기계 배치는 안전과 운반에 관계없이 가능한 가깝게 설치한다.

풀이 기계 배치는 안전과 운반을 고려하여 산업안전법에의해 적절하게 설치한다.

31 유류 화재 시 사용하는 소화기로 가장 적합한 것은?
① 무상수 소화기
② 봉상수 소화기
③ 분말 소화기
④ 방화수

풀이 화재의 종류는
A급: 일반화재
B급: 유류
C급: 전기
D급: 금속분화제 이며 분말 소화기이다.

32 연삭숫돌을 교체한 후 시험운전 시 최소 몇 분 이상 공회전을 시켜야 하는가?
① 1분 이상   ② 3분 이상
③ 5분 이상   ④ 10분 이상

풀이 연삭숫돌을 사용하는 작업의 경우 작업을 시작하기 전에는 1분 이상, 연삭숫돌을 교체한 후에는 3분 이상 시험운전을 하고 해당 기계에 이상이 있는지를 확인하여야 한다.

33 전기용접 작업의 안전사항으로 옳은 것은?
① 홀더는 파손되어도 사용에는 관계없다.
② 물기가 있거나 땀에 젖은 손으로 작업해서는 안 된다.
③ 작업장은 환기를 시키지 않아도 무방하다.
④ 용접봉을 갈아 끼울 때는 홀더의 충전부가 몸에 닿도록 한다.

풀이 파손된 홀더는 사용하면 안되고 충전부가 몸에 닿으면 감전사고가 일어나며 작엽장은 충분히 환기가 되거나 통풍이 잘되는 곳이어야 한다.

34 위험물 취급 및 저장 시의 안전조치 사항 중 틀린 것은?
① 위험물은 작업장과 별도의 장소에 보관하여야 한다.
② 위험물을 취급하는 작업장에는 너비 0.3m 이상, 높이 2m 이상의 비상구를 설치하여야 한다.
③ 작업장 내부에는 위험물을 작업에 필요한 양만큼만 두어야 한다.
④ 위험물을 취급하는 작업장의 비상구 문은 피난 방향으로 열리도록 한다.

풀이 비상구의 너비는 0.75m 이상으로 하고, 높이는 1.5m 이상으로 한다.

35 암모니아의 누설 검지 방법이 아닌 것은?
① 심한 자극성 냄새를 가지고 있으므로, 냄새로 확인이 가능하다.
② 적색 리트머스 시험지에 물을 적셔 누설 부위에 가까이 하면 누설 시 청색으로 변한다.
③ 백색 페놀프탈레인 용지에 물을 적셔 누설 부위에 가까이 하면 누설 시 적색으로 변한다.
④ 황을 묻힌 심지에 불을 붙여 누설 부위에 가져가면 누설 시 홍색으로 변한다.

풀이 암모니아는 가연성 가스며 독성가스이며 공기 중에서 쉽게 연소되지는 않으나 열을 받든지 화염을 접하면 연소하며 공기 중에서의 폭발한계는 15~28%이다.

36 줄 작업 시 안전관리 사항으로 틀린 것은?
① 칩은 브러시로 제거한다.
② 줄의 균열 유무를 확인한다.
③ 손잡이가 줄에 튼튼하게 고정되어 있는가 확인한 다음에 사용한다.
④ 줄 작업의 높이는 작업자의 어깨 높이로 하는 것이 좋다.

풀이 줄 작업의 높이는 작업자의 어깨 높이 아래로 하여 작업 높이를 설정한다.

37 냉동제조의 시설 중 안전유지를 위한 기술기준에 관한 설명으로 틀린 것은?
① 안전밸브에 설치된 스톱밸브는 특별한 수리 등 특별한 경우 외에는 항상 열어둔다.
② 냉동설비의 설치공사가 완공되면 시운전 할 때 산소가스를 사용한다.
③ 가연성 가스의 냉동설비 부근에는 작업에 필요한 양 이상의 연소물질을 두지 않는다.
④ 냉동설비의 변경공사가 완공되어 기밀시험 시 공기를 사용할 때에는 미리 냉매 설비 중의 가연성가스를 방출한 후 실시한다.

풀이 냉동설비의 설치공사 또는 변경공사가 완공되어 기밀시험이나 시운전을 할 때에는 그 냉동설비의 상태가 정상인 것을 확인한 후에 산소 외의 가스를 사용하고, 공기를 사용하는 때에는 미리 냉매설비 중의 가연성가스를 방출한 후에 실시한다.

38 안전관리의 목적으로 가장 적합한 것은?
① 사회적 안정을 기하가 위하여
② 우수한 물건을 생산하기 위하여
③ 최고 경영자의 경영관리를 위하여
④ 생산성 향상과 생산원가를 낮추기 위하여

풀이 안전관리의 목적 및 중요성
① 인간의 존중 : 인도주의의 실현
② 사회복지의 증진 : 경제성 향상
③ 생산성의 향상 : 안전태도의 개선 및 안전동기 부여
④ 경제적 손실의 예방 : 재해로 인한 재산 및 인적 손실예방

35 ④ 36 ④ 37 ② 38 ④

39 최신 자동화 설비는 능률적인 만큼 재해를 일으키는 위험성도 그만큼 높아지는 게 사실이다. 자동화 설비를 구입, 사용하고자 할 때 검토해야할 사항으로 가장 거리가 먼 것은?

① 단락 또는 스위치나 릴레이 고장 시 오동작
② 밸브 계통의 고장에 따른 오동작
③ 전압 강하 및 정전에 따른 오동작
④ 운전 미숙으로 인한 기계설비의 오동작

풀이 운전 미숙으로 인한 기계설비의 오동작은 자동화 설비를 사용한후 검토 사항이다.

40 기계 운전 시 기본적인 안전 수칙에 대한 설명으로 틀린 것은?

① 작업 중에는 작업 범위 외의 어떤 기계도 사용할 수 있다.
② 방호장치는 허가 없이 무단으로 떼어놓지 않는다.
③ 기계 운전 중에는 기계에서 함부로 이탈할 수 없다.
④ 기계 고장 시는 정지, 고장표시를 반드시 기계에 부착해야 한다.

풀이 작업 중에는 작업 범위 외의 어떤 기계도 사용하면 안된다.

41 양중기의 종류 중 동력을 사용하여 중량물을 매달아 상하 및 좌우로 운반하는 기계장치는?

① 크레인 ② 리프트
③ 곤돌라 ④ 승강기

풀이 **크레인**
동력을 사용하여 중량물을 매달아 상하 및 좌우(수평 또는 선회)로 운반하는 것을 목적으로 하는 기계 또는 기계장치
리프트
동력을 사용하여 사람이나 화물을 운반하는 것을 목적으로 하는 기계설비
곤돌라
와이어로프 또는 달기강선에 의하여 달기발판 또는 운반구가 전용 승강장치에 의하여 오르내리는 설비

42 휘발유 등 화기의 취급을 주의해야 하는 물질이 있는 장소에 설치하는 인화성물질 경고표지의 바탕은 무슨 색으로 표시 하는가?

① 흰색 ② 노란색
③ 적색 ④ 흑색

풀이 안전·보건표지의 종류별 색채
금지표지: 바탕은 흰색, 기본모형은 빨간색, 관련 부호 및 그림은 검은색
경고표지: 바탕은 노란색, 기본모형, 관련 부호 및 그림은 검은색. 다만, 인화성 물질 경고, 산화성 물질 경고, 폭발성 물질 경고, 급성독성 물질 경고, 부식성 물질 경고 및 발암성·변이원성·생식독성·전신독성·호흡기 과민성 물질 경고의 경우 바탕은 무색, 기본모형은 빨간색(검은색도 가능)
지시표지: 바탕은 파란색, 관련 그림은 흰색
안내표지: 바탕은 흰색, 기본모형 및 관련 부호는 녹색, 바탕은 녹색, 관련 부호 및 그림은 흰색
출입금지표지: 글자는 흰색바탕에 흑색

39 ④ 40 ① 41 ① 42 ②

어지므로 장갑 착용 금지

43 사고 발생의 원인 중 정신적 요인에 해당되는 항목으로 맞는 것은?

① 불안과 초조
② 수면부족 및 피로
③ 이해부족 및 훈련미숙
④ 안전수칙의 미 제정

풀이 **신체적 원인**
① 신체적 결함(두통, 현기증, 간질병, 난청)
② 피로(수면부족)

정신적 원인
① 태도불량(태만, 불만, 반항)
② 정신적 동요(공포, 긴장, 초조, 불화)

44 해머는 다음 어느 것을 사용해야 안전한가?

① 쐐기가 없는 것
② 타격면에 홈이 있는 것
③ 타격면이 평탄한 것
④ 머리가 깨어진 것

풀이 해머 작업시 안전수칙
㉠ 해머에 쐐기가 없는 것, 자루가 빠지려고 하는 것, 부러질 위험이 있는 것은 사용금지
㉡ 해머는 타격면이 평탄한 것으로 본래 사용목적 이외의 용도에는 사용금지
㉢ 해머는 처음부터 힘을 주어 치지 않는다.
㉣ 녹이 발생한 것은 녹이 튀어 눈에 들어갈 수 있으므로 반드시 보호안경을 착용
㉤ 장갑을 끼고 사용하면 쥐는 힘이 적

45 이동식 전기기기의 감전사고를 방지하기 위한 가장 적절한 시설은?

① 접지설비   ② 폭발방지설비
③ 시건장치   ④ 피뢰기설비

풀이 감전사고에 대한 일반적인 방지대책
1. 전기설비의 점검 철저
2. 전기기기 및 설비의 정비
3. 전기기기 및 설비의 위험부에 위험표시
4. 설비의 필요부분에 보호접지의 실시
5. 충전부가 노출된 부분에는 절연방호구를 사용
6. 고전압 선로 및 충전부에 근접하여 작업하는 작업자는 보호구 착용
7. 유자격자 이외는 전기기계 및 기구에 전기적인 접촉 금지
8. 관리감독자는 작업에 대한 안전교육 시행
9. 사고발생 시의 처리순서를 미리 작성하여 둘 것
10. 전기설비에 대한 누전차단기 설치

43 ①   44 ③   45 ①

제 4 과목

유지 보수 공사 관리

제 1 단원   배관재료 및 공작
제 2 단원   배관 관련 설비

제 1 단원 배관재료 및 공작

제 1 장 배관재료

※ 가스배관 재료의 구비조건
① 관 내의 유체 흐름이 원활할 것
② 내부의 가스압이나 외부로부터의 하중이나 충격에 견딜 수 있는 충분한 강도가 있을 것
③ 토양이나 지하수 등에 대한 내식성이 있을 것
④ 관의 접합이 용이하고 가스의 누설방지가 될 수 있을 것
⑤ 절단 가공이 용이할 것

❶ 금속배관

1. 강 관

(1) 강관의 특징

① 연관이나 주철관보다 가볍고 인장강도가 크다.
② 충격에 강하고 굴요성이 풍부하다.
③ 관의 접합이 비교적 쉽다.
④ 주철관보다 내식성이 작고 사용연한이 비교적 짧다.
⑤ 조인트 제작이 곤란하므로 종류는 적은 편이다.

(2) 강관의 종류

① 용도상 분류

㉮ 유체 수송용

㉯ 열교환용 : 보일러, 냉동기 등의 강관

㉰ 구조용 : 기계, 건축 등의 구조

② 재질상 분류

　㉮ 탄소강 강관 STC

　㉯ 합금강 강관 STS00

　㉰ 스테인리스 강관 STS000

③ 제조법상 분류

　㉮ 이음매 없는 관

　　㉠ 만네스만식 : 저탄소강의 원형단면 빌렛을 가열 천공

　　㉡ 에르하르트식 : 사각의 강편을 가열 후 둥근 형에 넣고 회전축으로 압축

> ※ 보통 열간 가공이나 정밀도가 요구되는 것은 냉간 가공

　㉯ 용접관

　　㉠ 전기저항 용접관

　　㉡ 단접관 : 소형(ø3~10mm)은 맞대기 단접, ø30~750mm는 겹치기 단접

　　㉢ 아크 용접관 : 서브머지드 아크 용접으로 제조

　　㉣ 가스 용접관 : ø50mm 이하의 가는 관

④ 표시방법

　㉮ 제조방법 표시기호

-E	전기저항 용접관	-E-C	냉간 완성 전기저항 용접관
-B	단접관	-B-C	냉간 완성 단접관
-A	아크 용접관	-A-C	냉간 완성 아크 용접관
-S-H	열간 가공 이음매 없는 관	-S-C	냉간 완성 이음매 없는 관

　㉯ 치수표시

　　호칭지름(A 또는 B)×두께번호
　　A(mm), B(inch)

⑤ 강관의 종류별 특징

강관은 연관이나 주철관에 비해 가볍고 인장강도가 크며 충격에 강하고 굴요성도 풍부하며 관이음도 비교적 쉬우나 내식성이 작고, 사용연한이 비교적 짧으며 또 조인트의 제작이 곤란하므로 종류는 적은 편이다. 강관의 호칭지름은 내경을 밀리미터(mm) 또는 인치(inch)로 나타내며 A, B로 나타낸다.

㉮ 배관용 탄소강 강관(기호 : SPP) : 일명 가스관이라 하며 350℃ 이하에서 사용압력이 10kg/cm² 이하의 증기, 공기, 물, 기름, 가스 등의 유체수송 배관용으로 사용된다. 관길이는 KS규격에서 6m 이상으로 규정되어 있으며 제조법은 이음매 없는 관, 단접관, 전기저항 용접관 등이 있다.

종류	기호	구분	비 고	화학성분(%)	특 징
배관용 탄소강관	SPP	흑관 백관	아연 도금을 하지 않는 관 아연 도금한 관	P S 0.04 이하, 0.04 이하	배관에 방청도장만 한 것 내식성 주기 위해 아연 도금한 것

㉯ 압력 배관용 탄소강 강관(기호 : SPPS) : 350℃ 이하의 온도에서 압력 10kg/cm² 이상, 100kg/cm² 이하의 압력 범위에 있는 보일러 증기관, 수압관, 유압관 등의 각종 압력배관에 사용되며 이음매 없이 제조하거나 전기저항 용접으로 제조한다. 관의 호칭법은 외경 및 호칭 두께(스케줄 번호)로 나타낸다. 스케줄 번호는 SCH 10, 20, 30, 40, 60, 80 등이 있으며 스케줄 번호가 커질수록 외경이 같은 것이라도 관의 두께는 두꺼워지며 중량 및 수압시험 압력도 커진다.

$$\text{스케줄 번호(SCH)} = 10 \times \frac{P}{S}$$

$$\text{관두께}(t) = \left(10 \times \frac{P}{S} \times \frac{D}{1,750}\right) + 2.54$$

P : 사용압력[kg/cm²]
t : 관두께[mm]
S : 허용응력[kg/mm²]
D : 관외경[mm]

$$※ \text{허용응력} = \frac{\text{인장강도}}{\text{안전율}}$$

㉰ 고압 배관용 탄소강 강관(기호 SPPH) : 350℃ 이하에서 압력 100kg/cm² 이상의 고압에 사용되는 탄소 강관으로 사용압력이 특히 높은 암모니아 합성용 배관, 내연기관의 연료 분사관 및 화학 공업 등에서 고압 유체 수송에 사용한다. 350℃ 이상에서는 크리프 강도가 문제되므로 합금강을 써야 하며, 제조법은 강질이 좋은 킬드 강괴로 이음매 없이 제조하며, 스케줄 번호는 SCH 80, 100, 120, 140, 160 등이 있으며 관의 두께가 다른 강관보다 두껍다.
  ㉠ 크리프(Creep) 현상 : 금속 재료를 고온에서 장시간 외력을 가하면 시간의 경과에 따라 변형이 점차 증가하는 현상
  ㉡ 킬드강 : 노내에서 페로 실리콘(Fe-Si), 알루미늄으로 충분히 탈산시킨 강으로 내부에 기포나 편석이 없는 고급 강괴

㉔ 고온 배관용 탄소강 강관(기호 : SPHT) : 크리프 강도가 문제되는 350℃ 이상, 450 ℃ 이하의 고온에 사용되며 과열 증기관 등에 쓰인다. 킬드강을 사용하여 이음매 없이 제조하거나 전기저항 용접관으로 제조하며 2, 3, 4종의 3종류가 있다. 4종은 이음매 없이 제조하고 열간 다듬질 이외의 전기저항 용접관은 풀림처리한다.

종류	기호	화학성분[%]						인장강도 [kg/mm^2]	항복점내력 [kg/mm^2]
		C	Si	Mn	P	S	Cu		
2종	SPHT 38	0.25 이하	0.10~0.35	0.30~0.90	0.035 이하	0.035 이하	0.20 이하	38 이상	22 이상
3종	SPHT 42	0.30 이하	0.10~0.35	0.30~1.00	0.035 이하	0.035 이하	0.20 이하	42 이상	25 이상
4종	SPHT 49	0.33 이하	0.10~0.35	0.30~1.00	0.035 이하	0.035 이하	0.20 이하	49 이상	28 이상

㉕ 저온 배관용 탄소 강관(기호 : SPLT) : 저온에서 일반 탄소 강관은 저온 취성이 있으므로 석유 화학 등의 각종 화학 공업, LPG 탱크용 배관, 냉동기 배관 등의 0℃ 이하의 배관은 저온 배관용 강관을 쓴다.

종류 { 1종(C 0.25%의 킬드강): -50℃까지 사용
2종(3.5%의 Ni강): -100℃까지 사용
3종(P%의 Ni강): -196℃까지 사용 }

1종은 이음매없이 제조하거나 또는 전기저항 용접으로 제조하고, 2종 및 3종은 이음매 없이 제조한다.

> ※ 저온 취성(여림, 메짐)
> 재료의 온도가 낮아지면 강, 경도는 증가하나 연신율이나 충격에 대한 저항치가 감소하여 저온에서 여리고 약하게 되는 현상으로 저온 취성이 없는 금속은 Cu, Pb, Al, Na 등이 있다.

㉖ 배관용 아크 용접 탄소강 강관(기호 : SPW) : 비교적 압력이 낮은 물, 증기, 기름, 가스, 공기 등의 수송용으로 가스관 및 수도관에 적합하며 -15~350℃ 정도까지 사용한다. 강판 또는 띠강을 프레스, 롤러로 둥글게 가공한 다음 이음매를 자동 서브머지드 아크 용접법에 의한 스파이럴 시임 용접에 의해 제조하며 관 1개 길이는 6m가 원칙이다.

> ※ 사용조건
> ① 물, 가스 유체 수송(15kg/cm^2 이하)
> ② 도시가스(10kg/cm^2 이하)
> ③ 수도용(15kg/cm^2)

㉔ 배관용 합금강 강관(기호 : SPA) : 고온, 고압하의 배관으로 증기관, 석유정제시의 고온, 고압의 배관에 사용하며 탄소강보다 고온강도나 내식성이 강하다. 또 Cr의 함유량이 많을수록 내산, 내식성이 강하다.

㉕ 배관용 스테인리스 강관(기호 : STS) : 급수, 급탕, 배수, 냉·온수배관 등의 내식용, 내열용, 고온용 배관에 쓰이며 저온용에도 쓸 수 있고 자동 아크 용접 또는 전기저항 용접으로 제조하며, 관 1개의 길이는 4m를 원칙으로 하며 내식성을 필요로 하는 화학공장의 배관에 많이 사용된다.

㉖ 수도용 아연도금 강관(기호 : SPPW) : 정수두 100m 이하의 수도 급수관으로 대개 지하에 매설되어 사용하며 배관용 탄소 강관의 배관보다 내식성과 내구성을 높이기 위해서 아연도금 부착량을 배관용 탄소 강관 배관보다 많게 한 것이다. 배관용 탄소 강관을 나사절삭 전에 아연도금하여 방청처리를 한다.

㉗ 보일러 열교환기용 스테인리스 강관(기호 : STS×TB) : 보일러의 과열관, 화학, 석유 공업 등의 열교환기, 가열로 등에 사용된다. 관 종류는 15종이 있으며 이음매 없이 제조하거나 자동 아크 용접, 전기저항 용접으로 제조한다.

㉘ 특수 강관

㉠ 모르타르 라이닝 강관 : 지하 매설용 등의 강관에 내식성을 주기 위해 강관의 내면에 모르타르를 얇게 바르고 외면에 역청질의 아스팔트를 라이닝하여 방식처리한 것이다. 이 도료는 화학적으로 안정되고 내산, 내알칼리성은 양호하지만 대기중에 노출시에는 빛에 의해서 산화하는 결점이 있다. 크기는 75~300A까지 있다.

㉡ 경질 염화비닐 강관 : 강관의 내·외면에 염화비닐 피막을 입힌 것으로서 염화비닐의 내식, 내약품성과 강관의 강도를 겸비한 내식성이 큰 강관이다. 화학공업 부식성 유체의 수송용에 적합하나 내압성 및 내열성이 적어 압력, 온도 등의 조건에 제약을 받는다. 크기는 15~350A 정도이다.

㉢ 폴리에틸렌 피복 강관 : 강관 외면에 에틸렌의 중합체인 폴리에틸렌을 고무, 아스팔트 및 수지를 주성분으로 하여 만든 접착제로 피복한 것으로 가스, 기름 등을 수송하는 지중 매설관에 사용한다. 피복의 원관은 주로 호칭지름 15~2,000A의 것은 배관용 탄소 강관이나 압력 배관용 탄소 강관, 배관용 아크 용접 탄소 강관이 쓰인다.

㉣ 알루미늄 도금 강관 : 강관 표면에 알루미늄을 도금시킨 관으로 내열, 내유화성이 좋고 열교환기, 응축기, 미관을 필요로 하는 구조용 관에 쓰인다.

2. 주 철 관

주철관은 내식성, 내마모성 및 내압성이 강하므로 관용에서는 수도관, 급수 및 배수관과 케이블 매설관에 쓰이며 특히 관재에서는 내식성이 요구되는 곳에 쓰인다.

(1) 주철관의 분류

(2) 주철관의 종류별 특징

① 수도용 수직형 주철관 : 수직으로 주조한 것으로 소켓관과 플랜지관의 2종류가 있으며, 보통압관(최대 사용 정수두 75m 이하), 저압관(최대 사용 정수두 45m 이하)이 있고 보통압관은 A, 저압관은 LA가 주출되어 있다.

② 수도용 원심력 사형 주철관 : 원심 주조법으로 제조하여 재질이 균일하고 강도가 커서 수직형 주철관보다 관 두께가 얇다. 관은 고압관(최대 사용 정수두 100m 이하 : B), 보통압관(75m : A), 저압관(45m : LA)이 있다.

③ 수도용 원심력 금형 주철관 : 수냉식 금형을 회전시켜 원심 주조한 것으로 고압관과 보통압관이 있다.

④ 원심력 모르타르 라이닝 주철관 : 관 내면에 4~17mm 정도의 시멘트 모르타르를 원심력으로 밀착·양생시켜 수질에 따른 부식을 방지하기 위한 것으로 취급시 큰 하중과 충격에 유의해야 한다.

⑤ 배수용 주철관 : 대형 건물 내의 오수 배관용으로 내압이 거의 없으므로, 일반 주철관보다 두께가 얇으며, 관두께에 따라 1종과 2종의 2종류가 있고, 직관 1종은 ⊘, 2종은 ⊘, 이형관은 ⊗로 표시한다.

⑥ 덕타일(Ductiole) 주철관 : 용융 주철에 Mg나 Ca, Sr를 첨가하여 흑연을 구상화시킨 것으로 인성과 연성이 크고 내식, 내마멸성이 보통 주철에 비해 크며, 산과 알칼리에 강하고 기계적 성질이 우수하여 관 무게를 경감할 수 있다. 최대 사용 정수두는 100m 이하이다.

❷ 비철 금속관

1. 동 관
(1) 특 징
① 내식성이 좋다(상온의 공기에서는 녹슬지 않으나 수분 및 CO_2에 의해 청록색의 녹이 생긴다).
② 알칼리(가성 소다, 가성칼리)에는 내식성이 크나 산성(초산, 황산 등)에는 심하게 부식되며 암모니아류에도 부식된다.
③ 굴곡성, 전기·열전도성이 대단히 양호하다.
④ 납·강관보다 가볍고, 운반 취급이 용이하다.
⑤ 가공이 쉽고 저온시 취성을 갖지 않는다.
⑥ 외부 충격에 약하고, 값이 비싸다.
⑦ 고온시 강도가 떨어지나 저온 취성이 없어 저온 사용이 가능하다.
⑧ $8kg/cm^2$ 이하, 200℃ 이하의 열교환기 등에 좋다.

2. 연 관

연관은 배관 중 가장 오래 전부터 급수관에 사용되어 왔으며 현재는 수도의 인입분기관, 기구배수관, 급수, 배수, 가스 설비 등에 널리 사용되며 상온에서 압축 제관기로 제조된다.

(1) 특징
① 재질이 연하고 전·연성이 풍부하여 상온 가공이 용이하다.
② 해수 및 천연수에 접촉시 관 표면에 불활성 탄산 피막의 형성으로 납의 용해 및 부식이 방지된다.
③ 내식성이 크다(산에는 강하나 알칼리에는 약하다).
④ 강도가 작고 중량이 무거워(비중 11.37) 가로 배관시에는 휘어지기 쉽다.
⑤ 콘크리트 속에 매설시 시멘트에서 유리된 석회석이 침식되므로 방식 처리 후에 매설한다.

❸ 비금속관

1. 경질 염화비닐관(PVC : Poly Vinyl Chloride)
(1) 특징
① 장점
- ㉮ 내산성·내알칼리성이 우수하다.
- ㉯ 관 내·외면이 매끈하여 관 내 마찰손실이 적고 물때의 부착이 없으므로 유량이 크다.
- ㉰ 굴곡, 접합, 용접 등의 배관 가공이 용이하다.
- ㉱ 열에 대한 불량도체이다(철의 1/350).
- ㉲ 무게가 가볍다(비중 1.43, 철의 1/5, 알루미늄의 1/2, 납의 1/8).
- ㉳ 강인하다(인장강도 20℃에서 580kg/cm², 납의 3배, 철의 1/3).
- ㉴ 전기 절연성이 크다.

② 단점
- ㉮ 저온 및 고온에서의 강도가 약하다(취화온도 -18℃, 연화온도 70~80℃, 사용온도 -10~60℃).
- ㉯ 충격 강도가 적고 외상을 받으면 강도가 현저히 저하된다(시공시 상처가 생기지 않도록 하고 5℃ 이하에서 특히 취급 주의).
- ㉰ 열 팽창률이 크다(강관의 7~8배). 온도 변화가 심한 곳은 직관 10~20m마다 신축 이음을 설치

(2) 종류
① 수도용 : 정수두 75m 이하에 사용하는 수도용으로 압출 성형기 등으로 제조하며 종류는 직관, TS관, 편수 칼라관의 3종류가 있다.
② 일반관 : 온천, 해수 수송관, 농업 약제 살포 등에서 30℃에서 8kg/cm² 이하에 사용
③ 얇은 관 : 두께가 얇아 건축물의 배수·통기 전선관에서 30℃에서 4kg/cm² 이하에 사용

2. 폴리에틸렌관

(1) 가볍다(비중 0.9~0.93으로 비닐관의 2/3 정도).
(2) 유연성이 풍부하다(적은 지름의 관은 코일 모양으로 감아서 운반 가능).
(3) 내열성과 보온성이 염화비닐관보다 우수하다.
(4) 내충격성과 내한성이 우수하다(-60℃에서도 취화 안 됨).
(5) 시공이 용이하고 경제적이다.
(6) 내약품성이 강하다.
(7) 유연성이 있어 내충격성은 크나 외상을 받기 쉽다.
(8) 인장강도는 비닐관의 1/5 정도로 작다.
(9) 유백색 관은 장기간 햇볕에 쪼이면 노화한다.

3. 튜브와 호스

튜브의 호칭 치수는 바깥지름(분수)×두께(소수)로 나타내고 상대운동을 하지 않는 두 지점 사이의 배관에 사용된다. 호스의 호칭 치수는 안지름으로 나타내며, 1/16인치 단위의 크기로 나타내고 운동부분이나 진동이 심한 부분에 사용한다.

❹ 배관 도면

(1) 배관 도면 표시법

1) 관의 도시법

하나의 실선으로 표시하며 동일 도면에서 다른 관을 표시할 때는 같은 굵기로 나타낸다.

2) 유체의 종류 · 상태의 표시 방법

① 표시

표시 항목은 원칙적으로 다음 순서에 따라 필요한 것을 글자, 글자 기호를 사용하여 표시한다. 또한, 추가할 필요가 있는 표시 항목은 그 뒤에 붙이며, 글자 기호의 뜻은 도면상의 보기 쉬운 위치에 명기한다.

㉠ 관의 호칭 지름
㉡ 유체의 종류, 상태, 배관계의 식별
㉢ 배관계의 시방(관의 종류, 두께, 배관계의 압력 구분 등)
㉣ 관의 외면에 실시하는 설비재료

② 표시 내용 표현 방법

표시 내용을 관에 표시하는 경우는 관외 위쪽 또는 왼쪽에 도시하거나 복잡한 경우에는 지시선을 사용하여 인출하여 기입한다.

3) 유체 흐름의 표시 방법

① 배관 내 흐름의 방향

배관 내 흐름의 방향은 관을 표시하는 선에 화살표를 붙여 방향을 표시한다.

② 배관도의 부속품 부품 구성품 및 기기 내의 흐름의 방향

배관도의 부속품 기기 내의 흐름의 방향을 특히 표시할 필요가 있는 경우는 그림 기호에 따르는 화살표로 표시한다.

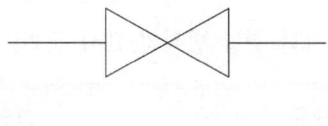

4) 관 접속 상태의 표시 방법

관을 표시하는 선이 교차하고 있는 경우에는 아래 표의 표시 방법에 따라 각각의 관이 접속하고 있는지, 접속하고 있지 않은지를 표시한다.

[관의 접속 상태의 표시 방법]

주: 접속하고 있지 않는 것을 표시하는 선의 끊긴 자리, 접속하고 있는 것을 표시하는 검은 동그라미는 도면을 복사 또는 축소할 때에도 명백하도록 그려야 한다.

5) 관 결합 방식의 표시 방법

관의 결합 방식은 아래 표와 같이 일반(나사식), 용접식, 프랜지식, 턱걸이식, 유니온식으로 구분하여 표시할 수 있다.

[관 결합 방식의 표시 방법]

결합 방식의 종류	그림기호
일반(나사식)	─┼─
용접식	─●─
플랜지식	─╫─
턱걸이식(소켓식)	─)─
유니온식	─╫╢─

6) 관이음의 표시 방법

① 고정식 관 이음쇠

고정식 관 이음쇠는 엘보, 벤드, 티, 크로스, 리듀서, 하프커플링 등이 있다.

[고정식 관 이음쇠의 표시 방법]

관 이음쇠의 종류	그림 기호	비고
엘보 및 밴드		[관 결합 방식의 표시 방법]의 그림 기호와 결합하여 사용한다. 지름이 다르다는 것을 표시할 필요가 있을 때는 그 호칭을 인출선을 사용하여 기입한다.
티		
크로스		

리듀서	동심		특히 필요한 경우에는 [관 결합 방식의 표시 방법]의 그림 기호와 결합하여 사용한다.
	편심		
하프커플링			

② 기동식 관 이음쇠

기동식 관 이음쇠는 신축 이음쇠 및 플래시블 이음쇠 등이 있다.

[기동식 관 이음쇠의 표시 방법]

관 이음쇠의 종류	그림 기호	비고
신축 이음쇠		특히 필요한 경우에는 [관 결합 방식의 표시 방법]의 그림 기호와 결합하여 사용한다.
플랙시블 이음쇠		

7) 관 끝부분의 표시 방법

관 끝 부분은 [관 끝부분의 표시 방법]의 그림 기호에 같이 표시한다.

끝 부분의 종류	그림 기호
막힌 플랜지	
나사 박음식 캡 및 나사 박음식 플러그	
용접식 캡	

8) 밸브 및 콕 몸체의 표시 방법

① 밸브 및 콕의 표시 방법

밸브 및 콕의 표시 방법은 아래 표와 같이 도시한다.

[밸브 및 콕의 표시 방법]

종류	그림 기호	종류	그림 기호
밸브 일반	▷◁	버터플라이 밸브	▷◁―●―
게이트 밸브	▶◀	앵글 밸브	△
글로브 밸브	▶●◀	3방향 밸브	▷┬◁
체크 밸브	▷▶ / ◁▷	안전밸브	⚡
볼 밸브	▷◯◁	콕 일반	▷◯◁

② 밸브 및 콕의 닫혀 있는 상태 표시

밸브 및 콕이 닫혀 있는 경우에는 그림 기호를 까맣게 칠하거나 닫혀 있다는 것을 표시하는 문자 "폐", "C" 등을 첨가하여 표시한다.

9) 밸브 및 콕 조작부의 표시 방법

밸브 및 콕의 개폐 조작부의 동력 조작 또는 수동 조작의 구별을 명시할 필요가 있는 경우에는 [밸브 및 콕 조작부의 표시 방법]과 같은 그림 기호로 표시한다.

[밸브 및 콕 조작부의 표시 방법]

개폐 조작	그림 기호	비고
수동 조작	▷┬◁	수동으로 개폐를 지시할 필요가 없을 때는 조작부의 표시를 생략한다.

동력 조작		상세에 대하여 표시는 KS A3018에 따른다.

10) 계기의 표시 방법

유량계, 압력계 등의 계기를 표시하는 경우에는 관을 표시하는 선에서 분기시킨 가는 선의 끝에 원을 그려서 아래와 같이 표시한다.

계기의 측정하는 변동량 및 기능 등을 표시하는 글자 기호는 KS A 3016에 따른다. 그 보기를 참고도에 표시한다.

[참고도]

압력 지시계	온도 지시계	유량 지시계
Ⓟ	Ⓙ	Ⓕ

11) 기기의 표시 방법

[기기의 그림 기호]

종류	그림 기호
방열기	⊏□⊐
고압 증기 트랩	⊗
저압 증기 트랩	⊗
기수 분리기	─○─○─
방열기	4.2 / 2R-1700 / 25X20 4.2: 상당방열면적(m^2) 2R: 2열 1700: 유효길이(mm) 25: 유입관경(mm) 20: 유출관경(mm)

연습문제

01 강관의 표시기호 중 상수도용 도복장 강관은?
① STWW ② SPPW
③ SPPH ④ SPHT

풀이 상수도용 도복장 강관은 관 외면을 폴리에틸렌 피복하고 관 내면은, Shot 혹은 Sand로 강관 표면의 기름, 녹, 이물질 등을 제거하고, 소정의 배합비로 희석된 도료주제와 경화제를 Airless Spray 방식으로 내면에 에폭시를 도포한 고품질의 수도용 피복강관이며 STWW로 표시한다.

02 압력 배관용 탄소강 강관의 기호는?
① SPP ② SPPS
③ SPPH ④ STBH

풀이 강관의 명칭과 기호
 * 배관용 탄소강 강관 : SPP
 * 압력 배관용 탄소강 강관 : SPPS
 * 고압 배관용 탄소강 강관 : SPPH
 * 보일러 열교환기용 강관 : STBH

03 저온 열 교환기용 강관의 KS기호로 맞는 것은?
① STBH ② STHA
③ SPLT ④ STLT

풀이 열교환기용 강관은 ST로 나열되므로 저온 열 교환기용 강관은 STLT로 나타내며 SPLT의 경우에는 저온 배관용 탄소강 강관으로 표기된다.

04 암모니아 냉동기의 배관에 사용할 수 없는 관은?
① 배관용 탄소강 강관
② 스테인레스관
③ 저온 배관용 강관
④ 황동관

풀이 암모니아는 동 및 동합금을 부식시키므로 주로 강관을 사용한다.

05 배관 및 수도용 동관의 표준 치수에서 호칭지름은 관의 어느 지름을 기준으로 하는가?
① 유효지름 ② 안지름
③ 중간지름 ④ 바깥지름

풀이 배관 및 수도용 동관의 경우 호칭지름은 관의 바깥지름을 기준으로 한다.

06 다음 동관 중 가장 높은 압력에서 사용되는 관은?
① K형 ② L형
③ M형 ④ N형

풀이 동관의 높은 압력에 사용하는 순서 : K 〉 L 〉 M 〉 N

07 다음 중 열전도율이 가장 큰 관은?

01 ① 02 ② 03 ④ 04 ④ 05 ④ 06 ①

① 강관   ② 알루미늄관
③ 동관   ④ 연관

풀이 동관은 열 전도율이 좋아 주로 열교환기에 이용된다.

08 같은 지름의 관을 직선으로 연결할 때 사용하는 배관 이음쇠가 아닌 것은?
① 소켓(socket)
② 유니언(union)
③ 벤드(bend)
④ 플랜지(flange)

풀이 벤드는 유체의 흐름이 완만한 곡선을 이루는 곳에 사용한다.

09 분기관을 만들 때 사용되는 배관 부속품은?
① 유니언(union)
② 엘보(elbow)
③ 티(tee)
④ 플랜지(flange)

풀이 분기관에는 타이(T), 와이(Y) 등이 사용된다.

10 체크밸브를 나타내는 것은?

풀이 ① 체크 밸브, ② 슬로우스밸브, ③ 글로우브밸브, ④ 앵글밸브

11 다음 도시기호의 이음은?

① 나사식 이음
② 용접식 이음
③ 소켓식 이음
④ 플랜지식 이음

풀이

07 ③   08 ③   09 ③   10 ①   11 ③

제 2 단원 배관 관련 설비

제 1 장 배관의 이음 및 신축이음

❶ 신축이음(Expension Joint)

관은 온도변화에 따라 길이가 변화하여 열 응력이 생기므로 배관계에서의 열 팽창을 흡수하여 완충역할을 하기 위한 것이다.

1. 배관계에서의 응력 발생 요인

    (1) 열 팽창에 의한 응력
    (2) 냉간 가공에 의한 가공 경화에 따른 응력
    (3) 내부 유체 압력에 의한 응력
    (4) 용접에 따른 열 응력
    (5) 배관 및 피복재의 중력에 의한 응력
    (6) 배관 내의 유체 무게에 의한 응력
    (7) 배관 부속물 및 밸브, 플랜지에 의한 응력

2. 배관계에서의 진동 발생 요인

    (1) 펌프, 압축기의 구동에 의한 진동
    (2) 배관 내 유체의 압력 변동에 따른 유속 변화
    (3) 안전밸브의 분출에 의한 진동
    (4) 파이프 굽힘에 의한 힘의 영향에 의한 진동

3. 신축량 및 열 응력의 계산

(1) 열 팽창량

$$\delta = \ell \times a \times \Delta t \begin{cases} \delta : \text{신축 길이[mm]} \\ a : \text{열팽창률}[\mathit{l}/℃] \\ \ell : \text{전 길이[mm]} \\ \Delta t : \text{온도차[℃]} \end{cases}$$

(2) 열 팽창이 큰 금속

알루미늄 > 황동 > 연강 > 경강 > 구리

(3) 열 응력

$$\sigma = E \times a \times \Delta t \begin{cases} \sigma : \text{응력}[kg/mm^2] \\ \alpha : \text{열팽창률}[\mathit{l}/℃] \\ E : \text{영률(세로 탄성 계수)}[kg/mm^2] \\ \Delta t : \text{온도차[℃]} \end{cases}$$

4. 신축이음의 종류 및 특성

(1) 루프형(Loop type)신축이음 : 신축곡관

(a) 90°곡관 (b) 신축 리턴 밴드 (c) 편심 밴드 (d) 양쪽 굴곡
 (1/4 밴드)   신축 리턴 밴드

(e) 편심 밴드 (f) 원형 곡관 (g) 리브식 밴드 (h) 한쪽 편심 U밴드
             (원밴드)

루프형 신축이음

강관 또는 동관을 굽혀서 루프상의 곡관을 만들어 그 휨에 의해서 신축을 흡수하는 방식이다.

① 설치 장소를 많이 차지하고 신축 흡수시에 응력이 생긴다.
② 재료의 피로를 일으켜 고장이 잦다.
③ 고압에 견디므로 고온, 고압 증기의 옥외배관에 많이 쓰인다.
④ 배관 곡률반경은 관지름의 6배 이상이 이상적이다.
⑤ 배관에 주름을 주어 구부릴 경우에는 관경의 2~3배도 가능하다.

> ※ 신축 흡수량 및 강도 순서
> 루프형 > 슬립형 > 벨로스형

(2) 슬립(Slip type) 신축이음

이음 본체와 슬리브 파이프로 구성되며 최고 압력 10kg/cm2 정도의 저압 증기배관또는 온도 변화가 심한 물, 기름, 증기 등의 배관에 사용하며 과열 증기배관에는 부적합하다.

① 설치장소를 적게 차지한다.
② 신축 흡수시 응력 발생이 없지만 곡관 부분이 있으면 비틀림으로 인한 파손 우려가 있다.
③ 장기간 사용시 패킹의 마모로 유체의 누설 우려가 있다.
④ 단식과 복식이 있다.
⑤ 신축 가능량 : 50~300mm

슬리브형 신축이음쇠의 구조

(3) 벨로스형(Bellows type) 신축이음

온도 변화에 의한 관의 신축을 벨로스(파형 주름관)의 신축변형에 의해서 흡수시키는 방식으로 팩레스(Pack less) 신축이음이라고도 한다.

① 설치장소가 작고, 신축에 따른 응력발생이 없다.
② 누설이 없다.
③ 부식 및 벨로스의 피로에 따른 파손 우려 때문에 벨로스는 스테인리스강 또는 청동으로 제조된다.

벨로스형 신축이음쇠의 구조

(4) 스위블형(Swivel type) 신축이음

스윙 조인트 또는 지불이음이라고도 하며, 온수 또는 저압 증기의 분기점을 2개 이상의 엘보로 연결하여 관의 신축시에 비틀림을 일으켜 신축을 흡수하여 온수 급탕 배관에 주로 사용한다.

① 이음부의 나사 회전을 이용하므로 큰 신축의 흡수시는 누설 우려가 있다.
② 배관 곡부에서 유체의 압력 손실이 있다.
③ 직관 길이 30m당 만곡부는 1.5m가 필요하다.

❷ 배관이음

> ※ 관 이음의 설계시 내부 유체의 누설을 막기 위한 조건
> ① 접합부의 접합면은 매끈하게 다듬질하며 깨끗이 한다.
> ② 접합부의 조임은 반드시 순수하게 누르는 힘만 작용하게 한다.
> ③ 접촉면의 면적은 가급적 작게 한다.

1. 강관의 접합법(Steel pipe connections)

강관의 접합에는 주로 나사 접합이 사용되나 대구경관은 플랜지 접합, 용접 접합 등도 많이 사용된다.

(1) 나사 이음(Screwed Joint)

관 끝부분에 관용 테이퍼 나사(테이퍼 1/16, 나사산 각도 55°)를 내고 나사 이음의 관 이음쇠를 사용하여 접합하는 방식

① 관의 실제 길이 산출

㉮ 90° 엘보 2개 사용시 관 실제 길이 산출

배관 중심간의 길이

$$L = l + 2(A - a)$$

$\begin{cases} l : 관길이 \\ A : 이음쇠의 중심에서 끝면까지의 거리 \\ a : 나사가 물리는 최소 길이 \end{cases}$

㉯ 곡관의 길이 산출

$$l = 2\pi R \times \frac{\theta}{360} = R \times \theta \times 0.01745$$

$$L = l + (l_1 - R) + (l_2 - R) - 2(A - a)$$

$\begin{cases} l_1, l_2 : 직선 부분의 길이 \\ l : 곡관 부분의 길이 \\ L : 절단할 관 전체의 길이 \\ \theta : 구부림 각도 \end{cases}$

연습문제

01 신축곡관이라고 통용되는 신축이음은?
① 스위블형
② 벨로즈형
③ 슬리브형
④ 루프형

[풀이] 루프이음은 주로 고압배관에 사용하는 것으로 원형벤드, U형벤드의 종류가 있으며 이를 신축곡관이라 한다.

02 급탕배관에서 슬리브(sleeve)를 사용하는 목적은?
① 보온효과 증대
② 배관의 신축 및 보수
③ 배관 부식방지
④ 배관의 고정

[풀이] 슬리브 신축이음
① 설치장소를 적게 차지한다.
② 신축 흡수 시 응력발생이 없지만 곡관부분이 있으면 비틀림으로 인한 파손우려가 있다.

03 두 개의 90° 엘보의 직관길이 ℓ =262mm인 관이 그림처럼 연결되어 있다. L=300mm이고 관 규격이 20A이며 엘보의 중심에서 단면까지의 길이 A=32mm일 때 물린 부분 B의 길이는 몇 mm인가?

① 12   ② 18
③ 14   ④ 15

[풀이] L= ℓ +2(A−B)에서
300=262+2(32−B) B=13mm

04 배관에서 지름이 다른 관을 연결할 때 사용하는 것은?
① 유니언   ② 니플
③ 부싱   ④ 소켓

[풀이] 유니언, 니플, 소켓은 동일 관경을 연결하는데, 사용하며 부싱, 레듀셔는 서로 다른 관경을 연결하는데 사용한다.

01 ④   02 ②   03 ②   04 ③

05 증기배관의 수평 환수관에서 관경을 축소할 때 사용하는 이음쇠로 가장 적합한 것은?
① 소켓
② 부싱
③ 동심 리듀서
④ 편심 리듀서

풀이 편심레듀서는 관경이 축소할 때 압력 손실을 최소화 할 수 있는 장점이 있다.

05 ④

제 2 장 밸브 및 배관지지

밸브는 밸브 본체(밸브시트, 밸브판)와 밸브실과 밸브봉 3부분으로 구성되는 것으로서 유체의 유량 조절 및 유체의 단속과 유체의 방향전환 등에 사용된다.

❶ 밸브의 종류별 특징

(1) 글로브 밸브(Glove valve)

옥형밸브 또는 구형밸브라 하며, 밸브의 형상이 둥글게 되어 있으며, 유체의 흐름이 S자 모형으로 되므로 유체의 흐름 저항은 크나 밸브의 리프트(양정)는 작아 개폐가 용이하므로 유량 조절에 적합하고 소형 경량이며 가격이 싸다.

(a) 글로브 밸브 (b) 앵글 밸브 (c) 슬루스 밸브

밸브 구조

밸브 디스크 형상에 따라 ┌ 평면형, 원뿔형
                         └ 반구형, 부분원형이 있다.

```
┌─ 구경 50A 이하 : 청동(포금)제 나사 이음형
├─ 구경 65A 이상     밸브, 밸브시트 : 포금
│                    본체 : 주철제 플랜지형
├─ 앵글 밸브 : 유체 흐름을 직각으로 바꿀 때 사용 즉, 입구와 출구가 직각인 것
├─ y형 글로브 밸브 : 저항을 줄이기 위해 밸브통을 중심선에 45°~60° 경사
│                    시킨 것 즉, 유로가 예각으로 되어 있는 밸브
└─ 니들 밸브 : 유량제어에 쓰이는 15~16mm의 원뿔 모양의 침으로
               극히 유량이 적거나 고압일 때 유량을 조금씩 가감하는데 사용
```

(2) 슬루스 밸브(Sluice valve, Gate valve)

슬루스 밸브는 현재 많이 사용되는 밸브로 밸브 본체가 밸브 시트 안을 상하함으로써 개폐하는 방식으로서 밸브를 완전히 열면 밸브 본체 속은 지름과 같은 단면적이 되므로 유체 저항이 적어 마찰 손실이 매우 적다. 양정이 커서 개폐에 시간이 걸리며, 밸브를 반정도 열어 사용하면 와류가 생겨 유체의 저항이 커지고 밸브 마모 우려가 크므로 유량 조절에는 부적합하며 가격이 비싸다. 특히, 증기 배관의 횡주관에서 드레인이 고이는 곳은 슬루스 밸브가 적당하다.

① 비상승식 : 밸브 본체를 상하시키기 위한 밸브 스템의 나사가 밸브실 내에 있는 방식의 속나사식으로서 밸브 본체만 상하로 움직이며 밸브 시스템은 회전만 하고 상하로 움직이지 않는다. 65A 이상의 큰 지름에 많이 쓰며 설치 장소를 적게 차지하나 개폐 정도를 알 수 없으므로 개폐지시기가 필요하다.

② 상승식 : 밸브 스템의 나사가 밸브실 외에 있는 바깥 나사식으로 밸브 핸들을 회전시에 밸브 본체와 밸브 스템이 함께 상하로 움직이는 방식으로 50A이하에서 주로 쓰며, 밸브 스템의 상하로 개폐를 쉽게 할 수 있기 때문에 고온 고압용에 널리 쓰나 장소를 많이 차지한다.

> ※ 디스크의 구조에 따라 : 웨지 게이트 밸브, 패러렐 슬라이드 밸브, 더블 디스크 게이트 밸브 등으로 나눈다.

(3) 코크(Cock)

특징 : 구멍이 뚫린 원추를 1/4(90°) 회전함에 따라 유로가 개폐되어 유체의 흐름을 차단 또는 조절하는 밸브로 플러그 밸브라고도 한다.

① 개폐가 빠르다.
② 개폐가 빠르므로 물, 기름, 공기의 급속 개폐에 사용된다.
③ 유로의 면적과 관 단면적이 같고, 일직선이 되므로 유체 저항이 작다.
④ 구조는 간단하나 기밀성이 나쁘고, 고압 대유량에는 부적당하다.
⑤ 2방, 3방, 4방 코크 등이 있다.

   (a) 삼방 코크   (b) 사방 코크   (c) 핸들 코크

[코크의 종류]

(4) 버터플라이 밸브(Butterfly Valve)

나비형 밸브로 원통형의 몸체 속에서 밸브 스템을 축으로 하여 원판이 회전함으로써 개폐를 행하는 것으로 사용 압력, 온도에 대한 제한이 많고 개폐쇄가 어렵다. 전개시 저항이 적고 유량 조절이 용이하며 저압의 쵬 밸브로 사용된다.

(5) 다이어프램 밸브(Diaphragm Valve)

밸브 몸통의 중앙에 원호 모양의 위어를 가지며, 내열, 내약품성의 다이어프램을 밸브시트에 밀착하여 개폐하는 밸브로 화학 약품의 차단 등에 사용하며, 유체 저항이 작다.

[다이어프램 밸브]

(6) 체크 밸브(Check Valve)

유체의 흐름이 한쪽으로 흐르게 하고, 역류하면 자동적으로 배압에 의하여 밸브체가 닫히며 스윙식(Swing type)과 리프트식(Lift type)이 있다.

(a) 스윙형 체크 밸브 (b) 리프트형 체크 밸브

[체크 밸브]

(7) 볼 탭(Ball Tap)

탱크의 액면 상승 또는 저하에 따라 볼(플로트)의 부력에 의해 자동적으로 밸브가 개폐되는 자동 개폐 밸브이다. 소형의 볼은 동판 또는 플라스틱제이며, 대구경은 복식으로 플랜지 달림으로 되어 있다.

(8) 볼 밸브(Ball Valve)

마개가 공모양이고 코크와 유사한 밸브로서 코크의 플러그를 볼로 바꾸고 또한 볼과 테프론링이 항상 긴밀한 접촉을 유지하므로 시트면의 손상이 적다. 고온에는 부적당하므로 주로 화학공장이나 석유공장 등에서 상온의 유체에 많이 사용된다.

(9) 감압 밸브(Reducing Valve)

자동 압력 조정 밸브로서 고압 배관과 저압 배관 사이에 설치하여서 증기 사용량이나 고압측의 압력 변동에 관계없이 밸브의 개폐를 자동으로 조절하여 저압측 압력을 항상 일정하게 유지하는 역할을 한다. 고저압의 압력비는 2:1 이내로 하며 고압이 $7kg/cm^2$ 이상이고, 고저압의 차가 2:1 이상이면 증기 유속이 커 소음이 생기고 고장의 원인이 되므로 감압밸브를 직렬로 연결한 2단 감압법을 사용한다. 밸브 작동 방법에 따라 벨로스형, 다이어프램형, 피스톤형이 있다.

② 배관지지

배관의 길이, 중량, 신축, 유체의 이동에서 발생하는 진동에 따른 관로 중의 기기의 성능 저하 방지를 위해서 앵글, 평강, 연강, 환봉 등을 이용하여 지지한다.

사용 목적에 따른 분류

행거 및 서포트 : 배관의 중량을 지지하는데 사용한다.

리스트레인트 : 열팽창에 따른 배관의 측면 이동을 제한하는데 사용한다.

브레이스 : 기기의 진동을 억제하는데 사용한다.

(1) 행거(Hanger)

배관의 하중을 위에서 걸어당겨서 받치는 것

① 리지드 행거(Rigid Hanger) : I빔(Beam)에 턴버클을 연결하여 파이프를 달아올리는 것이며, 수직 방향에 변위가 없는 곳에 사용한다.

[리지드 행거]   [스프링 행거]   [콘스탄트 행거]

② 스프링 행거(Spring Hanger) : 턴버클 대신에 스프링을 사용한 것이다.

③ 콘스탄트 행거(Constant Hanger) : 배관 상하 이동을 허용하면서 관의 지지력을 일정하게 한 것이다.

(2) 서포트(Support)

아래에서 위로 떠받치는 것

① 파이프 슈(Pipe Shoe) : 파이프로 직접 접속하는 지지대로서 배관의 수평 및 곡관부의 지지에 사용
② 리지드 서프트(Rigid Support) : 큰 빔 등으로 만든 배관 지지대
③ 롤러 서포트 : 관의 축방향 이동을 자유롭게 하기 위해 배관을 롤러로 지지한 것
④ 스프링 서포트 : 스프링 작용으로 파이프의 하중 변화에 따라 상하 이동을 다소 허용한 것이다.

[서포트]

(3) 리스트레인트(Restraint)

열팽창에 의한 배관의 측면 이동을 제한하는 것으로 앵커, 스톱, 가이드 세 종류가 있다.

① 앵커(Anchor) : 배관 지지점에서의 이동 및 회전을 방지하기 위해 지지점 위치에 완전히 고정하는 것

② 스톱(Stop) : 배관의 일정한 방향으로 이동과 회전만 구속하고 다른 방향으로 자유롭게 이동하는 것이다.

③ 가이드(Guide) : 배관의 회전을 제한하기 위해 사용해 왔으나 근래에는 배관계의 축 방향의 이동을 허용하는 안내 역할을 하며, 축과 직각 방향으로의 이동을 구속하는데 사용된다.

[스톱]   [가이드]

(4) 브레이스(Brace)

펌프, 압축기 등에서 발생하는 기계의 진동, 압축가스에 의한 서징, 밸브의 급격한 개폐에서 발생하는 수격 작용, 지진 등에서 발생하는 진동을 억제하는데 사용하며 진동을 완화하는 방진기와 충격을 완화하는 완충기가 있다. 방진기와 완충기는 스프링과 유압식이 있다.

> ※ 인서트 : 배관지지 금속을 장치하기 위하여 미리 천장, 바닥, 벽 등에 매립하여 두는 것으로 자재 인서트와 고정 인서트가 있다.

❸ 스트레이너(Strainer)

증기, 물, 기름 등의 배관에 설치되는 밸브, 펌프, 트랩 등의 기기 앞에 설치하여 관 내에 불순물을 제거하기 위해서 사용한다. 형상에 따라 Y형, U형, V형이 있다.

(1) Y형 스트레이너

45° 경사진 Y형의 본체 속에 원통형 금속망을 넣은 것으로 망의 안쪽에서 바깥쪽으로 흐르게 하여 유체의 저항을 작게 하고 아랫부분에 플러그를 설치하여 불순물을 제거하게 되어 있다. 금속망의 개구면적은 호칭 지름 단면적의 3배 정도이고, 망의 교환이 용이하다.

(2) U형 스트레이너

주철제의 본체 안에 여과망을 설치한 둥근 통을 수직으로 넣은 것으로 유체는 망의 안쪽에서 바깥쪽으로 흐른다. 유체의 흐름이 직각방향으로 바뀌므로 Y형에 비해 유체의 저항은 크나 보수 점검이 용이하다. 주로 오일 스트레이너에 사용된다.

(3) V형 스트레이너

주철제의 본체 속에 금속 여과망을 V자형으로 넣은 것으로서 구조상 유체는 본체 속을 직선으로 흐르므로 Y형, U형보다 유체의 저항이 작으며 여과망의 교환, 점검이 용이하다.

(a) Y형 스트레이너　　(b) U형 스트레이너　　(c) V형 스트레이너 단면도

[스트레이너 종류]

공조냉동기계 기사

예상문제

제 1 회   예상문제
제 2 회   예상문제
제 3 회   예상문제
제 4 회   예상문제

제 1 회 예상문제

제 1 과목 에너지관리

01 에어와셔(air washer)에 의해 단열 가습을 하였다. 온도 변화가 아래 그림과 같을 때, 포화효율 η_s은 얼마인가?

① 50% ② 60%
③ 70% ④ 80%

풀이 $\dfrac{(30-25)℃}{(35-25)℃} \times 100 = 50\%$

02 보일러의 부속장치인 과열기가 하는 역할은?
① 온수를 포화액으로 변화시킨다.
② 포화액을 과열증기로 만든다.
③ 습증기를 포화액으로 만든다.
④ 포화증기를 과열증기로 만든다.

풀이 과열기 : 연소가스를 이용하여 포화증기를 고온의 과열증기로 만드는 역할
절탄기 : 배기가스의 여열을 이용하여 급수를 예열한다.

03 냉방부하의 종류 및 현열부하 만을 포함하고 있는 것은?
① 유리로부터의 취득열량
② 극간풍에 의한 열량
③ 인체 발생 부하
④ 외기도입으로 인한 취득열량

풀이 극간풍 부하, 인체 부하, 외기부하의 경우 현열과 잠열부하 모두가 필요하다.

04 극간풍(틈새바람)에 의한 침입 외기량이 3000 L/s 일 때, 현열부하와 잠열부하는 얼마인가? (단, 실내온도 25℃, 절대습도 0.0179 kg/kgDA, 외기온도 32 ℃, 절대습도 0.0209 kg/kgDA, 건공기 정압비열 1,005 kJ/kg·K, 0℃ 물의 증발잠열 2501 kJ/kg, 공기밀도 1.2 kg/m³이다.)
① 현열부하 19.9 kW, 잠열부하 20.9 kW
② 현열부하 21.1 kW, 잠열부하 22.5kw
③ 현열부하 23.3 kW, 잠열부하 25.4kW
④ 현열부하 25.3 kW, 잠열부하 27 kW

풀이 현열부하(Q_s), 잠열부하($Q\ell$)
$Q_S = 3 \times 1.2 \times 1.005 \times (32-25) = 25.3$W
$Q_\ell = 3 \times 1.2 \times 2501 \times (0.0209-0.0179)$
    $= 27$kW

01 ① 02 ④ 03 ① 04 ④

05 다음은 어느 방식에 대한 설명인가?

> ① 각 실이나 존의 온도를 개별제어 하기가 쉽다.
> ② 일사량 변화가 심한 페리미터 존에 적합하다.
> ③ 실내부하가 적어지면 송풍량이 적어지므로 실내공기의 오염도가 높다.

① 정풍량 단일덕트방식
② 변풍량 단일덕트방식
③ 패키지 방식
④ 유인유닛방식

풀이 변풍량 단일 덕트 방식
부하변동에 의하여 송풍량을 제어하는 방식
〈장점〉
① 동시부하율을 고려해서 기기용량을 결정하므로, 설비기기 용량을 적게 할 수 있다.
② 열부하의 감소에 의한 운전비(열에너지, 동력)를 절약할 수 있다.
③ 실내 배치 변경에 따른 간벽의 변경, 부하의 증가에 대하여 유연성이 있다.
④ 덕트의 설계시공을 간략화할 수 있고, 각 취출구의 풍량조정이 간단하다.
⑤ 부하변동에 대해서 제어응답이 빠르므로, 거주공간의 열환경이 향상된다.

〈단점〉
① VAV유닛, 압력조절장치 때문에 정풍량 방식과 비교해서 설비비가 많이 든다.
② 부하가 적은 경우 풍량을 감소시켜도 동력의 절감으로 연결되지 않는다.

06 냉수코일의 냉각부하 147000 kJ/h이고, 통과풍량은 10000 m³/h, 정면풍속 2m/s이다. 코일입구공기온도 28℃, 출구공기온도 15℃이며, 코일의 입구냉수온도 7℃, 출구냉수온도 12℃, 열관류율은 2346 kJ/m²h℃일 때 코일열수는 얼마인가? (단, 습면보정계수는 1.33, 공기와 냉수의 열교환은 대향류형식이다.)

① 2열 ② 3열
③ 5열 ④ 6열

풀이 전열면적$(F) = \dfrac{10000 m^3/h}{(2m/sec \times 3600 sec/h)}$

$= 1.388...m^2$

대수 평균온도차(MTD)

$\Delta_1 = 28 - 12 = 16℃$

$\Delta_2 = 15 - 7 = 8℃$

$MTD = \dfrac{(16-8)}{\ln(16/8)} = 11.54℃$

Q = K × F × MTD × N × Cws
(N : 열 수, Cws : 습면 보정계수)
147000 = 2346 × 1.388 × 11.54
　　　　× 1.33 × N
N = 2.94 ≒ 3
∴ 3열

05 ②　06 ②

07 다음 중 일반적인 덕트의 설계 순서로 옳은 것은? (단, ㉮ 송풍량 결정, ㉯ 취출구 흡입구 위치 결정, ㉰ 덕트경로 결정, ㉱ 덕트 치수 결정, ㉲ 송풍기 선정이다.)

① ㉮ → ㉯ → ㉰ → ㉱ → ㉲
② ㉮ → ㉰ → ㉯ → ㉱ → ㉲
③ ㉰ → ㉮ → ㉱ → ㉲ → ㉯
④ ㉱ → ㉮ → ㉯ → ㉰ → ㉲

풀이 덕트 설계 순서
: 송풍량 결정 → 취출구, 취입구 위치 선정 → 경로 결정 → 치수 결정 → 송풍기 선정

08 다음 습공기 선도($h-x$ 선도)상에서 공기의 상태가 1에서 2로 변할 때 일어나는 현상이 아닌 것은?

① 건구온도의 감소
② 절대습도 감소
③ 습구온도 감소
④ 상대습도 감소

풀이 ① → ② : 상대습도 100% 선 쪽으로 이동하였으므로 상대습도는 증가가 된다.

09 열회수방식 중 공조설비의 에너지 절약 기법으로 많이 이용되고 있으며, 외기 도입량이 많고 운전시간이 긴 시설에서 효과가 큰 것은?

① 잠열교환기 방식
② 현열교환기 방식
③ 비열교환기 방식
④ 전열교환기 방식

풀이 전열교환기 방식이란 실내에서 배기하는 열(온열·냉열)에 의하여 외기에서 들어오는 공기를 따뜻하게(또는 차갑게) 해주기 위한 열교환기 방식으로 감열과 잠열에 의하여 열교환이 이루어진다.

10 다음 기기 중 열원설비에 해당하는 것은?

① 히트펌프
② 송풍기
③ 팬 코일 유닛
④ 공기조화기

풀이 **열원설비** : 증기, 온수를 위한 보일러, 냉각을 얻기 위한 냉동기, 냉각탑, 히트펌프 등
공기 조화기 : 공기 여과기, 공기 냉각기, 공기 가열기, 가습기, 송풍기 등
열매체 운반장치 : 팬, 덕트, 배관, 펌프, 취입구, 취출구 등

07 ①　08 ④　09 ④　10 ①

11 다음 설명 중 옳은 것은?

① 잠열은 0℃의 물을 가열하여 100℃의 증기로 변할 때까지 가하여진 열량이다.
② 잠열는 100℃의 물이 증발하는데 필요한 열량으로서 증기의 압력과는 관계없이 일정하다.
③ 임계점에서는 물과 증기의 비체적이 같다.
④ 증기의 정적비열은 정압비열보다 항상 크다.

풀이 잠열은 온도 변화없이 상태변화에 필요한 열이며 모든 기체에서 정압비열이 정적비열보다 크며 임계점은 액체가 즉시 기체로 되는 상태로 물과 증기의 비체적은 같다.

12 유리면을 통한 태양복사열량이 달라질 수 있는 요소가 아닌 것은?

① 건물의 높이
② 차폐의 유무
③ 태양입사각
④ 계절

풀이 복사열량은 일사열량으로 태양의 방위, 계절, 차폐, 축열 등에 의하여 달라지게 된다.

13 다음 중 인젝터의 시동순서로 가장 옳은 것은?

> ㉮ 핸들을 연다.
> ㉯ 증기 밸브를 연다.
> ㉰ 급수 밸브를 연다.
> ㉱ 급수 출구관에 정지 밸브가 열렸는가를 확인했다.

① ㉱→㉰→㉯→㉮
② ㉯→㉰→㉮→㉱
③ ㉰→㉯→㉮→㉱
④ ㉱→㉰→㉮→㉯

풀이 인젝터(소형 급수설비)
증기이용 급수설비
· 인젝터 시동순서: ㉱→㉰→㉯→㉮를 순차적으로 개방한다.
· 인젝터 정지순서: ㉮→㉯→㉰→㉱를 순차적으로 닫는다.

14 코르니시 보일러에서 노통은 몇 개인가?

① 1   ② 2
③ 3   ④ 4

풀이 노통 보일러

15 측정하고자 하는 액면을 직접 자로 측정, 자의 눈금을 읽음으로써 액면을 측정하는 방법의 액면계는?

① 검척식 액면계
② 기포식 액면계
③ 직관식 액면계
④ 플로트식 액면계

> 풀이 직접식 액면계
> · 검척식(자의 눈금 이용)
> · 부저식(플로트식)
> · 유리관식(액면 높이 읽음)

16 다음 중 가장 높은 온도를 측정할 수 있는 온도계는?

① 저항 온도계
② 광전관 온도계
③ 열전대 온도계
④ 유리제 온도계

> 풀이 비접촉 고온계
> 광고 온도계, 광전관 온도계, 방사 온도계, 색온도계

17 열전 온도계의 열전대 중 사용 온도가 가장 높은 것은?

① 동-콘스탄탄(CC)
② 철-콘스탄탄(IC)
③ 크로멜-알루멜(CA)
④ 백금-백금로듐(PR)

> 풀이 · CC: $-180 \sim 350℃$
> · IC: $-20 \sim 800℃$
> · CA: $-20 \sim 1,200℃$
> · PR: $0 \sim 1,600℃$

18 제어계가 불안정하여 제어량이 주기적으로 변하는 상태를 무엇이라고 하는가?

① 외란   ② 헌팅
③ 오버슈트   ④ 오프셋

> 풀이 헌팅
> 자동제어계가 불안정하여 제어량이 주기적으로 변하는 상태

19 파형 노통의 특징에 대한 설명으로 옳은 것은?

① 외압에 약하다.
② 전열면적이 좁다.
③ 열에 의한 신축에 대하여 탄력성이 적다.
④ 내부청소 및 제작이 어렵다.

20 다음 중 정상편차에 대한 설명으로 옳은 것은?

① 목표치와 제어량의 차
② 입력의 시간 미분값에 비례하는 편차
③ 2개 이상의 양 사이에 어떤 비례관계를 갖는 편차
④ 과동응답에 있어서 충분한 시간이 경과하여 제어편차가 일정한 값으로 안정되었을 때의 값

> 풀이 정상편차
> 자동제어에서 과도응답에 있어서 충분한 시간이 경과하여 제어편차가 일정한 값으로 안정되었을 때의 값이다.

15 ① 16 ② 17 ③ 18 ② 19 ④ 20 ④

제 2 과목　공조냉동설계

21 준평형 정적과정을 거치는 시스템에 대한 열전달량은? (단, 운동에너지와 위치에너지의 변화는 무시한다.)
① 0이다.
② 내부에너지 변화량과 같다.
③ 이루어진 일량과 같다.
④ 엔탈피 변화량과 같다.

22 다음 그림과 같은 냉동실 벽의 통과율($kcal/m^2h℃$)은 약 얼마인가? (단, 공기막 계수는 실내벽면 8 $kcal/m^2h℃$, 외부벽면 29 $kcal/m^2h℃$이며, 벽의 구조에 따른 각 열전도율($σ$, $kcal/mh℃$), 두께(mm)는 아래 그림과 같다.)

① 0.125　　② 0.229
③ 0.035　　④ 0.437

풀이　$k = \dfrac{1}{\dfrac{1}{8} + \dfrac{0.02}{0.65} + \dfrac{0.15}{0.04} + \dfrac{0.1}{1.4} + \dfrac{0.03}{1.3} + \dfrac{1}{29}}$
　　　= 0.229 $kcal/m^2\ h℃$

23 왕복동식 압축기의 회전수를 n(rpm), 피스톤의 행정을 S(m)라 하면 피스톤의 평균속도 V_s(m/s)를 나타내는 식은?
① $\dfrac{π \cdot S \cdot n}{60}$　　② $\dfrac{S \cdot n}{60}$
③ $\dfrac{S \cdot n}{30}$　　④ $\dfrac{S \cdot n}{120}$

풀이　실린더의 상사점과 하사점 사이의 거리를 행정(S)이라 하며 1회전 하면 2S가 된다.
피스톤의 평균속도 = $\dfrac{2S \times n}{60\sec} = \dfrac{S \times n}{30}$

24 실린더 직경 80 mm, 행정 50 mm, 실린더수 6개, 회전수 1750 rpm인 왕복동식 압축기의 피스톤 압출량은 약 얼마인가?
① 158m^3/h　　② 168m^3/h
③ 178 m^3/h　　④ 188m^3/h

풀이　$V = \dfrac{π}{4}(0.08\ m)^2 \times 0.05m \times 6 \times 1750 \times 60$
　　= 158.33 m^3/h)

25 흡입, 압축, 토출의 3행정으로 구성되며, 밸브와 피스톤이 없어 장시간의 연속운전에 유리하고 소형으로 큰 냉동능력을 발휘하기 때문에 대형 냉동공장에 적합한 압축기는?
① 왕복식 압축기
② 스크류 압축기
③ 회전식 압축기
④ 원심 압축기

21 ②　22 ②　23 ③　24 ①　25 ②

[풀이] 스크류 압축기는 암수 치형이 맞물려 돌아가는 것으로 냉매와 오일을 같이 압축하는 것으로 진동은 적으나 소음이 큰 것이 단점이다. 흡입토출밸브가 없다.

26 열의 이동에 대한 설명으로 옳지 않은 것은?

① 고체표면과 이에 접하는 유동 유체간의 열 이동을 열전달이라 한다.
② 자연계의 열이동은 비가역 현상이다.
③ 열역학 제 1법칙에 따라 고온체에서 저온체로 이동한다.
④ 자연계의 열이동은 엔트로피가 증가하는 방향으로 흐른다.

[풀이] "열은 높은 곳에서 낮은 곳으로 흐른다."는 것은 열역학 제 2법칙에 해당된다.

27 냉동기유가 갖추어야할 조건으로 알맞지 않는 것은?

① 응고점이 낮고, 인화점이 높아야 한다.
② 냉매와 잘 반응하지 않아야 한다.
③ 산화가 되기 쉬운 성질을 가져야 된다.
④ 수분, 산분을 포함하지 않아야 한다.

[풀이] 냉동기유의 구비조건
① 응고점이 낮고 인화점이 높을 것.
② 점도가 적당하고 변질되지 않을 것.
③ 수분을 포함하지 않고 전기적 절연 내력이 클 것.
④ 저온에서 왁스가 분리 되지 않고 냉매 흡수가 적을 것.
⑤ 장기 휴지 중에도 방청능력이 있어야 하며 소포성이 있을 것.

28 건식증발기의 일반적인 장점이라 할 수 없는 것은?

① 냉매 사용량이 아주 많아진다.
② 물회로의 유로저항이 작다.
③ 냉매량 조절을 비교적 간단히 할 수 있다.
④ 냉매 증기 속도가 빨라 압축기로의 유회수가 좋다.

[풀이] 건식 증발기의 경우 증발기 내의 액 : 가스의 비율이 25 : 75로서 냉매 충전량이 증발기 중에서 가장 작다.

29 냉동장치의 운전에 관한 설명 중 맞는 것은?

① 압축기에 액백(liquid back)현상이 일어나면 토출가스 온도가 내려가고 구동 전동기의 전류계 지시 값이 변동한다.
② 수액기내에 냉매액을 충만시키면 증발기에서 열부하 감소에 대응하기 쉽다.
③ 냉매 충전량이 부족하면 증발압력이 높게 되어 냉동능력이 저하한다.
④ 냉동부하에 비해 과대한 용량의 압축기를 사용하면 저압이 높게 되고, 장치의 성적계수는 상승한다.

[풀이] 액백은 압축기로 액이 흡입되는 현상으로 실린더에 성애가 생기고 토출 압력계가 심하게 요동을 치며 결국 압축기 소손의 우려가 있다.

26 ③ 27 ③ 28 ① 29 ①

30 어큐뮬레이터(accumulator)에 대한 설명으로 옳은 것은?

① 건식 증발기에 설치하여 냉매액과 증기를 분리시킨다.
② 냉매액과 증기를 분리시켜 증기만을 압축기에 보낸다.
③ 분리된 증기는 다시 응축하도록 응축기로 보낸다.
④ 냉매속에 흐르는 냉동유를 분리시키는 장치이다.

풀이 어큐뮬레이터는 액분리기로서 증발기와 압축기 사이에 설치하여 액백 현상을 예방해 준다.

31 온도 600℃의 고온 열원에서 열을 받고, 온도 150℃의 저온 열원에 방열하면서 5.5 kW의 출력을 내는 카르노 기관이 있다면 이 기관의 공급 열량은?

① 20.2kW
② 14.3 kW
③ 12.5 kW
④ 10.7 kW

풀이 $Q = \dfrac{5.5}{1 - \dfrac{150 + 273}{600 + 273}} = 10.67 \text{kW}$

32 다음은 증기사이클의 $P-V$ 선도이다. 이는 어떤 종류의 사이클인가?

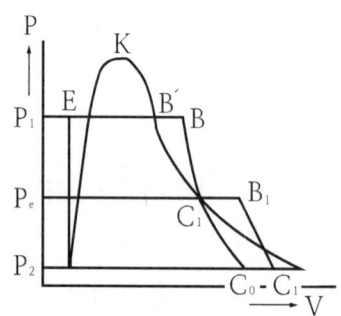

① 재생사이클
② 재생재열사이클
③ 재열사이클
④ 급수가열사이클

풀이 건포화증기 C_1에서 다시 가열한 사이클이므로 재열사이클이다.

33 체적 2500 L인 탱크에 압력 294 kPa, 온도 10℃의 공기가 들어 있다. 이 공기를 80℃까지 가열하는데 필요한 열량은? (단, 공기의 기체상수 R=0.287 kJ/kg·K, 정적비열 C_v = 0.717 kJ/kg·K이다.)

① 약 408 kJ
② 약 432 kJ
③ 약 454 kJ
④ 약 469 kJ

풀이 $Q = mC_v(T_2 - T_1) = \dfrac{PV}{RT}C_v(T_2 - T_1)$

$= \dfrac{294 \times 25}{0.287 \times (10 + 273)} \times 0.717 \times (80 - 10)$

$= 454.19 \text{ kJ}$

34 시스템의 열역학적 상태를 기술하는데 열역학적 상태량(또는 성질)이 사용된다. 다음 중 열역학적 상태량으로 올바르게 짝지어진 것은?

① 열, 일
② 엔탈피, 엔트로피
③ 열, 엔탈피
④ 일, 엔트로피

풀이 열과 일은 열역학적 상태량(점함수)이 아닌 경로함수이다.

35 초기압력 0.5 MPa, 온도 207℃ 상태인 공기 4kg이 정압과정으로 체적이 절반으로 줄었을 때의 열전달량은 약 얼마인가? (단, 공기는 이상기체로 가정하고, 비열비는 1.4, 기체상수는 287 J/kg·K이다.)

① -240 kJ
② -864 kJ
③ -482 kJ
④ -964 kJ

풀이
$Q = mC_P(T_2 - T_1)$
$= mC_PT_1\left(\dfrac{T_2}{T_1} - 1\right) = mC_PT_1\left(\dfrac{V_2}{V_1} - 1\right)$
$= 4 \times \dfrac{1.4 \times 0.287}{1.4-1} \times (207+273) \times \left(\dfrac{V_1}{2V_1} - 1\right)$
$= -964.32 \text{ kJ}$

36 14.33 W의 전등을 매일 7시간 사용하는 집이 있다. 1개월(30일)동안 몇 kJ의 에너지를 사용하는가?

① 10830 kJ
② 15020 ky
③ 17.420 kJ
④ 10.840 kJ

풀이 $14.33 \times 7 \times 30 \times 3600 \times 10^{-3}$
$= 10833 \text{ kJ}$

37 다음 중 정압연소 가스터빈의 표준 사이클이라 할 수 있는 것은?

① 랭킨 사이클
② 오토 사이클
③ 디젤 사이클
④ 브레이턴 사이클

풀이 랭킨 사이클 : 증기원동소 기본 사이클
오토 사이클 : 가솔린기관 사이클
디젤 사이클 : 디젤기관 사이클

38 견고한 단열 용기 안에 온도와 압력이 같은 이상기체 산소 1kmol과 이상기체 산소 2kmol이 얇은 막으로 나뉘어져 있다. 막이 터져 두 기체가 혼합될 경우 이 시스템의 엔트로피의 변화는?

① 변화가 없다.
② 증가한다.
③ 감소한다.
④ 증가한 후 감소한다.

34 ② 35 ④ 36 ① 37 ④ 38 ②

풀이 가스혼합은 비가역 과정이므로 엔트로피는 증가한다.

39 체적이 0.5m³인 밀폐 압력용기 속에 이상기체가 들어있다. 분자량이 24이고, 질량이 10kg이라면 기체상수는 몇 kN·m/kg·K인가? (단, 일반기체상수는 8.313 kJ/kmol·K이다.)

① 0.3635
② 0.3464
③ 0.3767
④ 0.3237

풀이 $R = \dfrac{8.313}{24} = 0.3464$

40 압력 250 kPa, 체적 0.35 m³의 공기가 일정 압력 하에서 팽창하여, 체적이 0.5m³로 되었다면, 팽창에 필요한 열량은 약 몇 kJ인가?

① 43.8
② 56.4
③ 131.4
④ 175.2

풀이 $Q = U + W = 93.9 + 250 \times (0.5 - 0.35) = 131.4$

제 3 과목 : 시운전 및 안전관리

41 2개의 SCR로 단상 전파정류하여 $100\sqrt{2}$ [V]의 직류전압을 얻는데 필요한 1차측 교류 전압은 약 몇 [V]인가?

① 120
② 141
③ 157
④ 220

풀이 $100\sqrt{2} = \dfrac{2\sqrt{2}}{\pi} E$ $E = 157.97$ IT

42 다음 중 온도 보상용으로 사용되는 소자는?

① 서미스터
② 바리스터
③ 바랙터다이오드
④ 제너다이오드

풀이 가변용량 다이오드(바렉터 다이오드)
PN접합에서 역바이어스시 전압에 따라 광범위하게 변환하는 다이오드의 공간전하량을 이용한다.
바리스터 : 서지전압에 대한 회로보호용
제너다이오드 : 전원전압을 안정하게 유지
터널 다이오드 : 스위칭(개폐)작용, 발진작용, 증폭작용

43 60 Hz, 15 kW, 4극의 3상 유도전동기가 있다. 전부하가 걸렸을 때 슬립이 4%라면, 이 때의 2차(회전자)측 동손 [kW]은?

① 0.428
② 0.528
③ 0.625
④ 0.724

풀이 $P_c = \dfrac{s}{1-s}P = \dfrac{0.04}{1-0.04} \times 15 = 0.625$

44 전기자 전류가 100A 일 때 50 kg·m의 토크가 발생하는 전동기가 있다. 전동기의 자계의 세기가 80%로 감소되고 전기자 전류가 120 A로 되었다면 토크 [kg·m]는?

① 39
② 43
③ 48
④ 52

풀이 $\frac{120}{100} \times 0.8 \times 50 = 48$

45 변압기에 대한 설명으로 옳지 않은 것은?
① 변압기의 2차측 권선수가 1차측 권선수보다 적은 경우에는 1차측의 전압보다 2차측의 전압이 낮다.
② 변압기의 1차측 전압이 2차측 전압보다 높을 경우, 2차측에 부하가 연결되면, 흐르는 전류는 1차측에서 공급되는 전류값보다 크다.
③ 변압기의 1차측 권선수와 전압, 2차측 권선수와 전압을 이용하여 권수비를 구할 수 있다.
④ 변압기의 1차측과 2차측의 권선수가 다를 경우에는 1차측에 인가한 전압의 주파수와 2차측에 나타나는 전압의 주파수는 다르다.

풀이 변압기의 1차측과 2차측의 주파수는 동일하다.

46 제어계의 분류에서 엘리베이터에 적용되는 제어 방법은?
① 정치제어 ② 추종제어
③ 프로그램제어 ④ 비율제어

47 열 기전력형 센서에 대한 설명이 아닌 것은?
① 전압 변화용 센서이다.
② 철, 콘스탄탄의 금속을 이용한다.

③ 제벡효과(Seebeck effect)를 이용한다.
④ 진동 주파수는 $\frac{1}{2\pi\sqrt{LC}}$ 이다.

48 그림에서 스위치 S의 개폐에 관계없이 전전류 I가 항상 30 A라면 저항 r_3와 r_4의 값은 몇 [Ω]인가?

① $r_3 = 1$, $r_4 = 3$
② $r_3 = 3$ $r_4 = 2$
③ $r_3 = 2$, $r_4 = 1$
④ $r_3 = 4$, $r_4 = 4$

풀이 $8 \times r_4 = 4 \times r_3$ 이므로 $r_3 = 2$, $r_4 = 1$ 가 되야한다.

49 두 대 이상의 변압기를 병렬 운전하고자 할 때 이상적인 조건으로 옳지 않은 것은?
① 용량에 비례해서 전류를 분담할 것
② 각 변압기의 극성이 같을 것
③ 변압기 상호간 순환전류가 흐르지 않을 것
④ 각 변압기의 손실비가 같을 것

50 피드백 제어의 특징에 대한 설명으로 틀린 것은?
① 제어계의 특성을 향상시킬 수 있다.
② 외부 조건의 변화에 대한 영향을 줄일 수 있다.

45 ④ 46 ③ 47 ④ 48 ③ 49 ④ 50 ④

③ 목표값을 정확히 달성할 수 있다.
④ 제어량에 변화를 주는 외란의 영향을 받지 않는다.

풀이 피드백 제어는 외란이 발생해도 목표값을 정확히 제어할 수 있도록 설계한다.

51 논리식 $A + BC$와 등가인 논리식은?
① $AB + AC$
② $(A + B)(A + C)$
③ $(A + B)C$
④ $(A + C)B$

풀이 $A + B \cdot C = (A + B)(A + C)$
= (A+B)(A+C) = AA+AC+AB+BC
= A+AC+AB+BC=A+AB+BC=A+BC

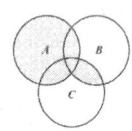

52 제어편차가 검출될 때 편차가 변화하는 속도에 비례하여 조작량을 가감하도록 하는 제어로 오차가 커지는 것을 미연에 방지하는 제어동작은?
① ON/OFF 제어 동작
② 미분 제어 동작
③ 적분 제어 동작
④ 비례 제어 동작

풀이 ① 비례 제어 공학
② 잔류편차발생
③ 부하변동이 작은 제어에 이용
미분 제어 동작
① 진동을 제거하여 안정이 빨라진다.
② 출력이 시간변화 즉, 편차가 변화하는 속도에 비례하여 조작량을 가감한다.
적분 제어 동작
① 잔류편차를 제거한다.
② 진동하는 현상이 있어 제어의 안정성이 낮다.

53 방사성 위험물을 원격으로 조작하는 인공수(人工手 : manipulator)에 사용되는 제어계는?
① 시퀀스 제어
② 서보계
③ 자동조정
④ 프로세스 제어

풀이 인공수(manipulator)는 추종성이 좋아야 한다.

54 논리식 $A = X(X + Y)$를 간단히 하면?
① $A = X$
② $A = Y$
③ $A = X + Y$
④ $A = X \cdot Y$

55 절연저항 측정 시 가장 적당한 방법은?
① 메거에 의한 방법
② 전압, 전류계에 의한 방법
③ 전위차계에 의한 방법
④ 더블브리지에 의한 방법

풀이 절연저헝기에는 멀티 테스터기와 메거(megger)가 있으나 저항이 크거나 정확한 측정으로는 메거를 사용한다.

51 ② 52 ② 53 ② 54 ① 55 ①

56 도체가 대전된 경우 도체의 성질과 전하 분포 대한 설명으로 옳지 않은 것은?
① 전하는 도체 표면에만 존재한다.
② 도체는 등전위이고 표면은 등전위면이다.
③ 도체 표면상의 전계는 면에 대하여 수직이다.
④ 도체 내부의 전계는 ∞ 이다.

풀이 도체 내부의 전계(전기력선)는 0이다. 즉 전위차가 발생하지 않는다

57 자동제어계의 응답 중 입력과 출력사이의 최대 편차량은?
① 오차　　　　② 오버슈트
③ 외란　　　　④ 감쇄비

58 200[V]의 교류전원에 선풍기를 접속하고 전력과 전류를 측정하였더니 600[W], 5[A]이었다. 이 선풍기의 역률은?
① 0.5　　　　② 0.6
③ 0.7　　　　④ 0.8

풀이 $P = VI\cos\theta$ [W]에서
$\cos\theta = \dfrac{P}{VI} = \dfrac{600}{200 \times 5} = 0.6$

59 동기기의 전기자 권선법이 아닌 것은?
① 전절권　　　② 분포권
③ 2층권　　　 ④ 중권

풀이 동기기의 전기자 권선법 : 집중권과 분포권중에서 분포권을, 전절권과 단절권 중에서 단절권을, 단층권과 2층권 중에서 2층권을, 중권, 파권, 쇄권 중에서 중권을 사용한다.

60 직류기에서 정류를 좋게 하는 방법 중 전압정류의 역할은?
① 보극
② 탄소
③ 보상권선
④ 리액턴스 전압

풀이 보극을 이용한 정류를 전압정류라 한다.
※ 보극이 적당히 설치되어 이루어진 정류를 정현정류, 보극이 지나친 정류를 과정류라 한다.

제 4 과목　유지보수공사 관리

61 강관 접합법에 해당되지 않는 것은?
① 나사접합
② 플랜지접합
③ 용접접합
④ 몰코접합

풀이 몰코 접합은 배관용스테인리스강관의 압착식 접합 방법으로 일반 강관의 접합 종류와는 다른 방식이다.

62 신축 이음쇠의 종류에 해당되지 않는 것은?
① 벨로스형　　　② 플랜지형
③ 루프형　　　　④ 슬리브형

풀이 신축이음 : 루프형, 벨로즈형, 슬리브형,

56 ④　57 ②　58 ②　59 ①　60 ①　61 ④　62 ②

스위블형
동관이음 : 납땜이음, 플레어이음, 플랜지이음, 용접이음
주철관이음 : 소켓이음, 플랜지이음, 기계식(메카니컬)이음, 타이톤이음, 빅토리이음

63 온수난방 배관에서 역귀환방식을 채택하는 목적으로 적합한 것은?

① 배관의 신축을 흡수하기 위하여
② 온수가 식지 않게 하기 위하여
③ 온수의 유량분배를 균일하게 하기 위하여
④ 배관길이를 짧게 하기 위하여

풀이 역귀환 방식은 급탕배관 + 환수배관의 길이가 각 방열기 마다 동일하게 하여 유량공급을 균일하게 하기 위함이다.

64 급탕의 온도는 사용온도에 따라 각각 다르나 계산을 위하여 기준온도로 환산하여 급탕의 양을 표시하고 있다. 이때 환산의 온도로 맞는 것은?

① 40℃   ② 50℃
③ 60℃   ④ 70℃

풀이 급탕 환산 온도 : 60 ℃ 기준으로 한다.

65 강관의 나사이음 시 관을 절단한 후 관단면의 안쪽에 생기는 거스러미를 제거할 때 사용하는 공구는?

① 파이프 바이스
② 파이프 리머
③ 파이프 렌치
④ 파이프 커터

풀이 **파이프 바이스** : 작업 시 파이프를 고정 지지하는 공구이다.
파이프 리머 : 관의 절단면 거스러미를 제거해주는 공구이다.
파이프 렌치 : 관을 설치할 때 관의 나사를 돌

66 증기트랩에 관한 설명으로서 맞는 것은?

① 응축수나 공기가 자동적으로 환수관에 배출되며, 실로폰 트랩, 방열기 트랩이라고도 하는 트랩은 플로트 트랩이다.
② 열동식 트랩은 고압, 중압의 증기관에 적합하며, 환수관을 트랩보다 위쪽에 배관할 수도 있고, 형식에 따라 상향식과 하향식이 있다.
③ 버킷 트랩은 구조상 공기를 함께 배출하지 못하지만 다량의 응축수를 처리하는데 적합하며, 다량트랩이라고 한다.
④ 고압, 중압, 저압에 사용되며 작동 시 구조상 증기가 약간 새는 결점이 있는 것이 충격식 트랩이다.

풀이 증기트랩이란 방열기의 환수부 또는 증기배관의 최말단 등에 부착하여 증기관 내에 생긴 응축수만을 보일러 등에 환수시키기 위해 사용하는 장치로 방열기트랩과 관말트랩으로 구별한다.
① **버킷 트랩**(bucket trap) : 주로 고압중기의 관말트랩이나 증기사용, 세탁기, 증기탕비기 등에 이용된다.
② **플로트트랩**(float trap) : 저압증기용 기기부속 트랩으로 다량의 응축수를 처리하기 위해 사용하며, 열교환기 등에 사용된다.

63 ③ 64 ③ 65 ② 66 ④

③ **벨로즈 트랩**(bellows trap) : 벨로우즈 속의 액체의 팽창과 수축으로 동작하는 트랩으로 소형의 것에 사용되며, 주로 방열기에 사용되고 있다.

67 보온재의 구비조건 중 틀린 것은?
① 열전도율이 적을 것
② 균열 신축이 적을 것
③ 내식성 및 내열성이 있을 것
④ 비중이 크고 흡습성이 클 것

풀이 보온재 구비조건
① 열전도율이 적을 것
② 다공질물이며 다공도가 클 것
③ 부피 비중이 적을 것
④ 내수성, 내습성이 클 것
⑤ 안전사용온도 범위에 적합할 것

68 도시가스 배관 시 배관이 움직이지 않도록 관 지름 13~33 mm 미만은 몇 m마다 고정 장치를 설치해야 하는가?
① 1m　　　　② 2m
③ 3m　　　　④ 4m

풀이 도시가스 배관 고정 이격거리
① Ø 13 mm 미만 : 1m
② Ø 13 mm 이상~Ø 33 mm 미만 : 2 m
③ Ø 33 mm 이상 : 3m

69 열교환기 입구에 설치하여 탱크 내의 온도에 따라 밸브를 개폐하며, 열매의 유입량을 조절하여 탱크 내의 온도를 설정범위로 유지시키는 밸브는?

① 감압 밸브
② 플랩 밸브
③ 바이패스 밸브
④ 온도조절 밸브

풀이 온도 변화에 따라 조절되는 것은 온도 조절밸브이다.
1. 감압밸브 : 유체의 압력이 사용 목적보다 높을 때 이것을 감압하고, 또 감압한 후 압력을 일정하게 유지하는 밸브
2. 플랩밸브 : 체크밸브의 일종
3. 바이패스 밸브 : 배관계통에 고장과 일시적인 응급사항에 대비하기 위해 바이패스에 설치하는 밸브이며, 바이패스의 개폐 및 분기, 유량의 조절 등에 사용된다.

70 급탕 배관에서 설치되는 팽창관의 설치 위치로 적당한 것은?
① 순환펌프와 가열장치 사이
② 급탕관과 환수관 사이
③ 가열장치와 고가탱크 사이
④ 반탕관과 순환펌프 사이

풀이 팽창관
① 온수 순환 배관에 이상 압력 상승 시 그 압력을 흡수하는 역할을 한다.
② 안전밸브 역할을 하며, 보일러 내의 증기나 공기를 배출시킨다.
③ 팽창관의 도중에는 절대로 밸브를 설치하지 않아야 한다.
④ 가열기와 고가탱크 사이에 설치하며 급탕수직주관을 연장하여 팽창탱크에 개방한다.

67 ④　68 ②　69 ④　70 ③

71 우수배관 시공 시 고려할 사항으로 틀린 것은?

① 우수배관은 온도에 따른 관의 신축에 대응하기 위해 오프셋 부분을 둔다.
② 우수 수직관은 건물 내부에 배관하는 경우와 건물 외벽에 배관하는 경우가 있다.
③ 우수 수직관은 다른 기구의 배수관과 접속시켜 통기관으로 사용할 수 있다.
④ 우수 수평관을 다른 배수관과 접속할 때에는 우수배수관을 통해 하수가스가 발생되지 않도록 U자 트랩을 설치한다.

풀이 우수 수직관은 다른 배수관과 구분하여 설치하여야 한다.

72 냉매 배관 재료 중 암모니아를 냉매로 사용하는 냉동설비에 일반적으로 많이 사용하는 것은?

① 동, 동합금
② 아연, 주석
③ 철, 강
④ 크롬, 니켈 합금

풀이 암모니아는 동 및 동합금을 부식시키므로 강관을 냉동기 배관으로 사용한다.

73 각 수전에 급수공급이 일반적으로 하향식에 의해 공급되는 급수방식은?

① 수도 직결식
② 옥상 탱크식
③ 압력 탱크식
④ 부스터 방식

풀이 옥상 탱크식은 건축물의 옥상에 수조를 설치하여 낙차에 의하여 공급하는 방식으로 고가 수조 방식이라고도 한다.

74 관경 300 mm, 배관길이 500 m의 중압 가스 수송관에서 $A \cdot B$점의 게이지 압력이 3kgf/cm², 2 kgf/cm²인 경우 가스유량은 약 얼마인가? (단, 가스 비중 0.64, 유량 계수 52.31로 한다.)

① 102038 m³/h
② 20583 m³/h
③ 38315 m³/h
④ 40153 m³/h

풀이
$$Q = K \times \sqrt{\frac{D^5 \times (P_1^2 - P_2^2)}{S \cdot L}}$$
$$= 52.31 \times \sqrt{\frac{35^5 \times (4^2 - 3^2)}{0.64 \times 500}}$$
$$= 38138 \text{ m}^3/h$$

75 고압 배관용 탄소 강관에 대한 설명으로 틀린 것은?

① 100 kgf/cm² 이상에 사용하는 고압용 강관이다.
② KS 규격기호로 SPPH라고 표시한다.
③ 치수는 호칭지름 × 호칭두께(Sch No) × 바깥지름으로 표시하며, 킬드강을 사용하여 만든다.
④ 350 ℃ 이하에서 내연기관용 연료분사관, 화학공업의 고압배관용으로 사용된다.

풀이 치수는 호칭지름 × 호칭두께(Sch No)

71 ③ 72 ③ 73 ② 74 ③ 75 ③

× 길이 로 표시하며, 킬드강을 이용하여 심레스로만 제조한다.

76 배수관에서 자정작용을 위해 필요한 최소유속으로 적당한 것은?
① 0.1 m/s　　② 0.2m/s
③ 0.4m/s　　④ 0.6m/s

풀이　배수관은 배수의 흐름에 의하여 자정작용이 일어나도록 설계하여야 하며 일반 배수에는 자정 작용을 위해 필요한 최소 유속은 0.6 m/sec로 권장하고 있다.

77 급수에 사용되는 물은 탄산칼슘의 함유량에 따라 연수와 경수로 구분된다. 경수사용시 발생될 수 있는 현상으로 틀린 것은?
① 비누거품의 발생이 좋다.
② 보일러용수로 사용 시 내면에 관석이 많이 발생한다.
③ 전열효율이 저하하고 과열의 원인이 된다.
④ 보일러의 수명이 단축된다.

풀이　경수는 칼슘이나 마그네슘이 다량 함유된 경도가 높은 물로서 전열면에 스케일이 부착 되므로 보일러 물로는 부적당하며 세탁용으로도 비누의 거품 효과를 떨어뜨려 나쁘다.

78 기계배기와 기계급기의 조합에 의한 환기방법으로 일반적으로 외기를 정화하기 위한 에어필터를 필요로 하는 환기법은?
① 1종환기　　② 2종환기
③ 3종환기　　④ 4종환기

풀이　제 1종 환기 : 급기 팬 + 배기 팬
　　제 2종 환기 : 급기 팬 + 자연 배기
　　제 3종 환가 : 자연 급기 + 배기 팬

79 댐퍼의 종류에 관련된 내용이다. 서로 그 관련된 내용이 틀린 것은?
① 풍량조절댐퍼(VD) : 버터플라이댐퍼
② 방화댐퍼(FD) : 루버형댐퍼
③ 방연댐퍼(SD) : 연기감지기
④ 방연방화댐퍼(SFD) : 스프릿댐퍼

풀이　스플릿 댐퍼는 덕트의 분기부에 설치하며 풍량 분배용 댐퍼이다.

80 가스배관 경로 선정시 고려하여야 할 내용으로 적당하지 않은 것은?
① 최단거리로 할 것
② 구부러지거나 오르내림을 적게 할 것
③ 가능한 은폐매설을 할 것
④ 가능한 옥외에 설치할 것

풀이　가스 배관의 경우 항상 노출 시공을 원칙으로 한다.

제 2 회 예상문제

제 1 과목 에너지관리

01 공기조화설비는 공기조화기, 열원장치 등 4대 주요장치로 구성되어 있다. 4대 주요장치의 하나인 공기조화기에 해당되는 것이 아닌 것은?
① 에어필터
② 공기냉각기
③ 공기가열기
④ 왕복동 압축기

풀이 공기 조화기 : 공기 여과기, 공기 냉각기, 공기 가열기, 가습기, 송풍기 등

02 덕트의 크기를 결정하는 방법이 아닌 것은?
① 등속법
② 등마찰법
③ 등중량법
④ 정압재취득법

풀이 등속법 : 덕트 내 풍속을 주관, 지관 모두 일정 풍속이 되도록 설계하는 방법
등마찰법 : 덕트의 풍속 및 풍량으로부터 1m당 마찰 저항값을 구한 뒤 이 마찰 저항값과 다른 덕트의 마찰 저항값이 동일하도록 각각의 덕트 치수를 결정하는 방법이다.
정압재취득법 : 덕트 내의 분기점이나 배출구에의 풍속 감소에 따른 정압 재취득에 의한 상승 정압을 다음의 손실 압력에 충당하여 전계통의 정압이 똑같이 되도록 하여 일정한 공기 분배를 얻도록 설계하는 방법이다.

03 보일러 출력표시에 대한 내용으로 잘못된 것은?
① 정격출력 : 연속 운전이 가능한 보일러의 능력으로 난방부하, 급탕부하, 배관부하, 예열부하의 합이다.
② 정미출력 : 난방부하, 급탕부하, 예열부하의 합이다.
③ 상용출력 : 정격출력에서 예열부하를 뺀 값이다.
④ 과부하출력 : 운전초기에 과부하가 발생했을 때는 정격출력의 10~20% 정도 증가해서 운전할 때의 출력으로 한다.

풀이 정미 출력 : 원동기에 있어서 이론상 발생한다고 생각되는 출력에 대하여 마찰 손실 그 밖의 에너지 손실을 뺀 실제의 출력

01 ④ 02 ③ 03 ②

04 건구온도 t_1 = 5℃, 상대습도 ψ = 80%인 습공기를 공기 가열기를 사용하여 건구온도 t_2 = 43℃가 되는 가열공기 650 m³/h를 얻으려고 한다. 이 때 가열에 필요한 열량은 약 얼마인가? (단, 습공기선도를 참고하시오.)

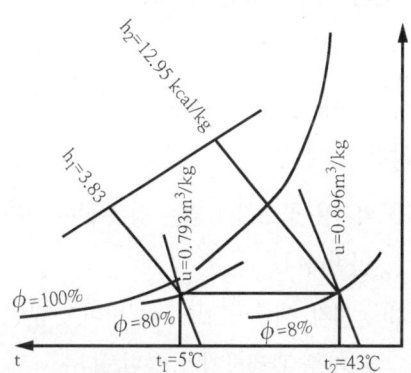

① 7383 kcal/h   ② 7475 kcal/h
③ 7583 kcal/h   ④ 7637 kcal/h

풀이 $\dfrac{650}{0.793}(12.95 - 3.83) = 7475$

05 송풍기의 법칙에서 회전속도가 일정하고 직경이 d, 동력이 L인 송풍기의 직경을 d_1으로 크게 했을 때 동력 L_1을 나타내는 식은?

① $L_1 = (d_1/d)^2 L$
② $L_1 = (d_1/d)^3 L$
③ $L_1 = (d_1/d)^4 L$
④ $L_1 = (d_1/d)^5 L$

풀이 송풍기의 상사의 법칙에 의하여 임펠러 직경은 5승에 비례한다.

06 냉각탑(cooling tower)에 대한 설명 중 잘못된 것은?

① 어프로치(approach)는 5℃ 정도로 한다.
② 냉각탑은 응축기에서 냉각수가 얻은 열을 공기중에 방출하는 장치이다.
③ 쿨링레인지란 냉각탑에서의 냉각수 입·출구 수온차이다.
④ 보급수량은 순환수량의 15% 정도이다.

풀이 냉각탑의 냉각수 소비량은 증발, 비산, 드레인에 의하여 이루어지며 5~10%의 보급수가 필요하다.

07 단일덕트 재열방식의 특징으로 적합하지 않은 것은?

① 냉각기에 재열부하가 추가된다.
② 송풍공기량이 증가한다.
③ 실별 제어가 가능하다.
④ 현열비가 큰 장소에 적합하다.

풀이 단일덕트 재열방식 : 재열기를 설치하여 각 존에서 필요한 만큼 냉풍을 재열해서 사용
1) 장점
① 부하 특성이 다른 다수의 실 및 존이 있는 건물에 적합하다.
② 잠열부하가 많은 경우나 장마철 등의 공조에 적합하다.
③ 전공기 방식의 특성이 있다.
2) 단점
① 재열기의 설비비 및 유지관리비가 필요하다.
② 재열기의 설치 면적을 필요로 한다.

04 ②   05 ④   06 ④   07 ④

③ 여름에도 보일러 가동이 필수적이다.

08 복사난방에 있어서 바닥패널의 온도로 가장 알맞은 것은?

① 95℃ 정도
② 80℃ 정도
③ 55℃ 정도
④ 30 ℃ 정도

풀이 바닥패널 : 바닥면 안에 코일을 설치하는 것으로 천장 패널보다 비교적 시공이 용이하여 널리 사용되나, 30 ℃로 표면 온도를 유지하기 위해 패널의 면적을 넓게 확보하여야 한다.

09 두께 5cm, 면적 10 m²인 어떤 콘크리트 벽의 외측이 40 ℃, 내측이 20 ℃라 할 때, 10시간 동안 이 벽을 통하여 전도되는 열량은? (단, 콘크리트의 열전도율은 1.3 W/m·K로 한다.)

① 5.2kWh ② 52 kWh
③ 7.8kWh ④ 78kWh

풀이 $\dfrac{1.3 w/m \cdot °k}{0.05m} \times 10^2 \times 20℃ \times 10\,h$
= 52000 w·h = 52 kW·h

10 절대습도에 관한 설명으로 옳지 않은 것은?

① 절대습도는 비습도라고도 한다.
② 절대습도는 수증기 분압의 함수이다.
③ 건공기 질량에 대한 수증기 질량에 대한 비로 정의한다.

④ 공기 중의 수분 함량이 변해도 절대습도는 일정하게 유지한다.

풀이 절대습도
절대습도는 온도 변화에 따라 수증기가 공기에 포함될 수 있는 최대 값이 있으며, 그 값은 온도가 증가하면 커지고 감소하면 작아진다. 예를 들어 온도가 높은 여름철에는 절대 습도가 증가하고, 온도가 낮은 겨울철에는 감소한다.

11 각층 유닛방식에 관한 설명으로 옳지 않은 것은?

① 외기용 공조기가 있는 경우에는 습도제어가 곤란하다.
② 장치가 세분화되므로 설비비가 많이 들고 기기를 관리하기가 불편하다.
③ 각층마다 부하 및 운전시간이 다른 경우 적합하다.
④ 송풍덕트가 짧게 된다.

풀이 각층 유닛방식 : 각 층마다 제어운전을 할 수 있고, 덕트의 공간을 좁힐 수 있는 이점이 있지만, 공조기의 수가 많아지므로 설치면적이 증가되고, 설비비, 보수관리가 복잡해지는 단점이 있다.

08 ④　09 ②　10 ④　11 ①

12 1000명을 수용하는 극장에서 1인당 CO_2 토출량이 15 L/h이면 실내 CO_2량을 0.1%로 유지하는데 필요한 환기량은? (단, 외기의 CO_2량은 0.04% 이다.)

① 2500 m³h
② 25000 m³/h
③ 3000 m³/h
④ 30000 m³/h

풀이 $0.015 \text{ m}^3/\text{h}\cdot\text{명} \times \dfrac{1000\text{명}}{(0.001-0.0004)}$
$= 25000 \text{ m}^3/\text{h}$

13 크기 1000×500 mm의 직관 덕트에 35℃의 온풍 18000 m³/h이 흐르고 있다. 이 덕트가 -10℃의 실외부분을 지날 때 길이 20 m당의 덕트 표면으로부터의 열손실은? (단, 덕트는 암면 25 mm로 보온되어 있고 이때 1000 m당 온도차 1℃에 대한 온도강하는 0.9℃이다. 공기의 밀도는 1.2 kg/m³, 정압 비열은 1.01 kJ/kg·K이다.)

① 3.0 kW   ③ 3.8 kw
③ 4.9 kW   ④ 6.0 kW

풀이 $18000\text{m}^3/\text{h} \times 1.2\text{kg/m}^3 \times 1.01\text{KJ/kg}\cdot°\text{k}$
$\times \dfrac{35-(-10)}{3600\text{sec/h}}$
$= 272.7 \text{ KJ/sec} = 272.7 \text{ kW}$
(1kW = 1 KJ/sec)

$\therefore 272.7 \text{ KJ/sec} \times \dfrac{20\text{m}}{1000\text{m}} \times 0.9℃$
$= 4.9 \text{ kW}$

14 응답이 빠르고 감도가 높으며, 도선저항에 의한 오차를 작게 할 수 있으나 특성을 고르게 얻기가 어려우며, 흡습 등으로 열화되기 쉬운 특징을 가진 온도계는?

① 광고온계
② 열전대 온도계
③ 서미스터 저항체 온도계
④ 금속 측온 저항체 온도계

풀이 서미스터 저항체 온도계(재질: 니켈, 코발트, 망간, 철, 구리 등의 금속산화물)
· 온도계수: -2~6%/℃ (흡습 등으로 열화되기 쉽다.)
· 응답이 빠르고 저항온도계가 매우 크다.
· 금속 특유의 균일성을 얻기가 어렵다.

15 탄성체의 탄성변형을 이용하는 압력계가 아닌 것은?

① 단관식   ② 부르동관식
③ 벨로스식   ④ 다이어프램식

16 열전대 보호관의 구비조건으로 틀린 것은?

① 기밀을 유지할 것
② 사용온도에 견딜 것
③ 화학적으로 강할 것
④ 열전도율이 낮을 것

풀이 열전대 온도계(접촉식 온도계)의 보호관 (금속보호관)
황동관, 열강관, 13Cr 강관, 13Cr 카로라이즈 강관, SUS 27 · 32, 내열강 SEH-5

12 ②   13 ③   14 ③   15 ①   16 ④

※ 외부온도 변화 시 신속히 열전대에 전해야 한다.

17 다음 중 차압식 유량계가 아닌 것은?
① 오리피스(Orifice)
② 로터미터(Rotameter)
③ 벤투리(Venturi)관
④ 플로-노즐(Flow-nozzle)

풀이 로터미터: 면적식 유량계(부자식, 게이트식) 조리개부의 횡단면적을 따라서 조리개 저항이 유속의 변화에 대응하여 변화하고 그 상하류의 압력차가 일정하게 되도록 한 면적식 유량계로서 소유량, 고점도 유체 측정 및 균등유량 눈금이 얻어지며 압력 손실이 적다.

18 열전대(Thermo Couple)의 구비조건으로 틀린 것은?
① 열전도율이 작을 것
② 전기저항과 온도계수가 클 것
③ 기계적 강도가 크고 내열성·내식성이 있을 것
④ 온도 상승에 따른 열기전력이 클 것

19 다이어프램 재질의 종류로 가장 거리가 먼 것은?
① 가죽   ② 스테인리스강
③ 구리   ④ 탄소강

20 보일러 안전사고의 종류로서 가장 거리가 먼 것은?
① 노통, 수관, 연관 등의 파열 및 균열
② 보일러 내의 스케일 부착
③ 동체, 노통, 화실의 압궤(Collapse) 및 수관, 연관 등 전열면의 팽출(Bulge)
④ 연도나 노 내의 가스폭발, 역화 그 외의 이상연소

제 2 과목　공조냉동설계

21 흡수식 냉동기에 관한 설명으로 옳지 않은 것은?
① 비교적 소용량보다는 대용량에 적합하다.
② 발생기에는 증기에 의한 가열이 이루어진다.
③ 냉매는 브롬화리튬(LiBr), 흡수제는 물(H_2O)의 조합으로 이루어진다.
④ 흡수기에서는 냉각수를 사용하여 냉각시킨다.

풀이 흡수식 냉동기에서 냉매와 흡수제 관계
냉매 : 암모니아 → 흡수제 : 물,
냉매 : 물 → 흡수제 : 리튬브로마이드(LiBr)

17 ②　18 ②　19 ④　20 ②　21 ③

22 암모니아(NH_3) 냉매의 특성 중 잘못된 것은?

① 기준증발온도(-15 ℃)와 기준응축온도(30℃)에서 포화압력이 별로 높지 않으므로 냉동기 제작 및 배관에 큰 어려움이 없다.
② 암모니아수는 철 및 강을 부식시키므로 냉동기와 배관재료로 강관을 사용할 수 없다.
③ 리트머스 시험지와 반응하면 청색을 띠고, 유황 불꽃과 반응하여 흰 연기를 발생시킨다.
④ 오존파괴계수(ODP)와 지구온난화계수(GWP)가 각각 0이므로 누설에 의해 환경을 오염시킬 위험이 없다.

풀이 암모니아는 동 및 동합금을 부식시키므로 강관을 사용하여야 한다.

23 소형 냉동기의 브라인 순환량이 10 kg/min이고, 출입구 온도차는 10 ℃이다. 압축기의 실소요 마력은 3 ps일 때, 이 냉동기의 실제 성적계수는 약 얼마인가? (단, 브라인의 비열은 0.8 kcal/kg℃이다.)

① 1.8   ② 2.5
③ 3.2   ④ 4.7

풀이 성적계수 = $\dfrac{냉동능력}{소요동력}$

냉동능력 = 10kg/min × 0.8kcal/kg·℃
　　　　　× 10 ℃ × 60min/h
　　　　= 4800 kcal/h
소요동력 = 3 × 632kcal/h = 1896 kcal/h

∴ 성적계수 = $\dfrac{4800\,kcal/h}{1896\,kcal/h}$ = 2.53

24 응축기에서 냉매가스의 열이 제거되는 방법은?

① 대류와 전도
② 증발과 복사
③ 승화와 휘발
④ 복사와 액화

풀이 응축기에서는 전도와 대류에 의하여 열을 제거한다.

25 냉동장치에 부착하는 안전장치에 관한 설명이다. 맞는 것은?

① 안전밸브는 압축기의 헤드나 고압측 수액기 등에 설치한다.
② 안전밸브의 압력이 높은 만큼 가스의 분사량이 증가하므로 규정보다 높은 압력으로 조정하는 것이 안전하다.
③ 압축기가 1대일 때 고압차단 장치는 흡입밸브에 부착한다.
④ 유압보호 스위치는 압축기에서 유압이 일정 압력 이상이 되었을 때 압축기를 정지시킨다.

풀이 안전밸브는 압축기 토출측에 주로 설치하며 압력이 규정압력보다 5kg/cm^2 이상 높아지면 작동하여 가스를 분출한다.

22 ②　23 ②　24 ①　25 ①

26 다음 그림은 이상적인 냉동 사이클을 나타낸 것이다. 설명이 맞지 않는 것은?

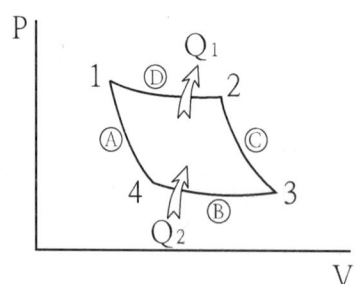

① Ⓐ 과정은 단열팽창이다.
② Ⓑ 과정은 등온압축이다.
③ Ⓒ 과정은 단열압축이다.
④ Ⓓ 과정은 등온압축이다.

[풀이] Ⓑ 과정은 등온 팽창으로 증발기에 해당 된다.

27 용량조절장치가 있는 프레온냉동장치에서 무부하(unload) 운전시 냉동유 반송을 위한 압축기의 흡입관 배관방법은?
① 압축기를 증발기 밑에 설치한다.
② 2중 수직 상승관을 사용한다.
③ 수평관에 트랩을 설치한다.
④ 흡입관을 가능한 길게 배관한다.

[풀이] 2중 입상관은 프레온 소형장치에서 유회수를 주목적으로 설치한다.

28 냉동장치에서 일원 냉동사이클과 이원 냉동 사이클의 가장 큰 차이점은?
① 압축기의 대수
② 증발기의 수
③ 냉동장치 내의 냉매 종류
④ 중간냉각기의 유무

[풀이] 일원장치는 냉동기 한 대로 운전하며 주로 냉매는 R-12, R-22 등이 주로 쓰이며 이원 냉동 장치는 냉동기 두 대(저온측 + 고온측)를 열교환시켜 사용하는 것으로 저온측에는 R-13, 에틸렌, 메탄 등을 주로 사용한다.

29 냉동기에서 0℃의 물로 0℃의 얼음 2 ton을 만드는데 50 kWh의 일이 소요된다면 이 냉동기의 성능계수는? (단, 얼음의 융해잠열은 334.94 kJ/kg이다.)
① 1.05
② 2.32
③ 2.67
④ 3.72

[풀이] $\varepsilon_R = \dfrac{2000 \times 334.94}{50 \times 3600} = 3.72$

30 단열 밀폐된 실내에서 [A]의 경우는 냉장고 문을 닫고, [B]의 경우는 냉장고 문을 연채 냉장고를 작동시켰을 때 실내 온도의 변화는?
① [A]는 실내온도 상승, [B]는 실내온도 변화 없음
② [A]는 실내온도 변화 없음, [B]는 실내온도 하강
③ [A], [B] 모두 실내온도가 상승
④ [A]는 실내온도 상승, [B]는 실내온도 하강

[풀이] A, B 둘 다 비가역 과정이므로 온도 증가

26 ② 27 ② 28 ③ 29 ④ 30 ③

31 이상기체의 폴리트로픽 과정을 일반적으로 $Pv^n = C$로 표현할 때 n에 따른 과정을 설명한 것으로 맞는 것은? (단, C는 상수이다.)

① $n = 0$이면 등온과정
② $n = 1$이면 정압과정
③ $n = 1.5$이면 등온과정
④ $n = k$(비열비)이면 가역단열과정

풀이 $n = 0$(정압과정)
$n = 1$(등온과정)
$n = 1.5$(폴리트로프과정)

32 준평형 정적과정을 거치는 시스템에 대한 열전달량은? (단, 운동에너지와 위치에너지의 변화는 무시한다.)

① 0이다.
② 내부에너지 변화량과 같다.
③ 이루어진 일량과 같다.
④ 엔탈피 변화량과 같다.

33 온도 90 ℃의 물이 일정 압력 하에서 냉각되어 30℃가 되고 이때 25 ℃의 주위로 500 kJ의 열이 전달된다. 주위의 엔트로피 증가량은 얼마인가?

① 1.50 kJ/K
② 1.68 kJ/K
③ 8.33 kJ/T
④ 20.0 kJ/T

풀이 $\Delta S = \dfrac{Q}{T} = \dfrac{500}{25 + 273} = 1.678$

34 온도가 350 K인 공기의 압력이 0.3 MPa, 체적이 0.3 m², 엔탈피가 100 kJ이다. 이 공기의 내부에너지는?

① 1 kJ
② 10 kJ
③ 15 kJ
④ 100 kJ

풀이 $\Delta U = \Delta H - \Delta PV$
$= 100 - 300 \times 0.3 = 10$ kJ

35 단열 과정으로 25 ℃의 물과 50 ℃의 물이 혼합되어 열평형을 이루었다면, 다음 사항 중 올바른 것은?

① 열평형에 도달되었으므로 엔트로피의 변화가 없다.
② 전계의 엔트로피는 증가한다.
③ 전계의 엔트로피는 감소한다.
④ 온도가 높은 쪽의 엔트로피가 증가한다.

풀이 열의 이동은 비가역 과정으로 전계의 엔트로피는 증가한다.

36 랭킨 사이클의 각 점에서 작동유체의 엔탈피가 다음과 같다면 열효율은 약 얼마인가?

| 보일러 입구 : h = 69.4 kJ/kg |
| 보일러 출구 : h = 830.6 kJ/kg |
| 응축기 입구 : h = 626.4 kJ/kg |
| 응축기 출구 : h = 68.6 kJ/kg |

① 26.7%
② 28.9%
③ 30.2%
④ 32.4%

31 ④ 32 ② 33 ② 34 ② 35 ② 36 ①

[풀이]

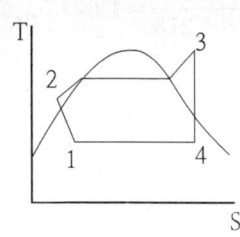

$$\eta = \frac{h_3 - h_4 - W_P}{h_3 - h_1 - W_P}$$

$$= \frac{830.6 - 686.4 - (69.4 - 68.6)}{830.6 - 68.6 - (69.4 - 68.6)}$$

$$= 0.267 = 26.7\%$$

37 가스 터빈 엔진의 열효율에 대한 다음 설명 중 잘못된 것은?

① 압축기 전후의 압력비가 증가할수록 열효율이 증가한다.
② 터빈 입구의 온도가 높을수록 열효율이 증가하나 고온에 견딜 수 있는 터빈 블레이드 개발이 요구된다.
③ 역일비는 터빈 일에 대한 압축 일의 비로 정의되며 이것이 높을수록 열효율이 높아진다.
④ 가스 터빈 엔진은 증기 터빈 원동소와 결합된 복합 시스템을 구성하여 열효율을 높일 수 있다.

[풀이] 역일비는 (압축일/터빈일)이며 역일비가 높을수록 열효율은 작아진다.

38 다음 중 열역학 제 1법칙과 관계가 가장 먼 것은?

① 밀폐계가 임의의 사이클을 이룰 때 열전달의 합은 이루어진 일의 총합과 같다.
② 열은 본질적으로 일과 같은 에너지의 일종으로서 일을 열로 변환할 수 있다.
③ 어떤 계가 임의의 사이클을 겪는 동안 그 사이클에 따라 열을 적분한 것이 그 사이클에 따라서 일을 적분한 것에 비례한다.
④ 두 물체가 제3의 물체와 온도의 동등성을 가질 때는 두 물체도 역시 서로 온도의 동등성을 갖는다.

[풀이] 온도의 동등성은 열평형법칙으로 열역학 제0법칙이다.

39 실린더 내의 이상기체 1kg이 온도를 27℃로 일정하고 유지하면서 200kPa에서 100kPa까지 팽창하였다. 기체가 한 일은? (단, 이 기체의 기체상수는 1kJ/kg·K이다.)

① 27kJ ② 208kJ
③ 300kJ ④ 433kJ

[풀이] $W = RT \ln \frac{P_1}{P_2}$

$= 1KJ/kg \cdot K \times (273+27) \ln \frac{200}{100}$

$= 207.9 KJ$

37 ③ 38 ④ 39 ②

40 출력이 50kW인 동력기관이 한 시간에 13kg의 연료를 소모한다. 연료의 발열량이 45000KJ/kg이라면, 이 기관의 열효율은 약 얼마인가?

① 25% ② 28%
③ 31% ④ 36%

풀이 η = (50KJ/sec × 3600sec/h) /(13kg × 45000KJ/kg) =0.307=30.7 %

제 3 과목 시운전 및 안전관리

41 다음 중 상황성 누발자의 재해유발원인에 해당 하는 것은?

① 주의력 산만   ② 저지능
③ 설비의 결함   ④ 도덕성 결여

풀이 재해 누발자의 유형

상황성 누발자	· 작업이 어렵기 때문에 · 기계설비에 결함이 있기 때문에 · 심신에 근심이 있기 때문에 · 환경상 주의력의 집중이 혼란되기 때문에
습관성 누발자	· 재해의 경험에 의해 겁을 먹거나 신경과민 · 일종의 슬럼프 상태
미숙성 누발자	· 기능이 미숙하기 때문에 · 환경에 익숙하지 못하기 때문에(환경에 적응 미숙)
소질성 누발자	· 개인의 소질 가운데 재해원인의 요소를 가진 자 · 개인의 특수성격 소유자

42 5kVA, 3000/200 V의 변압기가 단락시험을 통한 임피던스 전압이 100 V, 동손이 100 W라 할 때 퍼센트 저항강하는 몇 % 인가?

① 2 ② 3
③ 4 ④ 5

풀이 % 저항강하

$= \dfrac{동손}{변압기정격용량} \times \dfrac{100}{5000} \times 100 = 2\%$

43 논리식

$L = \bar{x} \cdot \bar{y} \cdot z + \bar{x} \cdot y \cdot z + x \cdot \bar{y} \cdot z$ 를 간단히 한 식은?

① x ② z
③ $x \cdot \bar{y}$ ④ $x \cdot \bar{z}$

풀이 $\bar{x}\bar{y}z + \bar{x}yz = \bar{x}z$
$\bar{x}z + x\bar{y}z = z$

44 뒤진 역률 80 %, 1000 kW의 3상 부하가 있다. 이것에 콘덴서를 설치하여 역률을 95 %로 개선하려고 한다. 필요한 콘덴서의 용량은 약 몇 [kVA] 인가?

① 422   ② 633
③ 844   ④ 1266

풀이 $Q = \dfrac{P}{n}\left(\sqrt{\dfrac{1}{\cos^2\theta_1}-1} - \sqrt{\dfrac{1}{\cos^2\theta_2}-1}\right)$

$= \dfrac{1000}{1}\left(\sqrt{\dfrac{1}{0.8^2}-1} - \sqrt{\dfrac{1}{0.95^2}-1}\right)$

$= 421.3 kVA$

40 ③   41 ③   42 ①   43 ②   44 ①

45 불연속제어에 속하는 것은?

① 비율제어
② 비례제어
③ 미분제어
④ ON-OFF제어

풀이 비율제어, 비례제어, 미분제어, 적분제어는 연속제어이다.

46 제어기의 설명 중 틀린 것은?

① P 제어기 : 잔류편차 발생
② I 제어기 : 잔류편차 소멸
③ D 제어기 : 오차예측제어
④ PD 제어기 : 응답속도 지연

풀이 PD제어기는 비례미분제어로서 제이의 안정성을 높이고 속응성이 증가된다.

47 $A = 6 + j8$, $B = 20∠60°$ 일 때 $A + B$를 직각좌표형식으로 표현하면?

① $16 + j18$
② $16 + j25.32$
③ $23.32 + j18.$
④ $26 + j28$

풀이 $20\cos 60 + 6 = 16$
$20\sin 60 + 8 = 25.32$

48 절연의 종류에서 최고 허용온도가 낮은 것부터 높은 순서로 옳은 것은?

① A종, Y종, E종, B종
② Y종, A종, E종, B종
③ E종, Y종, B종, A종
④ B종, A종, E종, Y종

풀이 절연기기의 종류

기기 절연은 그 내열 특성에 따라 Y종, A종, E종, F종, H종 및 C종으로 구분된다. 그리고 기기는 위의 각종 절연의 허용 최고온도에 충분히 견디는 절연재료로 구성되는 것이다.

각종절연의 허용 온도

절연의 종류	허용 최고 온도(Deg.)
Y	면,비단,종이
A	유중에 담근 면, 비단, 종이
E	120
B	130
F	155
H	180
C	180초과

49 200 V의 전원에 접속하여 1kW의 전력을 소비하는 부하를 100 V의 전원에 접속하면 소비전력은 몇 [W]가 되겠는가?

① 100
② 150
③ 200
④ 250

풀이 $R = \dfrac{V^2}{P} = \dfrac{200^2}{1000} = 40$

45 ④ 46 ④ 47 ② 48 ② 49 ④

$$P = \frac{V^2}{R} = \frac{100^2}{40} = 250W$$

50 도체에 전하를 주었을 경우 틀린 것은?
① 전하는 도체 외측의 표면에만 분포한다.
② 전하는 도체 내부에만 존재한다.
③ 도체 표면의 곡률 반경이 작은 곳에 전하가 많이 모인다.
④ 전기력선은 정(+)전하에서 시작하여 부전하(-)에서 끝난다.

풀이 전하는 도체외측의 표면에 존재하며 내측에는 존재하지 않는다.

51 그림과 같은 논리회로는?

① OR 회로　　② AND 회로
③ NOT 회로　　④ NOR 회로

풀이 $A \times B = C$는 AND회로이다.

52 온 오프(on-off)동작의 설명으로 옳은 것은?
① 간단한 단속적 제어 동작이고 사이클링이 생긴다.
② 사이클링은 제거할 수 있으나 오프셋이 생긴다.
③ 오프셋은 없앨 수 있으나 응답시간이 늦어질 수 있다.
④ 응답속도는 빠르나 오프셋이 생긴다.

풀이 사이클링은 온·오프 동작에서 조작량이 단속하기 때문에 제어량에 주기적인 변동이 발생하는 것이며 사이클링이 제어상 바람직하지 않은 상태로 된 것을 헌팅(난조)이라고 한다.

53 다음 중 산업재해 발생 시 조치 순서로 적절한 것은?
① 긴급처리 → 재해조사 → 원인결정 → 대책수립 → 실시계획 → 실시 → 평가
② 긴급처리 → 원인결정 → 재해조사 → 대책수립 → 실시 → 평가
③ 긴급처리 → 재해조사 → 원인결정 → 실시계획 → 실시 → 대책수립 → 평가
④ 긴급처리 → 실시계획 → 재해조사 → 대책수립 → 평가 → 실시

풀이 재해발생 시 조치사항
㉠ 재해발생 시 조치순서 : 산업재해의 발생 → 긴급처리 → 재해조사 → 원인강구 → 대책수립 → 대책실시계획 → 실시 → 평가
㉡ 긴급처리 순서 : 피재기계의 정지 → 피재자의 응급조치 → 관계자에게 통보 → 2차재해 방지 → 현장보존
㉢ 재해조사 단계에서 실시하는 내용
• 6하원칙에 의거 사상자 보고
• 잠재 재해 요인의 적출

50 ②　51 ②　52 ①　53 ①

54 사이클로 컨버터의 작용은?
① 직류-교류 변환 ② 직류-직류 변환
③ 교류 직류 변환 ④ 교류 교류 변환

풀이 사이클로 컨버터는 교류전동기의 속도제어용으로 사이리스터를 사용하여 교류를 교류로 변환하는 직접 주파수 변환장치이다.

55 목표값에 따른 분류에 따라 열차를 무인 운전하고자 할 때 사용하는 제어방식은?
① 자력제어 ② 추종제어
③ 비율제어 ④ 프로그램제어

풀이 무인운전은 프로그램제어이다.

56 다음 중 공정제어(프로세스 제어)에 속하지 않는 제어량은?
① 온도 ② 압력
③ 유량 ④ 방위

57 다음 중 직류 전동기의 속도 제어 방식으로 맞는 것은?
① 주파수 제어
② 극수 변환 제어
③ 슬립 제어
④ 계자 제어

풀이 직류전동기 속도제어방식 ① 전압제어, ② 저항제어, ③ 계자제어
교류전동기 속도제어방식 ① 주파수제어, ② 극수변환제어, ③ 슬립제어

58 동기기 운전 시 안정도 증진법이 아닌 것은?
① 단락비를 크게 한다.
② 회전부의 관성을 크게 한다.
③ 속응여자방식을 채용한다.
④ 역상 및 영상임피던스를 작게 한다.

풀이 안전도 증진 방법
① 속응 여자 방식을 채용하여야 한다.
② 조속기의 동작을 신속히 하여야 한다.
③ 동기 리액턴스를 작게 하여야 한다.
④ 플라이휠 효과를 크게 하여야 한다.
⑤ 회전자의 관성을 크게 하여야 한다.
⑥ 단락비를 크게 하여야 한다.

59 3상 유도전동기의 토크는?
① 2차 유도기전력의 2승에 비례한다.
② 2차 유도기전력에 비례한다.
③ 2차 유도기전력과 무관하다.
④ 2차 유도기전력의 0.5승에 비례한다.

풀이 $\tau \propto E_2^2$
여기서, E_2 : 2차측 유기기전력

60 동기전동기 중 안정도 증진법으로 틀린 것은?
① 전기자 저항 감소
② 관성 효과 증대
③ 동기 임피던스 증대
④ 속응 여자 채용

풀이 동기전동기 안정도 향상 증진법

54 ④ 55 ④ 56 ④ 57 ④ 58 ③ 59 ① 60 ③

① 전기자 저항을 감소시킨다.
② 관성 모멘트를 크게 한다.
③ 동기 임피던스를 감소시킨다.
④ 속응 여자 방식을 채용한다.
⑤ 단락비를 크게 한다.
⑥ 조속기의 성능을 개선한다.

제 4 과목 유지보수공사 관리

61 다음과 같이 두 개의 90° 엘보와 직관 길이 ℓ = 262 mm인 관이 연결되어 있다. L = 300 mm이고 관 규격이 20A이며 엘보의 중심에서 단면까지의 길이 A = 32 mm일 때 물린 부분 B의 길이는?

① 12 mm
② 13 mm
③ 14 mm
④ 15 mm

풀이 $L = \ell + 2(A - B)$에서 300 = 262 + 2(32 - B) B = 13 mm

62 도시가스 계량기(30 m³/h 미만)의 설치 시 바닥으로부터 설치 높이로 가장 적합한 것은? (단, 설치 높이의 제한을 두지 않는 특정장소는 제외한다.)

① 0.5m 이하
② 0.7 m 이상 1m 이내
③ 1.6 m 이상 2m 이내
④ 2 m 이상 2.5 m 이내

풀이 도시가스 계량기 및 입상배관의 밸브 설치 높이는 1.6m 이상 2m 이내로 한다.

63 배수트랩의 형상에 따른 종류가 아닌 것은?

① 트랩   ② 트랩
② U 트랩   ④ H 트랩

풀이 배수트랩 : 배수관 내의 악취, 유독가스 및 벌레 등이 실내로 침투하는 것을 방지하기 위하여 배수 계통의 일부에 봉수를 하며 봉수 깊이는 50~100 mm로 한다. 오물이 트랩에 부착하지 말아야 한다.
1) P 트랩
① 세면기, 소변기 등의 배수에 이용
② 통기관 설치 시 봉수가 안정적이며 가장 널리 사용
2) S 트랩
① 세면기, 소변기, 대변기 등에 사용
② 배수를 바닥 배수구에 연결하는데 사용
③ 사이펀 작용에 의해 봉수가 파괴되므로 널리 사용되지는 않음
3) U 트랩
① 일명 기옥 트랩, 또는 메인 트랩
② 공공 하수관의 악취 건물내 역류 방지용으로 주로 사용
③ 수평주관 끝부분에 설치, 유속을 저해하는 결점은 있으나 봉수가 안전

64 다음 중 안전교육의 기본방향으로 가장 적절하지 않은 것은?

① 안전작업을 위한 교육
② 사고사례 중심의 안전교육
③ 생산활동 개선을 위한 교육
④ 안전의식 향상을 위한 교육

풀이 안전보건교육의 기본방향
① 사고사례 중심의 안전교육 : 이미 발생한 사고사례를 중심으로 동일하거나 유사한 사고를 방지하기 위하여 직접적인 원인에 대한 치료방법으로서의 교육
② 안전표준작업을 위한 안전교육 : 표준동작이나 표준작업을 위한 가장 기본이 되는 안전교육으로 체계적·조직적인 교육실시가 요구된다.
③ 안전의식 향상을 위한 안전교육 : 모든 기계·기구 설비 제품에 대한 설계에서부터 사용에 이르기까지 교육으로만 끝나지 않고 추후지도로 교육의 지속성 유지 및 안전의식의 개발이 필요하다.

65 기계설비 안전화를 외형의 안전화, 기능의 안전화, 구조의 안전화로 구분할 때 다음 중 구조의 안전화에 해당하는 것은?

① 가공 중에 발생한 예리한 모서리, 버 (Burr) 등을 연삭기로 라운딩
② 기계의 오동작을 방지하도록 자동제어장치 구성
③ 이상발생 시 기계를 급정지시킬 수 있도록 동력차단장치를 부착하는 장치
④ 열처리를 통하여 기계의 강도와 인성을 향상

풀이 구조상의 안전화

설계상의 결함	• 가장 큰 원인은 강도산정(부하예측, 강도계산)상의 오류 • 사용상 강도의 열화를 고려하여 안전율을 산정
재료의 결함	기계 재료 자체에 균열, 부식, 강도 저하 등 결함이 있으므로 설계 시 재료의 선택에 유의하여야 한다.
가공의 결함	재료 가공 도중 결함이 생길 수 있으므로 기계적 특성을 갖는 적절한 열처리 등이 필요하다

66 5층 건물에 압력 수조식으로 급수하고자 한다. 5층 말단에 일반 대변기(세정밸브)를 설치할 경우 압력수조 출구의 압력을 어느 정도로 하여야 하는가? (단, 압력수조에서 대변기까지의 수직높이에 상당하는 압력 1.5 kgf/cm²)이고, 압력수조에서 대변기까지의 마찰손실수두는 4 mAg, 세정밸브의 필요 최소압력은 70 kPa이다.)

① 약 1.5 kg/cm²
② 약 2.0 kg/cm²
③ 약 2.3 kg/cm²
④ 약 2.6 kg/cm²

풀이 4 mAq = 0.4 kgf/cm, 70 kPa ≒ 0.7 kgf/cm
1.5 kgf/cm + 0.4 kgf/cm + 0.7 kgf/cm = 2.6 kgf/cm
* 1 kgf/cm = 10 mAq, 1.0332 kgf/cm = 101.325 kPa

67 트랩의 봉수 파괴 원인에 해당하지 않는 것은?

① 자기 사이펀 작용
② 모세관 현상
③ 증발
④ 공동 현상

풀이 트랩의 봉수 파괴 원인
① 자기 사이펀 작용 : 배수시 트랩 및 배수관에 만수된 물이 일시에 흐르게 되면 트랩 내의 물이 자기사이펀 작용에 의해 모두 배수관 쪽으로 흡인되어 봉수가 파괴
② 모세관 작용 : 트랩의 출구에 실이나 천, 조각, 머리카락 등이 걸렸을 경우 모세관 현상에 의해 봉수 파괴
③ 증발 : 위생기구의 사용의 빈도가 적을 경우 봉수가 자연히 파괴되는 현상
④ 분출(토출)작용 : 수직관 가까이에 기구가 설치되어 있을 때 수직관 위로부터 일시에 많은 양의 물이 흐르게 되면 일종의 피스톤 작용을 일으켜 하류 또는 하층 기구의 트랩봉 수를 공기의 압축에 의하여 실내측으로 불어내는 작용

68 배관용 보온재에 관한 설명으로 틀린 것은?

① 내열성이 높을수록 좋다.
② 열전도율이 적을수록 좋다.
③ 비중이 작을수록 좋다.
④ 흡수성이 클수록 좋다.

풀이 보온재는 내습성이 있어야 하며 수분을 함유 시 보온효과를 상실하게 된다.

69 배관 내로 물을 수송할 때, 다음 설명 중 틀린 것은?

① 관이 길수록 관내에서의 압력강하는 끝 부분에서 커진다.
② 같은 시간에 같은 양의 물을 흐르게 하면 관이 가늘수록 유속이 빠르다.
③ 유량은 관의 단면적에 물의 평균유속을 곱하면 구해진다.
④ 관경과 물의 유속은 일정한 관계가 없다.

풀이 관경이 크게 되면 유속은 감소하며 관경이 작아지면 유속은 크게 된다.

70 열팽창에 의한 배관의 이동을 구속 또는 제한하기 위해 사용되는 관 지지장치는?

① 행거(hanger)
② 서포트(support)
③ 브레이스(brace)
④ 레스트레인트(restraint)

풀이 **행거** : 배관의 하중을 위에서 걸어 당겨서 받치는 것
서포트 : 배관의 하중을 아래에서 위로 떠 바치는 것
브레이스 : 펌프, 압축기 등에서 발생하는 기계의 진동을 억제하는데 사용하는 것
레스트레인트 : 열 팽창에 의한 배관의 측면 이동을 제한하는 것

67 ④   68 ④   69 ④   70 ④

71 공조배관 설계 시 유속을 빠르게 설계하였을 때 나타나는 결과로 옳은 것은?
① 소음이 작아진다.
② 펌프양정이 높아진다.
③ 설비비가 커진다.
④ 운전비가 감소한다.

[풀이] 유속이 빠르게 되면 소음과 진동이 증가하게 되며 펌프 양정은 높아지고 운전비가 증가하게 된다.

72 방열기 전체의 수저항이 배관의 마찰손실에 비하여 큰 경우 채용하는 환수방식은?
① 개방류 방식
② 재순환 방식
③ 리버스 리턴 방식
④ 다이렉트 리턴 방식

[풀이] 리버스 리턴 방식 : 역환수법 방식으로 냉·온수 배관법이다.

73 다음 주철 방열기의 도면 표시에 관한 설명으로 틀린 것은?

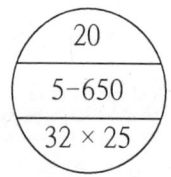

① 방열기 20쪽 수
② 유출 관경 32 A
③ 방열기 높이 650 mm
④ 방열기 종류 5세주형

[풀이] 32 : 유입관경, 25 : 유출관경

74 급수설비에서 발생하는 수격작용의 방지법으로 틀린 것은?
① 관내의 유속을 낮게 한다.
② 직선배관을 피하고 굴곡배관을 한다.
③ 수전류 등의 폐쇄를 서서히 한다.
④ 기구류 가까이에 공기실을 설치한다.

[풀이] 수격작용 방지법은 압력손실을 최소화하여야 하므로 가급적 직선배관을 하여야 한다.

75 전기가 정전되어도 계속하여 급수를 할 수 있으며 급수오염가능성이 적은 급수방식은?
① 압력탱크 방식
② 수도직결 방식
③ 부스터 방식
④ 고가탱크 방식

[풀이] **수도직결 방식** : 수도 본관에서 수도 인입관에 의해 직접 접속 분기하여 건물 내의 소요 장소에 급수하는 방식이다. 수도의 압력을 그대로 이용하므로 2층 건물 정도의 주택, 소규모 건물에 많이 이용되고 있다.

76 관지지 장치 중 서포트(surpport)의 종류로 틀린 것은?
① 파이프 슈
② 리지드 서포트
③ 롤러 서포트
④ 콘스턴트 행거

71 ② 72 ④ 73 ② 74 ② 75 ② 76 ④

풀이 콘스턴트 행거는 행거의 종류로 배관 상하 이동을 허용하면서 관의 지지력을 일정하게 한다.

77 복사 난방설비의 장점으로 틀린 것은?
① 실내상하의 온도차가 적고, 온도 분포가 균등하다.
② 매설배관이므로 준공 후의 보수점검이 쉽다.
③ 인체에 대한 쾌감도가 높은 난방방식이다.
④ 실내에 방열기가 없기 때문에 바닥면의 이용도가 높다.

풀이 매설배관이므로 준공 후의 보수점검, 수리가 난이하다.

78 배수관의 최소 관경은? (단, 지중 및 지하층 바닥 매설 관 제외)
① 20 mm   ② 30 mm
③ 50 mm   ④ 100 mm

풀이 배수관의 최소 관경은 구경 30 mm 트랩을 갖는 세면기 배수량을 부하단위로 결정한다.

79 가스 도매사업에 관하여 도시가스 배관을 시가지의 도로 노면 밑에 매설하는 경우에는 노면으로부터 배관의 외면까지 얼마 이상을 유지해야 하는가? (단, 방호구조물 안에 설치하는 경우 제외한다.)
① 0.8m   ② 1m
③ 1.5m   ④ 2m

풀이 도시가스 배관을 시가지의 도로 노면 밑에 매설하는 경우에는 노면으로부터 배관의 외면까지 1.5m 이상 유지하여야 한다.

80 동관의 이음에서 기계의 분해, 점검, 보수를 고려하여 사용하는 이음법은?
① 납땜이음
② 플라스턴이음
③ 플레어이음
④ 소켓이음

풀이 플레어이음(Flare fitting) : 관의 끝부분을 나팔 모양으로 벌려 플레어를 가공하여 두 관을 연결하는 것으로 주로 동관에서 많이 사용한다.

77 ② 78 ② 79 ③ 80 ③

제 3 회 예상문제

제 1 과목　에너지관리

01 다음 중 에너지 절약에 가장 효과적인 공기 조화 방식은? (단, 설비비는 고려하지 않는다.)

① 각층 유닛 방식
② 이중 덕트 방식
③ 멀티존 유닛 방식
④ 가변 풍량 방식

풀이 가변 풍량 방식 : 각 실내의 최대 부하에 의해 송풍량이 결정되고 덕트 내의 댐퍼, 배출구 또는 송풍기에서 변화하는 풍량 방식이다.

02 덕트의 마찰저항을 증가시키는 요인은 여러 가지가 있다. 다음 중 값이 커지면 마찰저항이 감소되는 것은?

① 덕트재료의 마찰 저항계수
② 덕트 길이
③ 덕트 직경
④ 풍속

풀이 $\Delta p = f \times \dfrac{L}{D} \times \dfrac{V^2}{2 \cdot g}$ 에서 Δp : 덕트의 마찰저항, f : 마찰계수, L : 관 길이, D : 관경, v : 유속, g : 중력가속도
덕트의 마찰저항은 관 길이에 비례하고 유속의 제곱에 비례하며 관경에는 반비례한다.

03 가변풍량 방식(VAV)의 특징에 관한 설명으로 틀린 것은?

① 시운전시 토출구의 풍량 조정이 간단하다.
② 동시사용률을 고려하여 기기용량을 결정하게 되므로 설비용량을 적게 할 수 있다.
③ 부하변동에 대하여 제어응답이 빠르므로 거주성이 향상된다.
④ 덕트의 설계시공이 복잡해진다.

풀이 가변풍량 방식(VAV)의 특징 : 단일 덕트나 이중 덕트 방식에서 실내의 부하가 변동했을 경우, 취출공기의 온도는 변화시키지 않고 취출공기량을 변화시켜 쾌적성을 높게 하는 공기 조화 방식으로 덕트시공은 정풍량방식과 동일하다.

04 다음 선도에서 습공기를 상태 1에서 2로 변화시킬 때 현열비(SHF)의 표현으로 옳은 것은?

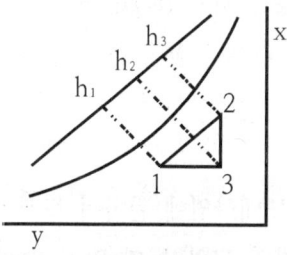

① $\dfrac{h_2 - h_3}{h_2 - h_1}$
② $\dfrac{h_3 - h_1}{h_2 - h_1}$
③ $\dfrac{h_3 - h_1}{h_2 - h_3}$
④ $\dfrac{h_2 - h_1}{h_2 - h_3}$

풀이 현열비 = $\dfrac{현열}{(현열 + 잠열)}$

$h_2 - h_1$: 현열 + 잠열, $h_3 - h_1$: 현열, $h_2 - h_3$: 잠열

01 ④　02 ③　03 ④　04 ②

05 습공기 온도가 20 ℃, 절대습도가 0.0072 kg/kg′ 일 때, 이 습공기의 엔탈피는? (단, 건조공기의 정압비열은 0.24 kcal/kg·℃, 0 ℃에서 포화수의 증발잠열은 598.3 kcal/kg, 수증기의 정압비열은 0.44 kcal/kg·℃이다.)

① 약 2.17 kcal/kg
② 약 9.17 kcal/kg
③ 약 15.17 kcal/kg
④ 약 20.17 kcal/kg

풀이 h = 0.24t + (597.3 + 0.44t)X = 0.24 × 20 + (598.3 + 0.44 × 20) × 0.0072 kg/kg′ = 9.1711 kcal/kg

06 다음의 냉방 부하 중 실내 취득 열량에 속하지 않는 것은?

① 인체의 발생 열량
② 조명 기기에 의한 열량
③ 송풍기에 의한 취득열량
④ 벽체로부터의 취득열량

풀이 송풍기에 의한 취득열량은 기기 취득열량으로서 실내부하에서는 제외된다.

07 실온이 25 ℃, 상대습도 50%일 때, 냉방 부하 중 실내 현열부하가 45000 kcal/h, 실내잠열부하가 22000 kcal/h, 외기부하가 5800 kcal/h이라면 현열비(SHF)는?

① 0.41   ② 0.51
③ 0.67   ④ 0.97

풀이 현열비 = $\frac{45000\,kcal/h}{(45000\,kcal/h + 22000\,kcal/h)}$ = 0.67

08 다음 중 축류 취출구의 종류가 아닌 것은?

① 펑키 루버
② 그릴형 취출구
③ 라인형 취출구
④ 펜형 취출구

풀이 부류 취출구의 종류에는 팬형, 아네모스텟형 등이 있다.

09 간이계산법에 의한 건평 150 m²에 소요되는 보일러의 급탕부하는? (단, 건물의 열손실은 90 kcal/m²h, 급탕량은 100 kg/h, 급수 및 급탕 온도는 각각 30 ℃, 70 ℃이다.)

① 3500 kcal/h
② 4000 kcal/h
③ 13500 kcal/h
④ 175000 kcal/h

풀이 급탕부하는 차가운 물을 뜨거운 물로 바꾸는 기기에서 필요로 하는 열에너지의 량
Q = G × C × Δt
= 100 kg/h × 1 kcal/kg·℃ × (70−30)℃ = 4000 kcal/h

05 ②　06 ③　07 ③　08 ④　09 ①

10 다음 중 증기난방에 사용되는 기기로 가장 거리가 먼 것은?

① 팽창탱크
② 응축수 저장탱크
③ 공기 배출밸브
④ 증기 트랩

풀이 팽창탱크는 온수 보일러에서 온수의 체적 팽창으로 인한 사고를 예방하기 위하여 장치의 최상부에 대기와 통하게 설치하는 물 탱크이다.

11 오르자트식 가스분석계로 측정하기 어려운 것은?

① O_2 ② CO_2
③ CH_4 ④ CO

풀이 오르자트식 가스분석계를 이용한 측정 (화학적 가스분석)
· $CO_2 \rightarrow O_2 \rightarrow CO$ 순

12 다음 온도계 중 측정범위가 가장 높은 것은?

① 광온도계 ② 저항온도계
③ 열전온도계 ④ 압력온도계

풀이 고온측정계
㉠ 광온도계(광고온도계): 700~3,000℃
㉡ 방사온도계: 50~3,000℃
㉢ 광전관식 온도계: 700~3,000℃

13 관로에 설치된 오리피스 전후의 압력차는?

① 유량의 제곱에 비례한다.
② 유량의 제곱근에 비례한다.
③ 유량의 제곱에 반비례한다.
④ 유량의 제곱근에 반비례한다.

풀이 $Q(유량) = C \cdot A\sqrt{2gh}\,(m^3/s)$
유량은 측정압력의 평방근에 비례한다.

14 인젝터의 작동순서로 옳은 것은?

㉮ 인젝터의 정지변을 연다.
㉯ 증기변을 연다.
㉰ 급수변을 연다.
㉱ 인젝터의 핸들을 연다.

① ㉮→㉯→㉰→㉱
② ㉮→㉰→㉯→㉱
③ ㉱→㉯→㉰→㉮
④ ㉱→㉰→㉯→㉮

15 프라이밍 및 포밍 발생 시의 조치에 대한 설명으로 틀린 것은?

① 안전밸브를 전개하여 압력을 강하시킨다.
② 증기 취출을 서서히 한다.
③ 연소량을 줄인다.
④ 저압운전을 하지 않는다.

풀이 프라이밍(비수: 물방울의 솟음), 포밍(물거품 발생)이 보일러 운전 중 발생하면 보일러의 주 증기밸브를 차단시킨다. (안전밸브: 증기압력에 관계되는 안전장치)

10 ① 11 ③ 12 ① 13 ② 14 ② 15 ①

16 열전대 온도계에 대한 설명으로 옳은 것은?

① 흡습 등으로 열화된다.
② 밀도차를 이용한 것이다.
③ 자기가열에 주의해야 한다.
④ 온도에 대한 열기전력이 크며 내구성이 좋다.

풀이 열전대 온도계의 구비조건은 열기전력이 크고 온도 상승에 따른 연속적 상승이 가능할 것

17 보일러수로서 가장 적절한 pH는?

① 5 전후 ② 7 전후
③ 11 전후 ④ 14 이상

풀이 ㉠ 보일러수 pH: 9~11 전후
㉡ 급수 pH: 7~9 전후

18 저항식 습도계의 특징으로 틀린 것은?

① 저온도의 측정이 가능하다.
② 응답이 늦고 정도가 좋지 않다.
③ 연속기록, 원격측정, 자동제어에 이용된다.
④ 교류전압에 의하여 저항치를 측정하여 상대습도를 표시한다.

풀이 · 전기저항식 습도계: 응답이 빠르고 온도계수가 크다. (경년변화가 발생한다.)
· 상대습도 측정계(전해질에 의한 것, 전기절연재료의 표면저항에 의한 것)

19 다음 중 접촉식 온도계가 아닌 것은?

① 방사온도계
② 제겔콘
③ 수은온도계
④ 백금저항온도계

풀이 방사고온계(비접촉식 온도계)
50~3,000℃의 측정온도계(연속측정, 기록, 제어가 가능하나 방사율에 의한 보정량이 크고 H_2O, CO_2 연기 등의 흡습제 영향으로 오차 발생)

20 액체 온도계 중 수은온도계 비하여 알코올 온도계에 대한 설명으로 틀린 것은?

① 저온측정용으로 적합하다.
② 표면장력이 작다.
③ 열팽창계수가 작다.
④ 액주상승 후 하강시간이 길다.

풀이 ㉠ 수은온도계: 모세관 현상이 적어 정밀도가 좋다.(팽창률이 일정)
㉡ 알코올온도계: 표면장력이 작아서 모세관 현상이 크다.(열팽창계수가 수은보다 크다.)

16 ④ 17 ③ 18 ② 19 ① 20 ③

제 2 과목   공재냉동설계

21 냉동기의 증발압력이 낮아졌을 때 나타나는 현상으로 옳은 것은?
① 냉동능력이 증가한다.
② 압축기의 체적효율이 증가한다.
③ 압축기의 토출가스 온도가 상승한다.
④ 냉매 순환량이 증가한다.

풀이 증발압력이 낮아지는 것은 압축비가 증가하는 것으로 토출가스 온도 상승, 체적효율감소, 냉매 순환량 감소로 인하여 냉동능력이 감소되며 소요 동력은 증대된다.

22 팽창밸브가 냉동 용량에 비하여 작을 때 일어나는 현상은?
① 증발기내의 압력상승
② 압축기 흡입가스 과열
③ 습 압축
④ 소요 전류증대

풀이 팽창밸브 용량이 작으면 냉매 순환량이 감소하며 이로 인하여 흡입가스가 과열하게 된다.

23 25 ℃ 원수 1 ton을 1일 동안에 −9 ℃의 얼음으로 만드는데 필요한 냉동능력은? (단, 동결 잠열 80 kcal/kg, 원수 비열 1kcal/kg·℃, 얼음의 비열 0.5 kcal/kg·℃로 한다.)

① 약 1.37 냉동톤(RT)
② 약 2.38 냉동톤(RT)
③ 약 1.88 냉동톤(RT)
④ 약 2.88 냉동톤(RT)

풀이 1000 kg × (1 kcal/kg·℃ × 25 + 80 kcal/kg + 0.5 kcal/kg·℃ × 9) / (3320 × 24) = 1.37 RT

24 고속 다기통 압축기의 윤활에 대한 설명 중 틀린 것은?
① 고온에서도 분해가 되지 않고 탄화하지 않는 윤활유를 선정하여 사용해야 한다.
② 윤활은 마찰부의 열을 제거하여 기계적 효율을 높이기 위함이다.
③ 압축기가 고도의 진공운전을 계속하면 유압은 상승한다.
④ 유압이 과대하게 상승하면 실린더에 필요 이상의 유량이 공급되어 오일 해머링의 우려가 있다.

풀이 유압상승원인
① 오일 과충전 시
② 유 순환 회로가 막혔을 경우
③ 유온이 낮아 점도가 증가된 경우
④ 유압조정밸브 조정 불량(막혔을 경우)
 * 압축기가 고도의 신공운전을 하게 되면 유압은 저하하게 된다.

25 비열이 0.92 kcal/kg·℃인 액 920 kg을 1시간 동안 25 ℃에서 5℃로 냉각시키는데 소요되는 냉각열량은 몇 냉동톤인가?
① 약 3.1　　② 약 5.1
③ 약 15.1　　④ 약 21.1

21 ③　22 ②　23 ①　24 ③　25 ②

풀이 $\dfrac{920kg \times 0.92\,kcal/kg℃ \times (25-5)℃}{3320} = 5.09\,RT$

26 국소 대기압이 750 mmHg이고 계기 압력이 0.2 kgf/cm²일 때, 절대압력은?
① 약 0.46 kgf/cm²
② 약 0.96 kgf/cm²
③ 약 1.22 kgf/cm²
④ 약 1.36 kgf/cm²

풀이 0.2 kgf/cm² + 1.0332 kgf/cm²
× $\dfrac{750mmHg}{760mmHg}$ = 1.219 kgf/cm²

27 일반적으로 증발온도의 작동범위가 -70℃이하 일 때 사용되기 적절한 냉동 사이클은?
① 2원 냉동 사이클
② 다효 압축 사이클
③ 2단 압축 1단 팽창 사이클
④ 1단 압축 2단 팽창 사이클

풀이 2단 압축 사이클은 증발온도
암모니아 : -35℃ 이하,
프레온 : -50℃ 이하 (압축비 6초과)
2원 냉동 사이클 증발온도 : -70℃ 이하

28 흡수식 냉동기에 사용하는 냉매 흡수제가 아닌 것은?
① 물 - 리튬 브로마이드
② 물 - 염화리튬
③ 물 - 에틸렌글리콜
④ 물 - 암모니아

풀이 에틸렌 글리콜은 유기질 브라인으로 흡수식 냉동기에서는 사용하지 않는다.

29 다음 안전장치에 대한 설명으로 틀린 것은?
① 가용전은 응축기, 수액기 등의 압력용기에 안전장치로 설치된다.
② 파열판은 얇은 금속관으로 용기의 구멍을 막고 있는 구조이며 안전밸브로 사용된다.
③ 안전밸브의 최소구경은 실린더 지름과 피스톤 행정에 관이한다.
④ 고압차단스위치는 조정설정압력보다 벨로즈에 가해진 압력이 낮아졌을 때 압축기를 정지시키는 안전장치이다.

풀이 고압차단스위치는 정상고압보다 3kgf/cm² 이상 높아졌을 때 압축기를 정지시키는 것으로 벨로즈에 가해진 압력이 높아졌을 때 작동한다.

30 증기압축 냉동사이클에 대한 설명 중 옳은 것은?
① 응축압력과 증발압력의 차이가 작을수록 압축기의 소비 동력은 작아진다.
② 팽창과정을 통해 유체의 압력은 상승한다.
③ 압축과정에서는 과열도가 작을수록 압축 일량은 거진다.
④ 증발압력이 낮을수록 비체적은 작아진다.

풀이 응축압력과 증발압력의 차이 즉, 압축비가 작아질수록 냉동능력은 증가하고 소요동력은 감소하게 된다. 팽창과정은 압력과 온도가 낮이지며, 증발압력이 낮아질수록

26 ③ 27 ① 28 ③ 29 ④ 30 ①

비체적과 증발잠열은 증가한다.

31 온도 T_1의 고온열원으로부터 온도 T_2의 저온열원으로 열량 Q가 전달될 때 두 열원의 총 엔트로피 변화량을 옳게 표현한 것은?

① $-\dfrac{Q}{T_1}+\dfrac{Q}{T_2}$

② $\dfrac{Q}{T_1}-\dfrac{Q}{T_2}$

③ $\dfrac{Q(T_1+T_2)}{T_1 \cdot T_2}$

④ $\dfrac{T_1-T_2}{Q(T_1 \cdot T_2)}$

32 어떤 이상기체 1kg이 압력 100 kPa, 온도 30 ℃의 상태에서 체적 0.8 m³을 점유한다면 기체상수는 몇 kJ/kg·K인가?

① 0.251
② 0.264
③ 0.275
④ 0.293

[풀이] $R=\dfrac{PV}{mT}=\dfrac{100\times0.8}{1\times(30+273)}=0.264$

33 카르노 사이클에 대한 설명으로 옳은 것은?

① 이상적인 2개의 등온과정과 이상적인 2개의 정압과정으로 이루어진다.

② 이상적인 2개의 정압과정과 이상적인 2개의 단열과정으로 이루어진다.

③ 이상적인 2개의 정압과정과 이상적인 2개의 정적과정으로 이루어진다.

④ 이상적인 2개의 등온과정과 이상적인 2개의 단열과정으로 이루어진다.

34 증기압축 냉동기에는 다양한 냉매가 사용된 이러한 냉매의 특징에 대한 설명으로 틀린 것은?

① 냉매는 냉동기의 성능에 영향을 미친다.

② 냉매는 무독성, 안전성, 저가격 등의 조건을 갖추어야 한다.

③ 우수한 냉매로 알려져 사용되던 영화불화탄화수소(CFC) 냉매는 오존층을 파괴한다는 사실이 밝혀진 이후 사용이 제한되고 있다.

④ 현재 CFC 냉매 대신에 R-12(CCl_2F_2)가 냉매로 사용되고 있다.

[풀이] R-12는 염소(Cl) 때문에 사용금지 냉매이다.

35 대기압 하에서 물의 어는 점과 끓는 점 사이에서 작동하는 카르노사이클(Carnot cycle) 열기관의 열효율은 약 몇 %인가?

① 2.7   ② 10.5
③ 13.2   ④ 26.8

[풀이] $\eta=1-\dfrac{273}{100+273}=0.268$

31 ① 32 ② 33 ④ 34 ④ 35 ④

36 과열기가 있는 랭킨사이클에 이상적인 재열 사이클을 적용할 경우에 대한 설명으로 틀린 것은?

① 이상 재열사이클의 열효율이 더 높다.
② 이상 재열사이클의 경우 터빈 출구 건도가 증가한다.
③ 이상 재열사이클의 기기 비용이 더 많이 요구된다.
④ 이상 재열사이클의 경우 터빈 입구 온도를 더 높일 수 있다.

풀이 이상적인 재열사이클의 터빈입구 온도는 동일하다.

37 물질의 양을 1/2로 줄이면 강도성(강성적) 상태량의 값은?

① 1/2로 줄어든다.
② 1/4로 줄어든다.
③ 변화가 없다.
④ 2배로 늘어난다.

풀이 강도상태량은 물질의 양과 무관하다.

38 단열된 용기 안에 두 개의 구리 블록이 있다. 블록 A는 10 kg, 온도 300 K이고, 블록 B는 10 kg, 900 K이다. 구리의 비열은 0.4 kJ/kg·K일 때, 두 블록을 접촉시켜 열교환이 가능하게 하고 장시간 놓아두어 최종 상태에서 두 구리 블록의 온도가 같아졌다. 이 과정 동안 시스템의 엔트로피(kJ/K)는?

① 11.15　　　② 2.04
③ 2.77　　　④ 4.82

풀이 $\Delta S_2 - \Delta S_1 = 10 \times 0.4\ln\dfrac{600}{300} + 10 \times 0.4\ln\dfrac{600}{900} = 1.15$ kJ/K

39 전동기에 브레이크를 설치하여 출력 시험을 하는 경우, 축 출력 10 kW의 상태에서 1시간 운전을 하고, 이 때 마찰열을 20 ℃의 주위에 전할 때 주위의 엔트로피는 어느 정도 증가하는가?

① 123 kJ/K　　② 133 kJ/K
③ 143 kJ/K　　④ 153 kJ/K

풀이 $\Delta S = \dfrac{Q}{T} = \dfrac{10 \times 3600}{27 + 273} = 122.9$ kJ/K

40 한 사이클 동안 열역학계로 전달되는 모든 에너지의 합은?

① 0이다.
② 내부에너지 변화량과 같다.
③ 내부에너지 및 일량의 합과 같다.
④ 내부에너지 및 전달열량의 합과 같다.

36 ④　37 ③　38 ①　39 ①　40 ①

제 3 과목   시운전 및 안전관리

41 다음 중 정상편차에 대한 설명으로 옳은 것은?
① 목표치와 제어량의 차
② 입력의 시간 미분값에 비례하는 편차
③ 2개 이상의 양 사이에 어떤 비례관계를 갖는 편차
④ 과동응답에 있어서 충분한 시간이 경과하여 제어편차가 일정한 값으로 안정되었을 때의 값

풀이 정상편차
자동제어에서 과도응답에 있어서 충분한 시간이 경과하여 제어편차가 일정한 값으로 안정되었을 때의 값이다.

42 제어장치의 구동장치에 따른 분류에서 타력제어와 비교한 자력제어의 특징 중 틀린 것은?
① 저비용
② 구조 간단
③ 확실한 동작
④ 빠른 조작 속도

풀이 자력제어는 타력제어보다 구조가 간단하고 저비용이지만 조작속도와 정보저리는 느리다.

43 기억과 판단기구 및 검출기를 가진 제어방식은?
① 시한제어
② 피드백제어
③ 순서프로그램제어
④ 조건제어

44 철심을 가진 변압기 모양의 코일에 교류와 지류를 중첩하여 흘리면 교류임피던스는 중첩된 직류의 크기에 따라 변하는데 이 현상을 이용하여 전력을 증폭하는 장치는?
① 회전증폭기
② 자기증폭기
③ 사이리스터
④ 차동변압기

45 PLC의 구성에 해당되지 않는 것은?
① 입력장치
② 제어장치
③ 주변용장치
④ 출력장치

풀이 PLC 구성 : 입력장치, 출력장치, 제어장치

41 ④   42 ④   43 ②   44 ②   45 ③

46 변압기의 부하손(동손)에 대한 특성 중 맞는 것은?

① 동손은 주파수에 의해 변화한다.
② 동손은 온도 변화와 관계없다.
③ 동손은 부하 전류에 의해 변화한다.
④ 동손은 자속 밀도에 의해 변화한다.

풀이 변압기의 부하손(동손)은 부하전류로 인하여 발생한다.

47 전기력선의 기본성질에 대한 설명으로 틀린 것은?

① 전기력선의 방향은 그 점의 전계와 방향과 일치한다.
② 전기력선은 전위가 높은 점에서 낮은 점으로 향한다.
③ 두 개의 전기력선은 전하가 없는 곳에서 교차한다.
④ 전기력선의 밀도는 전계의 세기와 같다.

풀이 전기력선은 서로 교차하거나 분리되지 않는다.

48 동기전동기에 관한 내용으로 틀린 것은?

① 기동토크가 작다.
② 역률을 조정할 수 없다.
③ 난조가 발생하기 쉽다.
④ 여자기가 필요하다.

풀이 동기전동기 특징
① 속도가 일정하다.
② 역률을 조정할 수 있다.
③ 효율이 높다.
④ 공극이 크고 기계적으로 튼튼하다.
⑤ 기동토크가 작다.
⑥ 직류 여자기가 필요하다.
⑦ 난조 발생이 빈번하다.

49 직류기에서 정류를 좋게 하는 방법 중 전압정류의 역할은?

① 보극
② 탄소
③ 보상권선
④ 리액턴스 전압

풀이 보극을 이용한 정류를 전압정류라 한다.
※ 보극이 적당히 설치되어 이루어진 정류를 정현정류, 보극이 지나친 정류를 과정류라 한다.

50 도체가 운동하여 자속을 끊었을 때 기전력의 방향을 알아내는 데 편리한 법칙은?

① 렌츠의 법칙
② 페러데이의 법칙
③ 플레밍의 왼손법칙
④ 플레밍의 오른손법칙

풀이
• 렌츠의 법칙 : "유도기전력의 방향은 자속의 변화를 방해하려는 방향으로 발생한다"라는 법칙
• 패러데이의 법칙 : "유도기전력의 크기는 코일을 지나는 자속의 매초 변화량과 코일의 권수에 비례한다"라는 법칙 $e = -N\frac{\Delta\phi}{\Delta t}[V]$

46 ③　47 ③　48 ②　49 ①　50 ④

51 자체 인덕턴스가 100[H]가 되는 코일에 전류를 1초 동안 0.1[A]만큼 변화시켰다면 유도기전력[V]은?

① 1[V]　　② 10[V]
③ 100[V]　④ 1000[V]

풀이 $e = L\dfrac{di}{dt} = 100 \times \dfrac{0.1}{1} = 10[V]$

52 $R[\Omega]$인 저항 3개가 △결선으로 되어 있는 것을 Y결선으로 환산하면 1상의 저항 $[\Omega]$은?

① $\dfrac{1}{3}R$　　② R
③ $3R$　　④ $\dfrac{1}{R}$

풀이 $R_\triangle = 3R_y,\ R_Y = \dfrac{1}{3}R_\triangle$

53 3상 동기 발전기 병렬운전 조건이 아닌 것은?

① 전압의 크기가 같을 것
② 회전수가 같을 것
③ 주파수가 같을 것
④ 전압 위상이 같을 것

풀이 병렬운전 조건
　① 기전력의 크기가 같을 것
　② 기전력의 주파수가 같을 것
　③ 기전력의 파형이 같을 것
　④ 기전력이 동위상이고 상회전이 일치할 것

54 단자전압 300 V, 전기자저항 0.3 Ω의 직류 분권발전기가 있다. 전부하의 경우 전기자전류가 50 A 흐른다고 할 때 이 전동기의 기동 전류를 정격시의 1.7배 하려면 기동저항은 약 몇 Ω인가?

① 2.8　　② 3.2
③ 3.5　　④ 3.8

풀이 전동기 기동시 정격전압 = 300 − 50 × 1.7 × 0.3 = 274.5V

기동저항 = $\dfrac{274.5}{50 \times 1.7}$ = 3.23 Ω

55 기억과 판단기구 및 검출기를 가진 제어 방식은?

① 시한제어
② 피드백제어
③ 순서프로그램제어
④ 조건제어

56 3상 동기발전기를 병렬운전하는 경우 고려하지 않아도 되는 것은?

① 기전력 파형의 일치 여부
② 상회전방향의 동일 여부
③ 회전수의 동일 여부
④ 기전력 주파수의 동일 여부

풀이 3상 동기발전기의 병렬운전조건
　① 파형과 주파수가 일치해야 한다.
　② 전압이 다를시 무효순환전류가 발생하므로 전압이 일치해야 한다.

51 ②　52 ①　53 ②　54 ②　55 ②　56

③ 상순서가 일치해야 한다.
④ 위상이 다를 시 유효순환전류가 발생하므로 위상이 일치해야 한다.

57 산업용 로봇의 작동 범위 내에서 교시 등의 작업을 하는 경우, 작업시작 전 점검사항에 해당하지 않는 것은?

① 외부전선의 피복 또는 외장의 손상 유무
② 머니퓰레이터 작동의 이상 유무
③ 제동장치 및 비상정지장치의 기능
④ 압력방출장치의 기능

풀이 로봇의 작동 범위에서 그 로봇에 관하여 교시 등 작업을 할 때
작업시작 전 점검사항
- 외부 전선의 피복 또는 외장의 손상 유무
- 머니퓰레이터(manipulator) 작동의 이상 유무
- 제동장치 및 비상정지장치의 기능

58 옥내에 통로를 설치할 때 통로 면으로부터 높이 얼마 이내에 장애물이 없어야 하는가?

① 1.5m ② 2.0m
③ 2.5m ④ 3.0m

풀이 통로의 설치
- 작업장으로 통하는 장소 또는 작업장 내에 근로자가 사용할 안전한 통로를 설치하고 항상 사용할 수 있는 상태로 유지하여야 한다.
- 통로의 주요 부분에는 통로표시를 하고, 근로자가 안전하게 통행할 수 있도록 하여야 한다.

- 통로면으로부터 높이 2미터 이내에는 장애물이 없도록 하여야 한다

59 일반적인 전기화재의 원인과 직접 관계되지 않는 것은?

① 과전류
② 애자의 오손
③ 정전기 스파크(Spark)
④ 합선(단락)

풀이 전기화재의 원인
- 단락
- 누전
- 과전류
- 스파크
- 접촉부 과열
- 절연열화에 의한 발열
- 지락
- 낙뢰
- 정전기 스파크

60 다음 중 국소배기시설에서 후드(hood)에 의한 제작 및 설치 요령으로 적절하지 않은 것은?

① 유해물질이 발생하는 곳마다 설치한다.
② 후드의 개구부 면적은 가능한 한 크게 한다.
③ 후드를 가능한 한 발생원에 접근시킨다.
④ 후드(hood) 형식은 가능하면 포위식 또는 부스식 후드를 설치한다.

풀이 후드의 설치기준
- 유해물질이 발생하는 곳마다 설치할 것
- 유해인자의 발생형태와 비중, 작업방법 등을 고려하여 해당 분진 등의 발산

57 ④ 58 ② 59 ② 60 ②

원을 제어할 수 있는 구조로 설치할 것
- 후드(hood) 형식은 가능하면 포위식 또는 부스식 후드를 설치할 것
- 외부식 또는 리시버식 후드는 해당 분진 등의 발산원에 가장 가까운 위치에 설치할 것

제 4 과목 유지보수공사 관리

61 냉동배관 시 플렉시블 조인트의 설치에 관한 설명으로 틀린 것은?

① 가급적 압축기 가까이에 설치한다.
② 압축기의 진동방향에 대하여 직각으로 설치한다.
③ 압축기가 가동할 때 무리한 힘이 가해지지 않도록 설치한다.
④ 기계·구조물 등에 접촉되도록 견고하게 설치한다.

풀이 플렉시블 조인트는 주로 진동을 흡수하기 위한 것으로 기계·구조물 등에 견고하고 무리한 힘을 가하면 제대로 작동할 수가 없으니 설치 시 주의를 요한다.

62 압력탱크 급수방법에서 사용되는 탱크의 부속품이 아닌 것은?

① 안전밸브   ② 수면계
③ 압력계   ④ 트랩

풀이 압력탱크는 고가 탱크를 사용할 수 없는 경우에 설치하는 탱크로서 상부에 압축 공기를 축적하여 수면에 압력을 가하는 방식이며 자동식 공기 압축기, 압력계,

수위계, 안전밸브, 드레인, 맨홀, 급수관, 급기관 등이 설치된다.
트랩은 증기 보일러에서 발생한 증기는 열사용 설비에서 이용하고 나올 때에는 응축수로 배출된다. 이때 응축수는 배관 밖으로 자동 배출 시키고 증기는 차단 하는 역할을 한다.

63 배수배관의 관이 막혔을 때 이것을 점검, 수리하기 위해 청소구를 설치하는데, 설치 필요 장소로 적절하지 않은 곳은?

① 배수 수평 주관과 배수 수평 분기관의 분기점에 설치
② 배수관이 45° 이상의 각도로 방향을 전환하는 곳에 설치
③ 길이가 긴 수평 배수관인 경우 관경이 100 A 이하일 때 5m마다 설치
④ 배수 수직관의 제일 밑부분에 설치

풀이 관경이 100 A 이하일 때 15 m 마다. 100 A 이상일 때 30 m 마다 설치한다.

64 냉매유속이 낮아지게 되면 흡입관에서의 오일회수가 어려워지므로 오일회수를 용이하게 하기 위하여 설치하는 것은?

① 이중입상관
② 루프 배관
③ 액트랩
④ 리프팅 배관

풀이 프레온 소형장지에 설치하여 오일 회수를 목적으로 이중 입상관을 설치한다.

65 급탕배관에 관한 설명으로 틀린 것은?
① 단관식의 경우 급수관경보다 큰 관을 사용해야 한다.
② 하향식 공급 방식에서는 급탕관 및 복귀관은 모두 선하향 구배로 한다.
③ 보통 급탕관은 수명이 짧으므로 장래에 수리, 교제가 용이하도록 노출 배관하는 것이 좋다.
④ 연관은 열에 강하고 부식도 잘되지 않으므로 급탕배관에 적합하다.

풀이 급탕배관에는 아연도금강관, 동관(구리관), 스테인레스관 등이 쓰이며 연관은 대소변기 배수관 또는 굴곡부가 많은 급수 인입관 등에 사용 된다.

66 펌프 주위 배관 시공에 관한 사항으로 틀린 것은?
① 풋 밸브(foot valve)등 모든 관의 이음은 수밀, 기밀을 유지할 수 있도록 한다.
② 흡입관의 길이는 가능한 한 짧게 배관하여 저항이 적도록 한다.
③ 흡입관의 수평배관은 펌프를 향하여 하향 구배로 한다.
④ 양정이 높을 경우에는 펌프 토출구와 게이트 밸브와의 사이에 체크밸브를 설치한다.

풀이 흡입관의 수평배관은 펌프를 향하여 1/50~1/100의 상항 구매로 한다.

67 방열기 주위배관에 대한 설명으로 틀린 것은?
① 방열기 주위는 스위블 이음으로 배관한다.
② 공급관은 앞쪽올림의 역구배로 한다.
③ 환수관은 앞쪽 내림의 순구배로 한다.
④ 구배를 취할 수 없거나 수평주관이 2.5 m 이상일 때는 한 지수 작은 지름으로 한다.

풀이 압력손실의 경우 한 지수 작은 값을 택하고 나머지는 한 치수 큰 지수를 택한다.

68 급탕설비에 관한 설명으로 틀린 것은?
① 개별식 급탕법은 욕실, 세면장, 주방 등에 소형의 가열기를 설치하여 급탕하는 방법이다.
② 온수보일러에 의한 간접가열방식이 직접가열방식보다 저탕조 내부에 스케일이 잘 생기지 않는다.
③ 급수관에서 공급된 물이 코일 모양으로 배관된 가열관을 통과하는 동안에 가스 불꽃에 의해 가열되어 급탕하는 장치를 순간온수기라 한다.
④ 열효율은 양호하지만 소음이 심하여 S형, Y형의 사이렌서를 부착하며, 사용증기압력은 약 10~40 MPa인 급탕법을 기수혼합식이라 한다.

풀이 기수 혼합식 : 증기를 열원으로 수조 내에 증기를 직접불이 넣어서 끓이는 방법이다. 증기가 물에 주는 열효율은 100 %이며, 증기압의 고저에 따라 F형 사이렌서(sirencer), S형 사이렌서를 사용한다.

65 ④   66 ③   67 ④   68 ④

69 배관 도면에서 각 장치와 관에 번호를 부여하는 라인 인덱스의 기재 순서 예로 '4-2B-N-15-39-CINS'로 기재하는데 이 중 '39'는 무엇을 나타내는 표시인가?

① 관의 호칭지름
② 배관재료의 종류
③ 유체별 배관번호
④ 장치번호

풀이 4 : 장치번호, 2B : 호칭지름, 15 : 유체별 배관 번호, 39 : 배관 재료의 종류, CINS : 보냉(INS : 보온, PP : 화상방지) N : 흐르는 유체의 기호 (프로세스 유제 : P, 작업용 공기 : PA, 계기용 공기 : IA, 질소 : N, 고압증기 : HS, 서압증기 : LS, 냉수 : CW, 해수 : SW)

70 다음 공조용 배관 중 배관 샤프트 내에서 단열시공을 하지 않는 배관은?

① 온수관   ② 냉수관
③ 증기관   ④ 냉각수관

풀이 냉각수는 냉동기 응축기에 사용하는 것으로 열을 방출하여야 하므로 단열시공을 하면 안 된다.

71 배관의 하중을 위에서 걸어 당겨 지지하는 행거(hanger) 중 상하 방향의 변위가 없는 개소에 사용하는 것은?

① 콘스탄트 행거(constant hanger)
② 리지드 행거(rigid hanger)
③ 베리어블 행거(variable hanger)
④ 스프링 행거 (spring hanger)

풀이 행거의 종류
콘스탄트 행거(Constant Hanger) : 상하 방향의 이동에 대해 일정한 하중으로 지지
스프링 행거(Spring Hanger) : 턴 버클 대신에 스프링을 사용한다.
리지드 행거(rigid hanger) : 하나의 빔에 턴버클을 연결하여 파이프를 달아 올리는 것이며, 수직방향에 변위가 없는 곳에 사용한다.

72 증기와 응축수의 온도차를 이용하여 응축수를 배출하는 열동식 트랩이 아닌 것은?

① 벨로즈 트랩
② 디스크 트랩
③ 바이메탈식 트랩
④ 다이어프램식 트랩

풀이 ① 기계식 트랩 : 증기와 응축수 비중차 이용, Bucket트랩은 세탁기구, 소독기구, 관말 적용, Float 트랩은 열교환기, 가열탱크 적용
② 열동식 트랩 : 증기와 응축수온도차 이용, Bellows 트랩은 방열기, Bimetal 트랩은 Tracing Line
③ 열역학적 트랩 : 증기와 응축수의 유체 운동에너지차 이용,디스크트랩, 오리피스트랩,바이패스트랩

73 복사난방 배관에서 코일의 구배로 옳은 것은?

① 상향식 : 올림구배, 하향식 : 올림구배
② 상향식 : 내림구배, 하향식 : 올림구배
③ 상향식 : 내림구배, 하향식 : 내림구배
④ 상향식 : 올림구배, 하향식 : 내림구배

풀이 복사난방의 특징
(1) 장점
① 상점 방열기가 없으므로 바닥면의 이용도가 높다.
② 쾌감도와 온도 분포가 좋아서 천정이 높은 방에서 적합하다.
③ 실내 평균 온도가 낮기 때문에 같은 방열량에 대해서 손실 열량이 적다.
④ 공기의 대류가 적으므로 바닥면의 먼지가 상승하지 않는다.
(2) 단점
① 배관 시공이나 수리가 곤란하고 설비비용이 비싸다.
② 외기 온도의 급변화에 따른 온도 조절이 곤란하다.
③ 방열면의 뒷면으로부터의 열 손실을 방지하는 구조로 하여야만 한다.

74 배수관에 트랩을 설치하는 가장 큰 목적은?

① 유체의 역류방지를 위해
② 통기를 원활하게 하기 위해
③ 배수속도를 일정하게 하기 위해
④ 유해, 유취 가스의 역류 방지를 위해

풀이 배수관 내에 발생하는 가스 및 악취가 나오는 것을 막아주는 트랩을 설치한다.

75 개별식 급탕 방법의 특징이 아닌 것은?

① 배관의 길이가 길어 열손실이 크다.
② 사용이 쉽고 시설이 편리하다.
③ 필요한 즉시 따뜻한 온도의 물을 쓸 수 있다.
④ 소형 가열기를 급탕이 필요한 곳에 설치하는 방법이다.

풀이 개별식 급탕은 배관 길이가 짧아 열 손실이 적어진다.

76 급수관의 수리 시 물을 배제하기 위해 최소관의 어느 정도 구배를 주어야 하는가?

① 1/120 이상
② 1/150 이상
③ 1/200 이상
④ 1/250 이상

풀이 배관의 기울기는 관 내에서의 유체 흐름을 원활하게 하기 위하여 만들어 공기가 정체하지 않도록 한다. 급수관은 1/250, 온수관은 중력 순환식에서는 1/150으로 하고 강제 순환식에서는 1/200, 증기관은 끝내림 구배에서는 1/250으로 하고, 끝올림 구배에서는 1/50, 환수관은 1/250 이하로 한다.

77 증기보일러 배관에서 환수관의 일부가 파손된 경우에 보일러 수가 유출해서 안전수위 이하가 되어 보일러 수가 빈 상태로 되는 것을 방지하기 위한 접속법은?

① 하트 포드 접속법
② 리프트 접속법

73 ④ 74 ④ 75 ① 76 ④ 77 ①

③ 스위블 접속법
④ 슬리브 접속법

풀이 저압증기 난방의 보일러 주변 배관으로서 밸런스 관을 연결하여 보일러 수면이 안전 수위 이하로 내려가지 않게 하기 위해 안전수면보다 높은 위치에 환수관을 접속하는 방법으로 환수압과 증기압의 균형을 유지한다.

78 증기배관의 수평 환수관에서 관경을 축소할 때 사용하는 이음쇠로 가장 적합한 것은?

① 소켓
② 부싱
③ 플랜지
④ 편심 리듀서

풀이 부싱은 암나사와 숫나사로 이루어져 있으며 리듀서는 양측이 암나사로 이루어져 이경 관경에 사용하지만 압력손실이 크게 되므로 이를 최소화하기 위하여 편심 리듀서를 사용한다.

79 덕트의 단위길이 당 마찰손실이 일정하도록 치수를 결정하는 덕트 설계법은?

① 등마찰손실법
② 정법
③ 등온법
④ 정압재취득법

풀이 등 마찰 손실법은 덕트 설계에서 가장 많이 쓰는 방법으로 덕트의 단위 길이에 대한 마찰 저항이나 일정하도록 치수를 정하는 방법이다

78 ④ 79 ①

제 4 회 예상문제

제 1 과목　　에너지관리

01 공기 중의 악취제거를 위한 공기정화 에어필터로 가장 적합한 것은?
① 유닛형 필터
② 점착식 필터
③ 활성탄 필터
④ 전기식 필터

풀이 공기 중의 악취제거를 위한 공기정화는 활성탄에 의한 흡착 분리한다.

02 에어필터의 설치에 관한 설명으로 틀린 것은?
① 필터는 스페이스가 크므로 공조기 내부에 설치한다.
② 필터는 전풍량을 취급하도록 한다.
③ 로울형의 필터로 사용할 때는 필터 전면에 해체와 반출이 용이 하도록 공간을 두어야 한다.
④ 병원용 필터를 설치할 때는 프리필터를 고성능 필터 뒤에 설치한다.

풀이 프리 필터는 동물의 털, 보푸라기, 머리카락, 큰 먼지 등을 제거해 주는 필터로서 바깥쪽에 설치하며 고성능 필터를 보호하고 수명을 늘려주는 역할을 한다.

03 일반적으로 난방부하를 계산할 때 실내 손실 열량으로 고려해야 하는 것은?
① 인체에서 발생하는 잠열
② 극간풍에 의한 잠열
③ 조명에서 발생하는 현열
④ 기기에서 발생하는 현열

풀이 ①, ②, ④는 난방부하에 도움이 되는 것으로 부하 계산에서 제외되는 것이다.

04 팬 코일 유닛방식을 배관방식으로 분류할 때 각 방식의 특징에 대한 설명으로 틀린 것은?
① 4관식은 혼합손실은 없으나 배관의 양이 증가하므로 공사비 및 배관설치용 공간이 증가한다.
② 3관식은 환수관에서 냉수와 온수가 혼합되므로 열손실이 없다.
③ 3관식은 온수 공급관, 냉수 공급관, 냉온수 겸용 환수관으로 구성되어 있다.
④ 4관식은 냉수배관, 온수배관을 설치하여, 각 계통마다 동시에 냉난방을 자유롭게 할 수 있다.

풀이 공기조화기, 팬 코일 유닛 등에 대하여 냉수관, 온수관, 공용 환수관의 합계 3관을 배곤하여 연간을 통해서 각 기기에 냉수, 온수를 수시로 공급하는 방식이므로 냉수와 온수가 혼합되지 않는다.

01 ③　02 ④　03 ②　04 ②

05 에어와셔 내에 온수를 분무할 때 공기는 습공기 선도에서 어떠한 변화과정이 일어나는가?
① 가습·냉각
② 과냉각
③ 건조·냉각
④ 감습·과열

풀이 수증기를 분무 할 경우 가열, 가습이 되나 온수를 분무하는 경우에는 가습·냉각이 된다.

06 공기의 성질에 관한 설명으로 틀린 것은?
① 절대습도는 습공기를 구성하고 있는 수증기와 건공기와의 질량비이다.
② 상대습도는 공기중에 포함되어 있는 수증기의 양과 동일 온도에서 최대로 포함될 수 있는 수증기 양의 비이다.
③ 포화공기는 최대로 수분을 수용하고 있는 상태의 공기를 말한다.
④ 비교습도는 수증기 분압과 그 온도에 있어서의 포화 공기의 수증기 분압과의 비를 말한다.

풀이 비교습도 : 습공기의 절대 온도와 그 온도에 의한 포화공기의 절대 습도와의 비
비교 습도 = 100 × (공기의 절대 습도 / 공기의 절대 습도와 같은 온도의 포화 공기의 절대 습도(%))

07 비엔탈피가 12 kcal/kg인 공기를 냉수 코일을 이용하여 10 kcal/kg까지 냉각 제습 하고자 한다. 이 때 코일 입출구의 온도차를 5 ℃로 할 때 냉수 순환 펌프의 수량은? (단, 코일 통과 풍량 6000 m³/h 이며, 공기의 비체적은 0.835 m³/kg이다.)
① 약 0.80 ℓ/min
② 약 47.9 ℓ/min
③ 약 63.4 ℓ/min
④ 약 73.8 ℓ/min

풀이 공기가 냉수에 방출하는 열량(Q_1)

$$Q_1 = \frac{6000 m^3/h}{0.835 m^3/kg} \times (12-10) kcal/kg$$
$$= 14371.25719 \ kcal/h$$

냉수 순환 펌프의 수량(G)
14371.25749 kcal/h = G × 60 min/h × 5℃
G = 47.90 ℓ/min

05 ① 06 ④ 07 ②

08 주어진 계통도와 같은 공기조화장치에서 공기의 상태변화를 습공기 선도상에 나타내었다. 계통도의 '5' 점은 습공기선도에서 어느 점인가?

① a
② b
③ c
④ d

풀이 a : 4 (냉각 코일 출구)
b : 5 (냉각코일 출구와 환기 바이패스 혼합)
c : 2 (환기 출구)
d : 3 (외기, 환기 혼합)
e : 1 (외기)
e → d : 환기 부하
c → d : 외기부하
d → a : 냉각 코일부하
a → b : (냉각코일 출구와 환기 바이패스 혼합 부하)
b → c : (실내부하)

09 보일러에서 방열기까지 보내는 증기관과 환수관을 따로 배관하는 방식으로 증기와 응축수가 유동하는데 서로 방해가 되지 않도록 증기트랩을 설치하는 증기난방 방식은?

① 트랩식
② 상향급기관
③ 건식환수법
④ 복관식

풀이 복관식 방식 : 증기 난방 또는 온수 난방에서 보일러로부터 방열관으로 보내는 관과 되돌리는 관을 각각 따로 배관하는 방식이다.

10 축열조의 특징으로 틀린 것은?

① 피크 컷에 의해 열원장치의 용량을 최소화할 수 있다.
② 부분부하 운전에 쉽게 대응하기 어렵다.
③ 열원기기 운전시간을 연장하여 장래의 부하증가에 대응 할 수 있다.
④ 열원기기를 고부하 운전함으로써 효율을 향상시킨다.

풀이 축열조 : 냉, 난방용의 열을 저장하기 위해 둔 탱크로서 물을 열매로서 이용한다. 심야전기 또는 태양열을 이용하는 것으로 부분부하 운전에 쉽게 대응 할 수 있다.

11 다음 중 열전대 온도계에서 사용되지 않는 것은?

① 동-콘스탄탄
② 크로멜-알루멜
③ 철-콘스탄탄
④ 알루미늄-철

풀이 열전대 온도계
· 동-콘스탄탄(-200~350℃): T형
· 크로멜-알루멜(0~1,200℃): K형
· 철-콘스탄탄(-200~800℃): J형
· 백금-백금로듐(0~1,600℃): R형

12 다음 중 스로틀(Throttle) 기구에 의하여 유량을 측정하지 않는 유량계는?

① 오리피스미터
② 플로우 노즐
③ 벤투리미터
④ 오벌미터

풀이 오벌기어식 미터기
기어의 회전이 유량에 비례하는 원리를 이용한 용적식 유량계이다.

13 관로의 유속을 피토관으로 측정할 때 수주의 높이가 30cm이었다. 이때 유속은 약 몇 m/s인가?

① 1.88   ② 2.42
③ 3.88   ④ 5.88

풀이 유속(V)
$= \sqrt{2gh} = \sqrt{2 \times 9.8 \times 0.3} = 2.42 \, m/s$

14 벨로우즈(Bellows) 압력계에서 Bellows 탄성의 보조로 코일 스프링을 조합하여 사용하는 주된 이유는?

① 감도를 증대시키기 위하여
② 측정압력 범위를 넓히기 위하여
③ 측정지연 시간을 없애기 위하여
④ 히스테리시스 현상을 없애기 위하여

풀이 탄성식 벨로우즈 압력계에서 보조 코일 스프링을 조합하여 사용하는 것은 히스테리시스 현상의 예방을 위한 것이다.
일반적인 미압 측정용: 0.01~10kg/cm²

15 연료시험에 사용되는 장치 중에서 주로 기체 연료 시험에 사용되는 것은?

① 세이볼트(Saybolt) 점도계
② 톰슨(Thomson) 일량계
③ 오르자트(Orsat) 분석장치
④ 펜스키 마텐스(Pensky martens) 장치

풀이 기체연료의 화학적 가스분석기
· 오르자트법(CO_2, O_2, CO 분석)
· 햄펠법(CO_2, C_mH_n, O_2, CO 분석)
· 게겔법(저급탄화수소 분석)

16 자연순환식 수관보일러에서 물의 순환에 관한 설명으로 틀린 것은?

① 순환을 높이기 위하여 수관을 경사지게 한다.
② 발생증기의 압력이 높을수록 순환력이 커진다.
③ 순환을 높이기 위하여 수관 직경을 크게 한다.

11 ④ 12 ④ 13 ② 14 ④ 15 ③ 16 ②

④ 순환을 높이기 위하여 보일러수의 비중차를 크게 한다.

풀이 수관식(자연순환식) 보일러는 압력이 높으면 보일러수의 온도가 높아서 밀도가 (kg/m²) 감소하여 보일러수의 순환이 느려진다.

17 보일러에서 연소용 공기 및 연소가스가 통과하는 순서로 옳은 것은?

① 송풍기→절탄기→과열기→공기예열기→연소실→굴뚝
② 송풍기→연소실→공기예열기→과열기→절탄기→굴뚝
③ 송풍기→공기예열기→연소실→과열기→절탄기→굴뚝
④ 송풍기→연소실→공기예열기→절탄기→과열기→굴뚝

풀이

18 저온가스 부식을 억제하기 위한 방법이 아닌 것은?

① 연료 중의 유황 성분을 제거한다.
② 첨가제를 사용한다.
③ 공기예열기 전열면 온도를 높인다.
④ 배기가스 중 바나듐의 성분을 제거한다.

풀이 보일러 과열기, 재열기 부식

고온부식은 바나지움이 용융하여 발생한다. (550℃~650℃ 부근)

19 프라이밍이나 포밍의 방지대책에 대한 설명으로 틀린 것은?

① 주증기 밸브를 급히 개방한다.
② 보일러수를 농축시키지 않는다.
③ 보일러수 중의 불순물을 제거한다.
④ 과부하가 되지 않도록 한다.

풀이 주증기 밸브는 천천히 개방한다.

20 연도(굴뚝) 설계 시 고려사항으로 틀린 것은?

① 가스유속을 적당한 값으로 한다.
② 적절한 굴곡저항을 위해 굴곡부를 많이 많든다.
③ 급격한 단면 변화를 피한다.
④ 온도강하를 적도록 한다.

풀이 연도나 굴뚝에서는 직선으로 설치한다. 굴곡부가 많으면 배기가스의 저항으로 압력손실이 크다.

17 ③ 18 ④ 19 ① 20 ②

제 2 과목　공조냉동설계

21 피스톤 이론적 토출량 200 m³/h의 압축기가 아래 표와 같은 조건으로 운전되어지고 있다. 흡입증기 엔탈피와 토출한 가스압력의 측정치로부터 압축기가 단열 압축 동작을 하는 것으로 가정했을 경우의 토출가스 엔탈피 h_2 = 158.6 kcal/kg이다. 이 압축기의 소요동력은?

흡입증기의 엔탈피	150.0 kcal/kg
흡입증기의 비체적	0.04 m³/kg
체적효율	0.72
기계효율	0.9
압축효율	0.8

① 약 25.9 kW
② 약 40.0 kW
③ 약 50.0 kW
④ 약 68.8 kW

풀이 $KW = 200 \times \dfrac{0.72}{0.04} \times \dfrac{(158.6 - 150)}{(860 \times 0.9 \times 0.8)} = 50$ kw

22 다음의 이상적인 1단 증기압축 냉동사이클에 대한 설명으로 틀린 것은?
① 압축과정은 등엔트로피 과정이다.
② 팽창과정은 등엔탈피 과정이다.
③ 응축과정은 등적 과정이다.
④ 증발과정은 등압 과정이다.

풀이 응축과정과 증발과정은 압력이 일정한 등압과정에 해당된다.

23 흡수식 냉동기를 이용함에 따른 장점으로 가장 거리가 먼 것은?
① 여름철 피크전력이 완화된다.
② 대기압 이하로 작동하므로 취급에 위험성이 완화된다.
③ 가스수요의 평준화를 도모할 수 있다.
④ 야간에 열을 저장하였다가 주간의 부하에 대응할 수 있다.

풀이 ④의 경우는 심야전기를 이용한 축열조 방식으로 빙축열, 수축열 시스템이 있다.

24 증발온도 -30 ℃, 응축온도 45 ℃에서 작동되는 이상적인 냉동기의 성적계수는?
① 1.2　　② 3.2
③ 5.0　　④ 5.4

풀이 성적계수 $= \dfrac{T_2}{(T_1 - T_2)} = \dfrac{243}{(318 - 243)} = 3.24$

25 냉수나 브라인의 동결방지용으로 사용하는 것은?
① 고압차단장치
② 차압제어장치
③ 증발압력제어장치
④ 유압보호스위치

풀이 ①, ②, ④는 압축기 안전장치이며 증발압력제어장치는 증발압력조정밸브로서 증발압력이 일정이하로 낮아지는 것을 방지하는 역할을 한다.

21 ③　22 ③　23 ④　24 ②　25 ③

26 냉동능력이 15kW인 냉동기에서 수냉식 응축기의 냉각수입·출구 온도차가 8 ℃일 때, 냉각수 유량은? (단, 압축기 소요 동력은 5kW, 물의 비열은 4.18 kJ/kg·K)

① 약 1397 kg/h
② 약 2150 kg/h
③ 약 1852 kg/h
④ 약 2500 kg/n

풀 이 Q_2 : 15 × 3600 = 54000 kJ/h, W : 5 × 3600 = 18000 kJ/h
$Q_1 = Q_2 + W = 54000 + 18000 = 72000$ kJ/h
$m = \dfrac{72000}{4.18 \times 8} = 2153\, kJ/h$

27 다음 중 열전도도가 가장 큰 것은?
① 수은   ② 석면
③ 동관   ④ 질소

풀 이 동관은 열전도가 좋아 주로 열교환기에 많이 이용하고 있다.

28 물을 냉매로 하고 LiBr을 흡수제로 하는 흡수식 냉동장치에서 장치의 성능을 향상시키기 위하여 열교환기를 설치하였다. 이 열교환기의 기능을 가장 잘 나타낸 것은?

① 응축기 입구 수증기와 증발기 출구 수증기의 열 교환
② 발생기 출구 LiBr 수용액과 응축기 출구 물의 열 교환
③ 발생기 출구 LiBr 수용액과 흡수기 출구 LiBr 수용액의 열 교환
④ 흡수기 출구 LiBr 수용액과 증발기 출구 수증기의 열 교환

풀 이 농도가 낮고 온도가 높은 발생기 출구 LiB 수용액과 농도가 진하고 온도가 낮은 흡수기 출구 Lir 수용액의 열 교환이 이루어진다.

29 쇼 케이스형 냉동장치의 종류가 아닌 것은?
① 밀폐형 쇼게이스
② 반밀폐형 쇼케이스
③ 개방형 쇼케이스
④ 리칭형(REACH) 쇼케이스

30 암모니아를 사용하는 냉동기의 압축기에서 압축비(P_2/P_1)가 5, 폴리트로피 지수(n)는 1.3, 간극비(ε)가 0.05일 때, 체적효율은?
① 약 0.88   ② 약 0.62.
③ 약 0.38   ④ 약 0.22

풀 이 $\eta_v = 1 - C\left\{\left(\dfrac{P_2}{P_1}\right)^{\frac{1}{n}} - 1\right\}$
$= 1 - 0.05\left\{(5)^{\frac{1}{1.3}} - 1\right\} = 0.877$

26 ②　27 ③　28 ③　29 ②　30 ①

31 20 ℃의 공기(기체상수 R = 0.287 kJ/kg·K, 정압비열 C_P = 1.004 kJ/kg·K) 3 kg이 압력 0.1 MPa에서 등압 팽창하여 부피가 두 배로 되었다. 이 과정에서 공급된 열량은 대략 얼마인가?

① 약 252 kJ
② 약 883 kJ
③ 약 441 kJ
④ 약 1760 kJ

풀이 $T_2 = T_1\left(\dfrac{V_2}{V_1}\right) = (20 + 273) \times 2 = 586K$
$Q = mC_P(T_2 - T_1) = 3 \times 1.004 \times (586-293) = 882.5 kJ$

32 대기압 하에서 물질의 질량이 같을 때 엔탈피의 변화가 가장 큰 경우는?

① 100 ℃ 물이 100 ℃ 수증기로 변화
② 100 ℃ 공기가 200 ℃ 공기로 변화
③ 90 ℃의 물이 91 ℃ 물로 변화
④ 80 ℃의 공기가 82 ℃ 공기로 변화

풀이 ① ΔH = 539 × 4.18 − 22:53 kJ/kgl
② $\Delta H = mC_P(T_2 - T_1)$ = 1 × 1 × (200−100) = 100 kJ/kg
③ ΔH = 1 × 4.18 × (91 − 90) = 4.18 kJ/kg
④ ΔH = 1 × 1 × (82 − 80) = 2 kJ/kg

33 성능계수(COP)가 0.8인 냉동기로서 7200kJ/h로 냉동하려면 이에 필요한 동력은?

① 약 0.9 kW
② 약 1.6 kW
③ 약 2.0 kW
④ 약 2.5 kw

풀이 $W = \dfrac{Q}{\varepsilon_R} = \dfrac{7200}{3600 \times 0.8} = 2.5$ kW

34 밀폐계에서 기체의 압력이 500 kPa로 일정하게 유지되면서 체적이 0.2m³에서 0.7m³로 팽창하였다. 이 과정 동안에 내부에너지의 증가가 60 kJ이라면 계가 한 일은?

① 450 kJ
② 350 kJ
③ 250 kJ
④ 150 kJ

풀이 $W = P(V_2 - V_1) = 500(0.7 - 0.2)$
$= 250 kJ$

35 난방용 열펌프가 저온 물체에서 1500 kJ/h의 열을 흡수하여 고온 물체에 2100 kJ/h로 방출한다. 이 열펌프의 성능계수는?

① 2.0
② 2.5
③ 3.0
④ 35

풀이 $\varepsilon_n = \dfrac{2100}{2100 - 1500} = 3.5$

31 ② 32 ① 33 ④ 34 ③ 35 ④

36 오토사이클에 관한 설명 중 틀린 것은?
① 압축비가 커지면 열효율이 증가한다.
② 열효율이 디젤사이클 보다 좋다.
③ 불꽃점화 기관의 이상사이클이다.
④ 열의 공급(연소)이 일정한 체적하에 일어난다.

풀이 오토사이클이 디젤사이클의 효율보다 크려면 압축비가 일정해야 한다.

37 냉동효과가 70 kw인 카르노 냉동기의 방열기 온도가 20 ℃, 흡열기 온도가 -10 ℃이다. 이 냉동기를 운전하는데 필요한 이론 동력(일률)은?
① 약 6.02 kW
② 약 6.98 kW
③ 약 7.98 kW
④ 약 8.99 kW

풀이 $\varepsilon_R = \dfrac{Q_L}{W} = \dfrac{T_L}{T_h - L_L}$

$W = 70 \left(\dfrac{70+10}{-10+273} \right) = 7.984$ kw

38 밀폐 시스템의 가역 정압 변화에 관한 다음 사항 중 옳은 것은?(단, U : 내부에너지, Q : 전달열, H : 엔탈피, V : 체적, W일이다.)
① $dU = dQ$
② $dH = dQ$
③ $dV = dQ$
④ $dW = dQ$

39 저온 열원의 온도가 T_L, 고온 열원의 온도가 T_H인 두 열원 사이에서 작동하는 이상적인 냉동사이클의 성능계수를 향상시키는 방법으로 옳은 것은?
① T_L을 올리고 $(T_H - T_L)$을 올린다.
② T_L을 올리고 $(T_H - T_L)$을 줄인다.
③ T_L을 내리고 $(T_H - T_L)$을 올린다.
④ T_L을 내리고 $(T_H - T_L)$을 줄인다.

40 최고온도 1300 K와 최저온도 300K 사이에서 작동하는 공기표준 Brayton 사이클의 열효율은 약 얼마인가?
① 30%   ② 36%
③ 42%   ④ 47%

풀이 $\eta = 1 - \left(\dfrac{1}{\gamma}\right)^{\frac{K-1}{K}} = 1 - \left(\dfrac{1}{9}\right)^{\frac{0.4}{1.4}} = 0.466$

제 3 과목 시운전 및 안전관리

41 철심을 가진 변압기 모양의 코일에 교류와 지류를 중첩하여 흘리면 교류임피던스는 중첩된 직류의 크기에 따라 변하는데 이 현상을 이용하여 전력을 증폭하는 장치는?
① 회전증폭기
② 자기증폭기
③ 사이리스터
④ 차동변압기

36 ②   37 ③   38 ②   39 ②   40 ④   41 ②

42 PLC의 구성에 해당되지 않는 것은?
① 입력장치
② 제어장치
③ 주변용장치
④ 출력장치

풀이 PLC 구성 : 입력장치, 출력장치, 제어장치

43 변압기의 부하손(동손)에 대한 특성 중 맞는 것은?
① 동손은 주파수에 의해 변화한다.
② 동손은 온도 변화와 관계없다.
③ 동손은 부하 전류에 의해 변화한다.
④ 동손은 자속 밀도에 의해 변화한다.

풀이 변압기의 부하손(동손)은 부하전류로 인하여 발생한다.

44 그림과 같은 접점회로의 논리식으로 옳은 것은?

① X·Y·Z
② (X + Y)·Z
③ X·Z + Y
④ X + Y + Z

풀이 AND와 OR의 조합이므로 X·Z + Y

45 극수가 4인 유도전동기가 900 rpm으로 회전하고 있다. 현재 슬립속도는 20 rpm일 때 주파수는 약 몇 HZ인가?
① 7.5   ② 28
③ 31   ④ 37

풀이 동기속도 $N_s = \dfrac{120f}{P}$

$\begin{cases} f : 주파수 \\ P : 극수 \end{cases}$

전동기 실제속도 $N = N_s(1-s)$ (s : 슬립)

$\therefore f = \dfrac{P \cdot N_s}{120}$

$= \dfrac{P \times N}{120 \times (1-s)} = \dfrac{4 \times 900}{120 \times \left(1 - \dfrac{20}{900}\right)}$

$= 30.68 \, Hz$

46 피드백제어에서 제어요소에 대한 설명 중 옳은 것은?
① 배율기   ② 분류기
③ 절연저항   ④ 접지저항

풀이 전류계와 병렬로 연결되어 전류의 측정범위를 확대해주는 것은 분류기이다.
전압계와 직렬로 연결하여 전압의 측정범위를 확대시킨 것을 배율기라 한다.

47 $R-L-C$ 직렬회로에서 전압(E)과 전류(I) 사이의 관계가 잘못 설명된 것은?
① $X_L > X_C$인 경우 I는 E보다 만큼 뒤진다.
② $X_L < X_C$인 경우 I는 E보다 만큼 앞선다.
③ $X_L = X_C$인 경우 I는 E보다 동상이다.
④ $X_L < (X_C - R)$인 경우 I는 E보다 만큼

뒤진다.

풀이 R-L-C 직렬회로이며, $X_L < (X_C - R)$은 구성할 수 없다.

48 미소한 전류나 전압의 유무를 검출하는데 사용되는 계기는?
① 검류계
② 전위차계
③ 회로시험계
④ 오실로스코프

49 다음 논리식 중 틀린 것은?
① $\overline{A \cdot B} = \overline{A} + \overline{B}$
② $\overline{A+B} = \overline{A} \cdot \overline{B}$
③ $A + A = A$
④ $A + \overline{A} \cdot B = A + \overline{B}$

풀이 $(A B) + (\overline{A} B) = (A B)$
$A + \overline{A}B = A + B$

50 물체의 위치, 방위, 자세 등의 기계적 변위를 제어량으로 해서 목표값의 임의의 변화에 대응하도록 구성된 제어계는?
① 프로그램 제어
② 정치 제어
③ 공정 제어
④ 추종 제어

풀이 목표값이 정해지지 않고 임의로 변화하는 제어를 추종 제어라고 한다.

51 3상 유도정동기에서 일정 토크 제어를 위하여 인버터를 사용하여 속도제어를 하고자 할 때 공급전압과 주파수의 관계는?
① 공급전압이 항상 일정하여야 한다.
② 공급전압과 주파수는 반비례되야 한다.
③ 공급전압과 주파수는 비례되어야 한다.
④ 공급전압과 제곱에 비례하여야 한다.

풀이 유도전동기에서 인버터를 이용하여 주파수제어시 속도가 증가하여 일정토크를 얻을 수 없다. $\dfrac{V(전압)}{f(주파수)}$를 일정하에 제어함으로서 자속포화를 없애며 속도제어하여 일정토크를 얻을 수 있다.

52 피드백 제어의 장점으로 틀린 것은?
① 제어기 부품들의 성능이 나쁘면 큰 영향을 받는다.
② 외부조건의 변화에 대한 영향을 줄일 수 있다.
③ 제어계의 특성을 향상시킬 수 있다.
④ 목표값을 정확히 달성할 수 있다.

풀이 ①는 피드백제어의 단점이다.

53 목표치가 시간에 관계없이 일정한 경우로 정전압 장치, 일정 속도제어 등에 해당하는 제어는?
① 정치제어
② 비율제어
③ 추종제어
④ 프로그램제어

48 ① 49 ④ 50 ④ 51 ③ 52 ① 53 ①

풀이 자동제어의 목표치 성질에 따른 분류
① 정치제어 : 목표치가 일정한 제어를 말한다. 예를 들면 온도를 일정하게 한다든가 속도를 일정하게 한다든가 하는 경우이다. 프로세스 제어나 자동조정에서는 이 정지제어방식이 특히 많다.
② 추치 제어 : 목표치가 임의의 변화를 하는 제어를 말한다. 시보 기구가 이것에 해당된다. 이와 같이 구성된 제어계를 서보계라 부르기도 한다.
③ 프로그램 제어 : 목표치가 처음에 정해진 변화를 하는 경우를 말한다. 열처리로의 온도 제어 공작기계에 있어서 사동 공작 등이 이것에 해당한다.

54 RLC 병렬회로에서 용량성 회로가 되기 위한 조건은?

① $X_L = X_C$
② $X_L < X_C$
③ $X_L < X_C$
④ $X_L + X_C = 0$

풀이 병렬회로에서 용량성 회로는 용량성 리액턴스(X_L)이 유도성 리액던서(X_C)보다 작아서 $\dfrac{1}{X_L} > \dfrac{1}{X_C}$ 인 회로이다.

55 200 V의 정격전압에서 1 kW의 전력을 소비하는 저항에 90%의 정격전압을 가한다면 소비전력은 몇 W인가?

① 640　　② 810
③ 900　　④ 990

풀이 $R = \dfrac{V^2}{P} = \dfrac{200^2}{1000} = 40$

$P = \dfrac{V^2}{R} = \dfrac{(200 \times 0.9)^2}{40} = 810\,\text{W}$

56 온도를 임피던스로 변환시키는 요소는?
① 측온 지항
② 광전지
③ 광전 다이오드
④ 전자석

풀이 ① 온도 → 임피던스 : 측온 저항(열선, 서미스터, 백금, 니켈)
② 광(빛) → 임피던스 : 광전관, 광전도 셀, 광전 트랜지스터
③ 광(빛) → 전압 : 광전지, 광전 다이오드
④ 전압 → 변위 : 전자석, 전자코일

57 제어계에서 적분요소에 해당하는 것은?
① 물탱크에 일정 유량의 물을 공급하여 수위를 올린다.
② 트랜지스터에 저항을 접속하여 전압증폭을 한다.
③ 마찰계수, 질량이 있는 스프링에 힘을 가하여 그 변위를 구한다.
④ 물탱크에 열을 공급하여 물의 온도를 올린다.

풀이 ① 적분요소
② 비례요소
③ 2차지연요소
④ 1차지연요소

54 ③　55 ②　56 ①　57 ①

58 안전대를 보관하는 장소의 환경조건으로 옳지 않은 것은?

① 통풍이 잘되며, 습기가 없는 곳
② 화기 등이 근처에 없는 곳
③ 부식성 물질이 없는 곳
④ 직사광선이 닿아 건조가 빠른 곳

풀이 안전대의 보관
① 직사광선이 닿지 않는 곳
② 통풍이 잘 되며 습기가 없는 곳
③ 부식성 물질이 없는 곳
④ 화기 등이 근처에 없는 곳

59 다음 중 일반적으로 피로의 회복대책에 가장 효과적인 방법은?

① 휴식과 수면을 취한다.
② 충분한 영양(음식)을 섭취한다.
③ 땀을 낼 수 있는 근력운동을 한다.
④ 모임 참여, 동료와의 대화 등을 통하여 기분을 전환한다.

풀이 피로의 회복대책
- 휴식과 수면을 취한다.(가장 좋은 방법이다.)
- 충분한 영양(음식)을 섭취한다.
- 산책 및 가벼운 체조를 한다.
- 음악감상, 오락 등에 의해 기분을 전환한다.
- 목욕, 마사지 등 물리적 요법을 행한다.

60 다음 중 버즈(Bird)의 사고 발생 도미노 이론에서 직접원인은 무엇이라고 하는가?

① 통제   ② 징후
③ 손실   ④ 위험

풀이 버드(bird)의 최신 도미노이론
- 제1단계 : 제어의 부족(관리)
- 제2단계 : 기본원인(기원)
- 제3단계 : 직접원인(징후)
- 제4단계 : 사고(접촉)
- 제5단계 : 상해(손실)

제 4 과목　유지보수공사 관리

61 덕트의 구부러진 부분의 기류를 안정시키기 위해 사용하는 것은?

① 방화 댐퍼(fire damper)
② 가이드 베인(guide vane)
③ 라인 디퓨처(lin diffuser)
④ 스플릿 댐퍼(split damper)

풀이 스플릿 댐퍼는 풍량 분배용 댐퍼이며 가이드 베인은 덕트의 직각부분의 속도 변화에 의한 난류의 발생을 방지하고, 유체의 저항 손실을 줄이기 위해 사용한다.

58 ④　59 ①　60 ②　61 ②

62 배관지지 장치에서 변위가 큰 개소에 사용하는 행거는?

① 리지드 행거
② 콘스탄트 행거
③ 베리어블 행거
④ 스프링 행거

풀이 리지드 행거 : 빔에 턴버클을 연결하여 파이프를 달아 올리는 것.
스프링 행거 : 턴버클 대신 스프링을 사용한다.

63 체크밸브의 종류에 대한 설명으로 옳은 것은?

① 리프트형 – 수평, 수직, 배관용
② 풋형 – 수평 배관용
③ 스윙형 – 수평 배관용
④ 리프트형 – 수직 배관용

풀이 스윙식 : 수직, 수평배관에 사용
리프트형 : 수평배관에 사용
풋형 : 펌프 흡입관 하부에 사용

64 배관계통 중 펌프에서의 공동현상(cavitation)을 방지하기 위한 대책으로 해당되지 않는 것은?

① 펌프의 설치 위치를 낮춘다.
② 회전수를 줄인다.
③ 양 흡입을 단 흡입으로 바꾼다.
④ 굴곡부를 적게 하여 흡입관의 마찰 손실 수두를 작게 한다.

풀이 펌프의 설치 위치를 높여야 압력손실을 방지할 수 있어 공동현상을 피할 수 있다.

65 스트레이너의 형상에 따른 종류가 아닌 것은?

① Y형   ② S형
③ U형   ④ V형

풀이 일반적으로 많이 사용하는 것은 Y형이며 S형은 종류가 없다.

66 배관의 보온재 선택방법에 관한 설명으로 틀린 것은?

① 대상온도에 충분히 견딜 수 있을 것
② 방수·방습성이 우수할 것
③ 가볍고 시공성이 좋을 것
④ 열전도율이 클 것

풀이 단열재 또는 보온재 등은 열전도율이 낮아야 단열, 보온 효과가 증대된다.

67 다음 보기에서 설명하는 급수공급 방식은?

〈보기〉
㉠ 고가탱크를 필요로 하지 않는다.
㉡ 일정수압으로 급수할 수 있다.
㉢ 자동제어 설비에 비용이 든다.

① 층별식 급수 조닝방식
② 고가수조방식
③ 압력수조식
④ 부스터방식

풀이 부스터방식은 중량물을 옥상에 설치할 수 없는 고층 빌딩에 각각 사용되고 있다.

68 배관 관련 설비 중 공기조화 설비의 구성요소로 가장 거리가 먼 것은?
① 열원장치
② 공기조화기
③ 환기장치
④ 트랩장치

풀이 공기조화기 구성요소
열원장치, 공기조화기, 열매체 운반장치, 자동제어장치

69 가스 공급방식 중 저압 공급방식의 특징으로 틀린 것은?
① 가정용·상업용 등 일반에게 공급되는 방식이다.
② 홀더 압력을 이용해 저압배관만으로 공급하므로 공급계통이 비교적 간단하다.
③ 공급구역이 좁고 공급량이 작은 경우에 적합하다.
④ 가스의 공급압력은 0.3~0.5 MPa 정도이다.

풀이 저압공급 : 0.1MPa이하

70 증기배관에 대한 설명으로 틀린 것은?
① 수평주관의 지름을 줄일 때에는 편심리듀서를 사용한다.
② 수평주관의 주름을 줄일 때에는 응축수가 이음부에 체류하지 않도록 내림구배는 관 밑을 직선으로 일치시킨다.
③ 증기주관 위쪽에서의 입하관 분기는 상향으로 올린 후에 올림구배로 입하시킨다.
④ 증기관이나 환수관이 장애물과 교차할 때는 드레인이나 공기가 유통하기 쉽도록 한다.

풀이 ③항은 하향구배로 한다.

71 방열기 트랩에 대한 설명으로 틀린 것은?
① 방열기 내에 머무는 공기만을 제거시켜 배관의 순환을 빠르게 한다.
② 방열기 내에 생긴 응축수를 보일러에 환수시키는 역할을 한다.
③ 방열기 밸브의 반대쪽 하부 태핑에 부착한다.
④ 증기가 환수관에 유출되지 않도록 한다.

풀이 방열기 트랩은 열 교환에 의하여 생긴 응축수와 증기에 혼입되어 있는 공기를 자동적으로 배출하여 열교환기의 가열작용을 유지하는 장치이다.

72 팽창수조에 대한 설명으로 틀린 것은?
① 개방식 팽창수조의 설치높이는 장치의 최고 높은 곳에서 1m 이상으로 한다.
② 팽창관에는 밸브를 반드시 설치하여야 한다.
③ 팽창수조는 물의 팽창·수축을 흡수하기 위한 장치이다.
④ 밀폐식 팽창수조는 가압상태를 확인할 수 있도록 압력계를 설치하여야 한다.

풀이 팽창관에는 밸브를 설치하지 않는다.

68 ④ 69 ④ 70 ③ 71 ① 72 ②

73 배관계가 축 방향 힘과 굽힘에 의한 회전력을 동시에 받을 때 사용하는 신축 이음쇠는?

① 슬리브형　② 볼형
③ 벨로즈형　④ 루프형

풀이 루프형 : 고압증기 옥외배관에 사용
슬리브형 : 온도변화가 심한 물, 기름, 증기 배관에 사용
벨로즈형 : 팩레스이음이라고도 하며 설치 장소가 작다.

74 증기 트랩 장치에서 필요하지 않은 것은?

① 스트레이너
② 게이트밸브
③ 바이패스관
④ 안전밸브

풀이 증기트랩은 증기만 있을 때는 밸브를 닫고, 응축수가 모아지면 밸브를 열어 드레인을 자동적으로 배출하는 장치로 응축수가 증기 배관에 존재하게 되면 수격작용(water hammering)의 원인이 되며 응축수를 배출하기 위해 바이패스관을 설치하며 여기에 여과기, 게이트밸브 등을 부착한다.

75 배수관은 피복 두께를 보통 10 mm 정도 표준으로 하여 피복한다. 피복의 주된 목적은?

① 충격방지　② 진동방지
③ 방로 및 방음　④ 부식방지

풀이 배수관 피복은 배수관의 결로 예방과 방음을 예방하기 위함이다.

76 평면상의 변위 및 입체적인 변위까지 안전하게 흡수할 수 있는 이음은?

① 스위블형 이음
② 벨로스형 이음
③ 슬리브형 이음
④ 볼 조인트 신축 이음

풀이 볼 조인트 신축이음은 고층빌딩 배관에 가장 널리 사용되는 신축 이음이며 풍력에 의한 횡방향변위량, 배관 설계 및 시공 상태에 따른 비틀림 현상 및 평면상의 변위뿐 아니라 입체적인 3차원 변위까지도 안전하게 흡수할 수 있다.

77 하트 포드(Hart ford) 배관법에 관한 설명으로 가장 거리가 먼 것은?

① 보일러 내의 안전 저수면 보다 높은 위치에 환수관을 접속한다.
② 저압증기 난방에서 보일러 주변의 배관에 사용한다.
③ 하트포드 배관법은 보일러 내의 수면이 안전수위 이하로 유지하기 위해 사용된다.
④ 하트포드 배관 접속 시 환수주관에 침적된 찌꺼기의 보일러 유입을 방지할 수 있다.

풀이 하트포드 접속법은 보일러의 물이 환수관에 역류하여 저수위 이하로 되는 것을 방지하고, 환수관 내의 이물질이 보일러 내로 유입되지 않도록 하는 배관법이다.

73 ②　74 ④　75 ③　76 ④　77 ③

78 가스배관에 관한 설명으로 틀린 것은?
① 특별한 경우를 제외한 옥내 배관은 매설배관을 원칙으로 한다.
② 부득이하게 콘크리트 주요 구조부를 통과할 경우에는 슬리브를 사용한다.
③ 가스배관에는 적당한 구배를 두어야 한다.
④ 열에 의한 신축, 진동 등의 영향을 고려하여 적절한 간격으로 지지하여야 한다.

풀이 옥내 가스배관은 노출시공을 원칙으로 한다.

79 펌프 주위의 배관 시 주의해야 할 사항으로 틀린 것은?
① 흡입관의 수평배관은 펌프를 향해 위로 올라가도록 설계한다.
② 토출부에 설치한 체크밸브는 서징현상 방지를 위해 펌프에서 먼 곳에 설치한다.
③ 흡입구는 수위면에서부터 관경의 2배 이상 물속으로 들어가게 한다.
④ 흡입관의 길이는 되도록 짧게 하는 것이 좋다.

풀이 서징현상은 펌프 토출 유량이 역류하면서 발생하므로 이를 방지하기 위하여 펌프 토출측에 체크밸브를 설치하여야 한다.

80 급탕설비의 설계 및 시공에 관한 설명으로 틀린 것은?
① 중앙식 급탕방식은 개별식 급탕방식 보다 시공비가 많이 든다.
② 온수의 순환이 잘되고 공기가 고이는 것을 방지하기 위해 배관에 구배를 둔다.
③ 급탕설비는 공기고임을 만들기 때문에 글로브 밸브를 사용한다.
④ 순환방식은 순환펌프에 의한 강제순환식과 온수의 비중량 차이에 의한 중력식이 있다.

풀이 급탕설비에서는 압력손실을 최소화하기 위하여 게이트 밸브를 사용한다.

78 ①　79 ②　80 ③

기출문제

제 1 회 기출문제 (2022.03.05.)

기술총서

제 1 회 기출문제
2022.03.05.

제 1 과목 에너지관리

01 다음 온열환경지표 중 복사의 영향을 고려하지 않는 것은?

① 유효온도(ET)
② 수정유효온도(CET)
③ 예상온열감(PMV)
④ 작용온도(OT)

풀이 (1) 유효온도(ET, Effective Temperature)
기온과 기류 및 습도의 영향을 동시에 고려한 실험적 지표로서 효과온도, 체감온도라고도 한다. 복사에 의한 영향 고려되지 않고 저온에서 습도의 영향 과대평가되는 결점이 있다.
(2) 수정유효온도(CET, Corrected Effective Temperature)
유효온도의 기온(건구온도)을 흑구온도로 대치함으로써 복사에 의한 영향을 동시에 고려한 지표
(3) 신유효온도(ET*, New Effective Temperature)
유효온도가 습도에 대한 영향을 과대평가한 것을 보완한 것
(4) 작용온도(OT, Operative Temperature)
기온, 기류, 평균 복사온도의 영향을 조합한 지표
(5) 평균 예상 온열감(PMV, Predicted Mean Vote)
열환경의 6가지 인자(기온, 기류, 습도, 평균 복사온도, 활동량, 착의량)에 의한 영향을 종합하여 열쾌적을 평가하는 지표

02 주간 피크(Peak)전력을 줄이기 위한 냉방 시스템 방식으로 가장 거리가 먼 것은?

① 터보냉동기 방식
② 수축열 방식
③ 흡수식 냉동기 방식
④ 빙축열 방식

풀이 터보냉동기 방식은 고속으로 회전하는 날개차의 원심력으로 냉매가스를 압축하는 냉동방식이다.

03 실내 공기 상태에 대한 설명으로 옳은 것은?

① 유리면 등의 표면에 결로가 생기는 것은 그 표면온도가 실내의 노점온도보다 높게 될 때이다.
② 실내 공기 온도가 높으면 절대습도도 높다.
③ 실내 공기의 건구 온도와 그 공기의 노점온도와의 차는 상대습도가 높을수록 작아진다.
④ 건구온도가 낮은 공기일수록 많은 수증기를 함유할 수 있다.

풀이 ① 유리면 등의 표면에 결로가 생기는 것은 그 표면온도가 실내의 노점온도보다 낮게 될 때이다.
② 실내 공기 온도가 높으면 절대습도는 일정하다.
④ 건구온도가 낮은 공기일수록 수증기 함유는 작아진다.

01 ① 02 ① 03 ③

04 열교환기에서 냉수코일 입구 측의 공기와 물의 온도차가 16℃, 냉수코일 출구 측의 공기와 물의 온도차가 6℃이면 대수평균 온도차(℃)는 얼마인가?

① 10.2　　② 9.25
③ 8.37　　④ 8.00

풀이 $\Delta_1 = 16℃$
$\Delta_2 = 6℃$

$$\text{MTD} = \frac{\Delta_1 - \Delta_2}{\ln\left(\frac{\Delta_1}{\Delta_2}\right)} = \frac{(16-6)}{\ln\left(\frac{16}{6}\right)} = 10.2 ℃$$

05 습공기를 단열 가습하는 경우 열수분비(u)는 얼마인가?

① 0　　② 0.5
③ 1　　④ ∞

풀이 열수분비(u) = $\frac{di}{dx}$ 에서 단열 과정은 di = 0이므로 열수분비는 0가 된다.

06 습공기선도(t-x선도)상에서 알 수 없는 것은?

① 엔탈피　　② 습구온도
③ 풍속　　④ 상대습도

07 다음 중 풍량조절 댐퍼의 설치위치로 가장 적절하지 않은 곳은?

① 송풍기, 공조기의 토출측 및 흡입측
② 연소의 우려가 있는 부분의 외벽 개구부
③ 분기덕트에서 풍량조절을 필요로 하는 곳
④ 덕트계에서 분기하여 사용하는 곳

08 수냉식 응축기에서 냉각수 입·출구 온도차가 5℃, 냉각수량이 300LPM인 경우 이 냉각수에서 1시간에 흡수하는 열량은 1시간당 LNG 몇 N·m³을 연소한 열량과 같은가? (단, 냉각수의 비열은 4.2kJ/kg·℃, LNG 발열량은 43961.4kJ/N·m³, 열손실은 무시한다.)

① 4.6　　② 6.3
③ 8.6　　④ 10.8

풀이 $Q = mc\triangle T = 300 \times 60 \times 4.18 \times 5$
$= 376200 \, kJ$

$$\frac{376200}{43961.4} = 8.558 \, Nm^3$$

09 덕트의 분기점에서 풍량을 조절하기 위하여 설치하는 댐퍼로 가장 적절한 것은?

① 방화 댐퍼　　② 스플릿 댐퍼
③ 피봇 댐퍼　　④ 터닝 베인

풀이 **풍량 조절용 댐퍼**(Volume Damper : V.D) : 통과 풍량조절, 폐쇄용으로 사용
㉮ 버터플라이 댐퍼(Butterfly Damper) : 소형 덕트용
㉯ 루버 댐퍼 : 대형덕트, 공조기의 풍량조절용(평형날개형, 대향날개형)
㉰ 베인 댐퍼 : 송풍기의 흡입구 설치용

풍량분배용 댐퍼(스플릿 댐퍼) : 덕트의 분기부 설치형으로 싱글형과 더블형이 있다.

04 ①　05 ①　06 ③　07 ②　08 ③　09 ②

10 증기난방 방식에 대한 설명으로 틀린 것은?
① 환수방식에 따라 중력환수식과 진공환수식, 기계환수식으로 구분한다.
② 배관방법에 따라 단관식 복관식이 있다.
③ 예열시간이 길지만 열량 조절이 용이하다.
④ 운전 시 증기 해머로 인한 소음을 일으키기 쉽다.

풀이 증기난방
1) 장점
① 잠열(증기)을 이용한 난방으로 열의 운반 능력이 크다.
② 동일한 용량인 경우 온수난방보다 방열기의 면적과 배관의 관경이 작다.
③ 온수난방에 비해 예열시간이 짧고 증기의 순환이 빨라 짧은 시간에 난방 효과가 크다.
④ 방열기 및 배관 내에는 물이 거의 없으므로 동결에 의한 파손의 위험이 적다.
⑤ 설비비 및 사용전력량이 경제적이다.

2) 단점
① 중앙에서의 용량조절이 어렵고 열용량이 적으므로 증기의 공급이 정지 하면 즉시 실 및 전장치가 냉각된다.
② 방열기의 방열온도가 높기 때문에 화상의 우려가 있고 실내의 상하온도 차가 크며 먼지 등의 상승으로 불쾌감을 준다.
③ 환수관의 부식이 비교적 심하므로 장치의 수명이 짧다.

④ 설계나 시공에 따라서 소음(steam hammering)을 일으키기 쉽다.
⑤ 극장, 영화관, 강당 등과 같이 천장고가 높은 실내에 부적합하다.

11 공기 중의 수증기가 응축하기 시작할 때의 온도 즉, 공기가 포화상태로 될 때의 온도를 무엇이라고 하는가?
① 건구온도
② 노점온도
③ 습구온도
④ 상당외기온도

12 다음 중 일반 사무용 건물의 난방부하 계산 결과에 가장 작은 영향을 미치는 것은?
① 외기온도
② 벽체로부터의 손실열량
③ 인체 부하
④ 틈새바람 부하

풀이 난방부하에서 인체 부하는 생략한다.

13 에어와셔 단열 가습 시 포화효율(η)은 어떻게 표시하는가? (단, 입구공기의 건구온도 t_1, 출구공기의 건구온도 t_2, 입구공기의 습구온도 t_{w1}, 출구공기의 습구온도 t_{w2}이다.)

① $\eta = \dfrac{(t_1 - t_2)}{(t_2 - t_{w2})}$

10 ③ 11 ② 12 ③ 13 ②

② $\eta = \dfrac{(t_1 - t_2)}{(t_1 - t_{w1})}$

③ $\eta = \dfrac{(t_2 - t_1)}{(t_{w2} - t_1)}$

④ $\eta = \dfrac{(t_1 - t_{w1})}{(t_2 - t_1)}$

풀이 단열 가습시의 포화효율(S.F)

$$S.F = \dfrac{t_1 - t_2}{t_1 - t_1''}$$

14 정방실에 35kW의 모터에 의해 구동되는 정방기가 12대 있을 때 전력에 의한 취득 열량(kW)은 얼마인가? (단, 전동기와 이것에 의해 구동되는 기계가 같은 방에 있으며, 전동기의 가동율은 0.74이고, 전동기 효율은 0.87, 전동기 부하율은 0.92이다.)

① 483　　② 420
③ 357　　④ 329

풀이 $\dfrac{35 \times 12 \times 0.92 \times 0.74}{0.87} = 328.66$

모두 실내 $\dfrac{1}{n_m}$

전동기 실외 기계 실내 1

전동기 실내 기계 실외 $\dfrac{1}{n_m} - 1$

15 보일러의 시운전 보고서에 관한 내용으로 가장 관련이 없는 것은?

① 제어기 세팅 값과 입/출수 조건 기록
② 입/출구 공기의 습구온도
③ 연도 가스의 분석
④ 성능과 효율 측정값을 기록, 설계 값과 비교

16 다음 용어에 대한 설명으로 틀린 것은?

① 자유면적 : 취출구 혹은 흡입구 구멍면적의 합계
② 도달거리 : 기류의 중심속도가 0.25m/s에 이르렀을 때, 취출구에서의 수평거리
③ 유인비 : 전공기량에 대한 취출공기량(1차 공기)의 비
④ 강하도 : 수평으로 취출된 기류가 일정거리만큼 진행한 뒤 기류중심선과 취출구 중심과의 수직거리

풀이 유인비 = (1차 공기량 + 2차 공기량)/1차 공기량
(1차 공기량 : 취출구로부터 취출된 공기량, 2차 공기량 : 취출 공기로부터 유인되어 운동하는 실내 공기량)

17 증기난방과 온수난방의 비교 설명으로 틀린 것은?

① 주 이용열로 증기난방은 잠열이고, 온수난방은 현열이다.
② 증기난방에 비하여 온수난방은 방열량을 쉽게 조절할 수 있다.
③ 장거리 수송으로 증기난방은 발생증기압에 의하여, 온수난방은 자연순환력 또는 펌프 등의 기계력에 의한다.
④ 온수난방에 비하여 증기난방은 예열부하와 시간이 많이 소요된다.

14 ④　15 ②　16 ③　17 ④

[풀이] 증기난방은 온수난방에 비해 예열시간이 짧고 증기의 순환이 빨라 짧은 시간에 난방 효과가 크다.

18 공기조화 시스템에 사용되는 댐퍼의 특성에 대한 설명으로 틀린 것은?

① 일반 댐퍼(Volume Control Damper) : 공기 유량조절이나 차단용이며, 아연도금 철판이나 알루미늄 재료로 제작된다.
② 방화댐퍼(Fire Damper) : 방화벽을 관통하는 덕트에 설치되며, 화재 발생시 자동으로 폐쇄되어 화염의 전파를 방지한다.
③ 밸런싱 댐퍼(Balancing Damper) : 덕트의 여러 분기관에 설치되어 분기관의 풍량을 조절하며, 주로 T.A.B 시 사용된다.
④ 정풍량 댐퍼(Linear Volume Control Damper) : 에너지절약을 위해 결정된 유량을 선형적으로 조절하며, 역류방지 기능이 있어 비싸다.

[풀이] 정풍량 댐퍼는 풍량이 정해진 댐퍼이므로 값이 저렴하다.

19 공기조화기의 T.A.B 측정 절차 중 측정 요건으로 틀린 것은?

① 시스템의 검토 공정이 완료되고 시스템 검토 보고서가 완료되어야 한다.
② 설계도면 및 관련 자료를 검토한 내용을 토대로 하여 보고서 양식에 장비규격 등의 기준이 완료되어야 한다.
③ 댐퍼, 말단 유닛, 터미널의 개도는 완전 밀폐되어야 한다.
④ 제작사의 공기조화기 시운전이 완료되어야 한다.

[풀이] 댐퍼, 말단 유닛, 터미널의 개도는 설계 사양에 맞춰서 점검하여야 한다.

20 강제순환식 온수난방에서 개방형 팽창탱크를 설치하려고 할 때, 적당한 온수의 온도는?

① 100℃ 미만
② 130℃ 미만
③ 150℃ 미만
④ 170℃ 미만

[풀이] 온수난방에서 고온수식(밀폐식)에서의 온수온도는 100~150℃, 저온수식(개방식)에서의 온수온도는 100℃미만으로 제한되어 있다.

| 제 2 과목 | 공조냉동 설계 |

21 부피가 $0.4m^3$인 밀폐된 용기에 압력 3MPa, 온도 100℃의 이상기체가 들어 있다. 기체의 정압비열 5kJ/kg·K, 정적비열 3kJ/kg·K일 때 기체의 질량(kg)은 얼마인가?

① 1.2   ② 1.6
③ 2.4   ④ 2.7

[풀이] $R = C_p - C_v = 5 - 3 = 2 kJ/kgK$

$$m = \frac{PV}{RT} = \frac{3 \times 10^3 \times 0.4}{2 \times (100 + 273)} = 1.608 kg$$

18 ④   19 ③   20 ①   21 ②

22 온도 100℃, 압력 200kPa의 이상기체 0.4kg이 가역단열과정으로 압력이 100kPa로 변화하였다면, 기체가 한 일(kJ)은 얼마인가? (단, 기체 비열비 1.4, 정적비열 0.7kJ/kg·K이다.)

① 13.7 　　　② 18.8
③ 23.6 　　　④ 29.4

풀이
$$T_2 = T_1 \times \left(\frac{P_2}{P_1}\right)^{\frac{k-1}{k}}$$
$$= (100+273) \times \left(\frac{100}{200}\right)^{\frac{1.4-1}{1.4}} = 306\,K$$
$$W = \frac{mR(T_1-T_2)}{k-1}$$
$$= \frac{0.4 \times 0.7 \times (1.4-1)(373-305)}{1.4-1}$$
$$= 19$$

23 70kPa에서 어떤 기체의 체적이 $12\,m^3$이었다. 이 기체를 800 kPa까지 폴리트로픽 과정으로 압축했을 때 체적이 $2\,m^3$으로 변화했다면, 이 기체의 폴리트로픽 지수는 약 얼마인가?

① 1.21 　　　② 1.28
③ 1.36 　　　④ 1.43

풀이
$$\frac{P_2}{P_1} = \left(\frac{V_1}{V_2}\right)^n \text{ 에서}$$
$$\ln\left(\frac{P_2}{P_1}\right) = n \ln\left(\frac{V_1}{V_2}\right)$$
$$\ln\left(\frac{800}{70}\right) = n \ln\left(\frac{12}{2}\right) \text{ 에서}$$
$$n = \frac{2.43}{1.79} = 1.358$$

24 공기 정압비열(Cp, kJ/kg·℃)이 다음과 같을 때 공기 5kg을 0℃에서 100℃까지 일정한 압력하에서 가열하는데 필요한 열량(kJ)은 약 얼마인가? (단, 다음 식에서 t는 섭씨온도를 나타낸다.)

$$Cp = 1.0053 + 0.000079 \times t \;\; [kJ/kg·℃]$$

① 85.5 　　　② 100.9
③ 312.7 　　　④ 504.6

풀이
$$Q = \int m C_p dT$$
$$= m\int (1.0053 + 0.000079t)dt$$
$$= m\left[1.0053t + \frac{0.000079}{2}t^2\right]_0^{100}$$
$$= 5 \times \left[1.0053 \times 100 + \frac{0.000079}{2}(100)^2\right] = 504.625\,kJ$$

25 흡수식 냉동기의 냉매의 순환 과정으로 옳은 것은?

① 증발기(냉각기) → 흡수기 → 재생기 → 응축기
② 증발기(냉각기) → 재생기 → 흡수기 → 응축기
③ 흡수기 → 증발기(냉각기) → 재생기 → 응축기
④ 흡수기 → 재생기 → 증발기(냉각기) → 응축기

22 ②　23 ③　24 ④　25 ①

26 이상기체 1kg이 초기에 압력 2kPa, 부피 $0.1m^3$를 차지하고 있다. 가역등온과정에 따라 부피가 $0.3m^3$로 변화했을 때 기체가 한 일(J)은 얼마인가?

① 9540　　② 2200
③ 954　　　④ 220

풀이 $W = PV\ln\left(\dfrac{V_2}{V_1}\right)$
$= 2 \times 0.1 \ln\left(\dfrac{0.3}{0.1}\right)$
$= 0.2197 kJ = 219.7 J$

27 증기터빈에서 질량유량이 1.5kg/s이고, 열손실율이 8.5kW이다. 터빈으로 출입하는 수증기에 대하여 그림에 표시한 바와 같은 데이터가 주어진다면 터빈의 출력(kW)은 약 얼마인가?

$\dot{m}_i = 1.5 kg/s$
$z_i = 6m$
$v_i = 50m/s$
$h_i = 3137.0 kJ/kg$

$\dot{m}_e = 1.5 kg/s$
$z_e = 3m$
$v_e = 200m/s$
$h_e = 2675.5 kJ/kg$

① 273.3　　② 655.7
③ 1357.2　　④ 2616.8

풀이 $Q = m(h_e - h_i) + \dfrac{m(v_e^2 - v_i^2)}{2 \times 1000} + W_t$ 에서

$W = -\left(m(h_e - h_i) + \dfrac{m(v_e^2 - v_i^2)}{2 \times 1000}\right) - Q$
$= -(1.5 \times (2675.5 - 3137)$
$\quad + \dfrac{1.5(200^2 - 50^2)}{2 \times 1000}) - (-8.5)$
$= -656.625 \, kW$

28 냉동사이클에서 응축온도 47℃, 증발온도 -10℃이면 이론적인 최대 성적계수는 얼마인가?

① 0.21　　② 3.45
③ 4.61　　④ 5.36

풀이 $\varepsilon_R = \dfrac{-10 + 273}{47 + 10} = 4.61$

29 압축기의 체적효율에 대한 설명으로 옳은 것은?

① 간극체적(top clearance)이 작을수록 체적효율은 작다.
② 같은 흡입압력, 같은 증기 과열도에서 압축비가 클수록 체적효율은 작다.
③ 피스톤 링 및 흡입 밸브의 시트에서 누설이 작을수록 체적효율이 작다.
④ 이론적 요구 압축동력과 실제 소요 압축동력의 비이다.

풀이 ① 간극체적(top clearance)이 작을수록 체적효율은 증가한다.
③ 피스톤 링 및 흡입 밸브의 시트에서 누설이 작을수록 체적효율은 증가한다.
④ 압축기의 체적효율은 이론적 흡입체적과 실제 흡입 체적의 비이다.

26 ④　27 ②　28 ③　29 ②

30 냉동장치에서 플래쉬 가스의 발생 원인으로 틀린 것은?

① 액관이 직사광선에 노출되었다.
② 응축기의 냉각수 유량이 갑자기 많아졌다.
③ 액관이 현저하게 입상하거나 지나치게 길다.
④ 관의 지름이 작거나 관 내 스케일에 의해 관경이 작아졌다.

풀이 플래쉬가스 발생 원인
① 액관이 현저히 입상하는 경우
② 액관이 지나치게 가는 경우
③ 여과기, 필터 등이 막힌 경우
④ 액관이 보온없이 따뜻한 곳을 통과할 경우
⑤ 수액기 등이 직사광선에 노출될 경우

31 프레온 냉동장치에서 가용전에 대한 설명으로 틀린 것은?

① 가용전의 용융온도는 일반적으로 75℃ 이하로 되어 있다.
② 가용전은 Sn, Cd, Bi 등의 합금이다.
③ 온도상승에 따른 이상 고압으로부터 응축기 파손을 방지한다.
④ 가용전의 구경은 안전밸브 최소구경의 1/2이하이어야 한다.

풀이 가용전의 구경은 안전밸브 최소구경의 1/2 이상이어야 한다.

32 흡수식 냉동기에 사용되는 흡수제의 구비조건으로 틀린 것은?

① 냉매와 비등온도 차이가 작을 것
② 화학적으로 안정하고 부식성이 없을 것
③ 재생에 필요한 열량이 크지 않을 것
④ 점성이 작을 것

풀이 흡수제는 가능한 농도가 높아야 하며 흡수제는 온도가 낮아야 흡수력이 증가하게 된다.

33 클리어런스 포켓이 설치된 압축기에서 클리어런스가 커질 경우에 대한 설명으로 틀린 것은?

① 냉동능력이 감소한다.
② 피스톤의 체적 배출량이 감소한다.
③ 체적효율이 저하한다.
④ 실제 냉매 흡입량이 감소한다.

풀이 실린더 끝에 Top clearance pocket를 설치하여 핸들로 이것을 열고 닫음으로서 용량을 조절하는 방법으로, Top clearance를 크게 하면 토출시 Clearance에 더 많은 가스(고압)가 남아 있게 되어, Piston 하강시 이 가스가 재팽창하여 저압압력 이하가 되기까지는 저압측 가스가 흡입되지 않으므로 용량을 조정할 수 있다.

34 이상기체 1kg을 일정 체적 하에 20℃로부터 100℃로 가열하는데 836kJ의 열량이 소요되었다면 정압비열(kJ/kg·K)은 약 얼마인가? (단, 해당가스의 분자량은 2이다.)

① 2.09　　　② 6.27
③ 10.5　　　④ 14.6

풀이　$R = \dfrac{8.312}{M} = \dfrac{8.312}{2} = 4.156$

$C_v = \dfrac{Q}{m(T_2 - T_1)} = \dfrac{836}{1 \times (100 - 20)}$
$= 10.45$

$C_p = R + C_v = 4.156 + 10.45 = 14.606$

35 20℃의 물로부터 0℃의 얼음을 매 시간당 90kg을 만드는 냉동기의 냉동능력(kW)은 얼마인가? (단, 물의 비열 4.2kJ/kg·K, 물의 응고 잠열 335kJ/kg이다.)

① 7.8　　　② 8.0
③ 9.2　　　④ 10.5

풀이　$Q = \dfrac{90 \times 4.2 \times (20-0) + 90 \times 335}{3600}$
$= 10.475$

36 2차유체로 사용되는 브라인의 구비 조건으로 틀린 것은?

① 비등점이 높고, 응고점이 낮을 것
② 점도가 낮을 것
③ 부식성이 없을 것
④ 열전달률이 작을 것

풀이　브라인의 구비조건
① 비열이 클 것(현열에 의한 열의 진달이므로 열전달률이 커야 한다.)
② 점성이 적고 순환펌프의 동력소비가 적을 것
③ 냉동점(공정점)이 낮을 것
④ 냉동장치를 부식시키지 않을 것
⑤ PH값이 중성일 것(PH 7.5~8.2정도)
⑥ 구입이 용이하고 가격이 쌀 것

37 카르노 사이클로 작동되는 기관의 실린더 내에서 1kg의 공기가 온도 120℃에서 열량 40kJ를 받아 등온팽창 한다면 엔트로피의 변화(kJ/kg·K)는 약 얼마인가?

① 0.102　　　② 0.132
③ 0.162　　　④ 0.192

풀이　$\triangle S = \dfrac{Q}{T} = \dfrac{40}{120 + 273} = 0.1027$

38 표준냉동사이클의 단열 교축과정에서 입구 상태와 출구 상태의 엔탈피는 어떻게 되는가?

① 입구 상태가 크다.
② 출구 상태가 크다.
③ 같다.
④ 경우에 따라 다르다.

풀이　교축과정은 비가역과정으로 엔탈피 불변이다.

34 ④　35 ④　36 ④　37 ①　38 ③

39 온도식 자동팽창밸브에 대한 설명으로 틀린 것은?

① 형식에는 일반적으로 벨로즈식과 다이어프램식이 있다.
② 구조는 크게 감온부와 작동부로 구성된다.
③ 만액식 증발기나 건식 증발기에 모두 사용이 가능하다.
④ 증발기 내 압력을 일정하게 유지하도록 냉매유량을 조절한다.

풀이 온도식 자동팽창밸브는 증발기 출구에서의 과열도를 유지하는 것이며 흡입압력 조정밸브는 증발기 출구측에 설치하며 저압측 플로우트밸브는 만액식 증발기에 이용한다.

40 다음 중 검사질량의 가역 열전달 과정에 대한 설명으로 옳은 것은?

① 열전달량은 $\int PdV$ 와 같다.
② 열전달량은 $\int PdV$ 보다 크다.
③ 열전달량은 $\int TdS$ 와 같다.
④ 열전달량은 $\int TdS$ 보다 크다.

풀이 $\delta Q = dU + PdV = TdS$

제 3 과목 시운전 및 안전관리

41 고압가스 안전관리법령에 따라 ( ) 안의 내용으로 옳은 것은?

> "충전용기"란 고압가스의 충전질량 또는 충전압력의 (㉠)이 충전되어 있는 상태의 용기를 말한다.
> "잔가스용기"란 고압가스의 충전질량 또는 충전압력의 (㉡)이 충전되어 있는 상태의 용기를 말한다.

① ㉠ 2분의 1 이상, ㉡ 2분의 1 미만
② ㉠ 2분의 1 초과, ㉡ 2분의 1 이하
③ ㉠ 5분의 2 이상, ㉡ 5분의 2 미만
④ ㉠ 5분의 2 초과, ㉡ 5분의 2 이하

풀이 충전용기란 고압가스의 충전질량 또는 충전압력의 2분의 1 이상이 충전되어 있는 상태의 용기를 말한다. 잔가스용기란 고압가스의 충전질량 또는 충전압력의 2분의 1 미만이 충전되어 있는 상태의 용기를 말한다.

42 기계설비법령에 따라 기계설비 발전 기본계획은 몇 년마다 수립·시행하여야 하는가?

① 1   ② 2
③ 3   ④ 5

43 기계설비법령에 따라 기계설비 유지관리 교육에 관한 업무를 위탁받아 시행하는 기관은?

① 한국기계설비건설협회
② 대한기계설비건설협회
③ 한국공작기계산업협회
④ 한국건설기계산업협회

44 고압가스 안전관리법령에서 규정하는 냉동기 제조 등록을 해야 하는 냉동기의 기준은 얼마인가?

① 냉동능력 3톤 이상인 냉동기
② 냉동능력 5톤 이상인 냉동기
③ 냉동능력 8톤 이상인 냉동기
④ 냉동능력 10톤 이상인 냉동기

45 다음 중 고압가스 안전관리법령에 따라 500만원 이하의 벌금 기준에 해당되는 경우는?

가. 고압가스를 제조하려는 자가 신고를 하지 아니하고 고압가스를 제조한 경우
나. 특정고압가스 사용신고자가 특정고압가스의 사용 전에 안전관리자를 선임하지 않은 경우
다. 고압가스의 수입을 업(業)으로 하려는 자가 등록을 하지 아니하고 고압가스 수입업을 한 경우
라. 고압가스를 운반하려는 자가 등록을 하지 아니하고 고압가스를 운반한 경우

① 가
② 가, 나
③ 가, 나, 다
④ 가, 나, 다, 라

46 전류의 측정 범위를 확대하기 위하여 사용되는 것은?

① 배율기
② 분류기
③ 저항기
④ 계기용변압기

풀이 분류기는 전류계와 병렬로 연결하여 전류계의 측정범위를 넓히기 위해 내부저항이 작아야 하며, 배율기는 전압계와 직렬로 연결하여 전압의 측정범위를 확

대시켜 전압의 측정 범위를 넓히기 위해 내부저항을 크게 한다.

47 절연저항 측정 시 가장 적당한 방법은?
① 메거에 의한 방법
② 전압, 전류계에 의한 방법
③ 전위차계에 의한 방법
④ 더블브리지에 의한 방법

풀이 저항측정방법
캘빈더블 브리지 : 굵은 나전선의 저항 측정
코올라시 브리지 : 전해액의 저항 측정
휘트니스톤 브리지 : 수천 옴의 가는 전선의 저항 측정
메거 : 옥내전등선의 절연저항 측정

48 저항 100Ω의 전열기에 5A의 전류를 흘렸을 때 소비되는 전력은 몇 W 인가?
① 500
② 1000
③ 1500
④ 2500

풀이 $P = I^2 R = 5^2 \times 100 = 2500\ W$

49 유도전동기에서 슬립이 "0" 이라고 하는 것은?
① 유도전동기가 정지 상태인 것을 나타낸다.
② 유도전동기가 전부하 상태인 것을 나타낸다.
③ 유도전동기가 동기속도로 회전한다는 것이다.
④ 유도전동기가 제동기의 역할을 한다는 것이다.

풀이 동기속도 $N_s = \dfrac{120f}{P}$

전동기 실제속도 $N = N_s(1-s)$ (s : 슬립)

50 논리식 중 동일한 값을 나타내지 않는 것은?
① $X(X+Y)$
② $XY + X\overline{Y}$
③ $X(\overline{X}+Y)$
④ $(X+Y)(X+\overline{Y})$

풀이 $X(X+Y) = XY + X\overline{Y}$
$= (X+Y)(X+\overline{Y}) = X$

51 $i_t = I_m \sin wt$인 정현파 교류가 있다. 이 전류보다 90° 앞선 전류를 표시하는 식은?
① $I_m \cos wt$
② $I_m \sin wt$
③ $I_m \cos(wt+90°)$
④ $I_m \sin(wt-90°)$

풀이 $I_m \sin(wt+90) = I_m \cos(wt)$

52 $i = I_{m1}\sin wt + I_{m2}\sin(2wt+\theta)$의 실효값은?

① $\dfrac{I_{m1}+I_{m2}}{2}$

② $\sqrt{\dfrac{I_{m1}^2+I_{m2}^2}{2}}$

③ $\dfrac{\sqrt{I_{m1}^2+I_{m2}^2}}{2}$

④ $\sqrt{\dfrac{I_{m1}+I_{m2}}{2}}$

53 그림과 같은 브리지 정류회로는 어느 점에 교류입력을 연결하여야 하는가?

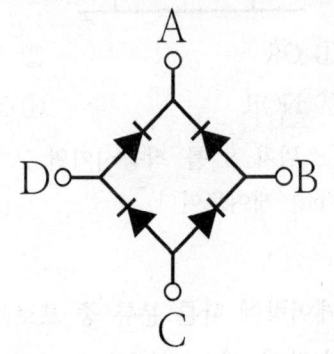

① A-B점 ② A-C점
③ B-C점 ④ B-D점

54 추종제어에 속하지 않는 제어량은?
① 위치 ② 방위
③ 자세 ④ 유량

풀이 프로세스 제어 : 이것은 온도, 유량, 압력, 농도, pH 효율 등의 공업 프로세스의 상태량을 제어 량으로 하는 제어이다.

서보 기구 제어 : 물체의 위치, 방위, 자세 등의 기계적 변위를 제어 량으로 해서 목표치의 임의의 변화에 추종하도록 구성된 제어계를 말한다.

정치 제어 : 목표치가 일정한 제어를 말한다. 예를 들면 온도를 일정하게 한다든가 속도를 일정하게 한다든가 하는 경우이다. 프로세스 제어나 자동조정에서는 이 정치제어방식이 특히 많다.

추종 제어 : 목표치가 임의의 변화를 하는 제어를 말한다. 서보 기구가 이것에 해당된다.

55 직류·교류 양용에 만능으로 사용할 수 있는 전동기는?
① 직권 정류자 전동기
② 직류 복권 전동기
③ 유도 전동기
④ 동기 전동기

풀이 단상직권정류자전동기는 구조는 직류직권전동기인데 전원은 교류를 이용하는 전동기이므로 그러므로 전원공급을 위해 변압기를 설치하여 교류전원을 공급합니다. 이때 변압기의 기전력을 작게하면 전류가 작아져 역률이 좋아지는 특성이 있습니다.

52 ② 53 ④ 54 ④ 55 ①

56 배율기의 저항이 50kΩ, 전압계의 내부 저항이 25kΩ이다. 전압계가 100 V를 지시하였을 때, 측정한 전압(V)은?
① 10 ② 50
③ 100 ④ 300

풀이 배율기는 전압계와 직렬로 연결하여 전압의 측정범위를 확대시켜 전압의 측정범위를 넓히기 위해 내부저항을 크게 한다.

57 아래 그림의 논리회로와 같은 진리값을 NAND소자만으로 구성하여 나타내려면 NAND소자는 최소 몇 개가 필요한가?

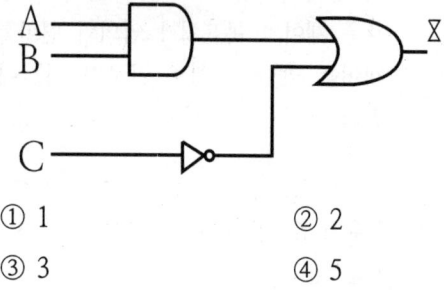

① 1 ② 2
③ 3 ④ 5

58 궤환제어계에 속하지 않는 신호로서 외부에서 제어량이 그 값에 맞도록 제어계에 주어지는 신호를 무엇이라고 하는가?
① 목표값 ② 기준 입력
③ 동작 신호 ④ 궤환 신호

풀이 기준입력(Reference Input)-제어계를 동작시키는 기준으로서 직접 폐루프에 가해지는 입력이며, 목표치와 비례관계를 갖는다.

- 주귀환신호(Primary Feedback Signal)-제어량을 목표치와 비교하여 동작신호를 얻기 위해 귀환되는 신호로서 제어량과 함수관계가 있다.
- 동작신호(Actuating Signal) 기준입력과 주귀환신호와의 차로서 제어동작을 일으키는 신호이며, 편차라고도 한다(목표치와 제어량의 차).

59 그림과 같은 전자릴레이회로는 어떤 게이트 회로인가?

① OR ② AND
③ NOR ④ NOT

풀이 스위치 S 를 작동시키면 Z가 떨어지는 not 게이트이다.

60 제어량에 따른 분류 중 프로세스 제어에 속하지 않는 것은?
① 압력 ② 유량
③ 온도 ④ 속도

풀이 프로세스 제어 : 이것은 온도, 유량, 압력, 농도, pH 효율 등의 공업 프로세스의 상태량을 제어 량으로 하는 제어이다.

56 ④ 57 ② 58 ① 59 ④ 60 ④

제 4 과목 유지보수 공사관리

61 급수배관 시공 시 수격작용의 방지 대책으로 틀린 것은?

① 플래쉬 밸브 또는 급속 개폐식 수전을 사용한다.
② 관 지름은 유속이 2.0~2.5m/s 이내가 되도록 설정한다.
③ 역류 방지를 위하여 체크 밸브를 설치하는 것이 좋다.
④ 급수관에서 분기할 때는 T 이음을 사용한다.

풀이 관속을 충만하게 흐르고 있는 액체의 속도를 급격히 변화시키면 이 액체에 큰 압력 변화가 발생한다. 이러한 현상을 수격작용이라 하며 방지책은 다음과같다.
① 관 내의 유속을 낮게 한다(관경을 크게 한다).
② 펌프에 플라이 휠을 부착하여 펌프의 속도가 급격히 변화하는 것을 방지한다.
③ 서지 펌프를 설치한다.
④ 밸브를 펌프 송출구 가까이 설치하고 밸브를 적당히 제어한다.

62 다음 중 사용압력이 가장 높은 동관은?

① L관 ② M관
③ K관 ④ N관

풀이 동관의 높은 압력에 사용하는 순서 :
K > L > M > N

63 공조설비 중 덕트설계시 주의사항으로 틀린 것은?

① 덕트 내 정압손실을 적게 설계할 것
② 덕트의 경로는 가능한 최장거리로 할 것
③ 소음 및 진동이 적게 설계할 것
④ 건물의 구조에 맞도록 설계할 것

풀이 덕트의 경로는 가능한 최단거리로 하여 손실을 줄인다.

64 가스배관 시공에 대한 설명으로 틀린 것은?

① 건물 내 배관은 안전을 고려, 벽, 바닥 등에 매설하여 시공한다.
② 건축물의 벽을 관통하는 부분의 배관에는 보호관 및 부식방지 피복을 한다.
③ 배관의 경로와 위치는 장래의 계획, 다른 설비와의 조화 등을 고려하여 정한다.
④ 부식의 우려가 잇는 장소에 배관하는 경우에는 방식, 절연조치를 한다.

풀이
• 건축물의 벽을 관통하는 부분의 배관에는 보호관 및 부식방지 피복을 한다.
• 건물 내의 배관은 외부에 노출 시켜 시공한다

61 ① 62 ③ 63 ② 64 ①

65 증기배관 중 냉각 레그(cooling leg)에 관한 내용으로 옳은 것은?
① 완전한 응축수를 회수하기 위함이다.
② 고온증기의 동파 방지설비이다.
③ 열전도 차단을 위한 보온단열 구간이다.
④ 익스팬션 조인트이다.

풀이 냉각 레그(cooling leg)는 건조 환수법에 있어 증기관 끝에서부터 트랩에 이르는 배관이며, 관내의 증기를 냉각, 응축시키며 증기 주관보다 작은 치수를 선택하며 시공방법은 다음과같다.
- 냉각 레그와 환수관 사이에는 트랩을 설치하여야 한다.
- 응축수를 냉각하여 재증발을 방지하기 위한 배관이다.
- 보온피복을 할 필요가 없다.

66 보온재의 구비조건으로 틀린 것은?
① 표면시공이 좋아야 한다.
② 재질자체의 모세관 현상이 커야 한다.
③ 보냉 효율이 좋아야 한다.
④ 난연성이나 불연성이어야 한다.

풀이 보온재는 열을 차단하여야 하므로 열전도율이 불량하며 모세관현상은 없는 재질을 선택한다.

67 신축 이음쇠의 종류에 해당하지 않는 것은?
① 벨로즈형 ② 플랜지형
③ 루프형   ④ 슬리브형

풀이 신축이음의 종류 : 루우프, 슬리브, 벨로우즈, 스위블, 상온 스프링 등

68 고압 증기관에서 권장하는 유속기준으로 가장 적합한 것은?
① 5 ~ 10 m/s
② 15 ~ 20 m/s
③ 30 ~ 50 m/s
④ 60 ~ 70 m/s

69 증기난방의 환수방법 중 증기의 순환이 가장 빠르며 방열기의 설치위치에 제한을 받지 않고 대규모 난방에 주로 채택되는 방식은?
① 단관식 상향 증기 난방법
② 단관식 하향 증기 난방법
③ 진공환수식 증기 난방법
④ 기계환수식 증기 난방법

70 온수난방 배관 시 유의사항으로 틀린 것은?
① 온수 방열기마다 반드시 수동식 에어벤트를 부착한다.
② 배관 중 공기가 고일 우려가 있는 곳에는 에어벤트를 설치한다.
③ 수리나 난방 휴지시의 배수를 위한 드레인 밸브를 설치한다.
④ 보일러에서 팽창탱크에 이르는 팽창관에는 밸브를 2개 이상 부착한다.

65 ① 66 ② 67 ② 68 ③ 69 ③ 70 ④

풀이 팽창관에는 밸브를 설치하지 않는다.

71 강관에서 호칭관경의 연결로 틀린 것은?

① $25A : 1\frac{1}{2}B$

② $20A : \frac{3}{4}B$

③ $32A : 1\frac{1}{4}B$

④ $50A : 2B$

풀이 25A는 내경이 25mm이므로 1B이다.

72 펌프주위 배관에 관한 설명으로 옳은 것은?

① 펌프의 흡입측에는 압력계를, 토출측에는 진공계(연성계)를 설치한다.
② 흡입관이나 토출관에는 펌프의 진동이나 관의 열팽창을 흡수하기 위하여 신축이음을 한다.
③ 흡입관의 수평배관은 펌프를 향해 1/50 ~ 1/100의 올림구배를 준다.
④ 토출관의 게이트밸브 설치높이는 1.3m이상으로 하고 바로 위에 체크밸브를 설치한다.

풀이 펌프의 흡입측에는 진공계(연성계)를, 토출측에는 압력계를 설치한다.

73 중·고압 가스배관의 유량(Q)을 구하는 계산식으로 옳은 것은? (단, P_1: 처음압력, P_2: 최종압력, d: 관 내경, l: 관 길이, s: 가스 비중, K: 유량계수이다.)

① $Q = K\sqrt{\dfrac{(P_1-P_2)^2 d^5}{s \cdot l}}$

② $Q = K\sqrt{\dfrac{(P_2-P_1)^2 d^4}{s \cdot l}}$

③ $Q = K\sqrt{\dfrac{(P_1^2-P_2^2)d^5}{s \cdot l}}$

④ $Q = K\sqrt{\dfrac{(P_2^2-P_1^2)d^4}{s \cdot l}}$

74 보온재의 열전도율이 작아지는 조건으로 틀린 것은?

① 재료의 두께가 두꺼울수록
② 재질 내 수분이 작을수록
③ 재료의 밀도가 클수록
④ 재료의 온도가 낮을수록

풀이 재료의 밀도가 클수록 열전도율은 증가된다.

75 다음 중 증기사용 간접가열식 온수공급 탱크의 가열관으로 가장 적절한 것은?

① 납관 ② 주철관
③ 동관 ④ 도관

71 ① 72 ③ 73 ③ 74 ③ 75 ③

76 펌프의 양수량이 $60m^3/min$이고 전양정이 20m일 때, 벌류트 펌프로 구동할 경우 필요한 동력(kW)은 얼마인가? (단, 물의 비중량은 $9800N/m^3$이고, 펌프의 효율은 60%로 한다.)
① 196.1　　　② 200.2
③ 326.7　　　④ 405.8

풀이 $\dfrac{9.8 \times 60 \times 20}{60 \times 0.6} = 326.67\,kW$

77 다음 중 주철관 이음에 해당되는 것은?
① 납땜 이음
② 열간 이음
③ 타이튼 이음
④ 플라스턴 이음

풀이 타이튼 접합 : 관과 소켓관 사이에 고무링을 끼우고 서로 밀착 시키는 방법으로 주철관에 사용한다. 플라스단 이음은 연관이나 강관의 접합 방법의 일종이다.

78 전기가 정전되어도 계속하여 급수를 할 수 있으며 급수오염 가능성이 적은 급수방식?
① 압력탱크 방식
② 수도직결 방식
③ 부스터 방식
④ 고가탱크 방식

풀이 수도 직결식은 정전과는 관계없이 자체 압력으로 공급이 가능하며 외부로 노출이 되지 않아 오염의 우려가 적은 편이다.

79 도시가스의 공급설비 중 가스 홀더의 종류가 아닌 것은?
① 유수식　　　② 중수식
③ 무수식　　　④ 고압식

풀이 가스홀더는 일시적으로 가스를 저장하였다가 피크 시 공급하는 것으로 유수식, 무수식, 고압식 등이 있다.

80 강관의 두께를 선정할 때 기준이 되는 것은?
① 곡률반경
② 내경
③ 외경
④ 스케줄번호

풀이 관의 호칭법은 외경 및 호칭 두께(스케줄번호)로 나타낸다. 스케줄 번호는 SCH 10, 20, 30, 40, 60, 80 등이 있으며 스케줄 번호가 커질수록 외경이 같은 것이라도 관의 두께는 두꺼워지며 중량 및 수압 시험 압력도 커진다.

76 ③　77 ③　78 ②　79 ②　80 ④

한국산업인력공단의 출제 기준에 따른

공조냉동기계기사 필기

발행일	1판	2020년 06월 01일
	2판	2020년 09월 01일
	3판	2021년 02월 01일
	4판	2022년 04월 04일
	5판	2024년 09월 26일

저자	한홍걸
발행처	도서출판 한필
주소	강원도 원주시 배울로 49, 101-103
PH	0507-1308-8101
E-mail	hanpil7304@gmail.com
Web.	www.hanpil.co.kr

· 이 책의 어느 부분도 저작권자나 발행인의 승인 없이
  무단 복제하여 이용할 수 없습니다.

· 파본 및 낙장은 구입하신 서점에서 교환하여 드립니다.

· 도서출판 한필 홈페이지 : www.hanpil.co.kr

정가 : 38,000 원

ISBN 979-11-89374-89-1

이 도서의 국립중앙도서관 출판예정도서목록(CIP)은 서지정보유통지원시스템 홈페이지
(http://seoji.nl.go.kr)와 국가자료 공동목록시스템(http://www.nl.go.kr/kolisnet)에서 이용